华章科技
HZBOOKS | Science & Technology

Android and PHP Development Best Practices

Android和PHP开发最佳实践

第2版

黄隽实◎著

机械工业出版社
China Machine Press

图书在版编目（CIP）数据

Android和PHP开发最佳实践 / 黄隽实著．—2版．—北京：机械工业出版社，2015.7（2016.1重印）

ISBN 978-7-111-50951-6

I. A… II. 黄… III. ①移动终端–应用程序–程序设计 ②PHP语言–程序设计 IV. ①TN929.53 ②TP312

中国版本图书馆CIP数据核字（2015）第170573号

本书是国内第一本同时讲述Android客户端和PHP服务端开发的经典著作。

本书以一个完整的微博应用项目实例为主线，由浅入深地讲解了Android客户端开发和PHP服务端开发的思路和技巧。从前期的产品设计、架构设计，到客户端和服务端的编码实现，再到性能测试和系统优化，以及最后的打包发布，完整地介绍了移动互联网应用开发的过程。同时，本书也介绍了Android系统中比较有特色的功能，比如Google地图、LBS功能、传感器、摄像头、多媒体以及语音功能的使用等。此外，书中还介绍了Android NDK的开发以及Android游戏开发的相关内容，包括OpenGL的使用、流行游戏引擎Cocos2d-x和Unity 3D。

本书适合所有对Android和PHP技术有兴趣的读者。不管是客户端还是服务端的开发者，都可以从本书中获得不少有用的经验。另外，值得一提的是，全书绝大部分的实例代码均源自于真实项目，参考价值极高。

Android和PHP开发最佳实践（第2版）

出版发行：机械工业出版社（北京市西城区百万庄大街22号 邮政编码：100037）

责任编辑：李 艺　　责任校对：董纪丽

印　刷：三河市宏图印务有限公司　　版　次：2016年1月第2版第2次印刷

开　本：186mm×240mm 1/16　　印　张：33

书　号：ISBN 978-7-111-50951-6　　定　价：79.00元

凡购本书，如有缺页、倒页、脱页，由本社发行部调换

客服热线：（010）88379426 88361066　　投稿热线：（010）88379604

购书热线：（010）68326294 88379649 68995259　　读者信箱：hzit@hzbook.com

前　　言

2015 年，移动互联网革命已经到了白热化的阶段，一个充满机遇的巨大市场已经开启，全球无数的行业精英都已投身其中，书写出不少令人瞩目的传奇事迹；对于我们普通的开发者来说，则更需要做好准备，迎接随时可能到来的机遇和挑战。Android 和 PHP，作为目前移动互联网领域中最热门的两门技术，早已受到广大开发者们的关注。

本书是目前市面上唯一一本同时讲述 Android 客户端开发和 PHP 服务端开发两方面内容，并且能把 Android 和 PHP 技术相结合的移动应用开发方案分析透彻的书籍。通过本书，你不仅可以学习到 Android 客户端开发技巧，同时还可以掌握 PHP 服务端开发的精华，甚至还可以开拓你进行软件架构的思路。选择了本书，你就真正找到了一条能够精通“Android 客户端和 PHP 服务端开发”的捷径！

本书的写作风格大众化，注重实用性，章节精心编排，讲解由浅入深，力求让读者能够在最快的时间内上手，同时也可以拓宽读者在移动互联网应用开发方面的思路。特别要指出的是，本书的代码实例都源自真实的项目，实用价值极高。此外，书中很多内容都融合了笔者多年来在互联网软件架构方面的经验。总而言之，本书绝对是一本不可多得的经典之作！

如何使用本书

在开始阅读本书之前，请您先阅读以下内容，以确保能最快地了解本书的思路和结构，并快速地找到最适合自己的阅读方式。考虑到实用性，也为了让思路更清晰，本书独创性地采用了“项目跟进式”的结构，以具有代表性的“微博应用”实例项目为主线，贯穿始终。全书内容分为四大部分：准备篇、实战篇、优化篇、进阶篇，简介如下。

- **准备篇**：本篇主要介绍 Android 和 PHP 开发中需要用到的基础概念与用法，为后面的“实战篇”做准备。不管做什么事情，打好基础是至关重要的，所以笔者建议大家好好阅读本篇内容。
- **实战篇**：在本篇中，我们将带领您逐步完成一个完整的“微博应用”项目，从前期的产品设计、架构设计，到服务端和客户端的编码，直至最后的大功告成，整个过程一气呵成，让读者感觉仿佛亲身参与到这个项目中，以达到最好的学习效果。
- **优化篇**：系统优化已经成为当代软件开发过程中至关重要的一个环节。在本篇中，读者将学到一些从实际项目中总结出的非常实用的优化经验和技巧；如果您想更深入地学习使用 Android 平台和 PHP 语言，绝不能错过本篇。

- **进阶篇**：本篇包含一些 Android 开发中的进阶内容，主要包括 Android NDK 和 Android 游戏开发相关的入门知识。此外，本篇内容还涉及 OpenGL、RenderScript 相关的高级用法，以及包括 Cocos2d-x 和 Unity 3D 在内的主流游戏引擎的相关知识，适合希望进一步学习的读者阅读。

本书共 13 章，每章的主要内容见下面的“章节简介”，方便读者快速查找感兴趣的部分。

章节简介

第 1 章 学前必读

本章的主要目的是让读者对移动互联网应用开发有一个比较清晰的认识，同时讲清楚选择 Android 加 PHP 这套解决方案的原因，并向读者介绍在学习过程中所要使用的正确的学习方法和思路。

第 2 章 Android 开发准备

本章内容包含了对 Android 系统框架、Android 应用程序框架、Android 图形界面系统以及 Android 常见开发思路的介绍。另外，通过本章的学习，读者还将学会如何安装和使用 Android 的开发环境和必备工具（Eclipse 和 ADT），并学会创建自己的第一个 Android 项目（Hello World 项目），由此开始您的 Android 开发之旅。

第 3 章 PHP 开发准备

通过本章的学习，您将快速地学会如何使用 PHP 进行服务端开发，如果您已经有一定的服务端开发基础，学习起来会更加轻松。当然，本章也包括 PHP 开发环境（Xampp）的架设和一些其他配套服务端组件（Apache 和 MySQL）的基础管理。最后，本章还重点介绍了一个基于 Zend Framework 和 Smarty 的 PHP 开发框架：Hush Framework，本书实例的服务端正是采用这个框架进行开发的。

第 4 章 实例产品设计

从这一章开始，我们将动手完成一个完整的移动互联网项目，即“微博应用”实例的项目。本章所讲的主要是项目的前期工作，包括功能模块设计以及一些项目策划的内容。当然，如果您是项目管理人员，可能会比开发者们对本章更感兴趣，里面所涉及的一些设计方法和思路，均是很实用的经验。

第 5 章 程序架构设计

本章应该算是本书的核心章节之一，这里我们将对“微博应用”项目实例的服务端以及客户端的整体代码框架进行深入的剖析。由于架构设计是整个项目的基础，所以如果您要继续往下学习，就必须把这里的思路都理清楚。如果您善于思考，应该能从本章学习到不少 Android 和 PHP 应用架构的精髓。

第 6 章 服务端开发

本章也是本书的重点章节之一，这里我们将在第 5 章的服务端架构基础上展开，分析和讲解实例服务端的代码逻辑和写法，带领您进一步深入认识 PHP 服务端开发的方法。读者可以将本章的部分章节内容和第 7 章的部分章节内容进行对照阅读，这样对理解移动互联网应用的开发思路会很有帮助。

第 7 章　客户端开发

本章也是本书的重点章节之一，在本章中你可以逐步学习 Android 应用开发的实用技巧，以及如何在客户端与服务器之间进行通信（包括图片的上传和展示）。通过对本章的学习，读者不仅能学会如何正确地使用这些开发技巧，更重要的是还能掌握如何把这些技巧运用到实际项目中去，这是完全不同的两个境界，也正是本书最宝贵、最特别的地方，希望大家能好好阅读和体会。

第 8 章　性能分析

有过项目实战经验的朋友应该都知道，其实在编码阶段完成之后，项目最多也才进行了一半，后面还有很多的事情需要我们来做，而性能测试和优化就是其中非常重要的一个环节，本章我们将对性能分析的相关内容进行详细介绍。另外，在本章中，读者也可以学到一些非常实用的优化思路和经验。

第 9 章　服务端优化

根据第 8 章中总结的优化思路，本章将教会读者如何对 PHP 服务端的各个组成部分实施优化策略，着重介绍了 PHP 代码优化、JSON 协议优化，以及 HTTP 服务器和 MySQL 数据库优化相关的内容，相信这些经验在深入学习 PHP 服务端开发的过程中会起到非常大的作用。

第 10 章　客户端优化

在本章中，您将学到许多有用的 Android 开发中的优化思路和方法。本章重点介绍了 Android 程序优化、Android UI 优化、图片优化，以及与避免内存泄露相关的内容，这些经验对能否写出一个高质量的 Android 应用来说是非常重要的。

第 11 章　Android 特色功能开发

本章主要介绍一些与 Android 系统提供的特色功能开发相关的知识，比如 Google Map API 的使用、LBS 相关功能、传感器的使用、摄像头的使用，以及语音识别功能等。相信掌握了这些知识后，我们可以开发出许多别具特色的 Android 应用。

第 12 章　Android NDK 开发

本章介绍了与 Android NDK 开发相关的基础知识，并创建首个 NDK 项目。如果您需要使用 C 或 C++ 语言来开发 Android 程序，或者想把一些基于 C 或 C++ 的程序或者类库移植到 Android 平台下，那么肯定会对本章内容比较感兴趣。

第 13 章　Android 游戏开发

本章介绍了与 Android 游戏开发相关的基础知识，包含了 OpenGL 和 RenderScript 的基础用法，以及 Cocos2d-x 和 Unity 3D 游戏引擎的相关内容。游戏开发和应用开发的思路还是有很大区别的，如果您对 Android 游戏开发比较感兴趣，请关注本章内容，相信本章知识对 Android 游戏开发的学习也会有所帮助。

由于时间有限，书中难免存有疏漏，诚恳希望各位读者批评、指正。当然，如果您在阅读过程中发现了问题，或者遇到疑问，欢迎加入本书 QQ 群（122860896），与大家一起交流，或者发邮件给我，我的邮箱是：huangjuanshi@163.com，真切希望和大家共同进步。

源码简介

请读者登录华章网站（www.hzbook.com）的本书页面下载本书所有源码。高质量的应用实例是本书的一大特色，所有的实例代码都按照实际项目的规范来书写，且都经过严格的审核，保证运行无误。另外，本书实例源码的获取也采用了最接近实际项目开发的形式，有经验的读者甚至可以直接通过 SVN 工具从 Google Code 项目 SVN 源中获取。本书主要实例源码有以下几个。

1. Hush Framework 实例源码

Hush Framework 是本书重点介绍的 PHP 开源开发框架，该框架的核心类库和实例源码都可以从 GitHub 上的项目主页直接下载，地址是 https://github.com/jameschz/hush。与 Hush Framework 实例部署有关的内容请参见本书附录 A。

2. 微博实例源码

微博实例源码中包含了两个项目，即服务端 PHP 项目（app-demos-server），以及客户端 Android 项目（app-demos-client），其源码包“android-php-source.zip”也可以从 GitHub 上的本书官方网站下载，地址是 https://github.com/jameschz/androidphp。与微博实例部署有关的信息请参考本书附录 B。

3. 特色功能源码

该实例项目包含了第 11 章中涉及的所有实例的源码，包含了 Google Map API 使用、传感器使用以及摄像头使用等实例，源码包含在微博实例源码中，详见 android-php-source/androidphp/special 目录。

4. OpenGL 实例源码

该实例项目包含了第 13 章中涉及的与 OpenGL 使用有关的实例源码，其中包括了与 2D 和 3D 渲染有关的两个实例，源码包含在微博实例源码中，详见 android-php-source/androidphp/opengl 目录。

另外，以上所有实例项目的源码都可以通过 Eclipse 的 Import 工具（即 File 菜单中的 Import 选项）导入 Eclipse 开发工具中进行阅读。成功导入之后的项目代码树如下图所示。

```
app-demos-client [trunk/app/demos/client]
    src
    gen [Generated Java Files]
    Android 2.2
    assets
    doc
    res
    AndroidManifest.xml 97  12-5-14 下午9:00  shagoo
    default.properties 46  11-12-27 下午3:41  shagoo
    proguard.cfg 46  11-12-27 下午3:41  shagoo
app-demos-opengl [trunk/app/demos/opengl]
app-demos-server [trunk/app/demos/server]
    bin
    dat
    doc
    etc
    lib
    tpl
    www
app-demos-special [trunk/app/demos/special]
```

此外，还有一些实例源码属于第三方的开发包（SDK），比如 Android NDK 中的 hello-jni 项目、Cocos2d-x 开发包中的 Hello World 项目等。

致谢

首先，感谢华章公司的编辑们，没有你们的建议和帮助，绝对无法制作出如此经典的技术书籍；其次，感谢我的妻子和刚出世的宝宝，你们为我的创作提供了无穷的动力；再次，还要感谢我的父母和亲友，你们的支持和鼓励让我更有信心；最后，我必须向 Android 和 PHP 技术的创造者们致敬，你们创造出了如此优秀的产品，为我们开启了移动互联网的精彩世界。

目　录

前言

第一篇　准　备　篇

第二篇 实 战 篇

第三篇 优 化 篇

第四篇　进　阶　篇

第一篇
准 备 篇

第 1 章　学前必读

在学习任何知识之前，做好准备工作是非常有必要的。在本章，我们先来了解一下目前正如火如荼的移动互联网时代的大背景，然后我们会讲清楚我们为何要学习 Android 和 PHP 这套组合方案，以及学习 Android 和 PHP 开发的大体思路和学习方法。相信大家读完本章以后，不仅会对 Android 和 PHP 这个强大的组合更感兴趣，而且之后的学习之路会更加顺畅。

1.1　移动互联网时代的来临

早在 2011 年，Android 操作系统就已经占领了全球智能手机市场份额的半壁江山，到了 2014 年，更是占领了全球 80% 以上的市场份额（如图 1-1 所示），其霸主地位彰显无遗。在中国，随着各大手机厂商的更新换代，在 Android 操作系统基础上深度定制出来的优秀手机产品也是层出不穷，小米、联想、华为等都是其中的佼佼者；近年来 4G 手机的普及更是大大推动了移动互联网市场"全民化"的进程。持续增长的用户基数，高速膨胀的市场规模，让所有人都聚焦到这个令人兴奋的领域之中。

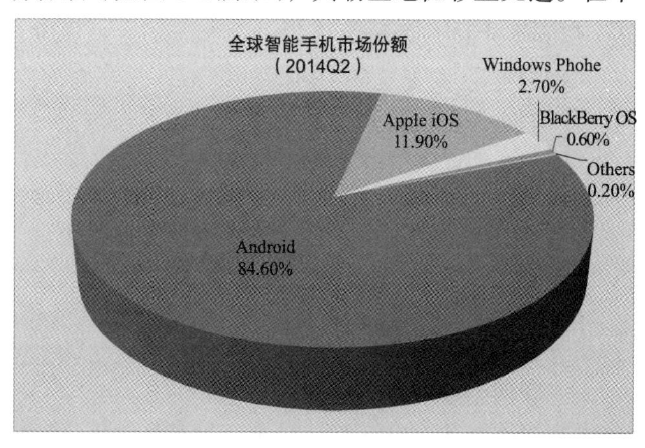

图 1-1　2014 年全球智能手机市场份额（摘自 dazeinfo.com）

看到这里，相信敏感的读者已经能够感受到这个巨大市场里面的无限潜力，我们来试着分析一下。首先，以目前移动互联网发展的迅猛势头，在可以预见的不久将来，全球移动终端将全面升级到智能系统，而以 Android 操作系统在其中占的比例来看，必将会瓜分到这块“大蛋糕”的很大一部分。其次，随着移动互联网市场的不断膨胀，对移动终端开发人员的需求量将会飞速增加，对于我们开发者来说，这是个绝好的提升自己的机会，试问，我们怎能放过？不要犹豫了，让我们一起加入到 Android 平台应用开发的大潮里来吧！

1.2 为何选择 Android 和 PHP

我们为何要选择 Android 和 PHP 这套解决方案呢？原因已经不言而喻。时至今日，Android 和 PHP 已经发展成为移动领域和互联网领域最领先的技术方案之一。我们还关注到一个很有意思的数据，那就是这两种技术的市场占有率。前面我们已经提到过 Android 系统的全球占有率，然而，目前 PHP 语言在互联网领域的使用率甚至比 Android 系统更高，所以，Android 系统加上 PHP 语言如此强大的组合，我们又怎能忽视呢？接下来，让我们分析一下 Android 系统和 PHP 语言各自的优势所在。

1.2.1 Android 平台的优势

- **开放性**：毫无疑问，Android 平台的开放性就是它在短时间内能占领市场的最强武器之一。Google 希望通过 Android 平台打通运营商、设备制造商、开发商以及其他各个层面，建立起标准化、开放式的移动平台生态系统。
- **完备性**：对于开发商或者开发者来说，系统平台的完备性无疑是他决定是否加入这个阵营最重要的因素之一。而 Android 系统无疑是目前功能最为强大，设计最为精良的移动操作系统之一，而且背后还有 Google 公司的强大实力作为支持，这也大大减少了项目开发的后顾之忧。
- **创造性**：由于 Android 系统是开源的，允许第三方修改。对于开发商来说，在这个平台之上，可以把自己的创造力发挥到最大；而对于设备制造商来说，根据自己的硬件进行调优，从而能够更好地适应硬件，与之形成良好的结合。

1.2.2 PHP 语言的优势

- **稳定性**：毫无疑问，PHP 已经是目前互联网服务端使用最广泛的编程语言之一，目前 PHP 在互联网应用领域的占有率位居全球第一。试问，如果本身不够成熟和稳定，如何能占有如此大的市场呢？
- **易用性**：简单实用，学习成本低，这也是很多开发者愿意选择 PHP 的最重要原因，特别是对于互联网项目来说，需求变动是非常大的，因此，如果选择 PHP，就可以节省出更多时间和精力去做其他的事情。
- **开放性**：PHP 本身是开源的，允许开发者对其进行扩展和优化，其整套服务端部署解决方案也是免费的，因此，使用这套解决方案能大大地降低成本，对于大部分资金紧张的互联网企业来说，何乐而不为呢？
- **完备性**：LAMP（Linux+Apache+MySQL+PHP）这个绝佳组合早已闻名业界，而现在 Nginx+PHP FastCGI 的出现使其 HTTP 服务端的性能更上一层楼。对于目前绝大部分互联网应用来说，这套解决方案都可以很好地满足它们的需求。

事实上，目前已经有很多成功的移动互联网应用软件和游戏正在使用Android加PHP的架构，其中就包括风头正劲的“新浪微博”和“腾讯微博”。这些成功的例子很好地验证了Android加PHP这个组合的强大。当然，我们的开发团队在许多的实际项目中也都使用这套架构来进行开发。Android加PHP所展现出的灵活度和扩展性也确实让我们相当满意。

总而言之，Android的创造性加上PHP的灵活性确实是“天造之和”，也可以满足绝大部分的移动互联网应用快速变化的需求。当然，如果我们希望在服务端采用其他的技术，例如Java、Python或者Ruby On Rails，这也是没有问题的。因为我们的服务端用于和客户端打交道的实际上是JSON协议，而JSON是一种跨语言的协议，我们在服务端可以用任意语言来组合JSON数据并供给Android客户端使用。关于JSON协议的内容我们会在本书3.3节中详细介绍。

1.3　如何学习Android和PHP

前面我们已经讨论过“为何学”的问题，大家应该对Android加PHP这套应用开发解决方案有了大致的了解。接下来介绍“如何学”的问题，由于本书的内容比较广泛，既涉及客户端开发的技术也包含很多服务端开发的内容，所以在正式开始学习本书之前，先搞清楚应该使用什么样的学习方法比较有效是非常有必要的。接下来，笔者会把这个问题分解为以下几个部分来探讨。

1.3.1　如何学习Android

由于Android学习是本书最核心的内容，因此我们先来分析。由于Android应用框架是基于Java语言的，所以在学习Android之前，最理想的状态是您已经具有一定的Java语言编程基础，对Java语言的常用语法和常用类包（package）的使用也有一定的认识。当然，即使您是一名Java初学者，同样也可以从本书中学到一些非常有用的Java编程的经验。以下是Android SDK中包含的一些比较重要的Java基础类包，建议大家先自行熟悉起来。

表1-1　Android SDK中的重要Java基础类包

Java类包名	作用
java.io	Java普通I/O包
java.nio	Java异步I/O包
java.lang	Java基础语言包
java.math	Java算数类包（提供高精度计算）
java.net	Java基础网络接口包（URI/URL）
java.text	Java文本通用接口包（DateFormat/NumberFormat）
java.util	Java常用辅助工具包（ArrayList/HashMap）
javax.crypto	Java基础加解密工具包（Cipher）
javax.xml	Java的Xml工具类包（SAXParser）
org.apache.http	Java的Http网络工具包（HttpClient）
org.json	Java的Json工具类包（JSONObject/JSONArray）

当然，在Android SDK中除了以上这些Java基础包之外，更多的还是Android系统本身的

功能类包。当然，如果要查阅更多关于 Android 类包的说明文档，就需要参考 Android 的 SDK 文档了。我们可以在浏览器中打开 Android 的 SDK 里的 docs/reference/packages.html 网页进行查阅。想要把这里面的类包全部弄懂，必将是一个漫长而艰苦的过程。当然，假如坚持到了那一天，我相信你也已经成为 Android 大师了。

结合本书来讲，如果你没有任何的 Java 编程经验或者 Android 基础，那么一定要更加认真地阅读本书第 2 章的内容，此章不仅对 Android 系统框架和应用框架进行了精辟的讲解，而且结合实例让你快速熟悉 Android 的开发框架。接下去，在阅读完本书"实战篇"的内容并慢慢熟悉 Android 开发之后，还要注意学习和理解"优化篇"中关于系统优化的技巧，因为没有经过优化的系统是非常脆弱的。只有在把本书"实战篇"和"优化篇"的内容全部理解透彻之后，才能往下学习"进阶篇"的内容。总而言之，学习 Android 开发一定要坚持"稳扎稳打，层层递进"的学习原则，这样才能达到最佳的学习效果。

1.3.2 如何学习 PHP

可能很多人会认为 PHP 学起来比较简单，事实也确实如此，但是这并不意味着我们可以很轻易地掌握使用 PHP 进行服务端开发的技巧。由于服务端编程涉及的知识面比较广，除了编程语言本身，还需要和很多的服务端组件打交道，比如 HTTP 服务器、缓存中间件、数据库等，所以我们也需要做好"刻苦学习"的准备。

如果你没有任何 PHP 开发基础，请认真阅读本书第 3 章，因为该章能够让你快速地掌握 PHP 语言的基础知识，以及在开发中比较常见的服务端组件的使用方法。接下来，当你看完本书第 6 章之后，我相信你应该会对如何使用 PHP 进行移动应用的服务端开发有了相当的认识。另外，和学习 Android 开发一样，我们同样要重视"优化篇"中关于 PHP 语言以及服务端优化的技巧，相信这些内容会让你的 PHP 编程技巧甚至服务端架构的功力更进一步。

在学习 PHP 的过程中一定要注意的是，要善于使用 PHP 的文档资源，最好是边学习、边动手、边查文档。另外，笔者一直认为 PHP 语言文档的完备程度是可以和大名鼎鼎的 MSDN 相比的。最后，要充分利用如下 PHP 的文档资源。

- 官方中文文档：http://www.php.net/manual/zh/
- 官方扩展库：http://pecl.php.net/packages.php

1.3.3 同时学好 Android 和 PHP

也许在以前，同时学习 Android 系统和 PHP 语言是一件很不可思议的事情，但是，在有了本书之后，同时学好这两种主流的技术不再只是一个梦想。当然，我们更不用怀疑，能同时学好 Android 和 PHP 两种技术绝对是一件一举两得的好事！

首先，编程的技术其实是相通的，每门编程语言都有自己的优势和缺点，就拿 Java 和 PHP 来说，良好的类库设计和面向对象思想是 Java 的优点，那么在学习的时候我们就应当思考如何把这些优点运用到 PHP 的程序设计中去；而简单方便的字符串和数组操作是 PHP 的优势，那么我们在学习 Java 的时候就需要考虑怎么把这部分的接口方法设计得更简洁一些。假如我们在学习 Android 和 PHP 的过程中，懂得使用类似以上提到的"取长补短"式的思路进行学习，不仅大大有益于我们对这两种技术的学习和运用，甚至还可以加强日后学习其他技术的能力。

其次，从就业的角度来说，大家都知道目前市场上最紧缺的就是综合性的人才，特别地，对于移动互联网领域来说，既掌握 Android 客户端开发，又通晓 PHP 服务端编程的开发者绝对是移动互联网领域最受欢迎的技术人才之一。此外，根据笔者多年的职场经验来看，多掌握几种技术总归是一件好事，很难说在未来的哪一天就可能会派上大用场。另外，如果你对技术方面有更长远的职业规划，笔者也很希望本书能成为你踏上成功之路的一块踏板。

回到如何学习 Android 和 PHP 的问题上来。首先，我们需要清楚的是：Android 代表的是客户端开发，而 PHP 涉及的则是服务端开发，要想把两者结合起来，我们必须通过一个第三方的文本协议 JSON。对 JSON 不熟悉的朋友可以先学习一下本书 3.3 节的内容。另外，Android 客户端开发和 PHP 服务端开发，使用的是两种完全不同的语言，要同时学好两者当然不是一件容易的事情。因此，在学习的时候，我们要注意采用“比对式”的方式去学习和思考 Android 和 PHP 这两套不同的知识体系；同时，我们也需要注意怎样使用 JSON 协议把这两套系统联合起来，形成一个整体。

总之，想要同时学好 Android 和 PHP，不仅要求大家有比较坚实的编程基础知识，还需要注意学习和思考的方式，把两者看做一个整体来进行比对学习。本书在“准备篇”中把 Android 和 PHP 开发的基础知识讲解完之后，还会在“实战篇”中给大家安排“微博应用”作为实例进行讲解，该应用是一个把 Android 客户端开发和 PHP 服务端开发相结合的绝佳案例，大家可以边学习理解、边动手研究。如果读完本书之后，你已经对 Android 加 PHP 的这套技术解决方案了然于胸的话，那么我要恭喜你已经跨出了迈向成功的重要一步。

1.4 小结

在本章中，我们实际上讨论了几个前期问题：为什么要学习 Android 移动互联网应用开发？为什么要使用 Android 和 PHP 的架构来进行开发？如何学习？相信现在大家都已经找到自己的答案了，那么在以下的章节中我们就要开始正式地学习如何开发了。在第 2 章和第 3 章中，我们将分别学习 Android 和 PHP 的开发基础和技巧。

第 2 章　Android 开发准备

在开始学习 Android 开发之前，让我们先来了解一个有趣的 Android 小知识：Android 一词最早出现于法国作家利尔亚当在 1886 年发表的科幻小说《未来夏娃》中，书中将外表像人的机器起名为 Android（不知道是不是和 Angel 同音的缘故），正因为如此，Android 的商标也是一个绿色的小机器人。直至今日，大家都知道 Android 代表的是 Google 推出的开源智能移动终端操作系统。

本章将先对 Android 系统框架、Android 应用框架以及 Android 应用开发过程中的几个要点做一个整体性的介绍，让大家尽快做好 Android 应用开发的准备工作。另外，在本章的最后两节，我们还将学会如何安装 Android 开发环境和 Android 开发的必备工具（Eclipse 加 ADT），并建立你的第一个 Android 项目，即 Hello World 项目，由此开始你的 Android 开发之旅。

2.1　Android 背景知识

Android 是一种基于 Linux 平台的、开源的、智能移动终端的操作系统，主要使用于便携设备，Android 操作系统最初由 Andy Rubin 开发，主要支持手机设备。2005 年由 Google 收购注资，并召集多家制造商组成“开放手机联盟”对其进行开发改良，并逐渐扩展到平板电脑及其他领域，近年来逐渐成为主流的移动终端操作系统之一。

Android 平台的研发队伍十分强大，包括 Google、HTC、T-Mobile、高通、摩托罗拉、三星、LG 以及中国移动在内的 30 多家产商都将基于该平台开发手机新型业务。当然，使用 Android 这个统一的平台进行开发，对于我们开发者来说也是一大福音，至少在软件应用的通用性方面，我们不需要过多考虑。但是，你知道吗？如此强大的 Android 系统实际上才刚满 4 周岁，从 2008 年 9 月发布的 Android 1.0 开始，在接下来的几年中，Android 一直在以惊人的速度成长着，直到今天成为占领全球半数市场的“巨无霸”，这个成绩可以算得上是一个奇迹了。让我们通过下表来回顾一下 Android 的成长之路吧！

表 2-1　Android 成长之路

版本	发布时间	主要改进
Android 1.5 Cupcake	2009 年 4 月	1. 拍摄 / 播放影片 2. 支持立体声蓝牙耳机 3. 最新的采用 WebKit 技术的浏览器 4. 支持复制 / 粘贴和页面中搜索

（续）

版本	发布时间	主要改进
		5. GPS 性能大大提高 6. 提供屏幕虚拟键盘 7. 应用程序自动随着手机旋转 8. 短信、Gmail、日历，浏览器的用户接口大幅改进 9. 相机启动速度加快，来电照片显示
Android 1.6 Donut	2009 年 9 月	1. 重新设计的 Android Market 手势 2. 支持 CDMA 网络 3. 文字转语音系统（Text-to-Speech） 4. 快速搜索框 5. 全新的拍照接口 6. 查看应用程序耗电 7. 支持虚拟专用网络（VPN） 8. 支持更高的屏幕分辨率 9. 支持 OpenCore 2 媒体引擎 10. 新增面向视觉或听觉困难人群的易用性插件
Android 2.0/2.1/2.2 Eclair	2009 年 10 月	1. 优化硬件速度 2. 增加“Car Home”程序 3. 支持更高的屏幕分辨率 4. 改良的用户界面 5. 新的浏览器的用户接口和支持 HTML 5 6. 新的联系人名单 7. 更好的白 / 黑色背景比率 8. 改进 Google Maps 3.1.2 9. 支持 Microsoft Exchange 10. 支持内置相机闪光灯 11. 支持数码变焦 12. 改进的虚拟键盘 13. 支持蓝牙 2.1 14. 支持动态桌面的设计
Android 2.1/2.2.1 Froyo	2010 年 5 月	1. 整体性能大幅度提升 2. 3G 网络共享功能 3. Flash 的支持 4. App2sd 功能 5. 全新的应用商店 6. 更多的 Web 应用 API 接口的开发
Android 2.3 Gingerbread	2010 年 12 月	1. 增加了新的垃圾回收和优化处理事件 2. 原生代码可直接存取输入和感应器事件 3. 支持 EGL/OpenGL ES、OpenSL ES 4. 新的管理窗口和生命周期的框架 5. 支持 VP8 和 WebM 视频格式，提供 AAC 和 AMR 宽频编码，提供了新的音频效果器 6. 支持前置摄像头、SIP/VOIP 和 NFC（近场通信） 7. 简化界面、速度提升、优化文字输入 / 复制 / 粘贴等 8. 改进的电源管理系统、新的应用管理方式

（续）

版本	发布时间	主要改进
Android 3.0 Honeycomb	2011 年 2 月	1. 针对平板的优化 2. 全新设计的 UI 增强网页浏览功能 3. 增加 n-app purchases 功能
Android 3.1 Honeycomb	2011 年 5 月	1. 优化 Gmail 电子邮箱 2. 全面支持 Google Map 3. 将 Android 手机系统跟平板系统再次合并 4. 任务管理器可滚动，支持 USB 输入设备（键盘、鼠标等） 5. 支持 Google TV，可以支持 XBOX 360 无线手柄 6. 更加容易地定制屏幕 widget 插件
Android 3.2 Honeycomb	2011 年 7 月	1. 支持更多屏幕尺寸的设备 2. 引入了应用显示缩放功能
Android 4.0 Ice Cream	2012 年	1. 增强任务系统，人性化系统手势 2. 优化 UI，支持自动缩放 3. 增强语音功能 4. 增强云服务
Android 4.1/4.2/4.3 Jelly Bean	2012 ~ 2014 年	1. 增加渲染效率 2. 增强通知中心 3. 增强搜索和订阅功能能 4. 向硬件生产商提供开放平台开发套件 PDK
Android N.n Jelly Bean	未知	继 Ice Cream 之后的下一版 Android 系统

从上表中，大家不仅可以了解 Android 系统的发展历程，而且可以了解 Android 系统在功能改进上的一些细节。另外，需要大家注意的是，考虑到对目前大部分设备的兼容性，本书下面的项目实例是在 Android 2.2 版本上安装 / 调试的。

2.2 Android 系统框架

在开始介绍 Android 应用开发之前，我们先来了解一下 Android 的系统框架。虽然，是否了解 Android 系统框架与能否进行 Android 应用开发之间没有任何必然的联系，但是在学习 Android 的过程中，这个部分内容却是必不可少的，因为能否理解 Android 的系统架构对于你日后能否对 Android 进行更深入的学习是至关重要的。首先，我们来看一张不得不说的图，也就是 Google 官方公布的 Android 的系统框架图，如图 2-1 所示。

从图 2-1 展示的 Android 系统架构图可以很清晰看出，Android 系统分为四层：应用层、应用框架层、系统类库层和系统内核层。下面我们将对这四个层次做一些简要的分析和介绍。

1. 应用层（Applications）

应用层（Applications）是指运行于 Android 虚拟机上的程序，也就是开发者们平时开发的“手机应用”。在系统应用层里，我们可以通过 Android 提供的组件和 API 进行开发，从而编写出形形色色、丰富多彩的移动软件和游戏。

2. 应用框架层（Application Framework）

应用框架层（Application Framework）是 Android 应用开发的核心，为开发者开发应用时提供基础的 API 框架。当然，Android 本身的很多核心应用也是在这层的基础上开发的。下面我们就来了解一下这些模块的作用（见表 2-2）。

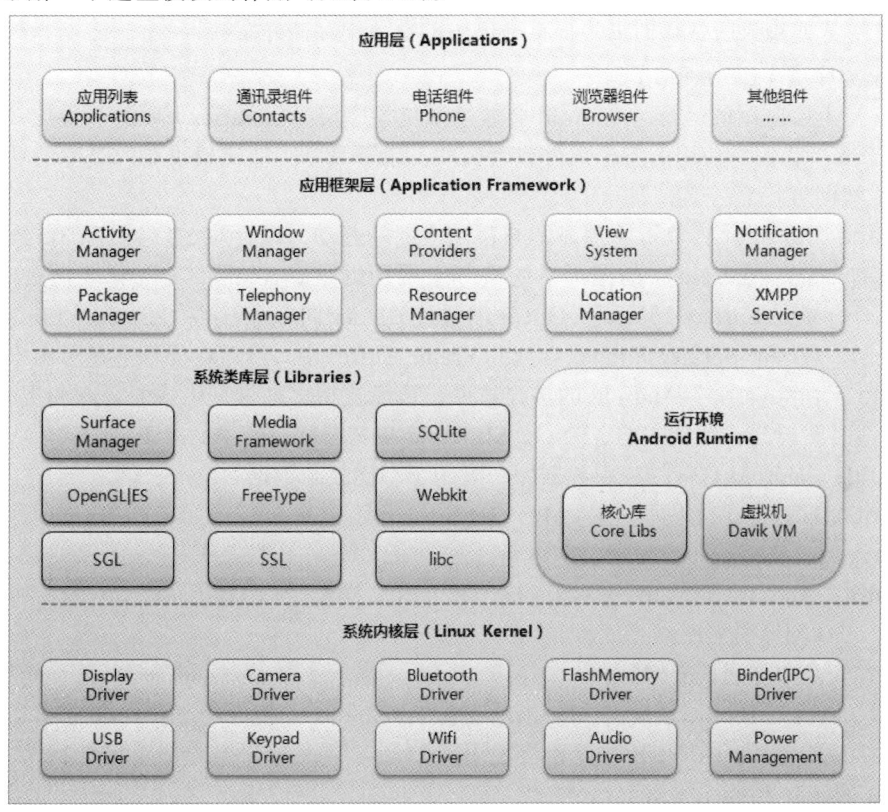

图 2-1 Android 系统框架

表 2-2 应用框架层主要模块

	模块名	模块简介
1	View System	主要用于 UI 设计，包括列表（List）、网格（Grid）、文本框（Text）、按钮（Button）以及嵌入式 Web 浏览器（WebView）等
2	Activity Manager	负责管理应用程序中 Activity 的生命周期以及提供 Activity 之间的切换功能（Intent 相关）
3	Window Manager	用于管理所有的窗口程序，如 Dialog、Toast 等
4	Resource Manager	提供非代码资源的管理，如布局文件、图形、字符串等
5	Location Manager	负责与定位功能 LBS（Location Based Service）相关功能
6	Content Providers	提供了一组通用的数据访问接口，可用于应用程序间的内容交互，比如可以用于获取手机联系人数据等
7	Package Manager	Android 系统内的包管理模块，负责管理安装的应用程序
8	Notification Manager	用于管理手机状态栏中的自定义信息等
9	Telephony Manager	手机底层功能管理模块，可用于获取手机串号或者调用短信功能
10	XMPP Service	用于支持 XMPP 协议的服务，比如与 Google Talk 通信等

以上列出的模块都是我们在应用开发中经常用到的，大家可以先熟悉一下。其中最核心的Activity Manager和View System我们将分别在2.3节和2.7节中作详细介绍。此外，其他常用的Android模块的相关内容我们也会在本书以后的章节中穿插介绍。

3. 系统类库层（Libraries）

为了支持上层应用的运行，Android会通过系统类库层（Libraries）中的一些比较底层的C和C++库来支持我们所使用的各个组件或者模块。以下列举一些比较重要的类库的功能，这个部分大家了解即可。

- Surface Manager：负责管理显示与存储之间的互动，以及对2D绘图和3D绘图进行显示上的合成。Android中的图形系统实际上采用的是C/S结构，Client端就是应用程序，而Server端是Surface Flinger，Client端通过Binder向Server端的Surface Flinger传输图像数据，最终由Surface Flinger合成到Frame Buffer中，然后在屏幕上显示出来。
- Media Framework：Android的多媒体库，该库支持多种常见格式的音频和视频的播放、录制等各种操作，比如JPG、PNG、MPEG4、MP3、AAC、AMR等。
- SQLite：Android自带的关系数据库，可用于存储复杂数据。
- OpenGL/ES：3D效果库，主要用于3D游戏开发。
- FreeType：支持位图、矢量、字体等。
- WebKit：Android的Web浏览器内核（和iOS一样）。
- SGL：2D图形引擎库。
- SSL：安全数据通信支持。
- Libc：也就是Bionic系统C库，当前支持ARM和x86指令集。该库非常小巧，主要用于系统底层调用，在NDK中经常会使用到。

4. 系统内核层（Linux Kernel）

Android内核具有和标准的Linux内核一样的功能，主要实现了内存管理、进程调度、进程间通信等功能。就最新的Android内核源码树的根目录结构来看，Android内核源码与标准Linux内核并无不同；但是，经过与标准Linux内核源代码进行详细对比，可以发现Android内核与标准Linux内核在文件系统、进程间通信机制、内存管理等方面存在着不同。当然，了解它们之间的区别对进一步了解Android系统是有很大帮助的，下面我们从几个方面来分析两者之间的异同。

- **文件系统**。不同于桌面系统与服务器，移动设备采用的大多不是硬盘而是Flash作为存储介质。因此，Android内核中增加了标准Linux专用于Flash的文件系统YAFFS2。YAFFS2是日志结构的文件系统，提供了损耗平衡和掉电保护，可以有效地避免意外断电对文件系统一致性和完整性的影响。经过测试证明，YAFFS2性能比支持NOR型闪存的JFFS2文件系统更加优秀。YAFFS2对Nand-Flash芯片也有着良好的支持。
- **进程间通信机制**。Android增加了一种进程间的通信机制IPC Binder。Binder通过守护进程Service Manager管理系统中的服务，负责进程间的数据交换。各进程通过Binder访问同一块共享内存，以达到数据通信的机制。从应用层的角度看，进程通过访问数据守护进程获取用于数据交换的程序框架接口，调用并通过接口共享数据，而其他进程要访问数据，也只需与程序框架接口进行交互，方便了程序员开发需要交互数据的应用程序。

- **内存管理**。在内存管理模块上，Android 内核采用了一种不同于标准 Linux 内核的低内存管理策略。Android 系统采用的是一种叫作 LMK(Low Memory Killer) 的机制，这种机制将进程按照重要性进行分级、分组，内存不足时，将处于最低级别组的进程关闭，保证系统是稳定运行的。同时，Android 新增加了一种内存共享的处理方式 Ashmem（Anonymous Shared Memory，匿名共享内存）。通过 Ashmem，进程间可以匿名自由共享具名的内存块，这种共享方式在标准 Linux 当中也是不被支持的。
- **电源管理**。由于 Android 主要用于移动设备，电源管理就显得尤为重要。不同于标准 Linux 内核，Android 采用的是一种较为简单的电源管理策略，通过开关屏幕、开关屏幕背光、开关键盘背光、开关按钮背光和调整屏幕亮度来实现电源管理，并没有实现休眠和待机功能。目前有三种途径判断调整电源管理策略：RPC 调用、电池状态改变和电源设置。系统通过广播 Intent 或直接调用 API 的方式来与其他模块进行联系。电源管理策略同时还有自动关机机制，当电力低于最低可接受程度时，系统将自动关机。另外，Android 的电源管理模块还会根据用户行为自动调整屏幕亮度。
- **驱动及其他**。相对于标准内核，Android 内核还添加了字符输出设备、图像显示设备、键盘输入设备、RTC 设备、USBDevice 设备等相关设备驱动，增加了日志（Logger）系统，使应用程序可以访问日志消息，使开发人员获得更大的自由。

2.3　Android 应用框架

前面介绍了 Android 的系统框架，主要目的是让大家对 Android 系统有整体的概念，也为日后更深入的学习打好基础。然而，目前我们更需要重点学习和掌握的则是 Android 的应用框架，因为是否能掌握和理解 Android 应用框架，直接关系到是否能学好 Android 应用开发。

Android 的应用框架是一个庞大的体系，想要理解透彻并不是那么简单的事情，但是，好在其中有一些比较清晰的脉络可以帮助我们快速地熟悉这个系统，因此抓住这些脉络中的核心要点对于能否学好 Android 的应用开发来说是至关重要的。一般来说，Android 应用框架中包含四个核心要点，即活动（Activity）、消息（Intent）、视图（View）和任务（Task）。

如果你觉得上述核心要点的概念很陌生，不好理解，那么我们来看看下面这个比喻：如果把一个 Android 应用比喻成海洋，那么每个 Activity 就是这个海洋中的岛屿，假设我们眼前有一项任务（也就是 Task），需要我们在其中若干个岛屿上建立起自己的王国。于是问题来了，我们要怎么样从一座岛屿去到另一座岛屿呢？没错，我们需要交通工具，而 Intent 就是我们最重要的交通工具。当然，Intent 不仅可以带我们去，而且还可以帮我们带上很多需要的东西。接着，到了岛上，我们开始建立一个自己的王国，要知道这可需要很多的资源，这个时候，我们就会想到 View 这个建筑公司，因为他可以帮助我们快速地建出我们需要的东西。这样，Activity、Intent、View 以及 Task 一起配合完成了一个完整的 Android 应用的王国。

从以上的比喻中，我们还可以认识到，在这四个要点中，Activity 是基础，Intent 是关键，View 是必要工具，而 Task 则是开发的脉络。对于开发者来说，只有掌握了 Activity、Intent、View 和 Task 这几个核心要素之后，才能够做出多种多样的应用程序。接下来，让我们分别学习一下这四个核心要点。

2.3.1 活动（Activity）

活动（Activity）是Android应用框架最基础、最核心的内容和元素，每个Android应用都是由一个或者若干个Activity构成的。在Android应用系统中，Activity的概念类似于界面，而Activity对象我们通常称之为“界面控制器”（从MVC的角度来说）。从另一个角度来理解，Activity的概念比较类似于网站（Web）开发中“网页”的概念。此外，当Android应用运行的时候，每个Activity都会有自己独立的生命周期，图2-2所示的就是Activity的生命周期。

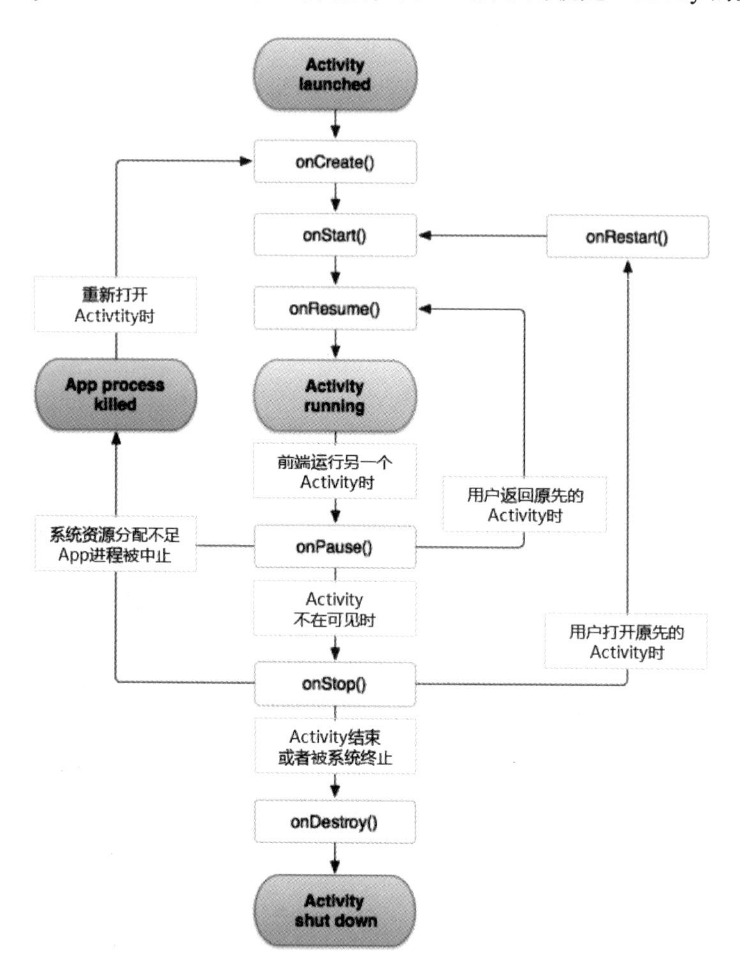

图2-2 Activity生命周期

其实，在Android系统内部有专门的Activity堆栈（Stack）空间，用于存储多个Activity的运行状态。一般来说，系统会保证某一时刻只有最顶端的那个Activity是处于前端的活动（foreground）状态。也正因如此，一个Activity才会有如图2-2所示的生命周期。当一个Activity启动并进入活动状态的时候，调用顺序是onCreate、onStart、onResume；退居后台的时候，调用顺序是onPause、onStop；重新回到活动状态的时候，调用顺序是onRestart、 onStart、onResume；销毁的时候，调用顺序是 onPause、onStop、onDestroy。我们应该深刻理解这些状态的变化过程，因为在 Android 应用开发的过程中我们会经常用到。至于如何更好地掌握 Activity 的特性，大家可以尝试将以下代码（代码清单 2-1）放入 Android 应用中运行，并对照程序打印出的调试信息来理解 Activity 生命周期各阶段的使用。

代码清单　2-1

```
// 基础 Activity 类，用于测试
public class BasicActivity extends Activity {

    private String TAG = this.getClass().getSimpleName();

    public void onCreate(Bundle savedInstanceState) {
        Log.w(TAG, "TaskId:"+this.getTaskId());
    }

    public void onStart() {
        super.onStart();
        Log.w(TAG, "onStart");
    }

    public void onRestart() {
        super.onStart();
        Log.w(TAG, "onRestart");
    }

    public void onResume() {
        super.onResume();
        Log.w(TAG, "onResume");
    }

    public void onPause() {
        super.onPause();
        Log.w(TAG, "onPause");
    }

    public void onStop() {
        super.onStop();
        Log.w(TAG, "onStop");
    }

    public void onDestroy() {
        super.onDestroy();
        Log.w(TAG, "onDestroy");
    }

    public void onNewIntent() {
        Log.w(TAG, "onNewIntent");
    }
}
```

此外，所有的Activity必须在项目基础配置文件AndroidManifest.xml中声明，这样Activity才可以被Android应用框架所识别；如果你只写了Java代码而不进行声明的话，运行时就会抛出ActivityNotFoundException异常。关于Activity声明的具体操作，我们会在2.10.2节中结合Hello World项目进行详细介绍。

2.3.2 消息（Intent）

参考之前我们对Android应用框架的几个核心要点的比喻，我们应该知道Intent消息模块对于Android应用框架来说有多重要；如果没有它的话，Android应用的各个模块就像一座座“孤岛”，根本不可能构成一个完整的系统。在Android应用系统中，我们常常把Intent称为消息，实际上，Intent本身还是一个对象，里面包含的是构成消息的内容和属性，主要有如下几个属性，我们来分别认识一下。

1. 组件名称（ComponentName）

对于Android系统来说，组件名称实际上就是一个ComponentName对象，用于指定Intent对应的目标组件，Intent对象可以通过setComponent、setClass或者setClassName方法来进行设置。

2. 动作（Action）

消息基类（Intent）中定义了各种动作常量（字符串常量），其中比较常见的有：ACTION_MAIN（对应字符串android.intent.action.MAIN）表示应用的入口的初始化动作；ACTION_EDIT（对应字符串android.intent.action.EDIT）表示常见的编辑动作；ACTION_CALL（对应字符串android.intent.action.CALL）则表示用于初始化电话模块动作等。Intent对象常使用setAction方法来设置。

3. 数据（Data）

不同的动作对应不同的数据（Data）类型，比如ACTION_EDIT动作可能对应的是用于编辑文档的URI；而ACTION_CALL动作则应该包含类似于tel:xxx的URI。多数情况下，数据类型可以从URI的格式中获取，当然，Intent也支持使用setData、setType方法来指定数据的URI以及数据类型。

4. 类别（Category）

既然不同的动作应该对应不同的数据类型，那么不同的动作也应该由不同的类别的Activity组件来处理，比如CATEGORY_BROWSABLE表示该Intent应该由浏览器组件来打开，CATEGORY_LAUNCHER表示此Intent由应用初始化Activity处理；而CATEGORY_PREFERENCE则表示处理该Intent的应该是系统配置界面。此外，消息对象（Intent）可以使用addCategory添加一种类型，而一个Intent对象也可以包含多种类型属性。

5. 附加信息（Extras）

一个Intent对象除了可以包含以上的重要信息之外，还可以存储一些自定义的额外附加信息，一般来说，这些信息是使用键值对（key value）的方式存储的。我们可以使用putExtra方法设置附加信息，信息类型非常丰富（一般还是以字符串为主）；在接收的时候使用getExtras方法获取。

6. 标志（Flags）

除了上面提到的几个功能属性，消息基类中还定义了一系列特殊的消息行为属性（也就是标志），用于指示 Android 系统如何去启动 Activity 以及启动之后如何处理。关于标志（Flags）的使用我们还会在 2.3.4 节中介绍。

在 Android 应用中，消息（Intent）的使用方式通常有两种，一是显式消息（Explicit Intent），另一个则是隐式消息（Implicit Intent）。显式消息的使用比较简单，只需要在 Intent 中指定目标组件名称（也就是前面提到的 ComponentName 属性）即可，一般用于目标 Activity 比较明确的情形。比如在一个固定流程中，我们需要从一个 Activity 跳转到另一个，那么我们就会使用显式的消息。而隐式消息则比较复杂一点，它需要通过消息过滤器（IntentFilter）来处理，一般用于目的性不是那么明确的情形，比如应用中的某个功能需要往目的地发送消息，但是我们却不确定要使用短信发送还是微博发送，那么这个时候就应该使用隐性消息来处理了。下面是一个典型的消息过滤器的配置范例，如代码清单 2-2 所示。

代码清单 2-2

```
<activity...>
    <intent-filter>
        <action android:name="android.intent.action.SEND" />
        <category android:name="android.intent.category.DEFAULT" />
        <data android:scheme="content" android:mimeType="image/*" />
    </intent-filter>
</activity>
```

我们看到，配置消息过滤器使用的是 <intent-filter/> 标签，一般需要包含三个要素：action、category 以及 data。其中，action 是必需的，category 一般也是需要的，而 data 则允许没有设置。接下来，我们学习一下这几个要素的使用方法。

- **<action/>**：在 Android 应用中，一般会通过 <action/> 元素来匹配消息（Intent），如果找到 Action 就表明匹配成功，否则就是还没找到目标。需要注意的是，如果消息过滤器没有指定 <action/> 元素，那么此消息只能被显式消息匹配上，不能匹配任何的隐式消息；相反，当消息没有指定目标组件名称时，可以匹配含有任何包含 <action/> 的消息过滤器，但不能匹配没有指定 <action/> 信息的消息过滤器。
- **<category/>**：<category/> 元素用于标注消息的类别。值得注意的是，假如我们使用 <category/> 元素来标识消息类别，系统在调用 Context.startActivity 方法或者 Context.startActivityForResult 方法时都会自动加上 DEFAULT 类别。因此，除了 Intent 已经指定为 Intent.ACTION_MAIN 以外，我们还必须指定 <category/> 为 android.intent.category.DEFAULT，否则该消息将不会被匹配到。另外，对于 Service 和 BroadcastReceiver，如果 Intent 中没有指定 <category/>，那么在其消息过滤器中也不必指定。
- **< data/>**：通过 data 字段来匹配消息相对来讲比较复杂，通常的 data 字段包含 uri、scheme（content, file, http）和 type（mimeType）几种字段。对于 Intent 来说，我们可以使用 setData 和 setType 方法来设置，对于 IntentFilter 来讲，则可以通过 android:scheme 和 android:mimeType 属性分别来指定，使用范例如代码清单 2-3 所示。

代码清单 2-3

```
<activity ...>
    <intent-filter>
        <action android:name="android.intent.action.SEND" />
        <category android:name="android.intent.category.DEFAULT" />
        <data android:scheme="file" android:mimeType="image/*" />
    </intent-filter>
</activity>
```

以上的配置表明该 Activity 可以发送图片，而且内容必须是单独的一个文件，也就是说，该文件的 URI 路径必须是以“file://”开头的。当然，如果我们把这里的“android:scheme”改成“content”的话，则表明该图片内容必须是由 ContentProvider 提供的，即 URI 必须是以“content://”开头的。

至此，我们已经介绍了消息（Intent）和消息过滤器（IntentFilter）的基本概念和用法。我们必须清楚的是，消息分为显式消息和隐式消息两种，而消息过滤器一般是提供给隐式消息使用的。Android 消息过滤器的过滤规则比较严格，只要我们申明了除了默认值（DEFAULT）之外的 action、category 和 data，那么，只有当对应消息对象的动作（action）、类别（category）和数据类型（data）同时符合消息过滤器的配置时才会被考虑。关于 <intent-filter/> 标签的具体使用方法，我们将会在本书 7.2.4 节中结合实例进行讲解。

2.3.3 视图（View）

视图（View）系统主管 Android 应用的界面外观显示，因此也称作 Android UI 系统，是 Android 应用框架中最重要的组成部分之一。我们在 Activity 中展示或者操作的几乎所有控件都属于 View。Android 应用框架的 View System 包含 View 和 ViewGroup 两类基础组件。下面我们来理解一下 Android 视图系统的层次结构，如图 2-3 所示。

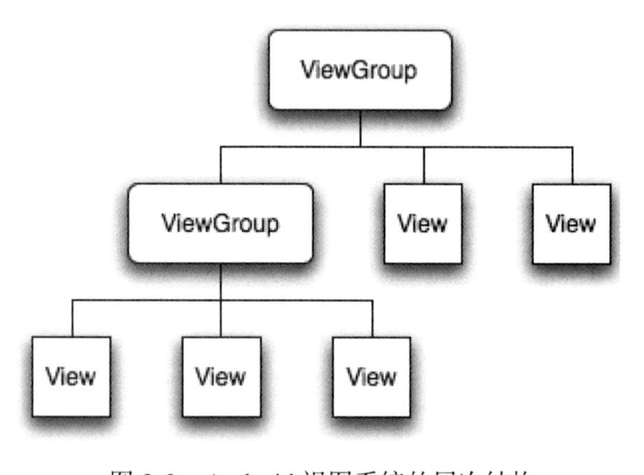

图 2-3 Android 视图系统的层次结构

视图类（View）是所有视图（UI）控件（包括 ViewGroup）的基类。视图组（ViewGroup）则类似于集合，一个视图组可以包含多个 ViewGroup 和 View，类似于 Html 标签中的层（div）。接下来，我们再来看看 View 中会经常使用的一些 UI 控件（见表 2-3），你也可以在 Android SDK 参考文档（Reference）中的 android.widget 包下找到它们。

从表 2-3 中可以看出，Android 应用框架为我们提供了非常丰富的视图控件，从某种程度上来说，Android 应用的界面是通过各种各样的视图控件组合起来的。至于这些视图控件的具体用法，我们将在第 7 章中结合项目实例进行介绍。

表 2-3　Android 主要 UI 控件

主要控件	说明
Button	普通按钮
CheckBox	多选框控件
EditText	编辑框控件
Gallery	图片集控件
GridView	格子显示控件
ImageButton	图片按钮
ImageView	图片控件
LinearLayout	线性布局
ListPopupWindow	弹出式多选框
ListView	列表控件
PopupMenu	弹出菜单
PopupWindow	弹出窗口
ProgressBar	进度条控件
RadioButton	单选框控件
RelativeLayout	绝对定位布局
ScrollView	滚动式列表
TableLayout	表格布局
TextView	文本框
Toast	弹出提示框

本节只是从应用程序框架组成部分的角度简单地介绍了 Android UI 系统的概念，关于 UI 系统的更多知识以及 UI 控件的具体用法，我们将在本章 2.7 节中更系统地介绍。

2.3.4　任务（Task）

本节介绍 Android 任务（Task）的概念。区别于以上介绍的活动、消息和视图这几个要点，任务的概念显得比较抽象，且我们在日常编码过程中也不会直接接触到，但是，理解任务却是理解整个 Android 应用框架的关键。

首先，我们来认识一下 Android 系统中的任务是如何运行的。简单来说，当我们在手机的应用列表（Application Launcher）中点击某个应用图标的时候，一个新的 Task 就启动了，后面的操作可能会涉及多个应用中不同 Activity 的界面，而这些 Activity 的运行状态都会被存储到 Task 的 Activity 堆栈（Activity Stack）中去。和其他的堆栈一样，Activity 堆栈采用的是“后进先出”的规则。图 2-4 展示就是一个常见任务中 Activity 堆栈的变化情况。

每次启动一个新的 Activity，其都会被压入（push）到 Activity 堆栈的顶部，而每次按“BACK”键，当前的 Activity 就会被弹出（pop）Activity 堆栈；另外，如果按了“HOME”键的话，该 Task 会失去焦点并被保存在内存中；而一旦重新启动，Task 会自动读出并显示上次所在的 Activity 的界面。那么，从一个应用进入另一个应用的情况是怎样呢？比如，应用中需要配置一些系统设置，那么我们就需要考虑一下多任务切换的情况了，如图 2-5 所示。

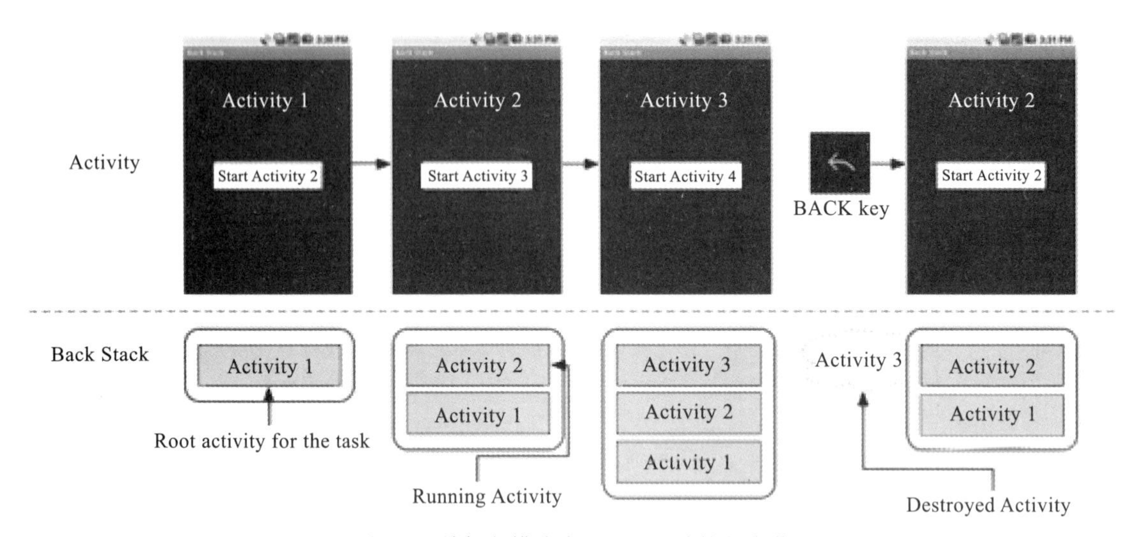

图 2-4　单任务模式中 Activity 堆栈的变化

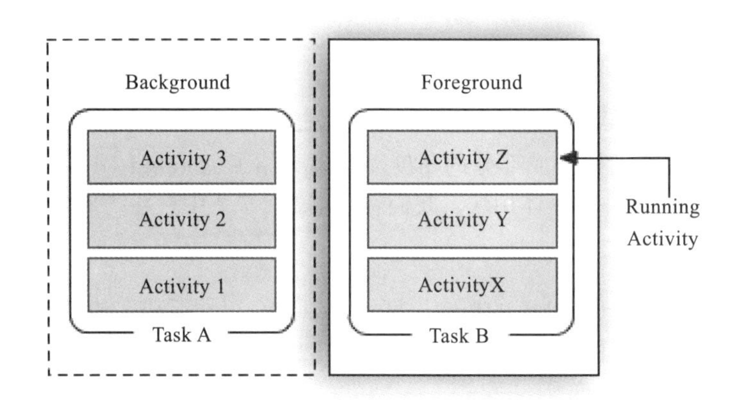

图 2-5　多任务模式中 Activity 堆栈的变化

我们假设 Task A 是应用 A 的任务，也是我们所在的任务，当运行到 Activity 3 的时候我们按了“Home”键，于是 Task A 中的所有 Activity 就都被停止了，同时 Task A 暂时退居到后台（Background）；这时，我们点击应用 B 的图标激活了 Task B，于是 Task B 就被推到了前台（Foreground），并展示出最上层的 Activity Z；当然，我们还可以用类似的操作把 Task A 激活并放置到前台进行操作。以上也是我们使用 Android 系统最经常使用的行为操作，大家可以结合实际情况好好理解一下。

以上的策略已经可以满足大部分 Android 应用的需求。此外，Android 还提供了一些其他的策略来满足一些特殊的需求。比较常见的，如我们可以在 Android 基础配置文件（Menifest File）中使用 <activity/> 元素的 launchMode 属性来控制 Activity 在任务中的行为特征。launchMode 有以下四种模式可供选择。

- **Standard 模式**：Standard 模式为默认模式，无论是打开一个新的 Activity，还是接收

Intent 消息，系统都会为这个 Activity 创建一个新的实例（instance）；每个 Activity 都可以被实例化多次，并且每个任务都可以包含多个实例。此模式最常用，但是其缺点就是太耗费系统资源。

- **singleTop 模式**：该模式下的行为和 Standard 模式下的行为基本相同，如果该 Activity 正好在运行状态（也就是在 Activity 堆栈的顶部），那么其接收 Intent 消息就不需要重新创建实例，而是通过该类的 onNewIntent() 方法来处理接收到的消息。这种处理方式在一定程度上会减少一些资源浪费。
- **singleTask 模式**：此模式保证该 Activity 在任务中只会有一个实例，并且必须存在于该 Task 的根元素（即栈底）。此模式比较节省资源，手机浏览器使用的就是这种模式。
- **singleInstance 模式**：此模式与 singleTask 模式类似，不同之处是该模式保证 Activity 独占一个 Task，其他的 Activity 都不能存在于该任务的 Activity 堆栈中。当然，Activity 接收 Intent 消息也是通过 onNewIntent 方法实现。

此外，我们还可以通过设置 Intent 消息的 flag 标志来主动改变 Activity 的调用方式，比较常见的 flag 如下。

- FLAG_ACTIVITY_NEW_TASK：在新的 Task 中启动目标 Activity，表现行为和前面提到的 singleTask 模式下的行为一样。
- FLAG_ACTIVITY_SINGLE_TOP：如果目标 Activity 正好位于堆栈的顶部，则系统不用新建 Activity 的实例并使用 onNewIntent() 方法来处理接收到的消息。表现行为和前面提到的 singleTop 模式下的行为一样。
- FLAG_ACTIVITY_CLEAR_TOP：如果目标 Activity 的运行实例已经存在，使用此方法系统将会清除目标 Activity 所处的堆栈上面的所有 Activity 实例。

需要注意的是，官方文档中建议多使用默认的 Task 行为模式，因为该模式比较简单也易于调试。对于一些特殊的需求，如果需要使用到其他模式的话，需要模拟不同的情况多进行一些测试，以防止在一些特殊情况下出现不符合预期的情况。当然，说句实话，目前主流移动设备上的 Android 版本都还比较旧，对多任务管理的支持和体现还不够明显，不过，我们应该可以在 Android 最新版本（如 Android 4.0）里看到对系统任务管理功能的加强。

2.4　Android 系统四大组件

之前我们已经学习了 Android 应用框架的四大核心要点，对 Android 的应用框架有了一个总体性的了解，接下来我们要学习 Android 应用程序中的四个重要组成部分，也就是我们一般所说的“应用组件”。在前面讲解四大核心要点的篇幅中，我们曾经提到了控件（View 控件）的概念，现在我们再来学习一下 Android 应用框架中的组件的概念。那么何谓组件呢？顾名思义，组件当然要比控件复杂，简而言之，组件是用于工业化组装的部件。要达到组件的标准，必须符合三个要求，以下我们结合 Android 应用框架讨论如下。

1. 有统一标准

这点应该是形成组件的前提条件，试问，组件如果没有标准，如何组装？在这点上，

Android 应用框架中定义了很多标准接口，满足了组件间的各种接口需求；换一种说法，整合 Android 系统都是按照接口规范设计出来的。

2. 可独立部署

组件应该是独立的，每个组件都有自成一套的功能体系，否则就没有形成组件的必要。比如每个 Activity 都是可以独立构造的，使用 Activity 组件，我们可以完成一个包含许多复杂功能的界面；而使用 Service，我们可以操作一个独立的后台进程等。

3. 可组装整合

可组装是组件最重要的特性，一个完整的 Android 应用必然是若干个系统组件构成的，这就要求组件必须是能组装在一起的，至于如何组装，我们会在后面的章节中结合实例进行介绍。

通常来讲，Android 应用框架中包含了四大组件：活动（Activity）、服务（Service）、广播接收器（Broadcast Receiver）和内容提供者（Content Provider）。这四大组件除了具有前面所提到的三个特点之外，还有着相同的显著特点，那就是它们都可以在 Android 的基础配置文件，即 AndroidManifest.xml 中进行配置。下面我们就来学习 Android 系统四大组件的基本概念和使用方法。

2.4.1 活动（Activity）

在 2.3.1 节中，我们已经介绍了 Android 活动（Activity）的生命周期以及基本行为，大家应该对 Activity 的概念有了一定的了解。此外，Activity 同时还是 Android 系统四大组件中的一员，因此，本节将着重介绍 Activity 作为组件的一般声明方法。

说到 Activity 的声明方法，我们必须先了解 Android 全局配置文件 AndroidManifest.xml 的基础知识。每个 Android 应用项目都会有自己的全局配置文件，该文件包含了应用的系统常量、系统权限以及所含组件等配置信息。配置使用范例如代码清单 2-4 所示。

代码清单 2-4

```
<manifest ...>
   <application ...>
       <activity android:name="com.app.android.HelloActivity"
            android:theme="@android:style/Theme.NoTitleBar.Fullscreen"
            android:screenOrientation="landscape">
            <intent-filter>
                 ...
            </intent-filter>
            <intent-filter>
                 ...
            </intent-filter>
       </activity>
       ...
   </application>
   <uses-permission .../>
   <uses-permission .../>
   ...
</manifest>
```

从上述配置使用范例中，我们可以看到在AndroidManifest.xml配置文件范例的根元素<manifest/>下面有两种标签，即<application/>和<uses-permission/>元素。前者是应用配置的根元素，而后者则用于配置应用的权限。这里顺便说一下，每个Android应用都必须事先声明应用需要的权限，比如是否需要网络、是否需要使用摄像头或者是否需要打开卫星定位（GPS）等。而用户在安装该应用之前，系统会先提示用户是否允许该应用使用这些权限，如果用户觉得应用不安全便可以选择不安装，这在一定程度上也提高了Android系统的安全性。

另外，我们还可以看到，在以上配制文件中的<application/>元素里面含有一个或者若干个<activity/>元素，这个就是我们需要重点了解的Activity标签了。首先，我们来看一下该标签内部的一些常用的配置选项。

- **android:name**：表示该Activity对应的类的名称，在代码清单2-4中，我们就定义了一个Activity，它的具体类包名就是“com.app.android.HelloActivity”。
- **android:theme**：表示Activity所使用的主题，在Android系统中是允许我们自定义主题的（这部分的内容我们在后面章节的实例中会介绍到），在代码清单2-4中，使用的是默认主题“@android:style/Theme.NoTitleBar.Fullscreen”，也就是全屏模式。
- **android:launchMode**：Activity的行为模式，之前在2.3.4节中介绍过该标签的4种选项，即与任务行为有关的Standard、singleTop、singleTask以及singleInstance。
- **android:screenOrientation**：表示屏幕的方向，在代码清单2-4中，landscape表示的是该Activity是横屏显示的，如果改成portrait的话，则就变成竖屏显示。

当然，Activity标签可配置的选项远不止以上这些，更详细的使用说明可以参考7.1.2节的内容，使用范例可参考代码清单7-11。此外，从上面的配制文件中我们还可以看到不止一个<intent-filter>元素。关于这点，实际上，前面我们已经介绍过消息过滤器的用法，如果大家有疑问的话，可以参考2.3.2节中与消息（Intent）相关的内容。

另外，Activity在应用开发中被用做控制界面的逻辑，也就是MVC中的Controller控制器，关于Android应用中MVC的概念可参考5.2.3节中的内容。开发者可以根据需要，在Activity的生命周期方法中添加不同的逻辑来控制对应应用界面的显示、动作和响应等，而Activity类的具体用法和代码示例我们可以在本书第7章的“微博实例”代码中学习到。

2.4.2　服务（Service）

Android系统中的Service服务组件和Windows系统中的后台服务有点类似，这个概念应该很容易理解，比如，我们在退出某些聊天软件之后还是可以接收到好友发来的消息，就是使用Android服务组件来实现的。此外，如果需要在应用后台运行某些程序，Service服务组件也绝对是最佳的选择。另外，值得注意的是，Service和之前的Activity一样，也有自己的生命周期，但是，Service的生命周期相对简单一些，如图2-6所示。

从图2-6中我们可以看出Android服务（Service）主要有以下两种运行模式。

- **独立运行模式**：我们一般通过“startService()”方法来启动一个独立的服务，在这种模式下，该服务不会返回任何信息给启动它的进程，进程的动作结束后会自动结束。比如，浏览器下载就属于独立服务。
- **绑定运行模式**：与独立服务不同，绑定服务是与启动它的应用绑定在一起的，当该应用结束的时候，绑定服务也会停止。另外，这种服务可以和应用中的其他模块进行信息交互，甚至进行进程通信（IPC）。

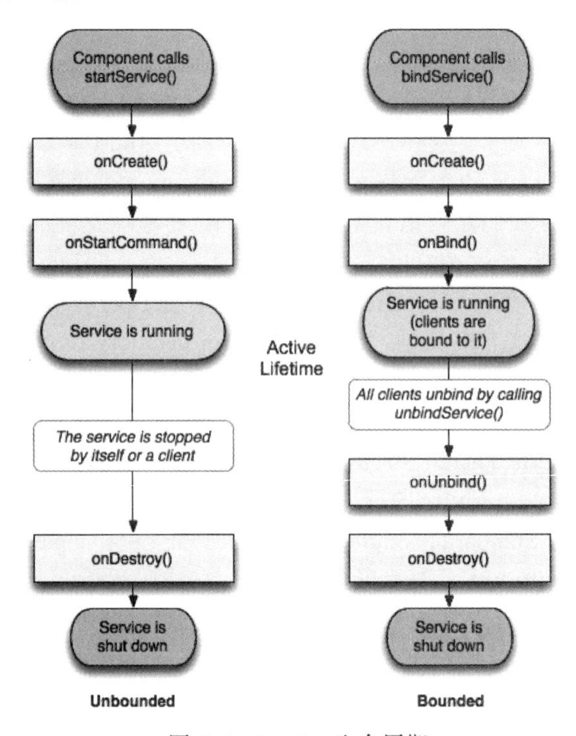

图 2-6 Service 生命周期

与 Activity 类似，onCreate 和 onDestroy 分别是 Android 服务创建和销毁过程中的回调方法。与独立运行模式相比，绑定运行模式中多出来 onBind 和 onUnbind 两个函数，分别是服务绑定和解绑过程的回调方法。在 Android 应用开发的时候，我们通常会使用 startService 方法来开启 Service 服务。另外，在应用开发的时候千万别忘了我们必须事先在全局配置文件中进行如下声明，如代码清单 2-5 所示。

代码清单 2-5

```
<application ...>
    <service android:name=".HelloService"/>
    <activity ...>
        ...
    </activity>
</application>
```

理解 Android 服务（Service）时要特别注意，千万不要盲目认为服务是一个独立的进程或者线程。实际上，它和应用程序的进程之间存在着复杂的联系，所以如果我们需要在 Service 中做一些耗时操作的话，必须新起一个线程并使用消息处理器 Handler 来处理消息。另外，Android 服务的进程间通信（IPC）功能还涉及 AIDL（Android Interface Definition Language，Android 接口定义语言），有兴趣的话尽管去了解一下。关于 Service 的具体使用实例，大家可以先去看看 Android SDK 中 API Demos 里面的 RemoteService 实现，本书后面的实例中我们也会穿插介绍。

小贴士：Handler 是消息处理器，用于接受子线程的消息进行处理并配合主线程更新 UI 界面，具体内容可参考 5.2.2 节中界面基础类 BaseUi 的相关内容。

在 Android 系统中，Service 服务类的使用方法比较简单，执行 Service 对象的 start 方法就可以开启一个服务。实际上，第 7 章的“微博实例”中也有与 Service 服务相关的代码实例，请参考 7.5.4 节。

2.4.3 广播接收器（Broadcast Receiver）

广播接收器（Broadcast Receiver）是 Android 系统的重要组件之一，可以用来接收其他应用发出来的广播，这样不仅增强了 Android 系统的交互性，而且能在一定程度上提高用户的操作体验。比如，你在把玩应用或者游戏的同时也可以随时接收一条短信或者一个电话，或者你在打开网页的同时还可以接收短信验证码等。

广播接收器的使用也很简单，和其他组件的步骤一样：先声明，再调用。代码清单 2-6 就是一个声明广播接收器的例子。

代码清单 2-6

```
<application ...>
    <receiver android:name=".HelloReceiver">
         <intent-filter>
          <action android:name="com.app.basicreceiver.helloreceiver"/>
         </intent-filter>
    </receiver>
    <activity ...>
         ...
    </activity>
</application>
```

这里我们定义了一个名为 HelloReceiver 的广播接收器。这个类里面只有一个 onReceive 方法，里面我们可以定义需要的操作。使用的时候，我们可以在 Activity 中直接使用 sendBroadcast 方法来发送广播消息，这样 HelloReceiver 就会接收到我们发送的信息并进行相应的处理。这里需要注意的是，广播接收器也是在应用主线程里面的，所以我们不能在这里做一些耗时的操作，如果需要的话，可以新开线程来解决。发送广播消息的范例如代码清单 2-7 所示。

代码清单 2-7

```
...
Intent intent = new Intent("com.app.basicreceiver.hello");
sendBroadcast(intent);
...
```

而接收消息的使用范例，也就是广播接收器类 HelloReceiver 的逻辑实现，我们可以参考代码清单 2-8。

代码清单 2-8

```
public class HelloReceiver extends BroadcastReceiver {
    @Override
    public void onReceive(Context context, Intent intent) {
        String action = intent.getAction();
        Toast.makeText(context, "Receive Action : " + action, 1000).show();
    }
}
```

另外，我们需要了解，Android 系统中的广播消息是有等级的，可分为普通广播（Normal Broadcasts）和有序广播（Ordered Broadcasts）两种。前者是完全异步的，可以被所有的接收者接收到，而且接收者无法终止广播的传播；而有序广播则是按照接收者的优先级别被依次接收到。优先级别取决于 intent-filter 元素的 android:priority 属性，数越大，优先级越高。至于使用，我们通常会在 onResume 事件中通过 registerReceiver 进行注册，在 onPause 等事件中注销，这种方式使其能够在运行期间保持对相关事件的关注。常见的广播事件有：短信广播、电量通知广播等。

2.4.4 内容提供者（Content Provider）

在 Android 应用中，我们可以使用显式消息（Explicit Intent）来直接访问其他应用的 Activity，但是这仅限于 Activity 的范畴；如果需要使用其他应用的数据，还需要用到另外一种组件，这就是所谓的内容提供者（Content Provider）。

顾名思义，内容提供者就是 Android 应用框架提供的应用之间的数据提供和交换方案，它为所有的应用开了一扇窗，应用可以使用它对外提供数据。每个 Content Provider 类都使用 URI（Universal Resource Identifier，通用资源标识符）作为独立的标识，格式如：content://xxx。其格式类似于 REST，但是比 REST 更灵活，因为在调用接口的时候还可以添加 Projection、Selection、OrderBy 等参数，结果以 Cursor 的模式返回。Content Provider 的声明写法非常简单，示例可参考代码清单 2-9。

代码清单 2-9

```
<application ...>
    <provider android:name="com.app.android.HelloProvider"
        android:authorities="com.app.android.HelloProvider"/>
    <activity ...>
        ...
    </activity>
</application>
```

关于 Content Provider 的类实现，我们只需要继承 ContentProvider 接口并实现其中的抽象方法即可，这几个方法有点类似于数据操作对象 DAO 的抽象方法，其中包括 insert、delete、query 和 update 这些常见的“增删查改”的接口方法。对于具体的数据存储来说，一般会使用 Android 的内置数据库 SQLite，当然也可以采用文件或者其他形式的混合数据来实现。关于 Android 系统中的数据存储我们会在 2.6 节中介绍。

我们在使用上述四大组件的时候还需要注意的是：实际上，Service 和 Content Provider 都可用于 IPC（Inter-Process Communication，进程间通信），也就是在多个应用之间进行数据交换。Service 可以是异步的，而 Content Provider 则是同步的。在某些情况下，在设计的时候我们要考虑到性能问题。当然，Android 也提供了一个 AsyncQueryHandler 帮助异步访问 Content Provider。关于以上四大组件的具体使用，我们会在后面的章节中穿插介绍。

另外，与 Content Provider 配合使用的还有 Content Resolver，即内容处理器。前面也提到了 Content Provider 是以数据库接口的方式将数据提供出去，那么 Content Resolver 也将采用类似的数据库操作来从 Content Provider 中获取数据，而获取数据就需要使用 query 接口。和 Content Provider 类似，Content Resolver 也需要使用 URI 的方式来获取对应的内容，其使用范例可参考 7.3.2 节中提到的 HttpUtil 类的相关代码（代码清单 7-34）。

2.5　Android 上下文

大家对上下文（Context）的概念并不陌生，在软件开发领域，它主要用于存储进程或应用运行时的资源和对象的引用，此外，我们在接触其他系统和框架的时候也经常会碰到上下文的概念。当然，对于 Android 应用来说，上下文是非常重要的，这部分的内容在 Android 应用的实际开发中也会经常使用到，因此本节将会重点介绍 Android 上下文的相关知识，为后面实战编程打下一定的基础。

在 Android 应用框架中，根据作用域的不同，可以把上下文分为两种，一种是 Activity 界面的上下文，即 Activity Context；另一种是 Android 应用的上下文，即 Application Context。下面我们分别介绍这两种上下文的概念和使用。

2.5.1　界面上下文（Activity Context）

界面上下文（Activity Context）在应用界面（Activity）启动的时候被创建，主要用于保存对当前界面资源的引用。界面上下文在 Activity 界面控制器类中被使用，当我们需要加载或者访问 Activity 相关的资源时，会需要用到该 Activity 的上下文对象。比如，我们需要在界面中创建一个控件，示例代码如清单 2-10 所示。

代码清单　2-10

```
public class TestActivity extends Activity {
...
    public void onCreate(Bundle savedInstanceState) {
        super.onCreate(savedInstanceState);
        TextView mTextView = new TextView(this);
        label.setText("Test Text View");
        setContentView(mTextView);
    }
...
}
```

通过上面的代码片断，我们创建了一个文本框控件（TextView），并赋予该控件对应界面控制器（TestActivity）的上下文对象（this）。实际上，把界面控制器的上下文对象传递给控件，就意味着该控件拥有一个指向该界面对象的引用，可以引用界面对象占有的资源；同时，

Android 界面系统也将该控件绑定到该上下文指向的界面对象，最终组合并展示出来。

界面上下文（Activity Context）的生命周期跟 Activity 界面的是同步的，即当 Activity 被销毁的时候，其对应的上下文也被销毁了，同时，和该上下文有关的控件对象也将被销毁并回收。因此，我们也可以认为上下文可以用于串联 Android 应用之中的对象和组件，在理解了这点之后，在使用上下文的时候就不会迷惑了。此外，Context 类中比较常用的方法如下。

- getApplicationContext：获取当前应用的上下文对象，相关内容请参考 2.5.2 节。
- getApplicationInfo：获取当前应用的完整信息并存于 ApplicationInfo 对象中，其中常用的信息包括包名 packageName、图标 icon 以及权限 permission 等属性，更多属性可参考 SDK 中 android.content.pm.ApplicationInfo 类的说明。
- getContentResolver：获取 ContentResolver 对象，用于查询所需的 Content Provider 提供的信息，更多知识请参考 2.4.4 节内容。
- getPackageManager：获取 PackageManager 对象，PackageManager 的用途比 ApplicationInfo 更加广泛，该类可以从系统的 PackageManagerService 中获取安装包和运行进程的信息，作用于系统范围。
- getPackageName：获取包名，包名（packageName）可作为 Android 应用的唯一标识。
- getResources：获取应用的资源对象 Resources，该对象提供一系列的 get 方法来获取图形 Drawable、字符串 String 以及视频 Movie 等资源。
- getSharedPreferences：获取用于持久化存储的 SharedPreferences 对象，相关内容请参考 2.6.1 节。
- getSystemService：获取系统级别服务的对象，Android 应用框架为我们提供了丰富的系统服务，getSystemService 方法就是用于获取这些系统服务对象并运用到应用开发中去。表 2-4 中列出了常用系统服务及其简单介绍，大家可以先了解一下。

表 2-4 Android 常用系统服务

服务名	返回对象	服务功能
ACTIVITY_SERVICE	ActivityManager	系统应用程序管理
ALARM_SERVICE	AlarmManager	系统闹钟服务
CONNECTIVITY_SERVICE	Connectivity	网络连接服务
KEYGUARD_SERVICE	KeyguardManager	键盘锁服务
LAYOUT_INFLATER_SERVICE	LayoutInflater	获取 Xml 模板中 View 组件服务
LOCATION_SERVICE	LocationManager	位置服务，如 GPS 等
NOTIFICATION_SERVICE	NotificationManager	状态栏和通知栏服务
POWER_SERVICE	PowerManager	系统电源管理
SEARCH_SERVICE	SearchManager	系统搜索服务
TELEPHONY_SERVICE	TelephonyManager	系统电话服务
VIBRATOR_SERVICE	Vibrator	手机震动服务
WIFI_SERVICE	WifiManager	手机 WIFI 相关服务
WINDOW_SERVICE	WindowManager	系统窗口管理

界面上下文是 Android 应用开发中最经常被使用的上下文对象，应用界面中几乎所有的 UI 控件都需要用到，这一点在实际运用的过程中大家会体会得更深刻。

2.5.2　应用上下文（Application Context）

应用上下文（Application Context）在整个应用（Application）开始的时候被创建，用于保存对整个应用资源的引用，在程序中可以通过界面上下文的 getApplicationContext 方法或者 getApplication 方法来获取。在实际应用的时候，我们通常会把应用上下文当做全局对象的引用来使用。当然，对于不同的应用我们会定义应用对象来使用，如代码清单 2-11 所示。

代码清单　2-11

```
class TestApp extends Application {
...
    private String status;

    public String getStatus(){
        return status;
    }

    public void setStatus(String s){
        status = s;
    }
...
}
```

TestApp 应用类继承自 Application 基类，定义了自己的状态变量和 get/set 方法，可在整个应用程序中进行设置和获取。当然，我们还需要在应用程序的配置文件 AndroidManifest.xml 中进行配置，如代码清单 2-12 所示。

代码清单　2-12

```
<application android:name=".TestApp"
    android:icon="@drawable/icon"
    android:label="@string/app_name">
...
</application>
```

配置完毕之后，在应用程序的 Activity 界面中就可以使用 getApplicationContext 来获取该应用的上下文对象来完成所需功能了，使用范例请参考代码清单 2-13。

代码清单　2-13

```
class TestActivity extends Activity {
...
      @Override
      public void onCreate(Bundle b){
           ...
           TestApp app = (TestApp) this.getApplicationContext();
           String status = app.getStatus();
           ...
      }
...
}
```

实际上，在 Android 应用框架中，android.app.Activity 类和 android.app.Application 类都是从 android.content.Context 类继承而来的，这也是为什么可以在 Activity 和 Application 中方便地使用 this 来代替对应上下文的原因。当然，理解两种 Android 上下文的用法在 Android 应用编程中是非常重要的，因为只有理解了 Android 上下文才能比较完整地理解 Android 应用的运行环境，进而更好地控制应用的运行状态。另外，我们也会在第 7 章中通过实例来加深大家对 Android 上下文用法的理解。

2.6 Android 数据存储

前面刚介绍过上下文对象的使用，其最重要的功能之一，就是用于存储应用运行期间产生的中间数据。接下来，我们来讨论 Android 应用中持久化类型数据的存储方案。对于移动互联网应用来说，我们经常把核心数据存储在服务端，也就是我们常说的“云端”，但是在实际项目中也会经常使用到 Android 系统内部的数据存储方案，接下来让我们认识一下几种最常用的数据存储方案。

2.6.1 应用配置（Shared Preferences）

在 Android 系统中，系统配置（Shared Preferences）是一种轻量级的数据存储策略，只能用于存储 key-value 格式的数据（类似于 ini 格式），因此这个特点也决定了我们不可能在其中存储其他各种复杂格式的数据。由于系统配置使用起来比较简单方便，所以我们经常用它来存储一些类似于应用配置形式的信息。代码清单 2-14 就是一个简单的例子。

代码清单 2-14

```
...
settings = getPreferences(Context.MODE_PRIVATE);
if (settings.getString("username", null) == null) {
      SharedPreferences.Editor editor = settings.edit();
      editor.putString("username", "james");
      editor.commit();
}
...
```

以上代码的逻辑很简单：先检查是否存在“username”的值，若不存在则保存“james”字符串为“username”。这里我们重点分析两点：首先是关于 Context.MODE_PRIVATE，MODE_PRIVATE 代表此时 Shared Preferences 存储的数据是仅供应用内部访问的，除此之外，Android 系统中还提供 MODE_WORLD_READABLE 和 MODE_WORLD_WRITEABLE 两种模式，分别用于表示数据是否允许其他应用来读或者写；另外还需要注意的一点是，我们在操作数据的时候必须使用 SharedPreferences.Editor 接口来编辑和保存数据，最后还必须调用 commit 方法进行提交，否则数据将不会被保存。

另外，系统配置信息会被存储在“/data/data”下对应的应用包名下的 shared_prefs 目录里，一般是以 XML 文件格式来存储的。在 Eclipse 中，我们可以使用 DDMS 工具（本章的 2.10.3 节会介绍）打开对应的目录进行查看。

2.6.2　本地文件（Files）

将数据保存成为文件应该是所有系统都会提供的一种比较简单的数据保存方法，我们已经知道 Android 系统是基于 Linux 系统来开发的，而 Linux 系统就是一个文件系统，很多的数据都是以文件形式存在的。与系统配置不同，文件可存储的格式是没有限制的，所以使用范围自然也比系统配置广得多，除了可用于各种类型文件的读写，我们还经常用于保存一些二进制的缓存数据，比如图片等。

在 Android 中，我们一般使用 openFileOutput 方法来打开一个文件，此方法会返回一个 FileInputStream 对象，然后我们就可以选择使用合适的方法来操作数据。比如，对于 cfg 或者 ini 类型的文件来说，我们可以使用 Properties 的 load 方法来直接载入；对于其他普通的文件，我们则可以使用 InputStreamReader 和 BufferedReader 来读取。代码清单 2-15 就是一个典型的在 Android 系统中读取文件内容的例子。

代码清单　2-15

```
...
public String getFileContent (String filePath) {
     StringBuffer sb = new StringBuffer();
     FileInputStream stream = null;
     try {
          stream = this.openFileInput(filePath);
          BufferedReader br = new BufferedReader(new InputStreamReader(stream, "UTF-8"));
          String line = "";
          while ((line = br.readLine()) != null) {
              sb.append(line);
          }
     } catch (...) {
          ...
     } finally {
          if (stream != null) {
              try {
                  stream.close();
              } catch (...) {
                  ...
              }
          }
     }
     return sb.toString();
}
...
```

在上面的代码中，我们实现了一个名为 getFileContent 的方法，用于获取对应文件的内容；其中就使用了 openFileInput 来获取文件数据，并通过一系列的拼装，最终返回整个文件的内容。另外，我们需要了解一下，在 Android 系统中，文件一般会存储到和配置文件同级的目录下，只不过目录名不是 shared_prefs，而是 files。更多关于 Android 文件存储的例子我们会在本书第 7 章中进行详细介绍。

2.6.3 数据库（SQLite）

关于数据库的概念，我相信大家都已经非常熟悉了。Android 系统给我们提供了一个强大的文本数据库，即 SQLite 数据库。它提供了与市面上的主流数据库（如 MySQL、SQLServer 等）类似的几乎所有的功能，包括事务（Transaction）。由于篇幅限制，我们不能在这里介绍太多关于 SQLite 数据库的内容，因此，如果大家想了解更多信息请到 SQLite 的官方网站（http://www.sqlite.org）查看。

与之前介绍的两种数据存储模式不同，数据库的存储方式偏向于存取的细节，比如，我们可以把同一类型的数据字段定义好，并保存到统一的数据表中去，进而可以针对每个数据进行更细节的处理。所以，如果可能的话，尽量使用数据库来存储数据，这样会大大增强应用的结构性和扩展性。另外，我们还经常把 SQLite 数据库和前面所提到的 Android 四大组件之一的“数据提供者”结合使用，因为它们对于“增删查改”接口的定义和使用实际上是一致的。另外，我们在使用的过程中经常通过继承 SQLiteOpenHelper 类并实现其中的抽象方法的形式来构造基础的 DB 操作类，使用范例如代码清单 2-16 所示。

代码清单 2-16

```
...
public class DBHelper extends SQLiteOpenHelper {

    /* 数据库配置 */
    private static final int DB_VERSION = 1;
    private static final String DB_NAME = "mydb.db";
    private static final String DB_TABLE = "mytable";

    /* 数据库初始化和更新 SQL */
    private static final String SQL_CREATE = "CREATE TABLE ...";
    private static final String SQL_DELETE = "DROP TABLE ...";

    /* 构造函数 */
    public DBHelper(Context context){
        super(context, DB_NAME, null, DB_VERSION);
    }

    /* 初始化数据库 */
    @Override
    public void onCreate(SQLiteDatabase db) {
        db.execSQL(SQL_CREATE);
    }

    /* 升级数据库 */
    @Override
    public void onUpgrade(SQLiteDatabase db, int oldVersion, int newVersion) {
        db.execSQL(SQL_DELETE);
    }
}
...
```

此外，在需要使用的时候，我们可以通过 getReadableDatabase 和 getWritableDatabase 来获取数据库句柄分别进行读和写的操作。另外，数据库文件会被存在 shared_prefs 和 files 的同级目录下，目录名为 databases。关于 SQLite 数据库的更多用法，我们也会在第 7 章中结合具体实例做进一步的介绍。

2.7　Android 应用界面

Android 应用界面系统，即 Android UI（User Interface）系统是 Android 应用框架最核心的内容之一，也是开发者们需要重点掌握的内容。如果我们把 Android 应用也分为前后端两部分的话，那么之前介绍的核心要点和四大组件等都属于后端，而 Android UI 系统则属于前端。后端保证应用的稳定运行，而前端则决定应用的外观和体验。对于一个优秀的 Android 应用来说，漂亮的外观和流畅的体验是必不可少的。接下来，我们便来学习 Android 外观系统的知识。

在 2.3.3 节中我们已经简单介绍了 Android 应用框架中的外观系统（View System），也就是 Android UI 系统的基础知识。我们知道了对于 Android 应用来说，最重要的两个基础类就是 View 和 ViewGroup：View 是绝大部分 UI 组件的基础类，而 ViewGroup 则是所有 Layout 布局组件的基类。当然，ViewGroup 也是 View 的子类。相关类库的树形结构如下。

```
java.lang.Object
|- android.view.View
   |- android.view.ViewGroup
      |- android.widget.FrameLayout
      |- android.widget.LinearLayout
         |- android.widget.TableLayout
      |- android.widget.RelativeLayout
      |- android.widget.AbsoluteLayout
```

本节将重点介绍 Android 应用（非游戏）使用的 UI 系统。一般来说，我们都使用 XML 格式的模板文件来书写对应的 UI 界面，当然，这种做法也比较符合 MVC 的设计思想。另外，由于 UI 模板独立于逻辑之外，界面设计师们就可以更加专注于他们自己的事情。在模板文件中，每个 UI 控件都由对应的 XML 标签来表示，具体的控件标签见表 2-3，大家可以回顾一下。

2.7.1　控件属性

我们知道 Android UI 系统给我们提供了丰富多彩的控件，比如 TextView、Button、TextView、EditText、ListView、CheckBox、RadioButton 等，具体如表 2-3 所示。我们可以使用这些不同功能的控件来完成各种各样用户界面的需求。那么控件本身的属性应该如何设置呢？实际上，每个 UI 控件都有很多的属性可供我们选择，我们一般都是通过设置这些属性来设置 UI 控件的外观、位置等。代码清单 2-17 中就是使用 XML 来表示文本框控件（TextView）的示例，实际的显示效果是在整个 UI 界面的左上方打印一段文字“I am a TextView”。

代码清单　2-17

```
<TextView android:id="@+id/text"
    android:layout_width="wrap_content"
```

```
    android:layout_height="wrap_content"
    android:text="I am a TextView" />
```

Android UI 控件使用 android:layout_width 和 android:layout_height 属性控制其宽度和高度，属性值为 wrap_content 表示元素的外观由内容大小决定，而 fill_parent 则表示元素大小由外层的元素决定。我们经常使用 fill_parent 来实现自适应的界面布局，因为最外层的元素必然就是手机屏幕。此外我们需要注意的是，这两个属性是每个 UI 控件必须指定的。

另外，Android UI 控件的外观采用类似于 CSS 标准的“盒子模型”，也有 margin 和 padding 的概念，元素内边距使用 android:padding 来表示，外边距则采用 android:layout_margin 来控制。这两个属性也是我们最常使用的“利器”之一，用其可使整个界面各个控件之间的间隔更为合理、美观。Android UI 控件“盒子模型”如图 2-7 所示，大家可以结合示意图理解一下。

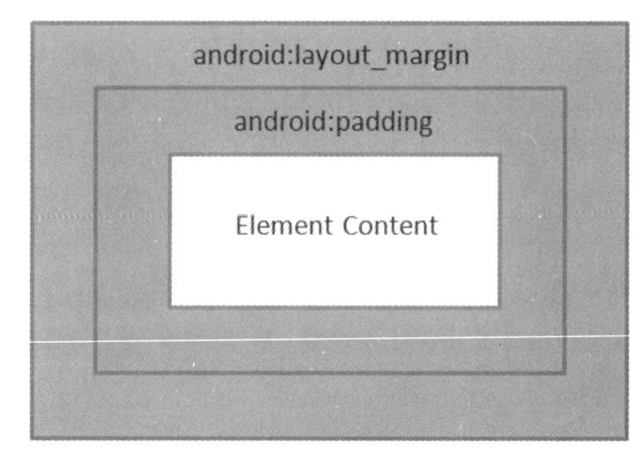

图 2-7 盒子模型

最后，我们来学习一些基础的 Android UI 控件属性，这些属性在 UI 组件基础类 View 类中定义，具备很强的通用性，可被绝大部分的 UI 控件所使用，因此也被称作“通用属性”。对于我们来说，只有掌握了这些通用属性的用法，才能够更好地控制 UI 组件并运用它们组装出各种各样的 UI 界面。

- android:id：每个 UI 控件的代表性 id。我们经常在程序中使用 findViewById 方法来选取对应 id 的控件，然后再对该控件进行属性控制或者事件处理，用法和 HTML 元素标签属性中的 id 类似。
- android:background：控件背景，可以是颜色值，也可以是图像或者 Drawable 资源等，如果值为 @null，则表示透明背景。
- android:layout_width：UI 控件的宽度，常见属性有 fill_parent、wrap_parent 等。前面我们已经简单介绍过这个属性的用法，它是每个控件必须具备的属性之一。
- android:layout_height：UI 控件的高度，常见属性和用法和宽度一样，也是每个控件必须具备的属性之一。
- android:layout_gravity：用于控制 UI 控件相对于其外层控件的位置，其属性值就代表其位置，如顶部（top）、底部（bottom）、左边（left）、右侧（right）、垂直居中（center_vertical）、水平居中（center_horizontal）、绝对居中（center）、垂直填满（fill_vertical）、水平填满（fill_horizontal）、完全填满（fill）等。另外，这些属性可以并列存在，我们常使用“|”符号隔开，如“center_vertical|center_horizontal”表示垂直水平居中。
- android:layout_margin：UI 控件的外边距，使用方式见图 2-7 所示的“盒子模型”。
- android:padding：UI 控件的内边距，使用方式见图 2-7 所示的“盒子模型”。
- android:gravity：控件内部的元素相对于控件本身的位置，其属性值和使用方法与 android:layout_gravity 基本一致。

• android:visibility：显示或隐藏控件，控件默认是显示状态的。

通用属性常用于操控 UI 控件的外观和位置，通常能对 UI 界面的构建起到很大的作用。当然，除了通用属性之外，不同的 UI 控件还会有各自专属的“控件属性”，这些属性我们将在后面讲到各种 UI 控件的概念和用法时详细介绍，具体内容可参考第 7 章中与界面控件相关的章节内容。

2.7.2 布局（Layout）

Android UI 系统中的布局文件其实和 HTML 有点类似，都是用 XML 标签所代表的各种 UI 控件组合或者嵌套而成的，只不过，Android 模板文件的格式比 HTML 更严谨些，属性也更复杂些。在 Android UI 界面设计中，Layout 布局控件就像“建筑师”一样，帮助我们把整个界面的框架布局搭建起来，并把每个控件都放到合适的位置上。我们最经常使用的布局有以下几种，我们来逐个介绍一下。

1. 基本布局（FrameLayout）

基本布局（FrameLayout）是所有 Android 布局中最基本的，此布局实际上只能算是一个“容器”，里面所有的元素都不能被指定位置，默认会被堆放到此布局的左上角。此布局在普通的应用中用得不是很多，但是因为简单高效，所以在一些游戏应用中还是经常被用到。

2. 线性布局（LinearLayout）

线性布局（LinearLayout）是应用开发中最常用的布局之一，分为横向和纵向两种，由 android:orientation 属性来控制。当属性值为“horizontal”时表示横向的线性布局，常用于并排元素的界面；而“vertical”则表示纵向也就是垂直的线性布局，它的用处更广，普通应用中的大部分界面都是垂直排列的，比如列表界面、配置界面等。

线性布局的用法很简单，就拿垂直的线性布局来说，我们只要把所需的控件按照顺序放到布局标签中间就可以了，Android UI 系统会自动按照从上到下的顺序展示出来。代码清单 2-18 就是一个简单的代码示例，其功能很简单，就是把一个 TextView 和 Button 垂直并排在这个线性布局中。大家在阅读示例代码的同时可以顺便复习一下 UI 控件属性的用法。

代码清单 2-18

```
<?xml version="1.0" encoding="utf-8"?>
<LinearLayout xmlns:android="http://schemas.android.com/apk/res/android"
    android:layout_width="fill_parent"
    android:layout_height="fill_parent"
    android:orientation="vertical" >
    <TextView android:id="@+id/text_id"
        android:layout_width="wrap_content"
        android:layout_height="wrap_content"
        android:text="I am a TextView" />
    <Button android:id="@+id/button_id"
        android:layout_width="wrap_content"
        android:layout_height="wrap_content"
        android:text="I am a Button" />
</LinearLayout>
```

3. 相对布局（RelativeLayout）

相对布局（RelativeLayout）也是最常使用的布局之一，由于其内部的所有元素都是按照相对位置来排列的，所以不需要嵌套其他的布局，它可以使UI模板布局更加地简洁和高效。该布局中的控件元素都是以“参照控件”为准来排布的，比如控件属性设置为“android:layout_toRightOf="@+id/referBox"”，则表示该控件位于id为referBox的参照控件的右边。以下是相对布局中其他常用属性的列表，供大家参考。

- android:layout_toLeftOf：该控件位于参照控件的左方。
- android:layout_toRightOf：该控件位于参照控件的右方。
- android:layout_above：该控件位于参照控件的上方。
- android:layout_below：该控件位于参照控件的下方。
- android:layout_alignParentLeft：该控件是否与父组件的左端对齐。
- android:layout_alignParentRight：该控件是否与父组件的右端对齐。
- android:layout_alignParentTop：该控件是否与父组件的顶部对齐。
- android:layout_alignParentBottom：该控件是否与父组件的底部对齐。
- android:layout_centerInParent：该控件是否与父组件居中对齐。
- android:layout_centerHorizontal：该控件是否与父组件横向居中对齐。
- android:layout_centerVertical：该控件是否与父组件垂直居中对齐。

4. 绝对布局（AbsoluteLayout）

绝对布局（AbsoluteLayout）的用法类似于HTML中的层属性“position=absolute”，该布局内部的控件可以使用android:layout_x和android:layout_y两个属性来指定它相对于布局坐标轴原点的X轴和Y轴方向的距离。图2-8就是绝对布局的示意图。

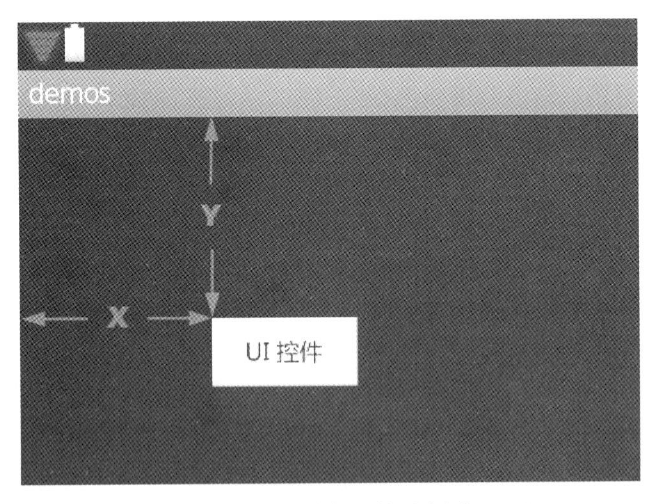

图2-8　绝对布局的示意图

5. 表格布局（TableLayout）

大家如果熟悉HTML的话，应该非常熟悉表格布局（TableLayout），像一些表格型的信息列表都是使用表格布局来展示的。表格型布局的标签有两个——<TableLayout/> 和 <TableRow/>，前者是表格布局的主要标签，整个表格布局的框架，类似于 HTML 标签中的 <table/>；后者是表格行，类似于 HTML 标签中的 <th/> 或者 <tr/>。表格布局的使用范例如代码清单 2-19 所示。

代码清单 2-19

```
<?xml version="1.0" encoding="utf-8"?>
<TableLayout xmlns:android="http://schemas.android.com/apk/res/android"
     android:layout_width="fill_parent"
     android:layout_height="fill_parent"
     android:stretchColumns="0,1,2">
     <TableRow>
          <TextView android:gravity="center" android:text="ID"/>
          <TextView android:gravity="center" android:text="NAME"/>
     </TableRow>
     <TableRow>
          <TextView android:gravity="center" android:text="1"/>
          <TextView android:gravity="center" android:text="james"/>
          <Button android:layout_width="wrap_content"
              android:layout_height="wrap_content"
              android:gravity="center"
              android:text="Edit"/>
     </TableRow>
     <TableRow>
          <TextView android:gravity="center" android:text="2"/>
          <TextView android:gravity="center" android:text="iris"/>
          <Button android:layout_width="wrap_content"
              android:layout_height="wrap_content"
              android:gravity="center"
              android:text="Edit"/>
     </TableRow>
</TableLayout>
```

上述 XML 模板的最终显示结果如图 2-9 所示，我们可以看到，这是一个 3 行 3 列的标准表格结构，对应到代码中就是 3 个 <TableRow/> 标签，每个标签中包含 3 个控件。

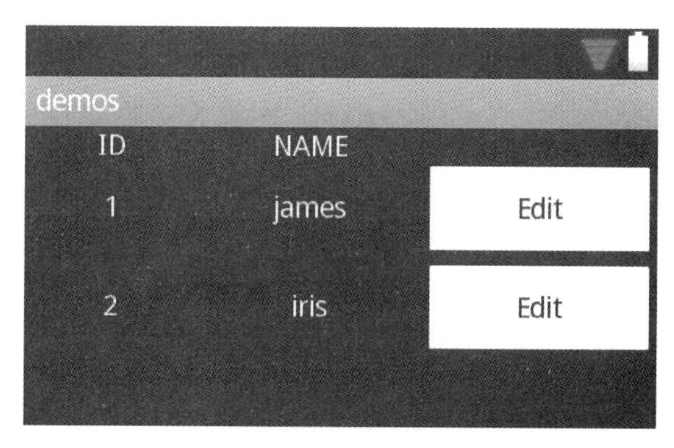

图 2-9　表格布局示例

另外，我们还要注意的是，<TableLayout/> 有 3 个很重要的属性：android:stretchColumns、android:shrinkColumns 和 android:collapseColumns，分别对应的是拉伸、收缩和隐藏列行为，如代码清单 2-19 中我们使用“android:stretchColumns="0,1,2"”，就表示所有列都是拉伸状态，因此每列中的控件才会平分并填满整行的空间；假如我们设置“android:collapseColumns="2"”，那么最右边的列将会被隐藏。

6. 标签布局（TabLayout）

标签布局（TabLayout）在移动应用中是相当流行的，其用法相对比其他布局复杂一些，需要配合程序来实现。接下来我们来看一个简单的标签布局的实例，其模板文件如代码清单 2-20 所示。

代码清单　2-20

```
<?xml version="1.0" encoding="utf-8"?>
<TabHost xmlns:android="http://schemas.android.com/apk/res/android"
    android:id="@android:id/tabhost_id"
    android:layout_width="fill_parent"
    android:layout_height="fill_parent">
    <LinearLayout android:orientation="vertical"
         android:layout_width="fill_parent"
         android:layout_height="fill_parent"
         android:padding="5dp">
         <TabWidget android:id="@android:id/tabtitle_id"
             android:layout_width="fill_parent"
             android:layout_height="wrap_content" />
         <FrameLayout android:id="@android:id/tabcontent_id"
             android:layout_width="fill_parent"
             android:layout_height="fill_parent" />
    </LinearLayout>
</TabHost>
```

此界面最外面是一个 <TabHost/> 标签，里面嵌套了一个垂直的线性布局，该线形布局里面又包含了一个 <TabWidget/> 和 <FrameLayout/>，这些标签都是需要在程序中设置的。紧接着，在模板对应的 Activity 类中设置该 TabLayout 的逻辑，使用范例见代码清单 2-21。

代码清单　2-21

```
public class TabDemo extends TabActivity {
     @Override
     public void onCreate(Bundle savedInstanceState) {
          super.onCreate(savedInstanceState);
          setContentView(R.layout.main);

          // 初始化资源对象
          Resources res = getResources();
          TabHost tabHost = getTabHost();
          TabHost.TabSpec ts;
          Intent intent;
```

```
            // 设置第 1 个 Tab
            intent = new Intent().setClass(this, Tab1Activity.class);
            ts = tabHost
                    .newTabSpec("tab1")
                    .setIndicator("Tab1", res.getDrawable(R.drawable.ic_tab_1))
                    .setContent(intent);
            tabHost.addTab(ts);

            // 设置第 2 个 Tab
            intent = new Intent().setClass(this, Tab2Activity.class);
            ts = tabHost
                    .newTabSpec("tab2")
                    .setIndicator("Tab2", res.getDrawable(R.drawable.ic_tab_2))
                    .setContent(intent);
            tabHost.addTab(ts);

            // 设置第 3 个 Tab
            intent = new Intent().setClass(this, Tab3Activity.class);
            ts = tabHost
                    .newTabSpec("tab3")
                    .setIndicator("Tab3", res.getDrawable(R.drawable.ic_tab_3))
                    .setContent(intent);
            tabHost.addTab(ts);

            // 设置默认选中 Tab
            tabHost.setCurrentTab(0);
    }
    ...
}
```

我们从代码注释中可以清楚地看到，在该实例中我们添加了 3 个 Tab 标签，程序使用 newTabSpec 方法获取 TabHost.TabSpec 对象，然后使用 setIndicator 和 setContent 方法设置 Tab 的顶部样式和内部信息，最后再调用 setCurrentTab 方法设置默认选中的标签页。最后，分别实现 Tab1Activity、Tab2Activity 和 Tab3Activity 界面类的逻辑，并加入声明到 Manifest 应用的配置文件中。至此，整个标签布局的设置就完成了。

2.7.3　事件（Event）

了解完 UI 控件和界面布局的基本知识之后，我们还需要知道如何控制这些界面上的控件元素。Android 应用框架为我们提供了事件机制来处理用户触发的动作，常见的事件包括键盘事件 KeyEvent、输入事件 InputEvent、触屏事件 MotionEvent 等。在实际应用中，我们需要掌握如何响应当用户操作这些控件时所触发的事件。比如，用户点击某个按钮控件（Button）之后需要执行一些程序逻辑，此时我们需要使用 Android 系统给我们提供的事件监听器 Listener 来捕获按钮的点击事件来执行这些逻辑。本节中我们将会介绍 Android 应用框架中比较常见的监听器。

1. View.OnClickListener 事件

View.OnClickListener 是最经常使用的监听器之一，用于处理点击事件。其实，该类也是

View 基类中的公用接口，其接口方法为 onClick(View v)。方法只有一个参数，就是点击事件触发的控件对象的本身。我们在使用过程中必须实现 onClick 方法，也就是把点击之后需要处理的逻辑代码放到此方法中。代码清单 2-22 就是相关的使用范例。

代码清单 2-22

```
btnObj = (Button) this.findViewById(R.id.demo_btn_id);
btnObj.setOnClickListener(new OnClickListener() {
    @Override
    public void onClick(View v) {
        // 按钮点击之后的动作
        ...
    }
});
```

上面的代码实现的就是 id 为 demo_btn_id 的按钮控件的点击事件，我们在使用 findViewById 获取到按钮实例对象之后，又通过 setOnClickListener 方法设置 View.OnClickListener 监听器对象的实现，点击事件需要处理的逻辑我们会在 onClick 方法中实现。大家可以看到，Android UI 事件的概念和用法与 JavaScript 语言有点类似。

2. View.OnFocusChangeListener 事件

监听器 View.OnFocusChangeListener 用于处理选中事件，比如界面中有若干个 UI 控件，当需要根据选中不同的控件来处理不同的逻辑时，就可以使用按钮控件对象的 setOnFocusChangeListener 方法来设置 View.OnClickListener 监听器对象。选中需要处理的逻辑会在该监听器对象的 onFocusChange 方法中实现。

onFocusChange 方法有两个参数：第一个是事件触发的控件对象，我们可以用其判断并处理不同控件的触发事件，另一个则是布尔型的值，表示该控件对象的最新状态。另外，监听器的具体用法和 View.OnClickListener 类似。

3. View.OnKeyListener 事件

监听器 View.OnKeyListener 用于处理键盘的按键。我们可以在该监听器的 onKey 方法中处理用户点击不同按键时所需要处理的逻辑。在 Android 的键盘系统中，每个按键都有自己的代码，也就是 keyCode。需要注意的是，onKey 方法的第二个参数传递的就是用户点击按键的 keyCode，而后我们就可以使用 switch 语句来处理不同的按键事件了。这个思路其实和 JavaScript 中的 onkey 系列方法非常类似，读者如果熟悉 JavaScript 的话，可以对照着学习一下。

4. View.OnTouchListener 事件

监听器 View.OnTouchListener 用于处理 Android 系统的触屏事件。如果我们需要对一些触摸动作做处理，或者需要处理比点击动作此类动作更细粒度的动作的话，就要用到这个监听器了。此监听器必须实现的接口方法是 onTouch(View v, MotionEvent event)，我们需要注意的是第二个参数，因为这个参数表示的是用户触发的动作事件，我们可以根据这个参数的值来处理比较复杂的手势（gesture）动作。

MotionEvent 事件中比较常见的动作和手势常量的说明如下，供大家参考。

- ACTION_DOWN：按下手势，包含用户按下时的位置信息。

- ACTION_UP：松开手势，包含用户离开时的位置信息。
- ACTION_MOVE：拖动手势，包含最新的移动位置。
- ACTION_CANCEL：结束手势，类似于 ACTION_UP，但是不包含任何位置信息。
- ACTION_OUTSIDE：离开控件元素时所触发的事件，只包含初始的位置信息。
- EDGE_BOTTOM：碰触屏幕底部时所触发的事件。
- EDGE_LEFT：碰触屏幕左边时所触发的事件。
- EDGE_RIGHT：碰触屏幕右边时所触发的事件。
- EDGE_TOP：碰触屏幕顶部时所触发的事件。
- ACTION_MASK：多点触碰事件的标志，可用于处理多点触摸事件。
- ACTION_POINTER_DOWN：第二点按下时的触发事件。
- ACTION_POINTER_UP：第二点松开时的触发事件。

可以想象，如果缺少事件响应的支持，Android 应用的界面将会变得毫无交互性。因此，学会使用 UI 控件的各种响应事件的用法对于 Android 应用开发来说是非常重要的。通常情况下，我们会使用不同的事件来让界面中的元素生动起来。比如，我们可以通过实现某个 UI 控件的 View.OnClickListener 事件来响应用户的点击动作（如代码清单 2-22 所示），或者还可以使用 View.OnTouchListener 事件来响应一些更加复杂的动作。

2.7.4　菜单（Menu）

菜单是 Android 应用系统中最有特色的功能之一，也是每个 Android 应用必不可少的组件之一。合理地使用菜单不仅可以帮助我们节省界面空间，还可以提升用户的操作体验。一般，我们最常用的菜单有以下 3 种，下面我们分别来学习一下。

1. 选项菜单（Options Menu）

选项菜单（Options Menu）是 Android 应用中最经常被使用的菜单，当用户按下系统菜单键时出现。在 Activity 中，我们通常使用 onCreateOptionsMenu 方法来初始化菜单项，然后再使用 onOptionsItemSelected 方法处理每个菜单项选中时的逻辑。使用范例如代码清单 2-23 所示。

代码清单　2-23

```
public class MenuActivity extends Activity {

    ...

    @Override
    public boolean onCreateOptionsMenu(Menu menu) {
        super.onCreateOptionsMenu(menu);
        // 添加书写按钮菜单项
        menu.add(0, MENU_APP_WRITE, 0, R.string.menu_app_write).setIcon(...);
        // 添加注销按钮菜单项
        menu.add(0, MENU_APP_LOGOUT, 0, R.string.menu_app_logout).setIcon(...);
        return true;
    }

    @Override
```

```
        public boolean onOptionsItemSelected(MenuItem item) {
            switch (item.getItemId()) {
                case MENU_APP_WRITE:
                    // 点击书写菜单项之后的逻辑
                    ...
                    break;
                case MENU_APP_LOGOUT:
                    // 点击注销菜单项之后的逻辑
                    ...
                    break;
            }
            return super.onOptionsItemSelected(item);
        }
}
```

当然，如果我们需要添加一些每次菜单加载时都需要执行的逻辑，则需要使用onPrepareOptionsMenu方法来处理，因为onCreateOptionsMenu只在菜单项初始化的时候执行一次。

2. 上下文菜单（Context Menu）

上下文菜单（Context Menu）的概念和PC上应用软件的快捷菜单有点类似，在UI控件注册了此菜单对象以后，长按视图控件（2秒以上）就可以唤醒上下文菜单。在Activity类中，我们可以使用onCreateContextMenu方法来初始化上下文菜单。和选项菜单略微不同的是，此方法在每次菜单展示的时候都会被调用。另外，处理上下文菜单点击事件的方法名为onContextItemSelected，其用法和前面介绍的选项菜单中的onOptionsItemSelected方法类似。

3. 子菜单（Submenu）

在Android应用中点击子菜单时会弹出悬浮窗口显示子菜单项，子菜单（Submenu）可以被添加到其他的菜单中去。使用方法也很简单，Submenu的使用范例如代码清单2-24所示。我们需要注意的是，子菜单是不可以嵌套的，即子菜单中不能再包含其他子菜单，我们在使用的时候必须注意这个问题。

代码清单 2-24

```
publicboolean onCreateOptionsMenu(Menu menu) {
    // 初始化变量
    int base = Menu.FIRST;

    // 添加子菜单
    SubMenu subMenu = menu.addSubMenu(base, base+1, Menu.NONE, "子菜单-1");
    // 设置图标
    subMenu.setIcon(R.drawable.settings);

    // 添加子菜单项
    subMenu.add(base, base+1, base+1, "子菜单项-1");
    subMenu.add(base, base+2, base+2, "子菜单项-2");
    subMenu.add(base, base+3, base+3, "子菜单项-3");

    return true;
}
```

以上我们介绍了 Android 系统中最常见的几种菜单的概念和基本用法，关于菜单组件实际运用的更多信息，我们将在实战篇的 7.5.1 节中结合实际案例做进一步的介绍。

2.7.5　主题（Theme）

为了让 Android UI 界面开发更加快速方便，同时具有更好的复用性，应用框架为我们提供了样式（style）和主题（theme）两个功能。这两个功能让我们可以更好地控制 UI 界面的外观，并可以实现一些更高级的功能，比如换肤功能等。

首先，需要了解的是，我们通常会把样式和主题的声明放在 Android 应用框架的资源目录 res/values/ 下的 styles.xml 文件中，使用范例如代码清单 2-25 所示。

代码清单　2-25

```
<?xml version="1.0" encoding="utf-8"?>
<resources>
    <style name="CommonText" parent="@style/Text">
        <item name="android:textSize">12px</item>
        <item name="android:textColor">#008</item>
    </style>
</resources>
```

我们可以看到，在这个样式文件中我们声明了一个名为“CommonText”的样式，里面包含了该样式的两个属性：字体大小“android:textSize”和字体颜色“android:textColor”属性。另外，样式是支持继承的，比如，该样式就继承自系统的基础“Text”样式，这种使用 parent 属性设置父样式的用法还是比较容易理解的。了解完样式和主题的写法，接下来让我们认识一下样式和主题之间的区别。

1. 样式（style）

Android 的 UI 系统中，样式（style）的概念和 CSS 中样式的概念非常类似，我们可以把一些常用的样式提取出来，比如代码清单 2-20 中，我们就把一种常见的文字样式提取出来并保存为“CommonText”的样式。应用样式的时候，我们只需要在对应控件的声明中加上“style="@style/CommonText"”属性值即可。一般来说，样式都只会被应用于单个 View 控件中。

2. 主题（theme）

与样式不同，主题（theme）一般被用于更外层的 ViewGroup 控件中，比如，我们需要让 Activity 下所有控件的字体都用 CommonText 的样式，那么我们就可以在应用配置文件中的 <activity/> 标签加上“android:theme="CommonText"”的属性。但是，如果我们把样式用在 ViewGroup 上，对于 ViewGroup 之下的其他 View 控件却是没有影响的。另外，Android 系统还定义了几个基本的系统主题供我们使用，比如 Theme.Light 主题就是以亮色背景为基调的主题样式。

学会灵活使用样式和主题来渲染 Android 应用的 UI 界面是非常重要的，因为该技术不仅可以让界面设计更加容易，还可以简化模板文件的代码，减少开发成本。因此，在实践的过程中，我们要有意识地去运用这些知识和技巧，逐渐掌握 Android UI 系统的使用。

2.7.6 对话框（Dialog）

在 Android 应用界面中，经常需要弹出一些悬浮于底层 UI 界面之上的操作窗口。当这种窗口显示的时候，底层界面通常会被半透明层所覆盖住，焦点则会被该窗口获得，这种窗口就被称为对话框，或者是 Dialog。应用中常用的 Dialog 有提示对话框（AlertDialog）、进度对话框（ProgressDialog）、日期选择对话框（DatePickerDialog）以及时间选择对话框（TimePickerDialog）等。在本节中，我们将重点介绍其中较常使用的两种 Dialog 的用法。

1. 提示对话框（AlertDialog）

提示对话框（AlertDialog）可以算是 Android 应用中最经常使用的对话框控件了，其主要用于显示提示信息，当然，可以加上确认和取消（YES 和 NO）按钮。创建 AlertDialog 需要使用 AlertDialog.Builder 子类，代码清单 2-26 演示了创建 AlertDialog 对话框的标准过程。

代码清单 2-26

```
AlertDialog.Builder builder = new AlertDialog.Builder(this);
builder.setMessage("Are you sure you want to exit?")
    .setCancelable(false)
    .setPositiveButton("Yes", new DialogInterface.OnClickListener() {
         public void onClick(DialogInterface dialog, int id) {
              MyActivity.this.finish();
         }
    })
    .setNegativeButton("No", new DialogInterface.OnClickListener() {
         public void onClick(DialogInterface dialog, int id) {
              dialog.cancel();
         }
    });
AlertDialog alert = builder.create();
alert.show();
```

在以上代码中，首先使用 AlertDialog.Builder(Context) 方法来获取 Builder 对象，然后使用 Builder 类提供的公用方法来设置 AlertDialog 的文字和属性，接着使用该类的 create 方法来创建 AlertDialog 对象，最后调用 show 方法展示该对话框。显示效果如图 2-10 所示。

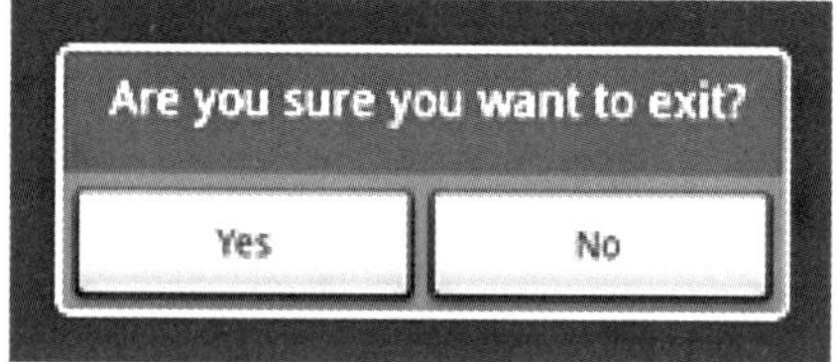

图 2-10 提示对话框示例

2. 进度对话框（ProgressDialog）

进度对话框（ProgressDialog）在 Android 应用开发中也经常会用到，主要用于在耗时操作等待时显示。其用法比较简单，一般情况下，只需要调用 ProgressDialog 的 show 方法即可，如代码清单 2-27 所示。

代码清单 2-27

```
...
ProgressDialog dialog = ProgressDialog.show(this, "", "Loading. Please wait...", true);
...
```

以上代码创建了一个最基本的进度对话框，显示效果如图 2-11 所示。

当然，ProgressDialog 类还提供了丰富的对话框属性设置方法，如设置进度条的样式、标题、提示信息，以及是否显示按钮等。更多用法示例可参考后面 7.11.3 节中的内容。至于其他对话框的用法由于篇幅原因，这里不做详细介绍。

图 2-11　进度对话框示例

2.8　Android 图形界面

前面介绍了 Android 应用界面（Android UI）的相关内容，不过对于一些游戏应用来说，这些 UI 控件往往派不上用场。此外，一些特殊的 Android 应用也有可能会使用到比较底层的图形类库，因此，本节我们就来学习 Android 的图形系统。

Android 系统中的图形大致可以分为 2D 图形和 3D 图形两类，2D 图形的类库在 android.graphics 包下，本节将会重点介绍；3D 图形的类库在 android.opengl 包下，由于这部分内容和游戏开发关系比较紧密，这部分内容将被放在本书第 13 章中介绍，感兴趣的朋友可以提前参考 13.1.4 节中的内容。

2.8.1　画笔（Paint）

首先，让我们来想象一下，当我们绘画的时候，最重要的两样东西是什么？答案应该没有什么悬念，那就是画笔和画布。实际上，在 Android 系统中绘制图形的原理是相同的，我们同样需要先使用程序构造一把画笔（Paint），然后在画布（Canvas）上进行绘画。

Android 系统中的画笔类，即 android.graphics 包下的 Paint 类，该类包含了一系列的方法与属性，用于构造绘制图形用的画笔。我们把常用的方法归纳到表 2-5 中。

表 2-5　画笔类常用方法

方法名	说明
setARGB(int a, int r, int g, int b)	设置画笔透明度以及 RGB 颜色
setAlpha(int a)	设置画笔透明度
setAntiAlias(boolean aa)	设置抗锯齿效果
setColor(int color)	设置画笔颜色
setLinearText(boolean linearText)	设置线性文本
setPathEffect(PathEffect effect)	设置路径效果
setShader(Shader shader)	设置阴影效果
setStyle(Paint.Style style)	设置画笔样式
setTextScaleX(float scaleX)	设置文本缩放效果
setTextSize(float textSize)	设置字体大小

以上方法常用于画笔初始化的配置逻辑中，接下来让我们来学习 Paint 画笔类的使用范例，如参考代码清单 2-28 所示。

代码清单 2-28

```
public class TestPaintView extends View {
    ...
    private Paint mPaint = new Paint();
    ...
    public void onDraw(Canvas canvas) {
        super.onDraw(canvas);
        // 设置画笔
        mPaint.setAntiAlias(true);
        mPaint.setColor(Color.RED);
        mPaint.setAlpha(200);
        mPaint.setStyle(Paint.Style.FILL);
        // 绘制矩形
        canvas.drawRect(100, 100, 150, 150, mPaint);
    }
    ...
}
```

以上视图类 TestPaintView 继承自 View 基类，主要的绘制逻辑在 onDraw 方法中，即使用定制好的实心画笔绘制一个红色的矩形，这里我们可以学习到使用 Paint 画笔类的正确方法。此外，我们还需要注意，这里在使用 setColor 方法设置画笔颜色的时候，用到了 Color 类的预定义颜色常量，我们将这些常用的颜色常量归纳到表 2-6 中。

表 2-6 画笔类颜色常量

常量名	说明
Color.BLACK	黑色
Color.BLUE	蓝色
Color.CYAN	青绿色
Color.DKGRAY	灰黑色
Color.GRAY	灰色
Color.GREEN	绿色
Color.LTGRAY	浅灰色
Color.MAGENTA	红紫色
Color.RED	红色
Color.TRANSPARENT	透明
Color.WHITE	白色
Color.YELLOW	黄色

2.8.2 画布（Canvas）

设置好画笔和颜色，就可以开始在画布上绘画了，这时我们就需要用到画布类，即 Canvas 类。该类包含了一系列的方法与属性，用于设置画布的外观，我们把常用的方法归纳到表 2-7 中。

Canvas 类中常用绘制方法的用法比较简单，Android 系统已经在 View 类的 onDraw 方法中默认传入了 canvas 对象，我们可以根据需要使用不同的 draw 方法绘制出不同的图形。比如，代码清单 2-29 中就使用了 drawRect 方法绘制了一个矩形。

表 2-7　画布类常用方法

方法名	说明
clipRect(int left, int top, int right, int bottom)	剪裁画布，即需要绘制的部分
drawARGB(int a, int r, int g, int b)	设置整个画布的颜色
drawBitmap(Bitmap bitmap, float left, float top, Paint paint)	绘制位图
drawCircle(float cx, float cy, float radius, Paint paint)	绘制圆形
drawColor(int color)	设置画布背景色
drawLine(float startX, float startY, float stopX, float stopY, Paint paint)	绘制线形
drawOval(RectF oval, Paint paint)	绘制椭圆
drawPoint(float x, float y, Paint paint)	绘制点形
drawRect(float left, float top, float right, float bottom, Paint paint)	绘制矩形
drawText(String text, float x, float y, Paint paint)	绘制文字
restore()	重置画布
rotate(float degrees)	旋转画布
save()	保存画布

然而，游戏应用的画布中通常不只有一个图形，通常需要对其中的某些图形进行特殊处理，比如旋转、变形等，此时需要先使用 save 方法来保存画布，图形处理完毕之后再调用 restore 方法来重置、重绘，使用范例如代码清单 2-29 所示。

代码清单　2-29

```
public class TestCanvasView extends View {
     ...
     private Paint mPaint = new Paint();
     ...
     public void onDraw(Canvas canvas) {
          super.onDraw(canvas);
          // 设置画布颜色
          canvas.drawColor(Color.BLACK);
          // 设置画笔
          mPaint.setAntiAlias(true);
          // 剪裁画布
          canvas.clipRect(0, 0, 200, 200);
          // 保存画布
          canvas.save();
          // 绘制一个矩形
          canvas.rotate(10.0f);
          mPaint.setColor(Color.RED);
          canvas.drawRect(100, 100, 150, 150, mPaint);
          // 重置画布
          canvas.restore();
          // 绘制另一个矩形
          mPaint.setColor(Color.BLUE);
          canvas.drawRect(100, 0, 200, 100, mPaint);
     }
   ...
}
```

以上程序绘制了两个矩形。其中，红色的矩形绕着屏幕左上方的顶点顺时间旋转了 10°。这里涉及 Canvas 画布坐标系的知识，我们将在 2.8.3 节中介绍。另外，我们还可以学习到如何对 Canvas 画布进行设置、保存、旋转、重置等一系列的操控过程。学习了以上 Paint 和 Canvas 类的编程技巧之后，开发者就可以在 Android 应用和游戏中方便地绘图了。

2.8.3 基础几何图形

前面我们已经学习了画笔（Paint）和画布（Canvas）的基础知识，接下来我们就可以使用这些工具来画图了。实际上，在前面的代码范例中，我们已经介绍了如何使用 Canvas 对象的 drawRect 方法来绘制矩形，但是大家可能还不清楚方法中参数值的含义，因此我们先来熟悉 Canvas 画布的坐标系，如图 2-12 所示。

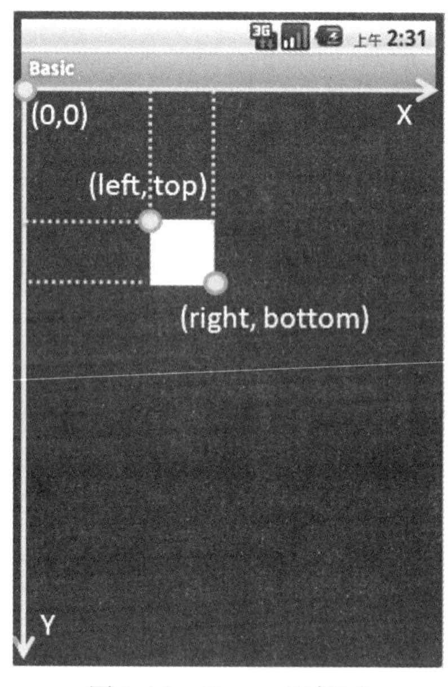

图 2-12 Canvas 坐标系

从以上的坐标系示意图中，我们可以看出以下几个要点。其一，Canvas 画布的坐标原点位于整张画布的左上方，点坐标为“(0,0)”；其二，屏幕横向的是 X 轴，纵向的是 Y 轴，屏幕内的点坐标都是正数；其三，以矩形为例，我们可以看到绘图方法（drawRect）中的 left、top、right、bottom 等参数的含义，其他方法中的类似参数的含义都可以依此类推。

另外，在使用 Canvas 进行绘图的时候还要注意，画布是按照程序逻辑的先后顺序进行渲染的，因此底部图形的渲染逻辑放在前面，渲染逻辑在后面的图形则会层层覆盖上去，使用范例请参考代码清单 2-30。

代码清单 2-30

```
public class TestGraphicsView extends View {
    ...
    private Paint mPaint = new Paint();
    ...
    public void onDraw(Canvas canvas) {
        super.onDraw(canvas);
        // 设置画布颜色
        canvas.drawColor(Color.BLACK);
        // 设置画笔
        mPaint.setAntiAlias(true);
        // 画圆形
        mPaint.setColor(Color.YELLOW);
        canvas.drawCircle(160, 160, 120, mPaint);
        // 画矩形
        mPaint.setColor(Color.RED);
        canvas.drawRect(80, 80, 240, 240, mPaint);
        // 画椭圆
        mPaint.setColor(Color.GREEN);
```

```
        RectF rectf = new RectF();
        rectf.left = 90;
        rectf.top = 100;
        rectf.right = 230;
        rectf.bottom = 220;
        canvas.drawOval(rectf, mPaint);
        // 画多边形
        Path path = new Path();
        path.moveTo(160, 110);
        path.lineTo(160-40, 110+80);
        path.lineTo(160+40, 110+80);
        path.close();
        mPaint.setColor(Color.BLUE);
        canvas.drawPath(path, mPaint);
        ...
    }
    ...
}
```

在上述代码中，TestGraphicsView 类的 onDraw 方法中依次绘制了圆形、矩形、椭圆和多边形，运行结果如图 2-13 所示，我们可以很清楚地看到这些基础几何图形的显示效果以及图形渲染的先后顺序。

基础几何图形的绘制是 Android 图形系统的基础知识。在此基础之上，我们可以把 Android UI 控件结合到一起，开发出丰富多彩的应用 UI 界面。当然，我们还可以运用 View 控件的刷新机制完成一些简单的图形动画，相关内容将在 2.8.4 节中介绍。

图 2-13 基础几何图形

2.8.4 常见图形变换

常见的图形变换包括位移、旋转、缩放、倾斜等，其中，位移变换在开发者掌握了画布坐标系等基础概念的情况下，实现起来是比较简单的；然而，旋转、缩放以及倾斜变换则涉及变换矩阵（Matrix）的概念，这里需要特别解释一下。

Android 系统中的变换矩阵实际上是一个 3×3 的矩阵，专门用于控制图形变换，矩阵中的每个数值都有其特定的含义。Android SDK 中的 Matrix 类位于 android.graphics 包下，我们可以通过 setValue 方法直接设置旋转矩阵的二维数组，但是这种用法比较难懂，更简单的用法是使用 Matrix 类提供的方法来控制旋转矩阵，比如 setRotate 方法就用于设定旋转的角度。代码清单 2-31 就展示了 Matrix 类的用法。

代码清单 2-31

```
public class TestImageView extends View implements Runnable {

    private Bitmap star = null;
    private int starWidth = 0;
    private int starHeight = 0;
    private float starAngle = 0.0f;
    private Matrix starMatrix = new Matrix();

    public TestImageView(Context context) {
        super(context);
        // 加载资源
        Resources res = this.getResources();
        star = BitmapFactory.decodeResource(res, R.drawable.star);
        // 获取原始图片宽高
        starWidth = star.getWidth();
        starHeight = star.getHeight();
        // 开始重绘视图
        new Thread(this).start();
    }

    public void onDraw(Canvas canvas) {
        super.onDraw(canvas);
        // 重置旋转矩阵
        starMatrix.reset();
        // 设置旋转角度
        starMatrix.setRotate(starAngle);
        // 重绘旋转的图形
        Bitmap starBitmap = Bitmap.createBitmap(star, 0, 0, starWidth, starHeight, starMatrix, true);
        canvas.drawBitmap(starBitmap, 0, 0, null);
    }

    @Override
    public void run() {
        while (!Thread.currentThread().isInterrupted()) {
            try {
                Thread.sleep(100);
                starAngle++; // 旋转角度
            } catch (InterruptedException e) {
                Thread.currentThread().interrupt();
            }
            // 通知主线程更新图像
            this.postInvalidate();
        }
    }
}
```

上述代码中的TestImageView类是一个完整的重绘画布视图的例子。首先，该类继承自View基类，同时还包含了一个线程类的run方法，在该方法的逻辑中，每100ms进行一次重绘，即调用postInvalidate方法通知主线程更新图像。其次，在TestImageView类的构造方法中，主要包含了资源初始化的逻辑，这里程序加载了一个五星形状的图像资源文件。另外，在onDraw方法中，我们可以看到starMatrix变换矩阵的常见用法之一，即通过setRotate方法设置旋转的角度。该程序最终的运行效果，就是画出了一个绕着屏幕左上方顺时针旋转的五角星，如图2-14所示。

当然，我们还可以让图像绕着某个中心点旋转，这也不是问题，我们只需要对onDraw方法的逻辑稍做修改即可，修改过的逻辑实现如代码清单2-32所示。

代码清单 2-32

```
...
    public void onDraw(Canvas canvas) {
      super.onDraw(canvas);
      // 重置旋转矩阵
      starMatrix.reset();
      // 设置旋转中心
      float transX = 100;
      float transY = 100;
      float pivotX = starWidth/2;
      float pivotY = starHeight/2;
      starMatrix.setRotate(starAngle, pivotX, pivotY);
      starMatrix.postTranslate(transX, transY);
      // 重绘旋转的图形
      canvas.drawBitmap(star, starMatrix, null);
    }
...
```

要让图形绕着其中心旋转，首先要使用setRotate方法设置图形的旋转中心，然后再使用postTranslate方法把图形平移到相应的位置，即坐标（transX，transY）。该实例的运行效果如图2-15所示，我们可以看到屏幕上出现了一个不断自转的五角星。

图2-14 旋转的五角星

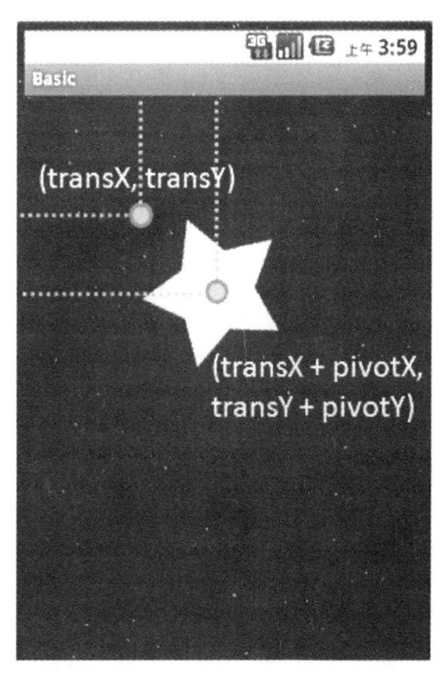

图2-15 自转的五角星

当然，除了旋转之外，常见的图形变换还包括大小变换、倾斜变换等，限于篇幅，这里就不做介绍了，有兴趣的读者可以参考 Matrix 类文档中的 preScale、postScale、preSkew、postSkew 等方法。这里我们还需要注意的是 pre 和 post 系列方法的区别，带有 pre 前缀的方法表示此变换逻辑需要应用在所有变换逻辑之前，而带有 post 前缀的方法则表示此变换逻辑会依次往后排列，因此代码清单 2-28 中的旋转逻辑也可以使用代码清单 2-33 中的代码替代。

代码清单 2-33

```
...
    public void onDraw(Canvas canvas) {
      ...
      starMatrix.setTranslate(transX, transY);
      starMatrix.preRotate(starAngle, pivotX, pivotY);
      ...
    }
...
```

2.9 Android 动画效果

适当地使用动画效果可以很好地提升 Android 应用或游戏的操作体验。目前 Android 系统支持的动画效果主要有两种，即逐帧动画（Frame Animation）和补间动画（Tween Animation）。虽然，在 Android 3.0 以后的版本中还引入了新的动画系统，但是目前最主流的动画效果还是这两种。

2.9.1 逐帧动画（Frame Animation）

逐帧动画类似于 GIF 动画图片，即按照顺序播放图片。我们通常会在 Android 项目的 res/drawable/ 目录下面定义逐帧动画的 XML 模板文件。编码的时候，需要在动画模板文件的 <animation-list/> 标签中依次放入需要播放的图片，并设置好播放的间隔时间，如代码清单 2-34 所示。

代码清单 2-34

```
<animation-list
    xmlns:android="http://schemas.android.com/apk/res/android"
    android:oneshot="false">
    <item android:drawable="@drawable/a001" android:duration="100"/>
    <item android:drawable="@drawable/a002" android:duration="100"/>
    <item android:drawable="@drawable/a003" android:duration="100"/>
    ...
</animation-list>
```

然后，就可以在 Activity 界面控制器的逻辑中自由使用了。需要注意的是，逐帧动画并不能独立使用，动画效果的显示还是要借助于 ImageView 图像控件，简单地说，也就是把动画效果绑定到对应的 ImageView 图片对象上。假设这里的 ImageView 元素的 ID 值，即 android:id 属性值为 img_frame_anim，而之前定义的动画模板文件名为 demo_frame_anim.xml，逐帧动画的使用范例如代码清单 2-35 所示。

代码清单 2-35

```
public class DemoAnimationActivity extends Activity {

    ImageView iv;
    AnimationDrawable ad;

    protected void onCreate(Bundle savedInstanceState) {
        super.onCreate(savedInstanceState);
        setContentView(R.layout.main);
        // 获取对应图片的 ImageView 对象
        iv = (ImageView) findViewById(R.id.img_frame_anim);
        // 设置对应图片的背景为动画模板文件
        iv.setBackgroundResource(R.drawable.demo_frame_anim);
        // 初始化动画对象
        ad = (AnimationDrawable) imageView.getBackground();
        // 开始动画
        ad.start();
    }

    public void onPause() {
        super.onPause();
        // 停止动画
        ad.stop();
    }

    ...
}
```

以上代码的逻辑非常简单，我们可以重点关注 AnimationDrawable 对象的用法，即如何使用 start 和 stop 方法控制逐帧动画的播放和停止。

2.9.2 补间动画（Tween Animation）

补间动画与逐帧动画在本质上是不同的，逐帧动画通过连续播放图片来模拟动画的效果，而补间动画则是通过在两个关键帧之间补充渐变的动画效果来实现的。目前 Android 应用框架支持的补间动画效果有以下 5 种。具体实现在 android.view.animation 类库中。

- AlphaAnimation：透明度（alpha）渐变效果，对应 <alpha/> 标签。
- TranslateAnimation：位移渐变，需要指定移动点的开始和结束坐标，对应 <translate/> 标签。
- ScaleAnimation：缩放渐变，可以指定缩放的参考点，对应 <scale/> 标签。
- RotateAnimation：旋转渐变，可以指定旋转的参考点，对应 <rotate/> 标签。
- AnimationSet：组合渐变，支持组合多种渐变效果，对应 <set/> 标签。

补间动画的效果同样可以使用 XML 语言来定义，这些动画模板文件通常会被放在 Android 项目的 res/anim/ 目录下。比如，代码清单 2-36 中就定义了一个组合式的渐变动画效果。

代码清单 2-36

```
<set xmlns:android="http://schemas.android.com/apk/res/android"
     android:interpolator="@android:anim/decelerate_interpolator">
     <alpha
          android:fromAlpha="0.0"
          android:toAlpha="1.0"
          android:duration="1000" />
     <scale
          android:fromXScale="0.1"
          android:toXScale="1.0"
          android:fromYScale="0.1"
          android:toYScale="1.0"
          android:duration="1000"
          android:pivotX="50%"
          android:pivotY="50%"
          android:startOffset="100" />
</set>
```

以上补间动画有两个效果：首先，在1秒（1000ms）的时间内，透明度从0（完全透明）变成1（不透明）；同时，大小从原先的1/10变成正常大小，缩放的中心点是元素的中心位置。假设以上动画效果的模板文件名为demo_tween_anim.xml，现在我们要把该动画效果应用到一张ID为img_tween_anim的图片上，实现方法见代码清单2-37。

代码清单 2-37

```
...
ImageView iv = (ImageView) findViewById(R.id.img_tween_anim);
Animation anim = AnimationUtils.loadAnimation(this, R.anim.demo_tween_anim);
iv.startAnimation(anim);
...
```

在实际项目中，我们经常使用补间动画，原因是补间动画使用起来比较方便，功能也比逐帧动画强大不少，而且还可以很方便地进行动画叠加，实现更加复杂的效果。实际上，代码清单2-36中的<set/>标签对应的就是AnimationSet类，即“动画集合”的概念，支持加入多种动画效果，如渐变动画（alpha）、大小动画（scale），线性动画（translate）等。另外，在Android系统中，所有与动画相关的类都归类在android.view.animation包之下，大家可以参考SDK文档进行进一步学习。

至此，我们已经初步了解了如何在Android系统中使用各种动画效果，包括逐帧动画和补间动画。显而易见的是，在Android平台之上，开发者们可以很方便地使用各种动画效果来为应用产品增色。此外，使用动画效果还可以帮助我们制作出简单的Android游戏，更多与Android游戏开发有关的内容请参考本书第13章。

2.10 Android开发环境

前面我们已经学习了Android系统中最重要的基础概念的内容，那么接下来就要开始正式进入Android应用的实战开发阶段。“工欲善其事，必先利其器”，因此，我们先来熟悉

Android 应用的开发环境吧。

Android 应用的开发环境是基于 Eclipse 平台的，Eclipse 的强大无需多说，它当然也适应于 Windows XP、Mac OS、Linux 等多种操作系统。另外，我们还需要安装一些必备的开发工具包，所需要的软件见表 2-8。

表 2-8　Android 应用的开发环境必备的开发工具

软件	版本	下载地址
Android SDK	Android SDK 2.2 以上	http://developer.android.com/sdk/index.html
Java SDK	JDK 1.6 以上	http://java.sun.com
Eclipse	Classic 版本	http://www.eclipse.org
ADT	最新版本	https://dl-ssl.google.com/android/eclipse/

2.10.1　开发环境的搭建

在搭建开发环境之前，我们先来介绍一下 Android 开发环境的几个重要组成部分以及它们的安装方式。

1. Android SDK

Android SDK 的安装非常简单。首先，直接打开前面提到的 Android SDK 的下载地址，下载最新的 android-sdk_r22-windows.zip 安装包（对应 Android 4.4.x 版本）；下载完毕之后，在电脑上解压，你会发现 android-sdk-windows 这个目录，这个目录就是 Android SDK 目录了，你可以把它复制到你所希望的位置并重新命名，比如 D:\Android；然后，打开 SDK Manager.exe，你会看到如图 2-16 所示的安装界面。接下来，单击“OK”按钮让下载过程继续就可以了。系统会自动下载最新的 Android SDK 及其文档和例子等。当然，这个过程是很漫长的，如果有可能，建议从已经下载过的朋友那里复制一份。

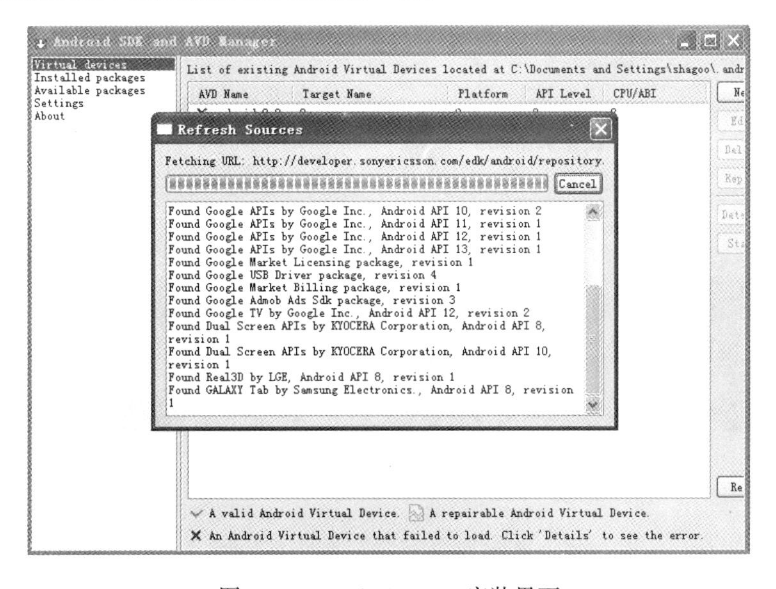

图 2-16　Android SDK 安装界面

小贴士：由于国内的网络问题，建议大家使用 VPN 来访问 developer.android.com 站点；当然也可到本书官方网站（https://github.com/jameschz/androidphp）上找到“国内 Android 资源镜像汇总”链接进入下载。

2. Java SDK

Java SDK 的安装过程也是很简单的，不过下载地址可能有点难找，如果找不到请尝试从以下地址下载：http://www.oracle.com/technetwork/java/javase/downloads/index.html。下载完最新版的 JDK 版本之后，使用软件自动安装即可。要注意的是，在安装完毕之后需要设置 Windows 系统的环境变量，如图 2-17 所示。

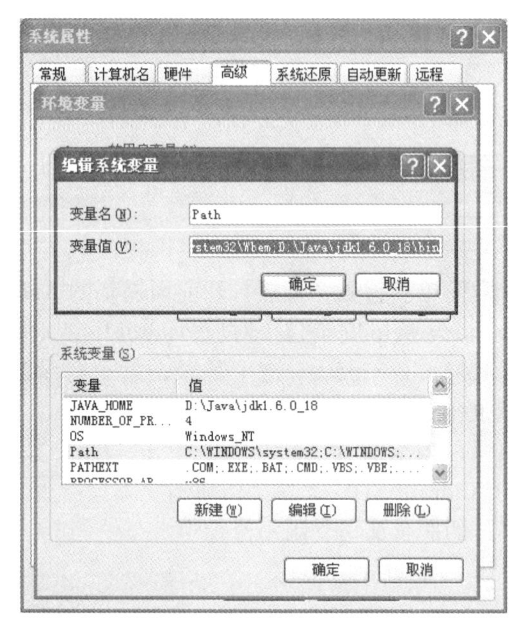

图 2-17　Java SDK 安装界面

设置完毕之后，我们可以在 Windows 命令行中使用“java -version”命令行来检测 JDK 是否安装成功。如果运行结果如图 2-18 所示，则表示安装成功。

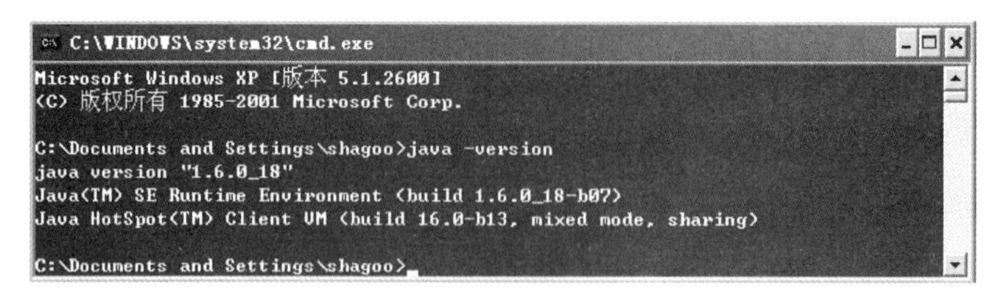

图 2-18　检测 JDK 是否安装成功

3. Eclipse

Eclipse 开发工具的安装也是非常简单的，进入 http://www.eclipse.org/downloads/ 页面，下载 Eclipse Classic 最新版本的 ZIP 压缩包，解压缩后再复制到相应目录，比如 D:\Eclipse。打开

eclipse.exe 就可以看到以下界面，如图 2-19 所示。

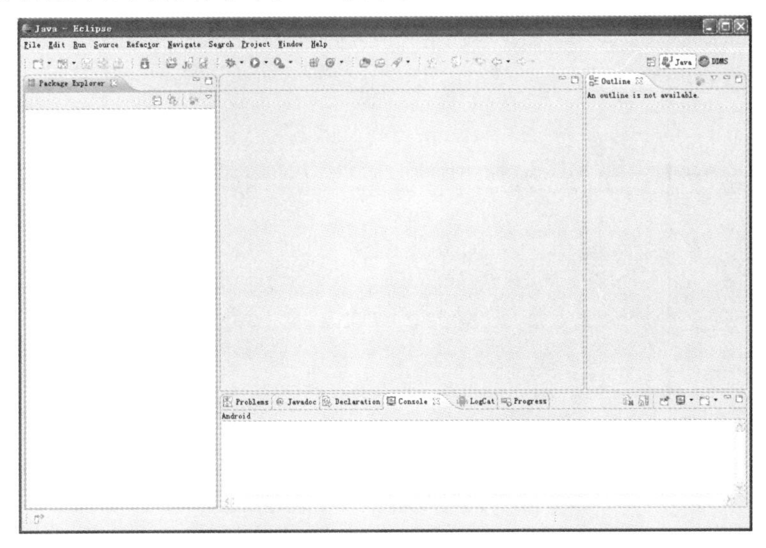

图 2-19 Eclipse 界面

由于前面已经安装过 Java SDK，所以直接打开 eclipse.exe 就会看到以上界面，否则打开时会提示错误。下面为没有使用过 Eclipse 的朋友大致介绍一下 Eclipse 的操作界面：最上面的那一排文字是“选项菜单栏”，包括几乎 Eclipse 中所有的操作；“选项菜单栏”的下面那排是常用项目的“快捷图标栏”；左边是 Package Explorer，即“项目文件浏览框”，主要用于管理项目代码；中间是“代码编辑框”，我们在这里编辑代码；右边是 Outline“代码大纲框”，这里可以方便地进行代码概览；右下方则是“调试信息框”，这里面包括 Problems 错误提示框、Console 调试信息结果框等。

4. ADT

实际上，ADT（Android Development Tools）是 Eclipse 开发工具的一个插件，其安装过程也很简单：首先单击 Eclipse 界面上方的“Help”菜单，然后选择“Install New Software ”命令，接着在“Work with”输入框输入 ADT 插件地址“https://dl-ssl.google.com/android/eclipse”，单击“Add”按钮添加插件站点即可。当下方窗口出现选项列表时，单击选择所有的安装选项，然后按照提示安装即可，如图 2-20 所示。

安装完成后，会在左上方的“快捷图标栏”中出现 ADT 的快捷图标，即。单击此图标，系统会自动打开“Android SDK and AVD Manager”（Android 虚拟设备管理器）界面，如图 2-21 所示。在这里我们可以创建并管理我们所需要的虚拟设备。此时，右边的“虚拟设配列表”中是空的。

在真正地开始创建设备之前，我们还需要配置一下 ADT 中 Android 的 SDK 位置，配置过程如下：执行“Window”菜单中的“Preferences”命令，然后选择左边的“Android”选项，然后在右边的“SDK Location”中选择 Android SDK 安装的位置。比如，之前我们把 Android SDK 安装到 D:\Android 目录下，那么我们在这里就选择该目录，如图 2-22 所示。

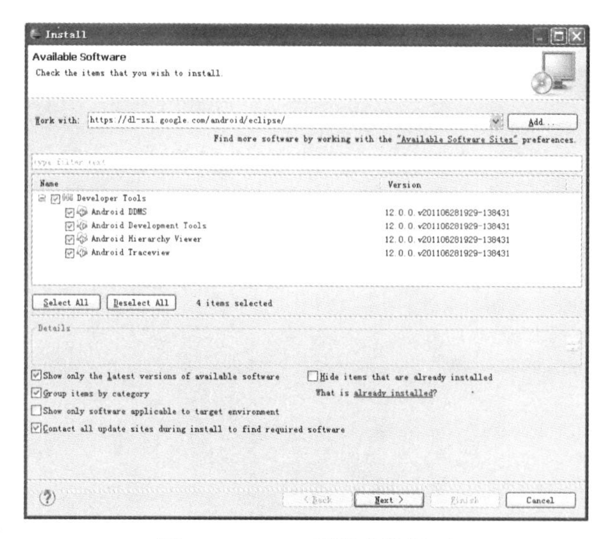

图 2-20 ADT 插件安装界面

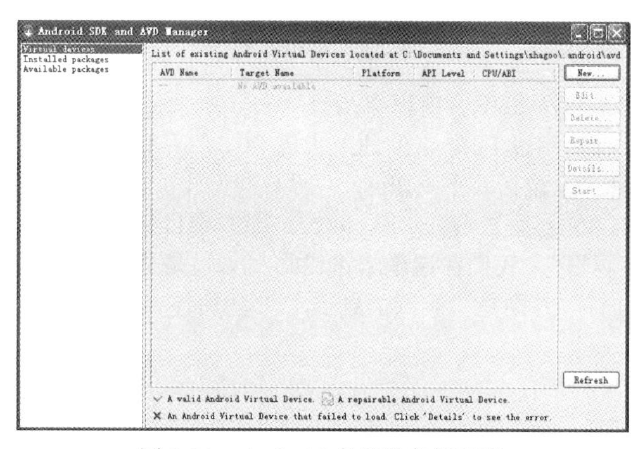

图 2-21 Android 虚拟设备管理器

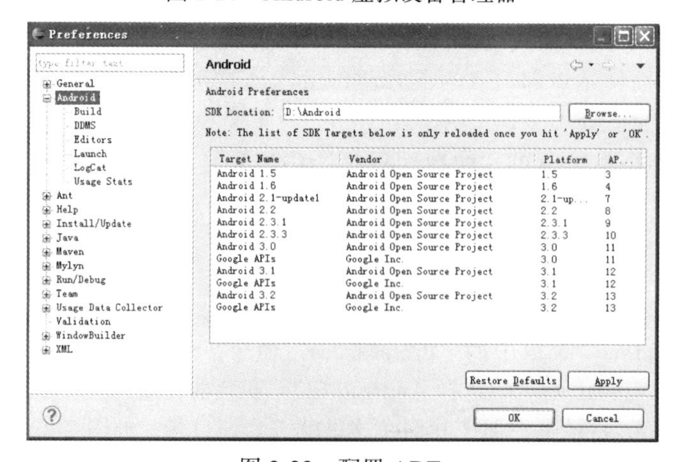

图 2-22 配置 ADT

Android 虚拟设备管理器是用来运行和调试我们所开发的 Android 应用程序的，它可以模拟各个版本几乎所有的 Android 设备。如果你要添加一个新设备，就单击右边的“New”按钮，并按照图 2-23 配置所需要的设备，最后单击“Create AVD”完成创建，结果会在“虚拟设配列表”中显示，如图 2-24 所示。

小贴士： 这里需要说明的是，考虑到向下兼容性，本书的 Android 客户端实例都是在较老的 Android SDK 2.2.x 版本下开发并运行的。不过经笔者测试，本书所有的实例在新版本的 Android SDK（比如 4.x）下开发并运行也是没问题的。大家如果已经使用新版本的 Android SDK 进行开发，可以把本地运行环境升级上去，不会影响基本的源码学习和使用。

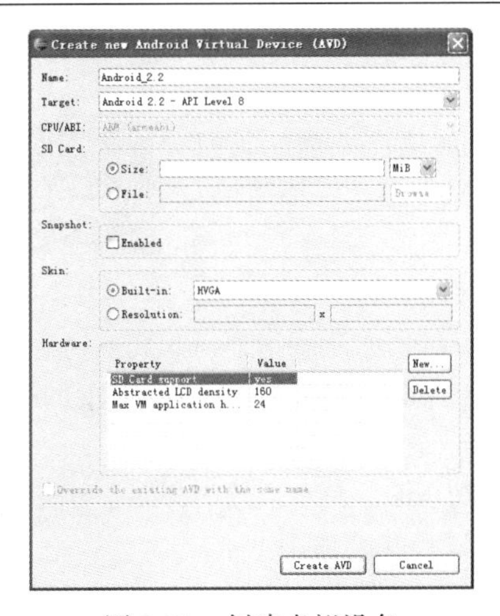

图 2-23 创建虚拟设备

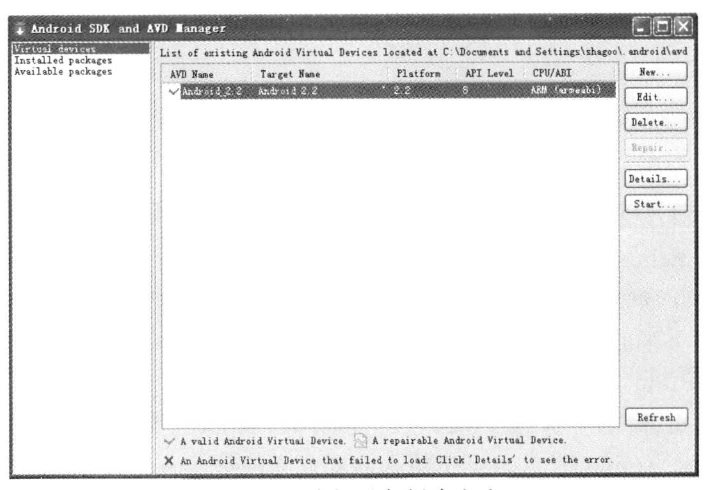

图 2-24 虚拟设备创建成功

下面简单介绍一下 Android 虚拟设备的主要配置选项。

• Name：虚拟设备的名称。

- Target：设备的 Android API 版本，考虑到兼容性，这里选择 Android 2.2 的 API。
- SD Card：设备的存盘大小。
- Skin：设备外观，我们可以选择主流的设备，也可以直接指定设备的宽度和高度。
- Hardware：设备硬件，如果你的设备需要有一些特殊的硬件，可以在这里进行配置。当然，还可以使用右侧的“New”按钮来添加所需要的虚拟硬件设备。

图 2-24 所示的就是创建完毕的 AVD 的虚拟设备列表界面，大家可以看到这次在右侧的设备列表中已经多出一个名为“Android_2.2”的 AVD 虚拟设备，我们可以选中它，然后单击右边的“Start”按钮，然后等待一段时间，即可看到虚拟设备界面，效果还是很不错的，如图 2-25 所示。

图 2-25 成功运行虚拟设备

当然，如果你觉得虚拟设备的速度太慢，我们也可以使用真机来调试。其实，操作起来也很简单，安装步骤如下。

步骤 1：安装手机的驱动，保证手机在 Windows XP 上可以被识别。

步骤 2：打开手机的“设置”，然后选择“应用程序”中的开发选项，打开“USB 调试”和“允许模拟地点”选项。

步骤 3：打开 Eclipse 中的 DDMS，在左边的 Devices 列表中就可以看到你的真机设备，单击选中它，就可以开始在真机上进行安装和调试了。

之后，我们就可以通过 USB 连接线把手机设备与开发机器连接起来，直接把 Android 应用程序安装到手机设备上进行调试。实际上，真机调试是正规 Android 应用程序发布的必要步骤，因为 Android 的手机设备型号非常多，所以在上线之前应尽量多测一些手机设备，保证 Android 应用的兼容性。

2.10.2 首个 Android 项目

前面我们已经把 Android 的开发环境准备好了，下面我们将使用 Eclipse+ADT 来创建自己的首个 Android 项目，也就是我们常说的 Hello World 项目，具体步骤如下。

步骤 1：打开 Eclipse 开发工具，单击左上方的“新建项目”菜单创建一个项目，然后选择“Android Project”子项，单击“Next”按钮，如图 2-26 所示。

步骤 2：在接下来的新建项目界面中的“Project Name”（项目名）文本框中填入项目的名字 hello；在“Build Target”选项组中选择“Android 2.2”，这里的选项应该和前面建立 AVD 时采用的 Android 版本保持一致；在“Package name”文本框中填写包名“com.app.hello”；在“Create Activity”文本框中填入需要建立的默认 Activity 类名 HelloActivity，如图 2-27 所示。

小贴士：以下的“hello”项目同“Hello World”项目。

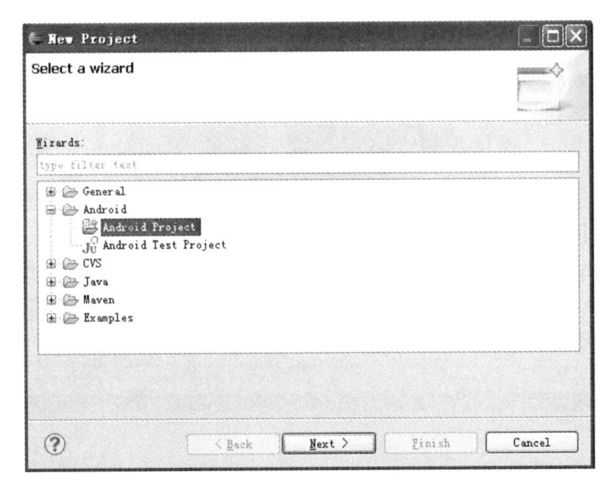

图 2-26　创建 Android 项目

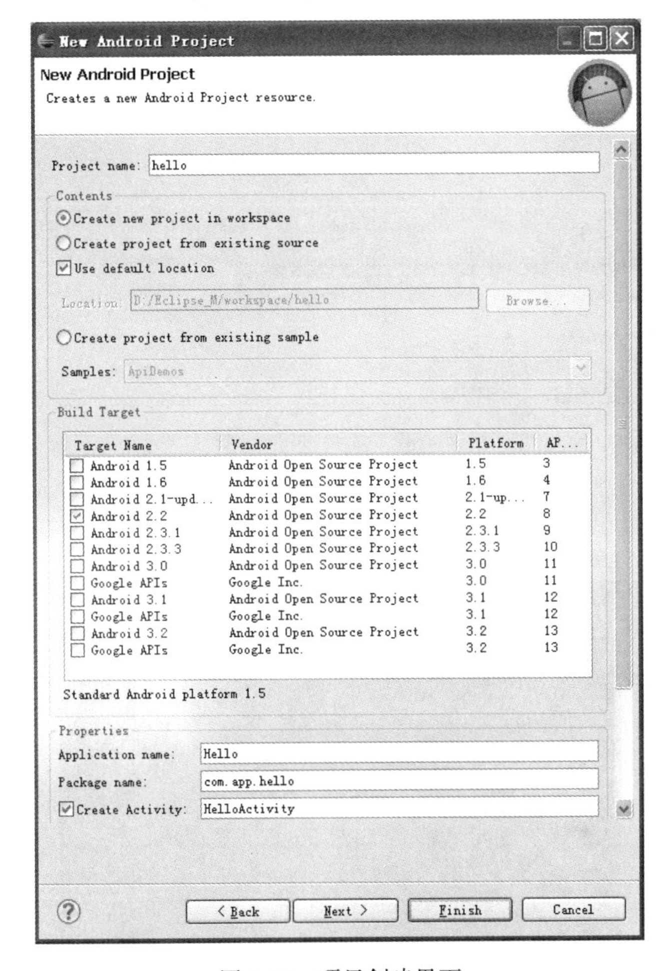

图 2-27　项目创建界面

小贴士：以上创建Android项目的过程是基于比较早的ADT 12.0.0版本，在新版的ADT中会略有不同。比如，在ADT 20.0.0以上的版本中，我们需要选择Eclipse的“New Project”菜单中的“Android Application Project”选项来创建Android项目。不过万变不离其宗，大家注意填写好应用名（Application Name）、项目名（Project Name）、包名（Package Name），并选择正确的Android SDK版本即可。

步骤3：单击“Finish”按钮，ADT会自动生成代码并把项目建好。完成之后，我们就可以在Eclipse界面左边的“Package Explorer”窗口中看到创建完毕的名为“hello”的项目了。接下来，我们试着发布并运行此项目。右键单击hello项目，在快捷菜单中执行“Run As”→“Android Application”命令，如图2-28所示。

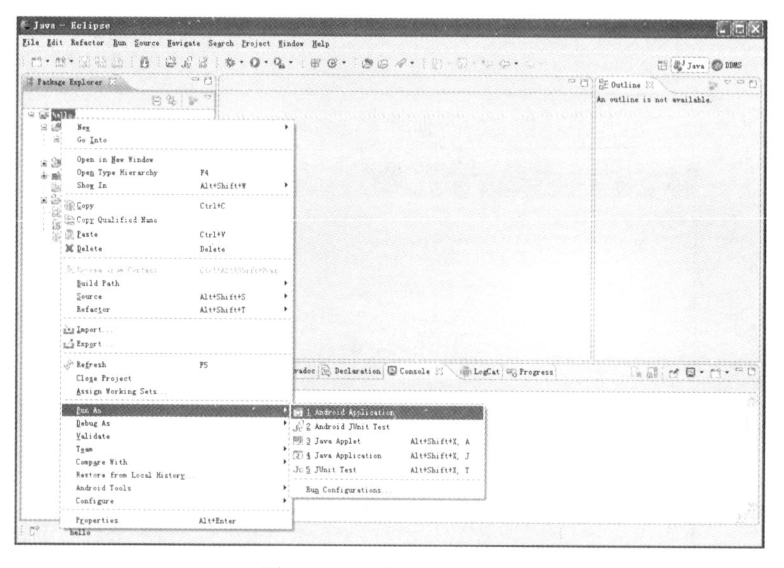

图2-28 运行hello项目

步骤4：Eclipse会帮助我们自动完成代码编译工作，并安装到Android模拟器上运行，hello项目的最终运行效果如图2-29所示。

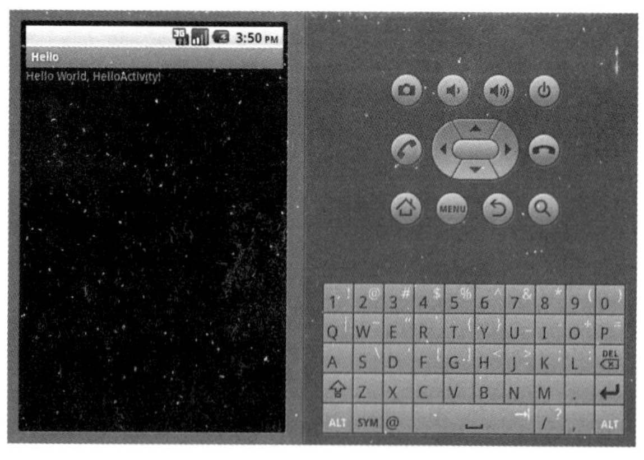

图2-29 hello项目运行效果

至此，我们已经成功建立了自己的首个 Hello World 项目，虽然没有写过一行代码，这就是使用 ADT 环境给我们带来的好处。接下来，我们就以 Hello World 项目为例，分析一下 Android 应用的几个主要组成部分。首先，我们来看一下应用的基础配置文件，也就是 AndroidManifest.xml 文件，见代码清单 2-38。

代码清单　2-38

```
<?xml version="1.0" encoding="utf-8"?>
<manifest xmlns:android="http://schemas.android.com/apk/res/android"
    package="com.app.hello"
    android:versionCode="1"
    android:versionName="1.0">
    <uses-sdk android:minSdkVersion="8" />
    <application android:icon="@drawable/icon" android:label="@string/app_name">
        <activity android:name=".HelloActivity"
                  android:label="@string/app_name">
            <intent-filter>
                <action android:name="android.intent.action.MAIN" />
                <category android:name="android.intent.category.LAUNCHER" />
            </intent-filter>
        </activity>
    </application>
</manifest>
```

可以看到，项目应用配置文件 AndroidManifest.xml 中不仅声明了 Hello World 应用的 package 名、版本号 android:version、最小的 sdk 版本限制 android:minSdkVersion 等，还在 <application> 元素里面声明了应用中唯一的 Activity，也就是 HelloActivity 的配置信息。此外，在 hello 项目的配置文件中，我们还需要注意以下几点。

- package 名就是应用安装时用的类包名，务必保证该名不和其他应用重名，否则安装时会发生严重冲突。
- <activity> 元素中的 android:name 必须和相关的 Activity 类对应上，比如“.HelloActivity”应该和“com.app.hello.HelloActivity”类对应。
- <intent-filter> 元素用于决定 activity 的调用方式，比如“android.intent.action.MAIN”就说明这个 Activity 是该应用的总入口，一个应用有且只能有一个 MAIN 入口 Activity。

由于 Hello World 项目比较简单，大家在这里只能看到项目应用配置文件很小一部分的用法，比如 Android 应用的基础声明、Activity 组件的简单配置等。关于配置文件其他更高级的用法，比如除 Activity 之外的其他重要组件的配置方法，以及关于消息过滤器 <intent-filter> 的完整用法等，我们都将在实战篇中的 7.1.1 节中详细介绍。

接下来，打开源码目录 src/ 下的 com.app.hello 代码包中的主要界面程序的 Java 程序 HelloActivity.java 的代码，如代码清单 2-39 所示。该类的代码逻辑比较简单，HelloActivity 类继承了 Activity 基类；接着，在此类的 onCreate 接口中使用了 setContentView 方法设置本 Activity 所使用的 layout 模板；最后，在运行的时候，系统就会展示出对应的 UI 界面。

代码清单 2-39

```
package com.app.hello;

import android.app.Activity;
import android.os.Bundle;

public class HelloActivity extends Activity {
    /** Called when the activity is first created. */
    @Override
    public void onCreate(Bundle savedInstanceState) {
        super.onCreate(savedInstanceState);
        setContentView(R.layout.main);
    }
}
```

读到这里，也许大家会有疑问，虽然我们设置了R.layout.main模板，但是模板文件在哪里呢？要解决这个问题，我们需要熟悉一下Android的基本目录结构，我们就以Hello World项目为例，项目的目录结构如图2-30所示。

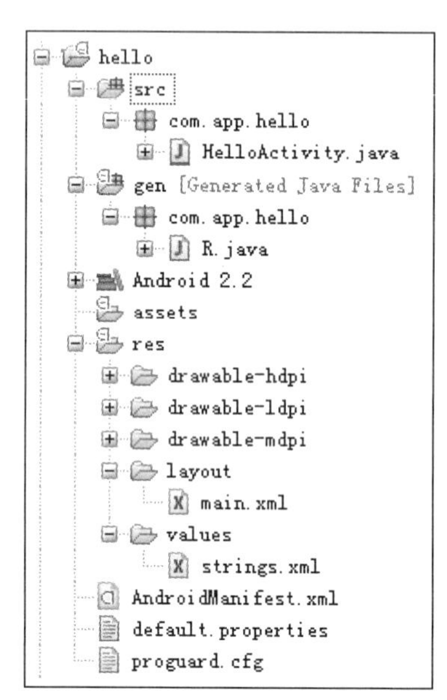

图2-30 hello项目基本目录

对照图2-30，我们来讲解一下Android项目中常见的目录结构。

- hello/src/com.app.hello：程序包目录，这里根据前面新建项目的时候填写的“Package Name”选项来生成应用程序包的Namespace命名空间。
- hello/gen/com.app.hello：存储ADT自动生成的资源映射文件R.java，此文件内的静态类分别对应着Android不同的资源类型，而类中的静态类变量就表示对应资源的id标识，比如，R.layout.main对应hello/res/layout/main.xml布局文件。
- hello/res/drawable-hdpi：图片以及渲染文件存储目录，在Android 2.1之后，原先的drawable目录被扩充为3个目录drawable-hdpi、drawable-ldpi和drawable-mdpi，主要是为了支持多分辨率，drawable-hdpi存放高分辨率图片，如WVGA（480×800），FWVGA（480×540）。
- hello/res/drawable-ldpi：中等分辨率图片存储目录，如HVGA（320×480）。
- hello/res/drawable-mdpi：低分辨率图片存储目录，如QVGA（240×320）。
- hello/res/layout：布局文件存储目录，这里就是存储layout模板的地方了。
- hello/res/values：配置文件存储目录，如strings.xml、colors.xml等。如果你要开发Android的国际化程序，可以在这里为不同的地区所支持的语言设置不同的目录，比如中文简体hello/res/values-zh-rCN，而中文繁体则为hello/res/values-zh-rTW。
- hello/AndroidManifest.xml：每个Android项目都必需的基础配置文件，除了声明程序中的 Activities、ContentProviders、Services 和 Intent Receivers，还可以指定 permissions 和 instrumentations（安全控制和测试）等。

- hello/proguard.cfg：主要用于 Android 应用代码的安全混淆。

理解以上内容之后，可以尝试着动手给 Hello World 项目的代码做一些小修改，比如，调整一下打印出来的文字，或者修改一下布局的方式等。这样不仅可以加深对 Android 项目开发的印象，还可以帮助大家快速地熟悉 Android 应用的开发工具，为后面的项目实践做准备。

2.10.3 使用 DDMS 调试工具

在完成了首个 Hello World 项目的创建之后，大家应该可以体会到在 Eclipse 加上 ADT 的开发环境中进行 Android 代码开发是一件多么方便的事情。而实际上，ADT 还给我们提供了一个非常方便的调试工具，那就是 DDMS。使用这个工具，代码调试工作也变得简单起来。我们只需要单击 Eclipse 界面右上方的 DDMS 按钮就可以切换到 DDMS 界面了，如图 2-31 所示。

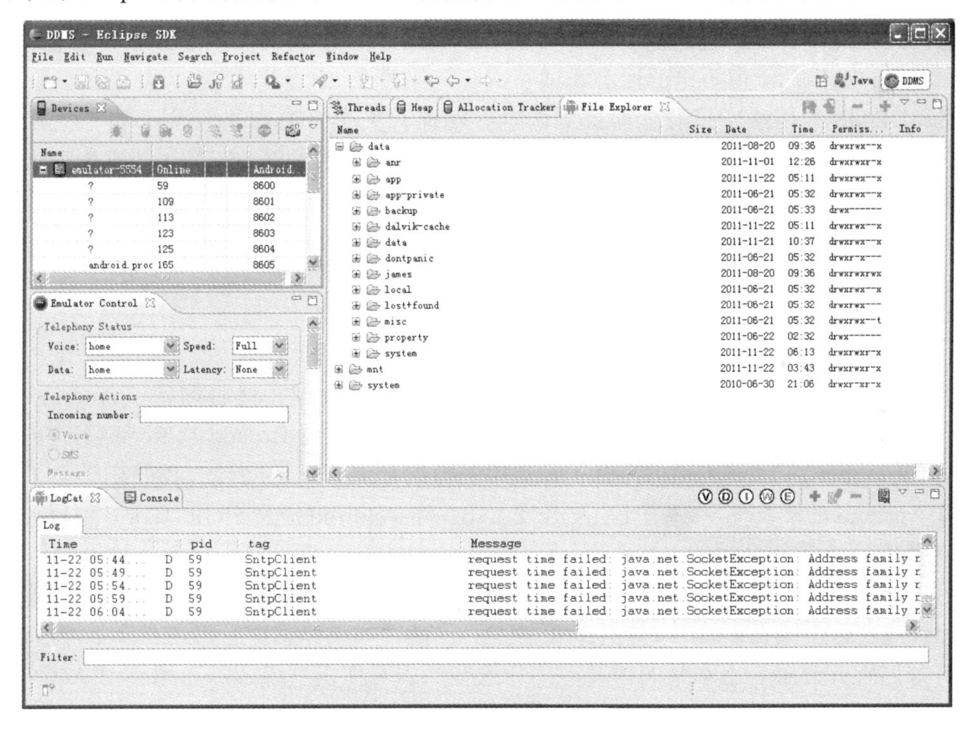

图 2-31 DDMS 调试界面

接下来，我们按照“从左到右，从上到下”的顺序介绍一下该工具中的几个主要功能板块的功能和使用。

- Devices：该窗口用于显示所有设备的详细信息，这里的 emulator-5554 就是模拟器设备的编号，下面则是设备运行的所有进程的列表，单击相应的进程还可以进行调试、截屏等动作。
- Emulator Control：这里主要用于操控一些模拟器的行为，比如设置 GPS 定位信息等。

- File Explorer：本窗口是 Android 系统的文件浏览器，在这里，我们可以浏览设备里面的文件目录，比如，之前在讲 Android 数据存储的时候提到过可以使用 DDMS 来浏览对应的存储文件，讲的就是这个窗口的功能。
- LogCat：用于打印设备的调试信息，这个窗口应该是在开发过程中最经常用到的了，这里的信息分为五级，分别对应上面的 V（VERBOSE）、D（DEBUG）、I（INFO）、W（WARN）、E（ERROR）五个圆形的按钮。此外，还可以通过单击这些按钮来过滤相应的调试信息。
- Console：控制台打印的主要是操作信息，在这里，可以查看设备的运行情况，比如应用的 apk 包是否安装成功等。

在这些功能板块中，我们重点介绍一下 LogCat 窗口的使用，因为开发的时候最经常使用到的就是它了。在 Android 程序中，我们可以使用 android.util.Log 类里面的方法来打印不同级别的信息，笔者个人在调试的时候比较喜欢使用 WARN 级别，因为 INFO 以上的信息太多了，不利于过滤，而 ERROR 又太严重，经常和一些 Exception 混起来。另外，笔者个人还非常喜欢直接把它拉到开发界面中去，这样不需要切换到 DDMS 就可以调试程序了。以上是笔者本人的一些使用心得，如果你觉得不错的话不妨试一试。

当然，DDMS 的用法不只有上面提到的这些功能，关于 DDMS 的使用心得，大家应该在 Android 应用的开发和调试中注意积累。另外，本书实战篇中的 7.1.3 节也会结合实际应用进一步说明 DDMS 工具的用法。总之，学会如何灵活地使用 DDMS 来调试 Android 应用程序是 Android 应用开发中必不可少的知识和技巧。

2.11 小结

在本章中，首先我们学习了 Android 的系统框架和应用框架，然后熟悉了 Android 的四大核心要点和四大组件（活动 Activity、服务 Service、广播接收器 Broadcast Receiver、内容提供者 Content Provider），以及 Android 中一些常用的数据存储方式。随后，我们还学会了如何安装和配置 Android 的开发环境，并且动手开发了第一个 Android 应用 Hello World 项目，还学习了一些使用 DDMS 进行调试的方法。

最后，建议大家回顾一下本章的所有知识点，如果感觉都已经理解掌握了的话，那么要恭喜，你已经成功迈出成为 Android 大师的第一步；当然，如果你感觉思路还有点不够清晰的话，请回头好好回顾并理解一下本章的内容，因为这些知识对你以后继续深入地学习 Android 系统是非常重要的。

第 3 章　PHP 开发准备

通过本章，读者将快速地学会如何使用 PHP 语言进行服务端开发。当然，如果你之前已经有过一些服务端开发的基础，学习本章内容将会更加轻松；然而，如果你以前一直专注于客户端开发，则更需要仔细阅读本章的内容，因为本章将通过讲解 PHP 语言引领你进入服务端开发的世界，并理解一些服务端开发通用的方法和思路。

本章首先会给大家介绍 PHP 的开发基础，以及一些面向对象编程的技巧；然后紧接着给大家介绍 PHP 开发环境（Xampp）的搭建和一些其他主要的与之配套的服务端组件（Apache 和 MySQL）的基础管理；最后还会介绍一个强大的基于 Zend Framework 和 Smarty 类库的 PHP 框架：Hush Framework，本书核心的“微博实例”正是采用这个 PHP 框架，并使用了其中的 MVC 分层开发的思路进行开发的。

3.1　PHP 开发基础

编写本章之前，笔者在考虑一个问题，那就是“如何把一本书的内容压缩到短短的一章中”。这确实是一个难题！由于篇幅有限，本书会尽量避免阐述空洞的概念，使用最简洁明了的语言和易于理解的代码范例，来帮助大家以最快的速度认识和了解 PHP 的开发思路。

3.1.1　PHP 语言简介

PHP（Hypertext Preprocessor）是目前最流行的服务端脚本语言之一。近年来，随着互联网的飞速发展，使用 PHP 语言进行互联网应用开发也变得逐渐火热起来，其特点是简单、快速、灵活，主要应用于各大门户网站、主流 CMS 平台以及 Web 2.0 网络应用中，包括 Google、Yahoo、Facebook、Zynga 在内的互联网巨头们也都大规模地使用 PHP 作为其主要的编程语言。

那么，PHP 究竟能用来做什么呢？一般来说，PHP 在实际项目的应用过程中有以下两种主要的使用方式。

1. 用于后台脚本编程，即以命令行（CLI）的方式执行

由于 PHP 的语法和 Linux Shell 语言有点类似，而使用起来却要比 Shell 强大且方便得多，所以我们经常使用 PHP 作为后台可执行脚本的解决方案。这种方式下的 PHP 脚本，我们也常称之为 CLI（Command-Line Interface）脚本。

2. 用于网络应用编程，即以 mod_php 或 fastCGI 的方式执行

简单说就是用于开发网站或者互联网应用，这也是 PHP 最主要的使用方式。在这种方式中，PHP 经常和其他的一些服务端组件结合使用，比如在著名的 LAMP 架构里，PHP 就是与 Apache 服务器、MySQL 数据库组成了互联网应用服务端开发的铁三角。PHP 的这种使用方式通常被称为网络（Web）脚本模式。

小贴士： LAMP 即 Linux、Apache、MySQL 以及 PHP/Perl/Python 相结合的服务端解决方案，也是目前最强大的互联网应用解决方案之一，占据了全球的网站 70% 以上的市场。简单易用、性能强劲、完全免费这三个特点是 LAMP 广受欢迎的原因。

3.1.2 PHP 语法简介

了解过 PHP 语言的用途，接下来我们来看看如何使用 PHP。首先，来学习一下 PHP 基本语法中的重点部分，以下就是“精简版”的 PHP 语法总结。当然，如果读者已经有过一些其他主流语言的编程经验，比如 Java、C++ 等，那么笔者建议学习时，可以将 PHP 的语法与这些已经比较熟悉的语言进行对比学习，这样会事半功倍。

1. 规范

PHP 代码部分需要用“<?php … ?>”符号框起来，这也表明你可以把 PHP 代码块嵌入到 HTML 代码的任何位置，这种用法类似 ASP 或者 JSP。

2. 注释

PHP 中单行注释以“//”或者“#”符号开始，多行注释使用“/* … */”符号框起来，这点综合了 Perl、C++ 以及 Java 语言的用法。

3. 变量

PHP 的所有变量都以“$”符号开始，变量的命名规则与 C++ 和 Java 语言的标准基本相同，例如：$_user 是正确的，$@user 就是错误的。另外，由于 PHP 是解释性语言，具有弱类型性，所以 PHP 的变量不需要声明类型，这点与 Java 和 C++ 这些编译型的强类型语言是不同的。

4. 常量

PHP 使用 define 函数来定义常量，这点类似于 C 和 C++ 语言。常量名我们一般都会使用全大写的字母，比如“define('CONSTANT', $constant);”这行代码就定义了一个值为 $constant 的 CONSTANT 常量。

5. 函数

自定义 PHP 的函数必须包含 function 关键字，比如“function hello () {...}”。此外，PHP 语言的自带函数库是非常强大的，这点大家可以在日后使用中慢慢体会。

6. 类定义

定义 PHP 类的方法和 Java 基本一致，比如“public class User {...}”。另外，在 PHP 5 发布后，PHP 的面向对象功能越加强大，具体可参考 3.1.4 节的内容。

7. 允许文件中包含文件

在 PHP 中允许包含其他的 PHP 文件，这样方便了我们进行代码的封装，一般来说使用 require 和 include 方法来包含。如果要避免重复包含的问题，则可以使用 require_once 和 include_once 方法。

8. 命名空间

对于大型的项目来说，命名空间（Namespace）的功能还是非常必要，使用命名空间可以减少因为类名或者函数名相同所带来的风险。在 PHP 的新版本中（PHP 5.3），已经支持 namespace 语法，比如“namespace Core\Lib1”。

事实上，PHP 的语法源自 Perl 语言，并融合了 Java 和 C 语言的部分优点，对于有一定编程基础的开发者来说上手非常快。首先，我们来观察一个 PHP 的 Hello World 程序，如代码清单 3-1 所示。

代码清单 3-1

```
<?php
// 打印字符串
echo "Hello World";
?>
```

从这段代码中我们可以看到一个标准 PHP 脚本的写法、打印字符串的方法 echo，以及单行注释的写法。

小贴士： 在实际开发时，我们经常把 PHP 文件最后的“?>”符号去掉，因为这样写不仅不会影响 PHP 的语法解释，还可以避免一些由于编辑器在文件的末尾处自动加上特殊字符，从而影响 PHP 解释和输出的问题。

接下来，我们来分析代码清单 3-2 中的 PHP 的程序范例。代码逻辑非常简单，最前面定义了一个名为“USERNAME”的常量，接着定义了一个函数 isJames() 用于判断输入的参数是否等于“James”，最后打印函数的测试结果。很显然这段代码的运行结果是 false，因为传入值和比较值的大小写是不一样的。

代码清单 3-2

```
<?php
// 常量定义
define('USERNAME', "James");
// 函数定义
function isJames ($username) {
    if (USERNAME == $username) {
        return true;
    }
    return false;
}
// 打印结果
var_dump(isJames("james"));
?>
```

以上代码包含了 PHP 语言中的注释、变量、常量以及函数等重要语法的使用方法，大家可以尝试在本地运行该脚本。运行方法很简单，直接使用 php 可执行文件执行即可，比如该 php 文件名为 demo1.php，用户直接在系统命令行窗口中输入“php demo1.php”并运行即可。当然，在此之前我们还必须把 php 可执行文件的路径加入到系统环境变量中去，否则系统可能提示找不到 php 命令。代码清单 3-2 的运行结果如图 3-1 所示。

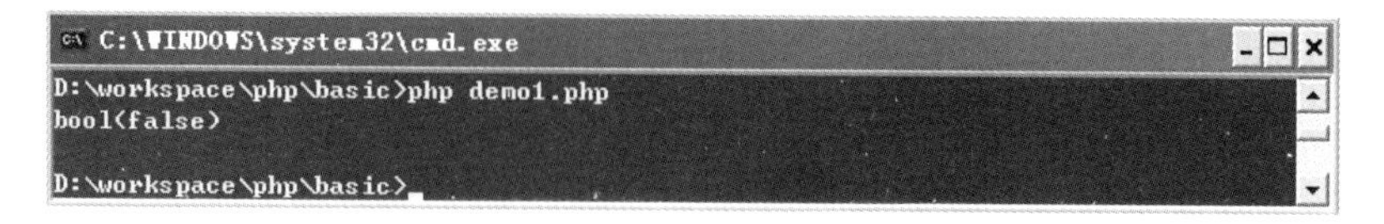

图 3-1 代码清单 3-2 的运行结果

3.1.3 PHP 开发起步

通过 3.1.2 节的学习，我们大致了解了 PHP 的基本语法，本节我们将进一步认识 PHP 语言。首先，我们来看看 PHP 语言的几个特色，也就是它和其他语言不大一样的地方。

1. 预定义变量

PHP 提供大量的预定义变量，准确来说应该是预定义“数组”变量，用于存储来自服务器、运行环境和输入数据等动态信息，不同于其他语言使用对应的使用类包或者方法来获取的方式，相对来说 PHP 的这种方式更加简单直接。表 3-1 中列出了 PHP 语言中比较重要的预定义变量。

表 3-1 PHP 的重要预定义变量

变量名	环境	作用
$GLOBALS	—	引用全局作用域中可用的全部变量
$_SERVER	—	服务器和执行环境信息
$_GET	Web	HTTP GET 变量
$_POST	Web	HTTP POST 变量
$_FILES	Web	HTTP 文件变量（用于文件上传）
$_COOKIE	Web	HTTP Cookies
$_SESSION	Web	Session 变量
$_REQUEST	Web	HTTP Request 变量（包含 HTTP GET/POST）
$_ENV	—	系统环境变量
$http_response_header	Web	HTTP 响应头
$argc	CLI	传递给脚本的参数数目
$argv	CLI	传递给脚本的参数数组

以上这些预定义变量都是我们在开发过程中经常使用到的，用法并不复杂且已在表格中列出，但是需要注意的是它们中某些变量的使用环境是有限制的，比如 $_GET、$_POST 以及 $_SERVER 变量在 CLI 模式下是没有作用的，因为 CLI 不运行在服务器环境里。关于这点我们已经在上表的“环境”一列中说明了，其中标注 Web 的表示只有在网络脚本模式下才能使用；CLI 表示只工作在 CLI 脚本模式下；其他的预定义变量在两种模式下均可使用，但是数组的内容可能会不同。

以下是一个使用预定义变量的例子，不像 Java 还需要使用 request.getParameter() 方法逐个获取 GET 参数，PHP 会直接把所有的 GET 参数全部放到预定义变量 $_GET 中，我们可以直接循环打印出来，如代码清单 3-3 所示。

代码清单　3-3

```
<?php
$sp = "<br/>\n";
foreach ((array) $_GET as $k => $v) {
    echo "GET $k : $v".$sp;
}
?>
```

由于这个脚本必须在 Web 模式下才能使用，因此我们需要把以上代码放入站点目录下，开启浏览器，运行结果如图 3-2 所示。

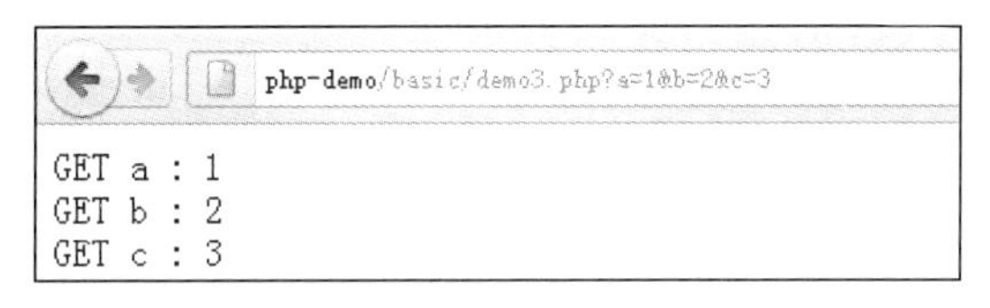

图 3-2　代码清单 3-3 的运行结果

2. null、false、0 和空字符串之间的关系

在 PHP 中，如果一个变量没有赋值则为 null，这点和 Java 类似；但是，PHP 是一门“弱类型”的语言，因此对于 PHP 来说，null 和 false、0 以及空字符串之间的关系有点特殊，如代码清单 3-4 所示。

代码清单　3-4

```
<?php
// null and 0
echo "null==0 : ";
echo var_dump(null==0);

// null and ''
echo "null=='' : ";
echo var_dump(null=='');

// null and false
echo "null==false : ";
echo var_dump(null==false);

// null and 0
echo "null===0 : ";
echo var_dump(null===0);

// null and ''
echo "null==='' : ";
echo var_dump(null==='');

// null and false
echo "null===false : ";
echo var_dump(null===false);
?>
```

以上脚本的运行结果如图 3-3 所示。我们来分析一下结果：首先，前 3 段代码说明了在

PHP 中 null、false、0 和空字符串之间是可以画等号的，这是因为它们在 PHP 都属于一种“非”类型，其他的“非”类型还包括空数组等；其次，看后 3 段代码，我们又可以发现，如果我们要区别这几个值也是可以做到的，在 PHP 中我们使用全等号便可以判别出它们之间的不同。我们在日常编码时一定要注意 PHP 的这个特性，如果随意乱用，很有可能会犯一些低级错误。

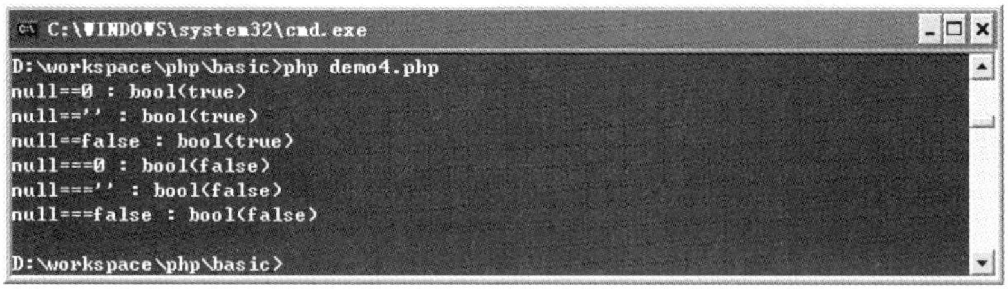

```
C:\WINDOWS\system32\cmd.exe
D:\workspace\php\basic>php demo4.php
null==0 : bool(true)
null=='' : bool(true)
null==false : bool(true)
null===0 : bool(false)
null==='' : bool(false)
null===false : bool(false)

D:\workspace\php\basic>
```

图 3-3　代码清单 3-4 的运行结果

表 3-2 列出了 PHP 语言中对于“非”类型的汇总信息，大家在使用 PHP 的过程中一定要特别注意这些数值的使用方法。

表 3-2　PHP 的“非”类型汇总

数值	作用
null	当变量未被赋值，则为 null
0	整型数值
false	布尔类型
空字符串	字符串 '' 和 ""
空数组	空数组 Array()

3. 魔术变量和魔术方法

最初 PHP 魔术变量的出现主要是为了方便开发者调试 PHP 的代码；当然，我们也可以利用这些魔术变量来实现特殊需求。在写法方面，魔术变量前后都有两个下划线，接下来让我们来熟悉一下这些变量。

- __LINE__：返回文件中的当前行号，我们在定位错误的时候经常用到。
- __FILE__：返回当前文件的完整路径和文件名。自 PHP 4.0.2 起，__FILE__ 总是包含一个绝对路径（如果是符号连接，则是解析后的绝对路径）。
- __DIR__：返回当前文件所在的目录（PHP 5.3.0 中新增）。如果用在被包括文件中，则返回被包括的文件所在的目录，等价于 dirname(__FILE__)。除非是根目录，否则目录中名称不包括末尾的斜杠。
- __FUNCTION__：返回当前函数的名称（PHP 4.3.0 中新增）。自 PHP 5 起本常量返回该函数被定义时的名字，大小写敏感。在 PHP 4 中该值总是小写字母的。
- __CLASS__：返回当前类的名称（PHP 4.3.0 中新增）。自 PHP 5 起本常量返回该类被定义时的名字，大小写敏感。在 PHP 4 中该值总是小写字母的。
- __METHOD__：返回当前类的方法名（PHP 5.0.0 中新增）。注意与 __FUNCTION__ 的返回有所不同，大小写敏感。

- __NAMESPACE__：返回当前命名空间名（PHP 5.3.0 中新增）。这个常量是在编译时定义的，大小写敏感。

魔术方法主要是随着 PHP 的面向对象特性出现的（也就是在 PHP 5 之后），主要解决的是 PHP 在面向对象的思想中所遇到的一些特殊情况，写法方面和魔术变量类似，魔术方法使用两个下划线开头，接下来学习常用的魔术方法。

- __construct()：通用的类构造函数。
- __destruct()：通用的类析构函数。
- __get(string $name)：当试图读取一个并不存在的类属性时被调用。
- __set(string $name, mixed $value)：给未定义的类变量赋值时被调用。
- __call(string $name, array $arguments)：当调用一个不可访问类方法（如未定义或不可见）时，__call() 会被调用。
- __callStatic(string $name, array $arguments)：当调用一个不可访问的静态类方法时，__callStatic() 方法会被调用。
- __toString()：当打印一个类对象时被调用，这个方法类似于 Java 的 toString 方法。
- __clone()：当类对象被克隆时调用。
- __sleep()：持久化一个类对象时，如果 __sleep() 方法存在则先被调用，然后才执行序列化操作。这个功能可以用于清理对象，比如你有一些很大的对象，不需要持久化，这个功能就很好用。
- __wakeup()：与 __sleep() 相反，在反持久化类对象时，如果存在 __wakeup() 方法，则使用该方法预先准备对象数据。__wakeup() 可用在类似于重新建立数据库连接等初始化操作中。
- __isset()：当对未定义的类变量调用 isset() 或 empty() 时，__isset() 会被调用。
- __unset()：unset 一个对象的属性时被调用。如：unset($class->name)。
- __invoke()：当尝试以调用函数的方式调用一个对象时，__invoke() 方法会被自动调用。
- __autoload()：区别于以上所有方法，__autoload() 并非是一个类方法，而是一个全局方法。在实例化一个对象时，如果对应的类不存在，则该方法被调用，可用于类的自动加载。

另外，别忘了所有的魔术方法都需要给予 public 属性。关于魔术变量和魔术方法的应用如代码清单 3-5 所示。

代码清单 3-5

```
<?php
class ClassA {
      // 私有变量
      private $secret;
      // 给私有变量赋值
      private function setSecret () {
            $this->secret = "my secrets";
      }
      // 构造函数
      public function __construct () {
```

```
            echo "CALL ".__METHOD__."\n";
            $this->setSecret();
        }
        // 析构函数
        public function __destruct () {
            echo "CALL ".__METHOD__."\n";
        }
        // 魔术方法 __get
        public function __get ($name) {
            echo "CALL __get:".$name."\n";
        }
        // 魔术方法 __set
        public function __set ($name, $value) {
            echo "CALL __set:".$name.",".$value."\n";
        }
        // 魔术方法 __call
        public function __call ($name, $arguments) {
            echo "CALL __call:".$name.",".print_r($arguments, true)."\n";
        }
        // 魔术方法 __sleep
        public function __sleep () {
            echo "CALL ".__METHOD__."\n";
            $this->secret = "unknown";
            return array("secret");
        }
        // 魔术方法 __wakeup
        public function __wakeup () {
            echo "CALL ".__METHOD__."\n";
            $this->setSecret();
        }
    }

    $a = new ClassA();          // 初始化 ClassA
    $a->attrA = "valueA";       // 赋值不存在的属性 attrA
    echo $a->attrB;             // 获取不存在的属性 attrB
    $a->hello(1,2,3);           // 调用不存在的方法 hello()
    $b = serialize($a);         // 持久化 ClassA
    var_dump($b);               // 打印持久化后的对象
    $c = unserialize($b);       // 反持久化 ClassA
    var_dump($c);               // 打印反持久化后的对象
    ?>
```

以上程序先定义了一个类 ClassA，此类定义了一个 $secret 属性，还定义了我们上面介绍到的一些主要的魔术方法，接下来执行了以下步骤，我们来逐一分析。

1）初始化 ClassA：调用构造函数 __construct()，并对 $secret 变量赋值。

2）赋值不存在的属性 attrA：调用魔术方法 __set()。

3）获取不存在的属性 attrB：调用魔术方法 __get()。

4）调用不存在的方法 hello()：调用魔术方法 __call()。

5）持久化 ClassA：调用魔术方法 __sleep()，并隐藏 $secret 变量的值。

6）反持久化 ClassA：调用魔术方法 __wakeup()，并恢复 $secret 变量的值。

7）最后回收对象：调用两次析构函数 __destruct()，原因是这里产生了两个对象实例，$a 和 $c。

该程序的最终运行结果如图 3-4 所示，大家可以结合上面的分析来思考。

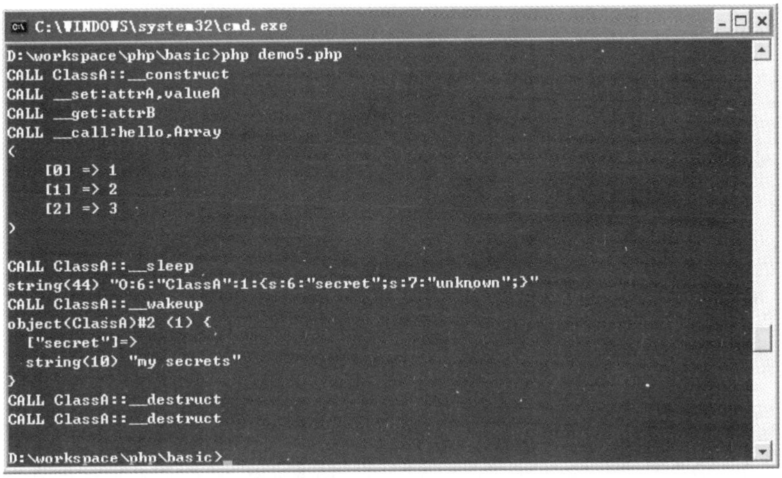

```
C:\WINDOWS\system32\cmd.exe
D:\workspace\php\basic>php demo5.php
CALL ClassA::__construct
CALL __set:attrA,valueA
CALL __get:attrB
CALL __call:hello,Array
(
    [0] => 1
    [1] => 2
    [2] => 3
)

CALL ClassA::__sleep
string(44) "O:6:"ClassA":1:{s:6:"secret";s:7:"unknown";}"
CALL ClassA::__wakeup
object(ClassA)#2 (1) {
  ["secret"]=>
  string(10) "my secrets"
}
CALL ClassA::__destruct
CALL ClassA::__destruct

D:\workspace\php\basic>_
```

图 3-4　代码清单 3-5 的运行结果

小贴士： 代码清单 3-5 中的 print_r 方法的功能主要用于打印 PHP 数组。

4. 神奇的 PHP 数组

记得多年以前有位从事 Java 开发的同事曾经问过我这样一个问题："为什么 PHP 的数组这么好用呢？"当时我觉得不以为然，不过现在回过头来想想，这个问题确实值得好好讨论一下。要解决这个问题，首先我们要理解一点：对于 PHP 来说，没有集合（Set）、栈（Stack）、列表（List）以及散列（Hash）的概念，所有这些常见的数据结构都在 PHP 的数组里面实现了。我们先来看一段关于 PHP 数组操作的代码，如代码清单 3-6 所示。

代码清单　3-6

```
<?php
$arr = array(1,2,3);
// 集合用法
echo '$arr[0]:'.$arr[0]."\n";
// 栈用法
array_push($arr, 4);
echo '$arr:'.print_r($arr, true);
array_pop($arr);
echo '$arr:'.print_r($arr, true);
// 列表用法
array_push($arr, 4);
echo '$arr:'.print_r($arr, true);
array_shift($arr);
```

```
    echo '$arr:'.print_r($arr, true);
    // 散列用法
    $arr[3] = 5;
    echo '$arr[3]:'.$arr[3]."\n";
    ?>
```

从代码中的注释可以看出，以上程序分别模拟了集合、栈（后进先出）、列表（先进先出）以及散列数组的用法，大家可以体会一下，该程序的运行结果如图 3-5 所示。

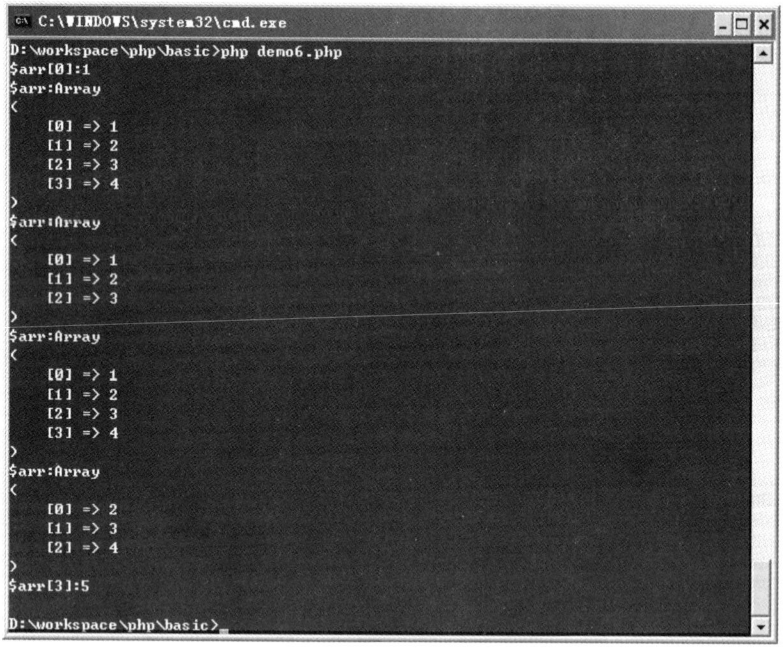

```
C:\WINDOWS\system32\cmd.exe
D:\workspace\php\basic>php demo6.php
$arr[0]:1
$arr:Array
(
    [0] => 1
    [1] => 2
    [2] => 3
    [3] => 4
)
$arr:Array
(
    [0] => 1
    [1] => 2
    [2] => 3
)
$arr:Array
(
    [0] => 1
    [1] => 2
    [2] => 3
    [3] => 4
)
$arr:Array
(
    [0] => 2
    [1] => 3
    [2] => 4
)
$arr[3]:5

D:\workspace\php\basic>
```

图 3-5　代码清单 3-6 的运行结果

之前我们讨论的都是最为简单的一维数组，而在实际项目中我们经常使用的是其他组合形式的数组，比如，与数据库表结构所对应的“散列数组列表”的形式，下面我们再来看一个例子，见代码清单 3-7。

代码清单　3-7

```
<?php
// 散列数组列表
$arr = array(
    array(
        "name" => "James",
        "sex" => "M",
        "age" => "28"
    ),
    array(
        "name" => "Iris",
        "sex" => "F",
        "age" => "27"
```

```
        )
    );
    ?>
    <table border=1 cellspacing=1 cellpadding=5>
    <tr><td>Name</td><td>Sex</td><td>Age</td></tr>
    <?php foreach ($arr as $row) { ?>
        <tr><td><?=$row["name"]?></td><td><?=$row["sex"]?></td><td><?=$row["age"]?></td></tr>
    <?php } ?>
    </table>
```

在上述例子中，我们演示了一个“散列数组列表”的使用方法，实际上这种数据结构经常出现在我们从数据库中取出数据然后展现到页面表格中去的情况。除此之外，从本例中我们还可以学到如何在PHP中嵌入HTML标签，当然这已经是一种最古老的使用方法了，在实际项目中我们经常使用一些其他的模板引擎来负责展示部分，比如Smarty模板引擎（我们将在3.5节中介绍）。最后我们来看一下本例在浏览器中的运行效果，如图3-6所示。

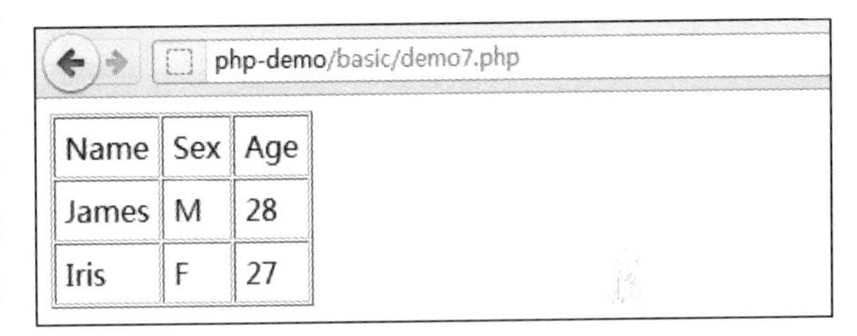

图3-6　代码清单3-7的运行结果

通过以上的介绍和实例学习，相信大家对PHP的数组已经有了一定的了解，这种融合了列表、散列、栈等多种常用数据结构的“超级工具”可以说是PHP的一大发明；当然，PHP数组的用法绝不仅仅只有以上这些，通过日后继续深入学习，我相信你会越来越喜欢这个“编程利器”的。

3.1.4　PHP面向对象编程

虽然之前我们已经学习了PHP语言的开发基础，但是应用这些知识来开发项目还远远不够，因为我们在实际的项目中都需要使用“面向对象”的写法来进行编程，如果只懂得基本语法却没有面向对象的编程思想是万万不行的。所以接下来我们将为大家介绍在PHP语言中，我们是如何使用面向对象的编程思路来进行开发的。

其实PHP语言的面向对象编程思路和Java非常相似，对象（Object）、类（Class）、抽象类（Abstract Class）、接口（Interface）以及MVC三层封装的用法都大同小异，由于篇幅限制，相同的地方将不再赘述，这里主要给大家介绍一下不同的地方，下面我们将结合面向对象编程思想中的几个重要概念来分析一下。

1. 抽象性

要认识面向对象的思想，首先需要理解什么是对象。对象是面向对象编程的基本元素，对象可以是我们需要研究的任何元素，可以是具体的物品，也可以是抽象的事物。比如我们在研发一个后台管理系统时，管理员是一个对象，后台权限也是一个对象。这就是抽象的基本思路，就这点来说，不管我们使用的是什么语言，思考方式应该是一样的。

此外，对象在程序代码中是用“类”（Class）来表示的，每个类都需要具备“唯一性”的特征，在大部分语言中都使用“命名空间”来解决这个问题；然而对于PHP来说，我们通常使用一种“约定”或者“规范”来解决这个问题，比如在PHP的一些大型类库（如Zend

Framework）中我们通常把类名和目录名对应起来，Zend/Db/Exception.php 文件的类名是 Zend_Db_Exception，这种方式在项目中还是比较实用的。

2. 继承性

继承性是面向对象思想中最基础、最重要的特点之一，也正是因为对象的继承性才延伸出了“抽象”和“封装”等面向对象的设计方法。在 PHP 语言中我们同样使用私有（private）、保护（protected）和公共（public）关键字来设定类、属性和方法的权限，关于这些基础概念的基本用法大家可以到网上收罗到一大堆，这里不再赘述。下面我们将以一个 PHP 代码为例给大家讲解一下使用要领，见代码清单 3-8。

代码清单 3-8

```
// 基础抽象类
abstract class Base_Customer {
    // 私有属性
    private $_name = '';
    // 私有方法
    private function _checkName ($name) {
        return is_string($name) ? $name : false;
    }
    // 保护方法
    protected function _formatName ($name) {
        return (string) $name;
    }
    // 公用方法
    public function setName ($name) {
        $this->_name = $this->_formatName($name);
    }
    // 公用方法
    public function getName () {
        return $this->_checkName($this->_name);
    }
    // 抽象方法，子类需要实现
    abstract public function setPassword();
    // 抽象方法，子类需要实现
    abstract public function getPassword();
}
```

上述实例代码中我们定义了一个名为 Base_Customer 的用户抽象基类，里面有一个名为“$_name”的私有属性，表示用户的名字；为了让外部能够访问这个属性，我们添加了读取名字 getName 和设置名字 setName 两个 public 方法，供外部程序调用。另外，此类还有一个 private 方法 _checkName 用于确认用户名字是否有误，一个 protected 方法 _formatName 用于保证名字正确性。在代码的最后我们还定义了两个抽象方法，设置密码 setPassword 和取得密码 getPassword 两个方法，用于对用户的密码进行操作，这两个方法都需要在子类中实现的。从以上代码中我们可以看到 PHP 语言里大部分面向对象编程的写法，大家可以好好理解一下。

3. 多态性

多态性是指相同的操作或函数、过程可作用于多种类型的对象上并获得不同的结果，这个特性进一步增加了面向对象编程思想的灵活性和重用性。我们知道，重载是实现多态性最常见的方法，比如代码清单 3-9 就是使用 Java 语言来使用重载的实例代码。

代码清单　3-9

```
class Demo{
    // 成员变量
    int a, b, c;
    // 构造函数
    public Demo() {}
    // 重载构造函数
    public Demo(int a, int b, int c) {
        this.a = a;
        this.b = b;
        this.c = c;
    }
    // 成员方法
    int sum() {
        return a + b + c;
    }
    // 重载成员方法
    int sum(int d) {
        return a + b + c + d;
    }
}
```

我们看到上面用 Java 语言实现的 Demo 类中，构造方法 Demo 被定义了两次，根据传入参数的不同，方法逻辑也有所不同；另外，类中的成员方法 sum 也被定义了两次，同样可以根据不同的参数来处理不同的逻辑。但是这是 Java 的做法，在 PHP 中我们也可以这样做吗？答案是否定的，因为 PHP 语言不允许出现相同名称的方法，即使在同一个类中。那么我们应该怎么做呢？看看代码清单 3-10 中是怎么写的吧。

代码清单　3-10

```
class Demo {
    // 成员变量
    public $a, $b, $c;
    // 构造方法
    public function Demo ($a = 0, $b = 0, $c = 0) {
        if ($a) $this->a = $a;
        if ($b) $this->b = $b;
        if ($c) $this->c = $c;
    }
    // 成员方法
    public function sum ($d = 0) {
        if ($d) {
          return $this->a + $this->b + $this->c + $d;
        } else {
         return $this->a + $this->b + $this->c;
        }
   }
}
```

我们可以看到，以上的PHP代码同样实现了一个Demo类，此类含有和前面Java版的Demo类同样的成员变量，却只有一个构造方法Demo和成员方法sum；但是有趣的是，通过对这两个方法的逻辑分析，我们会发现这里同样根据参数的不同实现了不同的逻辑。这是为什么呢？答案其实很简单，就是因为PHP允许设置参数的默认值。这种PHP特有的功能帮助我们用另外一种方式实现了多态性。

以上我们介绍的PHP面向对象编程的基础知识，需要大家好好理解一下，因为在后面我们即将给大家介绍的微博应用实例中，这些用法将会被广泛使用；另外，在本章最后介绍的Hush Framework框架中我们也会接触到这些用法。当然，培养成熟的面向对象的编程思想绝不是一朝一夕的事情，需要大家在学习的时候边实践边思考，最好能阅读一些比较优秀的代码，当然本书后面将要给大家介绍的微博项目实例代码也是个很不错的面向对象编程的代码范本，如果大家能通过本书将其理解透彻，绝对会受益匪浅。

3.1.5 PHP的会话

业内常说“不理解会话（Session）的概念就等于不懂得PHP网络编程”。当然，这里讲的是PHP语言用于互联网编程的时候。因为HTTP协议是无状态的，所以每次请求结束后，变量和资源就被回收了，那么我们如何保存一些“持久”的信息呢？比如在用户登录之后，系统需要把用户登录的信息保存下来，在整个应用或者站点里面使用。也许你会想到使用数据库来保存，当然这确实是一种解决方案，但是这些数据大部分属于临时数据，用户退出登录之后就没有用了，如果使用数据库不仅浪费资源，而且还需要定期清理，相当麻烦。为了解决这个问题，PHP专门为我们提供了会话模块，来保存这些临时的用户数据。

和大部分的语言环境一样，PHP的Session机制不是非常复杂，客户端只需要保存一个会话ID，即Session ID，每次会话请求都会把这个Session ID传给服务端，并获取服务端接口处理完的数据，整个过程如图3-7所示。

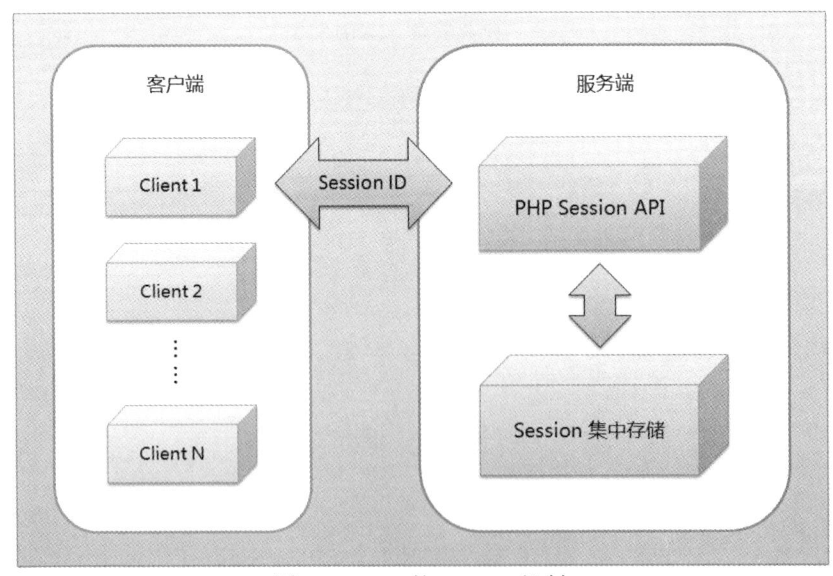

图3-7　PHP的Session机制

PHP 默认的会话存储方式是文件存储，数据会被保存到服务器本地的 session.save_path 参数设定的目录中（此参数位于 php.ini 配置文件）。使用的时候，首先需要调用 session_start 方法开启一个新的 Session，然后直接使用 PHP 预定义变量 $_SESSION 来进行读取和存储操作，在请求结束时系统会把修改过的会话值保存到存储器中。示例用法如代码清单 3-11 所示。

小贴士： php.ini 是 PHP 的环境配置文件，在 Linux 系统下一般会被放在 /etc/php.ini 目录下。该文件几乎包含了 PHP 运行环境所需的所有配置，也是我们必须学习的内容之一，由于篇幅原因，本书不做详细讲解。具体配置参数可直接参考官方文档，地址如下 http://cn.php.net/manual/zh/ini.list.php。

代码清单　3-11

```
<?php
session_start();
// 初始化计数器变量 $count
$count = isset($_SESSION['count']) ? $_SESSION['count'] : 0;
// 计数器依次递增
$_SESSION['count'] = ++$count;
// 打印计数器值
echo $count;
```

前面的会话实例实现了一个简单的计数器，逻辑很简单，大家参照着注释就可以很快读懂。这里需要注意的是，Session 机制仅适用于有服务器的网络环境中，在以命令行（CLI）脚本运行的情况下是不起作用的。另外，我们可以看到该计数器程序的有效代码只有 4 行，这也从一个侧面反映了 PHP 语言的简单高效。

当然我们这里讨论的仅仅是比较简单的 Session 使用场景，对于相对比较大型一点的网络应用来说，Session 的使用就不是这么简单了。比如我们要在多台应用服务器之间共享 Session，那就不能把 Session 信息存放在本地了，这时候我们可能需要把 Session 集中存储在某个公用的中间件里，比如数据库或者缓存服务器等。好在 PHP 给我们提供了 Session 回调接口来帮助我们控制 Session 的存储方式，实例代码请参考代码清单 3-12。

代码清单　3-12

```
<?php
class SessionHandler {
    protected $savePath;
    protected $sessionName;
    public function __construct() {
        session_set_save_handler(
            array($this, "open"),
            array($this, "close"),
            array($this, "read"),
            array($this, "write"),
            array($this, "destroy"),
            array($this, "gc")
        );
    }
```

```
    public function open($savePath, $sessionName) {
        $this->savePath = $savePath;
        $this->sessionName = $sessionName;
        return true;
    }
    public function close() {
        // 关闭 Session 逻辑
        return true;
    }
    public function read($id) {
        // 读取 Session 逻辑
    }
    public function write($id, $data) {
        // 存储 Session 逻辑
    }
    public function destroy($id) {
        // 销毁 Session 逻辑
    }
    public function gc($maxlifetime) {
        // 回收 Session 逻辑
    }
}
// 使用 Session 类
new SessionHandler();
```

上述实例中，我们使用 session_set_save_handler 方法重写了 PHP 的 Session 机制，通过这种方式我们可以很方便地控制 Session 的存取逻辑来满足我们的需求；此外，这也是我们优化 Session 机制时必须使用的知识，这些进阶知识我们会在 9.1.2 节中给大家做进一步的介绍。

3.2 PHP 开发环境

前面我们已经学习了 PHP 编程语言的基础知识，接下来我们来了解 PHP 的开发环境。在此之前，我们先讨论一下 PHP 的开发工具。PHP 是一种脚本语言，因此就语言本身特点而言，对开发工具没有什么严格的限制，从简单的 Notepad 和 EditPlus 到复杂的 Zend Studio 和 Eclipse 都可以进行 PHP 开发；但是在实际项目中，为了保证编码的一致性，以及代码版本管理的方便性，我建议大家在项目开发时使用 Eclipse 作为 PHP 编程开发的统一工具，如此一来，还可以和 Android 应用开发使用同一个开发工具，何乐而不为呢?

3.2.1 开发环境的搭建

让 Eclipse 支持 PHP 有两种方式，其一是在本机的 Eclipse 开发工具上安装一款名为 PHPEclipse 的插件；不过现在我们一般使用另一种方式，也就是直接下载 Eclipse 专门为 PHP 开发者定制的开发工具 PDT，下载地址为：http://www.eclipse.org/pdt/downloads/。

PDT 的安装方法很简单，解压即可使用。但要注意的是，如果你的开发机之前没有安装过 Java 运行环境，PDT 还是不能运行的，毕竟它还是要依靠 Eclipse 环境（环境搭建过程可参考 2.10.1 节）。当然，如果你想要把 PHP 开发环境和 Android 开发环境合为一体也是可以的，这就需要我们先下载 PDT 解压安装之后再安装 ADT。

3.2.2 安装配置 Xampp

和 Android 客户端开发不同，进行 PHP 服务端开发，除了要安装语言本身的环境之外，还需要安装和配置服务端需要的组件，这也是服务端开发和客户端开发的不同之处。当然，PHP 的集成开发环境有很多，本书为大家推荐一个方便实用的集成开发环境套件：Xampp。该套件是完全免费的，它集成了 Apache 服务器、MySQL 数据库、PHP 语言以及 PERL 语言等我们常用的服务端开发工具。

Xampp 的下载地址非常多，利用搜索引擎可找到很多关于“Xampp 下载”的链接，大家选择一个比较官方的链接点击下载即可。当然在本节中我们只会重点介绍这个工具的使用方法，如果你想了解更全面的关于 Xampp 开发环境套件的详细内容，可以登录官方网站了解，网址为：http://www.apachefriends.org/zh_cn/xampp.html。

本书的开发环境是 Windows，所以在下载完 Xampp 的 Windows 版本之后，我们需要将其安装到一个便于访问的目录下，比如 D:\xampp 目录，其中包含的文件如图 3-8 所示。

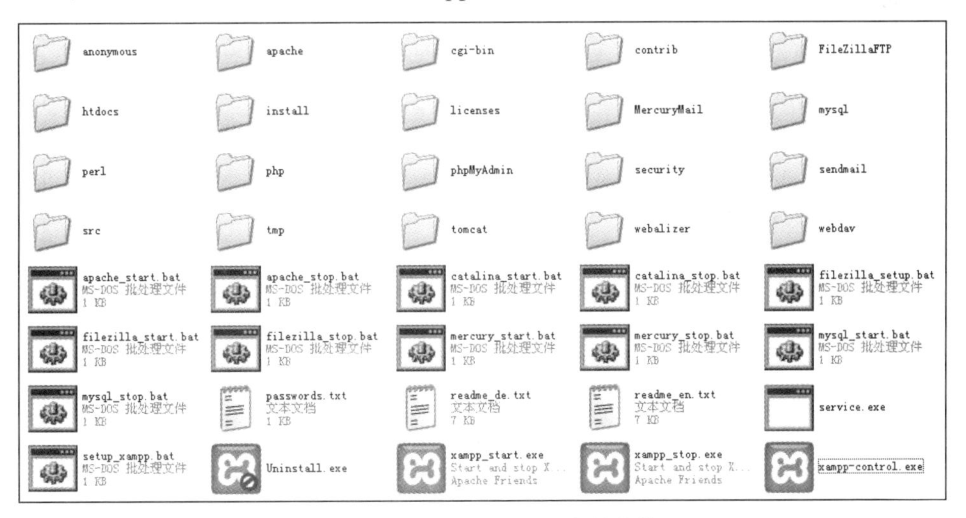

图 3-8 Xampp 目录下包含的文件

从图 3-8 中我们可以看到 Xampp 还提供了很多额外的配套工具，我们先不看这些工具，找到“xampp-control.exe”文件，双击打开，会看到如图 3-9 所示的 Xampp 控制台界面。

在 Xampp 的控制台界面中，我们可以看到前两排分别是 Apache 和 MySQL 的控制按钮，我们单击这两个“Start”按钮就可启动 Apache 和 MySQL 了，非常方便。接着我们打开浏览器，输入“http://localhost”地址就可以看到 Xampp 的管理界面了，如图 3-10 所示。

Xampp 管理界面可以支持多种语言，若要使用中文可以从页面右上方的语言选项中选择。另外，界面的左边是 Xampp 所有的功能选项，接下来，介绍其中比较重要的几个管理工具。

- **状态**：Xampp 主要组件的运行状态。

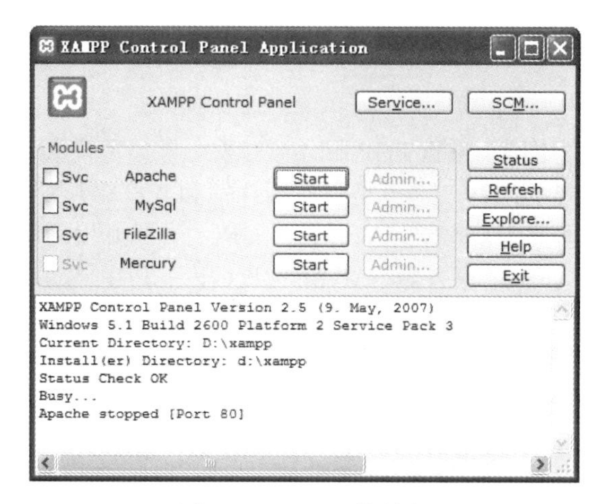

图 3-9 Xampp 控制台

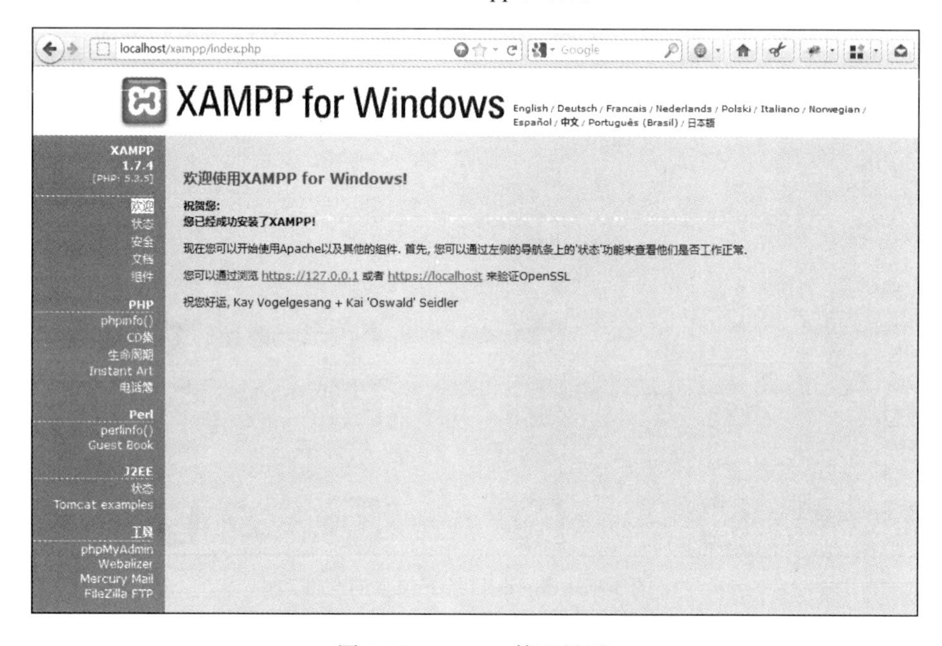

图 3-10 Xampp 管理界面

- **安全**：如果你想用 Xampp 作为正式环境，这个部分就很重要，因为这里涉及一些关于 Xampp 安全的注意事项。
- **文档**：Xampp 常用组件的文档，包括 Apache、MySQL 等。
- phpinfo()：此选项查看的是 PHP 的系统参数，比如，如果我们需要查找一些 PHP 的模块是否已经安装就可以在这里查看。
- phpMyAdmin：MySQL 数据库管理工具，关于此工具将在 3.2.4 节中做详细介绍。
- Webalizer：简单小巧的 Web 日志分析工具，可做简单的访问分析。
- Mercury Mail：Mail 服务器，建议仅供调试。

• FileZilla FTP：FTP 服务器，建议仅供调试。

Xampp 的管理工具看起来非常多，然而，在开发过程中经常用到的管理工具并不多，最经常用到的无非就是使用“phpinfo()”查看 PHP 环境参数，以及使用“phpMyAdmin”管理 MySQL 数据库等。

3.2.3　管理 Apache

Apache 服务器是当今功能最为强大的 HTTP 服务器之一，也是目前全球市场占有率最高的 HTTP 服务器。因此，对于服务端开发者来说，如何管理 Apache 应该算是一个必须学习的内容；当然，如果你想仅仅通过本节就完全掌握 Apache 这是绝对不可能的，因为仅仅是 Apache 的日常管理文档就可以写成一本很厚的参考书。本节我们主要介绍一下在 PHP 服务端开发过程中，Apache 服务器的基本用法。

由于 Xampp 环境已经帮助我们把 Apache 和 PHP 结合起来了，所以不需要做任何配置就可以让 Apache 支持 PHP 脚本。以下是一些在日常开发过程中常出现的操作，让我们来分别学习一下。

1. 启动和停止

在 Xampp 中启动和停止 Apache 非常简单，可直接在 Xampp 控制台中进行操控。如果有疑问可以参考 3.2.2 节的内容。

2. 设置虚拟主机（Virtual Host）

当我们开发一个新的网络应用时，首先，我们需要给这个网络应用分配一个域名，那么我们怎么在开发机上访问这个域名呢，我们假设现在要做的网络应用的域名是“http://test-app”，我们可以通过以下步骤来设置 Apache 的虚拟主机。

首先，我们需要找到并打开 Windows 本地的 host 文件，该文件位置如下：C:\WINDOWS\system32\drivers\etc\hosts，并在文件尾部加上如配置清单 3-1 所示的内容。

配置清单　3-1

```
...
127.0.0.1  test-app
...
```

然后，我们再打开 Apache 的虚拟主机配置文件，该文件位于 Xampp 中的 Apache 目录下，如 D:\xampp\apache\conf\extra\httpd-vhosts.conf，其中我们加入如配置清单 3-2 所示的配置信息。

配置清单　3-2

```
...
NameVirtualHost *:80

<VirtualHost *:80>
    DocumentRoot "/path/to/test-app"
    ServerName test-app
    <Directory />
        AllowOverride All
        Allow from all
```

```
    </Directory>
</VirtualHost>
...
```

接着，我们在站点根目录（DocumentRoot）中放入一个测试 PHP 脚本，用于测试环境是否配置成功，如代码清单 3-13 所示。

代码清单 3-13

```
<?php
phpinfo();
?>
```

最后，重启 Apache 服务器，打开浏览器并输入刚才准备好的 PHP 脚本文件进行测试，效果如图 3-11 所示。

php-demo/basic/info.php

PHP Version 5.3.5

System	Windows NT SH-HUANGJSH 5.1 build 2600 (Windows XP Professional Service Pack 3) i586
Build Date	Jan 6 2011 17:50:45
Compiler	MSVC6 (Visual C++ 6.0)
Architecture	x86
Configure Command	cscript /nologo configure.js "--enable-snapshot-build" "--disable-isapi" "--enable-debug-pack" "--disable-isapi" "--without-mssql" "--without-pdo-mssql" "--without-pi3web" "--with-pdo-oci=D:\php-sdk\oracle\instantclient10\sdk,shared" "--with-oci8=D:\php-sdk\oracle\instantclient10\sdk,shared" "--with-oci8-11g=D:\php-sdk\oracle\instantclient11\sdk,shared" "--enable-object-out-dir=../obj/" "--enable-com-dotnet" "--with-mcrypt=static"

图 3-11 info.php 运行结果

如果看到的页面和上图的一样，那么表示我们的 PHP 网络脚本开发运行环境准备就绪了。学会这些之后，你还可以在该应用目录下编写其他的 PHP 脚本进行学习。

3.2.4 管理 MySQL

MySQL 数据库绝对是现在市面上最为流行的开源数据库之一。实际上，PHP 和 MySQL 在很早以前就被认为是互联网领域的“天作之合”，PHP 为 MySQL 提供了非常稳定而高效率的数据库接口，而 MySQL 又为 PHP 提供了灵活而强大的数据存储方式，所以在学习 PHP 的同时，MySQL 也就自然而然变成必学内容中的一部分了。

和 Apache 一样，MySQL 同样是一个庞然大物，想用一节的文字就把 MySQL 完全说清楚同样是不大现实的事情，因此在本节中我们只对 MySQL 本身做简单介绍，主要介绍如何使用 phpMyAdmin 工具来管理 MySQL 数据库。

首先，我们来简单介绍一下 MySQL 数据库。和本书中所介绍的其他组件一样，MySQL 是开源而且免费的，除此之外，它还有以下几个主要的优势和特点。

1. 稳定性

对于数据库来说，稳定性毫无疑问是最重要的。对于 MySQL 的稳定性，其实无须多虑，作为目前全球最受欢迎的开源数据库，MySQL 被无数的互联网应用所采用，比如 Facebook 等。而在这些成功的实例中，MySQL 扮演着最稳定的数据存储后盾的角色。

2. 高性能

支持多线程，性能佳，同时（在配置文件 my.cnf 中）MySQL 还提供了非常丰富的性能配置选项。我曾经对目前 Linux 上的多个主流数据库做过高并发的压力测试，MySQL 的处理能力绝对是名列前茅的。

3. 灵活性

单台 MySQL 服务器支持的对象数达到十亿（Billion）级别，因此从理论上来讲，在性能没有下降的前提下，我们可以建立任意多个数据库，每个数据库中包含任意多张数据表，这样我们就可以在一台 MySQL 服务器上模拟分库分表，当然，我们甚至还可以在一台服务器上建立多个 MySQL 实例。

4. 支持主从

主从复制（Replication）也是 MySQL 最重要的特性之一，MySQL 支持一主多从，以及互为主从两种模式。我们常用的是一主多从的方式，在主从模式运行时，主库会持续地把数据同步到从库上去，一般来说我们会将主库作为写库而从库作为读库，这样做的好处是：多个从库不仅可以为主库分担读的压力，而且还可以为主库提供多套数据备份，当主库出问题时，我们可以通过修改配置快速地进行数据恢复。

5. 支持集群

在 MySQL 5 之后也支持使用 NDB Cluster 存储引擎来实现多 Cluster 的服务器集群，但是在 PHP 项目中通常依靠程序逻辑来实现数据库集群的功能。

6. 插件丰富

据我了解 MySQL 的插件应该是目前所有数据库中最多的，针对各种不同的使用场景，都会有不同的数据库引擎或者数据库插件与之对应，比如近几年出现的 MySQL 的 NoSQL 处理引擎 HandleSocket 等。丰富的插件系统也使得 MySQL 的应用范围越来越广。

接下来，我们来看看在 Xampp 环境下如何方便地管理 MySQL。在 3.2.2 节中曾经提到过 Xampp 自带的 phpMyAdmin 管理工具，此工具是由纯 PHP 写出来的，特点就是部署完之后可以直接在浏览器中打开操作，界面如图 3-12 所示。

图 3-12 展示的就是 phpMyAdmin 的主界面（在不同的版本里 phpMyAdmin 的界面表现可能会稍有不同，但是功能布局肯定是不会变的），左边灰色的列表就是目前所有的 MySQL 数据库列表，其中除了 mysql、information_schema、performance_schema 以及 test 是 MySQL 自带的数据库之外，其他的数据库都是后来添加的。我们单击对应的数据库名就可以进入对应的数据库管理界面，例如我们单击 cdcol 数据库，会看到如图 3-13 所示的管理界面。

从图 3-13 中可以看到，cdcol 库中只有一个表 cds，单击表名就可以在右边看到表里所有数据的列表，当然我们可以对这些数据进行增删查改等动作。另外，在数据列表上面我们可以看到所有操作的相关 SQL，非常方便；SQL 栏上方还有一排按钮选项，这些选项的功能也是日常操作中经常使用的，下面简单介绍一下。

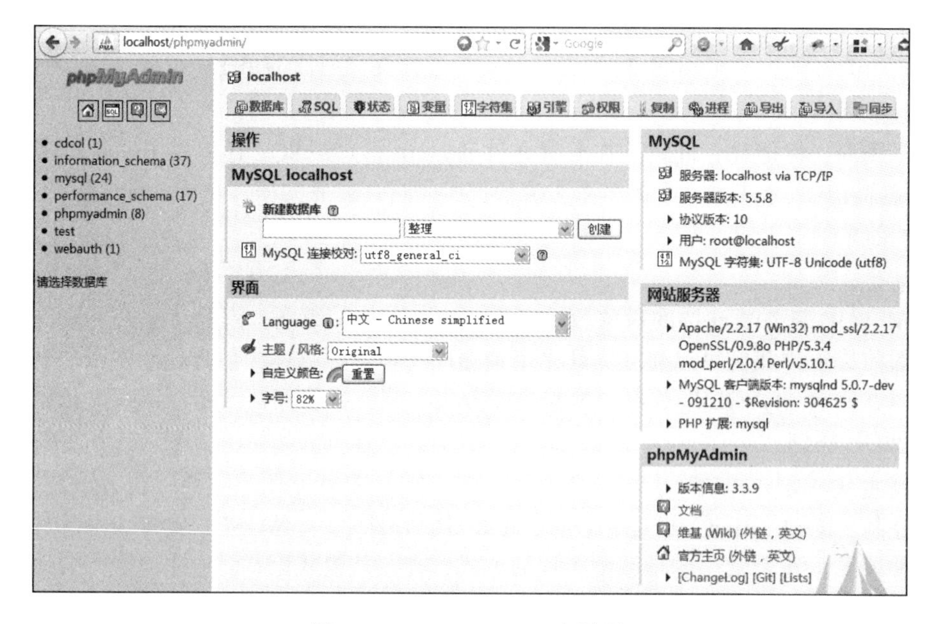

图 3-12 phpMyAdmin 主界面

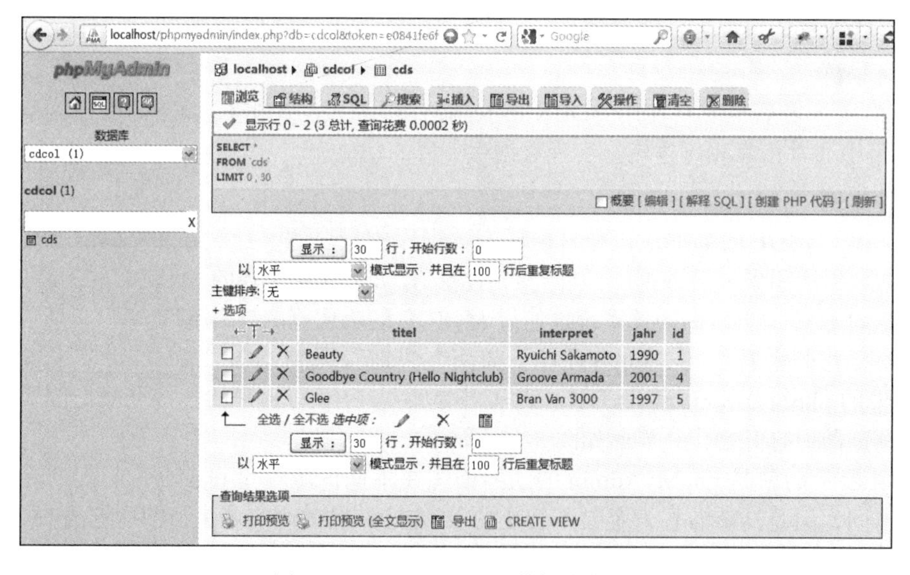

图 3-13 phpMyAdmin 数据表管理

- **浏览**：默认的功能，用于管理表中的数据。
- **结构**：用于查看表的详细结构，还可以添加索引。
- **SQL**：使用我们自己编写的 SQL 语句进行数据表操作。

- **搜索**：快捷地使用模糊搜索查找数据。
- **插入**：插入新的数据。
- **导出**：导出表中的数据，一般用于数据备份或者转移；phpMyAdmin 提供了非常多的导出方式和选项，一般来说 MySQL 导出的文件都是文本 SQL 文件。
- **导入**：和导出相反的功能，一般用于数据恢复。
- **操作**：提供一些其他的高级功能选项，比如修改数据表名、修改存储引擎、修改字符集等操作，需要了解更多信息请进入相应界面查看。
- **清空**：清空表内所有数据，此操作在未开启事务的情况下不可恢复，请慎用！
- **删除**：删除整张表，请慎用！

由于篇幅限制，对于 phpMyAdmin 的一些主要功能的介绍到此为止，如果你想熟悉这个工具建议动手操作一下，熟悉一下这个 MySQL 管理工具的日常功能，这对后面的服务端开发是非常重要的。

3.3　使用 JSON 通信

实际上，第 1 章中介绍如何结合 Android 和 PHP 学习时，我们就曾经提到过 JSON 协议，本节我们就来学习一下这个协议的基本内容。JSON 是 JavaScript 对象表示法（JavaScript Object Notation）的简称，JSON 协议源自 JavaScript 脚本语言的对象持久化表示方法，由于这种表示法比较简单易懂，而且传输的数据也比较小巧（相对于 XML 来说应该算是非常小巧了），因此，近年来被广泛地用于互联网应用的数据封装。

首先，我们来学习一下 JSON 协议的数据表示方法。在 JSON 协议中，最基本的数据结构只有两种。第一种是数组结构，该结构类似于 PHP 中的列表数组，结构如下。

```
["james","iris"]
```

第二种是对象结构，该结构非常类似于 PHP 中的散列数组，结构如下。

```
{"id":1,"name":"james"}
```

当然，将以上两种结构结合起来就可以产生其他形式的数据结构，比如对象数组，也就是类似于 PHP 中的“散列数组列表”的形式，结构如下。

```
[
{"id":1,"name":"james"},
{"id":2,"name":"iris"}
]
```

另外，JSON 协议几乎支持所有主流语言的客户端，当然也包括 PHP 语言。在 PHP 中使用 JSON 非常方便，在 PHP 5.2 版本之后，PHP 语言已经内置了 JSON 的加解码函数，即 json_encode 和 json_decode。接下来，让我们来分析一下代码清单 3-14 中的逻辑代码。

代码清单　3-14

```
<?php
// 原始数据
$arr = array(
```

```
    array(
      "id" => 1,
      "name" => "James"
    ),
    array(
      "id" => 2,
      "name" => "Iris"
    )
);
// 数组转换为 JSON 格式
$str = json_encode($arr);
echo "Array => JSON : ".$str."\n";
// JSON 转换为数组格式
echo "JSON => Array : ";
$arr = json_decode($str);
print_r($arr);
?>
```

以上代码演示了如何使用 PHP 内置的加解码函数来进行 JSON 数据和 PHP 数组结构之间的相互转换，运行结果如图 3-14 所示。

```
C:\WINDOWS\system32\cmd.exe
D:\workspace\php\basic>php demo8.php
Array => JSON : [{"id":1,"name":"James"},{"id":2,"name":"Iris"}]
JSON => Array : Array
(
    [0] => stdClass Object
        (
            [id] => 1
            [name] => James
        )

    [1] => stdClass Object
        (
            [id] => 2
            [name] => Iris
        )

)
D:\workspace\php\basic>
```

图 3-14　代码清单 3-14 的运行结果

这里随便提一下，在 Android 中我们使用 org.json 包来进行 JSON 加解码工作，JSON 数组格式可使用 JSONArray 类处理，而对象结构则使用 JSONObject 类处理。关于 Android 使用 JSON 的具体使用方法和实例我们将在 7.3.3 节中做详细介绍。

3.4 常用 PHP 开发框架

随着互联网应用的发展，我们过去依靠原生 PHP 代码进行编程的路已经走不通了。因为，随着代码逻辑越来越复杂，如果没有一个好的框架来管理和组织代码，乱七八糟的巨量代码最终必将把整个项目毁掉，这也是我们在项目结束之后还要花那么大的资源和精力对代码进行不断优化和重构的原因。当然，如果我们在项目开始时就采用一个比较好的框架进行开发，不仅可以让以后的功能扩充变得更加简单，还可以为日后的代码维护减少工作量。目前市面上流行的 PHP 框架非常多，接下来我们会对其中比较有代表性的几个框架做一些介绍和对比。

1. Zend Framework（http://framework.zend.com/）

Zend Framework 简称 ZF，是 PHP 的官方框架，优点是功能强大、结构松散、封装完善，很适合作为二次开发的基础框架，它包含了几乎所有你能想到的关于互联网方面的功能类库。当然，ZF 的类库包也很大，框架类库就将近 20MB，当然其中大部分我们是用不到的。虽然 ZF 看起来比较“笨重”，但是它所提供给开发者的自由度是其他框架所不能比较的，针对那些需求比较灵活或者结构比较复杂的大型项目而言，ZF 确实不失为一个很好的选择。

笔者建议大家去深入学习 ZF 框架，最好是能把 ZF 的主要逻辑和类库的代码读一遍，因为从中你不仅可以学到很多 PHP 语言的编程技巧，还可以学到很多有用的“设计模式”以及“封装”的技巧，这些知识和经验都会对大家今后的编程之路大有裨益。

此外，本书实战篇中的项目实例将会使用一个基于 ZF 的框架 Hush Framework 来进行开发，因此学习 ZF 对大家来说也是非常必要的。当然，由于本书的篇幅限制，我们不可能在这里把 ZF 全部给大家讲一遍，但是我们在 3.6 节中在对 Hush Framework 进行讲解时会涉及 ZF 框架的一些内容，建议大家认真阅读和体会，相信其中的知识会对深入学习 ZF 框架有很大帮助。

小贴士： 本书的“封装”指的是一种基于面向对象思想的组织代码的方法，后面会多次提到这个概念，大家在阅读时可以注意一下。

---

2. CodeIgniter（http://codeigniter.com）

CodeIgniter（CI）也是一个比较老牌的 PHP 框架，和 ZF 相反，它非常小巧，核心类库仅有 1MB 左右，使用起来比较简单，代码框架遵循常见的 MVC 结构；但是 CI 的类库封装得还不够精细，某些框架层次感觉设计得过于繁琐；另外，我认为 CI 的文档做得不是很好，特别是中文的文档，当然这可能是多种原因造成的，但是不可否认的是，这个问题大大阻碍了 CI 框架在国内的普及。

3. CakePHP（http://cakephp.org/）

CakePHP 是一个典型的仿 RoR 类型的框架，它的脚手架（scaffold）功能还不错，也非常的小巧，类库相对来说设计得主流化一点，但是模板支持部分还做得不够好，另外系统设计的耦合度比较高，如果遇到一些大型项目会有点棘手，比如需要分库分表，以 CakePHP 目前的做法会比较麻烦。

4. ThinkPHP（http://www.thinkphp.cn/）

ThinkPHP 是必须要介绍的，是近几年出现的比较优秀的产品之一。整体来说，ThinkPHP 很快，几乎是所有 PHP 框架中最快的；也很小巧，所有的类包加起来才几百 KB；在设计方面相对比较松散，易于学习；另外，文档也相当完善，确实是近年来出现的一个不错的 PHP 框架，但是面对大型项目同样有一些不方便的地方。

当然，面对如此多的 PHP 框架，到底应该学习哪一个呢？我们可以这样考虑：如果你只想快速地开发出一个应用，那么可以选择 Think、Cake 或者 CI 等敏捷型的开发框架；但是，如果你想要更深入地学习 PHP 语言，甚至 PHP 中的各种设计模式，请选择 ZF。当然，在后面的章节中，我们将会向大家介绍一个基于ZF和Smarty的PHP开发框架，也就是Hush Framework。

3.5 认识Smarty模板引擎

如果你说学过PHP而没学过Smarty模板引擎，我相信所有的面试官都会觉得你在撒谎。虽然PHP语言本身就可以嵌入到HTML页面中去进行数据展现，但是这样做我们不仅需要书写大量的<?php?>标签，而且在某些地方还需要嵌入大量的冗余代码，另外也不利于逻辑的解耦和分离。所以，在项目中我们还是需要一个专门的模板引擎，而Smarty就是PHP语言在这个领域的不二选择了。

目前，最新的Smarty版本已经出到3.x，相对于2.x版本有了很大的改进，接下来简单介绍一下Smarty的使用。实际上，Smarty的下载包中本来就包含了一些实例代码。首先，从官方下载地址（http://www.smarty.net/download）下载最新的稳定的开发包版本（Latest Stable Release），我们在这里使用的是Smarty 3.1.5版本，该版本必须运行于PHP 5.2以上的版本中。

解压之后，我们把Smarty-3.1.5重新命名为smarty并放入我们前面配置好的站点目录，然后在浏览器中打开demo地址（http://php-demo/smarty/demo/），打开的界面如图3-15所示。

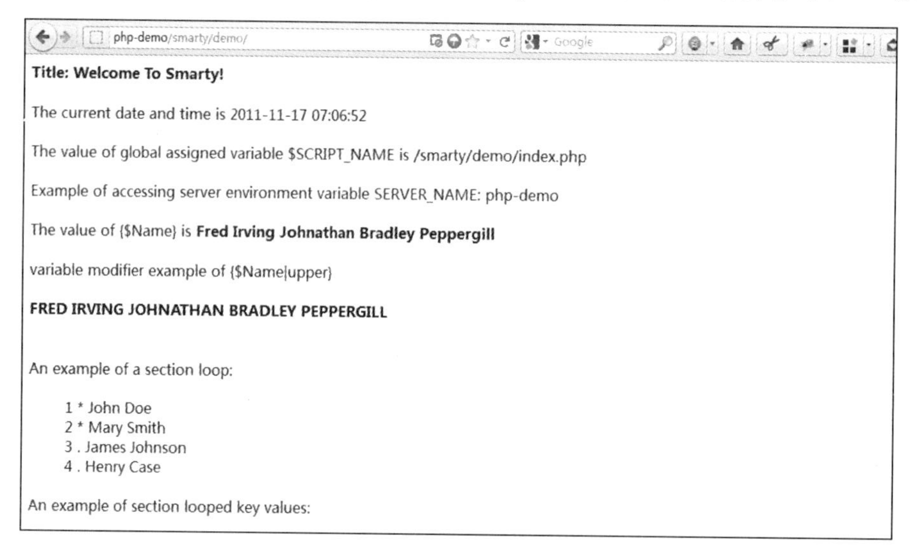

图3-15 Smarty demo的运行效果

小贴士： 如果你找不到站点目录，请返回查看3.2.3节中Apache配置虚拟主机的部分内容。

以上这个界面就是由Smarty模板引擎渲染出来的页面，其对应的PHP文件的代码，见代码清单3-15，已添加注释，方便读者阅读。

代码清单 3-15

```
<?php
// 包含 Smarty 类库
require('.../libs/Smarty.class.php');
// 初始化 Smarty 对象
$smarty = new Smarty;
// 初始化 Smarty 配置
//$smarty->force_compile = true;
$smarty->debugging = true;
$smarty->caching = true;
$smarty->cache_lifetime = 120;
// 各种变量赋值
$smarty->assign("Name","Fred Irving Johnathan Bradley Peppergill",true);
$smarty->assign("FirstName",array("John","Mary","James","Henry"));
$smarty->assign("LastName",array("Doe","Smith","Johnson","Case"));
$smarty->assign("Class",array(array("A","B","C","D"),array("E","F","G","H"),
array("I","J","K","L"),array("M","N","O","P")));
$smarty->assign("contacts", array(array("phone" => "1", "fax" => "2", "cell"
=> "3"),array("phone" => "555-4444", "fax" => "555-3333", "cell" => "760-1234")));
$smarty->assign("option_values", array("NY","NE","KS","IA","OK","TX"));
$smarty->assign("option_output", array("New York","Nebraska","Kansas","Iowa",
"Oklahoma","Texas"));
$smarty->assign("option_selected", "NE");
// 渲染相应模板
$smarty->display('index.tpl');
?>
```

从上面的代码我们可以很清晰地看到 Smarty 的一般使用过程：先初始化 Smarty 对象，然后配置 Smarty 参数，接着就是进行各种变量的赋值，最后在模板页面展现出来。对于本例，大家可以看看 index.tpl 中的模板写法，当然 Smarty 的用法还是很丰富的，想学好它，最好的老师就是官方文档了，请参考“http://www.smarty.net/docs/en/”。以下我们也简单介绍几种在开发时需要掌握的核心要点。

1. 常用配置选项

在使用 Smarty 模板引擎之前，我们必须先学习如何配置 Smarty 的选项。而在 Smarty 的常见选项中，我们首先必须了解 4 个最基本的目录选项。

- **模板目录（template）**：本目录用于存储模板文件，需要渲染对应文件时把文件相对地址作为参数传入 display 方法即可。比如，我们有一个模板文件地址位于 template/test/index.tpl，那么我们则应当使用“$smarty->display('test/index.tpl');”语句来渲染该模板。
- **编译模板目录（template_c）**：本目录主要用于存储 Smarty 模板引擎产生的模板编译文件，Smarty 也正是使用这种方法来提高执行效率的。当然，我们在部署项目时一定要注意该目录必须是可写的。
- **缓存目录（cache）**：Smarty 允许把展示过的模板缓存起来，使用此功能将进一步提高模板引擎的运行速度。当然，我们还可以通过设置 cache_lifetime 属性来控制缓存文件的有效时间。

• **配置目录（configs）**：这个目录可以用于保存 Smarty 模板引擎的配置文件，不过在实际项目中使用得比较少，我们经常会把配置放入项目统一的配置目录。

在实际项目中我们经常使用继承和重载的方式来定制和配置我们自己的 Smarty 模板类。比如，在代码清单 3-16 中，我们就实现了一个自定义的 My_Smarty 类，此类中设置了 Smarty 模板的必要目录和缓存的生效时间。

代码清单 3-16

```
<?php
// 包含 Smarty 类库
require 'Smarty.class.php';

// 定义自己的模板类
class My_Smarty extends Smarty
{
    function __construct()
    {
        // 重载 Smarty 基类
        parent::__construct();
        // 配置目录
        $this->setTemplateDir('/path/to/templates/');
        $this->setCompileDir('/path/to/templates_c/');
        $this->setConfigDir('/path/to/configs/');
        $this->setCacheDir('/path/to/cache/');
        // 配置缓存
        $this->caching = true;
        $this->cache_lifetime = 60;
        // 设置默认变量
        $this->assign('app_name', 'My App');
    }
}
?>
```

在上述代码中，setTemplateDir 方法用于设置模板目录，setCompileDir 方法用于设置编译过的中间模板目录，setConfigDir 和 setCacheDir 方法分别用于设置 Smarty 模板的配置文件和缓存文件的目录。

2. 常用模板语法

Smarty 3.0 中的语法实际上和 PHP 的语法已经比较接近了，使用起来相当方便。接下来让我们来熟悉一下 Smarty 模板语言的基本用法。首先，我们要知道所有的 Smarty 的默认界限符号是大括号（当然这个也是可以设置的）。因此，我们可以通过类似于“{$var}”的写法来获取 Smarty 变量“var”的值。其次，Smarty 中为我们提供了大量的字符串辅助标签，非常方便，例如，如果需要把某个变量的首字母大写，使用方法如代码清单 3-17 所示。

代码清单 3-17

```
{$articleTitle|capitalize}
```

另外，如果我们想把时间戳转化为需要的时间格式，使用方法如代码清单 3-18 所示。

代码清单　3-18

```
{$smarty.now|date_format}
{$smarty.now|date_format:"%Y-%m-%d"}
```

此外，我们还可以使用代码清单3-19中的类似方法来过滤非法字符，避免XSS(跨站攻击)的风险。

代码清单　3-19

```
{$articleTitle|escape:'html'}
{$articleTitle|escape:'htmlall'}
```

接下来，我们还会介绍一下在展示过程中最常用到的循环语句的写法。实际上在Smarty中有两种最常用到的循环语句写法，一种是“{section}”，另一种是“{foreach}”。现在假设我们需要循环一个散列数组列表“$userList”，散列数组中包含“id”和“name”两个字段，示例见代码清单3-20，大家可以好好理解一下。

代码清单　3-20

```
{* 注释：使用 section 标签循环 *}
{section name=user loop=$userList}
    ID : {$userList[user].id}
    NAME : {$userList[user].name}
{/section}

{* 注释：使用 foreach 标签循环 *}
{foreach $userList as $user}
    ID : {$user.id}
    NAME : {$user.name}
{/foreach}
```

从上面的代码中可以看出，Smarty 3.0的foreach用法已经和PHP的语法非常类似了，既容易理解又方便实用，推荐大家使用。另外，在Smarty中注释默认使用的是“{*...*}”标签，这个也需要大家了解一下。

由于篇幅限制，Smarty模板引擎的基本使用我们介绍到这里，关于其更多的信息请大家参考官方的文档并动手实践一下，毕竟Smarty模板也是使用PHP进行服务端开发的必不可少的一项技能。

3.6　开发框架简介

前面大家已经学习了PHP模板引擎Smarty的用法，也简单了解了PHP的官方框架Zend Framework，接下来本书将给大家介绍一个基于Zend Framework和Smarty之上的强大的PHP开发框架，即Hush Framework。本书后面微博实例的服务端程序也将采用该框架进行开发。

在实际项目中，我们通常要先选择一个比较适合项目特点的框架，然后，在这个框架的基础上进行开发，这个过程我们通常称为“框架选型”。其实，在之前的3.4节中我们已经介绍和分析了四种目前比较主流的PHP框架，并选定了Zend Framework为本书实例的基础框架，我们通过长时间的整理归纳和项目积累，在 Zend Framework 和 Smarty 的基础上构建出了 Hush Framework 这个 PHP 的开发框架，个人还是非常推荐大家使用的，接下来我们从几个方面给大家介绍一下这个框架。

3.6.1 框架的特点和优势

从某种程度上来说 Hush Framework 框架的特点也可以算做它的优势，所以我们主要给大家列举该框架的几个主要特点。

1. 开发效率高

Hush Framework 基本沿用了 Zend Framework 严谨的编码规范和优秀的框架设计，形成了别具特色的 MVC 结构；此外，本框架目前已经被国内多个知名网络公司所采用，经过了多个实际项目的考验和提炼已经日渐成熟；另外，此框架相对比较适合国内程序员的思路，从而提高了开发效率。

2. 运行效率高

虽然 Zend Framework 的运行效率一直为大家所诟病，但是其中最重要的原因是类库实在太庞大了，因此 Hush Framework 只使用了其中几个核心类库，并对其中一些效率不够高的地方进行了精简和优化，比如 URL 的路由逻辑优化，DB 类的用法简化等，极大限度地提高了整个框架的运行效率。

3. 可扩展性高

Hush Framework 的高扩展性得益于 Zend Framework 优秀的类库设计，松耦合的设计方法让它能快速地适应不同项目的需求，这也是为什么我们会选择 Hush Framework 来作为本书实例的服务端底层框架的最主要原因之一。

当然，除了以上这些基础特点之外，Hush Framework 还有很多其他的很棒的特性，比如我们可以用它的基础代码来快速开发一个常见的互联网应用，还可以用其自带的工作流模块来开发 ERP 系统等，但是由于本书实例仅用到框架中的最基础的 MVC 代码框架，所以我们后面的介绍也将围绕着 Hush Framework 的基本用法来给大家讲解，其中我们也会穿插一些 PHP 编程的要点，让大家更加了解如何在实际项目中使用 PHP 语言来编程。

3.6.2 框架的基础目录结构

想要熟悉一个框架，最好的方式莫过于从它的代码目录结构入手，下面我们先来讲解一下 Hush Framework 的基础目录结构，让大家对这个框架有一个整体性的认识。下面便是对这个框架主要目录的一个对照，我建议大家使用 svn 工具到 Hush Framework 的官方网站（http://code.google.com/p/hush-framework/）上把代码下载到本地来进行比对阅读，这样才会达到比较好的学习效果。

目录说明 3-1

```
hush-framework
|
|- hush-app                                    实例应用程序目录
|   |- bin                                     可执行文件目录
```

```
|   |- dat                                              临时存储文件
|   |- doc                                              主要文档目录
|   |- etc                                              配置文件目录
|   |- lib                                              主要逻辑目录
|   |   |- Ihush
|   |      |- Acl                                       ACL 权限逻辑类库
|   |      |- App
|   |      |   |- Backend
|   |      |   |   |- Page                              后台 Controller 逻辑
|   |      |   |   |- Remote                            后台 Service 逻辑
|   |      |   |- Frontend
|   |      |       |- Page                              前台 Controller 逻辑
|   |      |- Bpm                                       Bpm 逻辑类库
|   |      |- Dao
|   |          |- Apps                                  Apps 库的 Module/Dao 类库
|   |          |- Core                                  Core 库的 Module/Dao 类库
|   |- tpl
|   |   |- backend                                      后台模板文件
|   |   |- frontend                                     前台模板文件
|   |- web
|       |- backend                                      后台 DocumentRoot（站点目录）
|       |- frontend                                     前台 DocumentRoot（站点目录）
|
|- hush-lib
|   |- Hush
|       |- Acl                                          Acl 权限类库
|       |- App                                          App Url Dispatcher
|       |- Auth
|       |- Bpm                                          Bpm 类库
|       |- Cache                                        Cache 类库
|       |- Chart                                        图像类库
|       |- Crypt                                        加密类（Rsa）
|       |- Date
|       |- Db                                           数据库层（Module）类库
|       |- Debug                                        调试类库
|       |- Document                                     文档类库
|       |- Examples                                     一些例子（主要针对 Cli 程序）
|       |- Html                                         Html 构建类库
|       |- Http                                         远程访问类库
|       |- Json
|       |- Mail                                         邮件收发类库
|       |- Message                                      消息类库
|       |- Mongo                                        Mongodb 类库
|       |- Page                                         页面层（Controller）类库
|       |- Process                                      多进程类库
|       |- Service                                      服务层（Service）类库
|       |- Session
|       |- Socket                                       Socket 类库
|       |- Util                                         工具类库
|       |- View                                         展示层（View）类库
|
|- hush-pms                                             PHP Message Server
```

从上述目录结构说明中，我们可以看到 Hush Framework 的文件目录中，主要包含以下两大目录。

1. hush-app 目录

该目录下的代码是 Hush Framework 给我们提供的框架实例程序，是一个比较完整的互联网应用实例，包括应用前端和管理后台两大部分，我们既可以把该实例当做一个代码示例库来学习和使用，也可以把它当做一个项目的基础架构进行二次开发；另外，之前也说过了，本书实例的服务端程序就是在本框架的基础之上开发的，因此从某种意义上来说和这里的实例程序是非常相似的，所以这里应该算是本书的重点之一了，接下来我们马上会对该实例中的一些主要用法和代码进行讲解。

特别注意一下 hush-app 下面的 etc、lib、tpl 和 web 四个目录，因为这四个目录分别是实例应用程序的配置目录、代码目录、模板目录和站点目录，下面我们来给大家详细介绍一下。

（1）配置目录（etc）

配置目录（etc）下面放置的都是应用的配置文件，其中比较重要的包括：全局配置文件（global.config.php）主要用于设置应用的总体配置，比如路径变量、类库位置等；数据库配置文件（database.mysql.php）用于设置数据库的服务器分布和分库分表策略等；前后台配置文件（frontend.config.php 和 backend.config.php）分别用于配置前后台的特殊参数。

（2）代码目录（lib）

本目录是主要的公用类库和逻辑代码目录，现将其中比较重要模块的代码分目录列举如下：权限控制模块（Acl 目录）主要用于前后台的 RBAC 权限控制；控制器模块（App 目录）用于各个页面的逻辑控制，也就是 MVC 中的 Controller 部分；工作流模块（Bpm 目录）用于实例后台中工作流部分的逻辑控制；可执行程序模块（Cli 目录）下面都是项目可执行程序的逻辑代码，另外我们需要知道的是 hush-app/bin 目录下面就是可执行程序的入口；数据操作模块（Dao 目录）大家应该都非常熟悉了，这里保存的是和数据库操作相关的所有逻辑，也就是 MVC 中的 Model 部分。

（3）模板目录（tpl）

此目录下还分为前台模板目录（frontend 目录）和后台模板目录（backend 目录），分别用于存储应用实例前后台的 Smarty 模板，这也就是 MVC 中的 View 部分了，这里的模板和前面所提到过的“控制器模块”中的各个不同控制器的动作逻辑（Action）相对应。

（4）站点目录（web）

这里面放的都是一些静态文件或者独立的 PHP 代码等，此目录也分为前台站点目录（frontend 目录）和后台站点目录（backend 目录），另外这两个目录也是 HTTP 服务器的站点配置（DocumentRoot）所需要指定到的目录。

2. hush-lib 目录

此目录保存的是 Hush Framework 的源代码，我们可以看到这里的代码目录和 Zend Framework 的结构非常一致，也就是把每个独立的模块代码都放在各自的目录下并尽量互不关联，这也比较符合“松耦合”的设计原则，既便于理解又便于阅读，是一个比较值得提倡的代码封装方法。

至此，已经给大家介绍了Hush Framework框架和应用（hush-app）中的重要代码目录，这是学习如何使用Hush Framework进行开发的重要一步，希望大家能好好消化一下以上内容。至于框架类库（hush-lib）源码中的模块和目录介绍，由于篇幅原因这里就暂时不做介绍了，有兴趣的读者可以访问Hush Framework在Google Code的官方站点，查找更多信息。

3.6.3　框架MVC思路讲解

首先，Hush Framework是一个标准的MVC框架，MVC的概念大家应该都耳熟能详了，由于关系到本书重要的服务端底层框架的学习，我们还是不得不老调重弹。MVC是模型（Model）、视图（View）和控制器（Controller）的缩写，是目前业内最主流且应用最广泛的软件设计模式之一，MVC具备以下主要优点。

1. 低耦合性

MVC最大的好处之一就是大大降低了程序的耦合性，特别是把视图层和业务逻辑分开之后，让整个应用灵活了很多；当业务逻辑有变化时，我们只需修改模型层和控制器的代码，而无须修改负责应用外观的视图层。

2. 高重用性

MVC的高重用性主要体现在两方面。一方面是视图层的重用性，因为在实际的项目中，我们经常需要修改应用外观来满足需求，由于业务逻辑已经分离出来，所以我们不需要更改逻辑就可以调整应用界面，满足了软件高重用性的要求。另一方面，业务逻辑被分为模型层和控制器层之后，既保证了核心数据结构的稳定性，也增强了业务逻辑控制器的灵活性，这样我们就可以很好地重用核心数据结构来实现多种多样的业务逻辑。

3. 可维护性

MVC设计模式把模型、视图和控制器分开，实际上也把设计者、程序员和UI设计人员的职能做了分离。这种分工方式不仅可以让应用的架构看起来更清晰，还便于软件维护时团队之间的共同协作，这对中大型软件应用程序的代码维护工作将起到很重要的作用。

之前讨论的是MVC设计模式中比较通用的概念和知识，然而对于不同的框架来说，具体的实现方式却有各自不同的特色，接下来我们就来学习Hush Framework中的MVC设计思路。为了让大家理解起来更容易，我们把Hush Framework处理客户端请求的完整过程通过图形的方式展示出来，如图3-16所示。

从图3-16中我们可以很清楚地看到客户端请求的整个处理过程，在一个标准的基于HTTP协议的互联网应用环境中，用户每次操作都会致使浏览器向HTTP服务器发送HTTP请求，当服务器接收到请求之后，就会调用框架程序来处理，此时Hush Framework就会接管接下来的工作。具体的处理流程一般分为以下几个步骤。

步骤1：首先，Hush Framework的请求分发器（Dispatcher）会分析客户端发送过来的HTTP请求所包含的信息，并根据请求的URL地址来指定使用相应的控制器（Controller）来处理该请求。

步骤2：接着，被指定的控制器会选择合适的模型类（Model）用于持久层数据的获取和存储，并负责处理该请求的业务逻辑。此外，我们可以看到Hush Framework的模型层是基于

Zend Framework 的模型层的。当然，在逻辑处理完成后，控制器还会调用视图层（View）来组合出最终的 HTML 代码。

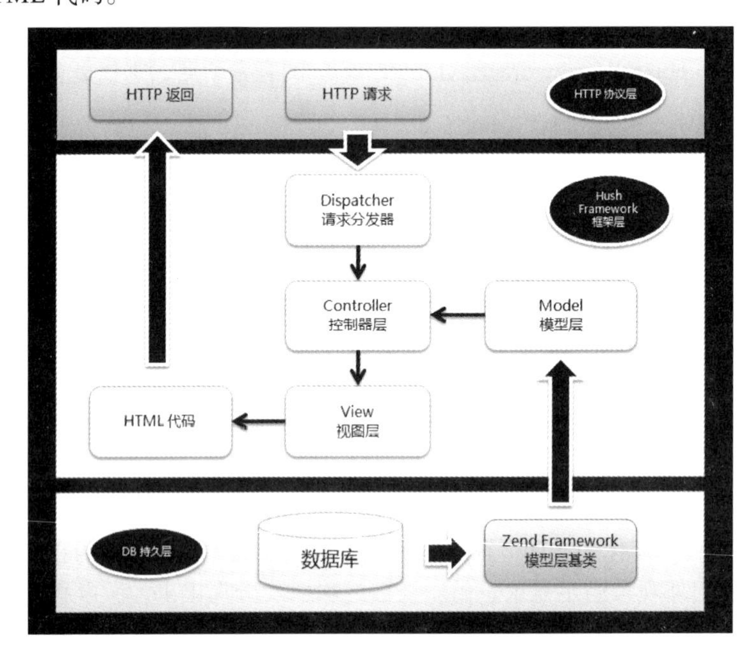

图 3-16 Hush Framework 系统处理分析图

步骤 3：最后，服务器会把 Hush Framework 的处理结果通过 HTTP 协议返回给客户端程序来进行后续的处理。

通过分析我们会发现，实际上 Hush Framework 的 MVC 设计和实现的思路还是比较主流的，和大部分网络应用的 MVC 框架的思路也比较相似，不过其中还是有不少独特的亮点。比如 Hush Framework 的分发器（Dispatcher）就使用了独有的快速分发逻辑，大大提高了程序的运行效率；另外，不仅支持常见的 URL 路由分发模式，还支持通过"路由映射文件"这种更直观的方式来进行更精细的配置，映射文件代码如配置清单 3-3 所示。

配置清单 3-3 etc/app.mapping.ini

```
; URL mappings
;
; Used by Hush_App_Dispatcher class
; e.g /url/path = PageClassName::ActionName
;

/                           = DebugServer::indexAction
/debug/*                    = DebugServer::*
```

另外，Hush Framework 的模型层使用了 Zend Framework 作为底层框架，沿用了其完善的 DB 模型层封装和方法的设计，并使用自己独特的思路封装成 Hush Framework 的 DAO 基类，让建立在基类之上的持久层操作更加简便、高效。在接下来的 3.6.4 节中，我们将通过实例来讲解 Hush Framework 持久层的用法。

3.6.4　框架 MVC 实例分析

通过前面两节的学习，大家应该对 Hush Framework 框架的理论基础有了一定的认识，但是理论还是需要通过实践来证明，要真正学会如何运用该框架进行开发，光靠理论知识是远远不够的，所以在本节中我们将会围绕着框架实例中与 MVC 分层开发相关的实例代码为大家做进一步的讲解。下面我们会使用框架实例中的“后台登录”这个界面的完整逻辑，来给大家讲解一下在 Hush Framework 中我们是如何使用 MVC 的分层思路来进行编程的，我们先来看一下这个界面的截图，如图 3-17 所示。

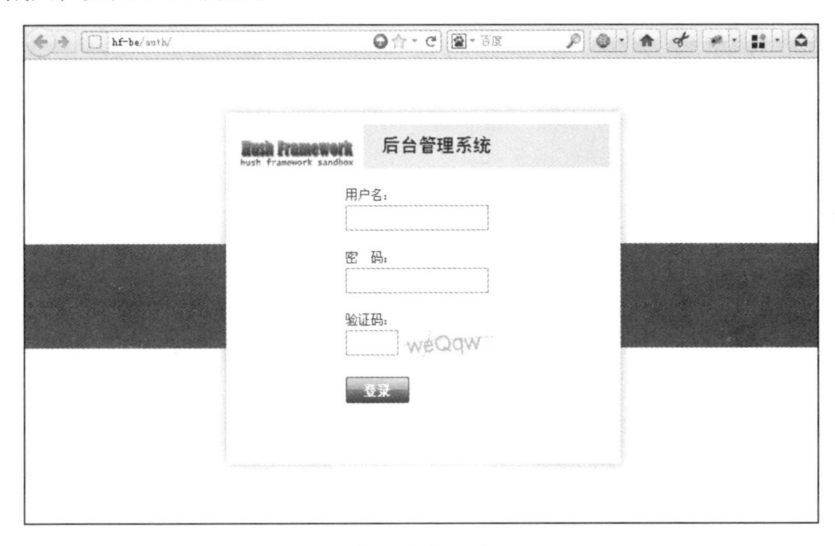

图 3-17　框架实例后台登录界面

以上是在浏览器中打开框架实例的后台站点时看到的界面，也就是后台的登录界面。这里我们可以看到浏览器中的地址是“http://hf-be/auth/”，按照前面所介绍的 Hush Framework 的应用目录中所提及的，对应的控制器类应位于 lib/Ihush/App/Backend/Page/AuthPage.php 文件中。至此，既然已经找到分析框架 MVC 用法的“突破口”，那么我们就从这里开始分析吧。

我们先来看看 AuthPage.php 文件中的 AuthPage 类，此类继承自 Ihush_App_Backend_Page 类（即整个实例应用的后台控制器基类），其中包含多个以 Action 为后缀的方法，分别对应于“后台登录”界面的几个逻辑，整个类的写法都是面向对象的，大家可以对照前面 3.1.4 节的内容理解一下，关于其中涉及的 MVC 分层思路，下面我们会把这三层的相关代码提取出来，分别给大家讲解一下。

1. 控制器（Controller）

控制器简单来说就是页面的逻辑，在 Hush Framework 中我们通常使用 Page（页面）来表示通常意义的 Controller，因为对于网络应用来说 Page 比 Controller 更好理解；此外，我们还需要知道 Hush Framework 使用的是 REST 格式的 URL 路径结构，自域名之后的 URL 路径第一个表示的是控制器的名称，第二个则是控制器的动作，也就是我们通常所称的 Action，比如登录界面的路径为“/auth/”，其对应的逻辑就可以在 AuthPage.php 文件中 AuthPage 类的 indexAction 方法中找到，这里需要注意的是当前路径如果为空，我们则会用 index 来代替。代码清单 3-21 就是 AuthPage 类的完整实现，大家可以参考注释来阅读代码。

代码清单　3-21

```
/**
 * @package Ihush_App_Backend
 */
class AuthPage extends Ihush_App_Backend_Page
{
    public function indexAction ()
    {
        // TODO : 默认使用 index.tpl 作为 Action 的模板
    }

    public function loginAction ()
    {
        // 用户名 / 密码 / 验证码均不能为空
        if (!$this->param('username') ||
                !$this->param('password') ||
                !$this->param('securitycode')) {
                $this->addError('login.notempty');
        }
        // 验证码必须是正确的
        elseif (strcasecmp($this->param('securitycode'),$this->session('securitycode'))) {
                $this->addError('common.scodeerr');
        }

        // 通过参数验证
        if ($this->noError()) {
                // 使用 DAO 类的验证方法
                $aclUserDao = $this->dao->load('Core_User');
                $admin = $aclUserDao->authenticate($this->param('username'),
  $this->param('password'));
                // 登录失败 ( 找不到用户 )
                if (!$admin) {
                  $this->addError('login.nouser');
                }
                // 登录失败
                elseif (is_int($admin)) {
                  $this->addError('login.failed');
                }
                // 登录成功
                else {
                  // 是否是超级用户
                  $admin['sa'] = strcasecmp($admin['name'], $this->sa) ? false : true;
                  // 保存登录用户信息到会话
                  $this->session('admin', $admin);
                  // 跳转至首页
                  $this->forward($this->root);
```

```
            }
        }

        // 登录失败则显示登录界面
        $this->render('auth/index.tpl');
    }

    public function logoutAction ()
    {
        if ($this->session('admin')) {
            // 用户登出，清除用户会话信息
            $this->session('admin', '');
        }

        $this->forward($this->root);
    }
}
```

从以上的代码中我们可以看出，在控制器类 AuthPage 中有三个 Action 方法，分别是 indexAction、loginAction 和 logoutAction，这些方法对应的三个功能分别是“展示登录界面”、“用户登录逻辑”和“用户登出逻辑”，以上功能的基本逻辑和涉及的 PHP 语法这里就不做解释了，接下来我们会给大家分析一下这几个 Action 方法中比较重要的知识点，学习并理解这些知识点后，有助于我们分析 AuthPage 控制器类的代码。

（1）使用 render 方法展示模板

首先我们需要知道的是在 Hush Framework 中使用模板有两种方式：首先是默认方式，此种方式是按照“模板根目录 /Controller 名 /Action 名 .tpl”这样的规则来放置的，因此对于 indexAction 来说我们可以根据这个规则分析出其对应模板是 tpl/backend/template/auth 目录下的 index.tpl；另外一种方式是通过 render 手动设置模板，这也正是在 loginAction 中最后的那行代码所做的事情，可参考代码清单 3-22 中的写法。

代码清单　3-22

```
// 登录失败则显示登录界面
$this->render('auth/index.tpl');
```

这行代码的逻辑其实非常容易理解，就如同注释中描述的一样，当用户登录失败后，程序还是应该展示出登录页面给用户重新填写登录名和密码。

（2）使用 param 方法获取 URL 参数

param 方法是开发中最常用的方法之一，该方法一般用于获得 GET 或者 POST 过来的 URL 参数；另外，如果这个函数带两个参数，则是设置对应 URL 参数的值。示例代码如代码清单 3-23 所示。

代码清单　3-23

```
// 获取 GET 或者 POST 过来的 username 参数值
$username = $this->param('username');
// 设置 username 参数值为 james
$this->param('username', 'james');
```

（3）使用 addError 方法处理错误信息

大家都知道，在网页表单提交之后，我们会先做一些字段的判断，比如用户名和密码是否为空等，如果这些验证没有通过，就要给页面传递一些错误信息，而 addError 方法就是做这个事情的，比如前面实例中的代码“$this->addError('login.notempty');”就是用来显示错误信息的，另外对应的错误信息“login.notempty”我们可以在“etc/backend.errors.ini”文件中找到。

（4）使用 load 方法来加载 DAO 类

框架已经帮助我们把 Controller 层中如何使用 Model 层的方法封装好了，那就是这里所说的 load 方法，我们可以使用如下代码获取任意一个 DAO 类，如代码清单 3-24 所示。

代码清单 3-24

```
$aclUserDao = $this->dao->load('Core_User');
$admin = $aclUserDao->authenticate($this->param('username'), $this->param('password'));
```

以上代码取自于 loginAction 中的部分逻辑：首先，初始化了 Core_User 的 DAO 类供我们使用；然后，使用该类中的 authenticate 方法判断用户是否登录成功，这个地方的逻辑我们会在下面的模型层中做详细分析。

小贴士：前面提到的 DAO 是数据访问对象（Data Access Objects）的缩写，该对象常被用于进行数据库层面的各种数据操作，后面我们会经常提到。

（5）使用 forward 进行页面跳转

在一个互联网应用中，页面跳转是再常见不过的事情了，这里我们也能找到相应的示例代码，也就是登录成功之后跳转到首页的逻辑，如代码清单 3-25 所示。

代码清单 3-25

```
$this->session('admin', $admin);
$this->forward($this->root);
```

（6）使用 session 函数操控会话

会话的概念相信有些网络开发基础的朋友都应该清楚，因为 HTTP 是无状态的，所以我们一般会使用会话（Session）来保存用户相关的信息，在 loginAction 和 logoutAction 中我们都可以看到相关的代码，如代码清单 3-26 所示。

代码清单 3-26

```
// 保存登录用户信息到 Session
$this->session('admin', $admin);
// 用户登出，清除用户会话信息
$this->session('admin', '');
```

2. 视图层（View）

视图层主要负责的是对应控制器逻辑的展示，一般来说是由 HTML 语法和 Smarty 变量构成的。根据前面介绍的关于 Hush Framework 中的两种模板使用方式，我们可以“顺藤摸瓜”找到 indexAction 对应的模板，也就是 tpl/backend/template/auth 中的 index.tpl 模板文件，如代码清单 3-27 所示。

代码清单 3-27

```
<html xmlns="http://www.w3.org/1999/xhtml">
<head>
<meta http-equiv="Content-Type" content="text/html; charset=utf-8" />
<title>用户登录</title>
<link href="{$_root}css/main.css" rel="stylesheet" type="text/css" />
<link href="{$_root}css/login.css" rel="stylesheet" type="text/css" />
{literal}
<script type="text/javascript">
if(self!=top){top.location=self.location;}
</script>
{/literal}
</head>
<body>
<div class="login-body">
     <div class="login-con">
     <h1><img src="{$_root}img/logo_s.gif" /><span>后台管理系统</span></h1>
         <div class="login">
         {include file="frame/error.tpl"}
         <form action="{$_root}auth/login" method="post">
             <input type="hidden" name="go" value=""/>
             <input type="hidden" name="do" value="login"/>
             <ul>
                  <li>
                      <label>用户名:</label>
                      <input type="text" class="text" name="username"/>
                  </li>
                  <li>
                      <label>密  码:</label>
                      <input type="password" class="text" name="password"/>
                  </li>
                  <li>
                      <label>验证码:</label>
                      <input type="text" class="text" style="width: 50px;margin-right:5px;
                      text-transform: uppercase;" id="securitycode"
                      name="securitycode" autocomplete="off"/>
                      <img id="securityimg" src="{$_root}app/scode/image.php"
                       alt="看不清?单击更换" align="absmiddle"
                 style="cursor:pointer" onClick="this.src=this.src+'?'" />
                  </li>
                  <li>
                      <input type="submit" onclick="this.form.submit();"
                      class="submit" value="登录" name="sm1"/>
                  </li>
             </ul>
         </form>
         </div>
     </div>
</div>
</body>
</html>
```

以上代码大部分是比较简单的HTML语法，穿插了一些Smarty的变量，比如“{$_root}”就是设置好的全局的Smarty的变量，代表项目URL的根路径，默认是“/”。另外，在该模板里我们还看到了登录表单的代码“<form action="{$_root}auth/login" method="post">”，这里我们可以发现该登录表单将会被提交至“/auth/login”路径，其对应逻辑就在前面我们分析过的控制层中AuthPage类的loginAction方法里。

3. 模型层（Model）

模型层是MVC三层中最接近数据库的一层，里面放的是数据操作的逻辑，也就是说我们常说的CRUD操作，这部分也是我们需要重点了解的。在前面的登录界面的示例中，我们了解到loginAction中使用到了DAO类Core_User里面的authenticate方法，下面我们截取Core_User里面的相关代码给大家讲解一下，见代码清单3-28。

小贴士： CRUD操作是添加（Create）、查询（Retrieve）、更新（Update）和删除（Delete）的缩写，也就是我们常说的“增删查改”方法，这几个操作基本包含了数据操作类DAO绝大部分的使用方式，后面我们也会经常提到。

代码清单 3-28

```
/**
 * @package Ihush_Dao_Core
 */
class Core_User extends Ihush_Dao_Core
{
	/**
	 * 设置表名
	 * @static
	 */
	const TABLE_NAME = 'user';

	/**
	 * 设置主键
	 * @static
	 */
	const TABLE_PRIM = 'id';

	/**
	 * Initialize
	 */
	public function __init ()
	{
		$this->t1 = self::TABLE_NAME;
		$this->t2 = Core_Role::TABLE_NAME;
		$this->rsh = Core_UserRole::TABLE_NAME;

		// 绑定常用CRUD操作
		$this->_bindTable($this->t1);
	}

	/**
	 * 登录验证方法
```

```
     * @uses Used by user login process
     * @param string $user 用户名
     * @param string $pass 密码
     * @return bool or array
     */
    public function authenticate ($user, $pass)
    {
        $sql = $this->select()
        ->from($this->t1, "*")
        ->where("name = ?", $user);

        $user = $this->dbr()->fetchRow($sql);

        if (!$user['id'] || !$user['pass']) return false;

        if (strcmp($user['pass'], Hush_Util::md5($pass))) return $user['id'];

        $sql = $this->select()
          ->from($this->t2, "*")
          ->join($this->rsh, "{$this->t2}.id = {$this->rsh}.role_id", null)
          ->where("{$this->rsh}.user_id = ?", $user['id']);

        $roles = $this->dbr()->fetchAll($sql);

        if (!sizeof($roles)) return false;

        foreach ($roles as $role) {
          $user['role'][] = $role['id'];
          $user['priv'][] = $role['alias'];
        }

        return $user;
    }
    ...
}
```

接下来，我们来分析一下 Core_User 类中使用到的几个功能要点，并以此为实例给大家介绍一下 Hush Framework 中模型层的核心用法，也就是框架 DAO 基类中已经封装好的数据库常见操作的编码和使用。

（1）DAO 类的初始化

在 Hush Framework 中使用 DAO 类，首先需要配置一个和数据表相对应的 DAO 类，这个过程我们通常称为 DAO 类的初始化。其实配置一个 DAO 类是非常方便的，因为框架 DAO 基类已经帮我们封装好了绝大部分 DAO 类所需要的逻辑和方法，所以初始化起来非常简单。代码清单 3-29 就是一个最简单的 DAO 类的范例模板。

代码清单 3-29

```
// DbName 为数据库名
// TableName 为数据表名
class DbName_TableName extends Dao_DbName {
    // 配置表名
    const TABLE_NAME = ' TableName ';
```

```
        // 配置主键名
        const TABLE_PRIM = 'PrimaryKey';
        // 初始化操作
        public function __init () {
              // 绑定常用的CRUD操作
              $this->_bindTable(TABLE_NAME);
        }
}
```

我们可以看到，区区几行代码就已经把一个DAO类写好了。以上代码中的DbName表示数据库名，TableName表示表名，PrimaryKey则表示主键名，__init是初始化方法，__bindTable主要用于绑定CRUD方法，也就是说，初始化之后我们就可以直接使用这个DAO类来进行“增删查改”操作了。

（2）DAO类中的查询方法

查询应该是数据库最主要的用途之一，这里我们会重点讲解在Hush Framework的DAO类中使用查询的要点。从前面提到的Core_User数据操作类中的authenticate方法中我们可以看到在DAO类中经常使用到的查询（select）方法的使用范例，包括普通查询和表关联查询，示例见代码清单3-30。

代码清单　3-30

```
...
// 普通查询
$sql = $this->select()
      ->from($this->t1, "*")
      ->where("name = ?", $user);

$user = $this->dbr()->fetchRow($sql);
...
// 表关联查询
$sql = $this->select()
      ->from($this->t2, "*")
      ->join($this->rsh, "{$this->t2}.id = {$this->rsh}.role_id", null)
      ->where("{$this->rsh}.user_id = ?", $user['id']);

$roles = $this->dbr()->fetchAll($sql);
```

在Hush Framework中，我们可以使用和Zend Framework类似的方式来“拼装”数据库SQL查询语句，其代码语法还是比较容易理解的，我们可以把其中的select方法、from方法、where方法以及join方法分别理解为SQL语句中的SELECT、FROM、WHERE以及JOIN这几个关键词，理解起来会更加清晰。当然除了以上这几个方法之外，框架底层还提供了LIMIT、GROUP BY和ORDER BY等常用SQL语句的对应方法。比如代码清单3-31中列举的就是一些相对复杂的SQL语句所对应的PHP代码的写法。

代码清单　3-31

```
// 对应标准SQL:
// SELECT COUNT(id) AS count_id
```

```
//      FROM foo
//      GROUP BY bar, baz
//      HAVING count_id > "1"

$select = $db->select()
     ->from('foo', 'COUNT(id) AS count_id')
     ->group('bar, baz')
     ->having('count_id > ?', 1);

// 对应标准 SQL:
// SELECT * FROM round_table
//      ORDER BY noble_title DESC, first_name ASC

$select = $db->select();
     ->from('round_table', '*')
     ->order('noble_title DESC')
     ->order('first_name');
```

当然，我们需要理解 Hush Framework 的这种使用方法来替代 SQL 语句的做法，因为对于不同的数据库，查询语句区别是比较大的，如果没有一个很好的通用 SQL 语句的引擎很难做到良好的通用性，然而这却恰恰是本框架的优势所在；正是因为有底层的 Zend_Db 来提供强大的基础，才能让 Hush Framework 的模型层运转得更加得心应手。为了说明这点，我们以代码清单 3-32 为例，可以看到同样的 DAO 查询语句在不同的数据库中被解释成了不同的 SQL；这样我们就不需要关心应用所使用的数据库类型，简便地写出通用型的代码，大大提高了模型层代码的重用性。

代码清单　3-32

```
// 在 MySQL/PostgreSQL/SQLite 中，对应 SQL 如下:
// SELECT * FROM foo
//      ORDER BY id ASC
//      LIMIT 10
//
// 在 Microsoft SQL 中，对应 SQL 如下:
// SELECT TOP 10 * FROM FOO
//      ORDER BY id ASC

$select = $db->select()
      ->from('foo', '*')
      ->order('id')
      ->limit(10);
```

此外，我们还需要注意一点，Hush Framework 中的数据库类都是支持读写分离的，因此这里我们使用“dbr()->fetchRow(...)”方法（dbr 是只读数据库 db-read 的缩写）来表示从“读库”中获取内容，一般来说数据查询操作中的绝大部分情况都会使用此方法；当然与之相对的，如果我们要写入数据，则应该使用 dbw 方法来操作“写库”，比如“dbw()->delete(...)”就是在“写库”中删除信息的写法。

（3）DAO 类中的 CRUD 方法

前面我们已经介绍了 DAO 类中查询操作的用法，以及 Hush Framework 中对于数据库读写分离用法的使用要点，对于查询操作来说我们应该使用读库，但是对于 CRUD 中的其他几种操作来说就应该使用写库了，也就是使用“dbw()”方法进行调用，下面我们把除了 select 之外的几种方法给大家介绍一下。

- **create 方法**：此方法用于创建数据，只要传入的是包含数据的散列数组，我们就可以在数据表中添加一条记录。这里需要注意的是，我们在 CRUD 方法中传递的数据格式经常是类似“array(key1=>value1,key2=>value2...)”格式的数组，key 是键名，对应的是数据表的字段名，而 value 则是数据，代表的是对应键名的数据。
- **exist 方法**：此方法用于来检测数据是否存在，一般来说我们可以传入主键值进行判断，当然如果我们需要根据其他字段的值来进行判断也是可以的，只需要在第二个参数传入对应字段名即可。
- **read 方法**：此方法也是和主键相关的，用于读取与对应主键相关的数据行。因为此方法不需要组装 SQL，使用起来比 select 方法简单许多，所以在获取与主键有关的数据行的情况下我们常用它来替代 select 方法。如果不使用主键，我们也可以在第二个参数传入对应字段名。
- **update 方法**：此方法用于更新数据行，既可直接传入带主键的数组进行更新（此种情况将会按照主键值更新对应数据行）。当然，我们也可以在第二个参数传入 where 语句进行更新。
- **delete 方法**：此方法用于删除数据行，与前面的 update 方法类似，我们既可直接传入主键值进行删除（此种情况将会按照主键值删除对应行）。当然，我们也可以在第二个参数传入对应字段名。
- **replace 方法**：此方法用于替换数据行，在 MySQL 数据库中比较常用，一般我们替换的数据行也是和主键有关系的，或者是组合型主键。

到这里，我们已经把整个代码示例“登录界面”的逻辑介绍完了，同时也把 Hush Framework 中如何使用 MVC 的思路来进行编程的基本方法讲了一遍，现在大家应该对如何使用 Hush Framework 来进行开发心里有数了吧。由于 Hush Framework 是完全面向对象的，这里大家还可以学到许多 PHP 语言中的面向对象编程的技巧。当然最好的学习方法就是动手，我建议大家把框架的实例代码架设起来，然后直接动手边调试边学习，以达到“学以致用”的最佳效果。另外，关于如何获取 Hush Framework 框架源码以及如何部署源码实例的内容，我们会在附录 A 中给大家做详细介绍。

3.7 小结

本章中我们比较全面地介绍了使用 PHP 语言进行开发的几个方面。从最基本的 PHP 语法、语言特点，到 PHP 面向对象编程思路、常用开发环境的介绍，再到 PHP 配套开发组件（Apache 和 MySQL 等）和主流开发框架的分析和使用；如果大家能够把本章所介绍的这些知识全部掌握，那么可以说我们就已经具备了使用 PHP 语言进行互联网项目开发的基本条件，接下来还需要进一步学习的就是实战经验了。

第二篇
实 战 篇

第 4 章 实例产品设计

通过前面的章节我们已经学习了 Android 客户端开发以及 PHP 服务端开发的基础内容，在本书接下来的章节中，我们将通过一个完整的项目实例来让大家进一步熟悉 Android 结合 PHP 的互联网应用的开发技巧。

和大部分的软件项目一样，首先我们需要做一个需求分析，做任何事情总需要有一个理由吧。为什么我们会选择“微博应用”作为本书的项目实例呢？在动手开发之前我们还需要做些什么准备呢？本章的内容将帮助我们解决以上这些疑问。

4.1 为何选择微博

其实我们都知道，自 2010 年“微博元年”以来，这几年中国互联网领域最火的关键词就是“微博”这两个字。这种新兴的媒体工具现在已经完全被广大的用户群体所接受，并且正在慢慢改变着我们接受信息的习惯。为什么微博能有这么大的影响力呢？我们来简单分析一下微博应用的几个特点：

- **便捷性**。“微博”简单来说就是“博客”的便捷版。微博包含的信息量比较小，与移动客户端结合紧密，还支持直接拍照上传等新颖的功能，使用起来比博客更方便、有趣，这也是微博之所以能够成功的根本因素之一。
- **即时性**。正是由于微博的便捷性，使用户可以随时随地自由地发布信息，这样也保证了微博上的信息都是非常及时的，现在甚至出现了“微博直播”这样的形式，使得作者和读者之间的距离更近了。
- **原创性**。由于发布微博十分简单，这也极大地激发了微博博主们的“生产力”；也正是因为便捷，微博特别受名人和老板们的追捧，而他们的积极加入，也进一步提高了微博受欢迎的程度。

- **传播性**。首先在微博上用户可以在短时间内发布更多的信息；其次微博特有的转发功能也加快了消息在人与人之间的传播速度；再次比较人性化的是，微博上的信息是可归类的，用户可以只关注感兴趣的信息，这样一来也不至于信息泛滥。

当然，微博产品能在短时间内获得如此大的成功，其原因绝不仅仅只有以上几点；但是不可否认的是，如果不是借着这波移动互联网的热潮，微博绝对不可能发展得如此之快！因此从某种程度上来说，“微博”和“移动互联网”这两个词之间有着相当密切的联系；而“微博”这个产品身上也带着许多“移动互联网”的特征；这也正是我们选择“微博”应用作为本书的重点实例的最主要原因之一。另外，作为当前最热门的网络应用之一，大家应该对如何完成一个微博应用比较感兴趣吧。

此外，为了达到最好的学习效果，本书将把微博应用的开发作为一个完整的项目进行讲解，从前期的功能分析、模块设计，到中期的结构设计、代码编写，再到后期的系统优化，让大家不仅能够学到服务端和客户端开发的架构设计和编程技巧，还可以了解到一些项目实战中的其他经验，这些对我们的成长应该都是非常有好处的。此外，本书在讲解完整的微博项目实例的同时，还会按照功能把整个微博实例细分为若干个小实例，力求覆盖尽量可能多的功能点的使用方法，让大家可以按照需要找到合适的实例进行学习。

4.2 开发前的准备

通过上节的介绍，我们已经搞清楚了“为何选择微博”的问题。现在我们终于可以开始启动我们自己的微博项目了。但是我要提醒大家的是，在一个项目开始时，我们总会很兴奋，有很多的期待，也有些许的担忧；期待的原因自然不用说，如果没有期待的话，我们也就没必要开始这个项目了，担忧的原因我们可以来分析一下，其实也很简单，一句话“心里没底”。这其实很正常，当我们开始接触一个未知事物时，心里自然会有一些莫名的恐惧，但是如果我们之前已经有过类似的项目经验的话，心里就会“有底”很多，而本书最主要的目的之一，就是让大家学完之后，在面对互联网应用的项目时能变得“心里更有底一些”。

为了让开发过程更加顺畅，在应用开发之前我们通常需要做很多的准备工作，实际上这些准备工作也确实会对接下来的软件开发产生很重要的影响。接下来我们将从开发模式、项目策划和原型设计三个方面来讲一下需要准备的事宜。

4.2.1 选择开发模式

按照传统的“瀑布型”软件开发模式，在“代码编写”之前还必须有“需求分析”、“概要设计”和“详细设计”几个步骤，每个步骤我们都必须严格执行并且形成详细文档，这种进度显然会严重威胁到软件发布的时间期限。为了解决这个问题，专家们在对实际项目不断总结的过程中，发现了更快速、更灵活的“敏捷型”的开发模式，可以说这种新型开发模式的出现大大缩短了软件开发的周期，提高了开发效率。目前业界比较常见的敏捷型开发模式有“Scrum”和“RUP”等，我们来简要介绍一下。

1. Scrum 模式

Scrum 是一种灵活的软件管理过程，它可以帮助你驾驭迭代、递增的软件开发过程。Scrum

包括了一套完整的软件开发角色和开发规范的骨架，其主要角色有：Scrum 主管（类似于项目经理）、产品负责人和开发团队三方。其中心思想是：把软件开发按照一定的时间（通常是 30 天）分为多个冲刺周期，每个冲刺期内所需要实现的任务来自产品订单（product backlog），该订单由产品负责人决定并排好优先级，然后在冲刺会议上和开发团队协商从而获得冲刺订单（sprint backlog），开发者在周期剩下的时间里将按照冲刺订单来进行开发。

2. RUP 模式

RUP（Rational Unified Process）统一软件开发过程是面向对象软件的开发模式，与 Scrum 相比它更倾向于“过程”的概念，RUP 中的软件生命周期分为初始阶段、细化阶段、构造阶段和交付阶段，每个阶段结束时都需要进行评估，结果满意时才可进入下个阶段。实际上，RUP 也是一种迭代式开发，只不过更强调软件质量保证、团队内部的分工协作以及可视化模型的构建。

实际上，在软件项目的开发过程中我们通常会把 RUP 模式和 Scrum 模式结合起来使用，比如我们通常会沿用 Scrum 中冲刺周期的理论，并使用迭代式的开发方法，加快软件开发的进度；同时我们也会在冲刺周期以内使用 RUP 模式中的项目管理和质量管理体系，以及可视化模型的构建方法来增强软件开发的可控性。当然，我们还可以更加灵活地结合各种软件开发模式的优点，定制最适合团队特征的开发模式。

4.2.2 了解项目策划

策划学是近年来新出现的一门学科，是专门研究策划的一门学科。而项目策划是一门新兴的策划学，是一种具有建设性、逻辑性的思维的过程，此过程中最主要的目的就是把所有可能影响决策的决定总结起来，对未来起到指导和控制的作用，并最终借以达成方案目标。在软件项目的开发过程中，项目策划是非常重要的，比如在 Scrum 模式中，策划方案是产品订单以及冲刺订单的主要来源，是产品设计和软件开发的重要依据。因此，项目策划是否成功会直接影响到整个项目的成败。

项目策划有几大特征：功利性、社会性、创造性、时效性和超前性，下面我们将对这几些特征逐个简单介绍。功利性指的是实际经济效益，如果项目策划的产出低于策划的投入，即使策划的创意再完美，也只能是一个失败的案例。社会性是指项目策划要依据所处的社会环境，一个好的策划除了具备经济价值之外还需要具有社会价值，脱离社会现实的策划必将失败。创造性是所有策划学的共性，如果一个策划案没有丝毫创造性，就像一个生命失去了灵魂一样，逃脱不了死亡的命运。时效性在项目策划中也是非常重要的，抓住时机能让一个策划达到最好的效果，但是如果错过时机的话一切都只是浮云，比如我们做一个情人节的项目策划，但是实际执行时间却排到了 4 月份，这岂有成功之理？超前性其实和时效性有点相似，不过其涉及的时间跨度更大，从某种意义上来讲策划想要达到预期的目标，这本身就是在做一件有预见性的事情；一个好的策划必须具备超前性，但是也不能盲目地追求超前而脱离现实、凭空想象。当然，如果我们的策划能满足以上五个特征，那么就一定可以完美地达成策划的最初目的，实现其最大价值。

项目策划一般分为四个步骤，首先是前期调研，想要做出正确的决策，就必须要通过市场调研，准确及时地掌握市场的动向，使决策更有依据，降低策划风险。然后就是市场分析和细分，并针对现实情况来制订具体的策划方案。接下来是项目策划书的撰写工作，一个完整的项目策划书通常包括序文目录、策划主体、项目预算和项目进度表等内容。最后就是项目方案的实施，项目策划书准备好后，应做好沟通、监督和评估工作，保证项目的顺利进行。

实际上，本书选用微博应用来作为实战案例同样经过细致的项目策划，通过市场调研分析我们找到了现在最具有社会性和时效性的微博应用；另外，本书实例还独创性地把微博客户端到服务端的整套方案使用 Android 和 PHP 这套业界主流技术方案来实现了一遍；最后，如果学完本书之后可以让大家加薪升职成功的话，也算具有功利性了。从某种角度来看，这应该算是一个不错的项目策划案例。

4.2.3 了解原型设计

产品原型可以概括为整个产品外观和交互的框架设计，简单来说是将产品各个模块中的界面元素和交互的形式利用图形描述的方法更加具体、生动地表达出来。原型设计是交互设计师与产品设计师（PD）、产品经理（PM）以及开发工程师（Developer）沟通的最好工具。

在策划案制订后，交互设计师将根据策划案的思路在原型设计工具上面把产品的大致外观和基本交互以图形描述的形式设计出来，这就是原型图。原型图可分为原型草图（可参考 4.4 节中内容）和产品原型图两种，前者用于原型设计的讨论和修改，而后者则必须和产品外观保持一致。产品原型图完成之后，美工就会按照原型图把最终 UI 界面需要的美术资源制作出来并最终用于开发过程。

常见的原型设计工具有 PPT、Microsoft Visio 以及 Axure 等。Microsoft 的产品相信大家都已经比较熟悉了，这里推荐大家可以尝试一下 Axure 这款非常强大的原型设计工具，其官网地址是 http://www.axure.com。

4.3 功能模块设计

前面我们已经学习了在开发工作开始前我们需要准备的事情，但是这些可能都不是开发人员需要关心的事情。对于开发者来说，可能更关心“如何实现”的问题；因此在具体的项目开发进程中，开发者需要把握“功能模块设计”和“应用架构设计”这两大关键步骤，关于这两个步骤的内容，我们将在本节和 4.5 节中分别给大家做详细介绍。

一般来说，功能模块设计需要根据详细的策划案来执行，但是本书实例为了让大家更容易接受，在这里我们会用目前业内公认做得最成功的“新浪微博”作为样板来进行实例功能模块的设计。当然，我们需要明确的是，想要通过一个实例把新浪微博的所有功能都实现，这显然是不现实的；因此，我们需要从中挑选出一些比较“有看点”的功能来进行实现，表 4-1 就是我们分析得来的微博功能模块的设计表格，里面

表 4-1 本书微博实例准备实现的部分功能

功能模块	新浪微博	本书实例
注册 & 登录	有	有
更换签名头像	有	有
发表微博	有	有
发表评论	有	有
微博列表	有	有
关注 & 粉丝	有	有
即时消息提醒	有	有
转发微博功能	有	无
私信 & 聊天	有	无
其他功能	有	无

列出了新浪微博的主要功能和本书的微博实例准备实现的部分功能。

以上我们已经列出了一个典型的微博应用所需要实现的主要功能模块的内容，下面我们来分别解释和分析一下这些模块，一方面分析和理解一下微博应用的功能特点，另一方面来看看我们应该在后面的开发过程中如何处理。

1. 注册 & 登录

注册和登录功能应该可以算是现在绝大部分的互联网应用的必备功能模块了，这个部分是整个应用中比较基础的核心模块，涉及的服务端和客户端的功能点比较多，所以我们很有必要来实现一下。其实，在实现这个功能模块的同时，整个项目的雏形也就展现在我们面前了。

2. 更换签名头像

对于现在大部分的互联网应用来说，签名和头像是个人信息中比较核心的部分，虽然每个应用可能对于个人信息的定位和属性设置都各不相同，但是其中签名和头像肯定是必不可少的，当然这也包括我们所说的微博应用。另外，头像功能涉及图片处理的相关功能，这部分的内容对应用开发来说也是非常需要注意的。因此，更换签名头像的功能我们需要重点实现。

3. 发表微博

既然是微博系统，发表微博功能当然是微博应用的核心模块，此功能是微博应用完整功能中重要的一环。因此，不必多说，该功能是必须要实现的。

4. 发表评论

对于以“信息流”为中心的微博应用来说，评论功能也是其中必不可少的一大要素，评论功能可以促进作者和读者之间的交流，也可以丰富信息流的内容。此功能在我们的实例中也会实现。

5. 微博列表

微博列表可以算得上是整个微博应用中最核心的功能了。从功能上来看，这里是微博的主页面，也是“信息流”体现最直接的地方，在这里读者可以不停刷新并获取自己感兴趣的微博，此外这里还是微博正文和评论界面的入口所在；从技术方面来说，这里也是我们需要重点关注的地方，对于服务端来说这里是访问量最集中的模块，对于客户端来说是用户体验中最重要的地方。因此，我们在本书实例中会对把这个功能模块当做最为重要的内容，进行详细而深入的讲解。

6. 关注 & 粉丝

关注和粉丝是微博中比较有特色的功能。首先，“关注”是针对读者的功能，在微博上我们可以选择关注特定的一部分用户的微博信息，这样就使得信息更加“个性化”，也更好地满足用户的需求。“粉丝”是针对于博主（即微博作者）的功能，关注某个微博之后你就成为该博主的“粉丝”，当粉丝数突破某一数量级时，博主往往能获得很大的成就感。另外，“粉丝”的叫法比较受名人们的欢迎，他们之间甚至还会“拼”粉丝的数量。对于这么有特色的功能，我们在实例中当然是要实现的。

7. 即时消息提醒

对于目前的智能手机来说，接受即时消息（Notification）是一项比较有特色的功能，那么对于微博这个具有代表意义的移动互联网应用来说，即时消息也是一项必不可少的功能；另外，对于客户端来说正好可以通过这个功能介绍一下 Service 的使用方法。因此，我们需要在微博实例中实现这个功能。

8. 转发微博功能

转发也是微博应用中的主要功能之一，读者可以把感兴趣的微博转发到自己的圈子里面，之前我们也分析过这是使得微博具有“传播性”的主要原因之一，但是这个部分和其他的模块只是逻辑的不同，基本的技术我们已经在其他的部分中介绍到了，所以本书实例将不做介绍，这个功能会以“课后作业”形式交给大家来扩展操练。

9. 私信 & 聊天

私信和聊天功能是基于好友关系之上的，而本实例更侧重于微博基本功能的实现。另外，由于篇幅的关系，关于好友关系这个方面的功能，本书的实例中没办法覆盖到了。但是，如果大家有兴趣的话，还是可以利用在实例其他模块的实现过程中所学习到的类似的设计方法，把这些功能开发出来。

10. 其他功能

具备以上这些功能模块的微博应用已经是一个比较完整的微博系统，但是我们千万不要忘记，一个成熟的系统绝对不会是一成不变的，就拿新浪微博来说，我们常常会在上面看到各种新的功能、新的用法。话说回来，本书实例的主要目的绝不只是为了实现一个微博系统，而是通过这个微博系统的开发过程来帮助大家理解和熟悉如何使用 Android 和 PHP 这两个工具来进行移动互联网应用的开发。

到这里，我们已经基本完成了“功能模块设计”的主要工作，分析过了整个微博应用的主要功能模块，也明确了我们在本书实例中准备实现的部分，接下来在 4.4 节中，我们一同来考虑一下应用界面的大体设计。

4.4 应用界面设计

实际上在使用敏捷型开发模式的项目（特别采用“RUP”开发模式的项目）中，我们经常把功能模块设计和应用界面设计结合起来，也就是采用“边想边画”的方式，在设计应用主要功能的同时，也把主要的界面原型草图画出来了，随着项目功能的完整和细化，界面原型也在不断变得清晰和完善，从而最终形成可供指导应用开发的完整界面原型。

Android 应用程序发展至今已经形成了具有自己特色的应用外观，根据移动设备的特征，此类应用的界面大部分是以简单清爽的风格为主，界面简洁但重点突出，方便用户单手操作，大家可以拿一些比较常见的应用，比如新浪微博、手机 QQ 等研究一下，看看是否具备前面我们所提到的特征。另外，我们通常会使用一些原型设计工具来制作应用界面的原型，比如图 4-1 和图 4-2 就是我们根据 Android 应用的特征所设计的“登录界面”和“微博列表”功能模块的原型草图。

图 4-1 登录界面原型草图

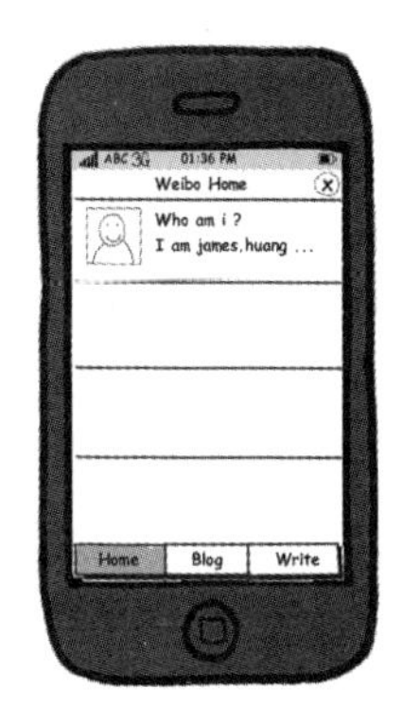

图 4-2 微博列表原型草图

实际上，根据界面布局的特点，微博应用中的界面可以粗略分为两大类即“独立界面”和“框架界面”，下面我们将以上面两个界面为例来介绍和分析这两类界面。

首先是“微博登录”界面，此界面比较简单，和大部分手机应用的登录界面并无区别，用户名和密码的输入框、记住密码选项框再加上一个登录按钮就构成了此界面，只要是看到这个界面的人都可以明确知道该界面的功能。此类界面的外观没有固定的框架和模式，在微博应用中也并不多见，因此我们可称之为“独立界面”。

然后是“微博列表”界面，此界面是用户登录之后看到的第一个界面，也是微博应用最主要的界面之一，另外该界面也是微博应用中最具代表性的界面，该界面具备了大部分微博界面的共同特点。我们可以看到此界面分为上、中、下三个部分，顶部是微博应用的导航栏，包含了界面提示和退出按钮等（某些应用界面还可能包含后退按钮）；中间的列表就是我们所关注的微博信息了，这个部分占据了此界面绝大部分的内容，可以说是应用最核心的功能之一；下方则是功能选项栏，用户需要打开其他功能界面的话点击对应的按键即可。此类界面有固定的框架，在微博应用中比较常见，比如用户登录之后的绝大多数界面都具有这些特点，所以我们可称之为“框架界面”。

从前面我们对微博应用界面设计的分析和学习，我们可以了解到目前最主流的移动互联网应用界面的设计格局。当然，由于本章篇幅的限制，我们不可能在本节把整个应用所有的界面都给大家介绍一遍，关于其他功能模块的界面我们会在 5.3.2 节中给大家做进一步的分析。

4.5 应用架构设计

说起“架构设计”似乎总会给人留下一种抽象的感觉，其实这是由于我们对架构设计没有足够的认识。在项目开发时常常忽略这个步骤，甚至于在对软件的整体架构没有任何概念之前就已经动手开发了，当然产生这种情况的客观原因常常是由于项目时间的问题，但是我要说的是，在项目开始之前，定义一个良好的架构其实是非常有必要的事情，当项目逐渐往下发展时，我们就会慢慢发现各种“瓶颈”，而软件本身是否有一个良好的架构对于解决这些瓶颈往往起着至关重要的作用。实际上，我遇到的很多项目都是因为前期没有建立一个良好的架构，以至于在项目后期遇到瓶颈时，又要对整个系统进行重构，不仅浪费了非常多的精力和资源，也大大拖慢了项目进度。

在开始其他的后续工作之前，我们需要先设计一下整个应用各个模块和组件之间的基本层次结构，这里包括客户端和服务端两个部分的内容。下面就是我们初步定下来的微博实例应用的整体架构图，我们来简单分析一下该架构中的几个要点。

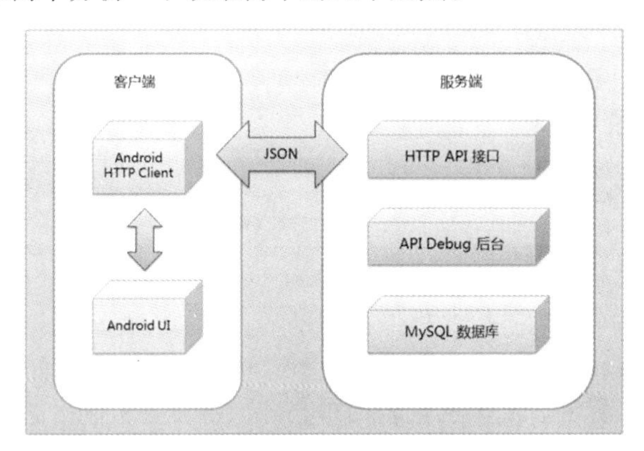

图 4-3 微博实例应用的整体架构图

首先，从整体的架构思路上看，大家可以很清楚地看到：左边的客户端模块和右边的服务端模块之间是使用基于 HTTP 的文本 JSON 格式协议来通信的，至于这个协议应该如何定义，我们将会在下个小节中介绍到。

其次，对于客户端来说，我们将使用 Android 应用框架中的 HTTP Client 组件从服务端的 HTTP API 接口接收数据，然后交由 Android UI 界面层来渲染界面并最终展示出来。对于服务端需要注意的是，在 HTTP API 接口和 MySQL 数据库之间还有一个“API Debug 后台”，这个组件是我们用来调试服务端的 API 接口用的，因为在服务端和客户端并行开发的过程中我们不可能使用客户端来调试服务端的 API 接口，所以这个调试后台的存在能大大减轻我们在调试服务端逻辑时的困难，也是本实例框架中“值得称道”的一点。

最后，在了解了整体架构之后，我们就可以理清后面工作的思路了，接下来我们首先需要设计一下 JSON 协议的具体内容，然后设计一下数据库的结构，之后我们就可以正式开始服务端和客户端的编码工作了。

4.6 通信协议定义

协议的设计是一门艺术，既不能太复杂，也不能太简单；因为太复杂则效率低，太简单却不能满足需求。我们之所以选择 JSON 协议作为微博通信协议的基础，就是因为 JSON 协议的简便特性；当然，我们还需要通过设计和加工，力求把该协议制定得更加合理。

在介绍微博通信协议的设计之前，我们需要了解几条比较常用的协议设计原则，这些原则和经验不仅适用于本书的实例项目，在其他的项目中也都可以用到，所以希望大家可以好好思考并理解这几个原则的含义。

- **通用性**。我们在设计协议时首先考虑的是通用性，因为如果协议的功能有缺陷，那可是非常严重的事情，搞不好会影响到整个系统。所以在前期设计时，我们尽量把情况考虑得全面一点。

- **简洁性**。在考虑通用性的同时，我们也需要考虑协议的定义是否简洁。由于我们这里说的都是网络协议，是通过网络来传输的；因此协议越简洁，就代表客户端与服务端的交互越快速，用户体验也就越流畅，服务器的负担也越小。
- **统一编码**。目前绝大部分的应用都支持多语言，所以我们必须要考虑通用的协议在不同编码的情况下所可能出现的兼容性的问题，所以一般情况下我们都会使用UTF-8编码来构造数据。

依照以上三个原则，再结合移动互联网应用的特点，我们可以初步设计出以下JSON格式的基础协议框架。

```
{
    "code" : "正确或错误代码号",
    "message" : "提示信息",
    "result": "返回内容"
}
```

首先，以上这个基础协议框架中几个字段都是字符型的，方便Android客户端处理。其中code字段主要用于给客户端来识别处理的结果，一般来说会是一串数字，另外我们通常还会有一张“代码表”，用于标识每个返回代码的含义；message字段比较简单，主要用于说明返回的结果，一般为字符串类型，客户端经常会获取该字符串并弹出来展示给用户；而result字段包含的是返回的数据结果，比如我们需要获取最新的微博列表的所有信息，对于result数据有以下几种可能。

1. 返回单个对象数据

```
"result" : {
    "模型名" : { key : value , key : value ... }
}
```

以上情况适用于仅返回单个模型的情景，比如在用户个人信息界面，我们只需要获取单个用户的个人信息，那么我们就可以使用这种数据的构造形式，其中模型名就是模型的名称，主要是给客户端解析用的。

2. 返回对象数组数据

```
"result" : {
    "模型名.list" : [
        { key : value , key : value ... },
        { key : value , key : value ... },
        ...
    ]
}
```

以上的数据格式适用于返回一个模型列表的情景，比如在微博列表界面中，我们需要读取最新的若干条微博信息，则可采用这种数组形式的数据来返回多个模型的数据，其中模型名就是列表模型的名称。

3. 返回混合模式数据

```
"result" : {
"模型名" : { ... },
"模型名.list" : { ... }
}
```

以上情况适用于比较复杂的组合型界面，在这种模式下，服务端 API 可同时返回单个模型数据和模型列表格式的数据，这样就大大增强了协议的灵活性。

定义好了协议的整体框架之后，我们就可以开始进行服务端部分代码的设计了。其实从简单的思路来考虑，服务端所要做的事情，就是把逻辑运算的结果按照协议制定好的格式把数据展示给客户端。

4.7 数据库结构设计

数据库设计是服务端编码之前必须要做的一个工作，从某种程度来说服务端的模型其实就是数据库的模型，所以在进行服务端程序开发之前，我们需要把数据库模型先设计一下。接下来我们就根据前面设计好的功能模块（参考 4.3 节）来设计一下服务端所需的表结构，以下就是我们设计好的表结构，下面我们来分析一下。需要说明的是，因为实例的服务端使用的就是 PHP+MySQL 的解决方案，所以这里我们默认使用 MySQL 的数据模型来设计表格；另外，以下的表格顺序是按照表名进行排序的。

1. 后台用户表：admin

后台用户表存储的是服务端后台（也就是前面提到的“API Debug 后台”）管理者的信息。与微博用户表不同，大家要注意区别一下，此表的字段比较简单，主要就是记录下管理者的用户名和密码用于登录服务端后台。

表 4-2 admin 表结构

字段	类型	主键	作用
id	int(11)	YES	管理员 ID
name	varchar(100)	—	管理员用户名
pass	varchar(100)	—	管理员密码
uptime	timestamp	—	更新时间

2. 微博信息表：blog

微博信息表是本实例中最重要的表之一，用于存储我们所写的微博信息。这里需要注意的是此表包含一个“冗余字段（commentcount）”用于存储每个微博的评论数，当用户发表了针对某条微博的评论时，我们就会让这个字段加一。增加这种“冗余字段”是我们在数据库设计时经常使用的一种方法，这样做的好处是方便我们查询，这点是显而易见的；其实，我们在设计表模型时需要注意一个原则：“尽量站在查询方的角度”来考虑问题，因为对于微博应用来说肯定是查询量大于写入量的。

表 4-3　blog 表结构

字段	类型	主键	作用
id	int(11)	YES	微博 ID
customerid	int(11)	—	用户 ID
title	varchar(255)	—	微博标题
content	varchar(1000)	—	微博内容
commentcount	int(11)	—	微博评论数（冗余字段）
uptime	timestamp	—	微博发表时间

3. 评论信息表：comment

评论信息表用于保存用户评论的信息，此表中 blogid 和 customerid 属于外键，分别对应的是该评论所属的微博和撰写该微博的人。

表 4-4　comment 表结构

字段	类型	主键	作用
id	int(11)	YES	评论 ID
blogid	int(11)	—	微博 ID
customerid	int(11)	—	用户 ID
content	varchar(1000)	—	评论内容
uptime	timestamp	—	评论时间

4. 微博用户表：customer

微博用户表也是本实例的核心表，一般涉及用户表我们都需要特别注意，因为现在的互联网系统基本都是以用户为中心的。从下面的表结构中，我们可以看到除了用户名和密码之外我们还定义了用户签名（sign）和用户头像（face）两个字段以满足微博系统的基本需求；另外，为了提高用户信息相关查询的效率，我们还增加了两个冗余字段 blogcount 和 fanscount 分别用于存储用户的博客数和粉丝数。

表 4-5　customer 表结构

字段	类型	主键	作用
id	int(11)	YES	用户 ID
name	varchar(100)	—	用户名
pass	varchar(100)	—	用户密码
sign	varchar(100)	—	用户签名
face	varchar(100)	—	用户头像
blogcount	int(11)	—	发表微博数
fanscount	int(11)	—	粉丝数
uptime	timestamp	—	更新时间

5. 用户粉丝表：customer_fans

用户粉丝表是一张“关系表”，保存的是用户 ID 和粉丝 ID 之间的对应关系。举个简单的例子，如果用户 A（ID 为 1）成为用户 B（ID 为 2）的粉丝，那么此时数据表里就会多一条

customerid 为 2 而 fansid 为 1 的记录。

表 4-6 customer_fans 表结构

字段	类型	主键	作用
customerid	int(11)	—	用户 ID
fansid	int(11)	—	粉丝 ID
uptime	timestamp	—	更新时间

6. 通知信息表：notice

通知信息表保存的是服务端发送给客户端的消息数据，比如某个用户有新粉丝了，那么我们就会给这个用户发一个通知，而这些通知我们就会存在这张表里。

表 4-7 notice 表结构

字段	类型	主键	作用
id	int(11)	YES	通知 ID
customerid	int(11)	—	用户 ID
fanscount	int(11)	—	新增粉丝数
message	varchar(255)	—	通知内容
status	tinyint(1)	—	通知状态（是否已读）
uptime	timestamp	—	更新时间

在以上这些表格都设计好之后，接下来就是建立表格的过程。针对我们使用的 Xampp 集成工具来说，可以进入 phpMyAdmin 工具后台并按照上面的设计手动建立表格，如果你对如何创建表格还有疑问请查看前面 3.2.4 节的内容。在表格创建完成后我们就可以开始后续的“程序编码”工作了。

4.8 小结

作为“实战篇”的起始章节，本章给大家介绍了我们将用于实战的核心产品“微博实例”的方方面面，让我们对整个实例产品有了整体性的认识。另外，我们还特别按照实际项目的操作模式，带领大家一步步地进入项目开发的流程中来。对于我们来说，不仅可以学到项目开发的实战经验，还可以学到使用“敏捷型”开发模式的实用技巧，大家可以回顾一下本章每节的内容，应该会对实际的项目开发有一定的帮助。

第 5 章　程序架构设计

在第 4 章中我们已经把在进行微博实例开发之前所要做的几项主要工作都做好了，接下来，我们就要开始进入到实例代码的开发实战阶段了。由于本书的实例更接近于一个完整的项目，整个实例代码已经形成自己独特的程序框架。另外，我们后面所要分析实例功能的逻辑代码都是建立在这个程序框架基础之上的，所以，在分析具体功能的逻辑代码之前，我们应该先把微博实例服务端和客户端的程序的核心框架搞清楚。本章将主要围绕微博实例的服务端和客户端的核心程序架构给大家做一下详细介绍。

也许有些读者可能会等不及跳过本章，直接进入后面的实例代码分析章节，但是我在这里还是要强调一下本章内容的重要性。因为，学好本章的内容会对更好地理解具体功能的逻辑代码起至关重要的作用；另外，通过本章我们还可以学到非常珍贵的关于如何对程序逻辑代码进行“封装”的技巧和经验，相信这些知识也会对大家日后更深入地学习计算机语言的编程大有裨益。

5.1　服务端程序架构设计

首先，我们来观察一下服务端程序的基础架构图（如图 5-1 所示），我们从以下这张图中可以看到服务端的程序框架的层次结构分为四个部分，下面我们来分别介绍一下。

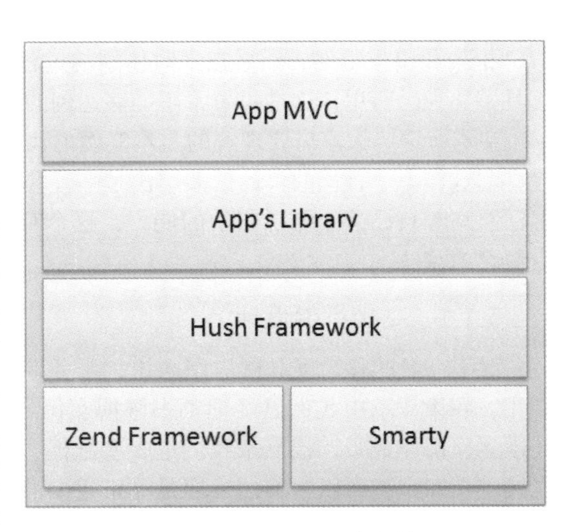

图 5-1　服务端程序架构

1. App MVC 层

首先，我们习惯于把应用程序（Application）简称为 App。然后我们需要知道，由于本实例的代码是遵循 MVC 三层结构的设计思路来设计的（关于 MVC 三层结构的概念和内容我们会在下面的 5.1.3 节中做些探讨），所以这里将本层称为“App MVC”层；实际上，本层是整个服务端程序架构的最上层，也就是微博实例程序具体功能的逻辑代码层，关于其使用方法以及代码分析我们将会在第 6 章中详细讲解。

2. App 的 Library 层

顾名思义，本层是实例应用程序（App）的类库（Library）层，前面提到的 MVC 逻辑代码都是建立在这个层次之上的。实际上，在一个比较成熟的项目中，我们常常会把平时比较常用的代码和功能按照类（class）或者方法（function）的方式“封装”到项目的类库层中，这样做主要有两个好处：其一是可以简化开发，当我们需要使用某些重复性的逻辑代码时，只需在相应的位置调用对应的类和方法即可，这样不仅可以大大减轻代码编写工作的负担，也可以让整个程序更利于阅读；其二是可以加强我们对某些重点逻辑的控制，做过项目的人可能对这一点体会得比较深。比如在应用中很多的地方需要验证用户是否登录，比较好的做法就是把这个逻辑提取出来写入一个 isLogin() 方法里，在需要用到的地方调用即可，这样一来，以后登录验证的方式发生改变时，我们只需修改 isLogin() 方法的逻辑就可以了，而无需修改每个验证的地方。

3. Hush Framework 层

首先，我们要知道微博实例的服务端是在 Hush Framework 框架的基础上开发出来的，当然包括实例应用程序的类库层（App’s Library）；另外，关于 Hush Framework 的特点和基本用法我们在 3.6 节中已经给大家做了比较详细的介绍，有疑问的朋友可以回顾一下。

另外，这里我们需要搞清楚的是 Hush Framework 和 App 类库（App’s Library）层的区别，App 类库层的代码逻辑和微博实例的功能模块结合得比较紧密，而 Hush Framework 层则是和应用逻辑无关的，也就是说这里所说的 App 类库层只能被本书的微博实例所使用，而我们却可以在 Hush Framework 基础之上构建出其他不同的应用。

4. Zend Framework 框架和 Smarty 模板引擎

在第 3 章我们同样给大家介绍了 Zend Framework 框架和 Smarty 模板引擎的概念和用法，Hush Framework 框架正是建立在这个基础层次之上的，如果你对这个部分还有疑问请返回前面的章节看一下。当然由于本书篇幅的原因，想要只凭本书就把这两个框架完全掌握是不大现实的事情，但是我希望能通过本书的讲解让大家懂得应该如何正确地、灵活地使用这些常用的 PHP 框架和模板组件，然后在平时使用的过程中主动去学习并熟练起来，进而掌握这些“实战工具”并为己所用，这是我最希望能够达到的效果。

在本节中，大家需要理解的是本实例的代码框架的层次结构，对于大部分的实际项目来说，建立起这样一个合理的代码框架层次是一件非常重要的事情，我们在学习 PHP 编程的同时也需要注意培养自己善于分层归纳的能力，这个对大家以后能否把握更大型或者更复杂的项目都会有很大的益处。

5.1.1 基础框架设计

对于一般的移动互联网应用来说，服务端最主要的作用在于提供一系列的 API 给客户端来调用，在第 4 章中我们已经把本书微博实例的“总体架构”、“消息协议”以及“数据库结构”几项工作都完成了，接下来我们进入基础框架代码设计的阶段。由于基础框架设计是服务端开发的基础知识，所以本节的内容是非常重要的，我希望大家能好好理解和消化本节的内容，把服务端基础框架的思路看懂学会，为我们后面剖析具体功能的代码设计打好基础。

导入本书光盘中的微博实例服务端代码之后（具体的导入方法与步骤可参考附录 B 的内

容），我们可以在 Eclipse 的项目浏览界面中看到 app-demos-server 项目。接下来，我们就可以打开该目录，观察服务端实例代码的基本目录结构，目录说明 5-1 所示的就是主要目录的作用，大家可以结合实例代码进行比对学习。

目录说明　5-1

```
app-demos-server
|
|- bin                              : 可执行脚本入口
|- dat                              : 数据目录
|- doc                              : 文档目录
|  |- install                       : 服务器配置文件
|- etc                              : 配置文件目录
|- lib                              : 逻辑类库
|  |- Demos
|      |- App                       : 应用逻辑（Controller）类库
|      |- Cli                       : 后台脚本逻辑类库
|      |- Dao                       : 数据库操作类
|      |- Util                      : 工具类库
|- tpl
|  |- server                        : 接口站点模板（View）
|  |- website                       : 前台站点模板（View）
|- www
   |- server                        : 接口站点根目录（DocumentRoot）
   |- website                       : 网页站点根目录（DocumentRoot）
...
```

其实，如果把以上的基础代码结构和之前给大家介绍的 Hush Framework 实例应用的目录结构做一下对比，我们可以看到这两个应用的结构是非常相似的，这是因为我们的微博应用实际上就是一个 Hush Framework 的实例应用。唯一稍有不同的是 Hush Framework 的实例中有两个站点根目录，分别是前台站点目录（frontend）和后台站点目录（backend），因为目前绝大部分的互联网应用都是 B/S 类型的，是分前后台的，前台站点负责内容展示和供用户操作，后台站点则负责管理整个应用的各种配置等；然而本书微博应用却不同于前者，属于 C/S 类型的应用，服务端的 API 主要是提供给客户端调用的，因此本应用的服务端分为接口站点（server）和网页站点（website）两个目录，Apache 服务器的站点根目录就设置在此。

小贴士： B/S 是 Browser/Server 的缩写，一般指运行在浏览器端的应用；而 C/S 是 Client/Server 的缩写，一般指带客户端的程序。

要搞清楚一个程序的基础框架是如何构成的，最好的方式莫过于把整个项目的代码从头到尾阅读一遍，特别对于 PHP 程序来说，由于本身并没有什么生命周期的概念，所有的 MVC 层次封装和类库加载都是使用 PHP 原生代码写出来的，如果不理解透彻恐怕在后面使用时会因为不知其所以然而发生各种错误。我们已经知道了项目的目录结构，那么应该从何入手呢？首先我们应该找到整个程序的入口，按照前面的目录结构介绍我们已经知道接口站点的站点根目录在 www/server 目录下，打开该目录我们就可以看到默认的首页文件 index.php，而这个 PHP 程序也就是整个站点的入口，实现逻辑如代码清单 5-1 所示。

代码清单 5-1

```
...
// 初始化应用类
$app = new Demos_App();

// 配置应用重要参数
$app->setErrorPage('./404.php')
    ->addMapFile(__MAP_INI_FILE)
    ->addAppDir(__LIB_PATH_SERVER)
    ->addAppDir(__LIB_PATH_WEBSITE);

// 将所有的调试信息和错误打印关闭，建议在正式环境关闭
$app->setDebug(true);

// 设置控制器类(Controller)的类名后缀
$app->run(array(
    'defaultClassSuffix' => 'Server'
));
```

我们可以看到在上面的程序中，所有代码逻辑的最前面初始化了一个 Demos_App 对象，此对象就是整个应用程序的基类。然后，代码给这个对象配置了 404 页面、路径映射文件（用于设定 URL 路由）以及两个控制器类库的路径，这些都是应用程序的必要配置。而这些配置的常量值，都被配置在应用框架的配置文件（etc/app.config.php）中，其中的主要配置已经摘录到代码清单 5-2 中。

代码清单 5-2

```
...
define('__HOST_SERVER', 'http://127.0.0.1:8001');
define('__HOST_WEBSITE', 'http://127.0.0.1:8002');
...
define('__MAP_INI_FILE', realpath(__ETC . '/app.mapping.ini'));
...
define('__LIB_PATH_SERVER', realpath(__LIB_DIR . '/Demos/App/Server'));
define('__LIB_PATH_WEBSITE', realpath(__LIB_DIR . '/Demos/App/Website'));
...
```

从上述代码中，我们可以看到应用框架的配置文件中不仅设置了 Hush_App 对象所需的几个重要参数，比如 API 控制器类库地址"__LIB_PATH_SERVER"和网页控制器类库地址"__LIB_PATH_WEBSITE"，其中前者就是我们所有的 API 逻辑所对应的控制器类文件存放的目录（对应 lib/Demos/App/Server），我们在第 6 章中将重点介绍其中的类库文件。此外，配置文件还设置了 API 接口站点地址"__HOST_SERVER"和网页接口站点的地址"__HOST_WEBSITE"，这两个设置必须和 HTTP 服务器所设置的站点地址一致。实际上，此处的站点设置和 URL 路径组合起来才是 API 接口的完整地址，也就是我们可以在浏览器中访问到的 URL 地址。

回到入口文件的逻辑（见代码清单 5-1），当入口程序中的 Demos_App 对象设置完毕之后，程序就会调用 run 方法来运行整个页面了。在本框架中，我们可以通过传入参数给 run 方法指定一些特殊的需求，比如这里我们就设置了 defaultClassSuffix 参数，指定本项目控制器类的后

缀为 Server。需要提示的一点是，从之前对 Hush Framework 框架的介绍中我们了解到该框架默认的控制器类的后缀名其实是 Page，比如第 3 章中使用的框架实例“登录页面”中的控制器类名就叫 AuthPage，而由于我们的实例更趋向于接口 API 的概念，所以这里才把控制器后缀命名为 Server。

最后，run 方法把 URL 的路径映射到对应的控制器类来处理。为了便于大家理解，这里以“登录接口”为例给大家讲解一下。比如“登录接口”的 URL 路径为“/index/login”，通过前面提到的路径映射之后，就会被映射到 lib/Demos/App/Server/IndexServer.php 文件对应的 IndexServer 类中的 loginAction 方法来处理。对于客户端来说，会传递参数到 URL 地址“http://127.0.0.1:8001/index/login”来访问登录接口，我们也可以打开浏览器查看该接口的输出信息，返回结果如代码清单 5-3 所示，信息是以 JSON 数据格式组成的；关于此协议的设计和定义我们可以参考 4.5 节的内容。这里我们可以看到此时接口返回的是“登录失败”（Login failed）的结果（见代码清单 5-3），这是由于我们传递的接口参数有问题。

代码清单　5-3

```
{
    "code":"10003",
    "message":"Login failed",
    "result":
    {
        "Customer":
        {
            "sid":"6cmut1lfb9tar3c3kp66c6prrmhrh2u0"
        }
    }
}
```

至此，我们介绍了基础框架中最核心的关于路径映射部分的思路，从入口程序文件 index.php 开始，到“登录接口”如何把最终的返回信息打印出来，大家现在应该已经对这个过程比较了解了。不过前面分析的是一般的路径映射过程，其实在本实例还使用了 Hush Framework 的路径映射配置文件（etc/app.mapping.ini）来处理路径逻辑，相关配置见代码清单 5-4。文件中的配置比较好理解，格式有点类似于 Apache 的重写规则，每一条规则都可以处理一个或者一组 URL 路径。比如下面的第一条规则是把默认路径“/”对应的逻辑设置到 DebugServer 类的 indexAction 方法里；而第二条规则是把“/debug/”路径下面的所有路径映射到 DebugServer 对应的 Action 方法里，至于为何如此设置，我们会在 5.1.2 节中给大家说明原因。

代码清单　5-4

```
...
/                    = DebugServer::indexAction
/debug/*             = DebugServer::*
...
```

既然已经讲到这里，那我们就来顺便讲解一下 DebugServer 类中的部分程序逻辑吧。该类文件位于 lib/Demos/App/Server/DebugServer.php，下面给大家重点讲解前面配置文件中提到的 indexAction 方法，方法逻辑见代码清单 5-5。

代码清单　5-5

```
...
class DebugServer extends Demos_App_Server
{
    ...
    public function indexAction ()
    {
        $this->_printHome();

        echo "&gt; <a href='/debug/apiHome'>Debug Console</a><br/>\n";
        echo "&gt; <a href='/doc/api/index.html'>Api Document</a><br/>\n";
        echo "&gt; <a href='/doc/lib/index.html'>Lib Document</a><br/>\n";
    }
    ...
    protected function _printHome ()
    {
        echo "<table class='tbmin' cellpadding=0 cellspacing=0>\n";
        echo "<tr><td>VISITOR IP</td><td>:</td><td>" . $_SERVER['REMOTE_ADDR'] . "</td></tr>\n";
        echo "</table>\n";
        echo "<hr/>\n";
    }
    ...
}
```

其实，indexAction 方法的逻辑很简单，就是打印出一些 HTML 的模板代码用于展示页面，执行效果如图 5-2 所示，其实该页面也就是打开服务端 API 站点的首页。另外，由于本实例主要是提供 API 接口给客户端调用的，仅有的几个网页界面就是“后台调试界面”中的一些调试页面，所以在本微博服务端实例中我们并没有使用 Smarty 模板。

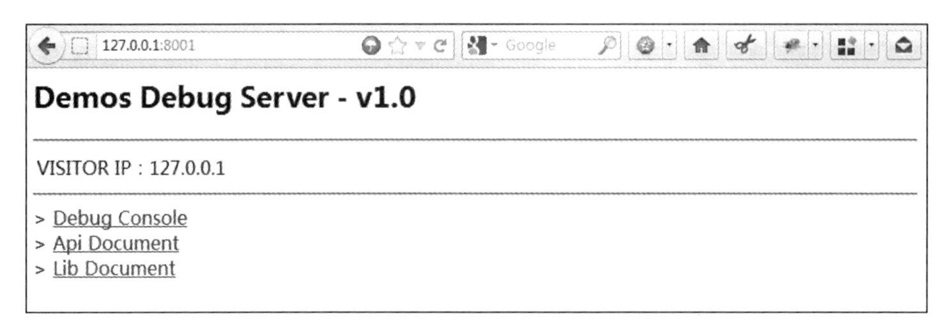

图 5-2　服务端入口界面

当然在基础框架设计所需要掌握的知识点中，除了前面我们重点分析的目录框架设计和路径映射思路之外，还有几个部分也是需要大家重点去了解的，也包括下面我们要给大家介绍的“调试框架”和“核心类库”两个部分，前者是用于辅助 API 接口开发的一个框架特色，后者则是用于具体开发的基础内容，接下来给大家介绍一下这两部分的内容，让大家能进一步了解整个服务端程序的总体架构。

5.1.2　调试框架设计

大家应该已经知道微博服务端的应用程序是以 API 接口为主的，并不像传统的互联网应用那样由页面组成，可以直接看到程序的最终运行结果来进行调整，因此我们在做项目的过程中常常会感觉调试起来非常困难，也正是由于这个原因我们才特别需要一个带界面可以操控的“调试后台”来改善这种情况，这也可以算是本应用框架的一个亮点所在，下面我们先来熟悉一下这个调试后台的总体框架的基本思路和用法，以下是对“调试后台”中最重要的几个页面的介绍。

1. 后台首页

打开网址“http://127.0.0.1:8001”我们就能看到调试后台的首页，页面效果如图 5-2 所示，在前面的章节中我们已经介绍了这个页面是如何展示出来的，而此页就是调试后台的入口。这样的设计主要是为了方便接口 API 的调试工作。

2. 登录页面

点击“后台首页”中的“Debug Console”链接就可以进入登录页面，此页面很简单就不多说了，后台是需要输入管理用的用户名和密码才能进入的，因为虽说只是一个调试后台，但是安全性是我们设计过程中不得不考虑的一个因素，因此还是需要登录验证的，我们默认的用户名和密码都是 admin，大家输入后就可以进入调试后台的主界面了。

3. 后台主界面

后台主界面的布局比较简单（如图 5-3 所示），页面上方的菜单链接就是两大主要功能模块的入口，一是“实时接口测试（Api Test）”，里面是我们用于调试 API 接口的主要工具，后面我们会重点介绍一下此工具的用法；而“接口访问统计（Api Stat）”则是对所有 API 接口的访问统计，这里暂时不做介绍。

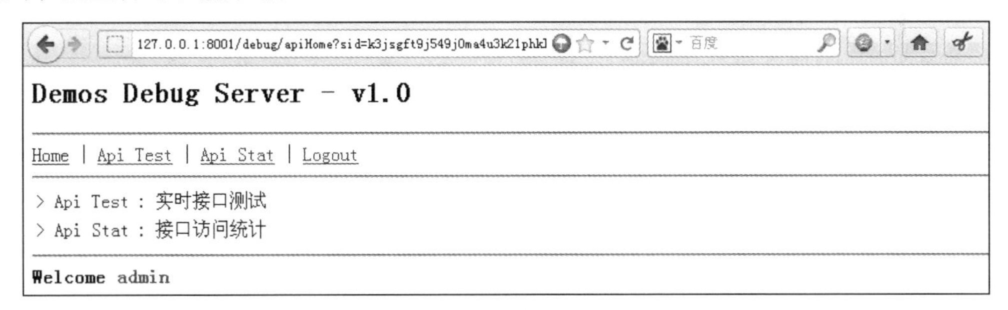

图 5-3　后台主界面

4. 测试接口列表

测试接口列表页面如图 5-4 所示，此页面就是调试后台框架的核心所在，也是我们后面最常使用的工具之一，这里我们可以看到所有接口的列表，我们可以看到所有的 API 接口都已按照控制器类名归类，包括接口的说明和地址信息，点击右边的“测试”链接则可进入具体的接口测试页面了。

127.0.0.1:8001/debug/apiList?sid=8bt1ejien8g5s997

Demos Debug Server - v1.0

Home | Api Test | Api Stat | Logout

BlogServer			
blogListAction	微博列表接口	/blog/blogList	测试
blogViewAction	查看微博正文接口	/blog/blogView	测试
blogCreateAction	发表微博接口	/blog/blogCreate	测试
CommentServer			
commentListAction	评论列表接口	/comment/commentList	测试
commentCreateAction	发表评论接口	/comment/commentCreate	测试
CustomerServer			
customerListAction	用户列表接口	/customer/customerList	测试
customerViewAction	查看用户信息接口	/customer/customerView	测试
customerEditAction	更新用户信息接口	/customer/customerEdit	测试
customerCreateAction	新建用户接口	/customer/customerCreate	测试
fansAddAction	添加粉丝接口	/customer/fansAdd	测试
fansDelAction	删除粉丝接口	/customer/fansDel	测试

图 5-4 测试接口列表界面

5. 接口测试工具

为了说明整个调试过程，我们挑选“微博列表接口”作为例子，点击右边的“测试”链接来进入“接口测试工具”页面，如图 5-5 所示，我们可以看到这个界面已经帮我们把微博列表接口的接口地址（action）、测试参数（Test Data）、请求方法（method）都准备好了，点击“提交测试”按钮就可以进行对“微博列表接口”的模拟访问测试了，我们可以在测试结果（Test Result）右面的文本框里面看到请求的结果。当然此时访问，我们可以看到结果显示的是“Please login firstly”，也就是提示我们要获取微博信息列表是必须先登录的。

图 5-5 微博列表接口测试界面

所以我们可以尝试着返回“接口测试列表”页面找到“用户登录接口”，同样点击右侧的“测试”链接，进入用户登录接口的测试页面，然后填写默认的用户名和密码（系统默认均为james），并点击“提交测试”按钮（如图5-6所示），当看到返回为“Login ok”也就是登录成功的提示以及用户信息的JSON数组之后，再返回之前的“微博列表接口”进行测试。

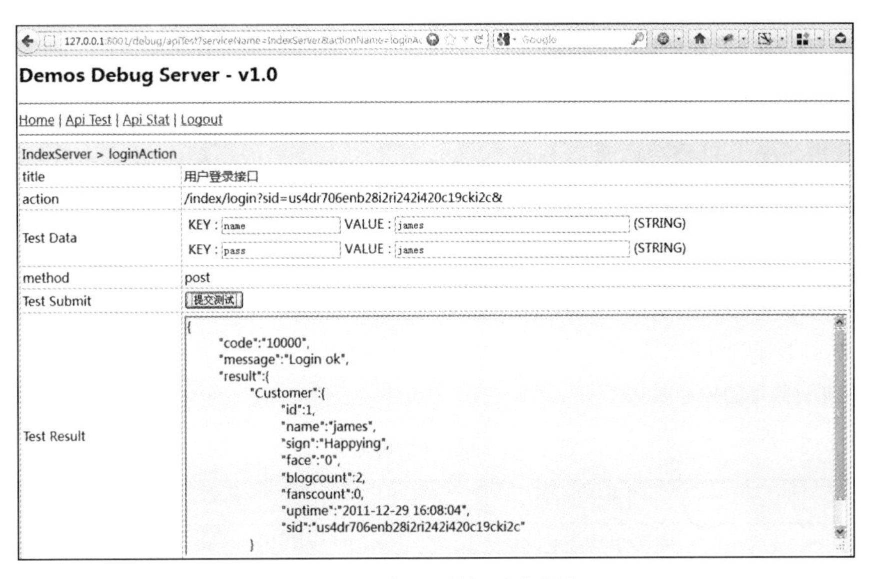

图5-6　用户登录接口测试界面

从下图5-7中我们可以看到，再次访问“微博列表接口”就可以看到该用户所写的所有微博的列表了。实际上，客户端的访问行为和我们之前的操作基本上是一样的，这也就是为什么我们使用本工具就可以模拟所有客户端API接口访问的原因。

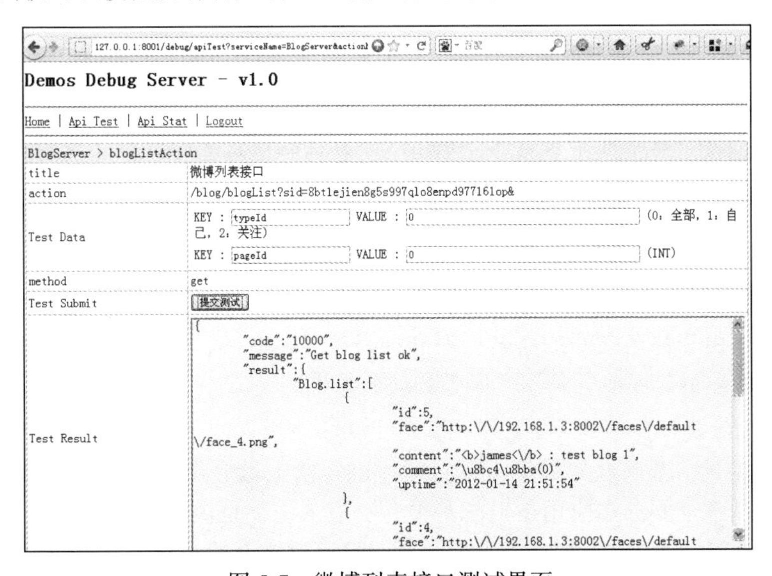

图5-7　微博列表接口测试界面

以上就是我们应用中所特有的“调试框架”的基本用法说明，如果你想知道此框架是如何实现的，以及其中重点代码逻辑的细节，我们将会在6.1.3节中给大家做详细介绍，这里我们需要理解的是，本节介绍的“调试框架体系”和之前我们说讲的“API接口体系”两者结合起来才是比较完整的微博服务端应用的“基础框架体系”，在这个体系下我们可以快速高效地开发出各种移动互联网应用，也许在实际项目中使用的开发框架甚至编程语言都各不相同，但是开发思路却是通用的，大家可以细细体会一下。

小贴士： 这里我们之所以用到“体系”这个词，是因为希望大家能够把本服务端实例的整体思路理解清楚，以便后面可以利用本框架本身或者类似的思路来快速高效地开发移动互联网应用的服务端。

5.1.3 核心类库设计

前面我们根据设计的思路给大家介绍了微博服务端实例的“基础框架结构”，而本节将侧重介绍的是实例的核心类库。为了让大家能够快速地掌握诸多底层类库的使用方法，我们先在表5-1中把微博服务端的核心类库大体介绍一下，然后再挑选其中比较重要的几个类库做重点介绍。

表5-1 服务端的核心类库

类库名	类库文件	使用说明
Demos_App	lib/Demos/App.php	App应用逻辑的基类，继承自Hush_App
Demos_App_Server	lib/Demos/App/Server.php	所有API控制器的基类，继承自Hush_Service
Demos_App_Website	lib/Demos/App/Website.php	所有页面控制器的基类，继承自Hush_Page
Demos_Cli	lib/Demos/Cli.php	所有后台可执行程序的基类
Demos_Dao	lib/Demos/Dao.php	所有DAO对象的基类，继承自Hush_Db_Dao
Demos_Dao_Core	lib/Demos/Dao/Core.php	数据库demos_core下面所有DAO的基类
Demos_Util	lib/Demos/Util.php	所有工具类的基类，继承自Hush_Util
Demos_Util_Image	lib/Demos/Util/Image.php	与图片处理方法相关的工具类
Demos_Util_Session	lib/Demos/Util/Session.php	与Session会话方法相关的工具类
Demos_Util_Url	lib/Demos/Util/Url.php	与URL路径相关的工具类

下面我们会结合“基础框架设计”中的MVC分层的设计思路，从上面这些类库中抽取出比较重要且有代表性的类库给大家分别介绍一下。在此之前，我们需要先了解一下“命名空间”的概念，其实命名空间的出现就是为了防止类名之间的冲突问题，对于一个设计良好的项目类库来说，制定一个命名空间是非常有必要的。我们可以看到上面提到的所有类库都是被放在lib/Demos目录下并以Demos单词开头，那么我们则可以认为Demos就是本微博实例项目命名空间的名称，由于命名空间的命名一般和项目的名称有关，所以很容易形成唯一的类名规则，避免与其他的项目类库或者公用类库中的类名发生冲突。

1. Demos_App类

其实，前面在介绍基础框架的运行逻辑时，已经给大家介绍了一些关于Demos_App类的使用，此类是控制整个服务端应用逻辑的基类，一般来说都是供给应用的入口程序所使用，所以严格来说不应该属于MVC三层之内，而该算是这三层之上的“总控层”；此外，此类继承自

Hush Framework 的 Hush_App 类，在具体使用时此类主要用于设置应用运行所需的基础配置，包含的主要方法及用法如下所示。

- setDebug：设置是否打开调试模式，此模式下系统会把所有捕捉到的异常抛出到页面上，显而易见的是此模式比较适合调试程序，但是正式上线时却是必须要关闭的。
- setErrorPage：用于给应用设置 404 页面，也就是服务器无法找到的页面。
- setTplDir：用于设置应用模板目录，一般用于带页面的普通互联网应用程序中，也就是框架结合 Smarty 模板引擎时，所以在微博应用中并没有用到。
- addAppDir：实际上就是添加应用的控制器类库目录，此函数可以被多次调用，每次添加一个类库目录，比如在本应用中就有 API 接口（Server）和网页应用（Website）两种控制器类的目录，我们都在 index.php 入口文件中设置过。
- addMapFile：设置应用的路径映射文件名称，这部分内容在前面我们也已经给大家介绍过了，本应用的映射文件就是 etc/ 目录下的 app.mapping.ini 文件。
- run：当然在应用程序已经完成所有的设置之后，别忘了使用本方法打开应用程序的运行逻辑，否则页面是不会执行的。

小贴士：“总控层”的说法虽然比较抽象，但是从整个框架的结构上来分析，应该可以算是对 Demos_App 类所处位置的比较准确的描述了。

---

2. Demos_App_Server 类

Demos_App_Server 类是所有 API 接口以及调试接口的基类，所以该基类是非常重要的，应该可以算是 MVC 层次中最核心的部分之一。接下来，我们把此类的主要代码摘录到代码清单 5-6 中，大家可以参照代码中的注释先阅读其中主要方法的逻辑。

代码清单　5-6

```
class Demos_App_Server extends Hush_Service
{
    // 消息字符数组
    protected $_msgs = array();

    // 初始化过程回调方法
    public function __init ()
    {
        parent::__init();
        // 初始化数据库操作类
        require_once 'Demos/Dao.php';
        $this->dao = new Demos_Dao();
        // 初始化统一的路径处理类
        require_once 'Demos/Util/Url.php';
        $this->url = new Demos_Util_Url();
        // 初始化 Session 会话处理类
        require_once 'Demos/Util/Session.php';
        $this->session = new Demos_Util_Session();
    }
```

```
// 类销毁过程回调方法
public function __done ()
{
    parent::__done();
}

// URL 路径跳转方法
public function forward ($url)
{
    Hush_Util::headerRedirect($this->url->format($url));
    exit;
}

// 按照协议打印 API 接口的处理结果
public function render ($code, $message, $result = '')
{
    // 组合返回数组
    if (is_array($result)) {
        foreach ((array) $result as $name => $data) {
            if (strpos($name, '.list')) {
                $model = trim(str_replace('.list', '', $name));
                foreach ((array) $data as $k => $v) {
                    $result[$name][$k] = M($model, $v);
                }
            } else {
                $model = trim($name);
                $result[$name] = M($model, $data);
            }
        }
    }
    // 按照协议返回
    echo json_encode(array(
        'code'          => $code,
        'message'    => $message,
        'result'     => $result
    ));
    exit;
}

// API 接口验证登录方法
public function doAuth ()
{
    if (!isset($_SESSION['customer'])) {
        $this->render('10001', 'Please login firstly.');
    } else {
        $this->customer = $_SESSION['customer'];
    }
}

// 调试后台验证登录方法
public function doAuthAdmin ()
```

```
        {
            if (!isset($_SESSION['admin'])) {
                $this->forward($this->apiAuth); // auth action
            } else {
                $this->admin = $_SESSION['admin'];
            }
        }
}
```

我们可将此类中的方法，分为以下两类来看待和使用。

- **回调方法**：此类型的函数包括 __init() 初始化回调方法和 __done() 销毁回调方法，在本基类中这两个方法分别负责的是控制器在“类对象初始化”和“类对象销毁”两个阶段所要做的事情。我们可以从代码逻辑中看到，前面一个阶段我们初始化了一些控制器逻辑必须使用的对象，比如 DAO 基类的对象等，而这些对象我们都可以在控制器子类中直接使用；后面一个阶段主要做的则是一些关于对象销毁和回收的工作。这类回调函数一般都是可以在子类中被重写的，我们常常会在这些方法中放入一些与各个控制器逻辑相关的代码来使用。
- **公用方法**：此类中除了回调方法之外的都可以算是公用方法，这些方法都各有各的用处，比如 forward 路径跳转方法以及 render 结果打印方法等。此类方法在控制器子类中使用时都可以直接使用 $this 变量来调用，非常方便实用。

3. Demos_Cli 类

在前面介绍 PHP 基础时我们给大家讲过，PHP 在项目中一般来说会有两种使用方法，除了我们之前一直介绍的基于 HTTP 服务器的网络应用编程之外，还有一种就是用在后台可执行脚本的编程；而作为一个完整的项目，本微博服务端实例当然也包括后台脚本这个部分的功能，不过这个部分的内容相对不是非常重要，所以这里只对这个部分的内容做一个简单的介绍。

大家需要知道的是，在本实例项目中我们会使用 bin/ 目录下面的可执行脚本来执行后台程序，而与后台脚本相关的逻辑代码都在 lib/Demos/Cli/ 目录下，这些逻辑控制器类都是继承自 Demos_Cli 基类的。执行时我们会先从命令行工具进入项目的 bin/ 目录下，输入 cli 命令后按下回车键，我们就可以看到目前应用中支持的所有的命令行列表了，如图 5-8 所示；而这些命令行的逻辑则会按照和控制器路径类似的规则被映射到对应类库方法中去，比如其中的文档生成命令为“cli doc build”，其对应逻辑就在 lib/Demos/Cli/Doc.php 文件中的 Demos_Cli_Doc 类的 buildAction 方法中。

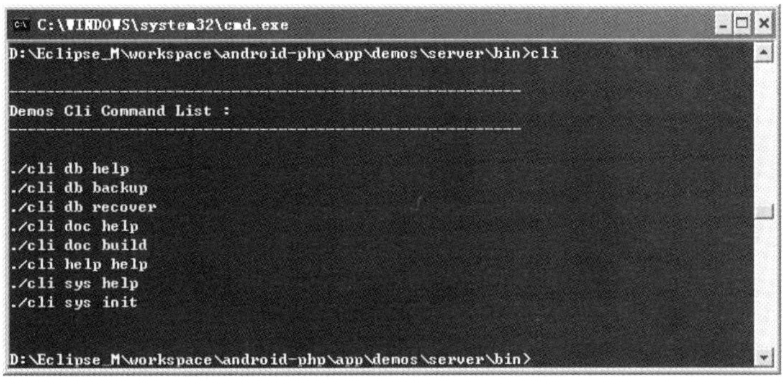

```
C:\WINDOWS\system32\cmd.exe
D:\Eclipse_M\workspace\android-php\app\demos\server\bin>cli

----------------------------------------------------
Demos Cli Command List :
----------------------------------------------------

./cli db help
./cli db backup
./cli db recover
./cli doc help
./cli doc build
./cli help help
./cli sys help
./cli sys init

D:\Eclipse_M\workspace\android-php\app\demos\server\bin>
```

图 5-8　cli 命令行运行结果

关于这部分的内容是在 MVC 三层之外的，一般来说我们只需要执行相关命令完成所需操作即可，不需要分析这些逻辑的代码；但是如果有时间的话，我建议大家也可以去阅读一下这部分的代码，因为在这些代码中大家会学到很多 PHP 用于系统操作和文件目录操作的经验和技巧。

4. Demos_Dao 类

数据库操作对象（DAO）的概念我们前面已经接触得很多了，作为 MVC 三层中最接近数据的一层，也是应用框架中比较核心的部分，我们需要重点关注一下。下面就是 Demos_Dao 类的全部代码，我们可以看到此类的代码非常简短，其中仅包含一个静态方法 load 用于加载对应目录下的 DAO 类，而这个方法的逻辑也非常简单（见代码清单 5-7），大家可以参考注释进行阅读。

代码清单 5-7

```
class Demos_Dao extends Hush_Db_Dao
{
        // 用于加载项目的数据库操作类的方法
        public static function load ($class_name)
        {
             static $_model = array();
             if(!isset($_model[$class_name])) {
                 require_once 'Demos/Dao/' . str_replace('_', '/', $class_name) . '.php';
                 $_model[$class_name] = new $class_name();
             }
             return $_model[$class_name];
        }
}
```

虽然也继承自 Hush Framework 的 DAO 基类，但是此类的主要功能并不在于实现数据库操作类的数据操作逻辑，而是用于构造数据库表的 DAO 对象，我们在后面介绍具体逻辑代码时大家也会看到此类的用法。

5. Demos_Dao_Core 类

Demos_Dao_Core 类同样也属于 MVC 三层中的 Model 层的部分，它继承自 Demos_Dao 类，也是 Hush_Db_Dao 的子类，代码清单 5-8 就是此类的完整代码。

代码清单 5-8

```
class Demos_Dao_Core extends Demos_Dao
{
        // 数据库名
        const DB_NAME = 'demos_core';

        // 构造方法
        public function __construct ()
        {
              // 传入 etc/database.mysql.php 中的数据库配置类对象
              parent::__construct(MysqlConfig::getInstance());

              // 绑定此类的数据库名
```

```
        $this->_bindDb(self::DB_NAME);
    }
}
```

我们可以看到Demos_Dao_Core的代码非常简单，寥寥几行代码就把这个DAO基类写好了，而后面我们在微博项目中用到的所有的DAO类都将继承自此类。也许你会觉得奇怪，怎么这么少的代码就可以把一个Model层的基类实现呢？简单来说，这就是“代码封装”的力量；具体来说，因为大部分的DAO类中所要使用的方法都已经被Hush Framework框架封装到了Hush_Db_Dao类中。至于此类中的常见的数据库操作方法（如CRUD方法）的具体使用，大家可以参考前面3.6.4节中关于“模型层”介绍部分的内容，如果还有问题，建议大家返回对应章节复习一下。

6. Demos_Util类

Demos_Util类顾名思义是本应用框架的工具类，此类的大部分代码都是静态方法，是可以直接使用的。大家查看此类代码时会发现Demos_Util类继承自Hush_Util类，但是整个类的代码却是空的，这是因为大部分的方法我们已经封装到Hush Framework中的Hush_Util类中去了，这里列举一些比较常用的静态方法让大家先熟悉一下。

- **trace方法**：传入Exception对象即可打印出该Exception的跟踪调试信息，此方法常用于开发代码调试中。
- **param方法**：用于接受GET或POST过来的参数，可以用静态方法调用，也可在控制器类中通过使用“$this->param($name)”的方法来使用。
- **cookie方法**：用于读取和设置系统cookie变量中的数据。
- **session方法**：用于读取和设置系统session变量中的数据。
- **jsRedirect方法**：使用JavaScript来进行页面跳转，这种跳转一般用于网页类型的应用中。
- **headerRedirect方法**：设置HTTP响应代码并进行页面跳转，这种跳转方法使用的场景比较广泛，最常见的有301跳转和302跳转。
- **curl方法**：模拟HTTP请求进行远程访问的方法，我们常在项目中使用此方法来远程访问第三方接口、模拟客户端请求，甚至用于抓取网页等。
- **ping方法**：用于检测远程服务器的端口是否可访问，此方法在做后台监控系统时特别好用。
- **str_系列方法**：与字符串操作相关的系列方法，采用和PHP原生函数一样的命名规范，以str_作为所有字符串方法前缀。
- **array_系列方法**：与数组操作相关的系列方法，命名规范也和PHP原生函数一样。
- **dir_系列方法**：与本地目录操作相关的系列方法，包括创建、复制、删除等操作。
- **uuid方法**：生成“通用唯一识别码”的方法。

小贴士：1）上面提到“系列方法”的意思是这里包含的不仅仅只是一个方法，而是一组方法，具体的方法说明可以参考Hush Framework的API文档。

2）UUID的含义是通用唯一识别码（Universally Unique Identifier），是一个软件建构的标准。UUID的目的是让分布式系统中的所有元素，都能有唯一的辨识记号，而不需要通过中央控制端来做辨识资讯的指定。

5.1.4 服务端的 MVC 与 SOA

MVC 的概念我们之前已经介绍过多次，在 3.6.3 节中已经介绍了底层框架 Hush Framework 中 MVC 设计思路的特点。实际上，微博服务端框架的设计思路与 Hush Framework 框架大同小异。结合 5.1.1 节中对应用框架代码目录结构的说明来看，实例服务端程序的 Model 层的类库文件位于“lib/Demos/Dao/”目录之下，View 层的类库目录对应的是“tpl/”文件目录，而 Controller 层的代码文件则被放置于“lib/Demos/App/”目录下；当然这并不是说我们只需要注意这几个目录下的程序文件，比如 lib 目录下面还有非常重要的基类和工具类；对于我们来说，最重要的事情是理解和熟悉实例应用框架中的 MVC 设计思路，为之后的接口编码工作打好基础。

在服务端编程的领域，除了 MVC 这个相对重要的概念之外，我们还需要认识 SOA（Service Oriented Architecture），也就是面向服务体系架构的概念。随着软件行业的不断发展，服务端的功能越来越复杂，为了降低系统复杂度以及模块间的耦合度，我们采用类似于“分而治之”的方法，把其中一些重要的业务模块剥离出来，成为独立的 Service 来提供服务，这种做法不但可以让服务端的业务逻辑更加清晰、组件整合变得更加灵活，还可以大大提高功能模块的重用性和稳定性。

另外，在传统的 SOA 软件架构中，通常会使用基于 XML 的服务描述语言 WSDL（Web Services Description Language）作为各个 Service 之间的通信协议，但是现在也有不少 Service 服务采用更轻量级的 JSON 协议来替代 XML 作为其通信协议。由于 JSON 比 XML 更加简单轻便，也更能降低网络请求带来的带宽和资源消耗，所以在业务描述不是非常复杂的情况下，更容易受到使用者们的青睐。

实际上，在本书的微博应用实例中的服务端部分，我们也采用了 SOA 的设计理念，把微博应用的业务逻辑封装到服务端程序中去，并采用 Service 服务的方式提供给微博客户端使用，而通信协议使用的正是轻量级的 JSON。因此，对于如何使用 PHP 来开发 SOA 的服务端应用的问题来说，本实例还是具有很高参考价值的。另外，正是因为引入了 SOA 的概念，我们的服务端 API 接口控制器类都被归类到了“lib/Demos/App/Server/”目录下，而每个控制器类的后缀名都是 Server，而非 Controller。关于这点，也请大家在阅读时注意，好好理解、消化一下。

5.2 客户端程序架构设计

前面我们介绍了微博实例服务端的基础架构，那么紧接着我们来学习一下 Android 客户端代码的基础架构吧。和服务端一样，我们会按照 MVC 的设计方法对 Android 的基础应用开发框架进行合理的“封装”，这些都是为了加快开发效率、减少冗余代码，让客户端应用程序开发更加轻松。通过不断的积累和优化，我们逐渐形成了一套通用的框架，本书的微博实例应用就是在这么一个基础框架的基础上进行开发的。

当然，我们客户端程序的基础框架是不可能脱离 Android 应用框架的，准确来说应该是在 Android 应用框架的基础上开发而成的，该基础框架主要负责功能逻辑相关的内容处理，比如模型层和控制器层的封装、网络请求的处理、安全验证逻辑以及数据持久化功能等；至于应用配置和 UI 界面相关的工作还是交由 Android 应用框架来处理。

5.2.1　基础框架设计

和介绍服务端架构的流程一样，我们先来观察微博客户端程序的基础框架设计，如图 5-9 所示。和服务端架构不同，客户端程序的框架结构没有那么多的层次，应用框架都是在 Android 应用框架的基础上搭建起来的，我们可以把应用程序框架大体分为“程序类库”和“核心类库”两个层次。

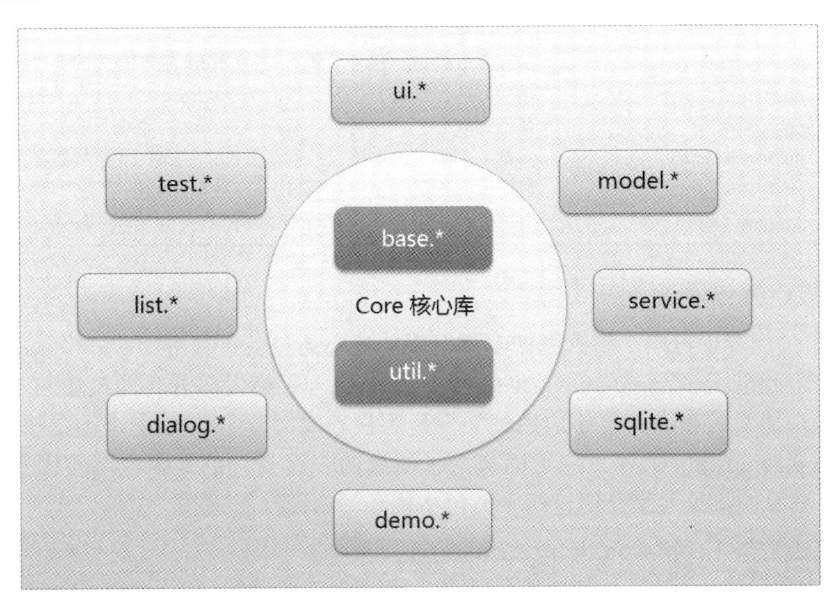

图 5-9　客户端基础框架设计

从图 5-9 中，我们可以看出程序框架把 Android 应用开发的各个组件和模块封装并归类到了几个不同的类包之下，形成框架的程序类库；而这些程序类包都围绕在核心类包的周围，构成了一个完整的框架结构。由于本实例的客户端框架的层次不像前面介绍的服务端框架分得那么细，所以这些类包中具体的代码逻辑和实例应用的功能关系比较紧密，我们会在第 7 章中给大家做详细的剖析，本节将对这几个类包的功能进行一下讲解，让大家熟悉一下这些类包的功能。

小贴士： Java 中有类包（package）的概念，所以我们对于归类在一个源代码目录下面的类库叫作“类包”；而 PHP 中没有包的概念，所以我们称之为“类库”。

为了让大家能够更快、更方便地掌握每个类包的功能，我们把程序框架中的所有类包的功能归纳到表 5-2 中，大家可以对照微博应用的源代码理解一下。

最后，我们还需要知道，本书微博实例的客户端程序框架实际上就是对 Android 应用项目中经常使用的代码逻辑进行归纳和封装，最终还是建立在 Android 应用框架的基础上，所以掌握 Android 应用框架开发的基础知识是往下学习的前提。当然，如果大家对 Android 开发的基础知识还不是很熟悉的话，请返回第 2 章去复习 Android 应用开发的基础知识。

表 5-2 客户端类包列表

核心类包	
com.app.demos.base	核心基础类包，包含了所有基础类包的基础类
com.app.demos.util	核心工具类包，包含了项目中所有用到的工具类
基础类包	
com.app.demos.ui	界面控制器类包，MVC 中的 Controller 层
com.app.demos.model	基础模型类包，MVC 中的 Model 层
com.app.demos.service	基础服务类包，包含了所有与 Android 服务有关的类
com.app.demos.dialog	基础对话框类包，包含了所有与 Android 对话框有关的类
com.app.demos.list	基础列表类包，包含了所有与 Android 列表有关的类
com.app.demos.demo	网页示例类包，主要存放网页类型的 Activity 控制器类
com.app.demos.sqlite	数据库操作类，主要存放 SQLite 数据库的操作类
com.app.demos.test	测试类包，包含了所有与测试功能有关的类

5.2.2 核心类包设计

从 5.2.1 节的内容中可以了解到微博实例框架的核心类包主要有两个：一个是应用框架的核心基础类包，也就是 com.app.demos.base 类包，里面包含了绝大部分功能模块的基类，这些类是应用中其他功能类的基类，也是应用框架中最为核心的部分；另外一个则是核心工具类包，也就是 com.app.demos.util 类包，这里面包含了所有的工具类，也是客户端应用开发中必不可少的部分。下面我们将给大家介绍这两个类包中核心类的设计思路。

1. 核心基础类包（com.app.demos.base）

首先，我们来了解一下核心基础类包中各个类库之间的关系图（如图 5-10 所示），图中左侧一列是核心基础类包中的主要基类，右侧一列则是建立在这些基类之上的对应基础类包，比如登录界面的控制器类 UiLogin 就是 BaseUi 的子类，而所有列表组件类的基类是 BaseList 等。下面我们把关系图左侧一列所涉及的几个核心类的基本内容给大家介绍一下。

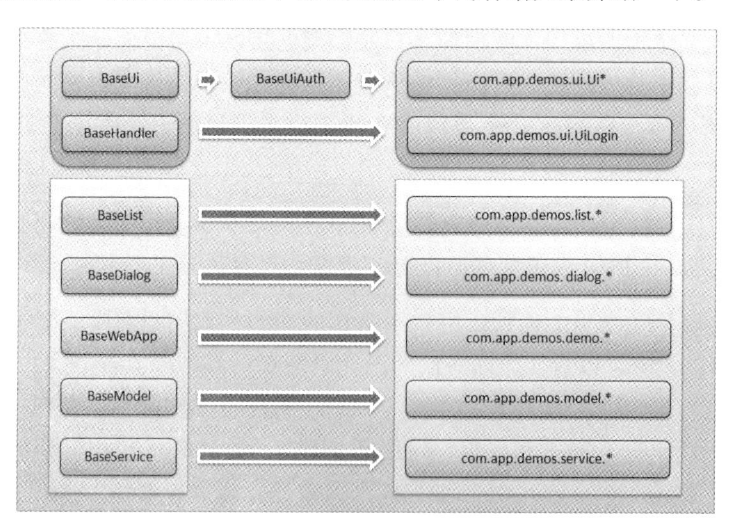

图 5-10 客户端核心基础类包

（1）BaseUi 相关（包括 BaseTask/BaseTaskPool/BaseHandler）

在 Android 应用项目的开发过程中，我们经常把 Activity 当作 MVC 概念中的控制器来使用，我们通常称之为界面控制器，统一放置于 com.app.demos.ui 类包下，并且以 Ui 作为所有界面控制器类名的前缀；在应用程序框架中 BaseUi 是所有 Activity 界面控制器类的基类，里面除了重写部分 Activity 生命周期中的方法之外，还封装了大部分在 Android 应用开发中可能会用到的方法和组件，下面我们先挑选其中比较常用的且和业务逻辑无关的方法给大家介绍一下。

小贴士： UI（User Interface）即用户界面的缩写，以此作为应用界面控制器的类名前缀相对比较合适，当然大家可以根据实际情况来制定合适的规则。另外，这种指定类名前缀或者后缀的做法在开发过程中经常使用，其目的是为了对类库进行更好的归类，增加代码的可读性和可维护性。

- toast：用于弹出提示信息，此方法重写 Android 原生的 toast 方法，让其在本框架中更容易使用。
- overlay：在目前界面上方覆盖一个新的 Activity 层，此模式中的用户行为和 Android 任务中的默认模式（standard mode）比较类似，最上层可通过本类的 doFinish 方法关闭，在用户看来就是返回上一个界面。
- forward：关闭当前的 Activity 并打开一个新的 Activity 层，此模式中的用户行为和 Android 任务中的 singleTask 模式比较类似，但是要注意的是由于此时 Activity 栈中只存在一个 Activity，所以如果此时调用 doFinish 方法，用户将直接退出应用。
- getContext：由于我们在 Activity 逻辑编程时可能会经常会用到本 Activity 的上下文 Context 对象，而 getContext 方法可以快速地给大家返回此对象以方便使用。
- getHandler：此方法会返回当前 Activity 所绑定的 Handler 处理器对象，关于 Handler 处理器的使用马上就会给大家介绍到。
- getLayout：此方法有多种重载形式，根据不同的传入对象可以返回 LayoutInflater 对象或者具体的 View 对象。
- openDialog：可根据输入弹出提示信息对话框，此方法使用框架通用的对话框模板（在 com.app.demos.dialog 类包中）。
- sendMessage：发送消息给 Handler 处理器来进行对应处理，此方法也有多个重载的方法，可发送不同参数给处理器中的不同逻辑来使用。
- doTaskAsync：开始一个异步任务，对于用户来说就是做一个动作；而这里我们只需要知道，为了保证主 UI 线程的稳定，在 Android 应用中的所有任务都是异步的；关于异步任务的内容我们会在后面的 7.4 节中做详细介绍。

从前面的方法介绍的内容中我们可以看到 BaseUi 实际上是一个综合性的类，很多在应用开发中需要用到的方法和逻辑都被整合到此类之中。除前面介绍的方法之外，还有几个类是比较重要的，下面给大家一一讲解。

- BaseTask：此类是异步任务的基类，所有的异步任务都是从这个类衍生出来的，里面定义了任务的基本属性和必要方法。
- BaseTaskPool：顾名思义此类是异步任务池类，我们会为新添的每个任务打开一个线程进行处理。此类本身就是使用 Java 线程池（ThreadPool）实现的。另外，此类已经被整合进 BaseUi 类中，主要用于 doTaskAsync 等方法中。

- BaseHandler：基础的消息处理器类，在介绍 Android 开发基础时我们就提到过，为了保证应用 UI 主线程的稳定，Android 使用了一套消息响应机制来处理从主线程中产生出来的异步的任务，标准处理过程如下：在任务子线程里的异步任务完成之后，会发送一个消息（Message）给消息处理器（Handler），然后消息处理器会根据不同的消息进行对应处理并配合主线程更新 UI 界面，具体的处理逻辑可以参考 BaseHandler 类中的 handleMessage 方法。

（2）BaseUiAuth 与 BaseUiWeb

前面刚介绍过 BaseUi，下面马上介绍与其紧密相关的两个子类 BaseUiAuth 与 BaseUiWeb。BaseUiAuth 是所有“框架界面”的基类（参考 4.4 节），相对于 BaseUi 来说，增加了应用菜单和界面框架（顶部导航栏和底部功能选项）的逻辑，登录以后的绝大部分界面控制器都继承自 BaseUiAuth 类，如微博列表（UiIndex）、微博详情（UiBlog）以及用户配置（UiConfig）界面等，实例代码的分析请参考第 7 章中的相关内容。

BaseUiWeb 是所有以 Web 方式运行的 Activity 的基类，也继承自 BaseUi。该类除了添加了 Web 界面框架通用的逻辑之外，最主要的区别就是多了一个 startWebView 方法，此方法定制了本控制器类的内嵌浏览器，本实例中也有两个例子（在 com.app.demos.demo 类包下）运行在这个基类之上。其实在实际项目中，嵌入 Web 页面作为信息展示的做法还是很普遍的，因为使用 Web 展示界面一方面比较简单，另一方面也方便功能修改，所以这部分内容也是需要大家重点关注的，具体实例可参考 7.11 节中的内容。

（3）BaseDialog

BaseDialog 是本框架中的基础对话框类，使用了 Dialog 类和 WindowManager 的 LayoutParams 子类一起构造了一个完全自定义的对话框，虽然在实际项目里可能更常使用 AlertDialog，但是我们也需要掌握一些更基础的用法，因为一般来说，使用越基础的组件往往能获得越大的自由度，一旦到了能派上用场的时候就知道它的好处了。

（4）BaseList

列表 List 组件应该算是 Android 应用中最常使用的组件之一，本实例应用中大部分的列表类都在 com.app.demos.list 类包中，而 BaseList 就是这些列表类的基类，继承自 BaseAdapter，可以和 ListView 组件配合使用。此类的具体使用方法和实例代码分析的内容我们会在 7.7.2 节中结合微博客户端的代码给大家做详细分析。

（5）BaseModel

BaseModel 是所有模型类的基类，如果查看该类的代码大家就能看到 BaseModel 类目前就是一个空壳，里面的内容都留给以后需要使用时再添加，另外它所有的模型子类都放在 com.app.demos.model 类包下面，模型类和服务端 API 所返回的模型应该是一致的，如果你有心的话可以去对比一下，这就是服务端与客户端之间的“桥梁”了。

（6）BaseService

BaseService 是所有服务类基类，和 BaseUi 有点类似的是该类也提供 doTaskAsync 异步任务方法，另外比较重要的就是 Service 服务特有的开启（start）和关闭（stop）方法。另外，在本实例中目前只有一个 Service 的子类 NoticeService，存放在 com.app.demos.service 类包下，我们会在 7.5.4 节中对 Android 应用开发中使用 Service 服务部分的内容做详细介绍。

2. 核心工具类包（com.app.demos.util）

除了核心基础类之外，核心工具类也是非常重要的，该类包中包含的基本都是一些非常实用的，与业务逻辑无关的静态类和静态方法，我们可以在任何时候快速方便地使用。比如，我们可以方便地使用 AppClient 类进行网络请求，也可以使用 AppUtil 类中的静态方法快速地完成某些字符串的操作。

（1）AppClient 类

对于大部分的 Android 应用程序来说，我们经常使用 SDK 自带的 HttpClient 类来进行 HTTP 远程访问，而本应用程序框架在 HttpClient 的基础上进行了更进一步的封装，最终产生了 AppClient 类，让客户端程序访问 API 接口变得超级简单，示例代码见代码清单 5-9。

代码清单 5-9

```
AppClient client = new AppClient("http://www.google.com");
String result = client.get();
```

我们可以看到这里仅用两行代码就完成了一个 HTTP 的 GET 请求，把 Google 首页的代码“抓取”下来，我们还会在 7.3 节中结合实例详细介绍一下关于在 Android 应用程序中进行网络通信的相关内容。

（2）AppUtil 类

AppUtil 中主要包含了我们在微博应用程序开发中经常用到的静态方法，此类中的方法有两类，一种是和应用逻辑完全没有关系的，比如一些字符串或者数组的便捷操作方法等；另外一种是和应用逻辑有一定关系的方法，比如解析 API 返回结果的 getMessage 方法等。另外，由于此工具类在应用编码过程中被广泛使用，因此关于此类的使用方法我们会在后面介绍客户端代码的时候给大家穿插介绍。

（3）DBUtil 类

DBUtil 顾名思义就是和数据库相关的工具类，里面放的都是有关简化数据操作逻辑的方法，比如对于时间字段的操作，以及对于图片信息的操作等。对于微博应用来说虽然客户端的数据库操作被“弱化”了，但是掌握 DB 层的使用对应用开发来说还是非常重要的。

（4）HttpUtil 类

根据类名我们可以知道 HttpUtil 类里面都是与 HTTP 网络请求相关的方法，在本实例代码中该类中只有一个方法 getNetType，用于获取用户移动设备的联网方式，在 7.3.2 节中会详细介绍此类的逻辑和应用。

（5）IOUtil 和 SDUtil 类

IOUtil 和 SDUtil 两个类中的方法都是与系统 IO 读写有关系的，两者的区别在于前者中的方法属于普通 IO 操作，而 SDUtil 中的方法都是与 SD 卡中的文件操作有关的。在本实例中这两个类的方法基本上都和图片有关，因为微博的特点就是需要获取大量的图片信息，当然如果大家以后使用本框架作为基础进行开发的话，可以在这两个类中补充自己所需的IO操作方法。

（6）UIUtil类

与UI相关的工具类方法都会被放到这个类中。虽然本实例中此类的方法非常少，目前只有一个用于组合用户信息的方法getCustomerInfo，但是此类是可以扩展的；当然，其他UI相关的方法也可以放到此类中。

前面介绍了微博应用客户端框架核心类库的设计思路，以及其中重要类库（包括核心基础类包、核心工具类包）的用法，这些知识都是客户端程序代码编写的基础，在第7章介绍微博客户端代码实现时都会用到，因此我们应该重视对本节内容的学习和理解。

5.2.3 Android应用的MVC

前面已经介绍过许多与MVC概念有关的内容了，微博应用的服务端框架Hush Framework也是采用该设计模式来实现的。MVC的最大好处就是把应用程序的逻辑层和界面层完全分开，界面设计人员可以专心进行界面开发，而程序员则可以把所有的精力放在逻辑实现上。下面我们把微博应用客户端框架中的MVC设计思路归纳如下。

1. 模型层（Model）

Android应用中的模型层主要包括了应用逻辑的业务模型类以及数据库操作类两部分。对于微博应用客户端框架来说，以上两部分内容分别对应的是com.app.demos.model类包与com.app.demos.sqlite类包。

2. 视图层（View）

Android应用中视图层主要指的是res/layout/目录下的XML界面模板文件；当然，广义上看，也包括res/目录下的所有资源文件。此外，我们也可以采用Web方式来实现应用界面，这点大家可参考7.11节中的内容。

3. 控制层（Controller）

Android应用中控制层的逻辑代码通常都存在于UI界面对应的Activity类中。在微博应用客户端框架中，就是com.app.demos.ui类包下的界面控制器类。另外，这也是为什么我们把Activity类称作“界面控制器类”的原因。

实际上，Android应用项目本身已经非常好地实践了MVC的设计思路，建议大家学会按照MVC的思想来看待和分析Android应用的程序框架，因为这样不仅可以帮助我们更好地学习Android开发框架，还可以让我们更加深入地理解MVC的设计模式。

5.3 客户端界面架构设计

在第4章中我们曾经介绍过客户端界面的原型设计，但是，在进行应用开发之前，我们还需要对这些界面原型进行进一步的补充和完善；另外，我们还需要构造一个通用的界面框架来规范和简化之后应用程序的开发。因此在本节中，首先会给大家介绍一下如何设计微博实例应用的界面框架，然后会逐一分析微博应用中最主要的几个功能界面，进而完成整个客户端界面架构的设计。

5.3.1　界面框架设计

界面框架设计更多是针对“框架界面”而言的。当然，本书的微博实例应用中大部分的功能界面都属于“框架界面”，其界面布局可以分为上、中、下三个部分，如图 5-11 所示。实际上，这种界面布局也是大部分主流移动互联网应用所采用的结构，下面我们就对该类界面中的三个部分逐个进行分析。

图 5-11　微博界面框架

1. 顶部导航栏

顶部导航栏需要体现应用界面的主题，实际上顶部的导航栏一般来说也会被分为三个部分，中间是本应用和功能界面的名称或者提示信息，两边是一些常用的界面操作按钮，比如“退出”按钮和“后退”按钮。

2. 中部内容框

这部分是当前功能界面的具体内容，一般根据每个界面的功能特征而有所不同，就微博列表界面来说，此部分就是由用户所关注的微博信息列表所构成的。

3. 底部频道栏

主要功能的选择框，从这里我们可以打开其他功能界面进行操作，比如想要浏览我的微博列表，则可点击“Home”选项；如果需要做一些功能配置，则可点击对应的按钮进入“用户配置”界面。

我们会发现这种类型的界面布局的特点，其实除了中间部分的内容，顶部和底部的两个部分都是可以公用的，因此我们在设计界面框架时就会考虑能不能把这些公用的部分提取出来，从而规范和简化应用界面的开发，其实在本微博应用中我们正是这样做的。就拿微博列表界面来说，从该界面的 XML 模板代码（如代码清单 5-10 所示）中，我们可以看到，虽然该界面的布局比较复杂，但是所用的代码却并不多；从这里我们也能看出，对于界面模板来说，使用一些“封装”技巧也是很有用的。

代码清单　5-10

```
<?xml version="1.0" encoding="utf-8"?>
<merge xmlns:android="http://schemas.android.com/apk/res/android">
<include layout="@layout/main_layout" />
<LinearLayout android:orientation="vertical"
    android:layout_width="fill_parent"
    android:layout_height="fill_parent">
    <include layout="@layout/main_top" />
    <LinearLayout android:orientation="vertical"
        android:layout_width="fill_parent"
        android:layout_height="wrap_content"
        android:layout_weight="1">
        <ListView android:id="@+id/app_index_list_view"
```

```
            android:layout_width="fill_parent"
            android:layout_height="wrap_content"
            android:descendantFocusability="blocksDescendants"
            android:fadingEdge="vertical" android:fadingEdgeLength="5dip"
            android:divider="@null" android:cacheColorHint="#00000000"
            android:listSelector="@drawable/xml_list_bg" />
    </LinearLayout>
    <include layout="@layout/main_tab" />
</LinearLayout>
</merge>
```

在上述代码中，我们可以看到在 Android 模板中可以使用 include 标签来包含其他的模板，这个用法和 Smarty 有点像，这里顶部和底部的模板分别是“@layout/main_top”和“@layout/main_tab”对应的模板文件，即 res/layout 目录下的 main_top.xml 和 main_tab.xml 文件，关于此功能模板的详细内容我会在 7.7 节中给大家详细介绍。

实际上，在本书的微博实例中，除了“登录界面”之外的大部分界面都采用的是以上的界面结构，因此建立一个比较合理的界面框架是非常有意义的，大家可以想象如果我们为每个界面都去写顶部和底部的界面代码需要浪费多少的时间和精力。由于篇幅的限制，我们不在这里讨论模板 XML 代码的细节，但是我希望通过本节给大家传递一个理念，那就是对于 Android 应用的模板来说，我们应该如何进行合理的组合从而快速地构造出整个应用的外观。

5.3.2 主要界面设计

前面我们在介绍微博应用界面时使用的都是原型草图，但是若要用于开发仅仅使用界面原型草图还是不够的，一般来说我们在开发应用之前还需要将原型草图转化成更接近于实际应用的原型图才可。下面我们就根据微博应用的功能模块将几个最重要的界面原型图给大家介绍一下。

1. 用户登录界面

用户打开微博应用所看到的第一个界面就是“用户登录”界面，如图 5-12 所示，此界面大家应该比较熟悉了，因为我们在之前介绍原型设计时就是拿这个界面作例子的，至于此界面的功能我们就不赘述了。这里大家可以把图 5-12 所示的原型界面和之前的原型草图进行对比，可以很明显地看到此原型图比之前的草图更接近于应用的实际界面，我们在开发时会先对此原型图进行“图片切割”，然后将处理好的图片存放在 Android 应用项目的 res/drawable 目录下，供 Android 的 XML 模板文件使用。

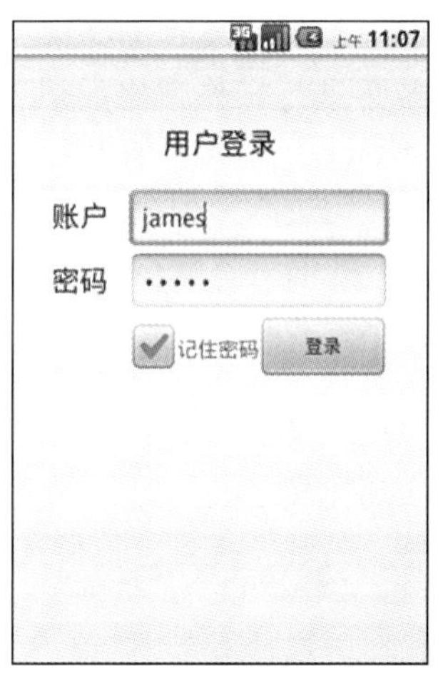

图 5-12 用户登录界面

小贴士：“切割界面”一般使用 Photoshop 图片处理软件来完成，具体的制作方法本书不做详细介绍，大家可以到网上搜寻相关的内容进行学习。

2. 微博列表界面

用户成功登录之后就会看到“微博列表界面”，此界面应该可以算是微博应用最核心的功能界面了，在新浪微博中此界面显示的是所有关注人的微博信息，而本应用为了简化功能会将所有人发的博客都放到此界面中，在第 7 章中将详细介绍。这里我们主要来看看此界面的布局，如图 5-13 所示，我们可以看到微博信息列表是由多个微博信息构成的，每个微博信息左边是用户的头像，右边则是微博的信息内容。此界面我们在前面也给大家介绍过，其布局可以作为微博应用其他界面的典范；另外，大家可以关注一下界面下方的四个功能按钮，从左到右分别是“微博列表”、“我的微博列表”、“用户设置”和“撰写微博”四大功能界面的入口，大家可以根据需要点击进入对应的功能界面。

3. 微博正文界面

当我们点击单条微博信息时，即可进入“微博正文界面”，如图 5-14 所示。此界面中部内容比较丰富，上方是微博作者的具体信息，中间是微博正文，下方则是微博评论的信息，此界面也是微博应用中比较重要的一个界面，相关的具体内容我们会在第 7 章中做详细介绍。

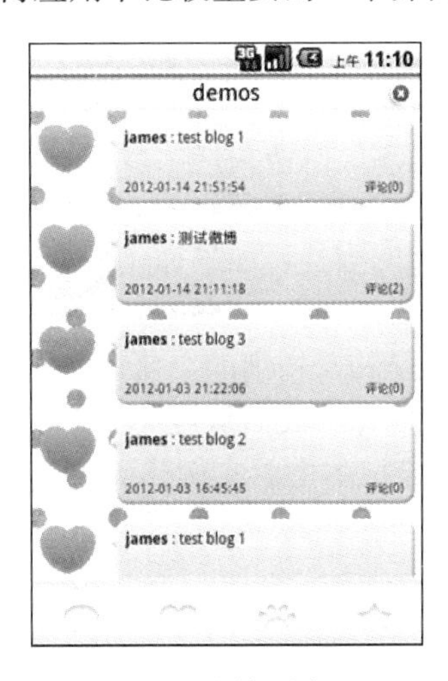

图 5-13 微博列表界面

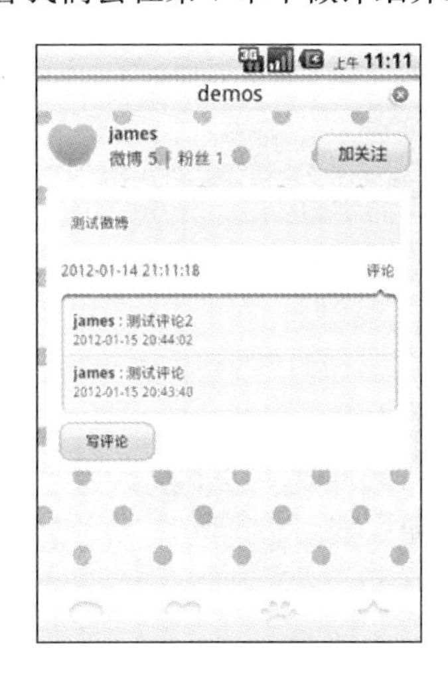

图 5-14 微博正文界面

4. 我的微博列表界面

当我们点击界面下方第二个类似于心形的功能按钮时，便可打开“我的微博列表界面”，如图 5-15 所示，此界面和前面介绍的“微博列表界面”比较类似，展示的都是微博列表的内容，只不过此界面的微博都是用户自己所发的，另外顶部还多了用户个人的详细信息而已。

5. 用户配置界面

当然，一个比较完整的应用是不能缺少“配置界面”的，当用户点击下方的第三个爪子型的按钮时，便可进入微博应用的“用户配置界面”，此界面也比较简单，目前暂时只有“更换头像”和“修改签名”两个功能。这里我们需要知道的是，在商业版的微博应用中，“用户配置界面”绝不仅仅只有这些功能，但是由于本应用主要目的仅供教学所用，所以这里仅实现了最常见的两个功能；当然如果大家能够掌握本书实例的开发方法与技巧的话，完全可以基于本书实例框架来实现一个完整的微博应用。

图 5-15 我的微博列表界面

图 5-16 用户配置界面

通过对以上几个主要界面的介绍，我们可以比较清晰地看出微博实例的最终效果，大家可以结合之前我们学过的 Android UI 制作的知识来思考一下，如果美工已经把这些界面的效果图制作完毕，接下来作为客户端开发人员的我们需要怎么做呢？当然，如果你还是觉得没有头绪的话也没关系，我们将在 7.2.1 节中详细讲解 UI 实现过程。

此外，我们还可以看到，本书微博实例的界面设计得还是相当精细的。从整体的艺术风格，到细节的界面边框，甚至图标背景等，都经过精心的设计和制作；我们从这个侧面也可以看出，本书的项目实例和普通书本的实例完全不同，可以说如果能把本书的实例代码完全掌握下来，再进行一些轻微的定制修改，完全可以将此实例作为另外一个 Android 移动互联网应用的基础框架来使用。

5.4 小结

本章主要讲述了程序基础框架设计的内容，实际上也属于实例代码开发的一部分。学好本章的内容是非常重要的，因为我们对本书实例程序开发的学习效果，很大程度上取决于对应用基础框架的理解。

实际上，5.1 节是第 6 章的基础，5.2 节和 5.3 节则是第 7 章的基础，大家可以根据需要来进行针对性的回顾复习。大家有了这个概念之后，就算以后分析实例代码时碰到关于架构方面的疑问，也可以快速地找到对应的内容进行查阅。希望大家在读完本章之后能对微博实例的整体框架有更深入的理解，在学习后面章节内容的时候会更加顺利。

第 6 章　服务端开发

在第 5 章中，我们已经把微博实例应用的基础框架搭建完毕，也给大家介绍了服务端和客户端框架的基本概念和主要类库，接下来的两章内容将对微博实例的功能逻辑代码实现进行讲解。其中，本章重点介绍的是微博服务端接口代码的逻辑。服务端主要负责微博应用的逻辑处理和数据存储的核心功能，其重要性不言而喻。当然对于读者来说，最重要的还是通过对本实例代码的学习和理解，掌握使用 PHP 语言进行服务端开发的知识和技巧。

在进入正题之前，我们先来回顾一下之前我们介绍的关于 PHP 服务端开发的内容。首先，在第 3 章中给大家介绍了 PHP 语言的编程基础；然后，在第 4 章中介绍了微博实例的整体设计以及数据库设计；接着，在第 5 章中介绍了实例服务端程序基础框架的使用，为我们进一步学习微博实例的代码打下了基础。实际上，若想学好服务端的实例代码，以上的内容都是必需的；如果觉得自己没有掌握这些知识，我建议大家返回对应的章节进行复习，把基础打好是非常必要的。

6.1　开发入门

这里所说的“开发入门”实际上包含两层意思，一是“PHP 语言开发入门”，另一个则是“PHP 的 MVC 开发入门”。前面我们已经介绍了很多 PHP 开发的基础知识和编程技巧，也讲了很多如何使用 Hush Framework 这个 MVC 框架来进行互联网应用开发的思路；但是仅仅依靠这些知识，要想达到入门的程度可能还不够。何为“入门”？我认为至少要懂得如何运用所学的知识来实现简单的功能模块的逻辑才可算得上是“初窥门径”。

当然想要学以致用本身就是一件比较困难的事情，不仅要有理论知识作为基础，还要通过动手实践才能慢慢掌握；本书的实例代码就给大家提供了一个很好的“学习和实践”的环境，下面我们将把功能模块的接口逐个详细讲解一遍，希望大家能从这些逻辑代码中找到 PHP 程序开发的思路和感觉。

6.1.1　接口程序开发

前面我们已经对微博应用的服务端框架做过很多分析和讲解，但是这些都只是为了让大家能够更好地理解整个应用运行的原理。实际上，对于真正的接口开发工作来说，只需要关注如何按照框架规范来写逻辑就可以了。我们已经知道了，微博应用框架的 API 接口逻辑都被存放在 lib/Demos/App/Server 目录下的控制器类里，而控制器类里面的每个 Action 方法都是和接口

URL 路径一一对应的，关于这部分的运行原理我们可以参考 5.1.1 节的内容，这里就不做深入讨论了；这里我们需要学习的内容是如何使用现有的框架进行开发。接下来，我们将用一个实例来说明这点。

假设我们现在需要实现一个 URL 地址为“http://127.0.0.1:8001/test/index”的 API 接口，并使其提供一个服务，这个服务很简单，就是打印出一行字：“My First Api”。那么接下来要怎么做呢？其实很简单，按照之前我们在 5.1.1 节中学习过的服务端框架的核心映射规则来思考，只需要在实例项目的控制器类库目录 lib/Demos/App/Server 下建立一个名为“TestServer.php”的文件，并输入代码清单 6-1 中的代码。

代码清单 6-1

```
/**
 * Demos App
 *
 * @category   Demos
 * @package    Demos_App_Server
 * @author     James.Huang <huangjuanshi@163.com>
 * @license    http://www.apache.org/licenses/LICENSE-2.0
 * @version    $Id$
 */

require_once 'Demos/App/Server.php';

/**
 * @package Demos_App_Server
 */
class TestServer extends Demos_App_Server
{
      /**
       * ---------------------------------------------------------------------------
       * > 全局设置：
       * <code>
       * </code>
       * ---------------------------------------------------------------------------
       */
      public function __init ()
      {
          parent::__init();
      }

      ///////////////////////////////////////////////////////////////////////////////
      // 服务端 API 方法

      /**
       * ---------------------------------------------------------------------------
       * > 接口说明：测试接口
       * <code>
       * URL 地址：/test/index
       * 提交方式：POST
```

```
     * </code>
     * ----------------------------------------------------------------------
     * @title 测试接口
     * @action /test/index
     * @method get
     */
    public function indexAction ()
    {
        echo "My First Api";
    }
}
```

接着，运行 Xampp 开发环境套件中的 Apache 服务器组件，我们便可以在浏览器中打开 TestServer 控制器对应的接口地址（http://127.0.0.1:8001/test/index）进行查看，运行效果如图 6-1 所示。

图 6-1　TestServer 控制器界面

分析过 TestServer 控制器类的代码之后我们可以发现，其实代码中与 API 接口逻辑有关的只有以下几行代码（见代码清单 6-2），相关代码逻辑其实非常简单，就是打印出“My First Api”这句话而已。至于运行效果我们已经在浏览器中看到了。

代码清单　6-2

```
...
    public function indexAction ()
    {
        echo "My First Api";
    }
...
```

实际上，TestServer 控制器类代码中更需要引起我们注意的是以下这段注释代码，如代码清单 6-3 所示，也许我们之前一直没有注意过“注释语句”在程序开发中的作用，这里我们正好趁这个机会了解一下，除了给代码注解的功能之外，注释代码还有哪些“妙用”。

代码清单　6-3

```
...
    /**
     * ----------------------------------------------------------------------
     * > 接口说明：测试接口
     * <code>
     * URL 地址：/test/index
     * 提交方式：POST
     * </code>
     * ----------------------------------------------------------------------
```

```
     * @title 测试接口
     * @action /test/index
     * @method get
     */
...
```

我们看到以上的注释代码分为两个部分：上半部分的文字主要是对这个接口基本信息的说明，可以被“文档生成工具”读取，用做该接口的使用说明，而“<code>”标签中的内容可以是 PHP 的示例代码。下半部分的以“@”字符开头的注释则是给“调试后台”中对应的接口测试工具使用的，以下我们来逐个解释。

- @title：对应调试后台中 API 接口名（即 title）信息。
- @action：对应调试后台中 API 接口的 URL 路径，即 action 信息。
- @method：对应调试后台中模拟接口访问工具所使用的 HTTP 访问方法（get 或 post）

在本应用框架中，只要在接口代码中标注了以上注释语句，那么在“调试后台”中便会自动生成该接口对应的测试界面。比如，图 6-2 所示的是以上测试接口（TestServer）对应的测试界面。在这里我们就可以看到以上注释的对应信息，例如，这里的接口名（title）为“测试接口”，对应的就是注释 @title 的值；当然，如果我们修改某个注释的值，也会立即反映到测试界面上（可刷新页面后查看）。

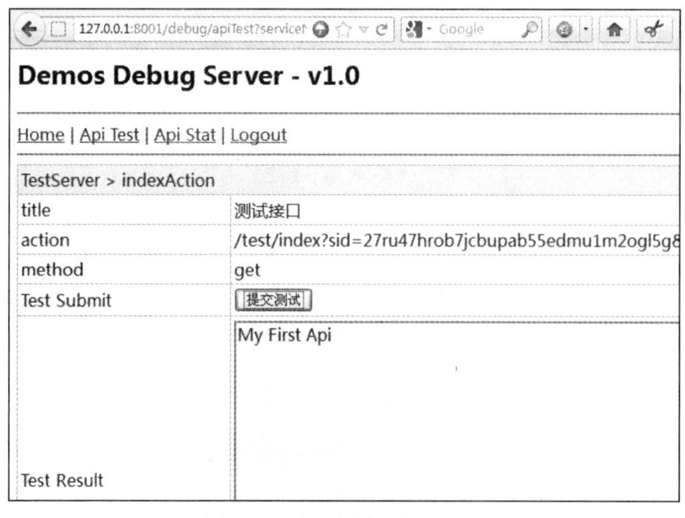

图 6-2　注释语句对照界面

至此，我们通过对一个测试接口 TestServer 的开发，给大家讲解了服务端 API 接口的开发以及部分调试过程，我们可以发现使用本书实例所带的 PHP 服务端开发框架来进行接口开发是一件多么轻松愉快的事情，接下来在本章中我们还会通过对微博实例的所有服务端接口的逐个介绍来深化大家对于使用 PHP 进行移动互联网应用的服务端开发的认识。

这么做的好处也是显而易见的，我们只需要设置几个注释代码就可以很方便地通过接口测试工具来调试 API 接口了，大大提高了服务端 API 接口的开发效率；当然，如果你把本应用框架中的“文档生成工具”也学会，并用其将这些注释语句转化成了规范而美观的 API 接口文档时（生成文档的相关内容见本章 6.1.3 节），也许你会由衷感叹“原来注释语句也可以如此妙用无穷啊”。

6.1.2　调试框架开发

关于调试框架的使用，我们之前已经介绍很多了，本节主要是分析调试框架核心功能的代码实现，让大家能够更好地理解这部分的内容。我们知道，除了“登录界面”之外，调试框架中最核心的两个功能界面分别是“测试接口列表”和“接口测试工具”。

1. 测试接口列表

此界面的逻辑是根据 API 接口的控制器类代码中的注释代码自动地罗列出所有可用的接口列表，以供我们选择调试。在 6.1.1 节中我们已经简单介绍了 API 接口程序中的注释代码的用法，而这里我们将对调试框架的逻辑代码进行讲解，搞清楚调试框架是如何自动读取并列出所有接口信息的，调试框架对应控制器类 DebugServer 的代码如代码清单 6-4 所示。

代码清单　6-4

```
// 对应“/debug/”路径的控制器类
class DebugServer extends Demos_App_Server
{
    // 页面初始化
    public function __init ()
    {
        ...
        // 在页面初始化的时候获取 API 接口列表
        $this->serviceConfigList = $this->_getServiceConfigList();
    }
    ...
    // 测试接口列表展示
    public function apiListAction ()
    {
        $this->doAuthAdmin();
        $this->_printMenu();

        $html = "<table class='tbfix' cellpadding=1 cellspacing=1>\n";
        foreach ((array) $this->serviceConfigList as $serviceName => $actionList) {
            $html .= "<tr><td class='title' colspan=4>{$serviceName}</td></tr>\n";
            foreach ((array) $actionList as $actionName => $actionConfig) {
                $html .= "<tr><td>{$actionName}</td><td>{$actionConfig['title']
                }</td><td>{$actionConfig['action']}</td><td><a href='apiTest?
                serviceName={$serviceName}&actionName={$actionName}'> 测试 </a>
                </td></tr>\n";
            }
        }
        $html .= "</table>\n";
        echo $html;
    }
    ...
    // 获取 API 接口信息列表
    protected function _getServiceConfigList ()
```

```
    {
        require_once 'Hush/Document.php';
        $serviceConfigList = array();
        foreach (glob(__LIB_PATH_SERVER . '/*.php') as $classFile) {
            $className = basename($classFile, '.php');
            if ($classFile && $className) {
                require_once $classFile;
                $rClass = new ReflectionClass($className);
                $methodList = $rClass->getMethods();
                $doc = new Hush_Document($classFile);
                foreach ($methodList as $method) {
                    $config = $doc->getAnnotation($className, $method->name);
                    if ($config && preg_match('/Action$/', $method->name)) {
                        $serviceConfigList[$className][$method->name] = $config;
                    }
                }
            }
        }
        return $serviceConfigList;
    }
}
```

我们从上面的代码可以看出，与测试接口列表页面有关系的方法有以下三个。

（1）__init 页面初始化方法

此方法也是所有控制器类的初始化方法，只做了一件事，那就是把 _getServiceConfigList 方法的结果赋值给了数组变量 serviceConfigList，实际上在这个地方我们已经获取了所有的接口信息。

（2）apiListAction 方法

此方法对应的是“测试接口列表”的 Action 逻辑，我们可以看到这里的逻辑比较简单，先在最前面使用 doAuthAdmin 方法判断了一下是否登录，然后就是把之前准备好的 serviceConfigList 数组遍历了一遍，并把所有接口信息组合成 HTML 语句打印出来。这里并没有使用 Smarty 来写 PHP 模板，因为调试后台的界面比较简单，当然如果你觉得使用 Smarty 更好，可以自己写模板然后使用 render 方法渲染。

（3）_getServiceConfigList 方法

这个方法用于取得所有接口信息，逻辑相对比较复杂，我们来重点分析一下。首先，程序使用 glob 方法把 __LIB_PATH_SERVER，也就是控制器类库目录下面的所有 PHP 文件全部取出来；然后，我们使用 PHP 的“反射类”（Reflection Class）把每个控制器里面的方法名获取出来；最后，我们使用 Hush Framework 中的 Hush_Document 类库来解析各个 Action 方法的注释代码，并将这些信息保存到数组变量 $serviceConfigList 中并返回。而实际上由此方法处理好的信息又经由 __init 方法中的 serviceConfigList 变量被传递到 apiListAction 方法中使用，最终转化成 HTML 代码展示到浏览器上。

小贴士： 在代码设计时，我们经常使用“反射类”来操控一个类的各个组件，比如类属性、方法等。这个语言特性在 Java 和 PHP 语言中均存在，关于 PHP 中反射类使用的更多信息大家可以参考 PHP 文档。

2. 接口测试工具

从“测试接口列表”中选择需要模拟调试的接口，并单击右侧的“测试”链接就可以进入对应的“接口测试工具”界面来调试此 API 接口，此界面大家应该比较熟悉了，如图 6-2 所示。而接口测试工具 Action 的逻辑同样也在控制器类 DebugServer 里面，下面我们把这个部分的代码摘录出来供大家学习，见代码清单 6-5。

代码清单　6-5

```
class DebugServer extends Demos_App_Server
{
    ...
    // 接口测试工具展示逻辑
    public function apiTestAction ()
    {
        $this->doAuthAdmin();
        $this->_printMenu();

        // 准备测试工具的 JavaScript 方法
        echo "<script type='text/javascript' src='/js/debug/apiTest.js'></script>\n";
        echo "<script type='text/javascript'>\n";
        echo "$(document).ready(function(){";
        echo "var header={};";
        echo "$('.doTest').click(function(){apiTest(header)});";
        echo "});\n";
        echo "</script>\n";

        // 获取接口信息
        $serviceName = $this->param('serviceName');
        $actionName = $this->param('actionName');
        $configList = $this->serviceConfigList[$serviceName][$actionName];
        if (!$configList) {
            echo "Error : can not found '$serviceName::$actionName'.\n";
            exit;
        }

        // 给 API 接口地址加上 Session ID
        $configList['action'] = $this->url->format($configList['action']);

        // 测试工具界面展示
        $action = $configList['action'];
        $method = $configList['method'];
        $html = "<input type='hidden' id='action' value='{$action}'/>\n";
        $html .= "<input type='hidden' id='method' value='{$method}'/>\n";
        $html .= "<table class='tbcom' cellpadding=1 cellspacing=1>\n";
        $html .= "<tr><td class='title' colspan=2>{$serviceName} > {$actionName}</td></tr>\n";
        foreach ((array) $configList as $configKey => $configVal) {
            // 接口参数信息(数组)
            if (is_array($configVal)) {
               $html .= "<tr><td>Test Data</td><td><table>\n";
               foreach ((array) $configVal as $paramName => $paramData) {
                    $paramDval = $paramData['dval']; // default value
                    $paramDesc = $paramData['desc']; // description
                    $html .= "  <tr><td>KEY : <input type='text'
                    name='paramKey' value='{$paramName}'/> VALUE : <input
```

```
                    type='text' name='paramVal' style='width:300px'
                    value='$paramDval'/> ({$paramDesc}) </td></tr>\n";
                }
                $html .= "</table></td></tr>\n";
            // 普通接口信息
            } else {
                $html .= "<tr><td class='left'>{$configKey}
                </td><td>{$configVal}</td></tr>\n";
            }
        }
        $html .= "<tr><td class='left'>Test Submit</td><td><input type='button'
        class='doTest'value='提交测试'/></td></tr>\n";
        $html .= "<tr><td class='left'>Test Result</td><td><textarea
        id='result'></textarea></td></tr>\n";
        $html .= "</table>\n";
        echo $html;
    }
    ...
}
```

从上面的代码可以看出，此方法涉及的逻辑相对比较多一些。建议大家先参考以上代码中的注释，独立阅读并理解一下此方法的逻辑，遇到问题再参考下面我们提到的几个难点讲解，这样有助于提高自己阅读代码的能力。

（1）关于 JavaScript 方法

其实对于大部分的互联网应用来说，想要脱离 JavaScript 是一件不大可能的事情。当然本书不会给大家介绍 JavaScript 的语法，但是我建议大家可以去了解一些 JavaScript 脚本语言的方法，特别是 jQuery 类库，在项目中经常会用到。本接口测试工具中的“提交测试”动作触发的是一个 Ajax 请求，简单来说就是把测试接口所要用到的参数提交到对应的 API 接口的 URL 中去，并把返回展示在“Test Result”右侧的输出框里。

小贴士： 如果你对 JavaScript 语言和 Ajax 概念不熟悉，建议自学，本书对于这部分的内容不做深究，这里大家了解一下运行原理即可。

（2）关于接口的 Session

如果大家对于 PHP 语言中的 Session 会话的概念和使用还不大熟悉，请回顾本书 3.1.5 节的内容。微博应用中大部分的 API 接口都是要求用户登录的，所以就必须要用到 Session 会话的功能，对于 API 接口来说，Session ID 都是通过 URL 传递的，所以才有了“$this->url->format($configList['action']);”这条语句，它的作用就是把 Session ID 通过 sid 参数附加到 URL 地址中来进行传递。另外，我们可以从 DebugServer 的基类 Demos_App_Server 中查到“$this-> url”变量的由来，其实就是 Demos_Util_Url 对象的实例。

（3）关于界面展示的逻辑

界面展示的逻辑比较多，但是大部分的逻辑都是根据获得的 API 接口信息来拼写 HTML 语句，这里就不做详细解释了，如果有兴趣可以尝试使用 Smarty 模板来实现这里的界面展示，这样会更有利于对 PHP 编程技巧的理解和掌握。

至此，我们已经把“调试框架”最重要的功能界面和逻辑介绍完了，至于其中的一些逻辑细节还需要大家通过阅读实例代码来慢慢体会和掌握；但是到这个时候，我要求大家至少必须懂得如何使用“调试框架”来进行 API 接口的调试和开发。另外，希望大家动手尝试进行一些简单接口逻辑的开发。

6.1.3　生成接口文档

前面在介绍注释代码的用途时，曾经提到过自动生成接口文档的功能，实际上在本框架中自带了生成 API 接口文档的功能。我们使用命令行工具进入实例的 bin/ 目录并执行“cli doc build”命令即可，生成的 API 文档会被保存在 doc/doc-api/ 目录下，我们在浏览器中打开 index.html 就可以看到生成好的 API 接口文档了，如图 6-3 所示。

小贴士：如果命令执行出错可能是因为我们没有正确安装 PhpDocumentor 类库，大家可以到 Hush Framework 主页的 Downloads 页面下载 Phpdoc.zip 压缩包，然后再解压安装到与 etc/global.defines.php 文件中的 __COMM_LIB_DIR 常量定义的类库目录下即可。

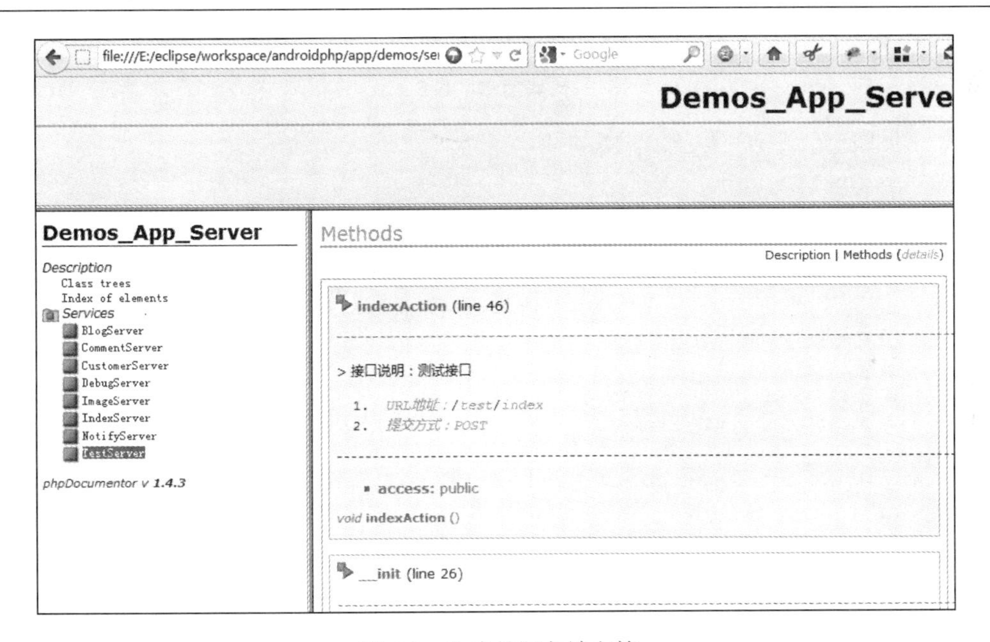

图 6-3　生成的服务端文档

如图 6-3 所示，假如我们打开 TestServer 的 API 文档，就可以看到之前我们所写的“/test/index”测试接口的说明信息了；大家可以把这里的信息和前面“代码清单 6-3”中的注释代码比对一下，会发现两者确实是一致的。

实际上，在项目中 API 接口文档作为技术文档的一个必要组成部分是非常重要的，但是通常由于开发时间比较紧，文档制作成本又比较高，所以准备起来常常非常头疼；而本实例框架却帮助我们解决了这个问题，简单的一句命令行操作，就把这个“麻烦事”搞定了，确实非常高效，有兴趣的读者可以研究一下 lib/Demos/Cli/Doc.php 中的代码，看看本实例框架是如何做到这一点的。

6.2 验证接口

目前主流的网络应用都离不开用户验证功能，用户验证的作用有两个：其一是保护注册用户的信息安全和网络应用的访问安全；其二是便于积累有效用户，进而建立以用户为中心的各项业务。用户登录和登出是用户验证功能中最基本的两个接口，我们的微博应用当然也离不开这两个接口，接着我们来逐个分析。在此之前还需要了解的是，由于验证接口比较独立，不大好归类，所以我们把它们都放到 IndexServer 控制器类下。

6.2.1 用户登录接口

用户登录接口是微博应用的总入口，也是微博登录界面需要请求的接口，该接口会接收用户名（name）和密码（pass）两个参数，然后到数据库验证用户是否存在，并将结果返回给客户端。该接口的逻辑并不复杂，不过我们需要注意 PHP 程序的写法，因为每个框架都有自己的特色，而本书实例所采用的框架也不例外。用户登录接口方法位于 PHP 文件 lib/Demos/App/Server/IndexServer.php 中，代码逻辑请参考代码清单 6-6。

代码清单 6-6

```
class IndexServer extends Demos_App_Server
{
...
    /**
     * ----------------------------------------------------------------------------
     * > 接口说明：用户登录接口
     * <code>
     * URL 地址：/index/login
     * 提交方式：POST
     * 参数 #1：name，类型：STRING，必须：YES，示例：admin
     * 参数 #2：pass，类型：STRING，必须：YES，示例：admin
     * </code>
     * ----------------------------------------------------------------------------
     * @title 用户登录接口
     * @action /index/login
     * @params name james STRING
     * @params pass james STRING
     * @method post
     */
    public function loginAction ()
    {
        // 用户登录逻辑
        $name = $this->param('name');
        $pass = $this->param('pass');
        if ($name && $pass) {
            $customerDao = $this->dao->load('Core_Customer');
            $customer = $customerDao->doAuth($name, $pass);
            if ($customer) {
                $customer['sid'] = session_id();
                $_SESSION['customer'] = $customer;
```

```
                    $this->render('10002', 'Login ok', array(
                        'Customer' => $customer
                    ));
                }
            }
            // 返回 SessionID 给客户端
            $customer = array('sid' => session_id());
            $this->render('14001', 'Login failed', array(
                'Customer' => $customer
            ));
        }
...
}
```

首先，我们需要了解登录接口的使用，loginAction 接口方法对应的是 /index/login 的接口地址，该接口地址会接受从客户端的登录界面发来的请求，进而完成服务端的登录动作。实际上，后面所有的服务端接口都是这样使用的。

然后，再来理解一下 loginAction 方法前面的注释代码，其实在 6.1.1 节中我们已经学习了在本书微博实例的服务端框架下进行接口开发的方法，里面也介绍了接口注释的使用，结合登录接口的实例代码我们正好可以进一步地理解其用法。“接口说明”部分是自动生成文档用的，而后面的 @title、@action、@params 则是给调试后台用的。

接着来分析接口代码，我们将按照逻辑顺序把代码中重要的知识点介绍一下。首先使用 param 方法获得传入的用户名（name）和密码（pass）参数，然后调用 Core_Customer 类中的 doAuth 用户验证方法进行处理，如果验证成功就把用户信息放入 Session 会话中，并且返回登录成功，否则返回登录失败。doAuth 用户验证方法的逻辑见代码清单 6-7。

代码清单　6-7

```
class IndexServer extends Demos_App_Server
{
...
    /**
     * User login
     * @param string $user
     * @param string $pass
     */
    public function doAuth ($user, $pass)
    {
        // 对应 SQL: SELECT * FROM customer WHERE name=? and pass=?
        $sql = $this->select()
            ->from($this->t1, '*')
            ->where("{$this->t1}.name = ?", $user)
            ->where("{$this->t1}.pass = ?", $pass);

        $user = $this->dbr()->fetchRow($sql);
        if ($user) return $user;
        return false;
    }
...
}
```

doAuth 方法的逻辑不复杂，就是根据用户名和密码到数据表中查找用户的信息，如果查到则返回用户信息，若查不到就返回 false。这里我们要特别注意的是该方法的语法，因为该方法中的查询代码是实例框架 DAO 类中标准的查询语句的写法，而类似的语法在微博实例服务端的代码中还会经常见到，大家可以结合 doAuth 方法代码中的注释进行语义理解，如果对这个地方有疑问，请复习一下 3.6.4 节中关于 DAO 类查询方法的内容。除此之外，这里还要介绍另外两个重点，也就是 dbr 和 fetchRow 的用法。

首先，我们来介绍 dbr 的用法。我们需要知道的是，由于本框架是支持数据库“读写分离”功能的，所以就有了“写库”和“读库”的概念。写库是主库，主要负责插入、更新数据等写操作；读库是从库，主要负责查询操作。由于大部分的网络应用查询操作远大于写入操作，所以我们一般使用“一主多从”的做法来架构数据库。dbr 其实是 db read 的缩写，代表的操作是读库，由于 doAuth 方法主要是查询操作，所以我们选择使用 dbr 方法来配合执行；当然，如果是写库操作，则需要使用 dbw（db write 的缩写）方法。

小贴士：“一主多从”是 MySQL 数据库比较流行的用法，主库负责写，从库负责读。这种用法比较有利于分散读库操作的访问压力，所以经常被“读远大于写”的各种 Web 2.0 的互联网应用所采用。

然后，我们来介绍一下 fetchRow 的用法。实际上，对于基于 Hush Framework 来开发的微博实例的服务端框架来说，除了最基本的 CRUD 方法（详见 3.6.3 节）中的 read 方法之外，还有以下几个更为强大的查询方法。

- fetchOne：查找单个值，一般使用该方法进行单个字段的查询，比如查询某个用户的用户名字段。查询成功则返回该字段的值（默认为字符串），若失败则返回 false。
- fetchRow：查找单行，一般使用该方法进行单行的查询，比如查询某个用户的信息。查询成功则返回整行的用户数据（默认为一维数组），若失败则返回 false。
- fetchAll：查找所有行，一般使用该方法进行所有行的查询，比如查询某些用户的信息。查询成功则返回多行的用户数据（默认为二维数组），若失败则返回 false。

由于 doAuth 方法需要查询的是登录用户的基本信息，也就是单行的用户数据，所以在这里我们使用的是 fetchRow 方法，至于其他几个查询方法的使用方法，后面很快就会接触到。在 loginAction 方法逻辑中调用 doAuth 返回数据时，程序判断是否成功得到用户基本信息，如果是则表示用户名和密码已经验证通过，这时我们就把用户信息存放到 Session 会话中，供其他接口使用；反之则返回失败信息。我们可以在调试后台看到相应的结果信息，图 6-4 就是登录成功返回结果的截图。

按照之前 4.6 节所述的消息协议的设计，登录接口的真实返回如代码清单 6-8 所示。我们简单分析一下，code 对应的 10000 数字代码表示的是正确的返回，客户端会根据这个值来分辨登录是否成功；message 表示的是返回信息，比如这里返回的就是“登录成功”信息；而 result 则相对比较复杂一点，包含了一个 Customer 模型对象，该对象包含了用户的基本信息和 Session ID。另外，这个模型对象必须和客户端的模型一致（客户端模型的源码可参考 src 中的 com.app.demos.model 包下的 Customer.java 文件），客户端程序接收到此返回之后，将根据返回信息做相应的处理。

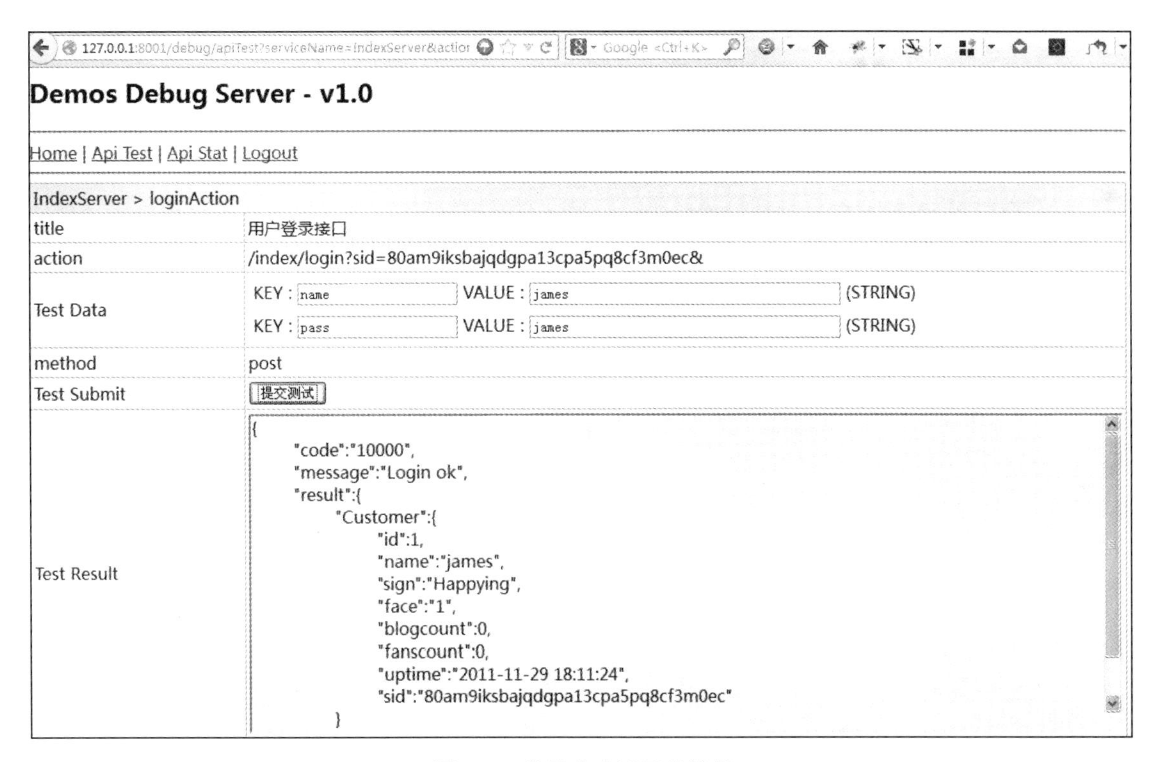

图 6-4　登录成功返回的结果

代码清单　6-8

```
{
    "code":"10000",
    "message":"Login ok",
    "result":{
        "Customer":{
            "id":1,
            "name":"james",
            "sign":"Happying",
            "face":"1",
            "blogcount":0,
            "fanscount":0,
            "uptime":"2011-12-29 16:08:04",
            "sid":"11gnafhun4cqfgn1aljajl10dq5hik6k"
        }
    }
}
```

相反，如果我们输入错误的用户名或者密码，那么返回的 JSON 消息就会如代码清单 6-9 所示，大家可以对照代码清单 6-8 来分析和理解。其中 code 和 message 的变化比较明显，不再赘述；不过需要注意的是 result 中仍然返回了 Customer 对象的 Session ID，这是为了让客户端能记下来，避免了每次访问都产生新的 Session 会话，从一定程度上减轻了服务端的负担。另外，更多服务端 Session 优化的内容我们会在 9.1.2 节中给大家介绍。

代码清单 6-9

```
{
    "code":"10003",
    "message":"Login failed",
    "result":{
         "Customer":{
              "sid":"11gnafhun4cqfgn1aljajll0dq5hik6k"
         }
    }
}
```

另外，这里还需要注意的是在接口逻辑的最后，程序都会使用 render 方法来打印 JSON 格式的消息数据。该方法有 3 个参数，分别对应的是微博通信协议中的 code、message 和 result 信息，由于该方法的逻辑实现和 JSON 协议优化部分的内容有关，所以此方法的代码逻辑我们会在 9.2.1 节中给大家介绍。

6.2.2 用户登出接口

用户登出接口的功能和登录接口相反，当该接口被调用时，用户保存在服务端 Session 会话中的信息会被清除，此时服务端则认为该用户处于未登录状态。该接口的代码逻辑比较简单，如代码清单 6-10 所示。

代码清单 6-10

```
class IndexServer extends Demos_App_Server
{
...
    /**
     * -----------------------------------------------------------------------
     * > 接口说明：用户登出接口
     * <code>
     * URL 地址：/index/logout
     * 提交方式：POST
     * 参数 #1：sid，类型：STRING，必须：YES，示例：
     * </code>
     * -----------------------------------------------------------------------
     * @title 用户登出接口
     * @action /index/logout
     * @method post
     */
    public function logoutAction ()
    {
        $_SESSION['customer'] = null;
        $this->render('10000', 'Logout ok');
    }
...
}
```

在验证接口这部分内容中，除了登录和登出接口的代码逻辑，比较重要的还有控制器基类中的 doAuth 方法的代码逻辑，此方法用于验证用户是否登录，由于绝大部分的微博服务端 API 都要求用户为已登录状态，所以 doAuth 方法会被绝大多数的接口使用。该方法位于 lib/Demos/App/Server.php 中，具体逻辑如代码清单 6-11 所示。

代码清单　6-11

```
class Demos_App_Server extends Hush_Service
{
...
    /**
     * @ingore
     */
    public function doAuth ()
    {
         if (!isset($_SESSION['customer'])) {
              $this->render('10001', 'Please login firstly.');
         } else {
              $this->customer = $_SESSION['customer'];
         }
    }

    /**
     * @ingore
     */
    public function doAuthAdmin ()
    {
         if (!isset($_SESSION['admin'])) {
              $this->forward($this->apiAuth); // auth action
         } else {
              $this->admin = $_SESSION['admin'];
         }
    }
...
}
```

从上述代码中我们可以看到 doAuth 方法的逻辑很简单，如果获取不到 Session 会话中用户信息的值，即 $_SESSION['customer'] 变量的值，系统就认为用户处于未登录状态，返回的错误信息见代码清单 6-12；反之，系统会认为用户处于已登录状态，同时把 $_SESSION['customer'] 的值放到 $this->customer 类变量中，供其他接口使用。

代码清单　6-12

```
{
   "code":"10001",
   "message":"Please login firstly.",
   "result":""
}
```

6.3 用户接口

用户接口是微博系统的核心接口，目前本书实例已经实现了微博用户基本信息的新增、查看、更新，以及添加和删除粉丝接口，下面我们将分别对这些接口做详细介绍。另外，我们根据这些接口的功能特点，将它们都归类到 CustomerServer 控制器下。

6.3.1 新建用户接口

新建用户接口实际上就是注册接口，一般来说微博的手机客户端是不提供注册功能的，所以目前该接口仅供调试调用，比如我们可以在调试后台通过该接口创建需要的用户。该接口需要接收 4 个基本参数：用户名、密码、签名和头像，当这几个值都存在的情况下，系统就会创建新用户了，接口逻辑见代码清单 6-13。

代码清单 6-13

```
class CustomerServer extends Demos_App_Server
{
...
    /**
     * --------------------------------------------------------------------------------
     * > 接口说明：新建用户接口
     * <code>
     * URL 地址：/customer/customerCreate
     * 提交方式：POST
     * 参数 #1：name，类型：STRING，必须：YES
     * 参数 #2：pass，类型：STRING，必须：YES
     * 参数 #3：sign，类型：STRING，必须：YES
     * 参数 #4：face，类型：STRING，必须：YES
     * </code>
     * --------------------------------------------------------------------------------
     * @title 新建用户接口
     * @action /customer/customerCreate
     * @params name '' STRING
     * @params pass '' STRING
     * @params sign '' STRING
     * @params face '0' STRING
     * @method post
     */
    public function customerCreateAction ()
    {
        $this->doAuth();

        $name = $this->param('name');
        $pass = $this->param('pass');
        $sign = $this->param('sign');
        $face = $this->param('face');
        if ($name && $pass && $sign && $face) {
            $customerDao = $this->dao->load('Core_Customer');
            $customerDao->create(array(
```

```
                'name' => $name,
                'pass' => $pass,
                'sign' => $sign,
                'face' => $face
            ));
            $this->render('10000', 'Create customer ok');
        }
        $this->render('14005', 'Create customer failed');
    }
    ...
}
```

根据之前的代码阅读经验，我们可以很快地了解到新建用户接口的一些基本信息：该接口的方法名为 customerCreateAction，对应接口地址为 /customer/customerCreate，该接口需要 4 个参数，当这些参数值都正常的情况下，程序就会使用 DAO 类 Core_Customer 中的 create 方法来向对应的数据库表 customer 中插入用户数据。需要注意的是，Core_Customer 是微博实例应用中核心用户模型的实现，也是所有用户接口中最经常使用到的 DAO 类之一，该类的代码在 lib/Demos/Dao/Core/Customer.php 下，大家可以结合 3.6 节中对 Hush Framework 的介绍，预先熟悉一下 Core_Customer 模型类的代码，该类在 6.3 节其他的几个用户接口中也会使用到。

Core_Customer 类中的 create 方法的用法比较简单，我们只要在参数中传入需要保存的数据（一般我们会使用散列数组来表示），框架会自动帮我们把这条数据插入数据库表中。另外，我们在 Core_Customer 类的源码中是看不到 create 方法的，这些 CRUD 方法都已经在 Hush Framework 框架中封装好了，关于这些 DAO 类常用方法的用法请参考 3.6.3 节。

接口执行成功之后返回的 JSON 消息，如代码清单 6-14 所示，code 为 10000 代表的操作已经成功，message 也提示我们成功创建用户。

代码清单　6-14

```
{
    "code":"10000",
    "message":"Create customer ok",
    "result":""
}
```

如果输入参数不完全或者遇到其他的情况，接口会返回失败的 JSON 消息，具体的消息如代码清单 6-15 所示。

代码清单　6-15

```
{
    "code":"14005",
    "message":"Create customer failed",
    "result":""
}
```

实际上，绝大部分的非查询操作返回信息和以上的 JSON 消息代码都非常相似，code 为 10000 表示接口执行成功，其他返回基本都属于错误消息，在项目中我们经常把每种错误都赋予唯一的 code，这样在出错时我们就可以马上定位错误的位置和原因。在随后的章节中将再次出现返回错误代码的情况，我们将使用“1**** 错误代码”来代表类似格式的 JSON 代码，对应代码的内容与代码清单 6-15 基本相同，不再赘述。

6.3.2 更新用户信息接口

更新用户信息接口是供用户修改个人信息的，该接口接收两个参数 key 和 val，key 表示信息字段的名称，val 则表示信息字段的值；这种接口设计方式是针对 key-value（键值对）类型的数据结构设计的，好处是通用性比较强，我们可以根据传入的任意 key 来更新任意值，而在本接口中，则为修改用户的各种信息。接口逻辑参考代码清单 6-16。

小贴士：“key-value（键值对）”型数据的特点是键名和键值成对出现，我们可以根据任意键名查到对应的键值，在互联网应用中这种数据结构是相当常见的，比如这里的用户配置信息就是一个很好的实例。

代码清单 6-16

```
class CustomerServer extends Demos_App_Server
{
...
    /**
     * -----------------------------------------------------------------------
     * > 接口说明：更新用户信息接口
     * <code>
     * URL 地址：/customer/customerEdit
     * 提交方式：POST
     * 参数 #1：key，类型：STRING，必须：YES
     * 参数 #2：val，类型：STRING，必须：YES
     * </code>
     * -----------------------------------------------------------------------
     * @title 更新用户信息接口
     * @action /customer/customerEdit
     * @params key '' STRING
     * @params val '' STRING
     * @method post
     */
    public function customerEditAction ()
    {
        $this->doAuth();

        $key = $this->param('key');
        $val = $this->param('val');
        if ($key) {
            $customerDao = $this->dao->load('Core_Customer');
            try {
                $customerDao->update(array(
                    'id'    => $this->customer['id'],
                    $key    => $val,
                ));
            } catch (Exception $e) {
```

```
                $this->render('14003', 'Update customer failed');
            }
            $this->render('10000', 'Update customer ok');
        }
        $this->render('14004', 'Update customer failed');
    }
...
}
```

该接口的方法名为 customerEditAction，对应的 URL 地址是 /customer/customerEdit，该接口需要 2 个参数，当 key 存在的时候就调用 DAO 类 Core_Customer 的 update 方法来进行数据库更新操作。我们需要注意两点：其一，这里的 update 方法和新建用户接口中的 create 方法同属于 DAO 类的 CRUD 方法，其用法和参数都比较相似，但是，因为更新操作必须知道会影响的是数据表中的哪行，所以该参数中的散列数组必须包含主键，用于指定该行的位置；其二，我们使用了 try catch 语句来捕获 update 操作的异常，更新失败时程序就会返回 14003 错误代码。

6.3.3　查看用户信息接口

查看用户信息接口功能很简单，就是根据用户 ID 来查询用户数据，该接口仅接收一个参数，即用户 ID（customerId），然后根据此参数值来获取对应用户的信息。接口逻辑可参考代码清单 6-17。

代码清单　6-17

```
class CustomerServer extends Demos_App_Server
{
...
    /**
     * -------------------------------------------------------------------------
     * > 接口说明：查看用户信息接口
     * <code>
     * URL 地址：/customer/customerView
     * 提交方式：POST
     * 参数 #1：customerId，类型：INT，必须：YES
     * </code>
     * -------------------------------------------------------------------------
     * @title 查看用户信息接口
     * @action /customer/customerView
     * @params customerId 1 INT
     * @method post
     */
    public function customerViewAction ()
    {
        $this->doAuth();

        $customerId = $this->param('customerId');

        // 获取用户的详细信息
        $customerDao = $this->dao->load('Core_Customer');
        if ($customerDao->exist($customerId)) {
```

```
                $customerItem = $customerDao->getById($customerId);
                $this->render('10000', 'View customer ok', array(
                    'Customer' => $customerItem
            ));
            }
            $this->render('14002', 'View customer failed');
        }
    ...
}
```

该接口名为 customerViewAction，对应 URL 地址是 /customer/customerView，接口逻辑不复杂，在接收到用户 ID 的值后，先调用 DAO 类 Core_Customer 中的 exist 方法来判断用户是否存在，若验证存在则调用 getById 方法来获取用户的所有信息，最后使用 render 方法来输出正确的返回信息，反之则返回 14002 错误代码。假如，我们在调试后台使用 customerId 为 1 来测试，接口则会返回 ID 为 1 的用户的信息，如代码清单 6-18 所示。

代码清单 6-18

```
{
    "code":"10000",
    "message":"View customer ok",
    "result":{
        "Customer":{
            "id":1,
            "name":"james",
            "sign":"Happying",
            "face":"0",
            "blogcount":0,
            "fanscount":0,
            "uptime":"2012-04-01 08:19:27",
            "faceurl":"http:\/\/localhost:8002\/faces\/default\/face_0.png"
        }
    }
}
```

该接口的返回信息也包含了一个 Customer 模型对象，这和 6.2.1 节"用户登录接口"中的返回很类似，不过我们会发现本接口的模型对象比"用户登录接口"的少了一个 sid 字段，这是因为这里并不需要这个字段；然后，客户端会根据服务端返回的模型对象字段来给客户端的模型对象设值。这里需要注意的是，在服务端返回的模型对象中，少几个字段是没问题的，但是如果多出字段，客户端获取时就会出错，具体的原因和处理逻辑我们会在 7.3.3 节中给大家做进一步的介绍。

在 customerViewAction 方法中，我们还需要注意用户接口主要 DAO 类 Core_Customer 的两个方法的使用，一个方法是 exist，此方法是除 CRUD 方法之外 Hush Framework 的 DAO 基类为我们封装好的另一个常用方法，也就是使用主键来判断数据是否存在，要注意的是此方法和 read 方法一样都必须传入主键的值来进行判断和选择；另一个方法是 getById，此方法并非框架封装好的方法，而是在 Core_Customer 类中实现的，其代码如代码清单 6-19 所示。

小贴士： 在 Hush Framework 的 DAO 类中，我们通常使用常量 TABLE_NAME 来定义表名，而常量 TABLE_PRIM 则用来定义主键名，默认主键名为 id。

代码清单　6-19

```
class Core_Customer extends Demos_Dao_Core
{
...
    /**
     * Get customer by id
     * @param int $id
     */
    public function getById ($id) {
        $customer = $this->read($id);
        $customer['faceurl'] = Demos_Util_Image::getFaceUrl($customer['face']);
        return $customer;
    }
...
}
```

Core_Customer 类中的 getById 方法用于取得用户的基本信息，此方法的逻辑比较简单，首先使用 read 方法查询出数据库中存储的用户基本信息，然后再调用 Demos_Util_Image 工具类中的 getFaceUrl 方法拼装出可用于显示的用户头像信息，最后再组合成完整的用户数据并返回。这种在获取到原始数据之后进行再加工，然后重组并返回的逻辑我们在实际项目中也是经常用到的，大家可以结合这里的代码逻辑来体会。至于 Demos_Util_Image 工具类中主要方法的代码和逻辑，我们会在 6.6 节中与图片接口部分一同介绍。

6.3.4　添加粉丝接口

在微博系统中，用户之间的社交关系并非双向的好友关系，而是单向的关注和被关注的关系，这应该也算是微博区别于传统互联网应用的一个主要特点。单向关系比传统的双向关系更加简单和直接，因此也更容易被大众所接受；另外，微博系统还引入了“粉丝”的概念，让这种新型的社交关系更加深入人心，也更受一些名人的欢迎。微博的关注系统包括“添加粉丝”和“删除粉丝”这两个最基本的接口。本节将介绍添加粉丝接口，接口逻辑如代码清单 6-20 所示。

代码清单　6-20

```
class CustomerServer extends Demos_App_Server
{
...
    /**
     * ---------------------------------------------------------------------------
     * > 接口说明：添加粉丝接口
     * <code>
     * URL 地址：/customer/fansAdd
     * 提交方式：POST
     * 参数 #1：customerId，类型：INT，必须：YES
     * </code>
```

```
    * -----------------------------------------------------------------
    * @title 添加粉丝接口
    * @action /customer/fansAdd
    * @params customerId '' INT
    * @method post
    */
   public function fansAddAction ()
   {
       $this->doAuth();

       $customerId = $this->param('customerId');
       if ($customerId) {
           $fansDao = $this->dao->load('Core_CustomerFans');
           if (!$fansDao->exist($customerId, $this->customer['id'])) {
               // 添加关系数据
               $fansDao->create(array(
                   'customerid'  => $customerId,
                   'fansid'      => $this->customer['id']
               ));
               // 更新用户表粉丝个数
               $customerDao = $this->dao->load('Core_Customer');
               $customerDao->addFanscount($customerId);
               // 更新消息表添加消息
               $noticeDao = $this->dao->load('Core_Notice');
               $noticeDao->addFanscount($customerId);
               $this->render('10000', 'Add fans ok');
           }
       }
       $this->render('14006', 'Add fans failed');
   }
...
}
```

添加粉丝接口的方法名为 fansAddAction，对应 URL 地址为 /customer/fansAdd，此方法仅接收一个参数，也就是 customerId，此参数的含义不是当前微博用户的 ID，而是被关注用户的 ID；结合实例场景来讲，用户在客户端单击“加关注”按钮之后，便会发送请求到此接口，传入被关注用户的 ID，然后连同自己的用户 ID 一起存放到关系表 customer_fans 中去，程序中的 Core_CustomerFans 则是此关系表的对应 DAO 类。

为了便于大家理解，有必要强调一下关系表的概念。关系表中保存的是主表之间数据的关系。关系表的命名遵循某些规则，我们一般会在相互之间存在关联关系的两张或者多张主表的名称之间加上下划线，以此来作为关系表的名称；当然如果是一张主表内部的关系，则可以使用主表名加上关系描述来表示该关系表的意义，比如 customer_fans 表保存的就是用户表，即 customer 表内部的关联关系。

观察 fansAddAction 接口的逻辑，相对于之前的几个用户接口来说会更复杂一些，接下来我们将逐步分析该方法的所有逻辑。首先，在接收到 customerId 之后，程序会调用关系表 DAO 类 Core_CustomerFans 中的 exist 方法来判断这条关系数据是否已经存在，此方法代码如代码清单 6-21 所示。

代码清单 6-21

```
class Core_CustomerFans extends Demos_Dao_Core
{
...
    /**
     * Check fans data exists
     * @param int $customerId
     * @param int $fansId
     * @return array
     */
    public function exist ($customerId, $fansId)
    {
        $sql = $this->select()->from($this->t1, '(1)')
            ->where("customerid = ?", $customerId)
            ->where("fansid = ?", $fansId);

        return $this->dbr()->fetchOne($sql);
    }
...
}
```

与前面的查看用户信息接口（见 6.3.3 节）中的 exist 方法不同，该方法接收的参数并不是单个主键的值，而是两个主键的值，这种使用多个键作为主键的情况我们通常称之为“联合主键”，联合主键经常在一些关系表中被使用。根据之前学习到的知识和代码阅读经验，我们可以看出这段查询操作代码所对应的 SQL 为“SELECT (1) FROM customer_fans WHERE customer=? AND fansid = ? ”，这里有两个地方需要引起我们的重视。其一是“SELECT (1)”的用法含义，我们之前所用到的查询 SQL 通常都是用于查询表中某些或者全部字段的情况，然而对于只需要判断数据行是否存在的情况，任何额外的数据存取都是资源浪费，因此这种用法是效率最高的。其二就是 fetchOne 方法的用法，由于这里我们只需要查询单个字段值，因此使用 fetchOne 方法是最合适的。

回到 fansAddAction 接口方法的逻辑，在判断了关系数据是否存在之后，程序接着往下运行。如果关注记录已经存在就表示你已经关注过该用户，程序会返回错误代码 14006，提示消息为“Add fans failed”，即添加粉丝失败；当然，如果判断结果是关注记录不存在，程序就需要执行“加关注”操作，此处逻辑分三个步骤。

1. 添加关系数据

调用 DAO 类 Core_CustomerFans 的 create 方法来向用户粉丝表插入关系数据，该表有三个字段，用户 ID、粉丝 ID 和更新时间。其中用户 ID 是接口所接收到的 customerId 的参数值，粉丝 ID 是当前用户也就是登录用户的 ID 值，而更新时间就是程序执行的当前时间。至于 create 方法的用法之前已经介绍过了，这里不再赘述。

2. 更新用户表

更新用户表的原因是 Customer 表中有个字段与添加粉丝接口有关系，那就是用户的粉丝数，这个冗余字段是为了便于查询而设计的，因此在给被关注的用户添加粉丝时，同时需要给他的粉丝数加一。程序使用 Core_Customer 类中的 addFanscount 方法来完成更新操作，代码见代码清单 6-22。

代码清单 6-22

```
class Core_Customer extends Demos_Dao_Core
{
...
    public function addFanscount ($id, $addCount = 1)
    {
          $customer = $this->read($id);
          $customer['fanscount'] = intval($customer['fanscount']) + $addCount;
          $this->update($customer);
    }
...
}
```

Core_Customer 类中的 addFanscount 方法逻辑比较简单，先用 read 方法读取目标用户的信息，然后给它的 fanscount 字段，也就是粉丝数的值加 1，最后再使用 update 方法更新到数据库表中。

3. 更新消息表

之所以更新消息表是因为我们的微博应用有一项特殊功能，就是当有用户加你为粉丝的时候，系统会自动给你发一条通知信息，我们使用 Core_Notice 类中的 addFanscount 方法来实现这个功能，如代码清单 6-23 所示。

代码清单 6-23

```
class Core_Notice extends Demos_Dao_Core
{
...
    public function addFanscount ($customerId, $addCount = 1)
    {
          $sql = $this->select()->from($this->t1, '*')
                 ->where("customerid = ?", $customerId)
                 ->where("status = 0");

          $row = $this->dbr()->fetchRow($sql);
          // 只处理未读通知
          if ($row) {
                 $fanscount = intval($row['fanscount']) + $addCount;
                 $this->update(array(
                        'id'        => intval($row['id']),
                        'fanscount' => $fanscount
                 ));
          // 新建通知
          } else {
                 $this->create(array(
                        'customerid'        => $customerId,
                        'fanscount' => 1
```

```
                ));
            }
        }
    ...
    }
```

Core_Notice 类中的 addFanscount 方法逻辑相对复杂一些，因为这里涉及通知接口的逻辑；不过，这里我们主要关注更新通知粉丝数量的逻辑即可，关于通知模块的详细内容请参考 6.7 节。首先，程序会查找未读过的通知，若存在，则更新通知新粉丝的数量；若不存在，则给目标用户创建一个新的通知。在客户端获取通知时，服务端就会把该用户的通知信息返回。

以上逻辑全部执行完之后，接口会返回代码为 10000 的成功信息，对应的提示信息为"Add fans ok"，即添加粉丝成功。至此添加粉丝的逻辑就全部结束了，此接口涉及的知识点比较多，大家应该好好地理解和体会。

6.3.5　删除粉丝接口

删除粉丝接口所完成的实际上就是取消关注功能。和添加粉丝接口一样，该接口也仅接收一个参数，就是 customerId，代表的是被取消关注的用户 ID，接口逻辑见代码清单 6-24。

代码清单　6-24

```
class CustomerServer extends Demos_App_Server
{
...
    /**
     * -------------------------------------------------------------------------------
     * > 接口说明：删除粉丝接口
     * <code>
     * URL 地址：/customer/fansDel
     * 提交方式：POST
     * 参数 #1：customerId，类型：INT，必须：YES
     * </code>
     * -------------------------------------------------------------------------------
     * @title 删除粉丝接口
     * @action /customer/fansDel
     * @params customerId '' INT
     * @method post
     */
    public function fansDelAction ()
    {
        $this->doAuth();

        $customerId = $this->param('customerId');
        if ($customerId) {
            $fansDao = $this->dao->load('Core_CustomerFans');
            if ($fansDao->exist($customerId, $this->customer['id'])) {
                $fansDao->delete($customerId, $this->customer['id']);
                $this->render('10000', 'Delete fans ok');
            }
        }
```

```
            $this->render('14007', 'Delete fans failed');
        }
    ...
    }
```

删除粉丝接口的 Action 方法名为 fansDelAction，对应 URL 地址为 /customer/fansDel，该接口的逻辑比添加粉丝接口要简单一些。首先，程序会使用 DAO 类 Core_CustomerFans 中的 exist 方法来判断该粉丝关系是否存在，这点和添加粉丝接口类似，exist 方法的代码逻辑可参考前面的代码清单 6-21。如果返回结果为该粉丝关系存在，则需要使用 Core_CustomerFans 类中的 delete 方法来删除该关系数据，由于该表使用的是“联合主键”，所以这里的 delete 方法也是需要我们自己来实现的，该方法逻辑见代码清单 6-25。

代码清单 6-25

```
class Core_CustomerFans extends Demos_Dao_Core
{
...
    public function delete ($customerId, $fansId)
    {
        $wheresql = "customerid = $customerId and fansid = $fansId";
        return $this->dbw()->delete($this->t1, $wheresql);
    }
...
}
```

上述 delete 方法的逻辑中有两个知识点需要注意一下。其一，删除方法需要使用写库，因此我们需要使用 dbw 方法来选中写库，关于这点前面已经举过很多类似的例子，这里不再赘述；另外，该方法中的 delete 方法和 DAO 基类中的 delete 方法是不同的，由于我们不能根据单独主键来删除数据，所以也无法使用 DAO 基类中的 delete 方法，这里的 delete 方法实际上是 Hush Framework 底层 Db 类中的 delete 方法，该方法有两个参数，分别是表名和 WHERE 语句。

回到 fansDelAction 接口方法的逻辑，若删除操作成功则返回代码为 10000 的成功信息，提示信息为“Delete fans ok”，即删除粉丝成功；反之，返回的是 14007 错误代码，提示信息为“Delete fans failed”，即删除粉丝失败。

6.4 微博接口

微博接口是微博系统中最重要的接口，这组接口包括创建微博、查看微博以及微博列表这些微博系统的基本接口，下面我们将分别对这几个接口做详细介绍。我们根据这些接口功能的特点，将其归类到 BlogServer 控制器下。

6.4.1 发表微博接口

客户端写微博的时候调用的就是发表微博接口，该接口的功能比较简单，就是把用户撰写的微博保存到 blog 数据表中。接口逻辑见代码清单 6-26。

代码清单　6-26

```
class BlogServer extends Demos_App_Server
{
...
    /**
     * -----------------------------------------------------------------------------
     * > 接口说明：发表微博接口
     * <code>
     * URL 地址：/blog/blogCreate
     * 提交方式：POST
     * 参数 #1：content，类型：STRING，必须：YES
     * </code>
     * -----------------------------------------------------------------------------
     * @title 发表微博接口
     * @action /blog/blogCreate
     * @params content '' STRING
     * @method post
     */
    public function blogCreateAction ()
    {
         $this->doAuth();

         $content = $this->param('content');

         if ($content) {
               // 保存微博内容
               $blogDao = $this->dao->load('Core_Blog');
               $blogDao->create(array(
                    'customerid'          => $this->customer['id'],
                    'desc'                => '',
                    'title'               => '',
                    'content'             => $content,
                    'commentcount'        => 0
               ));
               // 更新用户微博数量
               $customerDao = $this->dao->load('Core_Customer');
               $customerDao->addBlogcount($this->customer['id']);
               $this->render('10000', 'Create blog ok');
         }
         $this->render('14009', 'Create blog failed');
    }
...
}
```

首先，接口使用 param 方法接收传来的微博内容并保存到 $content 变量中，目前的验证逻辑仅为若微博内容不为空，则使用 DAO 类 Core_Blog 中的 create 方法来保存微博内容至微博信息表 blog，关于 blog 表的介绍请参考 4.7 节中的内容。当然我们可以根据需要，在这里添加更多的限制逻辑，比如微博内容长度不能超过 140 个字等。

在保存微博信息之后，还需要更新用户微博的数量，也就是 customer 表中的 blogcount 字段，这个冗余字段中存储的是微博用户的微博信息，主要用于快速查询，这点和之前介绍到的fanscount字段类似。相关逻辑可参考代码清单6-27。

代码清单 6-27

```
class Core_Customer extends Demos_Dao_Core
{
...
    public function addBlogcount ($id, $addCount = 1)
    {
        $customer = $this->read($id);
        $customer['blogcount'] = $customer['blogcount'] + $addCount;
        $this->update($customer);
    }
...
}
```

最后，发表微博逻辑结束后，返回10000正确信息，提示“create blog ok”，也就是发表微博成功；反之则返回14009错误代码，提示“create blog failed”，也就是发表微博失败。

6.4.2 查看微博接口

查看微博接口用于微博正文界面，当用户在客户端点击某条具体微博时就会打开微博正文界面；此时，客户端会把这条微博的ID发送到服务端的查看微博接口，来获取微博的详细信息，接口逻辑请参考代码清单6-28。

代码清单 6-28

```
class BlogServer extends Demos_App_Server
{
...
    /**
     * ---------------------------------------------------------------------------------
     * > 接口说明：查看微博正文接口
     * <code>
     * URL地址：/blog/blogView
     * 提交方式：POST
     * 参数#1：blogId，类型：INT，必须：YES，示例：1
     * </code>
     * ---------------------------------------------------------------------------------
     * @title 查看微博正文接口
     * @action /blog/blogView
     * @params blogId 1 INT
     * @method post
     */
    public function blogViewAction ()
    {
        $this->doAuth();

        $blogId = intval($this->param('blogId'));
```

```
        $blogDao = $this->dao->load('Core_Blog');
        $blogItem = $blogDao->read($blogId);

        $customerDao = $this->dao->load('Core_Customer');
        $customerItem = $customerDao->getById($blogItem['customerid']);

        $this->render('10000', 'Get blog ok', array(
            'Customer' => $customerItem,
            'Blog' => $blogItem
        ));
    }
...
}
```

查看微博接口对应的控制器方法名为blogViewAction，对应API接口的URL地址为/blog/blogView，此接口的逻辑并不复杂，在获取到博文ID之后程序会调用DAO类Core_Blog中的read方法，从blog表中获取对应博文的所有信息；之后，再使用Core_Customer类中的getById获取相关作者的个人信息，此方法逻辑在6.3.3节中已经介绍过，具体逻辑请参考代码清单6-19。这里需要注意的是该接口的返回信息，如代码清单6-29所示。

代码清单 6-29

```
{
    "code":"10000",
    "message":"Get blog ok",
    "result":{
        "Customer":{
            "id":1,
            "name":"james",
            "sign":"Happying",
            "face":"0",
            "blogcount":1,
            "fanscount":1,
            "uptime":"2012-04-01 08:19:27",
            "faceurl":"http:\/\/localhost:8002\/faces\/default\/face_0.png"
        },
        "Blog":{
            "id":1,
            "content":"test blog 1",
            "uptime":"2012-04-01 15:37:10"
        }
    }
}
```

和前面介绍过的接口不同，本接口同时返回了Customer和Blog两个模型对象，这是因为在微博正文界面里，除了要显示微博的信息之外，还需要显示微博作者的个人信息。实际上，支持“多模型同时返回”的功能是本框架的一大亮点，下面我们重点来说明一下这种数据组织方式的优点。

在传统的接口程序中，我们常常为不同的功能开辟不同的接口。比如在微博正文界面中，我们既要显示微博的详细信息，又要显示用户的个人信息。按照传统的思路，我们会先调用“查看微博接口”获取微博信息，然后再调用“查看用户信息接口”来获取用户信息。但是这种思路有一个很大的问题，假如每个功能都访问服务端接口，会大大增加系统资源的消耗，一方面客户端需要为每次访问创建请求线程，另一方面服务端也需要为每次访问准备处理线程，这个过程其实是移动互联网应用程序中最耗费资源的部分，也是我们最需要注意的地方之一。因此，在本实例框架中，我们就采用了把多个请求合并起来，统一处理并返回的方式来应对这个问题。当然，从实际运用的效果中我们可以看到，这种做法能大大减少网络请求带来的资源消耗，提高网络应用的运行效率。

我们把这种比较常见的服务端优化技巧称为“请求合并”，其对应的返回数据则被命名为“混合型”数据；当然，为了让客户端程序能够支持这种“混合型”返回数据，我们也做了不少工作。想要了解相关的处理细节请参考 7.9 节中的内容。

小贴士：“请求合并”是 HTTP 服务优化中经常要做的事情，除了本书介绍的处理方式之外，我们还经常在一些“事件驱动”的设计模式中使用到类似的优化技巧。据了解，淘宝网的 Web 服务器 Tengine 中也采用了类似的技术来提高 HTTP 服务器的性能。

6.4.3 微博列表接口

微博列表可以算是微博系统中最核心的接口之一，该接口实际上包含了 3 个接口的功能，分别是所有人的微博列表，自己的微博列表以及关注用户的微博列表，前面两个接口分别对应了微博主界面和我的微博列表界面，而第三个接口在本书实例中暂未实现。微博列表接口的接口逻辑如代码清单 6-30 所示。

代码清单 6-30

```
class BlogServer extends Demos_App_Server
{
...
    /**
     * ---------------------------------------------------------------------
     * > 接口说明：微博列表接口
     * <code>
     * URL 地址：/blog/blogList
     * 提交方式：GET
     * 参数 #1：typeId，类型：INT，必须：YES
     * 参数 #2：pageId，类型：INT，必须：YES
     * </code>
     * ---------------------------------------------------------------------
     * @title 微博列表接口
     * @action /blog/blogList
     * @params typeId 0 0：全部，1：自己，2：关注
     * @params pageId 0 INT
     * @method get
     */
    public function blogListAction ()
    {
```

```
        $this->doAuth();

        $typeId = intval($this->param('typeId'));
        $pageId = intval($this->param('pageId'));

        $blogList = array();
        switch ($typeId) {
            case 0:
                $blogDao = $this->dao->load('Core_Blog');
                $blogList = $blogDao->getListByPage($pageId);
                break;
            case 1:
                $blogDao = $this->dao->load('Core_Blog');
                $blogList = $blogDao->getListByCustomer($this->customer['id'], $pageId);
                break;
            case 2:
                break;
        }
        if ($blogList) {
            $this->render('10000', 'Get blog list ok', array(
                'Blog.list' => $blogList
            ));
        }
        $this->render('14008', 'Get blog list failed');
    }
...
}
```

查看微博接口的对应方法名为 blogListAction，对应 API 接口的 URL 地址为 /blog/blogList。此接口接收两个参数，第一个参数为 typeId，不同的数值代表了不同的微博列表类型，0 表示获取所有人的微博列表，1 表示获取自己的微博列表，2 则表示获取关注用户的微博列表，其对应的变量名为 $typeId。第二个参数是页数，由于列表数据比较多，所以我们会采用分页的方式来获取，其对应变量名为 $pageId。在接收到参数之后，程序通过了一个 switch 语句，根据不同的 typeId 值分开处理。

首先，我们来看第一种情况，也就是当 $typeId 的值等于 0 时，获取所有人的微博列表的逻辑，这个接口是留给客户端的微博主界面使用的。该接口的逻辑很简单，程序直接调用 DAO 类 Core_Blog 中的 getListByPage 方法来获取微博列表数据，然后组装成 JSON 代码并返回。关于 getListByPage 方法的具体逻辑可参考代码清单 6-31。

代码清单　6-31

```
class Core_Blog extends Demos_Dao_Core
{
...
    public function getListByPage ($pageId = 0)
    {
        $list = array();
        $sql = $this->select()
            ->from($this->t1, '*')
```

```
                ->order("{$this->t1}.uptime desc")
                ->limitPage($pageId, 10);

            $res = $this->dbr()->fetchAll($sql);
            if ($res) {
                $customerDao = new Core_Customer();
                foreach ($res as $row) {
                    $customer = $customerDao->read($row['customerid']);
                    $blog = array(
                        'id'      => $row['id'],
                        'face'    => Demos_Util_Image::getFaceUrl($customer['face']),
                        'content' => '<b>'.$customer['name'].'</b> : '.$row['content'],
                        'comment' => '评论('.$row['commentcount'].')',
                        'uptime'  => $row['uptime'],
                    );
                    array_push($list, $blog);
                }
            }
            return $list;
        }
    ...
}
```

从上述代码中，我们可以看到 getListByPage 方法仅接收一个参数，那就是页数 $pageId 变量，在使用 select 方法拼装查询语句时，我们需要特别注意一下 limitPage 方法的使用，此方法在分页查询时非常好用，第一个参数是目前的页数，第二个参数是每页的记录条数，然后框架程序会自动生成分页查询的 SQL 语句。假设我们要查询第一页的数据，对应的 SQL 语句就是“SELECT * FROM blog ORDER BY blog.uptime DESC LIMIT 0,10”。接着程序会使用 fetchAll 查询出所有微博数据并存放到 $res 数组变量中，然后使用 foreach 循环语句取出每条微博的数据，重新组装并返回，比如微博头像就需要使用 Core_Customer 中的 read 方法来获得，其他的几个数据是微博内容、评论数和发表时间。

回到 blogListAction 方法，如果 getListByPage 方法返回的结果不为空，接口就会返回 10000 正确代码，并提示“Get blog list ok”，表明成功获取博客列表。另外，这里我们需要特别注意的是 JSON 返回代码中 result 字段所对应的内容，这里的 Blog.list 表示的就是 Blog 模型对象的列表，具体结果见代码清单 6-32，对照 getListByPage 方法中所处理的微博字段，我们可以很容易地理解这段 JSON 代码。

代码清单 6-32

```
{
    "code":"10000",
    "message":"Get blog list ok",
    "result":{
        "Blog.list":[
            {
                "id":5,
                "face":"http:\/\/localhost:8002\/faces\/default\/face_0.png",
```

```
                    "content":"<b>james<\/b> : test blog 5",
                    "comment":"\u8bc4\u8bba(0)",
                    "uptime":"2012-01-14 21:51:54"
                },
                ...
            ]
        }
    }
```

介绍完获取所有人的微博列表的逻辑，我们再来看另外一种情况，也就是当 $typeId 的值为 1 时，根据用户 ID（$customerId）获取指定用户微博列表的逻辑。在这种情况下，我们需要使用 DAO 类 Core_Blog 中的 getListByCustomer 方法来获取微博列表，此方法的逻辑如代码清单 6-33 所示。

代码清单　6-33

```
class Core_Blog extends Demos_Dao_Core
{
...
    public function getListByCustomer ($customerId, $pageId = 0)
    {
        $list = array();
        $sql = $this->select()
            ->from($this->t1, '*')
            ->where("{$this->t1}.customerid = ?", $customerId)
            ->order("{$this->t1}.uptime desc")
            ->limitPage($pageId, 10);

        $res = $this->dbr()->fetchAll($sql);
        if ($res) {
            $customerDao = new Core_Customer();
            foreach ($res as $row) {
                $customer = $customerDao->read($row['customerid']);
                $blog = array(
                    'id'      => $row['id'],
                    'content' => '<b>'.$customer['name'].'</b> : '.$row['content'],
                    'comment'=> '评论('.$row['commentcount'].')',
                    'uptime' => $row['uptime'],
                );
                array_push($list, $blog);
            }
        }
        return $list;
    }
...
}
```

上述方法的功能和前面介绍的 getListByPage 方法比较类似，同样是分页获取微博列表，只不过多了一个用户 ID 的参数（$customerId）。方法中查询语句所对应的 SQL 为“SELECT * FROM blog WHERE blog.customerid=? ORDER BY blog.uptime DESC LIMIT 0,10”。后面也是

取出每条微博的数据进行重新组装，这里的字段与所有人微博列表的情况相比，少了一个用户头像字段，也就是是face字段。不过在本方法的代码中我们还留下了一个需要优化的地方，有兴趣的读者可以尝试寻找一下，具体答案请参考9.1.1节中与优化PHP代码有关的内容。本方法的JSON返回如代码清单6-34所示。

代码清单　6-34

```
{
    "code":"10000",
    "message":"Get blog list ok",
    "result":{
          "Blog.list":[
              {
                    "id":5,
                    "content":"<b>james<\/b> : test blog 5",
                    "comment":"\u8bc4\u8bba(0)",
                    "uptime":"2012-01-14 21:51:54"
              },
              ...
          ]
    }
}
```

我们可以看到这种情况下的JSON返回格式和所有人微博列表中的返回格式是基本相同的，不再赘述。当然，如果在以上两种情况均获取不到微博列表信息的情况下，程序将会返回14008错误信息，并提示“Get blog list failed”，也就是获取微博列表失败的提示。获取关注用户的微博列表功能在本微博实例中并未实现，而是当做一个课后作业布置给大家来思考和实现。

6.5　评论接口

为了促进用户之间的交流，微博应用提供了评论功能，用户在阅读完微博的具体内容之后，可以发表自己的看法，并且这些评论会以列表的形式显示出来供大家阅读。微博的评论接口用于微博详情界面，其主要功能就是创建评论和获取评论列表。我们根据功能特点把评论接口都归类到CommentServer控制器下。

6.5.1　发表评论接口

发表评论接口用于用户在微博详情界面点击发表评论时，此接口的作用很单一，就是给对应的博客发表评论，接口逻辑见代码清单6-35。

代码清单　6-35

```
class CommentServer extends Demos_App_Server
{
...
    /**
     * ---------------------------------------------------------------------------
     * > 接口说明：发表评论接口
```

```
     * <code>
     * URL 地址: /comment/commentCreate
     * 提交方式: POST
     * 参数 #1: blogId, 类型: INT, 必须: YES
     * 参数 #2: content, 类型: STRING, 必须: YES
     * </code>
     * ---------------------------------------------------------------------------
     * @title 发表评论接口
     * @action /comment/commentCreate
     * @params blogId 0 INT
     * @params content '' STRING
     * @method post
     */
    public function commentCreateAction ()
    {
        $this->doAuth();

        $blogId = intval($this->param('blogId'));
        $content = $this->param('content');

        // 查找 Blog 是否已存在，若不存在则返回错误代码 10009
        $blogDao = $this->dao->load('Core_Blog');
        if (!$blogDao->exist($blogId)) {
            $this->render('10009', 'Blog not exist');
        }

        if ($blogId && $content) {
            $commentDao = $this->dao->load('Core_Comment');
            $commentDao->create(array(
                'blogid'      => $blogId,
                'customerid'  => $this->customer['id'],
                'content'     => $content
            ));
            // 保存 Blog 的评论，并返回正确代码 10000
            $blogDao->addCommentcount($blogId);
            $this->render('10000', 'Create comment ok');
        }
        $this->render('14011', 'Create comment failed');
    }
  ...
}
```

发表评论接口和发表微博接口的逻辑有点类似，只不过发表微博接口中只需要接收微博的内容，而在发表评论接口中除了需要接收评论的内容之外还需要接收对应微博的ID，因为评论必然针对某条微博。

首先，程序逻辑会根据微博的ID来判断该微博是否存在，这里使用的是DAO类Core_Blog中的exist方法；当然，如果微博不存在就会直接返回10009错误，错误信息为“Blog not exist”，也就是微博不存在。之后，如果博客ID和评论内容都存在，则调用DAO类Core_Comment中的create方法来向对应的comment表中插入数据，至于create方法的使用前面已经提到过很多次了，不再赘述。不过之后的Core_Blog中的addCommentcount方法还是需要提一下，此方法的逻辑如代码清单6-36所示。

代码清单 6-36

```
class Core_Blog extends Demos_Dao_Core
{
...
    public function addCommentcount ($id, $addCount = 1)
    {
         $blog = $this->read($id);
         $blog['commentcount'] = $blog['commentcount'] + $addCount;
         $this->update($blog);
    }
...
}
```

此方法用于更新微博表中存储微博评论数的冗余字段commentcount，实现逻辑和之前介绍过的Core_Customer类中的addFanscount方法（见代码清单6-22）和addBlogcount方法（见代码清单6-27）非常类似，当该方法成功执行之后，整个发表评论的逻辑就结束了，接口方法会返回10000成功消息，并提示“Create comment ok”，即“成功创建评论”。反之则返回14011错误消息，提示“Create comment failed”，即“创建评论失败”。

6.5.2 评论列表接口

在微博详情界面中，微博的评论信息就是从评论列表接口获取的。该接口的功能逻辑和6.4.3节中的“微博列表接口”比较相似，接口逻辑参考代码清单6-37。

代码清单 6-37

```
class CommentServer extends Demos_App_Server
{
...
    /**
     * ----------------------------------------------------------------------
     * > 接口说明：评论列表接口
     * <code>
     * URL地址：/comment/commentList
     * 提交方式：GET
     * 参数#1：blogId，类型：INT，必须：YES
     * 参数#2：pageId，类型：INT，必须：YES
     * </code>
     * ----------------------------------------------------------------------
     * @title 评论列表接口
     * @action /comment/commentList
     * @params blogId 0 INT
     * @params pageId 0 INT
     * @method get
     */
    public function commentListAction ()
```

```
    {
        $this->doAuth();

        $blogId = intval($this->param('blogId'));
        $pageId = intval($this->param('pageId'));

        $commentDao = $this->dao->load('Core_Comment');
        $commentList = $commentDao->getListByBlog($blogId, $pageId);

        if ($commentList) {
         $this->render('10000', 'Get comment list ok', array(
                 'Comment.list' => $commentList
          ));
        }
        $this->render('14010', 'Get comment list failed');
    }
...
}
```

评论列表接口的对应方法名为commentListAction，对应API接口的URL地址为/comment/commentList。此接口支持分页返回列表型数据，程序获取完微博ID（$blogId）和当前页码（$pageId）之后就会调用DAO类Core_Comment中的getListByBlog方法从comment表中获取所需的评论信息，方法逻辑参考代码清单6-38。

代码清单 6-38

```
class Core_Comment extends Demos_Dao_Core
{
...
    public function getListByBlog ($blogId, $pageId = 0)
    {
        $list = array();
        $sql = $this->select()
             ->from($this->t1, '*')
             ->where("{$this->t1}.blogid = ?", $blogId)
             ->order("{$this->t1}.uptime desc")
             ->limitPage($pageId, 10);

        $res = $this->dbr()->fetchAll($sql);
        if ($res) {
             $customerDao = new Core_Customer();
             foreach ($res as $row) {
                  $customer = $customerDao->read($row['customerid']);
                  $comment = array(
                       'id'      => $row['id'],
                       'content' => '<b>'.$customer['name'].'</b> : '.$row['content'],
                       'uptime'  => $row['uptime'],
                  );
                  array_push($list, $comment);
             }
        }
```

```
            return $list;
        }
    ...
    }
```

Core_Comment 类中的 getListByBlog 方法接收两个参数，分别是微博 ID 和当前页码，此方法的处理方式和 Core_Blog 类中的 getListByPage 方法（见代码清单 6-31）比较类似，同样是通过 select 方法拼装 SQL 语句来执行。假如此时 $pageId 的值为 0 或者 1，也就是位于首页时，此时解析出来的 SQL 为"SELECT * FROM comment WHERE comment.blogid=? ORDER BY comment.uptime DESC LIMIT 0,10"。获取到评论信息列表之后，同样使用 foreach 循环语句把单条评论信息获取出来，并重新拼装整合，最后得到与 Comment 模型相符的数组列表。

回到接口方法的逻辑，如果能成功获取到评论列表，程序就会返回 Comment 对象列表，JSON 返回如代码清单 6-39 所示；反之则返回 14010 错误信息，并提示"Get comment list failed"，即获取评论列表失败。

代码清单 6-39

```
{
    "code":"10000",
    "message":"Get comment list ok",
    "result":{
        "Comment.list":[
            {
                "id":5,
                "content":"<b>james<\/b> : comment by james",
                "uptime":"2012-04-12 15:00:55"
            },
            ...
        ]
    }
}
```

上述 JSON 数据是评论列表的返回样例，Comment.list 表示这里的列表是 Comment 模型的对象列表，包含评论 ID（id）、评论内容（content）和评论时间（uptime）三个字段，当然这些字段与前面 getListByBlog 方法中的返回数据的字段必须是一致的。

6.6 图片接口

顾名思义，图片接口被设计用于处理所有与图片功能有关的逻辑。对于现在的互联网应用来说，图片相关功能已经上升到了一个非常重要的地位；这主要是因为图片比文字形象，能很好地提升产品的体验度。就拿微博应用来说，很多地方都需要用到图片，比如换头像功能需要选择头像图片，微博列表也需要读取所需图片等。本书的微博实例中，图片部分的功能主要偏重于用户头像部分的内容，相关图片接口包含了获取头像列表和获取用户头像两个接口，而这些接口都被存放在 ImageServer 控制器中。

6.6.1 用户头像接口

微博应用中很多地方都会用到用户的头像，比如微博列表界面中每条微博前面都会显示对应微博的作者头像，而微博详情界面中也会显示当前微博的作者头像等。该接口仅接收一个参数，也就是头像的 ID（参数名 faceId），不过该参数支持两种表示方法：如果只需要获取单个用户头像，只需要传入该用户的头像 ID 即可；而假如要一次获取多个头像，可以传入由多个头像 ID 组合成的字符串（中间用逗号隔开）。该接口的逻辑如代码清单 6-40 所示。

代码清单 6-40

```
class ImageServer extends Demos_App_Server
{
...
    /**
     * ------------------------------------------------------------------------------
     * > 接口说明：查看用户头像接口
     * <code>
     * URL 地址：/image/faceView
     * 提交方式：GET
     * 参数 #1：faceId，类型：STRING，必须：YES
     * </code>
     * ------------------------------------------------------------------------------
     * @title 查看用户头像接口
     * @action /image/faceView
     * @params faceId 0 STRING
     * @method get
     */
    public function faceViewAction ()
    {
        $faceIdStr = $this->param('faceId');
        $faceIdArr = $faceIdStr ? explode(',', $this->param('faceId')) : array();
        // 单个头像
        if ($faceCount == 1) {
            $faceId = intval($faceIdArr[0]);
            $faceItem = Demos_Util_Image::getFaceImage($faceId);
            $this->render('10000', 'Get face ok', array(
                'Image' => $faceItem
            ));
        // 多个头像
        } elseif ($faceCount > 1) {
            $faceList = array();
            foreach ($faceIdArr as $faceId) {
                $faceList[] = Demos_Util_Image::getFaceImage($faceId);
            }
            $this->render('10000', 'Get face list ok', array(
                'Image.list' => $faceList
            ));
        } else {
            $this->render('14012', 'Get face failed');
        }
    }...
}
```

获取用户头像接口的方法为faceViewAction，接口地址为/image/faceView。首先，程序使用explode方法把传入的单个或者多个用户头像ID分解出来并存放到一个头像数组（$faceIdArr）中。然后，程序会根据参数的个数把两种不同逻辑分开处理：假如接收到的用户头像ID只有一个，也就是获取单个用户头像，程序逻辑会获取头像图片的信息并返回单个Image对象，JSON返回如代码清单6-41所示；如果传入的用户头像ID不止一个，也就是获取多个用户头像，程序逻辑会使用foreach循环来逐个获取头像图片的信息并返回Image对象数组，JSON返回见代码清单6-42。

小贴士： PHP中的explode方法常用于分割字符串并将结果存储到数组中。该方法中的第一个参数是用于分割的间隔字符，比如这里我们使用的就是逗号；而第二个参数则是准备用于分割的字符串，在本接口中就是头像ID的组合字符串。与之相对的是implode方法，用于把数组拼装成字符串。

代码清单 6-41

```
{
    "code":"10000",
    "message":"Get face ok",
    "result":{
        "Image":{
            "id":0,
            "url":"http:\/\/localhost:8002\/faces\/default\/face_0.png",
            "type":"png"
        }
    }
}
```

代码清单6-41是获取单个用户头像时的JSON返回代码，我们可以看到result结果字段中包含的是单个Image模型的对象数据。Image模型包含3个字段：id是头像的ID编号，url是图像的URL地址，type是图片的类型。当然，该模型对象和客户端Image模型中的属性是一致的，这样在客户端获取到数据之后就可以解析并展示了。

代码清单 6-42

```
{
    "code":"10000",
    "message":"Get face list ok",
    "result":{
        "Image.list":[
            {
                    "id":"0",
                    "url":"http:\/\/localhost:8002\/faces\/default\/face_0.png",
                    "type":"png"
            },
            {
                    "id":"1",
                    "url":"http:\/\/localhost:8002\/faces\/default\/face_1.png",
                    "type":"png"
```

```
            },
            {
                "id":"2",
                "url":"http:\/\/localhost:8002\/faces\/default\/face_2.png",
                "type":"png"
            }
        ]
    }
}
```

代码清单 6-42 是获取多个用户头像时的 JSON 返回代码，我们可以看到这里的 result 字段中包含的是 Image 模型对象数组，这种合并返回的方式可以有效地减少 HTTP 请求数，对系统运行效率的提升有不小的作用。此外，获取头像的方法是工具类 Demos_Util_Image 中的 getFaceImage 方法，实现逻辑如代码清单 6-43 所示。

代码清单　6-43

```
class Demos_Util_Image
{
    /**
     * 获取头像图片的 URL 地址
     * @param int $id
     */
    public static function getFaceUrl ($id)
    {
        $facePath = __HOST_WEBSITE . '/faces/default';
        return $facePath . '/face_' . $id . '.png';
    }

    /**
     * 获取头像图片的对象
     * @param int $id
     */
    public static function getFaceImage ($id)
    {
        return array(
            'id' => $id,
            'url' => self::getFaceUrl($id),
            'type' => 'png',
        );
    }
}
```

以上是整个 Demos_Util_Image 工具类的代码，此类中的 getFaceImage 方法在之前的 6.3.3 节和 6.4.3 节中都被使用到，此方法返回的是 Image 模型数据。这里我们需要注意的是，图片地址是使用 getFaceUrl 方法来获取的，getFaceUrl 方法比较简单，就是根据配置拼装出对应图片的 URL 地址，这里我们需要注意的是 __HOST_WEBSITE 常量的意义，此常量表示的是微博应用中 Web 站点域名，其相关配置代码在 etc/app.config.php 应用配置文件中可以找到，此站点目录放置的是 Web 网站的逻辑以及可访问的静态文件，比如用户头像图片，对应本地目录为 www/website/faces/default/。此外，在应用配置文件中我们还可以找到另一个类似的常量 __HOST_SERVER，此常量代表的是微博应用中 API 接口站点的域名，在调试框架程序逻辑中经常用到。

回到 faceViewAction 接口方法逻辑，在没有获取到任何头像结果时，接口会返回 14012 错误代码，并返回提示信息“Get face failed”，即获取头像失败。

6.6.2 头像列表接口

头像列表接口用于用户配置界面中的选择头像功能。该接口功能比较简单，不需要任何参数。该接口返回的是用户头像列表所对应的 Image 模型对象列表，实现逻辑如代码清单 6-44 所示。

代码清单 6-44

```
class ImageServer extends Demos_App_Server
{
...
    /**
     * -------------------------------------------------------------------------
     * > 接口说明：头像列表接口
     * <code>
     * URL 地址：/image/faceList
     * 提交方式：GET
     * </code>
     * -------------------------------------------------------------------------
     * @title 头像列表接口
     * @action /image/faceList
     * @method get
     */
    public function faceListAction ()
    {
        // 设置头像图片 ID
        $faceIdArr = range(0,14);
        // 获取头像图片
        $faceList = array();
        foreach ($faceIdArr as $faceId) {
            $faceList[] = Demos_Util_Image::getFaceImage($faceId);
        }
        $this->render('10000', 'Get face list ok', array(
            'Image.list' => $faceList
        ));
    }
...
}
```

头像列表接口的方法名为 faceListAction，对应接口地址为 /image/faceList。此接口的逻辑很简单，就是把头像 ID 从 0 到 14 的 15 张头像图片对应的 Image 模型对象返回给客户端展示，以供用户选择头像。当然，这里也使用到了工具类 Demos_Util_Image 中的 getFaceImage 方法，其具体使用方法不再赘述。此接口的返回 JSON 代码见代码清单 6-45。

代码清单　6-45

```
{
    "code":"10000",
    "message":"Get face list ok",
    "result":{
         "Image.list":[
              {
                   "id":0,
                   "url":"http:\/\/localhost:8002\/faces\/default\/face_0.png",
                   "type":"png"
              },
              {
                   "id":1,
                   "url":"http:\/\/localhost:8002\/faces\/default\/face_1.png",
                   "type":"png"
              },
              ...
              {
                   "id":14,
                   "url":"http:\/\/localhost:8002\/faces\/default\/face_14.png",
                   "type":"png"
              }
         ]
    }
}
```

6.6.3　图片上传接口

为了使发布的微博信息更加吸引人，我们在发表微博的功能中加入上传图片的功能。实际上，我们在项目中也经常会遇到上传文件的需求。在这种场景中，服务器的任务其实很简单，那就是接收从客户端传过来的文件，然后保存下来并记录到数据库中去。

我们之前在 6.4.1 节中已经给大家分析过发表微博接口的实现逻辑，其实要实现图片上传功能只需要略微修改一下发表微博接口 blogCreateAction 即可，实现逻辑见代码清单 6-46。

代码清单　6-46

```
class BlogServer extends Demos_App_Server
{
...
    /**
     * ----------------------------------------------------------------------
     * > 接口说明：发表微博接口
     * <code>
     * URL 地址：/blog/blogCreate
     * 提交方式：POST
     * 参数 #1：content，类型：STRING，必须：YES
     * </code>
     * ----------------------------------------------------------------------
     * @title 发表微博接口
```

```
     * @action /blog/blogCreate
     * @params content '' STRING
     * @method post
     */
    public function blogCreateAction ()
    {
        $this->doAuth();

        $content = $this->param('content');

        if ($content) {
            // 接收图片逻辑
            $upload_file_url = '';
            $upload_err = $_FILES['file0']['error'];
            $upload_file = $_FILES['file0']['tmp_name'];
            $upload_file_name = $_FILES['file0']['name'];
            if ($upload_file_name) {
                $upload_file_ext = pathinfo($upload_file_name, PATHINFO_EXTENSION);
                if ($upload_err == 0) {
                    $upload_face_dir = __PICTURE_DIR . '/';
                    $upload_file_name = md5(time().rand(123456,999999));
                    $upload_file_path = $upload_face_dir . $upload_file_name .
                        '.' . $upload_file_ext;
                    if (!move_uploaded_file($upload_file, $upload_file_path)) {
                        $this->render('14010', 'Create blog failed');
                    } else {
                        $upload_file_url = $upload_file_name . '.' . $upload_file_ext;
                    }
                } else {
                    $this->render('14011', 'Create blog failed');
                }
            }
            // 保存微博内容
            $blogDao = $this->dao->load('Core_Blog');
            $blogDao->create(array(
                'customerid'      => $this->customer['id'],
                'desc'            => '',
                'title'           => '',
                'content'         => $content,
                'picture'         => $upload_file_url, // 保存上传图片
                'commentcount'    => 0
            ));
            // 更新用户微博数量(详见 6.4.1 节)
            ...
        }
        ...
    }
...
}
```

以上代码中，我们省去了保存微博内容的逻辑，大家重点关注服务器接收图片并保存的逻辑。首先是预定义变量 $_FILES 的用法，一般来说，PHP 服务端都是通过 HTTP 的 POST 方法来接收由客户端传来的文件数据，假设文件表单的参数名为 file0，那么服务器就要通过 $_FILES['file0'] 变量来获取上传文件的信息，以下是几种常用的文件信息。

- $_FILES['file0']['name']：原始文件名
- $_FILES['file0']['type']：文件类型，比如"image/gif"
- $_FILES['file0']['size']：文件大小，单位是 bytes
- $_FILES['file0']['tmp_name']：上传到服务器的临时文件
- $_FILES['file0']['error']：上传过程中出现的错误信息

PHP 服务端接收上传文件完毕之后，会在服务器上创建一个临时文件，这个文件地址就被保存到了 $_FILES['file0']['tmp_name'] 变量里面；因此我们检查完上传文件的信息之后，就可以使用 move_uploaded_file($upload_file, $upload_file_path) 方法把临时文件保存到对应的文件目录了，也就是 __PICTURE_DIR，大家可以到 etc/app.config.php 中查看该变量的值，实际上就是 www/website/picture 目录。

当然，从前面的代码中我们还可以学习到如何使用 pathinfo 函数获取文件扩展名，以及如何使用时间戳函数（time）和随机函数（rand）来生成随机文件名的用法。最后，我们还要稍微修改下微博列表接口，把微博图片的信息返回给客户端，见代码清单 6-47。

代码清单 6-47

```
class BlogServer extends Demos_App_Server
{
...
    /**
     * ---------------------------------------------------------------------------------
     * > 接口说明：微博列表接口
     * <code>
     * URL 地址：/blog/blogList
     * 提交方式：GET
     * 参数 #1：typeId，类型：INT，必须：YES
     * 参数 #2：pageId，类型：INT，必须：YES
     * </code>
     * ---------------------------------------------------------------------------------
     * @title 微博列表接口
     * @action /blog/blogList
     * @params typeId 0 0：全部，1：自己，2：关注
     * @params pageId 0 INT
     * @method get
     */
    public function blogListAction ()
    {
        $this->doAuth();

        // 获取微博列表信息到 $blogList 变量（详见 6.4.3 节）
```

```
        ...

        if ($blogList) {
            // 拼装微博图片真实的网络地址
            foreach ($blogList as &$row) {
                if (strlen($row['picture']) > 0) {
                        $row['picture'] = __PICTURE_URL . $row['picture'];
                }
            }
            $this->render('10000', 'Get blog list ok', array(
                'Blog.list' => $blogList
            ));
        }
        $this->render('14008', 'Get blog list failed');
    }
...
}
```

至此，图片上传功能的服务器端就介绍完毕了，后面我们将会在 7.9.5 章节中为大家介绍如何使用 Android 客户端选择本地图片并上传。

6.7 通知接口

在本书的微博实例中，我们提供了实时通知的功能，一方面是为了完善微博实例的功能，另一方面是为了支持 Android 客户端 Service 服务的实例。通知接口的控制器类名为 NotifyServer，目前只包含获取通知这一个接口。

获取通知接口

获取通知接口是提供给客户端的通知服务（NoticeService）来调用的，接口实现见代码清单 6-48。按照这部分功能的设计，客户端的通知服务每隔 30 秒就会来服务端的获取通知接口获取通知消息，假如获取到消息内容则发送通知（Notification）到移动设备。关于此功能中客户端部分的实现细节请参考 7.5.4 节的内容。

代码清单 6-48

```
class NotifyServer extends Demos_App_Server
{
...
    /**
     * ----------------------------------------------------------------------------
     * > 接口说明：获取通知接口
     * <code>
     * URL 地址：/notify/notice
     * 提交方式：POST
     * </code>
     * ----------------------------------------------------------------------------
```

```
        * @title 获取通知接口
        * @action /notify/notice
        * @method get
        */
    public function noticeAction ()
    {
        $this->doAuth();

        // 根据 ID 获取用户信息
        $noticeDao = $this->dao->load('Core_Notice');
        $noticeItem = $noticeDao->getByCustomer($this->customer['id']);
        if ($noticeItem) {
            $noticeDao->setRead($this->customer['id']);
            $this->render('10000', 'Get notification ok', array(
                'Notice' => $noticeItem
            ));
        }
        $this->render('14013', 'Get notification failed');
    }
...
}
```

获取通知接口的方法名为noticeAction，对应API接口地址为/notify/notice，该接口不需要接收任何参数，因为我们可以从Session会话中直接获取到用户的信息。当然，在获取到用户信息之后，程序会调用DAO类Core_Notice中的getByCustomer方法来获取指定用户的消息，此方法的逻辑如代码清单6-49所示。

代码清单 6-49

```
class Core_Notice extends Demos_Dao_Core
{
...
    public function getByCustomer ($customerId)
    {
        $sql = $this->select()->from($this->t1, '*')
            ->where("customerid = ?", $customerId)
            ->where("status = 0");

        $row = $this->dbr()->fetchRow($sql);
        $msg = trim($row['message']);
        // 消息不为空，则返回消息
        if (strlen($msg) > 0) {
            return $row;
        }
        // 默认返回粉丝数消息
        $fans = intval($row['fanscount']);
        if ($fans > 0) {
            $row['message'] = L('cn', 'notice', $row['fanscount']);
            return $row;
```

```
            }
            // 返回空信息
            return null;
        }
    ...
    }
```

Core_Notice 类中 getByCustomer 方法的逻辑并不复杂。首先，从 notice 表中取出 status 为 0 的数据行（0 表示未读）。然后，判断数据行中的 message 字段是否为空，若不为空就优先返回 message 数据，若为空则在 message 字段填上新粉丝消息的文字。当然，目前系统中出现的都是 message 为空的情况。另外，这里还需要注意的是 L（Language 的缩写）方法的用法，此方法是用于获取应用文本信息的，这也是本框架“国际化”功能的重要组成部分。此方法中的前两个参数是必须有的，分别代表所处国家和文本信息的标识（用于代表是哪条文本信息），后面的参数都是用于替换文本信息里面的动态信息，比如“L('cn', 'notice', …)”。项目中的国际化的文本配置文件是 etc/global.message.php，如代码清单 6-50 所示。

代码清单 6-50

```
    $_Lang['cn'] = array(
        ...
        'notice'        => '你有{0}个新粉丝，请速回查看:)',
        ...
    );
```

以上配置文件位于应用配置目录 etc/ 下的 global.message.php 中，使用“{参数号}”来代替需要替换的参数，这种做法有点类似于 Java 项目中的 properties 文件，应该比较容易理解。此外，getByCustomer 的逻辑和 Core_Notice 类中的另一个方法有比较紧密的联系，也就是 addFanscount 方法，此方法在之前的 6.3.4 节中的添加粉丝接口中曾经提及，作用是当用户粉丝数发生变化时更新 notice 表中的通知信息。

回到 noticeAction 方法，在获取到通知消息之后，我们还需要做一个动作，那就是把这条消息标记成已读。这个逻辑需要通过 DAO 类 Core_Notice 中的 setRead 方法来操作，此方法的逻辑可参考代码清单 6-51。

代码清单 6-51

```
    class Core_Notice extends Demos_Dao_Core
    {
    ...
        public function setRead ($customerId) {
            $sql = $this->select()->from($this->t1, '*')
                ->where("customerid = ?", $customerId)
                ->where("status = 0");

            $row = $this->dbr()->fetchRow($sql);
            if ($row) {
                $this->update(array(
```

```
                'id'            => intval($row['id']),
                'status'        => 1
            ));
        }
    }
...
}
```

在设置完消息已读标志之后，获取通知接口的逻辑就已经完成了，代码清单 6-52 就是一个完整返回的示例，我们可以注意到 result 字段里面包含了一个 Notice 模型对象，该对象的消息提示内容是“你有 1 个新粉丝，请速回查看：)”，也就是我们在 global.message.php 中配置的文本信息。

代码清单　6-52

```
{
    "code":"10000",
    "message":"Get notification ok",
    "result":{
        "Notice":{
            "id":2,
            "message":"你有 1 个新粉丝，请速回查看:)"
        }
    }
}
```

此外，在获取不到未读消息的情况下，程序都会返回 14013 错误消息，提示为“Get notification failed”，即“获取通知失败”，如代码清单 6-53 所示。

代码清单　6-53

```
{
    "code":"14013",
    "message":"Get notification failed",
    "result":""
}
```

6.8　Web 版接口

在传统的 Android 应用开发思路中，服务端负责逻辑处理，客户端负责界面展示，也就是我们之前所介绍的方式。但是实际上，Android 应用框架还支持另外一种开发模式，也就是把网页直接嵌入到应用中去，此类页面我们称之为“Web 版接口”。本书的微博实例也提供了几个 Web 版接口作为示例，下面我们来逐个分析一下。

首先我们需要知道，之前我们介绍的 API 接口的站点地址是 http://127.0.0.1:8001（详见应用配置文件 etc/app.config.php），而 Web 版接口的站点地址则是 http://127.0.0.1:8002（只是端口不同），其脚本文件的存放位置（即 Apache 的站点目录）和 API 接口也不一样，是存放在 www/website/ 目录之下的。另外，Web 版接口不需要通过调试接口来访问，我们打开浏览器输入 URL 地址即可，比如我们直接输入站点地址就可以打开默认首页 index.php 文件，效果如图 6-5 所示。

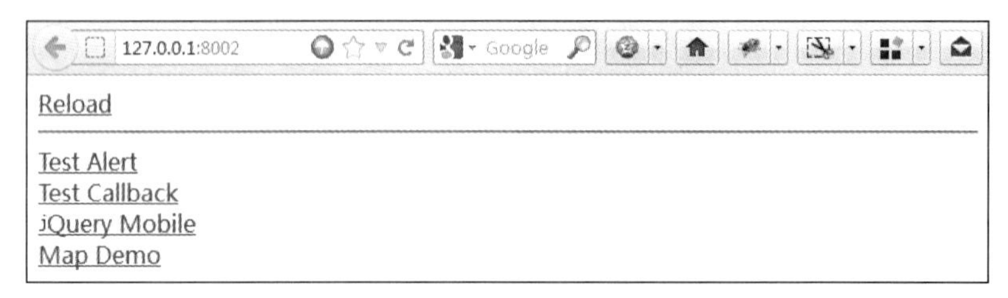

图 6-5　Web 版接口页面

我们可以看到首页中有 5 个链接，前面 3 个是给 Android 客户端回调测试用的，这部分内容请参考 7.11.4 节；后面 2 个分别是“网页界面示例”和“网页地图示例”的入口链接，下面我们分别来介绍一下。

6.8.1　Web 版 UI 界面（jQuery Mobile）

对于网页形式的 Android 应用开发来说，大部分的界面是以 HTML 标签来编写的。虽然手机版的 HTML 的大部分用法和网页中的 HTML 是一样的，但是，还是有很多细节需要我们在实际开发过程中慢慢理解掌握，特别需要注意的是多种设备、多种浏览器之间的兼容性问题。由于篇幅原因，本书只会对网页版移动应用开发这部分内容做简单介绍，以下是最基本的 HTML 页面模板的样例，如代码清单 6-54 所示。

代码清单　6-54

```
<!DOCTYPE html>
<html>
<head>
    <meta charset="utf-8">
    <meta name="viewport" content="user-scalable=no, width=device-width, initial-scale=1.0">
   ...
</head>
<body>
   ...
</body>
</html>
```

在开发过程中，大部分的网页界面都会套用以上的 HTML 模板来进行开发，该模板的语法和框架比较简单，读者可以自学并理解。另外，在上面的页面模板样例中，需要注意两个 meta 标签的意义，第一个 meta 标签中的 charset 表示的是界面的字符集，考虑到兼容性问题，我们一般都会选择 utf-8 字符集；第二个 meta 标签中 viewport 的写法含义是让网页移动设备中显示不支持缩放，否则界面就乱了。

另外，给大家推荐一个现成的制作 Web 版应用界面的“利器”，也就是 jQuery Mobile 开发组件。jQuery 这个大名鼎鼎的 JavaScript 开发工具包对于互联网开发人员来说应该是耳熟能详了；在移动应用大行其道的今天，jQuery 团队又给我们奉献了 jQuery Mobile 这个制作 Web 版应用 UI 界面的强大工具，下面我们来了解一下其主要优点。

1. 效果绚丽

对于 Web 版应用 UI 来说，jQuery Mobile 的界面算是相当出彩的，特别是最新版的 jQuery Mobile 中，加入了更流畅的界面渐变，完善了 UI 组件的细节，让用户体验更上一层楼。大家可以访问它的官网 http://jquerymobile.com 来亲自体验一下。

2. 组件丰富

从官方网站上的 Demo 中我们可以看到 jQuery Mobile 提供了几乎所有移动应用中所能够使用到的 UI 组件。另外，jQuery 团队别出心裁地把文档与 Demo 结合起来，让我们学习起来更加方便、高效。

3. 兼容性好

兼容性是我们使用 Web 版 Web 界面的主要目的之一，jQuery Mobile 比较好地兼容了 Android、Apple iOS、Windows Phone 以及 Blackberry 等目前比较主流的移动操作系统，甚至还包括各种操作系统中不同型号的设备，包括 Phone 和 Pad 等。所以使用 jQuery Mobile 可以在很大程度上减轻我们这方面的压力和风险。

回到本书的实例中，我们已经把 jQuery Mobile 1.0 版本整合进来了，点击首页（如图 6-5 所示）中的 jQuery Mobile 链接我们就可以看到以下的 Web 版的 Demo 界面（如图 6-6 所示），大家可以把这个 Demo 当做实例来学习，也可以作为文档来参考。

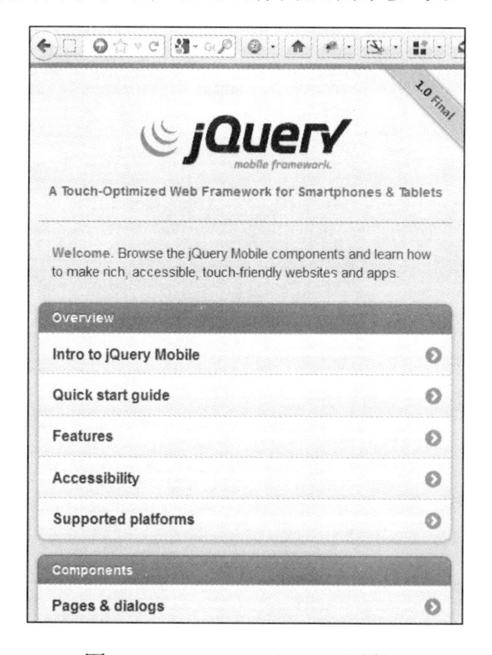

图 6-6　jQuery Mobile 1.0 界面

由于篇幅原因，我们没有办法详细地介绍 jQuery Mobile 的用法，有兴趣的读者可以访问官网来获取更多的信息。虽然 Web 版应用可以很大程度上减少移动应用 UI 界面开发的成本，但是 HTML 毕竟不是原生的，而是建立在浏览器之上的，在运行效率以及一些特殊效果方面还是无法替代使用 Android 应用框架来进行 UI 界面开发。此外，本书实例还是偏重于传统的移动互联网应用开发方式，即服务端来提供 API 接口，客户端负责 UI 界面的方式。

6.8.2 Web 版地图接口

除了 Web 版基础 UI 界面之外，本书实例还给大家准备了一个 Web 版地图接口的示例，点击首页（如图 6-5 所示）中的 Map Demo 链接我们就可以看到如图 6-7 所示的 Web 版地图页面。该地图示例使用的是 Google Map 服务提供的 JavaScript 版的 API，当然这里只是使用了最基础的 API 接口，关于 Google Map API 的详细信息可参考官方网站，地址是 https://developers.google.com/maps/。

图 6-7 Web 版地图页面

从网页截图中我们可以看到，以上的地图是以上海市陆家嘴地区为中心来展示的，缩放比例的等级大约在中间位置，下面我们将通过代码讲解其实现原理。该示例所对应的 php 脚本文件是 www/website/gomap.php，如代码清单 6-55 所示。

代码清单 6-55

```
<html>
<head>
<meta http-equiv="content-type" content="text/html; charset=UTF-8"/>
<meta name="viewport" content="user-scalable=no, width=device-width, initial-scale=1.0" />
<title>Simple V3 Map for Android</title>
<script type="text/javascript" src="http://maps.google.com/maps/api/js?sensor=true"></script>
<script type="text/javascript">
var map;
function initialize() {
```

```
    var latitude = 0;
    var longitude = 0;
    // 获取设备经纬度
    if (window.android){
        latitude = window.android.getLatitude();
        longitude = window.android.getLongitude();
    // 设置默认经纬度(上海陆家嘴)
    } else {
        latitude = 31.235087;
        longitude = 121.506656;
    }
    // Google Map 配置对象
    var myLatlng = new google.maps.LatLng(latitude,longitude);
    var myOptions = {
        zoom: 13,
        center: myLatlng,
        mapTypeId: google.maps.MapTypeId.ROADMAP
    }
    map = new google.maps.Map(document.getElementById("map_canvas"), myOptions);
}
// 供Android客户端回调
function centerAt(latitude, longitude){
    myLatlng = new google.maps.LatLng(latitude,longitude);
    map.panTo(myLatlng);
}
</script>
</head>
<body style="margin:0px; padding:0px;" onload="initialize()">
    <div id="map_canvas" style="width:100%; height:100%"></div>
</body>
</html>
```

地图示例的HTML代码很简单，body部分只有一个id为map_canvas的div层，我们通过body标签中的onload事件（也就是initialize方法）来控制map_canvas层的显示。在initialize方法中，我们使用window.android对象来获取经纬度，如果获取不到则会使用上海市陆家嘴地区的经纬度来替代。然后将获取的配置信息都设置到Google Map配置对象，即myOptions变量中，最后创建google.maps.Map对象将地图展示到map_canvas层之上。

另外，代码中的centerAt方法的作用是设置地图的中心点，是用来给Android客户端回调的。当此界面被Android应用的内嵌浏览器加载时，客户端程序可以通过回调该方法来设置地图的中心点，有关用法请参考7.11.5节中的内容。

6.9 小结

本章介绍了使用PHP语言进行服务端开发的入门知识，让大家对基于Hush Framework服务端框架的开发、调试以及文档生成方法有了一定的了解。然后，按照微博应用的功能模块划分，依次介绍了验证接口、用户接口、微博接口、评论接口、图片接口以及通知接口，这些接口的逻辑几乎涵盖了微博应用所有的功能。最后，还特别介绍了使用 Web 方式来实现服务端接口的方法。

本章内容包含了大量的 PHP 代码实例，内容覆盖了使用 PHP MVC 框架进行服务端开发的方方面面。通过学习和理解，我们会发现使用基于 Hush Framework 的微博服务端框架进行开发还是非常方便的。当然如果大家有兴趣，也可以尝试使用其他的 PHP 框架甚至是其他语言来实现，原则上只需要保证接口逻辑和 JSON 返回一致。

第 7 章　客户端开发

第 6 章中我们已经把微博实例应用的服务端接口准备好了，接下来需要介绍的就是微博实例应用客户端开发部分的内容了。本章是本书的最为核心的内容之一，不仅详细介绍了微博实例应用客户端的编码实现，也包含了使用 Android 应用框架进行移动互联网应用开发的绝大部分重要知识，希望大家重视本章。

开始阅读本章内容之前必须具备两个条件：一是已经把第 2 章中的 Android 开发基础知识全部掌握，二是已经完全理解第 5 章中关于客户端程序和界面架构部分的内容；否则，我们一定没有办法顺利地学好本章的 Android 客户端开发的内容。所以，如果你对自己的基础还没有信心，请先返回对应的章节进行复习。

由于本章的内容比较多，因此在阅读之前我们先要梳理一下各章节的层次结构。7.1 节中首先介绍了 Android 客户端开发的基础知识，包括应用配置文件的介绍，以及常规程序开发与调试的方法；然后在 7.2 节中介绍了客户端 UI 界面开发的相关内容；接着从 7.3 节到 7.5 节介绍的是微博客户端程序框架中公用部分的内容，比如网络通信、异步任务以及全局功能；从 7.6 节往后就是对微博客户端主要 UI 界面代码的详细解析，这里我们不仅可以看到各种 Android 组件以及 UI 控件的实际用法，还可以学到更多高级的界面布局技巧以及代码封装经验。

7.1　开发入门

在开始 Android 客户端编程之前，我们还需要了解一些实际开发中需要的准备事项。其实通过对本书第 2 章内容的学习，我们已经具备了 Android 编程开发的基础理论知识，并且也学习创建了自己第一个 Android 项目 Hello World；但是理论还需要通过实践来证明，接下来我们就开始通过微博实例应用的编程实现过程来实践 Android 应用开发之道。

7.1.1　开发思路梳理

在 2.10.2 节中，我们已经创建了自己的首个 Android 项目 Hello World，并且在模拟器上成功编译并执行了，对于 Android 应用开发的基本流程已经有了一定的了解，但是现在我们面对的是比 Hello World 项目复杂得多的微博应用，到底应该怎样入手呢？接下来我们来梳理一下开发的思路。

众所周知，微博应用必然是建立在 Android 应用框架之上的；因此，我们可以先按照 MVC 的设计思路来构造一下 Android 应用框架。首先是模型层（Model），由于与实际项目的功能模块结合得比较紧密，Android应用框架中不会提供任何针对模型层的支持，因此这部分功能需要我们自己实现；而视图层（View）则是Android应用框架重点支持的功能，这部分内容我们就不需要自己实现了，只需要按照Android应用框架的套路来执行即可；至于控制器层（Controller），虽然Android应用框架已经为我们准备了丰富的组件，但是我们还是需要进行必要的封装，让日后的开发工作更加轻松。其实，之前的5.2节中已经介绍过本书微博实例将会使用到的基础框架，后面我们将通过微博实例的各个功能的实现来逐步介绍该基础框架的使用。

通过前面对微博应用开发思路的分析，并参考Hello World项目的开发思路，我们可以大致定义出开发微博应用客户端所需要进行的几个步骤，细节如下。

1. 创建初始项目

按照与Hello World项目相同的步骤，创建微博应用的Android基础项目代码，定义项目名（app-demos-client）、应用名（demos）以及包名（com.app.demos），并指定一个入口活动控制器（Activity）。

2. 创建基础类库

按照5.2节中我们对程序基础框架结构的设计，在项目的src/源代码目录下依次建立起对应的包目录，如com.app.demos.base（核心基础类包）、com.app.demos.util（核心工具类包）等，并实现其中最核心的基础类，比如界面控制器基类（BaseUi）、模型基类（BaseModel）以及列表组件基类（BaseList）等。

3. 实现应用逻辑

基于基础类库实现具体的功能逻辑、Activity界面控制器、Service服务组件以及测试用例等。同时还需要根据原型设计来实现应用的UI界面，把微博应用的逻辑前后串联起来。

4. 修改应用配置

把界面控制器、服务组件等都添加到应用配置文件（Android-Manifest.xml）中去，然后发布到模拟器上进行测试和优化。

但是，微博应用实例项目的讲解方式与之前的Hello World项目不同。因为本实例的代码比较复杂，在没有太多开发经验的情况下，如果采用之前的讲解方式，按照代码实现的步骤来讲，很难把实例代码的来龙去脉讲清楚。因此，本书推荐读者通过阅读源代码的方式，结合本章的内容，逐步学习和掌握Android客户端开发的内容。在对客户端实例源代码理解透彻的基础之上再动手实践，这样学习效果才会比较好。

另外，本书附带的资源中已经包含了微博实例客户端的完整源代码，大家只需要通过Eclipse工具的导入（Import）选项来把整个项目导入到开发环境中即可使用，源码安装的具体方法可参考附录B中的内容。成功导入后，我们会在Eclipse的项目浏览界面中发现微博客户端（app-demos-client）和微博服务端（app-demos-server）两个项目，Eclipse的界面截图如图7-1所示。

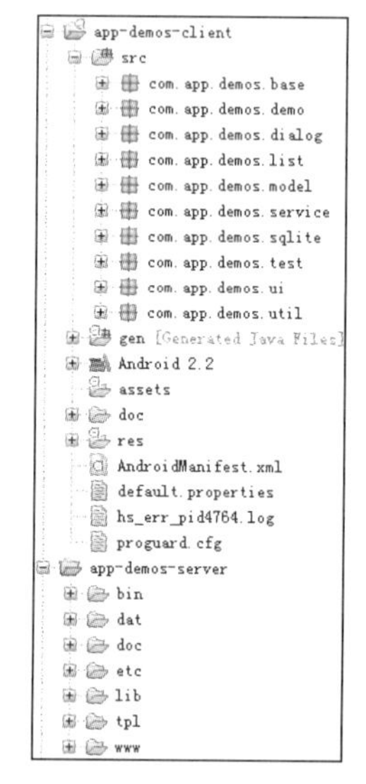

图7-1 微博实例项目代码

如果你准备动手来逐步实现微博应用的客户端部分，可以参考图 7-1 中所示的 app-demos-client 项目的类包结构来实施，这些类包的定义和作用我们在 5.2 节中已经设计好了，具体说明请参考表 5-2。在本章后面的内容中，我们会把微博应用客户端的各个功能模块和 UI 界面的相关内容分解开来，逐个进行介绍，我们可以把每个部分当做独立的实例来学习，这些内容覆盖 Android 应用开发中的方方面面。在理想状态下，通过本章内容的学习，我们可以逐步熟悉 Android 应用开发，进而形成自己成熟的开发思路。

7.1.2　掌握应用配置文件

想要使用 Android 应用框架来进行开发，首先必须掌握 Android 应用配置文件（AndroidManifest.xml）的用法。每个 Android 应用都必须有一个应用配置文件，该文件主要包含了 Android 应用中必不可少的配置信息，比如应用的基础配置、权限配置以及组件配置（包括 Android 四大组件）等。代码清单 7-1 中就是一个标准 AndroidManifest 文件的样例，接下来我们将以其为参照，认识一下应用配置文件的用法。

代码清单　7-1

```
<?xml version="1.0" encoding="utf-8"?>

<manifest>

    <!-- 基本配置 -->
    <uses-permission />
    <permission />
    <permission-tree />
    <permission-group />
    <instrumentation />
    <uses-sdk />
    <uses-configuration />
    <uses-feature />
    <supports-screens />
    <compatible-screens />
    <supports-gl-texture />

    <!-- 应用配置 -->
    <application>

        <!-- Activity 配置 -->
        <activity>
            <intent-filter>
                <action />
                <category />
                <data />
            </intent-filter>
            <meta-data />
        </activity>

        <activity-alias>
```

```
            <intent-filter> . . . </intent-filter>
            <meta-data />
        </activity-alias>

        <!-- Service 配置 -->
        <service>
            <intent-filter> . . . </intent-filter>
            <meta-data/>
        </service>

        <!-- Receiver 配置 -->
        <receiver>
            <intent-filter> . . . </intent-filter>
            <meta-data />
        </receiver>

        <!-- Provider 配置 -->
        <provider>
            <grant-uri-permission />
            <meta-data />
        </provider>

        <!-- 所需类库配置 -->
        <uses-library />

    </application>

</manifest>
```

从配置清单7-1中的示例代码中，我们可以看出Android配置文件采用XML作为描述语言，每个XML标签都有不同的含义，大部分的配置参数都放在标签的属性中。下面我们便按照以上配置文件样例中的先后顺序来学习Android配置文件中主要元素与标签的用法。

1. <manifest/>标签

<manifest/>标签是AndroidManifest.xml配置文件的根元素，必须包含一个<application/>元素并且指定xlmns:android和package属性。xlmns:android指定了Android的命名空间，默认情况下是“http://schemas.android.com/apk/res/android”；而package是标准的应用包名，也是一个应用进程的默认名称，以本书微博应用实例中的包名为例，即“com.app.demos”就是一个标准的Java应用包名，我们为了避免命名空间的冲突，一般会以应用的域名来作为包名。当然还有一些其他常用的属性需要注意一下，比如android:versionCode是给设备程序识别版本用的，必须是一个整数值代表app更新过多少次；而android:versionName则是给用户查看版本用的，需要具备一定的可读性，比如“1.0.0”这样的。<manifest/>标签的语法范例如代码清单7-2所示。

代码清单 7-2

```
<manifest xmlns:android="http://schemas.android.com/apk/res/android"
    package="string"
    android:sharedUserId="string"
    android:sharedUserLabel="string resource"
```

```
    android:versionCode="integer"
    android:versionName="string"
    android:installLocation=["auto" | "internalOnly" | "preferExternal"] >
...
</manifest>
```

2. <uses-permission/> 标签

为了保证 Android 应用的安全性，应用框架制定了比较严格的权限系统，一个应用必须声明了正确的权限才可以使用相应的功能。例如，我们需要让应用能够访问网络，就需要为应用配置“android.permission.INTERNET”权限，而如果要使用设备的相机功能，则需要设置“android.permission.CAMERA”权限等。<uses-permission/> 就是我们最经常使用的权限设定标签，我们通过设定 android:name 属性来声明相应的权限名，比如在微博应用实例中，我们就是根据应用的所需功能声明了对应的权限，相关代码如代码清单 7-3 所示。

代码清单　7-3

```
<manifest ...>
...
    <!-- 网络相关功能 -->
    <uses-permission android:name="android.permission.INTERNET" />
    <uses-permission android:name="android.permission.ACCESS_NETWORK_STATE" />
    <uses-permission android:name="android.permission.ACCESS_COARSE_LOCATION" />
    <uses-permission android:name="android.permission.ACCESS_FINE_LOCATION" />
    <!-- 读取电话状态 -->
    <uses-permission android:name="android.permission.READ_PHONE_STATE"/>
    <!-- 通知相关功能 -->
    <uses-permission android:name="android.permission.VIBRATE" />
...
</manifest>
```

3. <permission/> 标签

这是权限声明标签，定义了应用需要的具体权限。通常情况下我们不需要为自己的应用程序声明某个权限，除非需要给其他应用程序提供可调用的代码或者数据，这个时候你才需要使用 <permission/> 标签。该标签中提供了 android:name（权限名标签）、android:icon（权限图标）以及 android:description（权限描述）等属性，另外还可以和 <permission-group/> 以及 <permission-tree/> 配合使用来构造更有层次的、更有针对性的权限系统。<permission/> 标签语法范例如代码清单 7-4 所示。

代码清单　7-4

```
<permission android:description="string resource"
    android:icon="drawable resource"
    android:label="string resource"
    android:name="string"
    android:permissionGroup="string"
    android:protectionLevel=["normal" | "dangerous" | "signature" | "signatureOrSystem"] />
```

4. <instrumentation/> 标签

此标签用于声明 Instrumentation 测试类来监控 Android 应用的行为并应用到相关的功能测试中，其中比较重要的属性有：android:functionalTest（测试功能开关）、android:handleProfiling（profiling 调试功能开关）、android:targetPackage（测试用例目标对象）等。另外，我们需要注意的是 Instrumentation 对象是在应用程序的组件之前被实例化的，这点在组织测试逻辑的时候需要被考虑到。<instrumentation/> 标签语法范例如代码清单 7-5 所示。

代码清单 7-5

```
<instrumentation android:functionalTest=["true" | "false"]
    android:handleProfiling=["true" | "false"]
    android:icon="drawable resource"
    android:label="string resource"
    android:name="string"
    android:targetPackage="string" />
```

5. <uses-sdk/> 标签

此标签用于指定 Android 应用中所需要使用的 SDK 的版本，比如我们的应用必须运行于 Android 2.0 以上版本的系统 SDK 之上，那么就需要指定应用支持最小的 SDK 版本数为 5；当然，每个 SDK 版本都会有指定的整数值与之对应，比如我们最常用的 Android 2.2.x 的版本数是 8。而且，除了可以指定最低版本之外，<uses-sdk/> 标签还可以指定最高版本和目标版本，语法范例如代码清单 7-6 所示。

代码清单 7-6

```
<uses-sdk android:minSdkVersion="integer"
    android:targetSdkVersion="integer"
    android:maxSdkVersion="integer" />
```

6. <uses-configuration/> 与 <uses-feature/> 标签

这两个标签都是用于描述应用所需要的硬件和软件特性，以便防止应用在没有这些特性的设备上安装。<uses-configuration/> 标签中，比如有些设备带有 D-pad 或者 Trackball 这些特殊硬件，那么 android:reqFiveWayNav 属性就需要设置为 true；如果有一些设备带有硬件键盘，android:reqHardKeyboard 也需要被设置为 true。另外，如果设备需要支持蓝牙，我们可以使用 <uses-feature android:name="android.hardware.bluetooth"/> 来支持这个功能。这两个标签主要用于支持一些特殊的设备中的应用，它们的语法范例见代码清单 7-7。

代码清单 7-7

```
<uses-configuration android:reqFiveWayNav=["true" | "false"]
    android:reqHardKeyboard=["true" | "false"]
    android:reqKeyboardType=["undefined" | "nokeys" | "qwerty" | "twelvekey"]
    android:reqNavigation=["undefined" | "nonav" | "dpad" | "trackball" | "wheel"]
    android:reqTouchScreen=["undefined" | "notouch" | "stylus" | "finger"] />

<uses-feature android:name="string"
    android:required=["true" | "false"]
    android:glEsVersion="integer" />
```

7. <uses-library/> 标签

此标签通常用于指定 Android 应用使用的外部用户库，除了系统自带的 android.app、android.content、android.view 和 android.widget 这些默认类库之外，有些应用可能还需要一些其他的 Java 类库作为支持，这种情况下我们就可以使用 <uses-library/> 标签让 ClassLoader 加载其类库供 Android 应用运行时用。<uses-library/> 标签的用法很简单，使用范例如代码清单 7-8 所示。

代码清单 7-8

```
<uses-library android:name="string"
    android:required=["true" | "false"] />
```

小贴士： 当运行 Java 程序时，首先运行 JVM（Java 虚拟机），然后再把 Java 类加载到 JVM 里运行，负责加载 Java 类的这部分就叫作 ClassLoader。当然，ClassLoader 是由多个部分构成的，每个部分都负责相应的加载工作。当运行一个程序的时候，JVM 启动，运行 BootstrapClassLoader，该 ClassLoader 加载 Java 核心 API（ExtClassLoader 和 AppClassLoader 也在此时被加载），然后调用 ExtClassLoader 加载扩展 API，最后 AppClassLoader 加载 CLASSPATH 目录下定义的 Class，这就是一个 Java 程序最基本的加载流程。

8. <supports-screens/> 标签

对于一些应用或者游戏来说，只能支持某些屏幕大小的设备或者在某些设备中的效果比较好，这时我们就会使用 <supports-screens/> 标签来指定支持的屏幕特征。其中比较重要的属性包括：android:resizeable（屏幕自适应属性）、android:smallScreens（小屏支持属性）、android:normalScreens（中屏支持属性）、android:largeScreens（大屏支持属性）和 android:xlargeScreens（特大屏支持属性），android:anyDensity（按屏幕渲染图像属性），以及 android:requiresSmallestWidthDp（最小屏幕宽度属性）等。<supports-screens/> 标签的语法范例如代码清单 7-9 所示。

代码清单 7-9

```
<supports-screens android:resizeable=["true"| "false"]
    android:smallScreens=["true" | "false"]
    android:normalScreens=["true" | "false"]
    android:largeScreens=["true" | "false"]
    android:xlargeScreens=["true" | "false"]
    android:anyDensity=["true" | "false"]
    android:requiresSmallestWidthDp="integer"
    android:compatibleWidthLimitDp="integer"
    android:largestWidthLimitDp="integer"/>
```

9. <application/> 标签

此标签是应用配置的根元素，位于 <manifest/> 下层，包含所有与应用有关配置的元素，其属性可以作为子元素的默认属性，常用的属性包括：android:label（应用名）、android:icon（应用图标）、android:theme（应用主题）等。当然，<application/> 标签还提供了其他丰富的配置属性，由于篇幅原因就不列举了，大家可以打开 Android SDK 文档来进一步学习，语法范例见代码清单 7-10。

代码清单 7-10

```
<application android:allowTaskReparenting=["true" | "false"]
    android:backupAgent="string"
    android:debuggable=["true" | "false"]
    android:description="string resource"
    android:enabled=["true" | "false"]
    android:hasCode=["true" | "false"]
    android:hardwareAccelerated=["true" | "false"]
    android:icon="drawable resource"
    android:killAfterRestore=["true" | "false"]
    android:label="string resource"
    android:logo="drawable resource"
    android:manageSpaceActivity="string"
    android:name="string"
    android:permission="string"
    android:persistent=["true" | "false"]
    android:process="string"
    android:restoreAnyVersion=["true" | "false"]
    android:taskAffinity="string"
    android:theme="resource or theme" >
...
</application>
```

10. <activity/> 标签

此标签是 Activity 活动组件（即界面控制器组件）的声明标签，Android 应用中的每一个 Activity 都必须在 AndroidManifest.xml 配置文件中声明，否则系统将不识别也不执行该 Activity。<activity/> 标签中常用的属性有：android:name（Activity 对应类名）、android:theme（对应主题）、android:launchMode（加载模式）（详见 2.3.4 节）、android:windowSoftInputMode（键盘交互模式）等，其他的属性用法大家可以参考 Android SDK 文档学习。另外，<activity/> 标签可以包含用于消息过滤的 <intent-filter/> 元素，当然还可以包含用于存储预定义数据的 <meta-data/> 元素。<activity/> 标签的语法范例见代码清单 7-11。

代码清单 7-11

```
<activity android:allowTaskReparenting=["true" | "false"]
    android:alwaysRetainTaskState=["true" | "false"]
    android:clearTaskOnLaunch=["true" | "false"]
    android:configChanges=["mcc", "mnc", "locale",
        "touchscreen", "keyboard", "keyboardHidden",
        "navigation", "orientation", "screenLayout",
        "fontScale", "uiMode"]
    android:enabled=["true" | "false"]
    android:excludeFromRecents=["true" | "false"]
    android:exported=["true" | "false"]
    android:finishOnTaskLaunch=["true" | "false"]
    android:hardwareAccelerated=["true" | "false"]
    android:icon="drawable resource"
    android:label="string resource"
```

```
        android:launchMode=["multiple" | "singleTop" | "singleTask" | "singleInstance"]
        android:multiprocess=["true" | "false"]
        android:name="string"
        android:noHistory=["true" | "false"]
        android:permission="string"
        android:process="string"
        android:screenOrientation=["unspecified" | "user" | "behind" |
            "landscape" | "portrait" |
            "sensor" | "nosensor"]
        android:stateNotNeeded=["true" | "false"]
        android:taskAffinity="string"
        android:theme="resource or theme"
        android:windowSoftInputMode=["stateUnspecified",
            "stateUnchanged", "stateHidden",
            "stateAlwaysHidden", "stateVisible",
            "stateAlwaysVisible", "adjustUnspecified",
            "adjustResize", "adjustPan"] >
    ...
    </activity>
```

11. <activity-alias/> 标签

此标签是Activity组件别名的声明标签，简单来说就是Activity的快捷方式，属性android:targetActivity表示的就是其相关的Activity名，当然必须是前面已经声明过的Activity。除此之外，其他比较常见的属性有：android:name（Activity别名名称）、android:enabled（别名开关）、android:permission（权限控制）等。另外，我们还需要注意的是，Activity别名也是一个独立的Activity，可以拥有自己的<intent-filter/>和<meta-data/>元素，其语法范例如代码清单7-12所示。

代码清单 7-12

```
    <activity-alias android:enabled=["true" | "false"]
        android:exported=["true" | "false"]
        android:icon="drawable resource"
        android:label="string resource"
        android:name="string"
        android:permission="string"
        android:targetActivity="string" >
    ...
    </activity-alias>
```

12. <intent-filter/> 与 <action/>、<category/>、<data/> 标签

<intent-filter/>标签常用于Intent消息过滤器的声明。在前面的2.3.2节中，我们已经对Android应用框架中的Intent消息做了比较详细的介绍，了解到Intent消息对于Android应用系统来说是非常重要的“粘合剂”。<intent-filter/>元素可以放在<activity/>、<activity-alias/>、<service/>和<receiver/>元素标签中，来区分可用于处理消息的Activity控制器、Service服务和广播接收器（Broadcast Receiver）。另外，我们知道Intent消息还包含名称、动作、数据、类别等几个重要属性。这点与该标签的写法也有一定的关系，比如<intent-filter/>中必须包含

<action/> 元素，即用于描述具体消息的名称；<category/> 标签则用于表示能处理消息组件的类别，即该 Action 所符合的类别；而 <data/> 元素则用于描述消息需要处理的数据格式，我们甚至还可以使用正则表达式来限定数据来源。当然，这些元素和标签的具体用法我们还需要慢慢学习，代码清单 7-13 是标准 <intent-filter/> 元素标签的语法范例。

代码清单 7-13

```
<intent-filter android:icon="drawable resource"
    android:label="string resource"
    android:priority="integer" >
    <action android:name="string" />
    <category android:name="string" />
    <data android:host="string"
        android:mimeType="string"
        android:path="string"
        android:pathPattern="string"
        android:pathPrefix="string"
        android:port="string"
        android:scheme="string" />
</intent-filter>
```

13. <meta-data/> 标签

此标签用于存储预定义数据，和 <intent-filter/> 类似，<meta-data/> 也可以放在 <activity/>、<activity-alias/>、<service/> 和 <receiver/> 这四个元素标签中。Meta 数据一般会以键值对的形式出现，个数没有限制，而这些数据都将被放到一个 Bundle 对象中，在程序中，我们就可以使用 ActivityInfo、ServiceInfo 甚至 ApplicationInfo 对象的 metaData 属性进行读取。假设我们在一个 Activity 中定义了一个 <meta-data/> 元素，定义语法如代码清单 7-14 所示。

代码清单 7-14

```
<activity...>
    <meta-data android:name="testData" android:value="Test Meta Data"></meta-data>
</activity>
```

在程序代码中，我们可以使用代码清单 7-15 中的代码来获取 Meta 数据的值。由于之前的 Meta 数据是定义在 Activity 元素中，所以这里我们使用 getActivityInfo 方法来获取 ActivityInfo 对象。类似的，我们还可以使用 getServiceInfo 或者 getApplicationInfo 方法来获得相应组件对象中的数据。

代码清单 7-15

```
...
ActivityInfo info = this.getPackageManager()
    .getActivityInfo(getComponentName(), PackageManager.GET_META_DATA);
String testData = info.metaData.getString("testData");
System.out.println("testData:" + testData);
...
```

14. <service/> 标签

此标签是服务组件（Service）的声明标签，用于定义与描述一个具体的 Android 服务，主要属性有：android:name（Service 服务类名）、android:icon（服务图标）、android:label（服务描述）以及 android:enabled（服务开关）等。关于 Service 服务组件的概念和用法请参考 2.4.2 节的内容，代码清单 7-16 是 <service> 标签的语法范例。

代码清单　7-16

```
<service android:enabled=["true" | "false"]
    android:exported=["true" | "false"]
    android:icon="drawable resource"
    android:label="string resource"
    android:name="string"
    android:permission="string"
    android:process="string" >
...
</service>
```

15. <receiver/> 标签

此标签是广播接收器组件（Broadcast Receiver）的声明标签，用于定义与描述一个具体的 Android 广播接收器，其主要属性和 <service> 标签有些类似，主要包括：android:name（Broadcast Receiver 接收器类名）、android:icon（接收器图标）、android:label（接收器描述）以及 android:enabled（接收器开关）等。关于 Broadcast Receiver 广播接收器组件的概念和用法请参考 2.4.3 节的内容，<receiver> 标签的语法范例见代码清单 7-17。

代码清单　7-17

```
<receiver android:enabled=["true" | "false"]
    android:exported=["true" | "false"]
    android:icon="drawable resource"
    android:label="string resource"
    android:name="string"
    android:permission="string"
    android:process="string" >
...
</receiver>
```

16. <provider/> 与 <grant-uri-permission/> 标签

<provider/> 标签是另一个“四大组件”，内容提供者组件（Content Provider）的声明标签。关于内容提供者组件的概念和用法请参考 2.4.4 节的内容，不再赘述。<provider/> 标签除了和其他组件相同的 android:name、android:icon 和 android:label 等基础属性之外，还提供了用于支持其功能的特殊属性，如：内容提供者标识名称 android:authorities，对指定 URI 授予权限标识 android:grantUriPermission 以及具体的读、写权限，即 android:readPermission 和 android:writePermission 等。当然，这些属性的具体用法我们还需要慢慢学习，<provider/> 标签的语法范例见代码清单 7-18。

代码清单 7-18

```
<provider android:authorities="list"
    android:enabled=["true" | "false"]
    android:exported=["true" | "false"]
    android:grantUriPermissions=["true" | "false"]
    android:icon="drawable resource"
    android:initOrder="integer"
    android:label="string resource"
    android:multiprocess=["true" | "false"]
    android:name="string"
    android:permission="string"
    android:process="string"
    android:readPermission="string"
    android:syncable=["true" | "false"]
    android:writePermission="string" >
...
</provider>
```

认识 AndroidManifest.xml 应用配置文件的基础用法之后，我们来解读一下本书微博应用客户端项目的配置文件，相关 XML 代码如代码清单 7-19 所示。

代码清单 7-19

```
<?xml version="1.0" encoding="utf-8"?>
<manifest xmlns:android="http://schemas.android.com/apk/res/android"
   package="com.app.demos" android:versionCode="1" android:versionName="1.0">
   <application android:name=".base.BaseApp"
        android:icon="@drawable/icon" android:label="@string/app_name">
        <!-- Activity defines -->
        <activity android:name=".ui.UiLogin"
             android:theme="@style/com.app.demos.theme.login">
             <intent-filter>
                  <action android:name="android.intent.action.MAIN" />
                  <category android:name="android.intent.category.LAUNCHER" />
             </intent-filter>
        </activity>
        <activity android:name=".ui.UiIndex"
             android:theme="@style/com.app.demos.theme.light">
             <intent-filter>
                  <action android:name="android.intent.action.VIEW" />
                  <category android:name="android.intent.category.DEFAULT" />
             </intent-filter>
        </activity>
        <activity android:name=".ui.UiBlog"
             android:theme="@style/com.app.demos.theme.light">
             <intent-filter>
                  <action android:name="android.intent.action.VIEW" />
                  <category android:name="android.intent.category.DEFAULT" />
             </intent-filter>
        </activity>
        <activity android:name=".ui.UiBlogs"
```

```
            android:theme="@style/com.app.demos.theme.light">
            <intent-filter>
                <action android:name="android.intent.action.VIEW" />
                <category android:name="android.intent.category.DEFAULT" />
            </intent-filter>
        </activity>
        <activity android:name=".ui.UiConfig"
            android:theme="@style/com.app.demos.theme.light">
            <intent-filter>
                <action android:name="android.intent.action.VIEW" />
                <category android:name="android.intent.category.DEFAULT" />
            </intent-filter>
        </activity>
        <activity android:name=".ui.UiEditText"
            android:theme="@style/com.app.demos.theme.light"
            android:windowSoftInputMode="stateVisible|adjustResize"
            android:launchMode="singleTop">
            <intent-filter>
                <action android:name="com.app.demos.EDITTEXT" />
                <action android:name="android.intent.action.VIEW" />
                <category android:name="android.intent.category.DEFAULT" />
            </intent-filter>
        </activity>
        <activity android:name=".ui.UiEditBlog"
            android:theme="@style/com.app.demos.theme.light"
            android:windowSoftInputMode="stateVisible|adjustResize"
            android:launchMode="singleTop">
            <intent-filter>
                <action android:name="com.app.demos.EDITBLOG" />
                <action android:name="android.intent.action.VIEW" />
                <category android:name="android.intent.category.DEFAULT" />
            </intent-filter>
        </activity>
        <activity android:name=".ui.UiSetFace"
            android:theme="@style/com.app.demos.theme.light"
            android:launchMode="singleTop">
            <intent-filter>
                <action android:name="android.intent.action.VIEW" />
                <category android:name="android.intent.category.DEFAULT" />
            </intent-filter>
        </activity>
        <activity android:name=".demo.DemoWeb"
            android:theme="@style/com.app.demos.theme.light">
            <intent-filter>
                <action android:name="android.intent.action.VIEW" />
                <category android:name="android.intent.category.DEFAULT" />
            </intent-filter>
        </activity>
        <activity android:name=".demo.DemoMap"
            android:theme="@style/com.app.demos.theme.light">
            <intent-filter>
```

```
                <action android:name="android.intent.action.VIEW" />
                <category android:name="android.intent.category.DEFAULT" />
            </intent-filter>
        </activity>
        <activity android:name=".test.TestUi"
            android:theme="@style/com.app.demos.theme.light">
            <intent-filter>
                <action android:name="android.intent.action.VIEW" />
                <category android:name="android.intent.category.DEFAULT" />
            </intent-filter>
        </activity>
        <!-- Service defines -->
        <service android:name=".service.NoticeService" android:label="Notification Service"/>
    </application>
    <!-- For using network -->
    <uses-permission android:name="android.permission.INTERNET" />
    <uses-permission android:name="android.permission.READ_PHONE_STATE"/>
    <uses-permission android:name="android.permission.ACCESS_NETWORK_STATE" />
    <uses-permission android:name="android.permission.ACCESS_COARSE_LOCATION" />
    <uses-permission android:name="android.permission.ACCESS_FINE_LOCATION" />
    <!-- For using notification -->
    <uses-permission android:name="android.permission.VIBRATE" />
</manifest>
```

从上述配置文件中，我们可以清晰地看到微博实例应用的名称、包名、所需权限、Service 服务以及所有的 Activity 界面控制器（如表 7-1 所示），其中特别需要注意的就是整个应用入口界面，也就是 <action/> 标签值为 android.intent.action.MAIN 的 Activity，即 UiLogin 登录界面。另外，此 Activity 类也将作为 7.1.3 节中常规程序开发的示例。

表 7-1 微博实例界面控制类

类库名	入口	使用说明
com.app.demos.ui.UiLogin	是	登录界面，整个应用的总入口
com.app.demos.ui.UiIndex	否	微博主界面，也是微博列表界面
com.app.demos.ui.UiBlog	否	微博详情界面，即点击单条微博所打开的界面
com.app.demos.ui.UiBlogs	否	微博列表界面，在本应用中是我的微博列表
com.app.demos.ui.UiConfig	否	应用配置界面，包括签名设置、头像设置等
com.app.demos.ui.UiEditText	否	普通编辑界面，用于普通文本的编辑
com.app.demos.ui.UiEditBlog	否	微博编辑界面，用于微博内容的编辑
com.app.demos.ui.UiSetFace	否	头像设置界面
com.app.demos.demo.DemoWeb	否	网页示例界面
com.app.demos.demo.DemoMap	否	地图示例界面
com.app.demos.test.TestUi	否	测试示例界面

7.1.3 常规程序开发与调试

学习了应用配置之后，接下来我们就要开始开发应用程序。与介绍服务端程序开发的思路一样，我们在开始深入讲解整个程序的功能逻辑之前，先拿个典型实例做一次剖析，让大家了解 Android 程序开发的基本思路和开发步骤。为了让大家更直观地了解整个系统，我们选择用户看到的第一个界面（即登录界面）来做案例。

对于所有以 MVC 作为设计思路的系统来说，控制器是所有功能逻辑的核心所在；同样的，对于 Android 应用开发来说，界面控制器的开发就是我们学习的首要任务。在前面的微博应用项目配置文件 AndroidManifest.xml（见代码清单 7-19）中，我们可以看到用户登录界面的 Activity 控制器类（即 UiLogin 类）被定义为整个微博应用的入口；也就是说，用户点击微博应用图标的时候，系统会先交由该控制器进行处理。接下来，我们先来看看 UiLogin 类的完整代码，见代码清单 7-20。另外，UiLogin 登录界面控制器类是微博应用中最重要的界面逻辑类之一，后面会多次使用该类代码作为范例，大家要格外注意。

代码清单　7-20

```
package com.app.demos.ui;

import java.util.HashMap;

import android.content.Context;
import android.content.SharedPreferences;
import android.os.Bundle;
import android.view.KeyEvent;
import android.view.View;
import android.view.View.OnClickListener;
import android.widget.CheckBox;
import android.widget.CompoundButton;
import android.widget.EditText;

import com.app.demos.R;
import com.app.demos.base.BaseAuth;
import com.app.demos.base.BaseMessage;
import com.app.demos.base.BaseService;
import com.app.demos.base.BaseUi;
import com.app.demos.base.C;
import com.app.demos.model.Customer;
import com.app.demos.service.NoticeService;

public class UiLogin extends BaseUi {

    private EditText mEditName;
    private EditText mEditPass;
    private CheckBox mCheckBox;
    private SharedPreferences settings;

    @Override
    public void onCreate(Bundle savedInstanceState) {
        super.onCreate(savedInstanceState);

        // 已登录则切换至首页
        if (BaseAuth.isLogin()) {
```

```
			this.forward(UiIndex.class);
		}

		// 设置登录界面模板，对应文件 res/layout/ui_login.xml
		setContentView(R.layout.ui_login);

		// 控件对象初始化以及记住密码逻辑实现
		mEditName = (EditText) this.findViewById(R.id.app_login_edit_name);
		mEditPass = (EditText) this.findViewById(R.id.app_login_edit_pass);
		mCheckBox = (CheckBox) this.findViewById(R.id.app_login_check_remember);
		settings = getPreferences(Context.MODE_PRIVATE);
		if (settings.getBoolean("remember", false)) {
			mCheckBox.setChecked(true);
			mEditName.setText(settings.getString("username", ""));
			mEditPass.setText(settings.getString("password", ""));
		}

		// 为记住密码 CheckBox 控件设置选中状态变化监听器
		mCheckBox.setOnCheckedChangeListener(new CheckBox.OnCheckedChangeListener(){
			@Override
			public void onCheckedChanged(CompoundButton buttonView, boolean isChecked) {
				SharedPreferences.Editor editor = settings.edit();
				if (mCheckBox.isChecked()) {
					editor.putBoolean("remember", true);
					editor.putString("username", mEditName.getText().toString());
					editor.putString("password", mEditPass.getText().toString());
				} else {
					editor.putBoolean("remember", false);
					editor.putString("username", "");
					editor.putString("password", "");
				}
				editor.commit();
			}
		});

		// 为登录 Button 控件设置点击事件监听器
		OnClickListener mOnClickListener = new OnClickListener() {
			@Override
			public void onClick(View v) {
				switch (v.getId()) {
					case R.id.app_login_btn_submit :
						doTaskLogin();
						break;
				}
			}
		};
		findViewById(R.id.app_login_btn_submit).setOnClickListener(mOnClickListener);
	}

	private void doTaskLogin() {
		// 输入不为空时才进行网络请求
```

```
        if (mEditName.length() > 0 && mEditPass.length() > 0) {
            HashMap<String, String> urlParams = new HashMap<String, String>();
            urlParams.put("name", mEditName.getText().toString());
            urlParams.put("pass", mEditPass.getText().toString());
            try {
                this.doTaskAsync(C.task.login, C.api.login, urlParams);
            } catch (Exception e) {
                e.printStackTrace();
            }
        }
    }

    ////////////////////////////////////////////////////////////////////////////
    // 异步回调方法（这些方法在获取到网络请求之后才会被调用）

    @Override
    public void onTaskComplete(int taskId, BaseMessage message) {
        super.onTaskComplete(taskId, message);
        switch (taskId) {
            case C.task.login:
                Customer customer = null;
                // 登录逻辑
                try {
                    customer = (Customer) message.getResult("Customer");
                    // 登录成功
                    if (customer.getName() != null) {
                        BaseAuth.setCustomer(customer);
                        BaseAuth.setLogin(true);
                    // 登录失败
                    } else {
                        BaseAuth.setCustomer(customer); // set sid
                        BaseAuth.setLogin(false);
                        toast(this.getString(R.string.msg_loginfail));
                    }
                } catch (Exception e) {
                    e.printStackTrace();
                    toast(e.getMessage());
                }
                // 切换至首页
                if (BaseAuth.isLogin()) {
                    // 启动 NoticeService
                    BaseService.start(this, NoticeService.class);
                    // 跳转至应用首页
                    forward(UiIndex.class);
                }
                break;
        }
    }

    @Override
    public void onNetworkError (int taskId) {
```

```
        super.onNetworkError(taskId);
    }

    ////////////////////////////////////////////////////////////////////////////////
    // 其他界面方法

    @Override
    public boolean onKeyDown(int keyCode, KeyEvent event) {
        if (keyCode == KeyEvent.KEYCODE_BACK && event.getRepeatCount() == 0) {
            doFinish();
        }
        return super.onKeyDown(keyCode, event);
    }

}
```

UiLogin类的代码比较长，涉及的知识点也比较多，为了便于大家理解，我们按照由上至下的阅读顺序，把该类中比较重要的知识点剖析归纳如下。

1. 包声明

UiLogin是个标准的Java类，程序的最顶部声明了该类所处的包名，即com.app.demos.ui（程序包说明见表5-2），接着是需要导入的包，这些类包分为三大类：首先是以java开头的，这些是Java语言的原生类；其次是以android开头的，这些类则是属于Android系统的；最后是以com.app.demos开头的，这些类都是属于应用程序基础框架中的。

2. 类声明

所有的界面控制器类都是以Ui为前缀的（类命名参考5.2.2节），UiLogin也一样，这种命名方式的好处是简单直观、便于理解。其次，UiLogin是BaseUi的子类，因此在UiLogin中我们可以很方便地使用所有BaseUi基类中的方法，这些方法我们在5.2.2节中已经详细介绍过，学习过程中若记不得，可以返回查阅。

3. 类属性

UiLogin类有4个属性：两个文本输入框（EditText）对象mEditName和mEditPass，分别与登录界面上的用户名和密码的文本输入框相对应；一个复选框（CheckBox）对象mCheckBox，用于选择开启或关闭记住密码功能；此外，还有一个SharedPreferences对象，用于存储是否记住密码的数值。我们可以看到，这些属性值实际上已经覆盖了登录界面所具备的功能，这种把界面上需要操作的UI组件声明为界面控制器属性的方法是我们经常用到的。

4. onCreate方法

登录界面的初始化方法，登录控制器中最重要的方法之一，该方法里面的逻辑会在界面初始化时被执行，我们按照逻辑顺序把主要逻辑分析一下。首先，使用基础验证类BaseAuth中的isLogin方法来判断用户是否已经成功登录，若是切换至微博首页界面，否则就往下执行。然后，使用setContentView方法来指定界面对应的UI模板，这里指定的模板为R.layout.ui_login，对应的是res/layout/目录下面的ui_login.xml文件。接下来，使用findViewById方法，通过控件id来获取并初始化控件对象，包括用户名文本输入框（mEditName）、密码文本输入框

(mEditPass)以及记住密码复选框(mCheckBox)等UI控件对象，并且使用mCheckBox复选框对象的setOnCheckedChangeListener方法设置CheckBox控件点击监听器对象CheckBox.OnCheckedChangeListener，并在该对象的onCheckedChanged方法中实现了CheckBox控件点击事件的逻辑。最后，程序获取到登录按钮的控件对象，并使用setOnClickListener方法设置了Button控件的点击监听器对象OnClickListener，并在对象的onClick方法中实现了Button控件点击事件的逻辑。

5. doTaskLogin 方法

前面介绍到登录按钮的点击事件，我们从按钮点击监听器对象的onClick方法逻辑中了解到，当用户点击登录按钮之后就会触发doTaskLogin方法来发送请求。在UiLogin类中，该方法使用界面控制器基类BaseUi中的doTaskAsync方法来发送异步请求到服务端的登录接口进行登录操作。

6. onTaskComplete 方法

用于接收和处理异步请求结果的回调方法，此方法是与doTaskAsync方法对应的一套方法。在UiLogin类中，此方法会从服务端接口返回的JSON消息中解析出Customer对象，如果Customer对象的用户名存在则提示“登录成功”，保存登录用户信息并切换到微博首页界面；否则提示“登录失败”，记录下Session ID用于以后的网络访问。

7. onNetworkError 方法

网络失败时执行的回调方法，此方法也在界面控制器基类BaseUi中定义，默认弹出网络失败提示，提示文字对应的常量名为C.err.network，我们可以在项目基础类包com.app.demos.base中的C.java文件中找到该常量。当然，我们也可以根据需要来重写onNetworkError方法。

小贴士： C.java是用于定义应用中所有常量的类，和Android应用框架中的R.java有点类似。只不过R.java中存储的是Android项目资源文件的引用常量，是系统自动生成的；而C.java存储的是程序中所要用到的常量，是由我们自己来维护的。

---

8. onKeyDown 方法

用于捕获并处理UI界面中的按键事件，此方法属于Android应用框架的原生方法。它包含两个参数：第一个参数是int值，用于判断按下的是哪个键；第二个参数是KeyEvent按键事件，则用于捕获按键触发的事件。这里的逻辑是，在登录界面中按下后退按钮就关闭程序。其中，后退按钮是用KeyEvent.KEYCODE_BACK常量来表示，而关闭方法doFinish则是在BaseUi中定义的。

至此，我们已经把登录界面控制器的主要逻辑解析完毕，不过UI界面的展示还需要模板的配合才可，所以我们就来看一下登录界面对应的XML模板代码，也就是res/layout/目录下的ui_login.xml文件，见代码清单7-21。

代码清单 7-21

```
<?xml version="1.0" encoding="utf-8"?>
<merge xmlns:android="http://schemas.android.com/apk/res/android">
<include layout="@layout/main_load" />
```

```
<LinearLayout
    android:orientation="vertical"
    android:layout_width="fill_parent"
    android:layout_height="fill_parent"
    android:padding="30dip"
    android:background="@drawable/xml_login_bg">
    <TextView
        android:layout_width="wrap_content"
        android:textAppearance="?android:attr/textAppearanceLarge"
        android:layout_height="wrap_content"
        android:layout_gravity="center_horizontal"
        android:text="@string/login_title"
        android:layout_margin="20dip"
        android:textSize="10pt"/>
    <RelativeLayout
        android:layout_width="fill_parent"
        android:layout_height="wrap_content">
        <TextView
            android:layout_width="wrap_content"
            android:textAppearance="?android:attr/textAppearanceLarge"
            android:layout_height="wrap_content"
            android:text="@string/login_username"
            android:textSize="10pt"
            android:layout_marginTop="5dip"/>
        <EditText
            android:layout_weight="1"
            android:layout_width="fill_parent"
            android:layout_height="wrap_content"
            android:id="@+id/app_login_edit_name"
            android:layout_marginLeft="60dip"/>
    </RelativeLayout>
    <RelativeLayout
        android:layout_width="fill_parent"
        android:layout_height="wrap_content">
        <TextView
            android:layout_width="wrap_content"
            android:textAppearance="?android:attr/textAppearanceLarge"
            android:layout_height="wrap_content"
            android:text="@string/login_password"
            android:textSize="10pt"
            android:layout_marginTop="5dip"/>
        <EditText
            android:layout_weight="1"
            android:layout_width="fill_parent"
            android:layout_height="wrap_content"
            android:inputType="textPassword"
            android:id="@+id/app_login_edit_pass"
            android:layout_marginLeft="60dip"/>
    </RelativeLayout>
    <RelativeLayout
        android:layout_width="fill_parent"
```

```
            android:layout_height="wrap_content">
            <CheckBox
                android:layout_width="wrap_content"
                android:layout_height="wrap_content"
                android:textColor="@color/text"
                android:text="@string/login_remember"
                android:id="@+id/app_login_check_remember"
                android:layout_marginLeft="60dip"/>
            <Button
                android:id="@+id/app_login_btn_submit"
                android:layout_height="wrap_content"
                android:text="@string/login_submit"
                android:layout_width="100dip"
                android:layout_alignParentRight="true"
                android:layout_centerVertical="true"/>
        </RelativeLayout>
    </LinearLayout>
    </merge>
```

观察该模板的结构，我们发现登录界面由上至下大致可分为4行。首行最简单，只有一个 TextView 元素，用于显示“用户登录”文字；后面三行都是以 RelativeLayout 布局来实现，因为该布局使用起来最简洁（关于 RelativeLayout 布局的介绍请参考2.7.2节）。我们采用类似于 HTML 布局的写法来处理布局中控件的排布。当然，布局中的控件和之前介绍的 UiLogin 类中的属性对象是必须对应上的，登录界面的最终 UI 效果如图7-2所示。

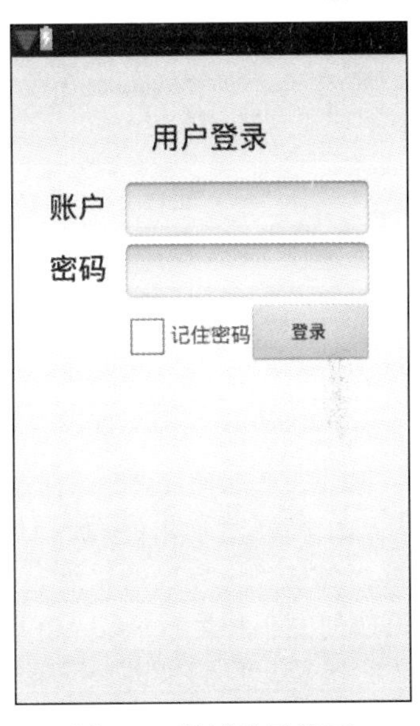

图7-2　微博登录界面

在阅读模板文件代码的时候，除了注意布局和控件的组合使用，还要注意一些常用属性的用法。比如宽（android:layout_width）、高（android:layout_height）、字体（android:textSize）、背景（android:background）、边界（android:layout_margin）以及位置（android: layout_gravity）等，这些属性的用法可以参考2.7.1节的内容。另外，我们要注意到登录界面的渐变背景使用的并不是背景图，而是形状控件 Shape，Android 系统中给我们提供了这种控件，用来渲染出简单的图形和颜色因为这种方式比图片更高效也更轻量，所以也是我们比较推荐的一种用法。“@drawable/xml_login_bg”对应的形状控件是 res/drawable/xml_login_bg.xml 文件，详见代码清单7-22。

代码清单　7-22

```
<?xml version="1.0" encoding="utf-8"?>
<shape xmlns:android="http://schemas.android.com/apk/res/android">
    <gradient
        android:startColor="@color/bg"
        android:centerColor="@color/white"
        android:endColor="@color/bg"
        android:angle="270"
```

```
        android:centerY="0.3" />
    <corners android:radius="0dip" />
</shape>
```

ADT 环境给我们提供了方便的 UI 界面调试工具，当我们打开某个模板文件时，默认打开的是界面调试工具的图形模式（Graphical Layout），比如我们打开 ui_login.xml 模板文件时，界面调试工具界面的截图如图 7-3 所示。我们也可以选择界面底部的“Graphical Layout”和“ui_login.xml”来切换图形模式和 XML 源代码模式。一般来说，我们会在源代码模式下修改模板的 XML 代码，然后在图形模式下观察显示效果，虽然图形模式下已经给我们提供了左侧常用的空间选择菜单，但是这种方式并不推荐大家使用，一方面由于生成的代码不易控制，另一方面也不利于大家学习 XML 模板的语法。

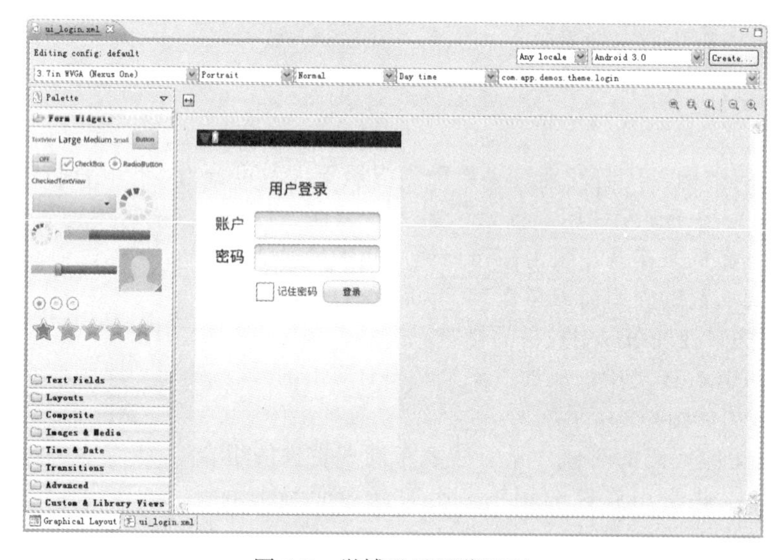

图 7-3 微博登录预览界面

在调试完登录界面的 UI 之后，我们就可以打开 Android 模拟器，并把项目程序发布到上面，观察登录界面的最终运行效果，模拟器上的运行效果如图 7-4 所示。当然，如果你还不知道如何发布和运行 Android 应用，请参考 2.10.2 节中的内容。

接着，我们来讲一下 Android 程序逻辑的调试方法。在 2.10.3 节中我们曾经简单介绍了一些 ADT 配套调试工具 DDMS 的常见用方法，包括文件浏览器（File Explorer）、设备调试信息窗口 LogCat 等。这里我们结合登录程序的逻辑来介绍该工具中更高级的一些用法。首先是线程查看器（Threads），我们在 DDMS 界面左边的 Devices 设备详情窗口中选中正在运行的微博应用进程，即 com.app.demos，然后选中上面的查看进程按钮，就可以在右边的 Threads 标签窗口中找到微博应用进程下面的所有线程的信息。运行效果见图 7-5 所示。

接下来是内存查看器（Heap），同样选中正在运行的微博应用进程，然后选中上面的查看进程按钮（绿色的小圆柱），便可以在右边的 Heap 标签窗口中查看微博应用进程的内存使用的最新信息与详情。其中，我们要特别注意其中 Type 为“data object”的数值，也就是我们进程存在的所有类型对象的内存占用，此数值通常用来判断是否存在内存泄漏。运行效果见图 7-6 所示。

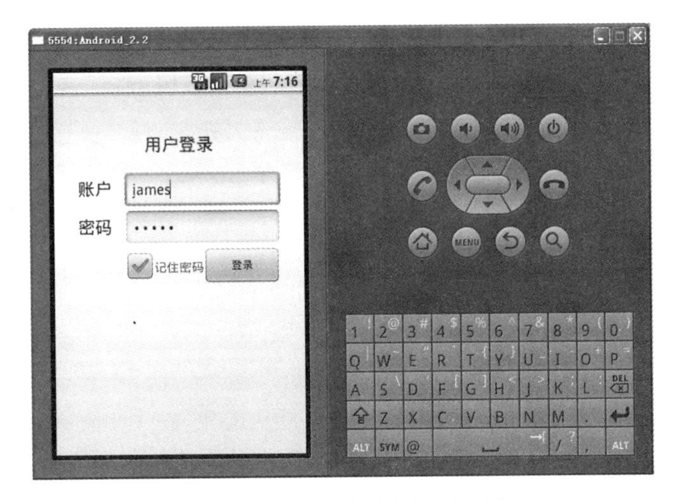

图 7-4 微博登录界面运行效果

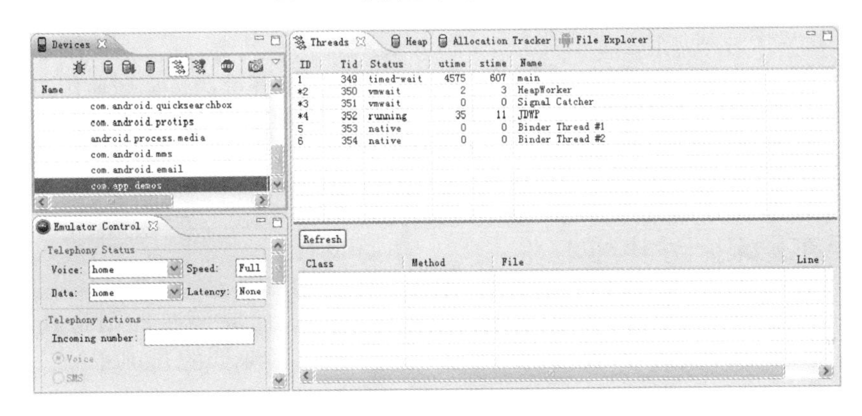

图 7-5 调试界面线程查看器

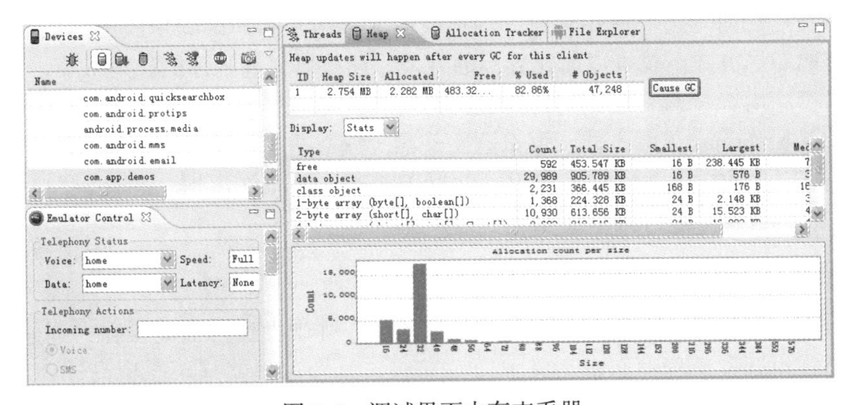

图 7-6 调试界面内存查看器

最后是资源分配跟踪器（Allocation Tracker），同样选中正在运行的微博应用进程，然后在右边的“Allocation Tracker”标签窗口中点击“Start Tracking”，即开始跟踪按钮，就可以在下方的列表中查看到准确的数据存储结构的内存分配，该工具可以让我们了解程序运行过程中的内存分配情况，对程序调试是非常有用的。运行效果见图 7-7 所示。

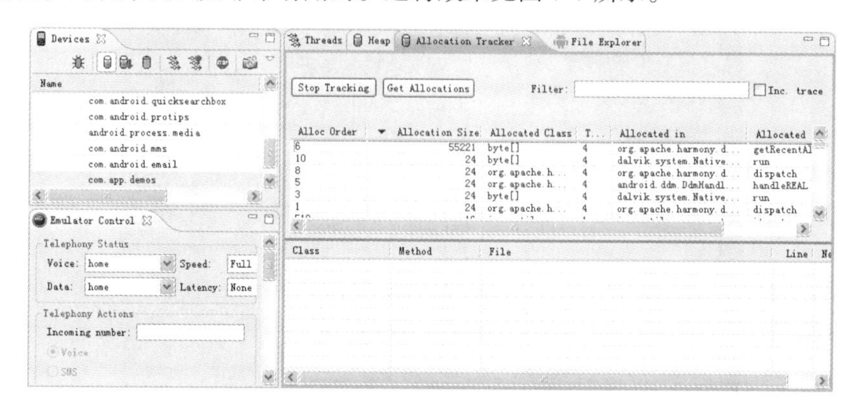

图 7-7 调试界面资源分配跟踪器

本节以登录界面为例，介绍了在常规 Android 应用程序开发中，程序逻辑是如何与界面模板结合起来，最终组合成 UI 界面并运行的过程；另外，我们还介绍了如何使用 DDMS 工具进行程序调试的常用方法。这些内容都是 Android 应用开发中需要掌握的基础知识，大家在学习理解的同时最好能动手实践一下。

7.2 界面布局和行为控制

界面显示是 Android 应用客户端最主要的职责之一，而界面布局则是其中最重要的基础知识之一。在 2.7.2 节中我们认识了 Android UI 系统中常见的几种布局，包括基本布局（FrameLayout）、线性布局（LinearLayout）、相对布局（RelativeLayout）、绝对布局（AbsoluteLayout）、表格布局（TableLayout）、标签布局（TabLayout）等。每个布局都有各自的特点，也有自己相对合适的使用场景，因此我们要根据实际的情况来决定比较合理的布局策略，一个良好的布局方式不仅可以简化界面的开发，还可以提高程序的执行效率。

另外，对于应用客户端来说，如何控制用户的行为也是非常重要的。假设我们的应用界面非常绚丽，但是操作起来很不方便，那么这个作品无疑是失败的。在这个问题上，我们经常提到的一个词是“人性化”，也就是让使用更贴近于普通人的操作习惯。当然，同时具有漂亮外观和人性化操作的设计必定可以给应用加分不少。

7.2.1 使用 Layout 布局

界面设计是一门艺术，通常我们都会有专门的设计师来做这方面的工作，但是从设计到实现的工作还是得由开发工程师们来完成；准确来说，这个过程就是从原型设计到 XML 模板代码的制作和实现过程。5.3.2 节中我们已经完成了微博应用主要 UI 界面的原型设计，包括用户登录、微博列表、微博正文、我的微博列表以及用户配置界面。下面我们会从中挑选一些比较有代表性的界面作为例子讲解一下使用 Layout 控件来进行布局的思路。

之前我们简单介绍过微博应用的用户登录界面，该界面的元素不多、设计简单，但是比较特殊，没有通用性。然而，用户登录之后看到的微博界面却大不一样，这些界面相对比较复杂，不过却有统一的模板。下面，我们先以微博列表界面（也就是登录之后的第一个界面）为例，如图 7-8 所示。该界面大致分为上、中、下三个板块，分别为顶部的导航栏、中部的微博列表和底部的功能选项栏，对应的模板文件是 res/layout/ 目录下的 ui_index.xml，详见代码清单 7-23。

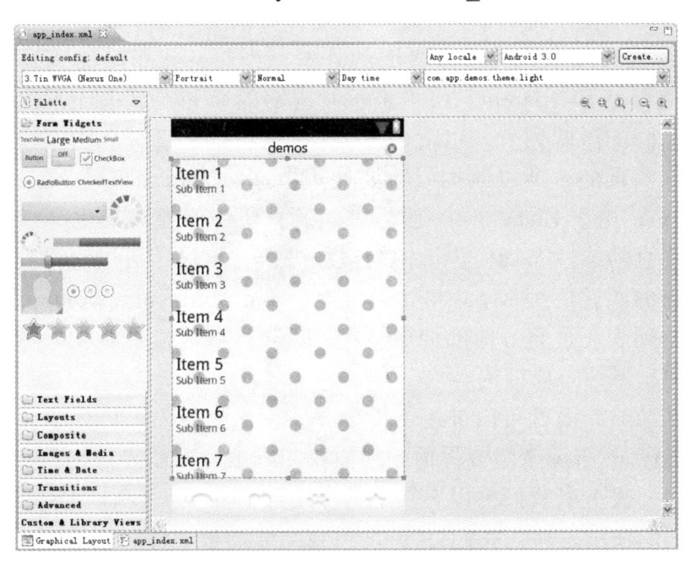

图 7-8 微博列表预览界面

代码清单 7-23

```
<?xml version="1.0" encoding="utf-8"?>
<merge xmlns:android="http://schemas.android.com/apk/res/android">
<include layout="@layout/main_layout" />
<LinearLayout
    android:orientation="vertical"
    android:layout_width="fill_parent"
    android:layout_height="fill_parent">
    <include layout="@layout/main_top" />
    <LinearLayout
        android:orientation="vertical"
        android:layout_width="fill_parent"
        android:layout_height="wrap_content"
        android:layout_weight="1">
        <ListView
            android:id="@+id/app_index_list_view"
            android:layout_width="fill_parent"
            android:layout_height="wrap_content"
            android:descendantFocusability="blocksDescendants"
            android:fadingEdge="vertical"
            android:fadingEdgeLength="5dip"
            android:divider="@null"
```

```
                android:listSelector="@drawable/xml_list_bg"
                android:cacheColorHint="#00000000" />
        </LinearLayout>
        <include layout="@layout/main_tab" />
    </LinearLayout>
    </merge>
```

下面开始讲解微博列表界面的布局思路。首先，可以看出该界面的整体布局是纵向的，所以我们使用垂直的线性布局来作为整个界面的外框，当然，此布局的宽高必须是充满整个界面的，即宽高属性值都是 fill_parent。接下来看看内部的布局，这里先不讨论界面顶部和底部的板块，着重观察中间的微博列表，也就是图 7-8 中蓝色框的部分。由于微博列表是直接使用 ListView 列表控件来实现的，所以我们只需要使用最基本的线性布局（LinearLayout）来划出微博列表的外框即可；由于 ListView 一般是纵向的，所以线性布局也必须是垂直的，这里我们再次使用了一个垂直的线性布局作为微博列表的外框。不过，可以观察到此处的线性布局的高度与前者不同，它的属性值是 wrap_content，配合 android:layout_weight 属性值为 1 的情况，表示界面中间的微博列表在垂直方向的伸展度相比于顶部和底部的板块较低，这样最终形成了微博列表界面上、中、下的布局结构。

实际上，任何复杂的界面都可以被逐步拆分并实现出来，而其中最重要的秘诀之一就是要知道如何灵活使用 Layout 布局来组装界面。之前我们以微博列表界面为例，给大家介绍了一些布局方面的简单经验，接下来我们再以更复杂的微博详情界面（7.9.1 节中我们会详细介绍）为例，进一步讲解布局的使用思路。我们打开 ui_blog.xml 模板文件，便可在界面调试工具中看到该界面的显示效果，如图 7-9 所示。

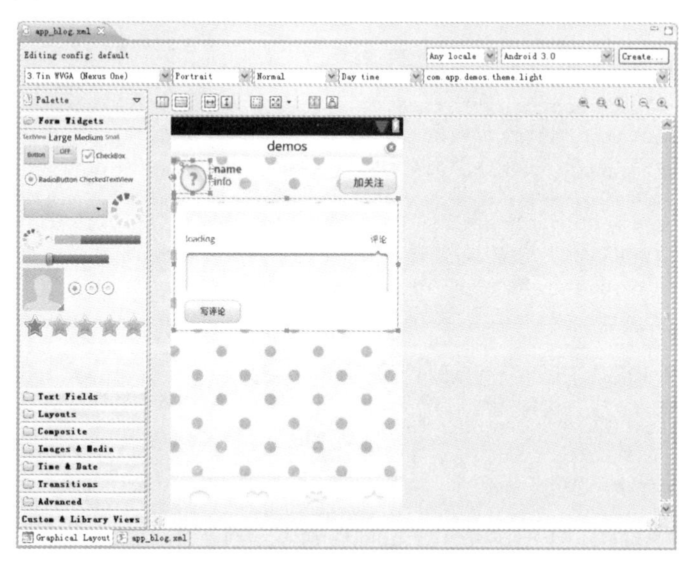

图 7-9 微博详情预览界面

下面介绍微博详情界面的布局思路。首先，同样不讨论界面顶部和底部的板块，着重观察中间的内容，我们会发现这部分内容还可以分为上、下两部分，上部是微博作者的信息简介，而下部则是微博内容以及评论内容的列表信息。其次，上部的信息简介部分内空间元素排列比较灵活，因此我们可以使用相对布局（RelativeLayout）来实现；而下部都是列表形式的内容，因此我们更倾向使用垂直线性布局（LinearLayout）配合 ListView 列表来实现。实际上，我们也正是这样做的。微博详情界面的实现细节我们会在后面的 7.9.1 节中做详细解析，本节暂时只讨论布局思路的问题。

通过以上案例的分析，大家应该对如何使用 Layout 布局来构造应用的 UI 界面有所认识了。由于界面模板是必须在程序逻辑之前准备好的，所以这部分的知识是 Android 应用开发中的首要技能。当然，本节中介绍的主要是设计思路，至于具体的技术细节和技巧，接下来我们还会在后面微博功能界面的实现过程中穿插介绍到。

7.2.2　使用 Merge 整合界面

对于典型的 Android 应用来说，很多的功能界面都具有通用性，我们可以对比一下微博应用登录之后的几个主要界面，包括微博列表、微博正文、我的微博列表以及用户配置等，都是典型的上、中、下结构，并且顶部和底部都属于公用板块，其内容也都非常类似。在这种情况下我们就会考虑使用某种方式把公共部分的模板代码提取出来，这样不仅可以大大减少重复编码，还可以简化视图层级，提升运行效率。而 <merge/> 标签的出现就是专门用于应对这种情况的，图 7-10 中展示的就是使用 <merge/> 标签来整合典型 Android 应用界面的思路；当然，我们同样可以把这种思路运用到微博应用的界面开发工作中去。

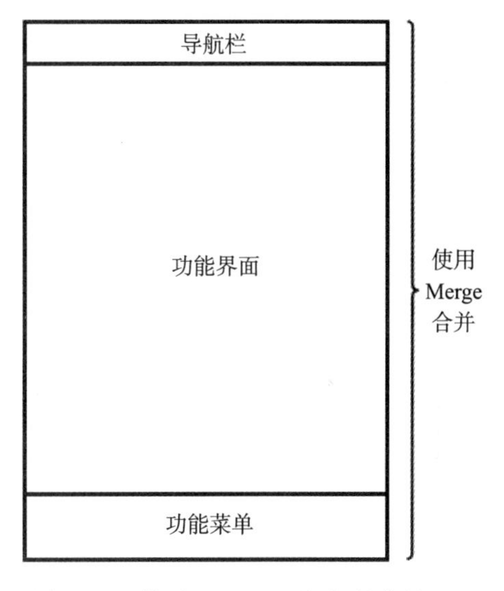

图 7-10　使用 <merge/> 标签整合界面

实际上，经常和 <merge/> 标签配合使用的还有 <include/> 标签。在使用的时候，<merge/> 标签必须以根元素的方式出现，而 <include/> 则用于包含其他的子模板。比如之前提到的微博列表界面的模板（如代码清单 7-23 所示），如果没有使用 Merge 和 Include 标签来处理的话，其模板的 XML 代码是不可能如此简洁的。之前我们并没有分析微博列表界面顶部和底部的公用模板，现分析如下。

首先是公用板块部分，也就是"@layout/main_layout"对应的模板，即 res/layout/ 目录下的 main_layout.xml 文件，如代码清单 7-24 所示。该模板包含一个充满全屏的 ImageView 图像控件，作为微博应用的背景；以及一个包含进度条控件的模板（详见 main_load.xml），用于微博界面处理时的等待效果。另外，对于 Android 的模板引擎来说，先被包含（Include）的就会先被渲染，所以公用板块必须在最前面被包含。在微博列表界面中，公用模板的包含代码就紧接在 <merge/> 标签之后。

代码清单 7-24

```
<?xml version="1.0" encoding="utf-8"?>
<merge xmlns:android="http://schemas.android.com/apk/res/android">
<!-- Background -->
<ImageView
    android:layout_width="fill_parent"
    android:layout_height="fill_parent"
    android:background="@drawable/xml_main_bg" />
<!-- Loading bar -->
<include layout="@layout/main_load" />
</merge>
```

然后是顶部导航栏的部分，也就是“@layout/main_top”对应的模板，即 res/layout/ 目录下的 main_top.xml 文件，如代码清单 7-25 所示。此模板包含一个位于中间的 TextView 文本框控件，用于显示界面名称；以及一个关闭按钮，用于退出应用。它会在应用界面外框的顶部被包含，比如，在微博列表界面中，其位置就在微博列表的 ListView 之前。

代码清单 7-25

```
<?xml version="1.0" encoding="utf-8"?>
<RelativeLayout xmlns:android="http://schemas.android.com/apk/res/android"
    android:layout_width="fill_parent"
    android:layout_height="29dip"
    android:gravity="center_vertical"
    android:background="@drawable/xml_main_top_bg">
    <Button
         android:id="@+id/main_top_quit"
         android:layout_width="34dip"
         android:layout_height="29dip"
         android:layout_alignParentRight="true"
         android:background="@drawable/close_s" />
    <TextView
         android:id="@+id/main_top_title"
         android:layout_width="fill_parent"
         android:layout_height="29dip"
         android:gravity="center"
         android:singleLine="true"
         android:ellipsize="marquee"
         android:text="@string/app_name"
         android:textAppearance="?android:attr/textAppearanceMedium" />
</RelativeLayout>
```

接着是底部的功能菜单部分，也就是“@layout/main_tab”对应的模板，即 res/layout/ 目录下的 main_tab.xml 文件，如代码清单 7-26 所示。此模板是横向的，并排排列着 4 个不同图像表示的功能按钮，从左到右分别是“微博列表”、“我的微博列表”、“用户配置”和“撰写微博”选项。它会在应用界面外框的底部被包含，比如，在微博列表界面中，其位置就在微博列表的 ListView 之后。

代码清单 7-26

```
<?xml version="1.0" encoding="utf-8"?>
<LinearLayout xmlns:android="http://schemas.android.com/apk/res/android"
     android:orientation="horizontal"
     android:layout_width="fill_parent"
     android:layout_height="51dip">
     <ImageButton
         android:id="@+id/main_tab_1"
         android:layout_width="wrap_content"
         android:layout_height="wrap_content"
         android:layout_weight="1"
         android:src="@drawable/tab_blog_1"
         android:background="@drawable/xml_main_tab_bg" />
     <ImageButton
         android:id="@+id/main_tab_2"
         android:layout_width="wrap_content"
         android:layout_height="wrap_content"
         android:layout_weight="1"
         android:src="@drawable/tab_heart_1"
         android:background="@drawable/xml_main_tab_bg" />
     <ImageButton
         android:id="@+id/main_tab_3"
         android:layout_width="wrap_content"
         android:layout_height="wrap_content"
         android:layout_weight="1"
         android:src="@drawable/tab_conf_1"
         android:background="@drawable/xml_main_tab_bg" />
     <ImageButton
         android:id="@+id/main_tab_4"
         android:layout_width="wrap_content"
         android:layout_height="wrap_content"
         android:layout_weight="1"
         android:src="@drawable/tab_star_1"
         android:background="@drawable/xml_main_tab_bg" />
</LinearLayout>
```

以上3个板块，再加上微博列表的ListView，就构成了完整的微博列表界面。大家可以想象一下，如果把这些板块的代码加入到ui_index.xml之中，模板文件将会变得多么冗长；假如所有类似结构的其他模板文件都加上这些代码的话，整个应用模板文件的大小估计会翻上几番了。然而，使用了<merge/>和<include/>标签之后，确实为Android应用界面开发提供了很多方便和好处，在实际项目中我们也应该多多加以运用。

7.2.3 使用Event控制用户行为

前面介绍了UI控件的布局，接着我们来学习如何控制与UI控件相关的用户行为，这是Android应用与用户交互的最重要途径，也是我们必须掌握的开发技巧。通过2.7.3节对Android UI系统事件（Event）用法的介绍，我们了解到，在Android系统中，所有UI控件的动作都是通过事件监听器Listener来控制的；而UI控件的基类View视图类为我们提供了一系列设置事件监听器的方法，来为不同的 UI 控件设置对应的监听器；接下来，我们将对这些方法中比较常用的几个进行分析，其实我们从 Android SDK 中可以了解到更详细的内容。

1. setOnClickListener(View.OnClickListener l) 方法

此方法用于设置控件被点击时触发事件的监听器。7.1.3 节中的登录界面的示例代码 UiLogin 类（见代码清单 7-20）中就包含了此方法的使用范例，当用户点击登录按钮之后就会触发按钮对应的 OnClickListener 监听器中的程序逻辑。另外，该监听器中需要程序实现的抽象方法为 onClick(View v)，参数只有一个，就是被点击的控件对象。

2. setOnCreateContextMenuListener(View.OnCreateContextMenuListener l) 方法

此方法用于设置上下文菜单被创建时触发事件的监听器。也就是说，当选中控件的上下文菜单被创建时，将触发 OnCreateContextMenuListener 监听器中的程序逻辑，此监听器中需要程序实现的抽象方法为 onCreateContextMenu(ContextMenu menu, View v, ContextMenu.ContextMenuInfo menuInfo)，该方法的 3 个参数分别是上下文菜单本身、菜单附属的控件对象以及菜单显示的附加信息。

3. setOnFocusChangeListener(View.OnFocusChangeListener l) 方法

此方法用于设置控件焦点变化时触发事件的监听器。当选中控件焦点变化的时候将触发 OnFocusChangeListener 监听器中的程序逻辑，该监听器中需要程序实现的抽象方法为 onFocusChange (View v, boolean hasFocus)，两个参数分别是控件对象本身和是否聚焦的状态值，此参数常与一些文本输入控件（如 EditText）配合使用。

4. setOnKeyListener(View.OnKeyListener l) 方法

此方法用于设置按键触发事件的监听器。当选中控件同时按下键盘的时候将触发 OnKeyListener 监听器中的程序逻辑，该监听器中需要程序实现的抽象方法为 onKey(View v, int keyCode, KeyEvent event)，3 个参数分别是按键时选中的控件对象，按键的码值（keyCode）以及按键事件。当然，Activity 类本身已经包含了捕捉按键动作的 onKeyDown 方法；另外，OnKeyListener 只能监听硬键盘事件，而我们却可以通过使用 TextWatcher 类来同时监听软键盘和硬键盘的响应。

小贴士： TextWatcher 可用于监控用户输入的内容，经常与 EditText 控件配合使用。此类通过 addTextChangedListener 方法设置，通常我们只需要实现类中的 onTextChanged 方法即可。此外，TextWatcher 还提供了 beforeTextChanged 和 afterTextChanged 方法，用于处理更加细节的监听逻辑。

---

5. setOnLongClickListener(View.OnLongClickListener l) 方法

此方法用于设置长时间按下控件时触发事件的监听器，用法和之前介绍的 setOnClickListener 方法基本相同；唯一有区别的地方是 OnLongClickListener 监听器中需要程序实现的抽象方法的方法名不大一样，这里对应的是 onLongClick 方法。

6. setOnTouchListener(View.OnTouchListener l) 方法

此方法用于设置触屏事件的监听器。对于目前主流的移动设备来说，都是配备触摸屏的，所以触屏事件的运用范围非常的广泛；另外，对于触屏设备来说，几乎所有的操作都是通过触屏来实现的，也包括之前提到的点击、按键等操作，所以在使用触屏事件的时候一定要特别注意避免出现事件的覆盖或者冲突，一般来说，如果已经在控件上使用了触屏事件，就不建议再处理其他与手势操作有关的事件了。

触屏事件监听器类（OnTouchListener）中需要程序实现的抽象方法为onTouch (View v, MotionEvent event)，两个参数分别为触摸的视图控件和MotionEvent动作事件。在使用的时候，我们可以根据使用MotionEvent对象的getAction方法来获取事件手势来进行相应的处理，示例如代码清单7-27所示，更多MotionEvent手势相关的信息请参考2.7.3节中与Event事件有关的内容。

代码清单　7-27

```
OnTouchListener mTouchListener = new OnTouchListener() {
    @Override
    public boolean onTouch(View v, MotionEvent event) {
        // 获取事件手势
        switch (event.getAction()) {
            case MotionEvent.ACTION_DOWN:
                // 按下手势触发逻辑
                ...
                break;
            case MotionEvent.ACTION_MOVE:
                // 拖动手势触发逻辑
                ...
                break;
            case MotionEvent.ACTION_UP:
                // 松开手势触发逻辑
                ...
                break;
            // 其他手势相关逻辑
            ...
        }
        return true;
    }
};
```

本节我们介绍了在Android应用开发中比较常见的Event事件的使用方法，在实际项目中我们需要对不同的控件使用适合的事件监听器来处理触发事件，比如Button按钮控件上，通常会使用OnClickListener点击事件监听器，EditText文本输入控件则经常与按键事件监听器（OnKeyListener）以及焦点变化监听器（OnFocusChangeListener）有关。另外，我们还需要注意多个事件之间覆盖或者冲突的问题，特别在控件之间出现重叠的时候；如果需要处理相对比较复杂的动作或者手势，建议直接使用触屏事件OnTouchListener来处理。

7.2.4　使用Intent控制界面切换

站在整个应用的角度来看，一个标准的Android应用通常是由若干个功能界面构成的，当我们要使用不同的功能时，就必然会发生界面切换的动作，而这个动作通常是用Intent消息来控制的；也就是说 Intent 消息的重要用途之一就是控制界面的切换。在 2.3.2 节中我们曾经介绍过 Intent 消息的基础概念以及常见的使用方式，接下来我们将介绍在微博应用客户端实例中是如何使用 Intent 消息来控制界面切换的。

首先是显式消息的使用方式，也就是通过输入指定 Activity 界面控制器类的 class 对象来实现界面切换。在界面控制器基类 BaseUi 中，我们可以查找到名为 forward 的两个方法，如代码清单 7-28 所示。两个方法的功能都是切换到目标界面，不过参数不同，作用也不相同。当然，两个方法都需要传入将要切换到的 Activity 界面控制器类的 class 对象。不过第二个方法还需要传入 Bundle 对象，用于保存键值对（key-value）类型的值，而这些值将作为参数被传递到目标 Activity 界面控制器类中。

代码清单 7-28

```
public class BaseUi extends Activity {
...
    public void forward (Class<?> classObj) {
          Intent intent = new Intent();
          intent.setClass(this, classObj);
          intent.setFlags(Intent.FLAG_ACTIVITY_CLEAR_TOP);
          this.startActivity(intent);
          this.finish();
    }

    public void forward (Class<?> classObj, Bundle params) {
          Intent intent = new Intent();
          intent.setClass(this, classObj);
          intent.setFlags(Intent.FLAG_ACTIVITY_CLEAR_TOP);
          intent.putExtras(params);
          this.startActivity(intent);
          this.finish();
    }
...
}
```

这种界面切换方式类似于网页跳转，打开新的界面然后把原先的界面关掉，虽然简单不过很有效。这种做法的好处是保证应用的 Activity 堆栈（请参考 2.3.4 节中关于 Task 任务部分的内容）中只保存一个，它类似 Task 模式中的 singleTask，可以简化应用并节省较多的内存，因此我们在微博应用中会经常使用到 forward 方法。例如，在登录界面的代码 UiLogin.java 中（见代码清单 7-20），登录逻辑成功之后我们就会使用“forward(AppIndex.class);”语句把应用切换到微博列表界面，实际上无论我们在界面控制器的任何地方使用 forward 方法，都将结束当前界面并切换到新界面中去。

接下来，我们顺便来学习隐性消息的实际应用。不同于显性消息的使用方式，隐性消息不需要知道要切换到的界面类的 class 对象，因为隐性消息是通过设置 Intent 对象的动作 Action 来指定需要到达的目标，比如在界面控制器基类 BaseUi 中，我们可以找到两个名为 doEditText 的方法，如代码清单 7-29 所示，这两个方法都用到了隐性消息来完成界面切换以及传递参数的功能，其作用都是打开编辑界面并进行文本输入。

代码清单　7-29

```
public class BaseUi extends Activity {
...
    public void doEditText () {
        Intent intent = new Intent();
        intent.setAction(C.intent.action.EDITTEXT);
        this.startActivity(intent);
    }

    public void doEditText (Bundle data) {
        Intent intent = new Intent();
        intent.setAction(C.intent.action.EDITTEXT);
        intent.putExtras(data);
        this.startActivity(intent);
    }
...
}
```

首先，这里 setAction 方法的参数是 C.intent.action.EDITTEXT，这个常量我们可以在程序基础类包 com.app.demos.base 中的 C.java 常量类中找到对应的定义，如代码清单 7-30 所示，对应的常量值是字符串“com.app.demos.EDITTEXT”。

代码清单　7-30

```
public final class C {
...
    public static final class intent {
        public static final class action {
            public static final String EDITTEXT      = "com.app.demos.EDITTEXT";
            public static final String EDITBLOG      = "com.app.demos.EDITBLOG";
        }
    }
...
}
```

当然，隐性消息必须和配置文件中的 <intent-filter/> 标签来配合使用。大家可以在应用的配置文件中查找 <intent-filter/> 配置中的 Action 设置包含字符串“com.app.demos.EDITTEXT”的 Activity 元素，即名为“.app.AppEditText”的 Activity 元素，如代码清单 7-31 所示。实际上，此 Activity 就是微博应用的通用文本编辑界面，在“发表评论”和“修改签名”功能中我们都会用到该界面来编辑文本，这两个功能的具体实现请分别参考 7.9.3 节和 7.10.3 节的相关内容。

代码清单　7-31

```
<manifest ...>
    <application ...>
        <activity android:name=".app.AppEditText"
            android:theme="@style/com.app.demos.theme.light"
            android:windowSoftInputMode="stateVisible|adjustResize"
            android:launchMode="singleTop">
            <intent-filter>
```

```
                <action android:name="com.app.demos.EDITTEXT" />
                <action android:name="android.intent.action.VIEW" />
                <category android:name="android.intent.category.DEFAULT" />
            </intent-filter>
        </activity>
        ...
    </application>
    ...
</manifest>
```

另外，大家可以发现 doEditText 方法在开启新的 Activity 的同时并没有像 forward 方法一样，即关闭当前的界面。因此，被打开的新界面会覆盖在原先界面之上，也就是说新界面的 Activity 会被加入到应用的 Activity 内存堆栈中去，我们在使用该方法的时候，既要注意这种行为模式的特点，也需要多关注一下内存的使用状况。

7.3 网络通信模块

随着 3G 时代的来临，Android 应用与移动互联网的结合愈加紧密；因此，对于移动互联网应用来说，网络通信无疑是必备的核心模块之一。移动互联网的用途很多，获取新闻、聊天对话、在线购物、移动定位等都给我们带来强大的功能和美妙的体验。微博应用就是移动互联网应用的典型代表，也是目前最流行的移动互联网应用之一；所以，网络通信模块对于微博应用来说也是必不可少的。

Android 应用框架为我们提供了强大的网络功能。首先是 Android 系统框架底层网络功能的支持，由于 Android 系统是基于 Linux 内核的，也继承了 Linux 系统强大的网络功能，这部分功能在进行系统底层开发的时候会使用到，限于篇幅，本书暂不讨论。然后是 Android 应用框架的 Chrome 浏览器，良好的兼容性和快速的运行速度可以完美地支持 Web 相关的功能，这部分内容详见 7.11 节内容。接着是 Java 语言为我们准备的网络相关类，即 java.net.* 类包下的标准 Java 接口，包括 Socket 套接字、TCP/IP 网络协议以及 HTTP 网络协议处理的内容，与此相当的还有 android.net.* 类包下接口以及 Apache 组织提供的 HttpClient 接口。另外，根据本书微博实例的特点，本节将重点介绍基于 HTTP 协议的网络通信。

小贴士： Chrome 浏览器，又称 Google 浏览器，是一个由 Google（谷歌）公司开发的开放原始码网页浏览器。该浏览器基于 WebKit 浏览器内核来开发的，特点是具有较好稳定性和安全性，以及快速的 JavaScript 执行速度，而 Android 系统使用的是 Chrome Lite，即移动简化版 Chrome 浏览器，此浏览器具有强大的扩展性并且可以嵌入到 Android 应用中去，这部分内容我们会在 7.11 节中给大家做详细介绍。

7.3.1 使用 HttpClient 进行网络通信

众所周知，HTTP 协议可以算是互联网领域中使用最为广泛的网络协议了，而微博应用也是使用 HTTP 协议来进行通信的。考虑到方便性、稳定性等方面的因素，我们决定以 Apache 提供的 HttpClient 为基础，并对该类进行合理的包装，进而形成微博应用的网络通信类

AppClient，该类归属于工具类包 com.app.demos.util 之下，完整代码见代码清单 7-32。另外，网络通信这部分的内容和服务端接口有较大的关系，在阅读的同时可结合第 6 章中与微博服务端 API 接口相关的内容来理解。

代码清单　7-32

```
package com.app.demos.util;

import java.io.IOException;
import java.util.ArrayList;
import java.util.HashMap;
import java.util.Iterator;
import java.util.List;
import java.util.Map;

import org.apache.http.HttpEntity;
import org.apache.http.HttpHost;
import org.apache.http.HttpResponse;
import org.apache.http.HttpStatus;
import org.apache.http.NameValuePair;
import org.apache.http.client.HttpClient;
import org.apache.http.client.entity.UrlEncodedFormEntity;
import org.apache.http.client.methods.HttpGet;
import org.apache.http.client.methods.HttpPost;
import org.apache.http.conn.ConnectTimeoutException;
import org.apache.http.conn.params.ConnRoutePNames;
import org.apache.http.impl.client.DefaultHttpClient;
import org.apache.http.message.BasicNameValuePair;
import org.apache.http.params.BasicHttpParams;
import org.apache.http.params.HttpConnectionParams;
import org.apache.http.params.HttpParams;
import org.apache.http.protocol.HTTP;
import org.apache.http.util.EntityUtils;

import com.app.demos.base.C;

import android.util.Log;

@SuppressWarnings("rawtypes")
public class AppClient {

    // 压缩配置
    final private static int CS_NONE = 0;
    final private static int CS_GZIP = 1;

    // 必要类属性
    private String apiUrl;
    private HttpParams httpParams;
    private HttpClient httpClient;
    private int timeoutConnection = 10000;
    private int timeoutSocket = 10000;
```

```
    private int compress = CS_NONE;

    // 默认字符集为 UTF8
    private String charset = HTTP.UTF_8;

    public AppClient (String url) {
        initClient(url);
    }

    public AppClient (String url, String charset, int compress) {
        initClient(url);
        this.charset = charset;
        this.compress = compress;
    }

    private void initClient (String url) {
        // 初始化 API 的 URL 地址，自动添加 Session ID
        this.apiUrl = C.api.base + url;
        String apiSid = AppUtil.getSessionId();
        if (apiSid != null && apiSid.length() > 0) {
            this.apiUrl += "?sid=" + apiSid;
        }
        // 设置网络超时
        httpParams = new BasicHttpParams();
        HttpConnectionParams.setConnectionTimeout(httpParams, timeoutConnection);
        HttpConnectionParams.setSoTimeout(httpParams, timeoutSocket);
        // 初始化 HttpClient 对象
        httpClient = new DefaultHttpClient(httpParams);
    }

    public void useWap () {
        // 与支持 WAP 上网方式有关的逻辑
        HttpHost proxy = new HttpHost("10.0.0.172", 80, "http");
        httpClient.getParams().setParameter(ConnRoutePNames.DEFAULT_PROXY, proxy);
    }

    public String get () throws Exception {
        try {
            // 初始化 GET 请求对象
            HttpGet httpGet = headerFilter(new HttpGet(this.apiUrl));
            // 记录 GET 请求发送日志
            Log.w("AppClient.get.url", this.apiUrl);
            // 发送 GET 请求
            HttpResponse httpResponse = httpClient.execute(httpGet);
            if (httpResponse.getStatusLine().getStatusCode() == HttpStatus.SC_OK) {
                String httpResult = resultFilter(httpResponse.getEntity());
                Log.w("AppClient.get.result", httpResult);
                return httpResult;
            } else {
                return null;
            }
```

```
        } catch (ConnectTimeoutException e) {
            throw new Exception(C.err.network);
        } catch (Exception e) {
            e.printStackTrace();
        }
        return null;
    }

    public String post (HashMap urlParams) throws Exception {
        try {
            // 初始化 POST 请求对象
            HttpPost httpPost = headerFilter(new HttpPost(this.apiUrl));
            List<NameValuePair> postParams = new ArrayList<NameValuePair>();
            // 构造 POST 请求参数
            Iterator it = urlParams.entrySet().iterator();
            while (it.hasNext()) {
                Map.Entry entry = (Map.Entry) it.next();
                postParams.add(new BasicNameValuePair(entry.getKey().toString(),
                entry.getValue().toString()));
            }
            // 设置 POST 请求参数编码
            if (this.charset != null) {
                httpPost.setEntity(new UrlEncodedFormEntity(postParams, this.charset));
            } else {
                httpPost.setEntity(new UrlEncodedFormEntity(postParams));
            }
            // 记录 POST 请求发送日志
            Log.w("AppClient.post.url", this.apiUrl);
            Log.w("AppClient.post.data", postParams.toString());
            // 发送 POST 请求
            HttpResponse httpResponse = httpClient.execute(httpPost);
            if (httpResponse.getStatusLine().getStatusCode() == HttpStatus.SC_OK) {
                String httpResult = resultFilter(httpResponse.getEntity());
                // 记录 POST 请求结果日志
                Log.w("AppClient.post.result", httpResult);
                return httpResult;
            } else {
                return null;
            }
        } catch (ConnectTimeoutException e) {
            throw new Exception(C.err.network);
        } catch (Exception e) {
            e.printStackTrace();
        }
        return null;
    }

    private HttpGet headerFilter (HttpGet httpGet) {
        // 为 GET 请求对象设置请求头
        switch (this.compress) {
            case CS_GZIP:
```

```
                httpGet.addHeader("Accept-Encoding", "gzip");
                break;
            default :
                break;
        }
        return httpGet;
    }

    private HttpPost headerFilter (HttpPost httpPost) {
        // 为 POST 请求对象设置请求头
        switch (this.compress) {
            case CS_GZIP:
                httpPost.addHeader("Accept-Encoding", "gzip");
                break;
            default :
                break;
        }
        return httpPost;
    }

    private String resultFilter(HttpEntity entity){
        String result = null;
        try {
            // 对请求结果进行 GZIP 解码处理
            switch (this.compress) {
                case CS_GZIP:
                    result = AppUtil.gzipToString(entity);
                    break;
                default :
                    result = EntityUtils.toString(entity);
                    break;
            }
        } catch (IOException e) {
            e.printStackTrace();
        }
        return result;
    }
}
```

AppClient 类的代码比较长，涉及的知识点也比较多，为了便于大家理解，我们会按照由上至下的阅读顺序，把该类中比较重要的知识点逐个剖析并归纳如下。

1. 类声明

首先，我们看包引用，除了以 java 开头的 Java 原生类包之外，大部分的类包都是以 org.apache.http 开头的 HttpClient 的类库，这点很容易理解。然后是类名，AppClient 不继承任何基类，此类中所有 HttpClient 的使用都是直接初始化使用的，这个特点和 HttpClient 的使用方式有较大的关系。

2. 构造方法

AppClient 类有两个构造方法，我们经常使用前者，即只包含唯一参数的构造方法，而这唯一的参数 url 实际上就是服务端 API 接口的网络地址，也是每个网络请求所必须具备的重要参数，在这种情况下的网络通信使用默认模式，即使用 UTF-8 编码和非压缩的传输模式。当然，如果需要修改这些配置则需要使用另一个构造方法，该方法除了接口地址 url 之外，还有数据编码 charset 和压缩模式 compress 两个参数，这样使用的时候就可以根据实际情况来选择网络通信的传输模式。

3. initClient 方法

AppClient 类中重要属性，即 httpClient 对象属性的初始化方法。逻辑包括初始化 API 基础地址（在 C.api.base 中定义）、设置网络超时（使用 BasicHttpParams 类）以及为 API 请求自动添加 Session ID，即通过工具类 AppUtil 中的 getSessionId 方法获取。

4. useWap 方法

此方法主要用于支持使用 CMWAP 网络接入方式的用户上网，该方法逻辑比较简单，就是为 httpClient 对象设置一个代理地址，而它被调用的时候，设备就可以通过 CMWAP 上网了，更多相关知识我们将在 7.3.2 节中做详细介绍。

5. get 方法

此方法用于处理 HTTP 协议的 GET 请求。在 GET 方式中，所有 GET 参数都是直接存放在 URL 地址中的，所以 AppClient 的 get 方法没有设置参数，用户通过构造方法成功初始化好 API 的 URL 地址之后，就可直接使用该方法来发送请求并获取结果数据。方法逻辑并不复杂，先构造 HttpGet 对象，然后使用 httpClient 对象的 execute 方法来发送请求并获取 HttpResponse 返回对象，最后使用 resultFilter 方法来处理返回的结果。

6. post 方法

此方法用于处理 HTTP 协议 POST 请求。在 POST 方式中，所有 POST 参数都被重新组装并存放在 HTTP 请求头中，所以 AppClient 的 post 方法需要传入包含请求参数和参数值的键值对（key-value）型数据，为了方便我们使用 HashMap 来存储这些数据。该方法的逻辑比 get 方法略复杂一些，除了构造 HttpPost 对象和获取 HttpResponse 对象的标准逻辑之外，还增加了把包含 POST 请求的 HashMap 数据转化成符合 HttpClient 要求的 NameValuePair 型数据的逻辑，以及对 POST 请求数据进行必要编码的逻辑，最后同样使用 resultFilter 方法来处理返回的结果。

7. headerFilter 和 resultFilter 方法

两个方法分别用于 HTTP 请求头的设置以及 HTTP 请求结果的处理。headerFilter 有两个方法，分别用于设置 GET 和 POST 的请求头，这里我们可以通过该方法来设置 gzip 请求头，通知服务器使用 gzip 压缩方式来传输数据。resultFilter 方法则可用于处理请求的结果，这里可以对压缩传输过来的数据进行解压处理。这部分内容与优化数据传输的功能有关，更多相关知识可以参考 9.2.2 节。此外，我们还可以往这两个方法中添加更多逻辑来扩展 AppClient 的功能。

了解了 AppClient 类的主要逻辑，接下来学习该类的使用方法。在微博应用客户端中，AppClient 主要用在两个地方，一是异步任务模块中的网络请求逻辑，该模块的详细内容请参考本章 7.4 节的相关内容；二是即时通知功能中的网络请求逻辑，这部分代码位于基础类库 com.app.demos.base 中的 BaseService.java 文件中，可参考代码清单 7-33。

代码清单 7-33

```
public class BaseService extends Service {
...
    public void doTaskAsync (final int taskId, final String taskUrl, final
    HashMap<String, String> taskArgs) {
        // 获取保存在SharedPreferences中的HTTP网络连接类型
        SharedPreferences sp = AppUtil.getSharedPreferences(this);
        final int httpType = sp.getInt(HTTP_TYPE, 0);
        ExecutorService es = Executors.newSingleThreadExecutor();
        es.execute(new Runnable(){
            @Override
            public void run() {
                try {
                    // 初始化AppClient对象
                    AppClient client = new AppClient(taskUrl);
                    // 判断是否支持CMWAP模式
                    if (httpType == HttpUtil.WAP_INT) {
                        client.useWap();
                    }
                    String httpResult = client.post(taskArgs);
                    // 将结果传入onTaskComplete方法中处理
                    onTaskComplete(taskId, AppUtil.getMessage(httpResult));
                } catch (Exception e) {
                    e.printStackTrace();
                }


            }
        });
    }
...
}
```

BaseService类是微博通知服务类NoticeService的基类，类中的异步任务方法doTaskAsync用于从服务端获取通知信息；不过此方法和界面控制器基类BaseUi中的doTaskAsync方法不同，BaseUi中的是基于基础任务池类BaseTaskPool的，而这里的doTaskAsync方法则使用更简单的单线程池，在线程接口的run方法中我们就可以看到AppClient的使用代码示例。接着我们便来分析此处AppClient网络通信类的使用方法。

首先，初始化AppClient对象，设置请求API接口的URL地址；然后，使用HttpUtil工具类判断是否应该采用CMWAP网络接入方式，是则调用useWap方法，HttpUtil的使用方法将在7.3.2节中介绍；最后，使用post方法发送请求至服务端并获取返回信息，然后传入onTaskComplete方法进行处理，当然，onTaskComplete方法将在BaseService的子类，比如微博通知服务类NoticeService中被加入处理网络返回信息的逻辑。这里还用到了应用工具类AppUtil中的getMessage来处理JSON消息的内容，这点可参考7.3.3节中内容。

7.3.2 支持CMWAP网络接入方式

CMWAP和CMNET只是中国移动人为划分的两个GPRS接入方式。前者是为手机WAP

上网而设立的，后者则主要是为PC、笔记本电脑、PDA等利用GPRS上网服务。前面通过对微博客户端框架的网络通信类AppClient的介绍，使我们了解到CMWAP的基本使用方式，useWap就是打开CMWAP模式的开关方法；不过在BaseSerive类中对使用实例代码的介绍中，我们引出了另外一个问题，那就是如何知道设备是否应该使用CMWAP模式，因为只有在确定设备处于CMWAP上网模式的情况下，我们才可以打开CMWAP模式的开关，否则反而可能导致设备无法上网。而获取设备上网模式的关键功能则是使用HttpUtil工具类来实现的，此类的完整代码如代码清单7-34所示。

代码清单　7-34

```
package com.app.demos.util;

import android.content.Context;
import android.database.Cursor;
import android.net.ConnectivityManager;
import android.net.NetworkInfo;
import android.net.Uri;

public class HttpUtil {

    static public int WAP_INT = 1;
    static public int NET_INT = 2;
    static public int WIFI_INT = 3;
    static public int NONET_INT = 4;

    static private Uri APN_URI = null;

    static public int getNetType (Context ctx) {
        // 判断是否有网络
        ConnectivityManager conn = null;
        try {
            conn = (ConnectivityManager) ctx.getSystemService(Context.CONNECTIVITY_SERVICE);
        } catch (Exception e) {
            e.printStackTrace();
        }
        if (conn == null) {
            return HttpUtil.NONET_INT;
        }
        NetworkInfo info = conn.getActiveNetworkInfo();
        boolean available = info.isAvailable();
        if (!available){
            return HttpUtil.NONET_INT;
        }
        // 判断是否使用 WIFI 模式
        String type = info.getTypeName();
        if (type.equals("WIFI")) {
            return HttpUtil.WIFI_INT;
        }
        // 判断是否使用 CMWAP 模式
```

```
            APN_URI = Uri.parse("content://telephony/carriers/preferapn");
            Cursor uriCursor = ctx.getContentResolver().query(APN_URI, null, null, null, null);
            if (uriCursor != null && uriCursor.moveToFirst()) {
                String proxy = uriCursor.getString(uriCursor.getColumnIndex("proxy"));
                String port = uriCursor.getString(uriCursor.getColumnIndex("port"));
                String apn = uriCursor.getString(uriCursor.getColumnIndex("apn"));
                if (proxy != null && port != null && apn != null && apn.
                    equals("cmwap") && port.equals("80") &&
                  (proxy.equals("10.0.0.172") || proxy.equals("010.000.000.172"))) {
                  return HttpUtil.WAP_INT;
                }
            }
            return HttpUtil.NET_INT;
        }

    }
```

观察HttpUtil的代码结构，我们可以得到整体的认识。首先，该类位于微博应用项目的工具类包com.app.demos.util之中，类名HttpUtil表示该类是Http网络通信的工具类；其次，4个静态的public属性分别代表着4种最主要的上网模式，分别是CMWAP模式WAP_INT、CMNET模式NET_INT、WIFI模式WIFI_INT以及非联网模式NONET_INT；然后，该类目前只有一个方法getNetType，也就是用于获取上网模式的方法，接下来我们将剖析此方法的实现逻辑并归纳出以下要点。

1. 使用上下文（Context）

getNetType只有一个参数，即Activity Context，也就是界面上下文对象（参考2.5.1节相关内容），这里的上下文通常会是应用上下文，也就是Application Context。在程序中我们不仅使用应用上下文对象的getSystemService方法来获取网络系统服务（CONNECTIVITY_SERVICE）对象，还使用上下文对象的getContentResolver方法来获取系统的ContentResolver对象，进而查询Android系统的相关参数。

2. 未联网模式

判断设备是否联网需要用到ConnectivityManager类，此类用于获取设备的网络状态，程序使用getActiveNetworkInfo方法获取活动的网络状态并保存在NetworkInfo对象中，如果获取失败则认为该设备未联网。当然，ConnectivityManager还提供了getNetworkInfo方法来获取网络设备的状态，包括蓝牙（TYPE_BLUETOOTH）、手机网络（TYPE_MOBILE）以及WIFI网络（TYPE_WIFI）等联网模式，使用方法如代码清单7-35所示。

代码清单 7-35

```
ConnectivityManager conn = (ConnectivityManager) getSystemService(Context.CONNECTIVITY_SERVICE);
State wifi = conn.getNetworkInfo(ConnectivityManager.TYPE_WIFI).getState();
```

3. WIFI模式

在使用getActiveNetworkInfo方法获取到活动的网络状态之后，程序使用getTypeName来获取活动网络的名称，如果能和WIFI匹配，我们则认为设备正在使用WIFI联网模式。

4. CMWAP 模式

该模式的获取方法和 WIFI 模式的不大一样，准确来说 CMWAP 应该是属于手机联网模式（TYPE_MOBILE）中的一种，ConnectivityManager 无法获取到该模式的任何状态，我们需要借助内容处理器 Content Resolver 的查询功能去系统的 Content Provider 接口查询相关信息，有关内容我们曾经在 2.4.4 节中简单介绍过，而方法中获取 CMWAP 模式的相关逻辑正好可作为 ContentResolver 类使用的示例代码。

首先，使用 Uri 类的 parse 方法初始化设备 APN 设置的 Uri 对象，该资源的对应 URI 是“content://telephony/carriers/preferapn”，对应的内容就是系统设置菜单中网络设置的 APN 相关设置；然后，使用 ContentResolver 的查询接口 query 来获取指针变量 uriCursor；最后通过循环获取 APN 设置中的代理地址、端口等信息来判断是否符合 CMWAP 的设置，其中“10.0.0.172”代表的就是 CMWAP 的标准代理地址。如果判断相符，我们则认为设备正处于 CMWAP 联网模式中。

判断完毕之后，如果需要使用 CMWAP 联网模式，我们只要使用 AppClient 类的 useWap 方法即可，该方法的使用方式很简单，具体示例可参考代码清单 7-33。虽然随着移动网络的发展，以 CMWAP 方式上网的用户群正在逐渐缩小，但是对 CMWAP 的支持肯定是一个比较完善的移动互联网应用不得不考虑的问题。

7.3.3　使用 JSON 库为消息解码

微博应用服务端和客户端之间的消息交互使用的是 JSON 协议，因此当客户端获取到对应服务端接口的返回数据之后，还需要把 JSON 格式的数据转化成模型对象才能被 Android 系统所使用。Android 应用框架为我们提供了强大的 JSON 库，位于 org.json 类包之下，主要包括以下两个 JSON 解析类。

1. JSONObject

用于把对象型的 JSON 数据转化成 JSONObject 对象，然后使用 get 系列方法获取对象属性的数据。其中最常用的方法为 getString，即获取数据并存为字符串，这样处理也是为了适应 Web 应用的特点。除此之外，还有两个方法需要我们注意，即 getJSONArray 和 getJSONObject 方法，它们的存在是为了处理复合型的 JSON 数据，分别用于获取数组型和对象型的属性值。

2. JSONArray

用于把数组型的 JSON 数据转化成 JSONArray 对象，该类所提供方法和 JSONObject 类基本相同，只不过其中的 get 系列方法的参数都是整型（int），代表的是数组型数据的位置索引。

另外，以上两个 JSON 解析类均提供了 toString 方法，用于快速地把对象转化成字符串，该方法经常在调试的时候使用，更多用法请参考 SDK 文档中 org.json 包的内容。

对于微博应用来说，不同 API 接口所返回的数据格式都是不一样的，但是都要符合一定的协议规范，否则将大大增加解析逻辑的复杂度。这样，我们之前在 4.6 节中所制定的消息协议的规范，这里就要使用到了。

在实际项目中，仅仅把 JSON 数据解析出来还是不够的，因为通常在客户端程序中用于数据处理的是模型对象（Model），因此我们还需要把 JSON 数据转化为对应的模型对象，在协议中我们使用“模型名”和“模型名.list”的键值来表示模型对象和模型对象数组。这个过程比较复杂，不过幸运的是微博客户端程序框架已经为我们提供了非常方便的方法来完成这个转化，此方法就是应用工具类AppUtil中的getMessage方法，如代码清单7-36所示。

代码清单 7-36

```
public class AppUtil {
...
    static public BaseMessage getMessage (String jsonStr) throws Exception {
        BaseMessage message = new BaseMessage();
        JSONObject jsonObject = null;
        try {
            jsonObject = new JSONObject(jsonStr);
            if (jsonObject != null) {
                message.setCode(jsonObject.getString("code"));
                message.setMessage(jsonObject.getString("message"));
                message.setResult(jsonObject.getString("result"));
            }
        } catch (JSONException e) {
            throw new Exception("Json format error");
        } catch (Exception e) {
            e.printStackTrace();
        }
        return message;
    }
...
}
```

AppUtil类中的getMessage方法是静态的，其作用是把JSON消息转化成基础消息对象，即BaseMessage类对象；此方法在前面介绍网络通信类AppClient的时候就遇到过，使用范例可参考代码清单7-33。getMessage方法的逻辑不是很复杂，按照JSON协议的定义，消息最外层使用的是对象结构的数据，所以这里使用JSONObject来解析，返回信息包括代码号code、提示信息message和数据集合result，接着再传入新建的BaseMessage对象中去。当然，如果解析失败，则会抛出异常信息“Json format error”。

接下来，我们来重点分析基础消息类BaseMessage的逻辑，因为该类中包含了对JSON消息中的数据集合字段“result”的处理逻辑，而这正是JSON消息数据如何转化成模型对象的“核心机密”所在。BaseMessage类位于应用基础类包com.app.demos.base中的BaseMessage.java文件中，完整类代码如代码清单7-37所示。

代码清单 7-37

```
package com.app.demos.base;


import java.lang.reflect.Field;
import java.util.ArrayList;
import java.util.HashMap;
import java.util.Iterator;
import java.util.Map;
```

```
import org.json.JSONArray;
import org.json.JSONObject;

import com.app.demos.util.AppUtil;

public class BaseMessage {

    private String code;
    private String message;
    private String resultSrc;
    private Map<String, BaseModel> resultMap;
    private Map<String, ArrayList<? extends BaseModel>> resultList;

    public BaseMessage () {
        this.resultMap = new HashMap<String, BaseModel>();
        this.resultList = new HashMap<String, ArrayList<? extends BaseModel>>();
    }

    @Override
    public String toString () {
        return code + " | " + message + " | " + resultSrc;
    }

    public String getCode () {
        return this.code;
    }

    public void setCode (String code) {
        this.code = code;
    }

    public String getMessage () {
        return this.message;
    }

    public void setMessage (String message) {
        this.message = message;
    }

    public String getResult () {
        return this.resultSrc;
    }

    public Object getResult (String modelName) throws Exception {
        Object model = this.resultMap.get(modelName);
        // 返回空模型异常
        if (model == null) {
            throw new Exception("Message data is empty");
        }
        return model;
    }
```

```
public ArrayList<? extends BaseModel> getResultList (String modelName) throws Exception {
    ArrayList<? extends BaseModel> modelList = this.resultList.get(modelName);
    // 返回空数据异常
    if (modelList == null || modelList.size() == 0) {
        throw new Exception("Message data list is empty");
    }
    return modelList;
}

@SuppressWarnings("unchecked")
public void setResult (String result) throws Exception {
    this.resultSrc = result;
    if (result.length() > 0) {
        JSONObject jsonObject = null;
        jsonObject = new JSONObject(result);
        Iterator<String> it = jsonObject.keys();
        while (it.hasNext()) {
            // 获取模型名、类名以及模型数据
            String jsonKey = it.next();
            String modelName = getModelName(jsonKey);
            String modelClassName = "com.app.demos.model." + modelName;
            JSONArray modelJsonArray = jsonObject.optJSONArray(jsonKey);
            // 模型数据为对象（JSONObject）的情况
            if (modelJsonArray == null) {
                JSONObject modelJsonObject = jsonObject.optJSONObject(jsonKey);
                if (modelJsonObject == null) {
                    throw new Exception("Message result is invalid");
                }
                this.resultMap.put(modelName, json2model(modelClassName,
                modelJsonObject));
            // 模型数据为数组（JSONArray）的情况
            } else {
                ArrayList<BaseModel> modelList = new ArrayList<BaseModel>();
                for (int i = 0; i < modelJsonArray.length(); i++) {
                    JSONObject modelJsonObject = modelJsonArray.optJSONObject(i);
                    modelList.add(json2model(modelClassName, modelJsonObject));
                }
                this.resultList.put(modelName, modelList);
            }
        }
    }
}

@SuppressWarnings("unchecked")
private BaseModel json2model (String modelClassName, JSONObject
modelJsonObject) throws Exception  {
    // 利用 Java 反射自动加载模型类
    BaseModel modelObj = (BaseModel) Class.forName(modelClassName).newInstance();
    Class<? extends BaseModel> modelClass = modelObj.getClass();
    // 利用 Java 反射自动加载模型属性
    Iterator<String> it = modelJsonObject.keys();
```

```
        while (it.hasNext()) {
            String varField = it.next();
            String varValue = modelJsonObject.getString(varField);
            Field field = modelClass.getDeclaredField(varField);
            field.setAccessible(true); // have private to be accessable
            field.set(modelObj, varValue);
        }
        return modelObj;
    }

    private String getModelName (String str) {
        String[] strArr = str.split("\\W");
        if (strArr.length > 0) {
            str = strArr[0];
        }
        return AppUtil.ucfirst(str);
    }

}
```

消息基础类 BaseMessage 是服务端和客户端之间进行数据传输的桥梁，是微博应用框架的基础核心类库，不过该类的代码比较多，逻辑也相对比较复杂。因此，下面我们将从多个方面对该类的要点做细致的分析。

（1）数据结构

BaseMessage 类是按照 JSON 协议的格式来设计的。首先，code、message 和 resultSrc 三个 String 型的类属性分别对应了 JSON 消息协议中的 code、message 和 result 三个键名；其次，resultMap 和 resultList 两个 Map 型的类属性则分别用于存储单个模型对象和模型对象数组的数据；另外，按照之前微博应用通信协议的设计原则（参考 4.6 节），resultMap 和 resultList 两个 Map 对象的键值都将是对应模型类的名称。

（2）get/set 方法

BaseMessage 类中的 get/set 方法都是针对于 BaseMessage 类的属性来设计的；比如，getCode 和 setCode 就是属性 code 的读写方法，而 getMessage 和 setMessage 则是属性 message 的读写方法，这些方法的使用范例都可在代码清单 7-36 中的 getMessage 方法中找到。

（3）setResult 方法

和其他的 set 方法不同，setResult 方法是 BaseMessage 类中消息数据的解析逻辑所在，也是该类最核心的方法。首先，记录下参数传入的 JSON 消息中的 result 数据集的字符源码，并保存到类属性 resultSrc 中。然后，使用 JSONObject 对象解析 result 数据集的最外层数据，这是因为 result 数据是对象结构的。接着，使用 JSONObject 对象的迭代器 Iterator 模式遍历并解析 result 数据集中的每个模型数据，模型名称通过 getModelName 方法来获取，而模型数据则根据不同的数据类型来做分别处理；如果模型数据是单个对象，则使用 json2model 方法直接转化成对应的单个模型对象，并存储到类属性 resultMap 中；但假如是个对象数组，则需要使用 JSONArray 来对对象数组遍历并转化，最终得到模型对象数组，再存储到类属性 resultList 中去。

（4）getResult 方法

获取通过 setResult 方法解析得到的单个对象型数据，该方法的参数只有一个，也就是数据模型的名称。当该方法得到传入的模型名称时，会从 resultMap 中得到对应的模型数据，返回值为单个模型对象。

（5）getResultList 方法

此方法的用法和 getResult 一样，只不过该方法返回的是对应模型的对象数组，且这些数据是从 resultList 中得到的。

（6）json2model 方法

此方法在 setResult 中被用于模型对象的转化，首先使用 Class 类的 forName 方法来动态创建指定模型的对象，然后使用 Java 对象的反射（Reflection）特性来给模型对象动态注入属性值，最后返回组装完成的模型对象。实际上，这种做法经常用于底层框架设计或者底层数据映射的场景中，理解其思路对于加强 Java 编程的能力会有不少益处。

小贴士： 反射（Reflection）是 Java 中语言的强大工具。它让我们能够创建灵活的代码，这些代码可以在运行时装配，来实现一些动态的特性和功能；但需注意的是，反射的成本很高，如果使用不当会对系统造成额外的负担。此外，如果使用 PHP 来完成动态创建类的功能更简单，因为 PHP 支持使用变量来初始化对象的写法。比如，我们把类名赋值给变量“$className”，使用“$classObj = new $className();”语句就可以实现动态创建对象的功能。

通过 7.1.3 节中对登录界面控制器代码的逻辑分析，我们了解到在微博框架的界面控制器类中都统一使用 doTaskAsync 方法来异步发送网络请求，然后通过 onTaskComplete 方法来处理数据解析之后的逻辑，微博客户端框架会把处理好的 BaseMessage 对象传给 onTaskComplete 方法供我们使用。例如，代码清单 7-20 所示的登录界面控制器代码的 onTaskComplete 方法中就使用了 getResult 方法来获取 Customer 模型对象。

至此，我们已经了解微博客户端的程序是如何与服务端 API 进行网络通信，解析返回的 JSON 格式数据，最终映射成可用的模型对象或者对象数组的整个过程；并且，我们应该能够使用 AppClient 和 BaseMessage 类来完成客户端网络通信的功能。当然，我们还会在后面具体介绍功能界面的时候穿插介绍这部分的相关内容。

7.3.4 使用 Toast 消息提示

在 Android 系统中 Toast 也叫作“简易消息提示框”，顾名思义，主要用于简单信息的提示，在 Android 应用开发中被广泛使用。本节将结合网络通信这部分的内容来说明 Toast 组件的用法。Toast 类使用起来非常简单，在微博客户端框架的界面基础类 BaseUi 中已经被封装成了 toast 方法，该方法的逻辑很简单，传入提示消息的 String 字符串，然后调用 Toast 类的静态方法 makeText 即可，我们可以在所有继承自 BaseUi 的界面控制器类中直接使用 toast 方法，具体实现参考代码清单 7-38。

代码清单 7-38

```
public class BaseUi extends Activity {
...
    public void toast (String msg) {
        Toast.makeText(this, msg, Toast.LENGTH_SHORT).show();
```

```
    }
...
    public void doTaskAsync (int taskId, String taskUrl, HashMap<String, String> taskArgs) {
        showLoadBar();
        taskPool.addTask(taskId, taskUrl, taskArgs, new BaseTask(){
            @Override
            public void onComplete (String httpResult) {
                sendMessage(BaseTask.TASK_COMPLETE, this.getId(), httpResult);
            }
            @Override
            public void onError (String error) {
                sendMessage(BaseTask.NETWORK_ERROR, this.getId(), null);
            }
        }, 0);
    }
...
    public void onNetworkError (int taskId) {
        toast(C.err.network);
    }
...
}
```

以上代码截取自BaseUi类，除了toast方法的实现逻辑之外，还包含了doTaskAsync方法的逻辑，我们看到在该方法创建任务的逻辑中，使用到了BaseTask对象，而该对象的onError接口方法中又使用到了sendMessage方法，该方法的具体实现会在7.4.2节中做详细解释，这里我们只需要知道的是此方法会触发onNetworkError方法的逻辑，打印出C.err.network常量对应的提示信息，即“网络错误”信息。也就是说，在设备未联网或者服务端API接口连接失败的时候就会弹出这个错误信息，Toast的弹出效果见图7-11。

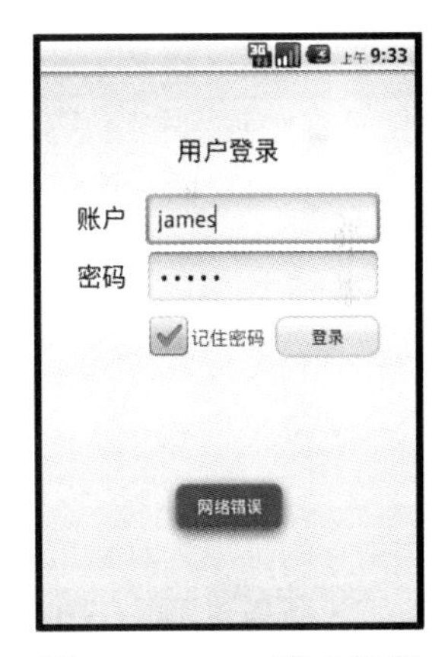

图7-11 Toast弹出效果

实际上，Toast组件在微博应用中的用处非常多，除了用于各种异常情况的消息提示之外，还用于一些操作结果的提示，比如添加关注成功，头像修改成功以及登录失败的提示，关于这点我们还可以在登录界面控制器类UiLogin（见代码清单7-20）的登录逻辑代码中看到toast方法的应用。

当然，我们也可以自定义Toast的外观和行为，该类给我们提供了设置弹出位置（setGravity）、弹出时间（setDuration）、边框宽度（setMargin）、设置文字（setText）以及设置外观（setView）等方法来灵活地自定义Toast弹出框的样式，相关示例见代码清单7-39。

代码清单 7-39

```
Toast toast = new Toast(getApplicationContext());
// 设置弹出位置
toast.setGravity(Gravity.CENTER_VERTICAL, 0, 0);
// 设置弹出时间
```

```
toast.setDuration(Toast.LENGTH_LONG);
// 使用自定义模板
toast.setView(layout);
toast.show();
```

7.4 异步任务模块

在 Android 应用中，大部分耗时的逻辑和操作都必须是异步的，原因是这样不会影响到 UI 主线程的运行，可以让应用运行地更流畅；其实从本质上来说，就是在 UI 主线程之外再新建一个线程来处理 UI 界面渲染和事件响应之外的逻辑和操作。对于微博客户端程序来说，异步任务模块就是被设计用于处理这种情况的，该模块是由多个部件组合而成的，主要包括任务创建（见 7.4.2 节）和任务处理（见 7.4.3 节）两大部件，下面我们将详细分析这两个部件的代码实现和异步任务模块的使用方法。

7.4.1 进程和线程

为更好地理解异步任务的概念，首先应该了解 Android 系统进程（Process）和线程（Thread）的概念。当 Android 应用启动的时候，会启动一个带单线程的独立进程，在默认情况下，应用中的所有组件都运行在同一个进程中；当然，如果我们需要控制组件所属的进程，可以在应用配置文件 AndroidManifest.xml 中设置，<activity>、<service>、<receiver> 和 <provider> 几个重要组件的标签都提供了 android:process 属性来指定所属的进程。

Android 进程有自己的生命周期，不同类型的应用所属进程的生命周期也各不相同。下面我们将按照优先级从高到低的顺序介绍几种常见的进程。

- **前台进程**：Foreground process，即当前正在运行的进程。当存在正在运行的 Acitivty（即 onResume 方法被调用）或者活动的 Service 服务时，该进程便属于前台进程。Android 系统中同时运行的前台进程不会很多，这些进程不会轻易结束，除非系统的可用内存已经到达仅能支持 UI 展现的底限。
- **可见进程**：Visible process，即可见进程。当进程中的 Activity 界面被暂时放到下层，即 onPause 方法被调用时，该进程就成为了可见进程。这些进程也不会轻易结束，除非系统的可用内存已经不能支撑前台进程的运行。
- **服务进程**：Service process，即服务进程。当我们使用 startService 方法来启动服务的时候，就会开启一个服务进程，该进程与应用进程无关，系统会保持其运行状态，直到系统内存无法支持前台进程和可见进程的运行。
- **后台进程**：Background process，即后台进程。当进程中的 Activity 界面被停止，即 onStop 方法被调用时，该进程就变为后台进程，系统可以随时杀死（kill）这些进程并回收它们的内存空间。一般来说，后台进程中会存在一个 LRU 列表，越少使用的进程会越早被杀死。

小贴士：LRU（Least Recently Used）即最近最少使用算法，属于内存管理的重要算法，该算法属于淘汰算法，太久没有使用的进程最终会被淘汰，使用该算法可以让资源得到更合理的分配，经常用于管理内存和缓存。

需要注意的是，Android 系统会采用“最高优先”的原则来排列进程的优先级，假如一个进程中同时存在一个 Service 服务和一个处于可见状态的 Activity，那么这个进程将被认为是可见进程而不是服务进程。

学习了 Android 系统进程的相关知识后，我们再来认识一下线程（Thread）的概念。当应用启动时，其所处的进程会创建一个主线程，即 Main Thread。该线程非常重要，它主要负责 UI 界面的渲染和消息事件的分发，因此我们也称之为 UI 线程。由于 UI 线程负责的事情非常多，甚至还包括和系统 UI 组件之间的消息通信，所以我们在处理一些耗时、耗资源的逻辑的时候尽量启动新的线程来处理，以避免阻塞 UI 线程，影响应用的运行效果。另外，Android 系统中的许多 UI 组件不是线程安全的，所以我们还需要尽量避免在新线程中直接使用主线程中的 UI 组件对象。

以上问题的解决方案有几种，我们可以使用 UI 组件 View 类中的 post 和 postDelay 方法来添加处理逻辑到消息队列中，也可以使用系统提供的 AsyncTask 类来处理这些异步的逻辑，不过在微博应用中我们将采用一种更为基础的方案，即使用 Handler 类配合自己实现的任务线程池来完成异步任务的处理。接下来，我们将通过对微博应用实例的异步任务模块的实现介绍，来进一步理解 Android 系统中对 Java 线程的用法。

在这里，简单介绍一下进程和线程之间的通信问题。首先是进程间的数据通信，该过程称为 IPC（Interprocess Communication），在 Android 系统中，进程之间通信是采用 RPCs，即 Remote Procedure Calls 远程调用的模式来进行的，我们需要用到 AIDL（Android Interface Definition Language）来配合实现。整个过程比较复杂，这里用一个例子来说明这个过程。假如，应用 B 的进程（进程 B）向应用 A 的进程（进程 A）发起 IPC 调用，那么进程 B 中的程序会通过其 AIDL 生成的应用 A 的代理类（Proxy），向进程 A 中的 Stub 接口发起调用。其中，应用 A 的代理类存在于进程 B 中，而应用 A 的 Stub 接口则存在于进程 A 中的某个 Binder 线程中，整个调用过程的示意图请参考图 7-12 中左下方与 Binder 有关的部分。

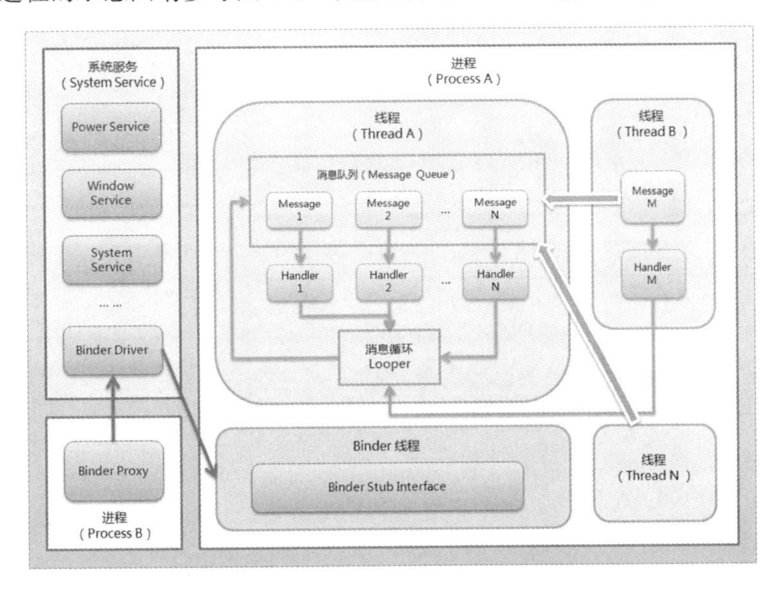

图 7-12 进程 & 线程调用图

其次，就是线程间的数据通信，也就是应用进程内部的消息通信。线程间的数据通信相对比较简单，图 7-12 中已经比较清楚地描绘了 Android 应用内部的线程通信的过程。其实线程 A 就是前面说的主线程或者 UI 线程，该线程内部维护了一个消息队列（可使用 Looper 进行控制），不同的 Message 消息将会分配给对应的 Handler 来处理。假如，现在有个逻辑线程（线程 B）需要与 UI 线程（线程 A）通信，只需要在线程 B 的逻辑处理完毕之后，将指定消息发送到线程 A 消息队列中即可，至于分配给哪个 Handler 来处理都是可以指定的。

实际上，异步任务的执行过程也就是任务线程和 UI 线程之间的通信过程，接下来我们将介绍在微博客户端程序中是如何实现异步任务的。而这部分内容正好可以作为线程间通信的实例，大家在学习的过程中结合本节介绍的内容来理解，会有事半功倍的效果。

7.4.2 任务创建 Thread

前面介绍过，异步任务模块是由两大部件组合而成的。任务创建部件就是异步任务模块中非常重要的一环，这部分包括基础任务 BaseTask 类和基础任务池类 BaseTaskPool 两方面内容，下面我们分别介绍一下。首先，BaseTask 是基础任务类，定义了异步任务必要属性和方法，以及任务的种类，该类如代码清单 7-40 所示。

代码清单 7-40

```
package com.app.demos.base;

public class BaseTask {

    public static final int TASK_COMPLETE = 0;
    public static final int NETWORK_ERROR = 1;
    public static final int SHOW_LOADBAR = 2;
    public static final int HIDE_LOADBAR = 3;
    public static final int SHOW_TOAST = 4;
    public static final int LOAD_IMAGE = 5;

    private int id = 0;
    private String name = "";

    public BaseTask() {}

    public int getId () {
        return this.id;
    }

    public void setId (int id) {
        this.id = id;
    }

    public String getName () {
        return this.name;
    }

    public void setName (String name) {
```

```
            this.name = name;
        }

        public void onStart () {
        }

        public void onComplete () {
        }

        public void onComplete (String httpResult) {
        }

        public void onError (String error) {
        }

        public void onStop () throws Exception {
        }
}
```

下面分析 BaseTask 的代码。首先，该类定义了基本任务的类型，这些类型常量会在任务处理的时候被使用，对应任务类型的使用逻辑请参考 7.4.3 节中 BaseHandler 类的相关内容，现把各个类型的用法归纳如下。

- TASK_COMPLETE：普通任务，绝大部分的异步任务都属于这种类型，这种任务会在异步请求返回结果之后，在 onTaskComplete 方法中进行逻辑处理。
- NETWORK_ERROR：网络异常任务，在网络出现问题的时候被使用。
- SHOW_LOADBAR：显示等待进度条，该任务执行时会显示等待进度条。
- HIDE_LOADBAR：隐藏等待进度条，执行该任务将隐藏等待进度条。
- SHOW_TOAST：消息提示任务，执行该任务将弹出需要显示的信息。
- LOAD_IMAGE：加载图片任务，该任务在需要异步加载图片的时候被使用。

其次，BaseTask 中还定义了基本任务必要属性，包括任务 ID（id）和任务名（name），我们可以使用对应的 get/set 方法来获取和设置。其中，我们特别需要注意任务 ID 的使用，因为该属性被当做是任务的唯一标识。另外，BaseTask 类还定义了基本任务生命周期的接口方法，列举说明如下。

- onStart：任务开始接口方法，在异步任务开始之前被调用。
- onComplete：任务结束接口方法，在异步任务结束之后被调用。
- onError：任务出错接口方法，任务执行出现异常时被调用。
- onStop：任务结束接口方法，任务完全结束之后被调用。

实际上，BaseTask 更像是个任务接口，以上生命周期方法都是定义具体任务时需要实现的接口方法，在任务创建和执行的过程中会被调用。而任务创建和执行的逻辑都是在基础任务池类 BaseTaskPool 中实现的，该类代码如代码清单 7-41 所示。

代码清单 7-41

```
package com.app.demos.base;

import java.util.HashMap;
```

```
import java.util.concurrent.ExecutorService;
import java.util.concurrent.Executors;

import android.content.Context;
import com.app.demos.util.HttpUtil;

import com.app.demos.util.AppClient;

public class BaseTaskPool {

    // 线程池对象
    static private ExecutorService taskPool;

    // 界面上下文对象
    private Context context;

    // 初始化任务线程池
    public BaseTaskPool (BaseUi ui) {
        this.context = ui.getContext();
        taskPool = Executors.newCachedThreadPool();
    }

    // 创建异步远程任务方法（含参数）
    public void addTask (int taskId, String taskUrl, HashMap<String, String>
    taskArgs, BaseTask baseTask, int delayTime) {
        baseTask.setId(taskId);
        try {
            taskPool.execute(new TaskThread(context, taskUrl, taskArgs,
             baseTask, delayTime));
        } catch (Exception e) {
            taskPool.shutdown();
        }
    }

    // 创建异步远程任务方法（不含参数）
    public void addTask (int taskId, String taskUrl, BaseTask baseTask, int delayTime) {
        baseTask.setId(taskId);
        try {
            taskPool.execute(new TaskThread(context, taskUrl, null, baseTask, delayTime));
        } catch (Exception e) {
            taskPool.shutdown();
        }
    }

    // 创建自定义异步任务
    public void addTask (int taskId, BaseTask baseTask, int delayTime) {
        baseTask.setId(taskId);
        try {
            taskPool.execute(new TaskThread(context, null, null, baseTask, delayTime));
        } catch (Exception e) {
```

```
            taskPool.shutdown();
        }
    }

    // 任务逻辑线程类
    private class TaskThread implements Runnable {
        private Context context;
        private String taskUrl;
        private HashMap<String, String> taskArg;
        private BaseTask baseTask;
        private int delayTime = 0;
        public TaskThread(Context context, String taskUrl, HashMap<String,
        String> taskArgs, BaseTask baseTask, int delayTime) {
            this.context = context;
            this.taskUrl = taskUrl;
            this.taskArgs = taskArgs;
            this.baseTask = baseTask;
            this.delayTime = delayTime;
        }
        @Override
        public void run() {
            try {
              baseTask.onStart();
              String httpResult = null;
              // 设置任务延时
              if (this.delayTime > 0) {
                    Thread.sleep(this.delayTime);
              }
              try {
                    // 远程任务
                    if (this.taskUrl != null) {
                          // 初始化 AppClient
                          AppClient client = new AppClient(this.taskUrl);
                          if (HttpUtil.WAP_INT == HttpUtil.getNetType(context)) {
                                client.useWap();
                          }
                          // GET 请求
                          if (taskArgs == null) {
                                httpResult = client.get();
                          // POST 请求
                          } else {
                                httpResult = client.post(this.taskArgs);
                          }
                    }
                    // 远程任务处理
                    if (httpResult != null) {
                          baseTask.onComplete(httpResult);
                    // 本地任务处理
                    } else {
                          baseTask.onComplete();
                    }
```

```
                    } catch (Exception e) {
                     baseTask.onError(e.getMessage());
                    }
                } catch (Exception e) {
                    e.printStackTrace();
                } finally {
                    try {
                     // 任务结束
                     baseTask.onStop();
                    } catch (Exception e) {
                     e.printStackTrace();
                    }
                }
            }
        }

}
```

上述 BaseTaskPool 类是执行异步任务的核心逻辑所在，也是我们需要重点分析的部分。我们按照阅读顺序，将此类的知识要点罗列如下。

1. 线程池使用

从 BaseTaskPool 类的构造方法中，我们可以看到，这里使用的是缓存线程池 newCachedThreadPool，该线程池实现了缓存的重用以及过期线程的清除，比较适合于短期异步任务的执行；不过和固定线程池不同的是它没有限制线程的个数，如果使用不当有可能造成性能问题。

2. addTask 方法

该类包含了 3 个 addTask 方法，前面两个方法用于处理异步远程任务，所谓异步远程就是需要请求服务端 API 接口的任务，这两个方法都需要传入参数包括任务 ID（taskId），API 接口地址（taskUrl），任务接口对象（baseTask）以及任务延时秒数（delayTime）；而其中一个方法还支持传入 API 接口参数（taskArgs）。后面一个方法用于处理自定义异步任务，这些任务一般是无需请求服务端 API 接口的"本地任务"。

3. TaskThread 类

任务线程类实现了 Runnable 接口，是任务线程的主要逻辑所在，我们主要分析 run 接口方法的逻辑。首先，程序调用了 baseTask 的 onStart 方法，这里执行的就是任务的开始逻辑；接着，设置延时，有些异步任务是需要延时进行的，这里就是其延时功能的实现逻辑；然后，就进入了网络通信的标准逻辑，这点我们在前面 7.3.1 节对 AppClient 类的介绍中已经分析过了，不再赘述；当然，在请求返回结果的时候调用了 baseTask 的 onComplete 方法，执行任务完成逻辑；最后，进行任务收尾处理，如果捕获到异常则调用 baseTask 的 onError 方法，并在结束的时候调用 onStop 方法。

实际上，在微博客户端程序框架中，BaseTaskPool 已经被封装到界面基础类 BaseUi 中，用于 doTaskAsync 异步任务方法的逻辑实现，代码清单 7-42 截取的就是 BaseUi 类中的相关代码，我们来简单分析一下。

代码清单 7-42

```
public class BaseUi extends Activity {
...
    public void onCreate(Bundle savedInstanceState) {
        super.onCreate(savedInstanceState);
        ...
        // 初始化异步任务池
        this.taskPool = new BaseTaskPool(this);
    }

    // 自定义任务
    public void doTaskAsync (int taskId, BaseTask baseTask, int delayTime) {
        taskPool.addTask(taskId, baseTask, delayTime);
    }

    // 异步远程任务(不含参数)
    public void doTaskAsync (int taskId, String taskUrl) {
        showLoadBar();
        taskPool.addTask(taskId, taskUrl, new BaseTask(){
            @Override
            public void onComplete (String httpResult) {
                sendMessage(BaseTask.TASK_COMPLETE, this.getId(), httpResult);
            }
            @Override
            public void onError (String error) {
                sendMessage(BaseTask.NETWORK_ERROR, this.getId(), null);
            }
        }, 0);
    }

    // 异步远程任务(含参数)
    public void doTaskAsync (int taskId, String taskUrl, HashMap<String, String> taskArgs) {
        showLoadBar();
        taskPool.addTask(taskId, taskUrl, taskArgs, new BaseTask(){
            @Override
            public void onComplete (String httpResult) {
                sendMessage(BaseTask.TASK_COMPLETE, this.getId(), httpResult);
            }
            @Override
            public void onError (String error) {
                sendMessage(BaseTask.NETWORK_ERROR, this.getId(), null);
            }
        }, 0);
    }
...
}
```

首先，程序在界面初始化方法 onCreate 中创建了 BaseTaskPool 类对应的 taskPool 对象，然后在后面的 3 个异步任务方法 doTaskAsync 中使用；doTaskAsync 方法的使用和 BaseTaskPool 类中的 addTask 方法是对应的，分别用于异步远程任务和自定义任务的执行。这里我们需要注意的是3个方法中对应addTask方法的使用；对于这点，建议大家可以结合之前我们对BaseTaskPool类中addTask方法的介绍来学习和理解。另外，任务对象的onComplete和onError方法也需要留意一下，其中sendMessage方法用于发送任务消息到Handler处理器，而发送任务的类型我们在介绍BaseTask的时候曾经讲过，成功则发送TASK_COMPLETE类型的任务消息，失败则发送NETWORK_ERROR类型的任务消息，而关于任务处理器Handler的知识，我们将在7.4.3节里给大家做详细介绍。

7.4.3 任务处理Handler

在上节中，我们已经介绍了任务创建部件的实现，接下来看看任务处理部件。从线程通信的角度来看，任务处理其实就是消息处理，在Android应用框架中，我们一般使用Handler类来实现，对应类包为android.os.Handler。在异步任务模块中，当任务处理完毕之后，程序会发送任务消息给对应的消息处理器Handler来处理，而发送消息的逻辑就在BaseUi类中的sendMessage方法里，相关代码见代码清单7-43。

代码清单 7-43

```
public class BaseUi extends Activity {
...
     public void onCreate(Bundle savedInstanceState) {
          super.onCreate(savedInstanceState);
          ...
          // 初始化任务处理器
          this.handler = new BaseHandler(this);
     }

     public void sendMessage (int what) {
          Message m = new Message();
          m.what = what;
          handler.sendMessage(m);
     }

     public void sendMessage (int what, String data) {
          Bundle b = new Bundle();
          b.putString("data", data);
          Message m = new Message();
          m.what = what;
          m.setData(b);
          handler.sendMessage(m);
     }

     public void sendMessage (int what, int taskId, String data) {
          Bundle b = new Bundle();
          b.putInt("task", taskId);
          b.putString("data", data);
          Message m = new Message();
          m.what = what;
          m.setData(b);
```

```
            handler.sendMessage(m);
        }
    ...
    }
```

以上是 BaseUi 类中与消息发送功能有关的代码，建议大家把这段代码与代码清单 7-42 中和任务创建部分的逻辑结合起来理解。代码中的 3 个 sendMessage 方法从上到下分别用于发送不带数据的消息、带数据的消息以及指定任务 ID 并且带数据的消息。在之前的 doTaskAsync 方法中，我们使用的是最后一个方法，该方法会把任务类型、任务 ID 以及消息数据全部发送给 BaseHandler 对象来处理，而 BaseHandler 处理器类的实现请参考代码清单 7-44。

代码清单　7-44

```
package com.app.demos.base;

import com.app.demos.util.AppUtil;

import android.os.Handler;
import android.os.Looper;
import android.os.Message;

public class BaseHandler extends Handler {

    protected BaseUi ui;

    public BaseHandler (BaseUi ui) {
        this.ui = ui;
    }

    public BaseHandler (Looper looper) {
        super(looper);
    }

    @Override
    public void handleMessage(Message msg) {
        try {
            int taskId;
            String result;
            switch (msg.what) {
                case BaseTask.TASK_COMPLETE:
                    ui.hideLoadBar();
                    taskId = msg.getData().getInt("task");
                    result = msg.getData().getString("data");
                    if (result != null) {
                        ui.onTaskComplete(taskId, AppUtil.getMessage(result));
                    } else if (!AppUtil.isEmptyInt(taskId)) {
                        ui.onTaskComplete(taskId);
                    } else {
                        ui.toast(C.err.message);
                    }
```

```
                    break;
                case BaseTask.NETWORK_ERROR:
                    ui.hideLoadBar();
                    taskId = msg.getData().getInt("task");
                    ui.onNetworkError(taskId);
                    break;
                case BaseTask.SHOW_LOADBAR:
                    ui.showLoadBar();
                    break;
                case BaseTask.HIDE_LOADBAR:
                    ui.hideLoadBar();
                    break;
                case BaseTask.SHOW_TOAST:
                    ui.hideLoadBar();
                    result = msg.getData().getString("data");
                    ui.toast(result);
                    break;
            }
        } catch (Exception e) {
            e.printStackTrace();
            ui.toast(e.getMessage());
        }
    }

}
```

BaseHandler类最重要的逻辑都被实现在handleMessage方法中，这里面包含了各种任务类型对应的处理逻辑。7.4.2节中我们简要介绍了BaseTask，即基础任务类中定义的任务类型，如普通任务（TASK_COMPLETE）、网络异常任务（NETWORK_ERROR）以及消息提示任务（SHOW_TOAST）等，大家可以对照代码学习和理解这些任务的处理逻辑，而这些任务的处理逻辑中都会使用到界面上下文对象，该对象在初始化BaseHandler类的时候，将从BaseUi类的onCreate方法中被传进来，代表的也就是当前界面的上下文对象。另外，在普通任务的处理逻辑中我们可以看到onTaskComplete回调方法的使用，以及JSON消息处理方法getMessage的用法。

至此，异步任务模块的代码实现部分的内容已经介绍完毕，我们可以把异步任务的实现逻辑总结如下：使用异步任务池类BaseTaskPool来创建BaseTask任务的线程，该线程运行完毕后使用sendMessage方法发送对应的任务消息给BaseHandler处理；对于普通异步任务来说，即调用onTaskComplete方法来处理任务完成后的逻辑，其中还涉及网络通信类AppClient以及基础消息类BaseMessage的相关内容，这些模块一起构成了微博应用客户端的远程任务处理系统的核心。

7.4.4　使用异步任务AsyncTask

通过前面对异步任务模块的介绍，我们可以总结出以下（见代码清单7-45）格式的代码模板来供给具体的界面控制器类使用。实际上只要界面控制器类继承自BaseUi或者BaseUiAuth类，就可以使用以下代码模板来完成异步任务的功能。

代码清单 7-45

```
public class UiTest extends BaseUi {
...
    public void onCreate(Bundle savedInstanceState) {
        ...
        // 创建异步任务
        doTaskAsync(taskId, apiUrl, apiParams);
    }

    public void onTaskComplete(int taskId, BaseMessage message) {
        super.onTaskComplete(taskId, message);
        // 处理异步任务
        ...
    }
...
}
```

当然，Android 系统本身也给我们提供了一些不错的异步任务的解决方案，AsyncTask 就是其中比较常用的一种。该类的使用方法比较简单，只要实现其主要的抽象方法即可，方法说明列举如下，更多信息可参考 SDK 中的 android.os.AsyncTask 类说明。

- onPreExecute：在异步逻辑开始之前被执行，通常用于处理一些初始化工作。
- doInBackground：在 onPreExecute 方法完成后被执行，用于处理比较耗时的异步任务，相当于微博客户端框架中 BaseUi 类中的 doTaskAsync 方法。
- onProgressUpdate：在异步任务执行的同时被执行，即和 doInBackground 同步运行，常用于展示进度的进展情况。
- onPostExecute：在异步任务执行完成后，也就是 doInBackground 方法完成之后被执行，相当于 BaseUi 类中的 onTaskComplete 方法。
- onCancelled：在用户取消线程操作的时候调用。

和异步任务相似的，我们也可以总结出 AsyncTask 使用方法的代码模板，如代码清单 7-46 中所示。这里的 TestAsyncTask 异步任务类位于 TestActivity 类的内部，继承自 AsyncTask 抽象类，我们只需要在其核心接口方法中添加对应的逻辑代码即可，使用的时候创建该类的对象并执行其 execute 方法即可，需要注意的是这里的参数将被传入到 doInBackground 方法中去。

代码清单 7-46

```
public class TestActivity extends Activity {
...
    public void onCreate(Bundle savedInstanceState) {
        // 使用异步任务类
        TestAsyncTask task = new TestAsyncTask(this);
        task.execute(param1, param2, ...);
    }
...
    class TestAsyncTask extends AsyncTask<String, Integer, String> {

        public TestAsyncTask(Context context) {
```

```
            // 初始化逻辑
            ...
        }

        protected String doInBackground(String... params) {
            // 异步逻辑
            ...
        }

        protected void onProgressUpdate(Integer... values) {
            // 展示进度
            ...
        }

        protected void onPostExecute(String result) {
            // 处理逻辑
            ...
        }

    }
    ...
}
```

对比以上两种最主流的异步任务解决方案：使用微博客户端程序框架中的异步任务模块，即 Thread 加上 Handler 的方案，优点是使用方便、结构清晰、运行效率高，特别适用于多个异步任务并行的情况。当然，AsyncTask 的使用也很简单，并且提供了 onProgressUpdate 方法来获取任务进度，不过在多个异步任务并行的情况下就显得有点力不从心了。在实际项目中，我们可以根据实际情况选择比较合适的处理方案。

7.5 全局功能模块

前面介绍了微博客户端程序中最为基础的两个核心模块，即网络通信模块和异步任务模块，整个微博应用的逻辑都会围绕着这两个模块来开发。实际上对于多数的移动互联网应用来说，大部分的逻辑都会放在服务端来处理，而客户端的主要任务就是获取服务端 API 的返回结果，解析并进行展示，这也是以上两个模块为何如此重要的原因。本章以下的内容将主要围绕微博应用的具体功能界面来进行介绍，我们将根据各个功能界面的特点来介绍不同的应用开发技巧，这种方式能让大家更深刻地理解各个组件的实际用法。

本节将介绍微博应用的全局功能模块，准确来说是除了网络通信模块和异步任务模块这些基础功能模块之外的具有全局性意义的功能模块，这些模块可粗略分为两大类，一类是构成 UI 界面的公用组件，另一类是与微博某些业务功能有关的功能模块。

7.5.1 全局 UI 基类

首先，微博应用中所有的界面控制器类都被放到 com.app.demos.ui 类包之下，且都以 Ui 作为类名的前缀。界面控制器的基类有两个，即 BaseUi 和 BaseUiAuth，BaseUi 是所有界面控制类的基类，而 BaseUiAuth 则是所有登录界面控制类（即框架界面）的基类。当然，这些类均继承自 Android 应用框架的 Activity 类，以上 UI 界面类的继承关系如下。

```
Android.app.Activity
  |- com.app.demos.base.BaseUi
    |- com.app.demos. base.BaseUiAuth
      |- com.app.demos.ui.UiIndex
```

实际上，在前面章节的内容中我们已经穿插介绍了许多界面控制器基类 BaseUi 的相关内容，我们将该类中的常用方法总结如下，在后面对微博应用界面控制器类的介绍都将会涉及这些方法的使用。另外，由于 BaseUi 类的代码太长了，我们无法在这里贴出该类完整的代码实现，这些方法的实现逻辑我们会继续采用之前穿插介绍的方式来给大家分别解析。

- toast：消息提示框组件的调用方法，可参考 7.3.4 节内容。
- overlay：在当前界面之上覆盖目标界面，可参考 7.2.4 节内容。
- forward：切换当前界面至目标界面，可参考 7.2.4 节内容。
- getContext：获取当前界面的上下文对象，注意与 getApplicationContext 的区别。
- getHandler：获取当前界面的消息处理器类 Handler，可参考 7.4.3 节内容。
- setHandler：设置消息处理器类 Handler，可用于设置自定义的消息处理器。
- getLayout：根据 ID 获取对应的模板对象。
- getTaskPool：获取异步任务池，可参考 7.4.2 节内容。
- showLoadBar：显示加载进度条，前面介绍异步任务模块的实现时也有提及。
- hideLoadBar：隐藏加载进度条，与 showLoadBar 结合使用。
- openDialog：快速打开 Dialog 窗口，可参考 7.5.3 节内容。
- loadImage：快速加载远程图片，可参考 7.7.5 节中相关内容。
- doFinish：结束当前界面。
- doLogout：用户注销，可参考 7.5.2 节内容。
- doEditText：编辑文本，可参考 7.9.3 节内容。
- doEditBlog：编辑微博，可参考 7.9.4 节内容。
- sendMessage：发送消息，常与消息处理器类 Handler 配合使用。
- doTaskAsync：创建新的异步任务，可参考 7.4.2 节内容。
- onTaskComplete：异步任务完成后的回调方法，可参考 7.4.2 节内容。
- onNetworkError：网络异常回调方法。
- debugMemory：获取当前占用内存，可参考 8.1.2 节内容。

BaseUiAuth 类从 BaseUi 类中继承了上述的所有方法；此外，该类还额外添加了界面通用框架以及应用选项菜单的逻辑。下面我们就来学习 BaseUiAuth 类的完整逻辑，如代码清单 7-47 所示。

代码清单　7-47

```
package com.app.demos.base;

import com.app.demos.R;
```

```
import com.app.demos.base.BaseAuth;
import com.app.demos.demo.DemoMap;
import com.app.demos.demo.DemoWeb;
import com.app.demos.model.Customer;
import com.app.demos.test.TestUi;
import com.app.demos.ui.UiBlogs;
import com.app.demos.ui.UiConfig;
import com.app.demos.ui.UiIndex;
import com.app.demos.ui.UiLogin;

import android.app.AlertDialog;
import android.os.Bundle;
import android.view.Menu;
import android.view.MenuItem;
import android.view.View;
import android.view.View.OnClickListener;
import android.widget.Button;
import android.widget.ImageButton;

public class BaseUiAuth extends BaseUi {

    private final int MENU_APP_WRITE = 0;
    private final int MENU_APP_LOGOUT = 1;
    private final int MENU_APP_ABOUT = 2;
    private final int MENU_DEMO_WEB = 3;
    private final int MENU_DEMO_MAP = 4;
    private final int MENU_DEMO_TEST = 5;

    protected static Customer customer = null;

        @Override
    public void onCreate(Bundle savedInstanceState) {
        super.onCreate(savedInstanceState);

        if (!BaseAuth.isLogin()) {
            this.forward(UiLogin.class);
            this.onStop();
        } else {
            customer = BaseAuth.getCustomer();
        }
    }

    @Override
    public void onStart() {
        super.onStart();

        this.bindMainTop();
        this.bindMainTab();
    }

    @Override
```

```
public boolean onCreateOptionsMenu(Menu menu) {
    super.onCreateOptionsMenu(menu);
    menu.add(0, MENU_APP_WRITE, 0, R.string.menu_app_write).setIcon(android.
    R.drawable.ic_menu_add);
    menu.add(0, MENU_APP_LOGOUT, 0, R.string.menu_app_logout).setIcon(android.
    R.drawable.ic_menu_close_clear_cancel);
    menu.add(0, MENU_APP_ABOUT, 0, R.string.menu_app_about).setIcon(android.
    R.drawable.ic_menu_info_details);
    menu.add(0, MENU_DEMO_WEB, 0, R.string.menu_demo_web).setIcon(android.
    R.drawable.ic_menu_view);
    menu.add(0, MENU_DEMO_MAP, 0, R.string.menu_demo_map).setIcon(android.
    R.drawable.ic_menu_view);
    menu.add(0, MENU_DEMO_TEST, 0, R.string.menu_demo_test).setIcon(android.
    R.drawable.ic_menu_view);
    return true;
}

@Override
public boolean onOptionsItemSelected(MenuItem item) {
    switch (item.getItemId()) {
        case MENU_APP_WRITE: {
            doEditBlog();
            break;
        }
        case MENU_APP_LOGOUT: {
            doLogout(); // do logout first
            forward(UiLogin.class);
            break;
        }
        case MENU_APP_ABOUT:
            AlertDialog.Builder builder = new AlertDialog.Builder(this);
            builder.setTitle(R.string.menu_app_about);
            String appName = this.getString(R.string.app_name);
            String appVersion = this.getString(R.string.app_version);
            builder.setMessage(appName + " " + appVersion);
            builder.setIcon(R.drawable.face);
            builder.setPositiveButton(R.string.btn_cancel, null);
            builder.show();
            break;
        case MENU_DEMO_WEB:
            forward(DemoWeb.class);
            break;
        case MENU_DEMO_MAP:
            forward(DemoMap.class);
            break;
        case MENU_DEMO_TEST:
            forward(TestUi.class);
            break;
    }
    return super.onOptionsItemSelected(item);
}
```

```
    private void bindMainTop () {
        Button bTopQuit = (Button) findViewById(R.id.main_top_quit);
        if (bTopQuit != null) {
            OnClickListener mOnClickListener = new OnClickListener() {
                @Override
                public void onClick(View v) {
                    switch (v.getId()) {
                        case R.id.main_top_quit:
                            doFinish();
                            break;
                    }
                }
            };
            bTopQuit.setOnClickListener(mOnClickListener);
        }
    }

    private void bindMainTab () {
        ImageButton bTabHome = (ImageButton) findViewById(R.id.main_tab_1);
        ImageButton bTabBlog = (ImageButton) findViewById(R.id.main_tab_2);
        ImageButton bTabConf = (ImageButton) findViewById(R.id.main_tab_3);
        ImageButton bTabWrite = (ImageButton) findViewById(R.id.main_tab_4);
        if (bTabHome != null && bTabBlog != null && bTabConf != null) {
            OnClickListener mOnClickListener = new OnClickListener() {
                @Override
                public void onClick(View v) {
                    switch (v.getId()) {
                        case R.id.main_tab_1:
                            forward(UiIndex.class);
                            break;
                        case R.id.main_tab_2:
                            forward(UiBlogs.class);
                            break;
                        case R.id.main_tab_3:
                            forward(UiConfig.class);
                            break;
                        case R.id.main_tab_4:
                            doEditBlog();
                            break;
                    }
                }
            };
            bTabHome.setOnClickListener(mOnClickListener);
            bTabBlog.setOnClickListener(mOnClickListener);
            bTabConf.setOnClickListener(mOnClickListener);
            bTabWrite.setOnClickListener(mOnClickListener);
        }
    }
}
```

下面简要分析一下 BaseUiAuth 类中的重点方法与逻辑。

1. onCreate 与 onStart 方法

这两个生命周期方法中所放的都是界面初始化时的逻辑。onCreate 方法中加入了验证用户是否登录的逻辑，如果验证失败就会返回用户登录页面；而 onStart 方法中则执行了 bindMainTop 与 bindMainTab 两个方法，即界面顶部导航栏和底部选项按钮的相关逻辑。

2. onCreateOptionsMenu 方法

选项菜单的初始化方法，此处使用 Menu 对象的 add 方法添加了 6 个菜单项，需要注意的是，这些菜单的 ID 都是在 BaseUiAuth 类的属性中定义的。至于这些菜单选项的详细情况请参考 7.5.2 节中的内容。

3. onOptionsItemSelected 方法

选项菜单的逻辑实现，按照菜单 ID 来分别实现每个菜单选项的逻辑，比如，写微博选项（ID 为 MENU_APP_WRITE）是使用 doEditBlog 方法来实现的，而用户注销选项（ID 为 MENU_APP_LOGOUT）则调用了 doLogout 方法等。这些功能逻辑中的绝大部分的使用方法在 BaseUi 界面基类中都能找到，唯一特殊的是应用信息选项（ID 为 MENU_APP_ABOUT）的处理逻辑，有关内容我们会在下面的 7.5.3 节中详细介绍。

4. bindMainTop 与 bindMainTab 方法

bindMainTop 方法是对界面框架顶部导航栏中退出按钮的逻辑实现，处理该按钮的点击事件使用到了 OnClickListener 监听器，实现逻辑相对比较简单，就是调用 doFinish 方法结束当前界面。bindMainTab 则是对底部 4 个功能选项按钮的逻辑实现，这里同样使用到了 OnClickListener 监听器，逻辑也相对比较简单，都是一些基本的界面切换方法的调用；不过我们需要注意的是，所有底部选项的按钮控件都在使用同一个监听器类，这种简化代码的写法在多个 UI 控件共用同一种事件的时候经常用到。

7.5.2　全局 Menu 菜单

学习 Android 开发基础时，我们已经简单介绍过 Menu 菜单控件的大致分类与基本使用，如有遗忘请参考 2.7.4 节中内容。对于微博应用来说，其中最主要的菜单就是选项菜单，即 Options Menu。无论在哪个登录之后的界面中只要按下设备的菜单按钮，微博应用的选项菜单都会出现在系统底部。效果如图 7-13 所示。

图 7-13　选项菜单效果

从图 7-13 中可以看出，微博应用的选项菜单有 6 个，现说明如下。

- **写微博**：打开微博撰写界面，详情请参考 7.9.4 节。
- **注销账户**：注销当前登录用户，退回到用户登录界面。
- **应用信息**：查看微博应用的说明信息，详情请参考 7.5.3 节。
- **网页示例**：切换至网页版示例界面，详情请参考 7.11.2 节。
- **地图示例**：切换至网页地图示例界面，详情请参考 7.11.5 节。
- **测试示例**：切换至客户端性能测试界面，详情请参考 8.1.2 节。

至于菜单的实现逻辑，我们在前面讲解 BaseUiAuth 类的时候已经介绍过了，可参考7.5.1节中与代码清单7-47的相关内容。

7.5.3 全局Dialog窗口

常见的Android对话框控件（Dialog）的概念和用法在2.7.6节中已经介绍过了。实际上，微博客户端程序框架也为我们提供了便捷的基础对话框类，也就是com.app.demos.dialog类包中的BasicDialog类，比如在上节中刚介绍的微博应用选项菜单中的应用信息选项就是使用该类来实现的，运行效果如图7-14所示。

图7-14 BasicDialog对话框效果

下面我们来学习一下BasicDialog类的代码实现，见代码清单7-48。

代码清单 7-48

```
package com.app.demos.dialog;

import com.app.demos.R;

import android.app.Dialog;
import android.content.Context;
import android.os.Bundle;
import android.view.ViewGroup;
import android.view.Window;
import android.view.WindowManager;
import android.widget.TextView;

public class BasicDialog {

    private Dialog mDialog;
    private TextView mTextMessage;

    public BasicDialog(Context context, Bundle params) {
        // 初始化对话框
        mDialog = new Dialog(context, R.style.com_app_weibo_theme_dialog);
        mDialog.setContentView(R.layout.main_dialog);
        mDialog.setFeatureDrawableAlpha(Window.FEATURE_OPTIONS_PANEL, 0);
```

```
            // 设置显示位置
            Window window = mDialog.getWindow();
            WindowManager.LayoutParams wl = window.getAttributes();
            wl.x = 0;
            wl.y = 0;
            window.setAttributes(wl);
            window.setFlags(WindowManager.LayoutParams.FLAG_FULLSCREEN,
    WindowManager.LayoutParams.FLAG_FORCE_NOT_FULLSCREEN);
            window.setLayout(200, ViewGroup.LayoutParams.WRAP_CONTENT);
            // 设置显示文本
            mTextMessage = (TextView) mDialog.findViewById(R.id.cs_main_dialog_text);
            mTextMessage.setTextColor(context.getResources().getColor(R.color.gray));
            mTextMessage.setText(params.getString("text"));
        }

        public void show() {
            mDialog.show();
        }


    }
```

BaseDialog 类并没有使用现成的 AlertDialog 或者 ProgressDialog 等对话框类，而是扩展自最基础的 Dialog 对话框类，这样做的好处是获得最大的自定义权限。这里的对话框就使用了自定义的样式模板，即 R.layout.main_dialog 对应的 main_dialog.xml 文件，实际上所有的对话框控件都可以使用 setContentView 来设置自定义的模板。此外，main_dialog.xml 模板文件非常简单，里面就包含了一个 ID 为 cs_main_dialog_text 的文本框控件，后面程序在设置对话框文字的时候使用的就是这个控件。最后，我们还需要注意如何获取 Dialog 的 Window 对象来设置窗口的显示位置，从代码中可以看出 BaseDialog 被设置在屏幕的中间位置。

使用时，我们只需要用 Bundle 对象传入信息到 BaseDialog 的构造方法中并执行该类的 show 方法即可；在 BaseUi 类中还提供了更简单的 openDialog 方法来调用 BaseDialog 自定义窗口控件。当然，我们还可以使用与 BaseDialog 类似的思路构造出各种各样的 Dialog 窗口类，存放到对应的 com.demos.app.dialog 类包下，扩展微博客户端框架的内容。

7.5.4　使用 Service 获取通知

在微博应用的功能模块设计（见 4.3 节）中我们曾经提到“即时消息提醒”的功能，在微博服务端的程序开发介绍中，也介绍了获取通知接口的内容（见 6.7 节），该 API 接口会提供微博系统的即时通知，而微博客户端则需要启动对应的 Service 服务来定时从该 API 接口获取通知信息并进行消息提示，这就是本节需要重点介绍的 NoticeService 服务的实现。

通过对 2.4.2 节的学习，我们了解了 Android 四大组件之一的 Service 组件的概念和作用，用其实现即时通知功能是再合适不过了。在微博应用中，当用户成功登录之后，程序就会启动 NoticeService 服务，逻辑可参考界面控制器类 UiLogin（见代码清单 7-20）的 onTaskComplete 方法中的成功登录之后的逻辑，准确来说就是以下这行代码。

```
BaseService.start(this, NoticeService.class);
```

以上代码虽然简单，但是却牵涉两个重要类。首先是 BaseService，该类是微博客户端程序框架的 Service 服务基类，用于创建和控制 Service 服务的活动，位于 com.app.demos.base 包下；其次是 NoticeService，也就是获取即时通知的 Service 类，位于 com.app.demos.service 包下。

下面我们来分析 BaseService 类主要功能逻辑的实现，如代码清单 7-49 所示。

代码清单 7-49

```
package com.app.demos.base;

import java.util.HashMap;
import java.util.concurrent.ExecutorService;
import java.util.concurrent.Executors;

import com.app.demos.util.AppClient;
import com.app.demos.util.AppUtil;
import com.app.demos.util.HttpUtil;

import android.app.Service;
import android.content.Context;
import android.content.Intent;
import android.content.SharedPreferences;
import android.content.SharedPreferences.Editor;
import android.os.IBinder;

public class BaseService extends Service {

    public static final String ACTION_START = ".ACTION_START";
    public static final String ACTION_STOP = ".ACTION_STOP";
    public static final String ACTION_PING = ".ACTION_PING";
    public static final String HTTP_TYPE = ".HTTP_TYPE";

    @Override
    public IBinder onBind(Intent intent) {
        return null;
    }

    @Override
    public void onCreate() {
        super.onCreate();
    }

    @Override
    public void onStart(Intent intent, int startId) {
        super.onStart(intent, startId);
    }

    public void doTaskAsync (final int taskId, final String taskUrl) {
        SharedPreferences sp = AppUtil.getSharedPreferences(this);
        final int httpType = sp.getInt(HTTP_TYPE, 0);
        ExecutorService es = Executors.newSingleThreadExecutor();
        es.execute(new Runnable(){
            @Override
```

```
            public void run() {
                try {
                    AppClient client = new AppClient(taskUrl);
                    if (httpType == HttpUtil.WAP_INT) {
                        client.useWap();
                    }
                    String httpResult = client.get();
                    onTaskComplete(taskId, AppUtil.getMessage(httpResult));
                } catch (Exception e) {
                    e.printStackTrace();
                }

            }
        });
    }

    public void doTaskAsync (final int taskId, final String taskUrl, final HashMap
    <String, String> taskArgs) {
        SharedPreferences sp = AppUtil.getSharedPreferences(this);
        final int httpType = sp.getInt(HTTP_TYPE, 0);
        ExecutorService es = Executors.newSingleThreadExecutor();
        es.execute(new Runnable(){
            @Override
            public void run() {
                try {
                    AppClient client = new AppClient(taskUrl);
                    if (httpType == HttpUtil.WAP_INT) {
                        client.useWap();
                    }
                    String httpResult = client.post(taskArgs);
                    onTaskComplete(taskId, AppUtil.getMessage(httpResult));
                } catch (Exception e) {
                    e.printStackTrace();
                }

            }
        });
    }

    public void onTaskComplete (int taskId, BaseMessage message) {

    }

    ////////////////////////////////////////////////////////////////////////////
    // 公用静态方法，供外部类使用

    public static void start(Context ctx, Class<? extends Service> sc) {
        // 获取共享数据
        SharedPreferences sp = AppUtil.getSharedPreferences(ctx);
        Editor editor = sp.edit();
        editor.putInt(HTTP_TYPE, HttpUtil.getNetType(ctx));
```

```
        editor.commit();
        // 启动 Service
        String actionName = sc.getName() + ACTION_START;
        Intent i = new Intent(ctx, sc);
        i.setAction(actionName);
        ctx.startService(i);
    }

    public static void stop(Context ctx, Class<? extends Service> sc) {
        String actionName = sc.getName() + ACTION_STOP;
        Intent i = new Intent(ctx, sc);
        i.setAction(actionName);
        ctx.startService(i);
    }

    public static void ping(Context ctx, Class<? extends Service> sc) {
        String actionName = sc.getName() + ACTION_PING;
        Intent i = new Intent(ctx, sc);
        i.setAction(actionName);
        ctx.startService(i);
    }
}
```

BaseService 类继承自 Android Service 基类，封装了 Android 应用开发中使用 Service 服务需要用到的基本方法，下面我们来分析该类的主要方法。

1. onCreate 和 onStart 方法

BaseService 类的初始化方法和开始方法中没有任何的逻辑实现，这两个方法用于提供给子类进行重写。

2. doTaskAsync 方法

发起异步任务方法，主要用于处理网络通信，与 BaseUi 类中 doTaskAsync 方法的用法类似。在 NoticeService 类中，我们就是用该方法从服务端 API 的接口中获取最新的通知信息。

3. onTaskComplete 方法

用于异步任务的结果处理，与 BaseUi 类中 onTaskComplete 方法的用法类似。使用范例请参考 NoticeService 类中 onTaskComplete 方法中的代码。

4. start 方法

用于启动 Service 服务。值得注意的是，这里我们使用 HttpUtil 类的 getNetType 方法（见 7.3.2 节）获取到设备的联网方式，并存储到系统配置 SharedPreferences 存储空间中去。这是因为 Service 独立于主线程之外，不能共享数据；所以 Service 和主线程之间需要通过其他方式来共享数据，而 SharedPreferences 就是一个不错的选择。

5. stop 方法

用于停止 Service 服务。该方法逻辑比较简单，不再赘述。

实际上，在 7.3.1 节中介绍使用 AppClient 类进行网络通信的时候，我们就把 BaseService 类当做网络通信功能的使用范例来介绍，在 doTaskAsync 方法中也可以找到 AppClient 类的相关代码。

7.5.5　使用 Notification 显示通知

之前已经介绍过微博应用所有 Service 服务的基类 BaseService，并学习了 BaseService 类的基本用法。下面我们再来学习 BaseService 的使用范例，也就是其子类，通知服务类 NoticeService 的代码，如代码清单 7-50 所示。我们需要关注的重点在于，如何使用异步任务方法（doTaskAsync 和 onTaskComplete）来获取通知信息，并使用 Notification 组件把通知显示出来。

代码清单　7-50

```
package com.app.demos.service;

import java.util.concurrent.ExecutorService;
import java.util.concurrent.Executors;

import com.app.demos.ui.UiBlogs;
import com.app.demos.base.BaseMessage;
import com.app.demos.base.BaseService;
import com.app.demos.base.C;
import com.app.demos.model.Notice;

import android.app.Notification;
import android.app.NotificationManager;
import android.app.PendingIntent;
import android.content.Intent;
import android.os.IBinder;

public class NoticeService extends BaseService {

    private static final int ID = 1000;
    private static final String NAME = NoticeService.class.getName();

    // Notification 消息管理类
    private NotificationManager  notiManager;

    // 线程池服务类
    private ExecutorService execService;

    // 循环获取通知标记
    private boolean runLoop = true;

    @Override
    public IBinder onBind(Intent intent) {
        return super.onBind(intent);
    }

    @Override
    public void onCreate() {
        super.onCreate();
        notiManager = (NotificationManager)getSystemService(NOTIFICATION_SERVICE);
        execService = Executors.newSingleThreadExecutor();
```

```
    }

    @Override
    public void onStart(Intent intent, int startId) {
        super.onStart(intent, startId);
        if (intent.getAction().equals(NAME + BaseService.ACTION_START)) {
            startService();
        }
    }

    @Override
    public void onDestroy() {
        runLoop = false;
    }

    public void startService () {
        execService.execute(new Runnable(){
            @Override
            public void run() {
                while (runLoop) {
                    try {
                        // 从服务端接口获取通知
                        doTaskAsync(C.task.notice, C.api.notice);
                        // 30 秒后再循环
                        Thread.sleep(30 * 1000L);
                    } catch (InterruptedException e) {
                        e.printStackTrace();
                    }
                }
            }
        });
    }

    @Override
    public void onTaskComplete (int taskId, BaseMessage message) {
        try {
            Notice notice = (Notice) message.getResult("Notice");
            showNotification(notice.getMessage());
        } catch (Exception e) {
            e.printStackTrace();
        }
    }

    private void showNotification(String text) {
        try {
            Notification n = new Notification();
            n.flags |= Notification.FLAG_SHOW_LIGHTS;
            n.flags |= Notification.FLAG_AUTO_CANCEL;
            n.defaults = Notification.DEFAULT_ALL;
            n.icon = com.app.demos.R.drawable.icon;
            n.when = System.currentTimeMillis();
```

```
            // 设置点击通知后需要打开的UI界面
            PendingIntent pi = PendingIntent.getActivity(this, 0, new Intent(this,
            UiBlogs.class), 0);
            // 设置通知提示
            n.setLatestEventInfo(this, "demos Notice", text, pi);
            // 显示通知信息
            notiManager.notify(ID, n);
        } catch (Exception e) {
            e.printStackTrace();
        }
    }
}
```

NoticeService类继承自BaseService（参考7.5.4节），该类的代码比较长、涉及的知识点也比较多，下面我们仅对其中比较重要的逻辑进行剖析和归纳。

1. onCreate和onStart方法

在onCreate方法中，首先使用getSystemService方法获取Android系统通知管理者类NotificationManager的对象notiManager；然后使用Executors类的newSingleThreadExecutor方法创建了单线程线程池对象execService，分别用于Notification通知的处理和新线程逻辑的创建。而onStart方法中则调用了startService方法，主要包含了Service启动时需要调用的逻辑，下面会马上介绍到。

2. startService方法

启动服务时，我们需要使用前面准备好的单线程线程池对象execService来启动一个新线程，然后在新线程中使用doTaskAsync方法循环向服务端的获取通知接口（见6.7节）进行请求，此处的逻辑是30秒请求一次，这也是常见的HTTP服务的实现方式，如果要做到实时通知，则需要通过TCP长连接来实现了，这涉及java.net类包中Socket类的使用，限于篇幅，下面不再做深入讨论了。

3. onTaskComplete方法

由于获取通知接口返回的是唯一的Notice对象，所以这里使用BaseMessage的getResult方法就可以直接获取到Notice通知对象，然后调用showNotification方法进行展示。

4. showNotification方法

该方法中的代码实际上就是Notification通知组件的使用范例，首先创建Notification对象并对其属性进行初始化，然后调用前面准备好的通知管理者类对象notiManager的notify方法显示通知消息。

实际上，NoticeService服务会在登录界面的逻辑中被调用，当用户登录成功之后就会执行“BaseService.start(this, NoticeService.class);”这行代码来开启通知服务，这点可参考代码清单7-20中UiLogin类中的onTaskComplete方法的相关逻辑。

另外，在使用Notification的时候要注意，Notification对象使用直接给属性赋值的方式来进行配置，这点和其他的组件是不太相同的。这里把常用的配置常量总结如下。

- Notification.DEFAULT_ALL：所有配置都采用默认值。

- Notification.DEFAULT_LIGHTS：使用默认通知灯光。
- Notification.DEFAULT_SOUND：使用默认通知声音。
- Notification.DEFAULT_VIBRATE：使用默认通知振动模式。
- Notification.FLAG_AUTO_CANCEL：通知点击后自动消失。
- Notification.FLAG_INSISTENT：让声音、振动无限循环，直到用户响应。
- Notification.FLAG_NO_CLEAR：不能清除该通知。
- Notification.FLAG_ONLY_ALERT_ONCE：通知仅提示一次。
- Notification.FLAG_SHOW_LIGHTS：采用自定义灯光，可通过设置 public 成员变量来实现，ledARGB 表示灯光颜色、ledOnMS 亮持续时间、ledOffMS 暗的时间。
- Notification.STREAM_DEFAULT：通知声音的来源，默认值是 STREAM_RING，即铃声。

最后，NotificationManager 是 Android 系统的通知服务，用于管理所有的通知消息，重点关注三个方法：notify 方法用于发起一个通知，cancel 方法用于清除对应 ID 的通知，cancelAll 则用于移除所有通知。

7.6 用户登录界面

通过本章前半部分内容的学习，我们已经掌握了构建微博应用客户端程序的主要模块和类库的使用；从本节开始，将对微博应用主要界面的代码逻辑和界面组成做细致的剖析。大家既可以把每个小节的内容当做不同的实例分开阅读，又可以把所有实例组合成一个完整的微博应用项目来学习。

在用户登录界面中，我们将学习到 Android 应用框架中基本表单控件的用法，包括文本框控件（TextView）、输入框控件（EditText）、复选框控件（CheckBox）以及按钮控件（Button）的用法。另外，我们还会学到一些辅助图形组件（Shape）的用法以及应用配置存储方案的应用。

7.6.1 界面程序逻辑

用户登录界面的控制器类 UiLogin 在本章之前的内容中已经接触得很多了，该类的代码逻辑在 7.1.3 节中也已经给大家详细介绍过，这里不再赘述。不过在本节中，我们将从另一个角度，也就是界面 UI 实现的角度，来介绍在登录界面的开发过程中所用到的 Android UI 控件的概念和用法。另外，在接下来的几个小节中，我们将对微博实例应用中所要用到的主要 UI 控件进行逐个介绍。

7.6.2 使用 TextView

TextView 即文本框控件，用于文本显示，该控件不支持编辑，如果需要编辑请使用 EditText，参考 7.6.3 节内容。TextView 类位于 android.widget 包下，继承自 View，下面是 TextView 类的继承关系。

```
java.lang.Object
  |- android.view.View
    |- android.widget.TextView
```

TextView 继承了 View 的所有属性，除了通用属性（参考 2.7.1 节）之外，TextView 还具有自己特有的控件属性，我们把其中常用属性的用法总结到表 7-2 中。当然，在界面控制器中，UI 控件还可以通过程序来操作，与属性对应的属性方法就是用于控制相关属性的。

表 7-2　TextView 控件常用属性

属性名	操作方法	使用说明
android:autoLink	setAutoLinkMask(int)	文本含有 URL/ 邮件 / 电话等关键词时，是否显示可点击链接，可选值有 none/web/mail/phone/map/all
android:lines	setLines(int)	显示文本行数，设置几行就显示几行，即使没有数据
android:maxLines	setMaxLines(int)	显示最大行数，通常与 width 或 layout_width 配合使用，超出宽度可自动换行，超出行数将不显示
android:text	setText(CharSequence, TextView.BufferType)	设置文本内容
android:textAppearance	无	设置文本样式，可使用 theme 样式
android:textColor	setTextColor(int)	设置字体颜色，如白色“#ffffff”
android:textColorLink	setLinkTextColor(int)	设置链接颜色
android:textSize	setTextSize(int,float)	设置文字大小，以 sp 或 dip 为单位
android:textStyle	setTypeface(Typeface)	设置字体样式，可选值有 bold/italic/bolditalic

登录界面中使用到的 TextView 控件有 3 个，包括顶部的“用户登录”文字，以及“账户”与“密码”输入框左边的文字，代码清单 7-51 就是从登录界面的模板文件 ui_login.xml 中截取的示例代码，该文件的完整版请参考代码清单 7-21。

代码清单　7-51

```
<TextView
    android:layout_width="wrap_content"
    android:textAppearance="?android:attr/textAppearanceLarge"
    android:layout_height="wrap_content"
    android:layout_gravity="center_horizontal"
    android:text="@string/login_title"
    android:layout_margin="20dip"
    android:textSize="10pt"/>
```

从以上代码可以看出，我们使用 android:layout_width、android:layout_height 等通用属性来控制 TextView 控件外观，用 android:text 属性来设置文字，用 android:textSize 属性来设置字体大小，还用 android:textAppearance 属性来设置文字的样式。

7.6.3　使用 EditText

EditText 即输入框控件，用于文本输入，EditText 类位于 android.widget 包下，继承自 TextView，下面是 EditText 类的继承关系。

```
java.lang.Object
  |- android.view.View
    |- android.widget.TextView
      |- android.widget.EditText
```

EditText 继承了 View 和 TextView 的所有属性，我们把 EditText 控件特有属性的使用方法以及属性对应的操作方法总结在表 7-3 中。

表 7-3 EditText 控件常用属性

属性名	操作方法	使用说明
android:hint	setHint(int)	默认提示文字
android:digits	setKeyListener(KeyListener)	设置只能接受的数字
android:maxLength	setFilters(InputFilter)	设置可输入的字数
android:numeric	setKeyListener(KeyListener)	只接受数字输入，可与 android:digits 配合使用
android:password	无	密码输入模式，保护输入内容

登录界面中，有两个输入框控件，即账户和密码输入框的 EditText 控件，ui_login.xml 模板文件中与输入框控件元素有关的声明如代码清单 7-52 所示。

代码清单 7-52

```
<EditText
    android:layout_weight="1"
    android:layout_width="fill_parent"
    android:layout_height="wrap_content"
    android:id="@+id/app_login_edit_name"
    android:layout_marginLeft="60dip"/>
...
<EditText
    android:layout_weight="1"
    android:layout_width="fill_parent"
    android:layout_height="wrap_content"
    android:inputType="textPassword"
    android:id="@+id/app_login_edit_pass"
    android:layout_marginLeft="60dip"/>
```

从上面的模板代码中可以看出，两个 EditText 中控件属性的用法没有特别的地方，和之前介绍的 TextView 控件对比，只不过增加了一个 android:id 属性，该属性类似于 HTML 元素的 id 属性，是模板中指定控件的唯一标识。一般来说，如果我们需要在程序中获得指定控件的对象，就需要用到 android:id 属性。比如，UiLogin 类的程序逻辑中就有获取账户和密码输入框控件输入信息的代码示例，见代码清单 7-53。

代码清单 7-53

```
public class UiLogin extends BaseUi {
...
     private EditText mEditName;
     private EditText mEditPass;

     public void onCreate(Bundle savedInstanceState) {
          ...
          mEditName = (EditText) this.findViewById(R.id.app_login_edit_name);
          mEditPass = (EditText) this.findViewById(R.id.app_login_edit_pass);
          ...
     }
```

```
    private void doTaskLogin() {
        app.setLong(System.currentTimeMillis());
        if (mEditName.length() > 0 && mEditPass.length() > 0) {
            HashMap<String, String> urlParams = new HashMap<String, String>();
            urlParams.put("name", mEditName.getText().toString());
            urlParams.put("pass", mEditPass.getText().toString());
            try {
                this.doTaskAsync(C.task.login, C.api.login, urlParams);
            } catch (Exception e) {
                e.printStackTrace();
            }
        }
    }
...
}
```

以上代码逻辑截取自 UiLogin 类，在 onCreate 初始化方法中使用 findViewById 获取账户和密码输入框的 EditText 对象，然后在异步任务执行方法 doTaskLogin 中使用 EditText 对象的 getText 方法获取用户输入信息并发送给服务端 API。当然，与 getText 方法对应的还有 setText 方法，即用于设置输入框控件文字信息的方法；有了这两个方法，大家就可以很方便地操控输入框控件来为我所用。

7.6.4 使用 Button

Button 即按钮控件，主要用于响应用户的点击动作，Button 类位于 android.widget 包下，继承自 TextView，下面是 Button 类的继承关系。

```
java.lang.Object
  |- android.view.View
    |- android.widget.TextView
      |- android.widget.Button
```

Button 继承了 View 和 TextView 的所有属性，我们从 2.7.1 节所介绍的通用属性和表 7-2 的属性列表中可以看到 Button 控件大部分的属性用法。对于 Button 控件来说，我们更需要注意的是控件 OnClickListener 事件的响应方法。在 ui_login.xml 中，登录按钮的控件元素声明如代码清单 7-54 所示。

代码清单 7-54

```
<Button
    android:id="@+id/app_login_btn_submit"
    android:layout_height="wrap_content"
    android:text="@string/login_submit"
    android:layout_width="100dip"
    android:layout_alignParentRight="true"
    android:layout_centerVertical="true"/>
```

登录按钮控件的属性设置并不复杂，大部分属性的用法我们都遇到过，不过还是有两个新属性需要提及，android:layout_alignParentRight 即靠右显示，android:layout_centerVertical 即垂直居中。UiLogin 中与该按钮控件相关的逻辑如代码清单 7-55 所示。

代码清单 7-55

```
public class UiLogin extends BaseUi {
...
    public void onCreate(Bundle savedInstanceState) {
        ...
        OnClickListener mOnClickListener = new OnClickListener() {
            @Override
            public void onClick(View v) {
                switch (v.getId()) {
                    case R.id.app_login_btn_submit :
                        doTaskLogin();
                        break;
                }
            }
        };
        findViewById(R.id.app_login_btn_submit).setOnClickListener(mOnClickListener);
    }
...
}
```

从以上代码中，我们可以清楚地看到获取登录按钮对象并设置点击事件监听器的代码写法，在 OnClickListener 监听器类的 onClick 方法中执行了 doTaskLogin 方法。

7.6.5 使用 Shape 和 Selector

Android 系统中不仅可以使用图像作为 Drawable 资源，还可以使用系统内置的图形组件 Shape 来实现比较简单的几何图形和渐变效果。我们可以把 Shape 看做是一个图形的容器，其内部标签则是该图形容器的渲染选项，常用的渲染选项标签有渐变渲染标签 gradient、大小标签 size，描边标签 stroke 以及圆角标签 corners 等。

就以登录界面为例，界面背景使用的是 @drawable/xml_login_bg 资源，而这个资源就是使用 Shape 组件来实现的，代码可参考 res/drawable/ 目录下的 xml_login_bg.xml 文件，如代码清单 7-56 所示。

代码清单 7-56

```
<?xml version="1.0" encoding="utf-8"?>
<shape xmlns:android="http://schemas.android.com/apk/res/android">
    <gradient
        android:startColor="@color/bg"
        android:centerColor="@color/white"
        android:endColor="@color/bg"
        android:angle="270"
        android:centerY="0.3" />
    <corners android:radius="0dip" />
</shape>
```

可以看到 shape 标签内部还嵌套了渐变渲染标签 gradient，该标签就是用于渐变渲染的，这里我们使用了 android:startColor、android:centerColor 和 android:endColor 来分别设置图形的上、中、下三部分的背景色，以及渐变的角度（android:angle）与垂直位置（android:centerY），最终效果就是登录界面的运行效果，如图 7-2 所示。

除 Shape 之外，我们再介绍一个常用的 UI 组件，那就是用于选择按钮效果的 Selector 组件，该组件用于设置按钮的各个状态，包括被点击状态 android:state_pressed、被选中状态 android:state_selected 以及获得焦点状态 android:state_focused 等。登录界面中我们也运用了该组件来美化登录按钮的效果。首先，我们准备了两张图片，button_1.png 和 button_2.png 分别作为登录按钮正常状态和按下状态的背景图。然后准备好 xml_login_btn.xml 资源模板文件，如代码清单 7-57 所示。

代码清单 7-57

```
<?xml version="1.0" encoding="utf-8"?>
<selector xmlns:android="http://schemas.android.com/apk/res/android">
    <!-- focused effect -->
    <item android:state_focused="true" android:drawable="@drawable/button_2" />
    <!-- pressed effect -->
    <item android:state_pressed="true" android:drawable="@drawable/button_2" />
    <!-- selected effect -->
    <item android:state_selected="true" android:drawable="@drawable/button_2" />
    <!-- default effect -->
    <item android:drawable="@drawable/button_1" />
</selector>
```

上述代码中，我们可以看到该按钮在被点击、被选中以及获得焦点等几种状态下的设置；当然，对于按钮控件来说，这里起作用的可能只有被点击状态的设置。最后，把登录界面模板 ui_login.xml 中的登录按钮控件做如下替换，见代码清单 7-58。

代码清单 7-58

```
<LinearLayout ...>
    ...
    <RelativeLayout ...>
        ...
        <!-- <Button
                android:id="@+id/app_login_btn_submit"
                android:layout_height="wrap_content"
                android:text="@string/login_submit"
                android:layout_width="100dip"
                android:layout_alignParentRight="true"
                android:layout_centerVertical="true"/> -->
        <Button
                android:id="@+id/app_login_btn_submit"
                android:text="@string/login_submit"
                android:layout_width="90dip"
                android:layout_height="35dip"
                android:layout_alignParentRight="true"
                android:layout_centerVertical="true"
                android:focusable="true"
                android:background="@drawable/xml_login_btn"/>
    </RelativeLayout>
</LinearLayout>
```

以上代码我们更换了 Button 控件的配置代码，设置背景属性为 @drawable/xml_login_btn，即前面准备好的 xml_login_btn.xml 资源模板，重新编译执行即可。登录按钮的前后对比如图 7-15 所示。

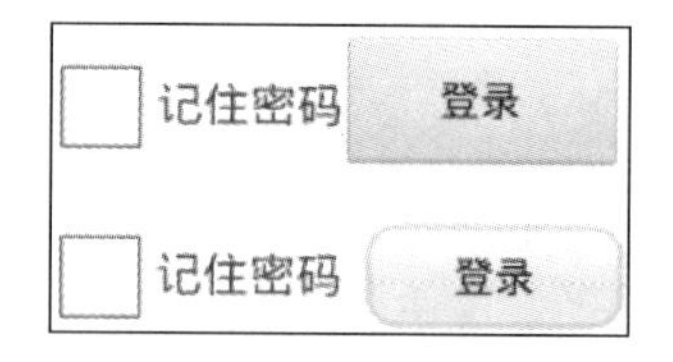

图 7-15　登录按钮前后对比

从图 7-15 中可以看出，优化后的登录按钮变得更加美观了；此外，按钮点击的时候会有按下的效果。在实际项目中，Shape 和 Selector 组件的使用是非常广泛的；另外，这种使用系统原生 UI 组件渲染图形的方式通常比使用图片资源的方式更有效率。因此，在 Android 应用开发中我们要尽量多使用这些系统原生的 UI 组件。

7.6.6　使用 CheckBox

CheckBox 即复选框控件，用于处理多个选项的选择动作，CheckBox 类位于 android.widget 包下，继承自 Button，下面是类包的层次。

```
java.lang.Object
   |- android.view.View
     |- android.widget.TextView
       |- android.widget.Button
         |- android.widget.CompoundButton
           |- android.widget.CheckBox
```

CheckBox 继承了 View 和 Button 的所有属性，相对于控件属性的使用，我们更需要关注的是如何使用 isChecked 和 setChecked 方法来控制复选框控件的选择和未选择状态。在微博登录界面中，我们使用复选框控件来处理记住密码的逻辑。我们把这部分代码抽取出来做详细分析，如代码清单 7-59 所示。

代码清单　7-59

```
public class UiLogin extends BaseUi {

    private EditText mEditName;
    private EditText mEditPass;
    private CheckBox mCheckBox;
    private SharedPreferences settings;

    public void onCreate(Bundle savedInstanceState) {
        ...
        mEditName = (EditText) this.findViewById(R.id.app_login_edit_name);
        mEditPass = (EditText) this.findViewById(R.id.app_login_edit_pass);
        mCheckBox = (CheckBox) this.findViewById(R.id.app_login_check_remember);

        // 获取记住的账号和密码
        settings = getPreferences(Context.MODE_PRIVATE);
        if (settings.getBoolean("remember", false)) {
            mCheckBox.setChecked(true);
            mEditName.setText(settings.getString("username", ""));
            mEditPass.setText(settings.getString("password", ""));
        }
        mCheckBox.setOnCheckedChangeListener(new CheckBox.OnCheckedChangeListener(){
```

```
                @Override
                public void onCheckedChanged(CompoundButton buttonView, boolean isChecked) {
                    SharedPreferences.Editor editor = settings.edit();
                    if (mCheckBox.isChecked()) {
                        editor.putBoolean("remember", true);
                        editor.putString("username", mEditName.getText().toString());
                        editor.putString("password", mEditPass.getText().toString());
                    } else {
                        editor.putBoolean("remember", false);
                        editor.putString("username", "");
                        editor.putString("password", "");
                    }
                    editor.commit();
                }
            });
            ...
        }
    ...
    }
```

记住密码逻辑涉及账户名输入框控件 mEditName、密码输入框控件 mEditPass 和记住密码复选框控件对象 mCheckBox，当用户点击记住密码复选框控件时，会触发控件之上的 onCheckedChanged 事件，然后 mCheckBox 的 isChecked 方法来判断复选框的选中和未选中状态，选中的时候程序会从 mEditName 和 mEditPass 取得用户的输入字符并存储到应用配置 SharedPreference 中去；此外，应用配置的有关内容，我们将紧接着在 7.6.7 节中介绍。

7.6.7　使用 SharedPreference

通过第 2 章中对 Android 数据存储相关知识的学习（参考 2.6 节），我们已经初步了解应用配置 SharedPreference 存储策略的用法。作为一种轻量级的数据存储策略，SharedPreference 比较适用于记住密码的功能，该功能的逻辑代码请参考代码清单 7-59。

首先，使用 getPreferences 对象获取到仅供应用内部访问的 SharedPreference 对象，一般来说考虑到应用的安全性，我们会经常使用 MODE_PRIVATE 模式。然后，使用 getBoolean 获取名为 remember 的记住密码状态值，该数值是布尔型数据，当值为 true 时则表示目前记住密码复选框正处于选中的状态，此时使用 getString 方法取出记录好的账号和密码信息使用即可；当然，remember 的默认值是 false。

另外，使用 SharedPreference 的时候还需要注意，如果需要往应用配置写入数值的时候，则需要使用 edit 方法获取 SharedPreferences.Editor 类的 editor 对象来进行操作。在记住密码复选框的选中逻辑中，就用到 editor 对象的 putBoolean 和 putString 方法来修改 remember 状态值和账号密码的数据。当然，最后还必须调用 commit 方法来提交最终的修改。

通过对应用配置存储方案的实际运用，我们会发现 SharedPreferences 对象中的获取方法与 SharedPreferences.Editor 对象中的设置方法有一一对应的关系，我们把这些方法的对应关系总结在表 7-4 中。

表 7-4 SharedPreferences 类常用方法

SharedPreferences 获取方法	SharedPreferences.Editor 设置方法
getBoolean(String key, boolean defValue)	putBoolean(String key, boolean value)
getFloat(String key, float defValue)	putFloat(String key, float value)
getInt(String key, int defValue)	putInt(String key, int value)
getLong(String key, long defValue)	putLong(String key, long value)
getString(String key, String defValue)	putString(String key, String value)
getStringSet(String key, Set<String> defValues)	putStringSet(String key, Set<String> values)

7.7 微博列表界面

微博列表界面是用户登录成功之后看到的第一个界面，也是用户浏览微博信息的主要界面，也被称作微博主界面，该界面的入口是底部的功能选项栏最左边选项按钮。在微博列表界面中，我们将主要学习 Android 列表控件 ListView 的用法；此外，还会给大家介绍图像控件的使用，以及自适应背景的制作方法，包括 draw9patch 工具的使用；最后，还会有异步获取远程图片的方法和使用 SdCard 存储图片的用法，以及使用 SQLite 数据库来存取离线数据的技巧。

7.7.1 界面程序逻辑

微博列表界面的最主要逻辑就是从服务端的微博列表接口（详见 6.4.3 节）中获取最新的微博列表并展示，微博列表界面对应的界面控制器类是 UiIndex，该类的逻辑实现如代码清单 7-60 所示。

代码清单 7-60

```
package com.app.demos.ui;

import java.util.ArrayList;
import java.util.HashMap;

import com.app.demos.R;
import com.app.demos.base.BaseHandler;
import com.app.demos.base.BaseMessage;
import com.app.demos.base.BaseTask;
import com.app.demos.base.BaseUi;
import com.app.demos.base.BaseUiAuth;
import com.app.demos.base.C;
import com.app.demos.list.BlogList;
import com.app.demos.model.Blog;
import com.app.demos.sqlite.BlogSqlite;

import android.os.Bundle;
import android.os.Message;
import android.view.View;
import android.view.KeyEvent;
import android.widget.AdapterView;
```

```
import android.widget.AdapterView.OnItemClickListener;
import android.widget.ImageButton;
import android.widget.ListView;

public class UiIndex extends BaseUiAuth {

    private ListView blogListView;
    private BlogList blogListAdapter;
    private BlogSqlite blogSqlite;

    @Override
    public void onCreate(Bundle savedInstanceState) {
        super.onCreate(savedInstanceState);
        setContentView(R.layout.ui_index);

        // 设置界面消息处理器
        this.setHandler(new IndexHandler(this));

        // 设置底部选项效果
        ImageButton ib = (ImageButton) this.findViewById(R.id.main_tab_1);
        ib.setImageResource(R.drawable.tab_blog_2);

        // 初始化 SQLite 对象
        blogSqlite = new BlogSqlite(this);
    }

    @Override
    public void onStart(){
        super.onStart();

        // 获取微博列表数据
        HashMap<String, String> blogParams = new HashMap<String, String>();
        blogParams.put("typeId", "0");
        blogParams.put("pageId", "0");
        this.doTaskAsync(C.task.blogList, C.api.blogList, blogParams);
    }

    //////////////////////////////////////////////////////////////////////////////
    // 异步回调方法（这些方法在获取到网络请求之后才会被调用）

    @Override
    public void onTaskComplete(int taskId, BaseMessage message) {
        super.onTaskComplete(taskId, message);

        switch (taskId) {
            case C.task.blogList:
                try {
                    @SuppressWarnings("unchecked")
                    final ArrayList<Blog> blogList = (ArrayList<Blog>) message.
                    getResultList("Blog");
                    // 获取头像图片
```

```
                for (Blog blog : blogList) {
                loadImage(blog.getFace());
                blogSqlite.updateBlog(blog);
                }
                // 展示微博列表
                blogListView = (ListView) this.findViewById(R.id.app_index_
                list_view);
                blogListAdapter = new BlogList(this, blogList);
                blogListView.setAdapter(blogListAdapter);
                blogListView.setOnItemClickListener(new OnItemClickListener(){
                @Override
                public void onItemClick(AdapterView<?> parent, View view, int
                pos, long id) {
                        Bundle params = new Bundle();
                        params.putString("blogId", blogList.get(pos).getId());
                        overlay(UiBlog.class, params);
                }
                });
            } catch (Exception e) {
                e.printStackTrace();
                toast(e.getMessage());
            }
            break;
    }
}

@Override
public void onNetworkError (int taskId) {
    super.onNetworkError(taskId);
    toast(C.err.network);
    switch (taskId) {
        case C.task.blogList:
            try {
                final ArrayList<Blog> blogList = blogSqlite.getAllBlogs();
                // 获取头像图片
                for (Blog blog : blogList) {
                    loadImage(blog.getFace());
                    blogSqlite.updateBlog(blog);
                }
                // 展示微博列表
                blogListView = (ListView) this.findViewById(R.id.app_index_list_view);
                blogListAdapter = new BlogList(this, blogList);
                blogListView.setAdapter(blogListAdapter);
                blogListView.setOnItemClickListener(new OnItemClickListener(){
                    @Override
                    public void onItemClick(AdapterView<?> parent, View
                    view, int pos, long id) {
                        Bundle params = new Bundle();
                        params.putString("blogId", blogList.get(pos).getId());
                        overlay(UiBlog.class, params);
                }
```

```
                });
            } catch (Exception e) {
                e.printStackTrace();
                toast(e.getMessage());
            }
            break;
        }
    }

    ////////////////////////////////////////////////////////////////////////////////
    // 界面按键控制

    @Override
    public boolean onKeyDown(int keyCode, KeyEvent event) {
        if (keyCode == KeyEvent.KEYCODE_BACK && event.getRepeatCount() == 0) {
            doFinish();
        }
        return super.onKeyDown(keyCode, event);
    }

    ////////////////////////////////////////////////////////////////////////////////
    // 自定义消息处理类

    private class IndexHandler extends BaseHandler {
        public IndexHandler(BaseUi ui) {
            super(ui);
        }
        @Override
        public void handleMessage(Message msg) {
            super.handleMessage(msg);
            try {
                switch (msg.what) {
                    case BaseTask.LOAD_IMAGE:
                        blogListAdapter.notifyDataSetChanged();
                        break;
                }
            } catch (Exception e) {
                e.printStackTrace();
                ui.toast(e.getMessage());
            }
        }
    }
}
```

UiIndex 类继承自登录界面控制类 BaseUiAuth（参考 7.5.1 节），该类的代码比较长、涉及的知识点也比较多，下面我们仅对其中比较重要的方法逻辑进行剖析和归纳。

1. onCreate 方法

界面初始化逻辑。首先，设置了自定义的消息处理器，即 IndexHandler，该类用于接收图片成功加载的消息，作用和用法将在 7.7.5 节中介绍。然后，程序还设置了底部选项按钮的样式，也就是把首个按钮设置成选中状态。最后，初始化 BlogSqlite 对象，详情见 7.7.7 节。

2. onStart 方法

为了每次刷新界面的时候都能从服务端获取最新的微博列表数据，我们把相关的 doTaskAsync 方法放到了 onStart 方法中；异步任务的 ID 是 C.task.blogList，请求的服务端 API 地址即 C.api.blogList 常量的值。

3. onTaskComplete 方法

成功获取服务端返回时的逻辑，用于处理微博列表信息的展示。由于是列表型数据，所以程序使用 BaseMessage 的 getResultList 方法来获取 Blog 模型列表数据，此方法的使用可参考前面 7.3.3 节的内容。微博列表的展示还涉及列表控件 ListView 的使用、图像控件 ImageView 的使用、异步获取远程图片以及图片缓存与数据缓存的知识，我们将在后面的小节中详细介绍。

4. onNetworkError 方法

异步任务的网络请求失败时的逻辑，即在获取最新微博信息失败时，也要显示出历史微博列表的信息。在实际应用中常会有类似的逻辑，这主要是考虑到用户的体验问题，如果网络失败就显示不了微博列表，那么用户体验就会变得很差。另外，移动网络本身就不是非常稳定，所以在移动互联网应用中我们必须要考虑到断网情况的处理。实际上，这里我们就采用了 SQLite 数据库来缓存微博数据，以备在网络请求失败的情况下使用，这部分内容我们将在 7.7.7 节中做详细介绍。

至此，微博列表界面的程序逻辑已经介绍完毕。下面是微博列表界面的模板文件 ui_index.xml，如代码清单 7-61 所示。

代码清单 7-61

```
<?xml version="1.0" encoding="utf-8"?>
<merge xmlns:android="http://schemas.android.com/apk/res/android">
<include layout="@layout/main_layout" />
<LinearLayout
     android:orientation="vertical"
     android:layout_width="fill_parent"
     android:layout_height="fill_parent">
     <include layout="@layout/main_top" />
     <LinearLayout
          android:orientation="vertical"
          android:layout_width="fill_parent"
          android:layout_height="wrap_content"
          android:layout_weight="1">
          <ListView
               android:id="@+id/app_index_list_view"
               android:layout_width="fill_parent"
               android:layout_height="wrap_content"
               android:descendantFocusability="blocksDescendants"
               android:fadingEdge="vertical"
               android:fadingEdgeLength="5dip"
               android:divider="@null"
               android:listSelector="@drawable/xml_list_bg"
```

```
            android:cacheColorHint="#00000000" />
    </LinearLayout>
    <include layout="@layout/main_tab" />
</LinearLayout>
</merge>
```

微博列表界面的显示效果如图 7-16 所示。

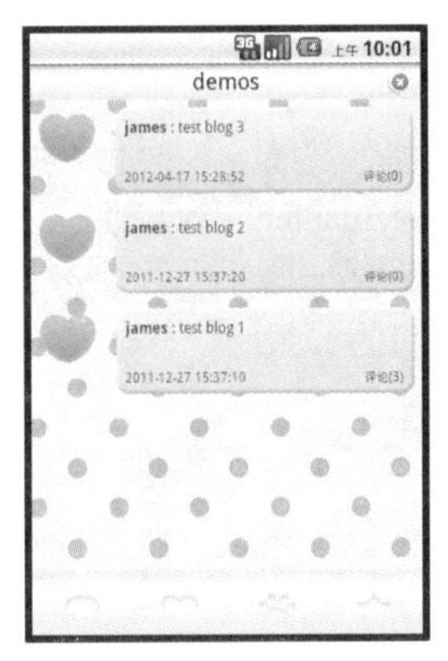

图 7-16 微博列表界面运行效果

7.7.2 使用 ListView

ListView 即列表控件，用于展示列表型数据。ListView 是 Android 应用开发中最重要的 UI 控件之一，是我们需要重点掌握的知识。ListView 类位于 android.widget 包下，继承自 ViewGroup，下面是 ListView 类的继承关系。

```
java.lang.Object
  |- android.view.View
    |- android.view.ViewGroup
      |- android.widget.AdapterView
        |- android.widget.AbsListView
          |- android.widget.ListView
```

ListView 继承了 View 和 ViewGroup 的所有属性，我们把 ListView 控件特有属性的使用方法以及属性对应的操作方法总结在表 7-5 中。

表 7-5 ListView 控件常用属性

属性名	操作方法	使用说明
android:cacheColorHint	setCacheColorHint(int color)	列表项背景颜色，如果是用图片做背景则需要指定为透明，即 #00000000
android:divider	setDivider(Drawable divider)	列表项之间的分隔线，如果不显示分隔线则设置为无分隔线，即 @null
android:dividerHeight	setDividerHeight(int height)	分隔线高度
android:fadingEdge		列表上下边缘是否有阴影
android:listSelector	setSelector(int)	当前选中列表项的样式
android:stackFromBottom		列表项按照从上到下顺序填充

ui_index.xml 模板文件中可以看到微博列表的标签声明，见代码清单 7-61 中 ListView 的相关代码。我们可以看出微博列表使用的是透明背景，没有分隔线，设置了垂直方向的阴影，且当前选中列表项的样式为 @drawable/xml_list_bg。

准备好 ListView 控件的模板声明之后，接下来需要考虑如何把数据展示到 ListView 的列表项中去。为了达到这个目的，我们需要借助适配器类（Adapter）来完成。Android 应用框架给我们提供了丰富的 Adapter 适配器，常见的有 BaseAdapter、ArrayAdapter、CursorAdapter 以及 SimpleAdapter 等，其中 BaseAdapter 是所有 Adapter 类的基类，这几个类之间的关系如图 7-17 所示。

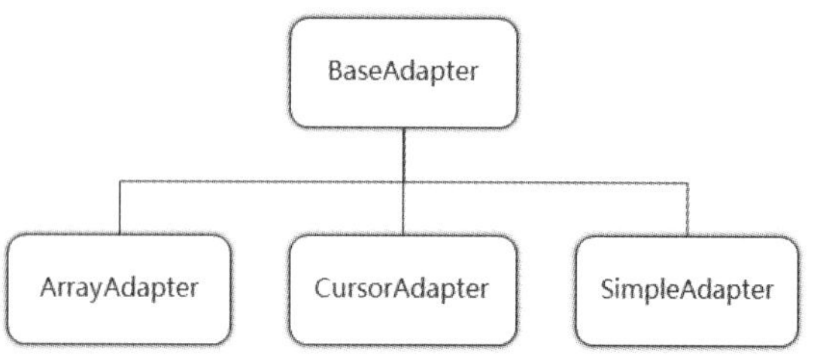

图 7-17　Adapter 适配器类图

在这些 Android 系统提供的适配器之中，我们通常会使用 SimpleAdapter 来作为 ListView 的适配器，因为 SimpleAdapter 的扩展性比较好，使用起来也相对比较简单，只需要传入指定的参数创建出符合要求的适配器对象即可。我们关注一下 SimpleAdapter 类构造方法的 5 个参数，使用范例如代码清单 7-62 所示。

代码清单　7-62

```
// 根据资源 ID 获取 ListView 对象
ListView listView = (ListView) findViewById(R.id.listitem);

// 构建 Adapter 数据项集合
ArrayList<Map<String, Object>> data = new ArrayList<Map<String, Object>>();
for (int i = 0; i < 10; i++) {
      Map<String, Object> map = new HashMap<String, Object>();
      map.put("TITLE", "Test title " + i);
      map.put("CONTENT", "Test content " + i);
      data.add(map);
}

// 数据项字段名
String[] from = new String[] { "TITLE", "CONTENT" };

// 数据项字段对应的控件资源 ID
int[] to = new int[] { R.id.listitem_title, R.id.listitem_content };

// 创建 SimpleAdapter 对象
SimpleAdapter adapter = SimpleAdapter(
      this, // 界面上下文
      data,
      R.layout.listitem, // 数据项模板资源 ID
      from,
      to
);
```

```
// 设置 Adapter 对象
listView.setAdapter(adapter);
```

然而，在实际项目中我们往往还需要获得更大的扩展自由度，这时我们就需要考虑使用自定义的适配器类了。实际上，微博应用中的大部分 ListView 都使用程序框架自定义的适配器类，这些适配器类位于 com.app.demos.list 包下，其中也包括微博列表的适配器类 BlogList。而 BlogList 类继承自框架适配器基类 BaseList，完整的类继承关系如下。

```
java.lang.Object
  |- android.widget.BaseAdapter
    |- com.app.demos.base.BaseList
      |- com.app.demos.list.BlogList
```

Android 里的所有适配器都需要实现 Adapter 接口，当然也包括 BaseList 类以及其子类，必须实现的方法包括 getCount、getItem、getItemId 和 getView 等；其中最重要的就是 getView 接口，这个接口用于获取列表项的 View 对象，然后进行填充和渲染。微博列表使用的就是自定义适配器类 BlogList，实现逻辑参考代码清单 7-63。

代码清单　7-63

```
package com.app.demos.list;

import java.util.ArrayList;
import com.app.demos.R;
import com.app.demos.base.BaseUi;
import com.app.demos.base.BaseList;
import com.app.demos.model.Blog;
import com.app.demos.util.AppCache;
import com.app.demos.util.AppFilter;
import android.graphics.Bitmap;
import android.view.LayoutInflater;
import android.view.View;
import android.view.ViewGroup;
import android.widget.ImageView;
import android.widget.TextView;

public class BlogList extends BaseList {

    private BaseUi ui;
    private LayoutInflater inflater;
    private ArrayList<Blog> blogList;

    public final class BlogListItem {
        public ImageView face;
        public TextView content;
        public TextView uptime;
        public TextView comment;
    }

    public BlogList (BaseUi ui, ArrayList<Blog> blogList) {
        this.ui = ui;
```

```
        this.inflater = LayoutInflater.from(this.ui);
        this.blogList = blogList;
    }

    @Override
    public int getCount() {
        return blogList.size();
    }

    @Override
    public Object getItem(int position) {
        return position;
    }

    @Override
    public long getItemId(int position) {
        return position;
    }

    @Override
    public View getView(int p, View v, ViewGroup parent) {
        // 初始化列表项数据对象
        BlogListItem blogItem = null;
        // 列表缓存实效时填充数据
        if (v == null) {
            v = inflater.inflate(R.layout.tpl_list_blog, null);
            blogItem = new BlogListItem();
            blogItem.face = (ImageView) v.findViewById(R.id.tpl_list_blog_image_face);
            blogItem.content = (TextView) v.findViewById(R.id.tpl_list_blog_text_content);
            blogItem.uptime = (TextView) v.findViewById(R.id.tpl_list_blog_text_uptime);
            blogItem.comment = (TextView) v.findViewById(R.id.tpl_list_blog_text_comment);
            v.setTag(blogItem);
        } else {
            blogItem = (BlogListItem) v.getTag();
        }
        // 填充数据
        blogItem.uptime.setText(blogList.get(p).getUptime());
        blogItem.content.setText(AppFilter.getHtml(blogList.get(p).getContent()));
        blogItem.comment.setText(AppFilter.getHtml(blogList.get(p).getComment()));
        // 加载图片
        String faceUrl = blogList.get(p).getFace();
        Bitmap faceImage = AppCache.getImage(faceUrl);
        if (faceImage != null) {
            blogItem.face.setImageBitmap(faceImage);
        }
        return v;
    }
}
```

BlogList类主要包含两方面的内容，首先是类属性定义，BlogList类中比较重要的属性有界面对象 ui，布局对象 inflater 以及微博数据列表 blogList。此外，该类中还定义了与列表项对应的内部类 BlogListItem，该类的属性都是列表项所包含的控件元素的对象。然后就是 getView 方法的实现逻辑：先从方法传递的参数中获取到与列表项对应的 View 对象；然后使用布局对象的 inflate 方法来获取列表项的模板对象，即 tpl_list_blog.xml，再从模板对象中获取控件对象并保存到 BlogListItem 中去；接着给 BlogListItem 中的控件对象填充数据并加载图片；最后返回处理完毕的 View 对象。

BlogList 适配器的用法很简单，使用 ListView 对象的 setAdapter 方法设置即可，而后 UI 线程就将根据 BlogList 适配器的逻辑来渲染微博列表并展示到设备屏幕上。此外，我们还需要通过 ListView 对象的 setOnItemClickListener 来设置每个微博列表项的点击事件监听器；按照逻辑，点击之后需要显示对应微博的详情界面，即微博文章界面（见本章 7.9 节）。以上逻辑实现可参考代码清单 7-64。

代码清单 7-64

```
blogListAdapter = new BlogList(this, blogList);
blogListView.setAdapter(blogListAdapter);
blogListView.setOnItemClickListener(new OnItemClickListener(){
      @Override
      public void onItemClick(AdapterView<?> parent, View view, int pos, long id) {
            Bundle params = new Bundle();
            params.putString("blogId", blogList.get(pos).getId());
            overlay(UiBlog.class, params);
      }
});
```

当然，微博列表的数据是对象数组，因此需要通过 BaseMessage 的 getResultList 方法来获取，逻辑可请参考 UiIndex 类中 onTaskComplete 方法前面部分的代码，详见代码清单 7-60。而微博列表的最终展示效果如图 7-16 所示。

至于微博列表项对应的模板文件 tpl_list_blog.xml 我们暂不在这里讨论，因为该模板的内容并不复杂，而且在本章之后的内容中也将对其中的重点做详细介绍。不过我们可以先看看该模板的预览图，如图 7-18 所示。

图 7-18　微博列表项模板预览界面

7.7.3　使用 ImageView

ImageView 即图像控件，常用于图像展示，可加载多种来源的图像，并且很方便地调整图像的大小、颜色等。ImageView 类位于 android.widget 包下，继承自 View，下面是 ImageView

类的继承关系。

```
java.lang.Object
  |- android.view.View
    |- android.widget.ImageView
```

ImageView 继承了 View 的所有属性，我们把 ImageView 控件属性的使用方法以及属性对应的操作方法总结在表 7-6 中。

表 7-6 ImageView 控件常用属性

属性名	操作方法	使用说明
android:adjustViewBounds	setAdjustViewBounds(boolean)	是否要保持宽高比，需要与 android:maxHeight 以及 android:maxWidth 一起使用
android:cropToPadding	setDivider(Drawable divider)	是否按照 Padding 来截取图片
android:maxHeight	setMaxHeight(int)	设置 View 的最大高度，单独使用无效，需要与 setAdjustViewBounds 一起使用
android:maxWidth	setMaxWidth(int)	设置 View 的最大宽度，同上
android:scaleType	setScaleType(ImageView.ScaleType)	设置图片的填充方式： center 居中显示，不缩放 centerCrop 居中显示，超出部分被截去 centerInside 居中显示，缩放图片不超出控件 fitCenter 按比例拉伸并居中 fitEnd 按比例拉伸并居右 fitStart 按比例拉伸并居左 fitXY 水平拉伸，填满整个控件
android:src	setImageResource(int)	图片资源，一般是 Drawable 资源对象
android:tint	setColorFilter(int,PorterDuff.Mode)	设置图片颜色

在微博列表界面中，用户头像就是使用 ImageView 来实现的，在微博列表项对应的模板文件 tpl_list_blog.xml 中就可以看到与 ImageView 的相关的模板声明，如代码清单 7-65 所示。

代码清单 7-65

```
<?xml version="1.0" encoding="utf-8"?>
<LinearLayout ...>
     <ImageView
         android:id="@+id/tpl_list_blog_image_face"
         android:layout_width="50dip"
         android:layout_height="50dip"
         android:layout_margin="5dip"
         android:src="@drawable/face"
         android:scaleType="fitXY"
         android:focusable="false"/>
     ...
</LinearLayout>
```

以上的 ImageView 控件大小是固定的，图片使用水平拉伸的填充方式，这主要是考虑到图片的自适应性，默认头像资源是 @drawable/face，模板预览效果如图 7-18 所示，左边的框内圆形的图像就是该 ImageView 控件。

从微博列表适配器 BlogList 类（见代码清单 7-63）的代码中，我们可以看到 ImageView 控件的使用。在 getView 方法中，我们把该控件对象存放于 blogItem.face 中，并使用 setImageBitmap 来设置从缓存中获取到的图像。这里需要注意的是，ImageView 类提供了多种设置图像资源的方法，现在我们将这些方法归纳于表 7-7 中。

表 7-7 ImageView 类设置图像资源的方法

方法名	使用说明
setImageBitmap(Bitmap bm)	设置 Bitmap 对象作为图像内容
setImageDrawable(Drawable drawable)	设置 Drawable 对象作为图像内容
setImageResource(int resId)	设置资源 ID 所对应 Drawable 对象作为图像内容
setImageURI(Uri uri)	设置 URI 引用的资源作为图像内容

学会使用以上这些方法，我们可以很方便地加载所需的图像资源。当然，从这里我们还可以看到 Android 系统中几种图像资源类，即 Bitmap 位图类与 Drawable 图像资源类，这两者之间的区别是，Bitmap 相对比较具体，常用于操控实际图片的属性和效果；而 Drawable 则比较抽象，其概念更像是所有图形的集合，既包括图像（Image）也包括图形（Shape），常用于图像资源的引用和转化。当然，Bitmap 与 Drawable 之间也是可以相互转化的，不过这个过程需要用到画布类 Canvas 等，这些内容已经超出了本书的知识范围，这里不再介绍，有兴趣的话可以参考 SDK 文档中的相关内容。

7.7.4 使用 draw9patch

为了让微博列表的界面效果更棒，我们采用了一个比较炫的效果，那就是采用了“对话框”样式的图形来作为每条微博信息的背景。由于“对话框”图形是带圆角的，而微博的内容又是可长可短的，所以这种背景要做到长宽自适应是很困难的。不过，好在 Android 系统为我们提供了 draw9patch 工具来帮助我们解决这个问题。下面我们就以微博列表界面为例来学习一下如何使用 draw9patch 工具来制作自适应的背景图片。

首先，我们需要把带圆角的“对话框”图片准备好；然后，打开 Android SDK 目录下的 tools 目录，找到 draw9patch.bat 文件，双击打开该工具然后载入“对话框”背景图片，打开顶部的“Show bad patches”选项，效果如图 7-19 所示。

通过描画图像的边缘，可以调整各条边可自适应拉伸的区域，我们还可以通过调整底部的“Patch scale”选项来观察右边预览框中的放大和缩小效果。最后，将图片保存为以“9.png”为后缀名的图片文件并保存到项目的资源目录 res/drawable/ 下，在微博应用中 blog_1.9.png 和 blog_2.9.png 两张图片就是我们准备好的微博列表项的自适应背景。我们可以在微博列表项模板 tpl_list_log.xml 中找到相关的声明代码，如代码清单 7-66 所示。

代码清单 7-66

```
<?xml version="1.0" encoding="utf-8"?>
<LinearLayout ...>
    ...
    <LinearLayout
        android:orientation="vertical"
```

```
            android:layout_width="fill_parent"
            android:layout_height="wrap_content"
            android:paddingLeft="5dip"
            android:paddingRight="5dip"
            android:focusable="false"
            android:background="@drawable/xml_list_blog_bg">
            ...
        </LinearLayout>
    </LinearLayout>
```

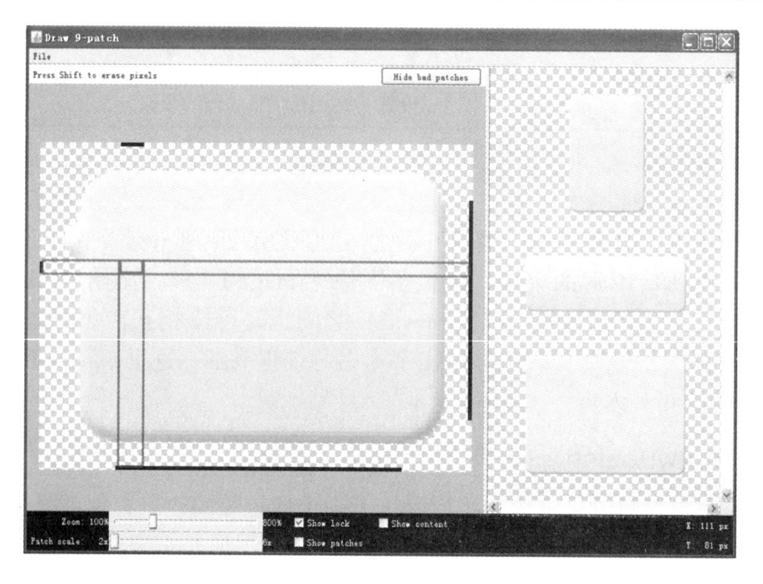

图 7-19 9patch 图片制作

以上代码中垂直方向（vertical）的 LinearLayout 线性布局控件就是微博内容的容器，其背景是 @drawable/xml_list_blog_bg，对应 res/drawable/ 目录下的 xml_list_blog_bg.xml 资源文件，如代码清单 7-67 所示。这里还使用了 Selector 组件来切换正常和按下状态的效果，该组件的相关知识请参考 7.6.5 节中内容。

代码清单 7-67

```
<?xml version="1.0" encoding="utf-8"?>
<selector xmlns:android="http://schemas.android.com/apk/res/android">
    <item android:state_pressed="true" android:drawable="@drawable/blog_2" />
    <item android:state_focused="true" android:drawable="@drawable/blog_2" />
    <item android:drawable="@drawable/blog_1" />
</selector>
```

最后，我们可以尝试输入不同长度的微博内容来测试自适应背景图的拉伸效果。最终的效果还是很不错的，界面截图如图 7-20 所示。

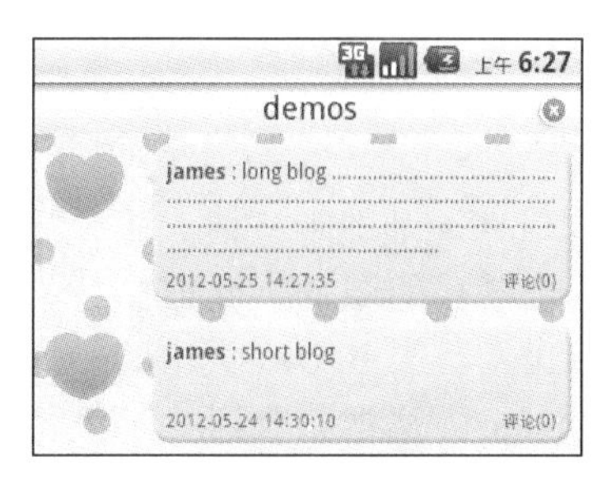

图 7-20　9patch 图像应用

7.7.5　异步获取远程图片

我们都知道，微博的内容是从服务端获取的，当然也包括用户的头像，但是图片资源往往比较大，如果每次加载列表的时候都去服务端获取的话，一方面会极大地增加网络资源的消耗，另一方面也会大大降低列表展示的效率，给用户体验带来不良的影响。所以，我们使用了异步加缓存的方式来解决这个问题。

前面在介绍 BlogList 代码的时候（见代码清单 7-63），我们了解到在获取微博对应的用户头像时，会使用 AppCache 类的 getCachedImage 方法来获取缓存中的图像，此方法的实现逻辑见代码清单 7-68。

代码清单　7-68

```
package com.app.demos.util;

import android.content.Context;
import android.graphics.Bitmap;
import android.util.Log;

public class AppCache {

    private static String TAG = AppCache.class.getSimpleName();

    public static Bitmap getCachedImage (Context ctx, String url) {
        String cacheKey = AppUtil.md5(url);
        Bitmap cachedImage = SDUtil.getImage(cacheKey);
        if (cachedImage != null) {
            Log.w(TAG, "get cached image");
            return cachedImage;
        } else {
            Bitmap newImage = IOUtil.getBitmapRemote(ctx, url);
            SDUtil.saveImage(newImage, cacheKey);
            return newImage;
        }
    }

    public static Bitmap getImage (String url) {
        String cacheKey = AppUtil.md5(url);
```

```
            return SDUtil.getImage(cacheKey);
        }
    }
```

首先，我们通过 MD5 算法获取 url 地址的唯一值，然后尝试使用 SdCard 工具类 SDUtil 中的 getImage 方法从 SdCard 中获取被缓存的图片，此方法我们会在 7.7.6 节中介绍，本节暂不讨论。若获取失败，则使用输入输出工具类 IOUtil 类中的 getBitmapRemote 方法来获取远程图片，然后再使用 SDUtil 类的 saveImage 方法把获取到的保存到 SdCard 的缓存中去。

小贴士： MD5 是一种常用的信息摘要算法（Message Digest Algorithm），具有唯一性的特点。其作用是把大容量的信息转化和压缩成密钥的格式（经常是 32 位的字符串），常用于数字签名等。其他常用的算法还有 sha1、crc32 等。

接着，我们来介绍 IOUtil 类中获取远程图片的相关逻辑，如代码清单 7-69 所示。

代码清单 7-69

```
package com.app.demos.util;

import java.io.FileInputStream;
import java.io.FileNotFoundException;
import java.io.IOException;
import java.io.InputStream;
import java.net.HttpURLConnection;
import java.net.InetSocketAddress;
import java.net.MalformedURLException;
import java.net.Proxy;
import java.net.URL;

import android.content.Context;
import android.graphics.Bitmap;
import android.graphics.BitmapFactory;
import android.util.Log;

public class IOUtil {

    private static String TAG = IOUtil.class.getSimpleName();

    ...

    // 获取网络图片
    public static Bitmap getBitmapRemote(Context ctx, String url) {
        URL myFileUrl = null;
        Bitmap bitmap = null;
        try {
            Log.w(TAG, url);
            myFileUrl = new URL(url);
        } catch (MalformedURLException e) {
            e.printStackTrace();
        }
```

```
            try {
                HttpURLConnection conn = null;
                if (HttpUtil.WAP_INT == HttpUtil.getNetType(ctx)) {
                    Proxy proxy = new Proxy(java.net.Proxy.Type.HTTP, new
                InetSocketAddress("10.0.0.172", 80));
                  conn = (HttpURLConnection) myFileUrl.openConnection(proxy);
                } else {
                    conn = (HttpURLConnection) myFileUrl.openConnection();
                }
                conn.setConnectTimeout(10000);
                conn.setDoInput(true);
                conn.connect();
                InputStream is = conn.getInputStream();
                bitmap = BitmapFactory.decodeStream(is);
                is.close();
            } catch (IOException e) {
                e.printStackTrace();
            }
            return bitmap;
        }
}
```

在 getBitmapRemote 方法中，我们使用了 HttpURLConnection 类来完成 HTTP 网络请求，与 HttpClient 不同的是，HttpURLConnection 更易于进行数据流的操作，用在这里会更加合适。

此外，我们还需要学习使用 BitmapFactory 类中的 decodeStream 方法从读取数据流对象中读取图片的信息。这里我们需要注意 BitmapFactory 类的用法，该类是 Bitmap 的工厂类，提供了构造 Bitmap 对象的各种方法，归纳于表 7-8 中。

表 7-8 BitmapFactory 构造 Bitmap 对象方法

方法名	使用说明
decodeByteArray(byte[] data, int offset, int length)	从指定 Byte 数组创建 Bitmap
decodeFile(String pathName)	从指定路径的文件创建 Bitmap
decodeFileDescriptor(FileDescriptor fd)	通过 FileDescriptor 句柄创建 Bitmap
decodeResource(Resources res, int id)	通过资源 ID 创建 Bitmap
decodeStream(InputStream is)	通过输入流创建 Bitmap

当然，如果仅仅使用 AppCache 类的 getCachedImage 来获取图片，虽然实现图片的缓存机制，但是却没能做到异步，因此我们还需要在微博列表的界面控制器类 UiIndex 中配合地做一些工作，可以在 onTaskComplete 方法中找到循环使用 loadImage 来加载图片的逻辑，参考代码清单 7-60。而 loadImage 就是 BaseUi 类所提供的异步加载图片的方法，该方法的实现逻辑如代码清单 7-70 所示。

代码清单 7-70

```
public class BaseUi extends Activity {
...
    public void loadImage (final String url) {
        taskPool.addTask(0, new BaseTask(){
```

```
            @Override
            public void onComplete(){
                AppCache.getCachedImage(getContext(), url);
                sendMessage(BaseTask.LOAD_IMAGE);
            }
        }, 0);
    }
...
}
```

首先，每次执行 loadImage 的时候，都将启动一个新的异步任务，在该任务中，程序将会使用前面介绍过的 AppCache 类中的 getCachedImage 来缓存图片；然后，该任务完成之后会发送消息给 IndexHandler 处理器，执行其中与 BaseTask.LOAD_IMAGE 任务相关的逻辑，即调用 BlogList 适配器类的 notifyDataSetChanged 来通知刷新列表项；最后，调用 BlogList 类中的 getView 方法来更新数据项的显示。这种做法把异步任务和图片缓存结合在一起，比较完美地优化了微博列表的展示。

7.7.6 使用 SdCard 缓存图片

通过上节内容的介绍，我们了解到可以利用 SdCard 作为微博图片的缓存。其实很多 Android 应用也经常会把一些常用的文件和图片保存在 SdCard 中。在微博客户端程序框架中，我们把与 SdCard 有关的操作都归纳到工具类 SDUtil 中，下面我们便来分析其中与存取图片功能相关的方法，如代码清单 7-71 所示。

代码清单 7-71

```
package com.app.demos.util;

import java.io.File;
import java.io.FileNotFoundException;
import java.io.FileOutputStream;
import java.io.IOException;
import java.io.OutputStream;
import java.util.Arrays;
import java.util.Comparator;

import com.app.demos.base.C;

import android.graphics.Bitmap;
import android.graphics.BitmapFactory;
import android.os.Environment;
import android.os.StatFs;
import android.util.Log;

public class SDUtil {

    private static String TAG = SDUtil.class.getSimpleName();

    private static double MB = 1024;
```

```
    private static double FREE_SD_SPACE_NEEDED_TO_CACHE = 10;

    // 从SdCard中获取图片
    public static Bitmap getImage(String fileName) {
        // 查看文件是否存在
        String realFileName = C.dir.faces + "/" + fileName;
        File file = new File(realFileName);
        if (!file.exists()) {
            return null;
        }
        // 获取原图
        BitmapFactory.Options options = new BitmapFactory.Options();
        options.inJustDecodeBounds = false;
        return BitmapFactory.decodeFile(realFileName, options);
    }

    // 保存图片到SdCard上
    public static void saveImage(Bitmap bitmap, String fileName) {
        if (bitmap == null) {
            Log.w(TAG, " trying to save null bitmap");
            return;
        }
        // 判断SdCard上的空间
        if (FREE_SD_SPACE_NEEDED_TO_CACHE > getFreeSpace()) {
            Log.w(TAG, "Low free space onsd, do not cache");
            return;
        }
        // 不存在则创建目录
        File dir = new File(C.dir.faces);
        if (!dir.exists()) {
            dir.mkdirs();
        }
        // 保存图片
        try {
            String realFileName = C.dir.faces + "/" + fileName;
            File file = new File(realFileName);
            file.createNewFile();
            OutputStream outStream = new FileOutputStream(file);
            bitmap.compress(Bitmap.CompressFormat.PNG, 100, outStream);
            outStream.flush();
            outStream.close();
            Log.i(TAG, "Image saved tosd");
        } catch (FileNotFoundException e) {
            Log.w(TAG, "FileNotFoundException");
        } catch (IOException e) {
            Log.w(TAG, "IOException");
        }
    }

    // 计算SdCard上的剩余空间
    public static int getFreeSpace() {
```

```
        StatFs stat = new StatFs(Environment.getExternalStorageDirectory().getPath());
        double sdFreeMB = ((double) stat.getAvailableBlocks() * (double) stat.
        getBlockSize()) / MB;
        return (int) sdFreeMB;
    }

    ...

}
```

SDUtil 类中与存取图片相关的方法有两个，即 getImage 和 saveImage。以上两个方法分别用于从 SdCard 中获取图片和将图片保存到 SdCard 中去，下面我们来分析这两个方法的逻辑。

1. getImage 方法

获取图片逻辑比较简单，直接使用 BitmapFactory 类中的 decodeFile 方法来获取对应位置的图片文件，然后转化成 Bitmap 对象返回。此方法可读取指定路径下的文件构造 Bitmap 对象，可参考表 7-8。

2. saveImage 方法

保存图片的逻辑比较复杂。首先，使用 getFreeSpace 判断 SdCard 的可用空间，若空间不足则记录日志信息并返回空；然后，判断图片目录是否存在，如果不存在则自动创建目录；最后，就是使用 Java 类包中的 FileOutputStream 对象来保存图片到 SdCard 的空间上去。这里面用到了许多与文件操作相关的 Java 类，大家可以参考代码注释，好好学习和理解。

通过前面内容的学习，我们发现在 Android 系统中处理图片离不开 Bitmap 和 BitmapFactory 等图像类。这些类库虽然很方便，但是在使用的过程中我们还必须注意图片过大可能导致的内存溢出。比如，使用 BitmapFactory 中的方法构造 Bitmap 时就有可能遇到这个问题，特别是当图片大于 1MB 的情况下，导致这个问题的原因是 Android 系统在处理图片的时候使用了堆内存，而堆内存被应用程序分配的内存限制，因此当处理的图片过大时，很有可能造成应用程序内存耗尽而导致的内存溢出错误。

解决这个问题有两个方向，一方面在准备图片资源的时候我们需要进行压缩，在效果可接受的范围内，保证图片尽可能的小；另一方面就是在解码（decode）的时候对图片进行无损的等比例缩放，这个需要用到 BitmapFactory.Options 类中的 inJustDecodeBounds 属性，该属性为 true 时可获取到图像的原始大小信息，然后计算出合适的缩放尺寸，最后再进行解码处理。使用范例见代码清单 7-72，大家可以参考注释来理解。

代码清单 7-72

```
public static Bitmap getSampleBitmap (String imageFilePath) {
    float sampleSize = 100;
    BitmapFactory.Options options = new BitmapFactory.Options();
    options.inJustDecodeBounds = true;
    // 获取原始图片的宽和高（inJustDecodeBounds 必须为 true）
    Bitmap bitmap = BitmapFactory.decodeFile(imageFilePath, options);
    // 如果图片存在
    if (bitmap != null) {
        // 获取原始大小
```

```
            float oWidth = options.outWidth;
            float oHeight = options.outHeight;
            // 计算缩放比例
            int scale = (int) ((oHeight > oWidth ? oHeight : oWidth) / sampleSize);
            if (scale <= 0) {
                    scale = 1;
            }
            options.inSampleSize = scale;
            options.inJustDecodeBounds = false;
            // 解码图片(inJustDecodeBounds必须为false)
            bitmap = BitmapFactory.decodeFile(imageFilePath, options);
        }
        return bitmap;
    }
```

7.7.7　使用 SQLite 缓存数据

通过 7.7.1 节中对 UiIndex 类代码的分析，我们了解到在网络请求失败的情况下，程序还需要从 SQLite 数据库中获取保存的微博信息，也就是 onNetworkError 方法中的逻辑。其中最关键的就是 BlogSqlite 类中的 getAllBlogs 方法，该方法用于从 SQLite 数据库中获取存储的微博列表信息。要搞清楚这部分功能的实现方法，首先需要介绍微博客户端框架中的数据库基类 BaseSqlite，是对 SQLiteOpenHelper 助手类的封装，实现了数据库操作对象的 CRUD 标准接口。BaseSqlite 类在 com.app.demos.base 包下的 BaseSqlite.java 文件中，我们将该类的主要方法简介如下。

- create(ContentValues values)：保存数据至数据库表，该方法只需传入 ContentValues 格式的插入数据即可，ContentValues 是一种键值对数据，通常用于 Android 应用数据存储的相关功能之中。
- update(ContentValues values, String where, String[] params)：更新数据库表行，该方法除了需要传入 ContentValues 格式的键值对数据之外，还需要传入更新条件的 where 语句以及 where 参数。
- delete(String where, String[] params)：删除数据库表行，该方法只需要传入删除条件的 where 语句以及 where 参数即可。
- query(String where, String[] params)：返回数据库查询结果的数据集，该方法需要传入查询条件的 where 语句以及 where 参数。另外，它返回的数据集是 ArrayList 类型的，可直接使用。
- count(String where, String[] params)：返回查询结果集的大小（int 型数值），该方法需要传入查询条件的 where 语句以及 where 参数。
- exists(String where, String[] params)：返回查询成功或者失败（boolean 型数值），该方法需要传入查询条件的 where 语句以及 where 参数。

除了以上的基础数据库操作方法之外，该抽象类还定义了几个抽象方法，用于返回子类对应数据库表的配置，方法简介如下。

- String tableName：返回数据表名。

- String[] tableColumns：返回数据表的字段集合。
- String createSql：返回数据表的创建语句。
- String upgradeSql：返回数据表的更新语句。

接着介绍 BaseSqlite 类的使用方法，这里的微博数据操作类 BlogSqlite 恰好可以作为该数据库基础类的使用范例。BlogSqlite 类的完整代码如代码清单 7-73 所示。

代码清单 7-73

```
package com.app.demos.sqlite;

import java.util.ArrayList;

import android.content.ContentValues;
import android.content.Context;

import com.app.demos.base.BaseSqlite;
import com.app.demos.model.Blog;

public class BlogSqlite extends BaseSqlite {

    public BlogSqlite(Context context) {
        super(context);
    }

    @Override
    protected String tableName() {
        return "blogs";
    }

    @Override
    protected String[] tableColumns() {
        String[] columns = {
            Blog.COL_ID,
            Blog.COL_FACE,
            Blog.COL_CONTENT,
            Blog.COL_COMMENT,
            Blog.COL_AUTHOR,
            Blog.COL_UPTIME
        };
        return columns;
    }

    @Override
    protected String createSql() {
        return "CREATE TABLE " + tableName() + " (" +
            Blog.COL_ID + " INTEGER PRIMARY KEY, " +
            Blog.COL_FACE + " TEXT, " +
            Blog.COL_CONTENT + " TEXT, " +
            Blog.COL_COMMENT + " TEXT, " +
            Blog.COL_AUTHOR + " TEXT, " +
```

```
            Blog.COL_UPTIME + " TEXT" +
            ");";
    }

    @Override
    protected String upgradeSql() {
        return "DROP TABLE IF EXISTS " + tableName();
    }

    public boolean updateBlog (Blog blog) {
        // 准备数据
        ContentValues values = new ContentValues();
        values.put(Blog.COL_ID, blog.getId());
        values.put(Blog.COL_FACE, blog.getFace());
        values.put(Blog.COL_CONTENT, blog.getContent());
        values.put(Blog.COL_COMMENT, blog.getComment());
        values.put(Blog.COL_AUTHOR, blog.getAuthor());
        values.put(Blog.COL_UPTIME, blog.getUptime());
        // 准备 SQL 语句
        String whereSql = Blog.COL_ID + "=?";
        String[] whereParams = new String[]{blog.getId()};
        //创建或更新
        try {
            if (this.exists(whereSql, whereParams)) {
                this.update(values, whereSql, whereParams);
            } else {
                this.create(values);
            }
        } catch (Exception e) {
            e.printStackTrace();
            return false;
        }
        return false;
    }

    public ArrayList<Blog> getAllBlogs () {
        ArrayList<Blog> blogList = new ArrayList<Blog>();
        try {
            ArrayList<ArrayList<String>> rList = this.query(null, null);
            int rCount = rList.size();
            for (int i = 0; i < rCount; i++) {
                ArrayList<String> rRow = rList.get(i);
                Blog blog = new Blog();
                blog.setId(rRow.get(0));
                blog.setFace(rRow.get(1));
                blog.setContent(rRow.get(2));
                blog.setComment(rRow.get(3));
                blog.setAuthor(rRow.get(4));
                blog.setUptime(rRow.get(5));
                blogList.add(blog);
            }
```

```
            } catch (Exception e) {
                e.printStackTrace();
            }
            return blogList;
        }
    }
```

从上述代码中，我们看到BlogSqlite类实现了其基类（BaseSqlite）中的tableName、tableColumns、createSql和upgradeSql四个抽象方法，分别用于返回表名、表字段、表创建语句以及表更新语句。从这些方法的逻辑中我们可以看出微博列表的数据表名是blogs，该表有6个字段，包括微博ID（Blog.COL_ID）、用户头像（Blog.COL_FACE）以及微博内容（Blog.COL_CONTENT）等，而这些字段名与Blog模型对象中字段是一一对应的。当然，该类也继承了BaseSqlite中的CRUD方法，除此之外BlogSqlite中还实现了updateBlog和getAllBlogs两个方法，分别用于保存和获取SQLite数据库中的微博数据；这两个方法可以在微博列表界面控制器类UiIndex中的onTaskComplete和onNetworkError方法中找到，也就是说程序会在成功获取微博列表信息的时候保存数据，然后在网络出现问题的时候把这些离线数据读取出来用于显示。

至此，微博列表界面中的主要知识都已经介绍完了，本界面中包含了Android应用编程中许多重要的知识和技巧，都是我们需要重点掌握的内容。建议大家可以重新回顾UiIndex类中的代码逻辑，把这些零散的知识点结合起来思考和理解，不仅可以对如何灵活运用UI控件变得更有心得，还可以拓展Android应用开发的思路。

7.8 我的微博列表

顾名思义，我的微博列表界面用于展示用户自己所写的微博信息，该界面的入口是底部的功能选项栏从左往右数的第二个选项按钮。在我的微博列表界面中，许多功能逻辑和UI控件的用法与微博列表界面比较相似，相关的知识也可以在7.7节中学到，不过本界面中我们还是可以学到不少与ListView以及ScrollView相关的知识和技巧。

7.8.1 界面程序逻辑

我的微博列表界面可大致分为两部分，上方的用户信息和下方的微博列表。我的用户信息从服务端的查看用户信息接口获取；而微博列表数据则是从微博列表接口中获得的，和微博列表界面类似，只不过传递的参数略有不同。我的微博列表界面对应的界面控制器类是UiBlogs，该类的逻辑实现如代码清单7-74所示。

代码清单 7-74

```
package com.app.demos.ui;

import java.util.ArrayList;
import java.util.HashMap;

import com.app.demos.R;
```

```
import com.app.demos.base.BaseHandler;
import com.app.demos.base.BaseMessage;
import com.app.demos.base.BaseTask;
import com.app.demos.base.BaseUi;
import com.app.demos.base.BaseUiAuth;
import com.app.demos.base.C;
import com.app.demos.list.ExpandList;
import com.app.demos.model.Blog;
import com.app.demos.model.Customer;
import com.app.demos.util.AppCache;
import com.app.demos.util.AppUtil;
import com.app.demos.util.UIUtil;

import android.graphics.Bitmap;
import android.os.Bundle;
import android.os.Message;
import android.view.KeyEvent;
import android.view.View;
import android.widget.ImageButton;
import android.widget.ImageView;
import android.widget.LinearLayout;
import android.widget.TextView;

public class UiBlogs extends BaseUiAuth {

    private ImageView faceImage;
    private String faceImageUrl;

    @Override
    public void onCreate(Bundle savedInstanceState) {
        super.onCreate(savedInstanceState);
        setContentView(R.layout.ui_blogs);

        // 设置界面消息处理器
        this.setHandler(new BlogsHandler(this));

        // 设置底部选项效果
        ImageButton ib = (ImageButton) this.findViewById(R.id.main_tab_2);
        ib.setImageResource(R.drawable.tab_heart_2);
    }

    @Override
    public void onStart () {
        super.onStart();

        // 获取微博用户信息
        HashMap<String, String> cvParams = new HashMap<String, String>();
        cvParams.put("customerId", customer.getId());
        this.doTaskAsync(C.task.customerView, C.api.customerView, cvParams);

        // 获取微博列表信息
```

```
        HashMap<String, String> blogParams = new HashMap<String, String>();
        blogParams.put("typeId", "1");
        blogParams.put("pageId", "0");
        this.doTaskAsync(C.task.blogList, C.api.blogList, blogParams);
    }

    ////////////////////////////////////////////////////////////////////////////////////
    // 异步回调方法（这些方法在获取到网络请求之后才会被调用）

    @Override
    @SuppressWarnings("unchecked")
    public void onTaskComplete(int taskId, BaseMessage message) {
        super.onTaskComplete(taskId, message);

        switch (taskId) {
            // 用户信息显示
            case C.task.customerView:
                try {
                    final Customer customer = (Customer) message.getResult("Customer");
                    TextView textName = (TextView) this.findViewById
                    (R.id.app_blogs_text_customer_name);
                    TextView textInfo = (TextView) this.findViewById
                    (R.id.app_blogs_text_customer_info);
                    textName.setText(customer.getSign());
                    textInfo.setText(UIUtil.getCustomerInfo(this, customer));
                    // 异步加载微博头像
                    faceImage = (ImageView) this.findViewById(R.id.
                    app_blogs_image_face);
                    faceImageUrl = customer.getFaceurl();
                    loadImage(faceImageUrl);
                } catch (Exception e) {
                    e.printStackTrace();
                    toast(e.getMessage());
                }
                break;
            // 微博列表显示
            case C.task.blogList:
                try {
                    final ArrayList<Blog> blogList = (ArrayList<Blog>)
                    message.getResultList("Blog");
                    String[] from = {
                        Blog.COL_CONTENT,
                        Blog.COL_UPTIME,
                        Blog.COL_COMMENT
                    };
                    int[] to = {
                        R.id.tpl_list_blog_text_content,
                        R.id.tpl_list_blog_text_uptime,
                        R.id.tpl_list_blog_text_comment
                    };
                    // 这里我们使用expandlist控件来完成
```

```
                ExpandList el = new ExpandList(this, AppUtil.dataToList(blogList,
                from), R.layout.tpl_list_blogs, from, to);
                LinearLayout layout = (LinearLayout) this.findViewById
                (R.id.app_blogs_list_view);
                layout.removeAllViews(); // 先清除，再填充
                el.setDivider(R.color.divider3);
                el.setOnItemClickListener(new ExpandList.
                OnItemClickListener() {
                    @Override
                    public void onItemClick(View view, int pos) {
                        Bundle params = new Bundle();
                        params.putString("blogId", blogList.get(pos).getId());
                        overlay(UiBlog.class, params);
                    }
                });
                el.render(layout);
            } catch (Exception e) {
                e.printStackTrace();
                toast(e.getMessage());
            }
            break;
        }
    }

    @Override
    public void onNetworkError (int taskId) {
        super.onNetworkError(taskId);
    }

    ////////////////////////////////////////////////////////////////////////////////
    // 界面按键控制

    @Override
    public boolean onKeyDown(int keyCode, KeyEvent event) {
        if (keyCode == KeyEvent.KEYCODE_BACK && event.getRepeatCount() == 0) {
            this.forward(UiIndex.class);
        }
        return super.onKeyDown(keyCode, event);
    }

    ////////////////////////////////////////////////////////////////////////////////
    // 自定义消息处理类

    private class BlogsHandler extends BaseHandler {
        public BlogsHandler(BaseUi ui) {
            super(ui);
        }
        @Override
        public void handleMessage(Message msg) {
            super.handleMessage(msg);
            try {
```

```
                    switch (msg.what) {
                        case BaseTask.LOAD_IMAGE:
                            Bitmap face = AppCache.getImage(faceImageUrl);
                            faceImage.setImageBitmap(face);
                            break;
                    }
                } catch (Exception e) {
                    e.printStackTrace();
                    ui.toast(e.getMessage());
                }
            }
        }
    }
```

UiBlogs 类也继承自登录界面控制类 BaseUiAuth，该类的代码比较长、涉及的知识点也比较多，下面我们仅对代码中比较重要的方法逻辑进行剖析和归纳。

1. onCreate 方法

同样是进行界面的初始化，需要注意的是这里设置了自定义消息处理类 BlogsHandler，用于处理图片的异步加载逻辑，类似于微博列表界面控制器类 UiIndex 中的 IndexHandler，但是功能逻辑却大不相同，稍后我们会单独介绍（见第 4 点）。

2. onStart 方法

同样是在这里处理异步任务，不过这里同时创建了两个异步任务，即从查看用户信息接口（见 6.3.3 节）获取我的用户信息和从微博列表接口中获取我的微博列表信息，这两个任务的 ID 分别是 C.task.customerView 和 C.task.blogList 常量，请求的服务端 API 地址分别是 C.api.customerView 和 C.api.blogList 常量。

3. onTaskComplete 方法

处理异步任务完成之后的逻辑，准确来说应该是根据获得的任务 ID 来分别处理我的用户信息的展示，以及我的微博列表信息的显示。需要注意的是，我的用户信息是对象数据，故使用 BaseMessage 的 getResult 方法来获取；而我的微博列表是对象列表数据，故使用 BaseMessage 的 getResultList 来获取。该界面的控件元素比较复杂，所以我们会使用 ScrollView 结合 ListView 的方式来实现，具体请参考 7.8.2 节的内容。

4. BlogsHandler 类

此类用于处理异步加载图片的逻辑，这里就是把之前获取到的图片地址设置成微博作者的用户头像，与微博列表中的 IndexHandler 是不一样的。当然，这两个类都继承自 BaseHandler 基类，也支持基类中的所有消息处理逻辑。类似的用法将被广泛地应用到其他的功能界面中，当然每个界面的消息处理器类中的逻辑都是不一样的，这也是为什么我们为每个界面控制器类定义各自独立的 Handler 消息处理器类的原因。

至此，我的微博列表界面的程序逻辑已经介绍完毕。下面是我的微博列表界面的模板文件 ui_blogs.xml，如代码清单 7-75 所示。

代码清单　7-75

```
<?xml version="1.0" encoding="utf-8"?>
<merge xmlns:android="http://schemas.android.com/apk/res/android">
<include layout="@layout/main_layout" />
<LinearLayout
     android:orientation="vertical"
     android:layout_width="fill_parent"
     android:layout_height="fill_parent">
     <include layout="@layout/main_top" />
     <ScrollView
         android:layout_width="fill_parent"
         android:layout_height="fill_parent"
         android:scrollbars="vertical"
         android:layout_weight="1"
         android:fillViewport="true">
         <LinearLayout
              android:layout_width="fill_parent"
              android:layout_height="fill_parent"
              android:orientation="vertical">
              <AbsoluteLayout
                  android:layout_width="fill_parent"
                  android:layout_height="55dip">
                  <ImageView
                      android:id="@+id/app_blogs_image_face"
                      android:layout_width="50dip"
                      android:layout_height="50dip"
                      android:layout_margin="5dip"
                      android:layout_alignParentRight="true"
                      android:src="@drawable/face"
                      android:focusable="false"
                      android:layout_x="5dip"
                      android:layout_y="5dip"/>
                  <TextView
                      android:layout_width="wrap_content"
                      android:layout_height="wrap_content"
                      android:layout_margin="5dip"
                      android:id="@+id/app_blogs_text_customer_name"
                      android:textStyle="bold"
                      android:text="name"
                      android:layout_x="60dip"
                      android:layout_y="10dip"/>
                  <TextView
                      android:layout_width="wrap_content"
                      android:layout_height="wrap_content"
                      android:layout_margin="5dip"
                      android:id="@+id/app_blogs_text_customer_info"
                      android:text="info"
                      android:layout_x="60dip"
                      android:layout_y="30dip"/>
              </AbsoluteLayout>
```

```
                <LinearLayout
                    android:id="@+id/app_blogs_list_view"
                    android:orientation="vertical"
                    android:layout_width="fill_parent"
                    android:layout_height="wrap_content"
                    android:layout_marginLeft="5dip"
                    android:layout_marginRight="5dip"
                    android:background="@drawable/body_1"
                    android:layout_gravity="center">
                </LinearLayout>
            </LinearLayout>
        </ScrollView>
        <include layout="@layout/main_tab" />
    </LinearLayout>
    </merge>
```

我的微博列表界面的显示效果如图 7-21 所示。

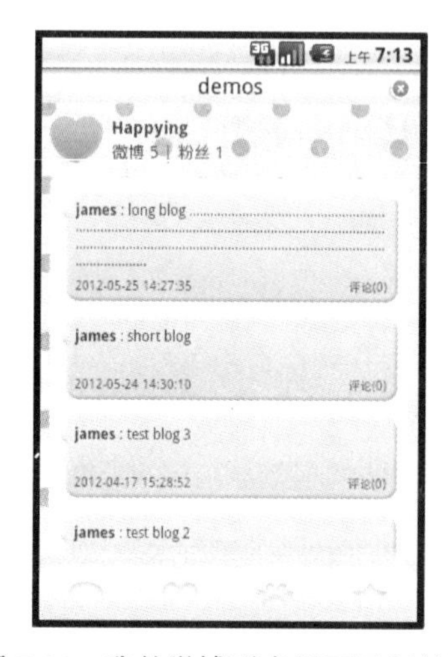

图 7-21　我的微博列表界面运行效果

7.8.2　使用 ScrollView

ScrollView 即滚动视图，可被用作容器来容纳其他的 UI 元素。ScrollView 类位于 android.widget 包下，继承自 ViewGroup，下面是 ScrollView 类的继承关系。

```
java.lang.Object
  |- android.view.View
    |- android.view.ViewGroup
      |- android.widget.FrameLayout
        |- android.widget.ScrollView
```

从 ScrollView 类的继承关系可以看出滚动视图与其他的 UI 控件不大一样，因为它继承自 FrameLayout，可见滚动视图的用法更类似于界面布局，这也是为何我们把 ScrollView 称为“滚动视图”而不是“滚动控件”的原因。我们把 ScrollView 视图特有属性的使用方法以及属性对应的操作方法总结在表 7-9 中。

表 7-9 ScrollView 视图特有属性

属性名	操作方法	使用说明
android:fillViewport	setFillViewport(boolean)	ScrollView 中含有大小可伸缩的控件时，是否让控件填满屏幕，比如内部包含 ListView 的情况
android:scrollbars	无	是否显示滚动条
android:scrollbarSize	无	滚动条大小
android:scrollbarStyle	无	滚动条样式，包括 insideOverlay、insideInset、outsideOverlay 和 outsideInset 四种

由于我的微博列表界面并不是一个单纯的列表，还包含顶部的用户信息以及一些特殊的界面样式，因此无法简单地使用 ListView 来实现，这里我们采用了 ScrollView 加上 ListView 的方式来实现，实现代码可参考 ui_blogs.xml 模板的内容（见代码清单 7-75）。

从 ui_blogs.xml 的模板代码中可以看出，我的微博列表界面外框就是一个 ScrollView，里面嵌套了一个完全撑开的线性布局（LinearLayout），而这个线性布局中又包含了一个绝对布局（AbsoluteLayout）和另一个线性布局（LinearLayout），分别用于包含顶部的用户信息以及下方的微博列表。以上的控件元素就大致构成了我的微博列表的整体界面。

看到这里，一些朋友也许会有疑问，在 ui_blogs.xml 中没有看到任何的 ListView 控件，那如何来展示微博列表呢？通过分析，我们会发现 id 为 app_blogs_list_view 的线性布局成为显示微博列表的“列表控件”。在接下来的 7.8.3 节中，我们将详细介绍这种自定义的列表控件是怎么实现的。

7.8.3 使用自定义微博列表

诚然，在 Android 系统中，UI 框架所提供 ListView 控件是我们展示列表型数据的首选，但绝不是唯一的选择，特别对于一些复杂的应用界面来说，我们往往需要把许多的控件混合起来使用，在这种情况下，ListView 控件使用起来就不是很方便了，甚至有可能遇到一些兼容性的问题。于是，我们就考虑是否能自己实现一个 ListView 呢？答案是肯定的，com.app.demos.list 包中的 ExpandList 类就是一个自定义的 ListView，我们先来看该类的代码，如代码清单 7-76 所示。

代码清单 7-76

```
package com.app.demos.list;

import java.util.List;
import java.util.Map;

import com.app.demos.R;
import com.app.demos.util.AppFilter;

import android.content.Context;
import android.view.LayoutInflater;
import android.view.View;
import android.view.ViewGroup;
import android.view.ViewGroup.LayoutParams;
import android.widget.TextView;
```

```
public class ExpandList {

    private LayoutInflater layout = null;
    private Integer dividerId = R.color.divider1;
    private ExpandList.OnItemClickListener itemClickListener = null;

    private Context context = null;
    private List<? extends Map<String, ?>> dataList = null;
    private int resourceId = -1;
    private String[] dataKeys = {};
    private int[] tplKeys = {};

    public ExpandList (Context context, List<? extends Map<String, ?>> data, int
    resource, String[] from, int[] to) {
        // 布局相关属性
        this.context = context;
        this.layout = LayoutInflater.from(context);
        // 数据相关属性
        this.resourceId = resource;
        this.dataList = data;
        this.dataKeys = from;
        this.tplKeys = to;
    }

    public View getView () {
        return layout.inflate(resourceId, null);
    }

    public void setDivider (Integer dividerId) {
        this.dividerId = dividerId;
    }

    public void setOnItemClickListener (ExpandList.OnItemClickListener listener) {
        itemClickListener = listener;
    }

    public void render (ViewGroup vg) {
        int dataPos = 0;
        int dataSize = dataList.size();
        // 按数据列表循环
        for (Map<String, ?> data : dataList) {
            View v = getView();
            // 展示列表项字段
            for (int i = 0; i < dataKeys.length; i++) {
                String dataKey = dataKeys[i];
                int tplKey = tplKeys[i];
                TextView tv = (TextView) v.findViewById(tplKey);
                AppFilter.setHtml(tv, data.get(dataKey).toString());
            }
            // 添加事件监听器
            if (itemClickListener != null) {
```

```
                        final int pos = dataPos;
                        v.setOnClickListener(new View.OnClickListener() {
                            @Override
                            public void onClick(View v) {
                                   itemClickListener.onItemClick(v, pos);
                            }
                        });
                    }
                    vg.addView(v);
                    // 数据项位置
                    dataPos++;
                    // 展示分割线
                    if (dataPos < dataSize) {
                        View d = new TextView(context, null);
                        d.setBackgroundResource(dividerId);
                        d.setLayoutParams(new LayoutParams(ViewGroup.LayoutParams.FILL_PARENT, 1));
                        vg.addView(d);
                    }
                }
        }

        ////////////////////////////////////////////////////////////////////////////
        // 自定义事件监听器

        abstract public interface OnItemClickListener {
             abstract public void onItemClick(View view, int pos);
        }
}
```

从上述代码中，我们注意到ExpandList类并未继承任何类，完全是独立实现的，我们也可以把它当做是UI控件的综合使用示例来学习，下面我们将对代码中比较重要的知识点进行剖析和归纳。

1. 构造方法

从构造方法的参数可以看出，ExpandList的设计思路与SimpleAdapter类似，有关SimpleAdapter的用法请参考7.7.2节中对系统常用适配器的介绍。5个参数分别是上下文对象（context）、列表数据（data）、模板ID（resource）、数据项字段数组（from）以及数据项对应控件ID的数组（to）。

2. getView 方法

获取列表项的模板对象，与前面介绍的BlogList类相似，都使用布局对象LayoutInflater中的inflate方法来获取。

3. setDivider 方法

设置列表分割线图形的资源ID，而其他适配器类中的setDivider方法的参数却是Drawable对象。另外，ExpandList中默认是没有分割线的。

4. setOnItemClickListener 方法

每个列表项的点击事件监听器，该方法的用法与其他的适配器类相同，只不过所用的监听器的类型有些不同，这里我们使用的是 ExpandList 自定义的内部类 ExpandList.OnItemClickListener。

5. render 方法

渲染并展示列表，是 ExpandList 类的核心逻辑所在。首先，该方法需要传入列表容器的 View 对象，当然既然是容器该对象类型就必须是 ViewGroup；然后，我们会按照列表数据来循环构建每个列表项的 View 对象，并使用 addView 方法添加到列表容器的 ViewGroup 对象中去；接着，再为每个列表项设置点击事件监听器；最后，根据列表项的位置来设置分割线。

至此，我们已经完成了一个自定义的列表类 ExpandList，该类可以使用任意的 ViewGroup 为容器，使用起来非常方便。另外，ExpandList 使用最基本的布局控件组合而成，兼容性也非常的好。在我的微博列表界面控制器 UiBlogs 类中，我们可以在 onTaskComplete 方法里找到该类的使用范例，如代码清单 7-77 所示。

代码清单 7-77

```
ExpandList el = new ExpandList(this, AppUtil.dataToList(blogList, from), R.layout.tpl_list_blogs,
from, to);
LinearLayout layout = (LinearLayout) this.findViewById(R.id.app_blogs_list_view);
layout.removeAllViews(); // 先清空列表项
el.setDivider(R.color.divider3);
el.setOnItemClickListener(new ExpandList.OnItemClickListener() {
      @Override
      public void onItemClick(View view, int pos) {
            Bundle params = new Bundle();
            params.putString("blogId", blogList.get(pos).getId());
            overlay(UiBlog.class, params);
      }
});
el.render(layout);
```

从以上代码中我们可以看到，该界面中微博列表的容器控件是 ID 为 app_blogs_list_view 的线性布局，而微博列表项的模板是 tpl_list_blogs.xml，与微博列表界面的 tpl_list_blog.xml 相似，唯一的区别就是少了用户头像，因此不再赘述。另外，我们还使用了 ExpandList 对象的 setOnItemClickListener 方法来设置每个微博列表项点击之后所要执行的逻辑代码，通过代码分析我们会发现此处的逻辑和微博列表界面中的一样，都是使用 overlay 方法打开对应的微博文章界面。

7.9 微博文章界面

微博文章界面用于展示微博的详细内容，在微博列表界面或者我的微博列表界面中点击微博列表中的单条微博都可以打开该界面。微博文章界面是微博应用中控件元素最为丰富的界面，我们将以该界面为例来进一步熟悉 Android UI 控件的使用技巧。

7.9.1 界面程序逻辑

微博文章界面的逻辑包括三大部分，顶部的微博用户信息、中部的微博文章以及底部的微博评论列表，数据来源对应的服务端接口分别是查看用户信息接口、查看微博接口以及评论列表接口。微博文章界面对应的界面控制器类是 UiBlog，该类的逻辑实现如代码清单 7-78 所示。

代码清单 7-78

```
package com.app.demos.ui;

import java.util.ArrayList;
import java.util.HashMap;

import com.app.demos.R;
import com.app.demos.base.BaseUi;
import com.app.demos.base.BaseUiAuth;
import com.app.demos.base.BaseHandler;
import com.app.demos.base.BaseMessage;
import com.app.demos.base.BaseTask;
import com.app.demos.base.C;
import com.app.demos.list.ExpandList;
import com.app.demos.model.Blog;
import com.app.demos.model.Comment;
import com.app.demos.model.Customer;
import com.app.demos.util.AppCache;
import com.app.demos.util.AppUtil;
import com.app.demos.util.UIUtil;

import android.graphics.Bitmap;
import android.os.Bundle;
import android.os.Message;
import android.view.KeyEvent;
import android.view.View;
import android.view.View.OnClickListener;
import android.widget.Button;
import android.widget.ImageView;
import android.widget.LinearLayout;
import android.widget.TextView;

public class UiBlog extends BaseUiAuth {

    private String blogId = null;
    private String customerId = null;
    private Button addfansBtn = null;
    private Button commentBtn = null;
    private ImageView faceImage = null;
    private String faceImageUrl = null;

    @Override
    public void onCreate(Bundle savedInstanceState) {
        super.onCreate(savedInstanceState);
        setContentView(R.layout.ui_blog);

        // 设置界面消息处理器
```

```
        this.setHandler(new BlogHandler(this));

        // 获取 Intent 消息传递的参数
        Bundle params = this.getIntent().getExtras();
        blogId = params.getString("blogId");

        // 加关注按钮点击逻辑
        addfansBtn = (Button) this.findViewById(R.id.app_blog_btn_addfans);
        addfansBtn.setOnClickListener(new OnClickListener() {
            @Override
            public void onClick(View v) {
                // 从服务端获取对应博客数据
                HashMap<String, String> urlParams = new HashMap<String, String>();
                urlParams.put("customerId", customerId);
                doTaskAsync(C.task.fansAdd, C.api.fansAdd, urlParams);
            }
        });

        // 写评论按钮点击逻辑
        commentBtn = (Button) this.findViewById(R.id.app_blog_btn_comment);
        commentBtn.setOnClickListener(new OnClickListener() {
            @Override
            public void onClick(View v) {
                Bundle data = new Bundle();
                data.putInt("action", C.action.edittext.COMMENT);
                data.putString("blogId", blogId);
                doEditText(data);
            }
        });

        // 获取当前微博信息
        HashMap<String, String> blogParams = new HashMap<String, String>();
        blogParams.put("blogId", blogId);
        this.doTaskAsync(C.task.blogView, C.api.blogView, blogParams);
    }

    @Override
    public void onStart () {
        super.onStart();

        // 获取微博评论列表
        HashMap<String, String> commentParams = new HashMap<String, String>();
        commentParams.put("blogId", blogId);
        commentParams.put("pageId", "0");
        this.doTaskAsync(C.task.commentList, C.api.commentList, commentParams);
    }

    ////////////////////////////////////////////////////////////////////////////
    // 异步回调方法（这些方法在获取到网络请求之后才会被调用）

    @Override
```

```
public void onTaskComplete(int taskId, BaseMessage message) {
    super.onTaskComplete(taskId, message);

    switch (taskId) {
        // 当前微博信息显示
        case C.task.blogView:
            try {
                Blog blog = (Blog) message.getResult("Blog");
                TextView textUptime = (TextView) this.findViewById(R.id.app_
                blog_text_uptime);
                TextView textContent = (TextView) this.findViewById
                (R.id.app_blog_text_content);
                textUptime.setText(blog.getUptime());
                textContent.setText(blog.getContent());
                Customer customer = (Customer) message.getResult("Customer");
                TextView textCustomerName = (TextView) this.findViewById
                (R.id.app_blog_text_customer_name);
                TextView testCustomerInfo = (TextView) this.findViewById
                (R.id.app_blog_text_customer_info);
                textCustomerName.setText(customer.getName());
                testCustomerInfo.setText(UIUtil.getCustomerInfo(this, customer));
                // 设置当前用户 ID，供其他逻辑使用
                customerId = customer.getId();
                // 异步加载微博头像
                faceImage = (ImageView) this.findViewById(R.id.app_blog_image_face);
                faceImageUrl = customer.getFaceurl();
                loadImage(faceImageUrl);
            } catch (Exception e) {
                e.printStackTrace();
                toast(e.getMessage());
            }
            break;
        // 微博评论列表显示
        case C.task.commentList:
            try {
                @SuppressWarnings("unchecked")
                ArrayList<Comment> commentList = (ArrayList<Comment>)
                 message.getResultList("Comment");
                String[] from = {
                    Comment.COL_CONTENT,
                    Comment.COL_UPTIME
                };
                int[] to = {
                    R.id.tpl_list_comment_content,
                    R.id.tpl_list_comment_uptime,
                };
                ExpandList el = new ExpandList(this, AppUtil.dataToList
                (commentList, from), R.layout.tpl_list_comment, from, to);
                LinearLayout layout = (LinearLayout) this.findViewById
                (R.id.app_blog_list_comment);
                layout.removeAllViews(); // 先清除，再填充
```

```
                    el.render(layout);
                } catch (Exception e) {
                    e.printStackTrace();
                    toast(e.getMessage());
                }
                break;
            // 加关注提示信息
            case C.task.fansAdd:
                if (message.getCode().equals("10000")) {
                    toast("Add fans ok");
                    // 刷新用户信息(粉丝数量)
                    HashMap<String, String> cvParams = new HashMap<String, String>();
                    cvParams.put("customerId", customerId);
                    this.doTaskAsync(C.task.customerView, C.api.customerView, cvParams);
                } else {
                    toast("Add fans fail");
                }
                break;
            // 用户信息显示
            case C.task.customerView:
                try {
                    // 更新界面上的用户信息
                    final Customer customer = (Customer) message.
                    getResult("Customer");
                    TextView textInfo = (TextView) this.findViewById
                    (R.id.app_blog_text_customer_info);
                    textInfo.setText(UIUtil.getCustomerInfo(this, customer));
                } catch (Exception e) {
                    e.printStackTrace();
                    toast(e.getMessage());
                }
                break;
        }
    }

    @Override
    public void onNetworkError (int taskId) {
        super.onNetworkError(taskId);
    }

    ////////////////////////////////////////////////////////////////////////////////
    // 其他方法

    @Override
    public boolean onKeyDown(int keyCode, KeyEvent event) {
        if (keyCode == KeyEvent.KEYCODE_BACK && event.getRepeatCount() == 0) {
            doFinish();
        }
        return super.onKeyDown(keyCode, event);
    }
```

```
    /////////////////////////////////////////////////////////////////////////
    // 内部类（以下 BlogHandler 类用于处理异步动作）

    private class BlogHandler extends BaseHandler {
        public BlogHandler(BaseUi ui) {
            super(ui);
        }
        @Override
        public void handleMessage(Message msg) {
            super.handleMessage(msg);
            try {
                switch (msg.what) {
                    case BaseTask.LOAD_IMAGE:
                        Bitmap face = AppCache.getImage(faceImageUrl);
                        faceImage.setImageBitmap(face);
                        break;
                }
            } catch (Exception e) {
                e.printStackTrace();
                ui.toast(e.getMessage());
            }
        }
    }
}
```

UiBlog 类也继承自登录界面控制类 BaseUiAuth，该类的代码比较长、涉及的知识点也比较多，下面我们仅对代码中比较重要的方法逻辑进行剖析和归纳。

1. onCreate 方法

微博文章界面的初始化逻辑相对比较多。首先，设置界面消息处理器类 BlogHandler，用于处理任务消息。然后，从 Intent 消息中获取微博 ID，即 blogId 的值，该值是通过 overlay 方法传递过来的。之后是为“加关注”按钮添加点击事件，点击该按钮时将触发 doTaskAsync 方法开启一个异步任务，发送加关注的用户 ID 到服务端的添加粉丝接口（参考 6.3.4 节）。然后是“写评论”按钮的点击事件，点击该按钮将触发 doEditText 方法切换到发表评论界面，这点我们将在 7.9.3 节中详细介绍。最后才是异步访问服务端的查看微博接口（参考 6.4.2 节），显示微博文章详情的逻辑。

2. onStart 方法

该方法中仅有异步访问评论列表接口（参考 6.5.2 节）来获取评论列表的逻辑，该逻辑之所以放在 onStart 方法中是因为用户在发表评论完毕切换回来的时候需要重新载入评论列表。这里运用到 Activity 生命周期的知识，可参考 2.3.1 节中的内容。

3. onTaskComplete 方法

处理异步任务结束后的界面显示逻辑，该界面的异步任务比较多，按照代码顺序依次是当前微博信息显示、微博评论列表显示、加关注提示信息以及用户信息显示的逻辑，下面我们来简单分析这几个异步任务处理逻辑的要点。

- **当前微博信息显示**：对应任务 ID 为 C.task.blogView。查看微博接口的返回比较特殊，既包含了微博文章的详细信息，也包含了微博作者的用户信息，因此这里我们使用了两个getResult方法，分别用于获取Blog和Customer对象数据。至于界面控件的显示和渲染的逻辑和之前介绍的都差不多，包括使用loadImage异步加载头像图片等，就不再赘述了。

- **微博评论列表显示**：对应任务ID为C.task.commentList。和我的微博列表界面一样，微博文章界面也采用了ScrollView加上ExpandList的方法来实现，至于ExpandList的用法可参考7.8.3节的内容；我们需要注意的是当评论列表刷新的时候需要使用removeAllViews先清除所有列表项。
- **加关注提示信息**：对应任务ID为C.task.fansAdd。由于添加粉丝接口只返回消息代码，并不包含数据信息，所以这里只需要通过BaseMessage的getCode方法获取消息代码进行判断即可。如果成功，即消息代码为10000，则使用Toast组件弹出"Add fans ok"的提示消息。另外，程序还将创建一个获取用户信息的异步方法来刷新微博作者的用户信息。

图 7-22 微博文章界面运行效果

- **用户信息显示**：对应任务ID为C.task.customerView。该任务的逻辑比较简单，就是从查看用户信息接口获取Customer对象数据并展示到界面上。

至此，微博文章界面的程序逻辑已经介绍完毕。它的模板文件是ui_blog.xml，该模板文件会在7.9.2节中给大家做详细分析。最后，我们来看看微博文章界面的显示效果，如图7-22所示。

7.9.2 界面布局进阶（综合使用UI控件）

前面刚分析过微博文章界面的程序逻辑，也了解到该界面的控件元素相当丰富（如图7-22所示），非常适合作为实例来帮助大家学习和理解Android UI控件的综合使用。接着我们就来分析该界面的模板代码，即ui_blog.xml，如代码清单7-79所示。

代码清单 7-79

```
<?xml version="1.0" encoding="utf-8"?>
<merge xmlns:android="http://schemas.android.com/apk/res/android">
<include layout="@layout/main_layout" />
<LinearLayout
     android:orientation="vertical"
     android:layout_width="fill_parent"
     android:layout_height="fill_parent">
     <include layout="@layout/main_top" />
     <ScrollView
         android:layout_width="fill_parent"
         android:layout_height="wrap_content"
         android:scrollbars="vertical"
         android:layout_weight="1"
         android:fillViewport="true">
```

```
        <LinearLayout
            android:layout_width="fill_parent"
            android:layout_height="fill_parent"
            android:orientation="vertical">
            <RelativeLayout
                android:layout_width="fill_parent"
                android:layout_height="60dip">
                <ImageView
                    android:id="@+id/app_blog_image_face"
                    android:layout_width="50dip"
                    android:layout_height="50dip"
                    android:layout_margin="5dip"
                    android:src="@drawable/face"
                    android:scaleType="fitXY"
                    android:focusable="false"/>
                <TextView
                    android:layout_width="wrap_content"
                    android:layout_height="wrap_content"
                    android:layout_marginTop="8dip"
                    android:id="@+id/app_blog_text_customer_name"
                    android:textStyle="bold"
                    android:text="name"
                    android:layout_toRightOf="@+id/app_blog_image_face"/>
                <TextView
                    android:layout_width="wrap_content"
                    android:layout_height="wrap_content"
                    android:id="@+id/app_blog_text_customer_info"
                    android:text="info"
                    android:layout_toRightOf="@+id/app_blog_image_face"
                    android:layout_below="@+id/app_blog_text_customer_name"/>
                <Button
                    android:layout_width="80dip"
                    android:layout_height="32dip"
                    android:background="@drawable/button_1"
                    android:id="@+id/app_blog_btn_addfans"
                    android:text="@string/btn_addfans"
                    android:layout_alignParentRight="true"
                    android:layout_alignParentBottom="true"
                    android:layout_marginRight="8dip"
                    android:layout_marginBottom="5dip"/>
            </RelativeLayout>
            <LinearLayout
                android:orientation="vertical"
                android:layout_width="fill_parent"
                android:layout_height="wrap_content"
                android:layout_marginLeft="5dip"
                android:layout_marginRight="5dip"
                android:background="@drawable/body_1"
                android:layout_gravity="center">
                <TextView
                    android:layout_width="fill_parent"
```

```
                android:layout_height="wrap_content"
                android:id="@+id/app_blog_text_content"
                android:layout_margin="5dip"
                android:layout_gravity="center"
                android:background="#f6f6f6"
                android:padding="10dip"
                android:textSize="12dip"/>
            <LinearLayout
                android:orientation="horizontal"
                android:layout_width="fill_parent"
                android:layout_height="wrap_content"
                android:focusable="false"
                android:layout_margin="5dip">
                <TextView
                    android:layout_width="fill_parent"
                    android:layout_height="wrap_content"
                    android:layout_weight="1"
                    android:paddingLeft="2dip"
                    android:id="@+id/app_blog_text_uptime"
                    android:textSize="12dip"
                    android:text="loading" />
                <TextView
                    android:layout_width="fill_parent"
                    android:layout_height="wrap_content"
                    android:layout_weight="2"
                    android:gravity="right"
                    android:paddingRight="4dip"
                    android:textSize="12dip"
                    android:text="@string/blog_comment" />
            </LinearLayout>
            <LinearLayout
                android:orientation="vertical"
                android:layout_width="fill_parent"
                android:layout_height="wrap_content"
                android:layout_marginLeft="5dip"
                android:layout_marginRight="5dip"
                android:background="@drawable/body_2"
                android:id="@+id/app_blog_list_comment">
            </LinearLayout>
            <Button
                android:layout_width="80dip"
                android:layout_height="32dip"
                android:background="@drawable/button_1"
                android:layout_marginLeft="5dip"
                android:layout_marginTop="5dip"
                android:layout_marginBottom="3dip"
                android:id="@+id/app_blog_btn_comment"
                android:textSize="12dip"
                android:text="@string/btn_comment" />
        </LinearLayout>
    </LinearLayout>
```

```
        </ScrollView>
        <include layout="@layout/main_tab" />
    </LinearLayout>
    </merge>
```

微博文件界面的模板代码比较长，我们提取其代码实现中的几个重点来做分析。为了便于理解，我们将该界面在布局编辑器中的预览图保存到图 7-23 中。

图 7-23　微博文件预览界面

1. 整体布局

从图 7-23 中我们可以清楚得看出微博文章界面的布局结构，主要分为顶部的微博用户信息布局、底部的微博文章以及评论列表布局。整个界面在垂直方向是可伸缩的，这里也采用了和我的微博列表界面类似的 ScrollView 加上可扩展列表 ExpandList 的方式。另外，界面布局主要使用了线性布局（LinearLayout）加上相对布局（RelativeLayout）的组合，包含了图像控件（ImageView）、按钮控件（Button）以及文本框控件（TextView）等控件，很好地诠释了 Android UI 控件各自的特点和组合使用的方法。

2. 顶部布局

顶部的微博用户信息布局采用的是相对布局（RelativeLayout），因为这个部分控件的排布相对比较不规则。用户头像的 ImageView 控件在最左边；右边是用户名和用户信息（包括微博数和粉丝数），都是 TextView 控件；最右边是加关注按钮的 Button 控件。

3. 底部布局

底部的微博文章以及评论列表布局采用的是线性布局（LinearLayout），原因是这个部分的控件排布比较规整，大致遵循垂直排列的布局。布局内的控件大部分都是 TextView 用于显示微博文章和评论等内容；特别需要注意的是其中 ID 为 app_blog_list_comment 的 LinearLayout 控件将被用做评论列表 ExpandList 的外框容器。另外，我们还需要注意，布局外框和评论列表的外框都是使用了可伸缩的背景图片，分别对应了 res/drawable/ 目录下的 body_1.9.png 和 body_2.9.png，这种用法可以参考前面 7.7.4 节中的内容。

至此，我们综合使用了前面介绍的 Android UI 界面布局以及实现的知识和技巧，完成了微博应用中最复杂的界面，即微博文章界面。我们可以看到该界面的效果是非常不错的，程序进行数据填充后的效果如图 7-22 所示。

7.9.3　发表评论功能实现

通过 7.9.1 节中对微博文章界面程序逻辑的分析，我们了解到，当用户点击“写评论”按钮后就会触发 doEditText 方法来打开微博应用中的“通用”的文本编辑界面，该界面的显示效果如图 7-24 所示。

图 7-24　通用文本编辑界面

为何我们将该文本编辑界面称为“通用”界面？原因是在该界面中处理的逻辑不仅只有发表评论功能，还包括微博应用中其他与文本编辑有关的功能，比如用户配置界面的修改签名功能（见 7.10.3 节）等。要理解这里的逻辑实现，先要从 BaseUi 基类中对 doEditText 方法的定义开始。而该方法的用法我们已经在 7.2.4 中介绍使用 Intent 消息控制界面切换的时候给大家讲过了，逻辑实现见代码清单 7-29 所示。实际上 doEditText 方法的逻辑很简单，就是发出一个 Action 值为 com.app.demos.EDITTEXT（即 C.intent.action.EDITTEXT 常量的值）的隐性消息到 UI 线程的消息队列中去，而消息循环部件（Looper）将根据应用配置文件，也就是 AndroidManifest.xml 文件中的配置信息来决定由哪个 Activity 界面来处理。我们可以在微博应用的 AndroidManifest.xml 文件中找到相关的配置代码，如代码清单 7-80 所示。

代码清单 7-80

```
<?xml version="1.0" encoding="utf-8"?>
<manifest ...>
   <application ...>
        ...
        <activity android:name=".ui.UiEditText"
             android:theme="@style/com.app.demos.theme.light"
             android:windowSoftInputMode="stateVisible|adjustResize"
             android:launchMode="singleTop">
             <intent-filter>
                  <action android:name="com.app.demos.EDITTEXT" />
                  <action android:name="android.intent.action.VIEW" />
                  <category android:name="android.intent.category.DEFAULT" />
             </intent-filter>
        </activity>
        ...
   </application>
   ...
</manifest>
```

从以上配置文件的声明代码中可以看出，最终用于处理该消息的 Activity 界面控制器类是 com.app.demos.ui 类包下的 UiEditText，该类的完整实现如代码清单 7-81 所示。另外，该界面使用的任务行为模式（android:launchMode）是 singleTop，关于这点，我们可以参考 2.3.4 节中与 Task 任务的相关内容。

代码清单 7-81

```
package com.app.demos.ui;

import java.util.HashMap;

import com.app.demos.R;
import com.app.demos.base.BaseMessage;
import com.app.demos.base.BaseUiAuth;
import com.app.demos.base.C;

import android.os.Bundle;
```

```java
import android.view.KeyEvent;
import android.view.View;
import android.view.View.OnClickListener;
import android.view.inputmethod.InputMethodManager;
import android.widget.Button;
import android.widget.EditText;

public class UiEditText extends BaseUiAuth {

    private EditText mEditText;
    private Button mEditSubmit;

    @Override
    public void onCreate(Bundle savedInstanceState) {
        super.onCreate(savedInstanceState);
        setContentView(R.layout.ui_edit);

        // 显示软键盘
        ((InputMethodManager) getSystemService(INPUT_METHOD_SERVICE)).
        toggleSoftInput(0, InputMethodManager.HIDE_NOT_ALWAYS);

        // 界面初始化
        mEditText = (EditText) this.findViewById(R.id.app_edit_text);
        mEditSubmit = (Button) this.findViewById(R.id.app_edit_submit);

        // 处理不同逻辑
        Bundle params = this.getIntent().getExtras();
        final int action = params.getInt("action");
        switch (action) {
            // 修改签名逻辑
            case C.action.edittext.CONFIG:
                mEditText.setText(params.getString("value"));
                mEditSubmit.setOnClickListener(new OnClickListener() {
                    @Override
                    public void onClick(View v) {
                        String input = mEditText.getText().toString();
                        customer.setSign(input); // 更新本地用户对象
                        HashMap<String, String> urlParams = new HashMap<String, String>();
                        urlParams.put("key", "sign");
                        urlParams.put("val", input);
                        doTaskAsync(C.task.customerEdit, C.api.customerEdit,
                        urlParams);
                    }
                });
                break;
            // 发表评论逻辑
            case C.action.edittext.COMMENT:
                final String blogId = params.getString("blogId");
                mEditSubmit.setOnClickListener(new OnClickListener() {
                    @Override
                    public void onClick(View v) {
```

```
                        String input = mEditText.getText().toString();
                        HashMap<String, String> urlParams = new HashMap<String, String>();
                        urlParams.put("blogId", blogId);
                        urlParams.put("content", input);
                        doTaskAsync(C.task.commentCreate, C.api.commentCreate, urlParams);
                    }
                });
                break;
        }
    }

    ////////////////////////////////////////////////////////////////////////////////////
    // 异步回调方法（这些方法在获取到网络请求之后才会被调用）

    @Override
    public void onTaskComplete(int taskId, BaseMessage message) {
        super.onTaskComplete(taskId, message);
        doFinish();
    }

    @Override
    public void onNetworkError (int taskId) {
        super.onNetworkError(taskId);
    }

    ////////////////////////////////////////////////////////////////////////////////////
    // 其他方法

    @Override
    public boolean onKeyDown(int keyCode, KeyEvent event) {
        if (keyCode == KeyEvent.KEYCODE_BACK && event.getRepeatCount() == 0) {
            doFinish();
        }
        return super.onKeyDown(keyCode, event);
    }

}
```

上述代码中，我们主要关注该类的 onCreate 方法，因为该方法中包含了该“通用”文本编辑界面的主要逻辑，根据代码注释我们可以看出这里的逻辑主要包括修改签名和发表评论两方面，这里我们主要关注后者的逻辑。发表评论的逻辑比较简单，用户输入评论内容点击保存按钮后，就会创建一个目标地址为 C.api.commentCreate 的异步任务，该任务会访问服务端的发表评论接口（见 6.5.1 节），完成后将执行 onTaskComplete 方法中的逻辑关闭本界面。比如，我们输入“comment 3 by james”，然后点击保存按钮，本界面会关闭并返回到微博文章界面，而这条评论信息将出现在当前界面上，显示效果见图 7-25 所示。

至于发表评论功能界面对应的模板文件是 ui_edit.xml，该模板的代码实现非常简单，就是一个 EditText 文本框控件加上一个按钮控件，这里不再赘述。

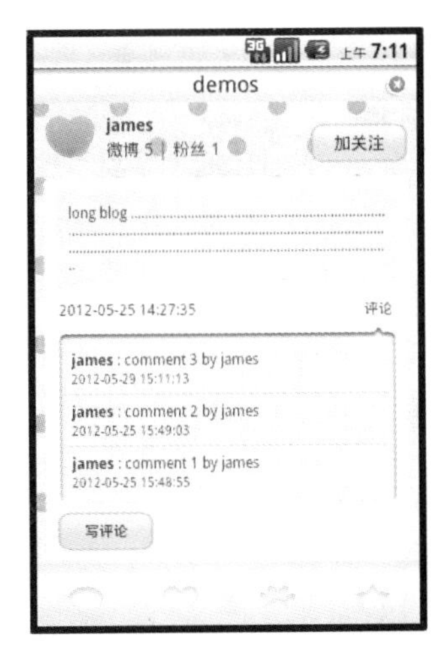

图 7-25　评论结果显示效果

7.9.4　发表微博功能实现

严格来讲，发表微博功能不能属于微博文章界面的内容，我们之所以把该功能的介绍放在此处，原因是“发表微博功能”的实现和上节刚介绍过的“发表评论功能”的实现几乎完全相同，唯一的不同之处在于调用的方法名不一样，在发表评论功能中，我们使用的是 doEditText 方法，而此处我们则需要使用 doEditBlog 方法。以下是 doEditBlog 方法的实现逻辑，如代码清单 7-82 所示。

代码清单　7-82

```
public class BaseUi extends Activity {
...
    public void doEditBlog () {
        Intent intent = new Intent();
        intent.setAction(C.intent.action.EDITBLOG);
        this.startActivity(intent);
    }

    public void doEditBlog (Bundle data) {
        Intent intent = new Intent();
        intent.setAction(C.intent.action.EDITBLOG);
        intent.putExtras(data);
        this.startActivity(intent);
    }
...
}
```

我们同样可以在应用配置文件中找出与之相关的 Activity 界面控制器类，最后发现此类同样位于 com.app.demos.ui 包中，类名为 UiEditBlog。完整实现如代码清单 7-83 所示。

代码清单　7-83

```
package com.app.demos.ui;

import java.util.HashMap;
```

```
import com.app.demos.R;
import com.app.demos.base.BaseMessage;
import com.app.demos.base.BaseUiAuth;
import com.app.demos.base.C;

import android.os.Bundle;
import android.view.KeyEvent;
import android.view.View;
import android.view.View.OnClickListener;
import android.view.inputmethod.InputMethodManager;
import android.widget.EditText;

public class UiEditBlog extends BaseUiAuth {

    @Override
    public void onCreate(Bundle savedInstanceState) {
        super.onCreate(savedInstanceState);
        setContentView(R.layout.ui_write);

        // 显示软键盘
        ((InputMethodManager) getSystemService(INPUT_METHOD_SERVICE)).
        toggleSoftInput(0, InputMethodManager.HIDE_NOT_ALWAYS);

        // 发表微博逻辑
        findViewById(R.id.app_write_submit).setOnClickListener(new OnClickListener() {
            @Override
            public void onClick(View v) {
                EditText mWriteText = (EditText) findViewById(R.id.app_write_text);
                HashMap<String, String> urlParams = new HashMap<String, String>();
                urlParams.put("content", mWriteText.getText().toString());
                doTaskAsync(C.task.blogCreate, C.api.blogCreate, urlParams);
            }
        });
    }

    ////////////////////////////////////////////////////////////////////////////////
    // 异步回调方法（这些方法在获取到网络请求之后才会被调用）

    @Override
    public void onTaskComplete(int taskId, BaseMessage message) {
        super.onTaskComplete(taskId, message);
        doFinish();
    }

    @Override
    public void onNetworkError (int taskId) {
        super.onNetworkError(taskId);
    }

    ////////////////////////////////////////////////////////////////////////////////
    // 其他方法
```

```
    @Override
    public boolean onKeyDown(int keyCode, KeyEvent event) {
        if (keyCode == KeyEvent.KEYCODE_BACK && event.getRepeatCount() == 0) {
            doFinish();
        }
        return super.onKeyDown(keyCode, event);
    }

}
```

此类逻辑和之前介绍的发表评论功能的界面控制器类UiEditText非常类似，同样是在onCreate方法中处理了保存按钮的点击事件，只不过这里请求的是服务端的发表微博接口，此接口的相关知识请参考6.4.1节。

另外，发表微博的入口有两个，其一是底部的功能选项栏最右边选项按钮，另外一个则是应用选项菜单中的第一个选项“写微博”，这点可参考7.5.2节中的内容。

7.9.5　图片微博功能实现

前面我们介绍了文字微博的实现方法，但是如果需要发表图片微博的话就没这么简单了，客户端需要和服务端紧密配合才可以完成这个任务。我们在6.6.3节中已经把图片上传的服务器接口准备好，接下来就看Android客户端如何来实现了。相对于服务端的实现来说，客户端需要开发的内容会更复杂一些，下面我们把客户端功能分解为选择图片、上传图片、显示图片三个部分来进行详细讲解。

1. 选择图片

首先，我们想要为发表微博的界面加入选择图片的功能，这就需要对发表微博界面进行一番修改了。下面我们就来看看在实例源码中是如何实现的，大家可以把以下的代码逻辑和代码清单7-83中的原始逻辑进行对比。为了便于大家比对，我们已经把区别的部分挑选出来，见代码清单7-84。

代码清单　7-84

```
package com.app.demos.ui;

import java.util.ArrayList;
import java.util.HashMap;
import java.util.List;

import org.apache.http.NameValuePair;
import org.apache.http.message.BasicNameValuePair;

import com.app.demos.R;
import com.app.demos.base.BaseMessage;
import com.app.demos.base.BaseUiAuth;
import com.app.demos.base.C;
import com.app.demos.util.AppUtil;

import android.content.Intent;
```

```java
import android.database.Cursor;
import android.graphics.Bitmap;
import android.net.Uri;
import android.os.Bundle;
import android.provider.MediaStore;
import android.view.KeyEvent;
import android.view.View;
import android.view.View.OnClickListener;
import android.view.inputmethod.InputMethodManager;
import android.widget.EditText;
import android.widget.ImageView;

public class UiEditBlog extends BaseUiAuth {

    // 选择图片的标志常量
    private static final int FLAG_CHOOSE_IMG = 1;

    // 选择图片的使用变量
    private ImageView app_write_img;
    private String app_write_img_path;

    @Override
    public void onCreate(Bundle savedInstanceState) {
        super.onCreate(savedInstanceState);
        setContentView(R.layout.ui_write);

        // 显示软键盘
        ...

        // 添加图片选择按钮的逻辑（使用 Intent.ACTION_PICK 调用图库）
        app_write_img = (ImageView) findViewById(R.id.app_write_img);
        app_write_img.setOnClickListener(new View.OnClickListener() {
            @Override
            public void onClick(View v) {
                Intent intent = new Intent();
                intent.setAction(Intent.ACTION_PICK);
                intent.setType("image/*");
                startActivityForResult(intent, FLAG_CHOOSE_IMG);
            }
        });

        // 发表微博逻辑
        findViewById(R.id.app_write_submit).setOnClickListener(new OnClickListener() {
            @Override
            public void onClick(View v) {
                EditText mWriteText = (EditText) findViewById(R.id.app_write_text);
                HashMap<String, String> urlParams = new HashMap<String, String>();
                urlParams.put("content", mWriteText.getText().toString());
                if (app_write_img_path != null) {
                    // 如果有图片则上传文字加图片
                    List<NameValuePair> files = new ArrayList<NameValuePair>();
```

```
                files.add(new BasicNameValuePair("file0", app_write_img_path));
                doTaskAsync(C.task.blogCreate, C.api.blogCreate, urlParams, files);
            } else {
                // 没有图片则仅上传文字
                doTaskAsync(C.task.blogCreate, C.api.blogCreate, urlParams);
            }
        }
    });
}

@Override
protected void onActivityResult(int requestCode, int resultCode, Intent data) {
    if ((requestCode == FLAG_CHOOSE_IMG) && resultCode == RESULT_OK) {
        if (data != null) {
            Uri uri = data.getData();
            if (uri != null) {
                try {
                    // 获得图片的浮标位置
                    String[] filePathColumn = { MediaStore.Images.Media.DATA };
                    Cursor cursor = getContentResolver().query(uri,
                        filePathColumn, null, null, null);
                    cursor.moveToFirst();
                    String path = cursor.getString(cursor.getColumnIndex
                        (MediaStore.Images.Media.DATA));
                    cursor.close();
                    // 打印调试
                    this.toast(path);
                    // 创建用于上传的图片
                    Bitmap bm = AppUtil.createBitmap(path, 100, 100);
                    if (bm == null) {
                        this.toast("can not find img");
                    } else {
                        app_write_img.setImageBitmap(bm);
                        app_write_img_path = path;
                    }
                } catch (Exception e) {
                    e.printStackTrace();
                }
            }
        }
    }
}

//////////////////////////////////////////////////////////////////////////////
// async task callback methods

...
}
```

观察以上代码，首先需要注意的是使用Intent.ACTION_PICK调用图库的用法，实际上Intent.ACTION_PICK是Android系统中一个非常好用的系统消息，除了可以用于调用本地图库程序之外，还可以用于获取本地联系人、调用本地音乐、调用本地视频文件等方面。这里我们把 Intent 类型设置为“image/*”，系统就会自动进入本地图库程序；同理，如果设置为“audio/*”或“video/*”则可用于获取本地音乐和视频文件。

其次，我们还需要学习配合使用 startActivityForResult 和 onActivityResult 来获取另外的 Activity 的返回信息。这里我们使用 startActivityForResult 打开本地图库程序，用户选择完图片之后传回来的数据就是使用 onActivityResult 回调方法来接收的，在这里程序获取到用户选择的图片浮标并创建一个图片对象用于上传。

当然，创建好的图片会显示在发表微博的界面中，如图 7-26 所示。模板的修改比较简单，就是在输入框下面加上一个 ImageView，用于显示选中的图片，这里不再赘述。

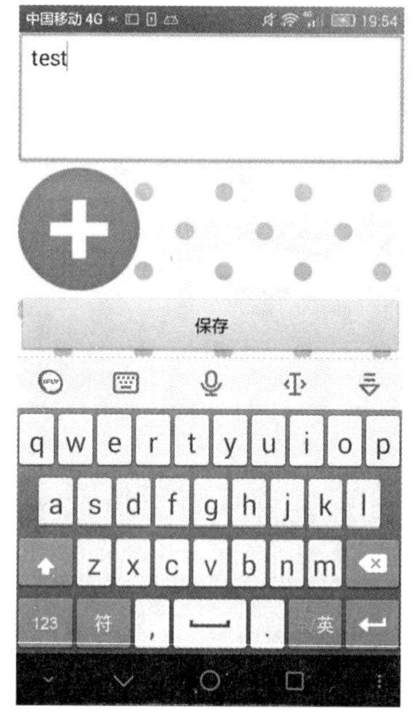

图 7-26 图片微博发表界面

2. 上传图片

想要让 Android 客户端使用 HTTP 的 POST 方式进行上传，首先需要使用 httpmime 库对框架的网络通信类 AppClient 进行改造，让我们的网络通行模块支持文件上传功能；具体来说，也就是添加一个支持文件上传的 POST 方法，具体实现见代码清单 7-85。

代码清单 7-85

```
package com.app.demos.util;

...

import org.apache.http.entity.mime.FormBodyPart;
import org.apache.http.entity.mime.MultipartEntity;
import org.apache.http.entity.mime.content.FileBody;
import org.apache.http.entity.mime.content.StringBody;

...

@SuppressWarnings("rawtypes")
public class AppClient {

    ...

    // 支持文件上传的 POST 方法
    public String post(HashMap urlParams, List<NameValuePair> files) throws Exception {

        String httpResult = null;

        // 获取 POST 参数
        HttpPost httpPost = headerFilter(new HttpPost(this.apiUrl));
```

```
List<NameValuePair> postParams = new ArrayList<NameValuePair>();
Iterator it = urlParams.entrySet().iterator();
while (it.hasNext()) {
    Map.Entry entry = (Map.Entry) it.next();
    postParams.add(new BasicNameValuePair(entry.getKey().toString(), entry.
        getValue().toString()));
}

// 获取上传文件参数
MultipartEntity mpEntity = new MultipartEntity();
StringBody stringBody;
FileBody fileBody;
File targetFile;
String filePath;
FormBodyPart fbp;

// 填充 POST 参数值
for (NameValuePair queryParam : postParams) {
    stringBody = new StringBody(queryParam.getValue(), Charset.forName("UTF-8"));
    fbp = new FormBodyPart(queryParam.getName(), stringBody);
    mpEntity.addPart(fbp);
}

// 填充上传文件参数值
for (NameValuePair param : files) {
    filePath = param.getValue();
    targetFile = new File(filePath);
    fileBody = new FileBody(targetFile, "application/octet-stream");
    fbp = new FormBodyPart(param.getName(), fileBody);
    mpEntity.addPart(fbp);

}

httpPost.setEntity(mpEntity);

Log.w("AppClient.post.file.url", this.apiUrl);
Log.w("AppClient.post.file.data", postParams.toString());

// 提交 POST 请求给服务端
try {
    HttpResponse response = httpClient.execute(httpPost);
    httpResult = EntityUtils.toString(response.getEntity());
} catch (ConnectTimeoutException e) {
    throw new Exception(C.err.network);
} catch (Exception e) {
    e.printStackTrace();
} finally {
    httpPost.abort();
}

Log.w("AppClient.post.file.result", httpResult);
```

```
        return httpResult;
    }

    ...
}
```

阅读以上代码时，笔者建议大家与7.3.1节中的网络通信类AppClient（见代码清单7-32）进行对照学习，主要关注如何使用httpmime库中的FormBodyPart、MultipartEntity、FileBody、StringBody四个类组装出POST请求，最后交给HttpClient发送给服务器。

当然仅仅这些还是不够的，我们还需要在全局UI基类（参考7.5.1节）BaseUi以及异步任务基类BaseTaskPool（参考7.4.2节）中增加两个方法作为接口供界面类使用。代码摘录如下，见代码清单7-86。

代码清单 7-86

```
// 以下是全局UI基类的新增代码
public class BaseUi extends Activity {

    ...

    // 支持上传文件的异步任务方法
    public void doTaskAsync (int taskId, String taskUrl, HashMap<String, String>
        taskArgs, List<NameValuePair> taskFiles) {
        showLoadBar();
        taskPool.addTask(taskId, taskUrl, taskArgs, taskFiles, new BaseTask(){
            @Override
            public void onComplete (String httpResult) {
                sendMessage(BaseTask.TASK_COMPLETE, this.getId(), httpResult);
            }
            @Override
            public void onError (String error) {
                sendMessage(BaseTask.NETWORK_ERROR, this.getId(), null);
            }
        }, 0);
    }

    ...
}

// 以下是异步任务基类的新增代码
public class BaseTaskPool {

    ...

    // 支持上传文件的异步任务接口
    public void addTask (int taskId, String taskUrl, HashMap<String, String> taskArgs,
        List<NameValuePair> taskFiles, BaseTask baseTask, int delayTime) {
        baseTask.setId(taskId);
        try {
            taskPool.execute(new TaskThread(context, taskUrl, taskArgs, taskFiles,
                baseTask, delayTime));
```

```
        } catch (Exception e) {
            taskPool.shutdown();
        }
    }

    ...

    // 异步任务的线程实现
    private class TaskThread implements Runnable {

        ...

        @Override
        public void run() {
            try {
                baseTask.onStart();
                String httpResult = null;
                // 设置任务延时
                if (this.delayTime > 0) {
                    Thread.sleep(this.delayTime);
                }
                try {
                    // 远程任务
                    if (this.taskUrl != null) {
                        // 初始化 AppClient
                        AppClient client = new AppClient(this.taskUrl);
                        if (HttpUtil.WAP_INT == HttpUtil.getNetType(context)) {
                            client.useWap();
                        }
                        // GET 请求
                        if (taskArgs == null) {
                            httpResult = client.get();
                        // POST 请求
                        } else {
                            if (taskFiles != null) {
                                // 这里调用 AppClient 中的支持文件上传的 POST 方法
                                httpResult = client.post(this.taskArgs, this.taskFiles);
                            } else {
                                httpResult = client.post(this.taskArgs);
                            }
                        }
                    }
                    // 远程任务处理
                    if (httpResult != null) {
                        baseTask.onComplete(httpResult);
                    // 本地任务处理
                    } else {
                        baseTask.onComplete();
                    }
                } catch (Exception e) {
                    e.printStackTrace();
                    baseTask.onError(e.getMessage());
```

```
                }
            } catch (Exception e) {
                e.printStackTrace();
            } finally {
                try {
                    // 任务结束
                    baseTask.onStop();
                } catch (Exception e) {
                    e.printStackTrace();
                }
            }
        }
    }

}
```

有了支持文件上传的doTaskAsync方法，我们就可以在实例框架的任意地方很方便地实现文件上传功能了。阅读至此，大家可以尝试使用微博实例来上传图片了，正常情况下图片会被保存到服务器上的对应文件夹中，然后通过微博列表接口把图片地址返回给Android客户端并在微博列表显示出来，如图7-27所示。

图7-27 微博列表显示上传图片

3. 显示图片

微博实例应用中需要显示图片的地方有三个，一是微博列表界面，二是我的文章界面，三是微博详情界面。考虑到通用性，我们挑选微博列表界面和微博文章界面进行详细介绍。首先是微博列表界面，显示效果见图7-27。模板变动不大，也就是在tpl_list_blog.xml中的正文下面加上一个ImageView控件，需要注意的是其默认的显示属性为隐藏，只有在需要显示图片的时候我们才会把状态变成可显示，xml代码如下所示：

```
...
    <ImageView
        android:id="@+id/tpl_list_blog_text_picture"
        android:layout_width="100dip"
        android:layout_height="100dip"
        android:paddingLeft="12dip"
        android:focusable="false"
        android:visibility="gone"/>
...
```

下面我们重点分析列表程序的改动，我们曾用整个7.7节来介绍首页微博的列表界面的实现，其中重点介绍了UiIndex类中如何使用ListView适配器类BlogList来实现显示微博列表的功能（参考7.7.2节），这里我们就需要对BlogList类进行一些修改来满足显示图片的功能，具体实现见代码清单7-87。

代码清单 7-87

```
package com.app.demos.list;

...

public class BlogList extends BaseList {

    ...

    public final class BlogListItem {
        public ImageView face;
        public TextView content;
        public TextView uptime;
        public TextView comment;
        // 增加微博图片控件
        public ImageView picture;
    }

    ...

    @Override
    public View getView(int p, View v, ViewGroup parent) {
        // 初始化列表项数据对象
        BlogListItem  blogItem = null;
        // 列表缓存实效时填充数据
        if (v == null) {
            v = inflater.inflate(R.layout.tpl_list_blog, null);
            blogItem = new BlogListItem();
            blogItem.face = (ImageView) v.findViewById(R.id.tpl_list_blog_image_face);
            blogItem.content = (TextView) v.findViewById(R.id.tpl_list_blog_text_content);
            blogItem.uptime = (TextView) v.findViewById(R.id.tpl_list_blog_text_uptime);
            blogItem.comment = (TextView) v.findViewById(R.id.tpl_list_blog_text_comment);
            blogItem.picture = (ImageView) v.findViewById(R.id.tpl_list_blog_text_picture);
            v.setTag(blogItem);
        } else {
            blogItem = (BlogListItem) v.getTag();
        }
        // 填充数据
        blogItem.uptime.setText(blogList.get(p).getUptime());
        // fill html data
        blogItem.content.setText(AppFilter.getHtml(blogList.get(p).getContent()));
        blogItem.comment.setText(AppFilter.getHtml(blogList.get(p).getComment()));
        // 加载用户头像图片
        String faceUrl = blogList.get(p).getFace();
        if (faceUrl != null && faceUrl.length() > 0) {
            Bitmap faceImage = AppCache.getImage(faceUrl);
            if (faceImage != null) {
                blogItem.face.setImageBitmap(faceImage);
            }
        } else {
```

```
            blogItem.face.setImageBitmap(null);
        }
        // 加载微博文章图片
        String picUrl = blogList.get(p).getPicture();
        if (picUrl != null && picUrl.length() > 0) {
            Bitmap picImage = AppCache.getCachedImage(ui.getContext(), picUrl);
            if (picImage != null) {
                blogItem.picture.setImageBitmap(picImage);
                blogItem.picture.setVisibility(View.VISIBLE);
            }
        } else {
            blogItem.picture.setImageBitmap(null);
            blogItem.picture.setVisibility(View.GONE);
        }
        return v;
    }
}
```

对比新老版本的 BlogList 类，我们能发现几个明显的区别：1）增加了微博图片控件，用于承载微博图片；2）在 ListView 的渲染方法 getView 中加入微博图片获取和显示的逻辑。此处需要注意的是，在控制图片控件显示的时候分为有图片和无图片两种情况，有图片除了需要设置图片内容还需要把图片控件属性设置为可见，无图片也需要对图片控件进行控制，这是为了防止 ListView 在刷新缓存的时候出现一些问题。

图 7-28 微博文章界面

除了 BlogList，我们也修改了 ExpandList 的实现方式，让自定义的微博列表类 ExpandList 也能实现显示微博图片的功能。可以把源码中的 ExpandList 类与 7.8.3 节中的代码清单 7-76 进行比对学习，大家会发现其实这里的修改方法和 BlogList 是很相近的。

相对于列表界面来说，微博文章界面的实现就简单了，只需要在模板文件中加入图片控件，然后代码控制显示即可。先来看看最终显示效果，如图 7-28 所示。由于代码逻辑相对比较简单，这里就不做分析了，具体实现大家可以参考源码 UiBlog.java，我们主要关注图片显示的用法，见代码清单 7-88。

代码清单 7-88

```
...
    <ImageView
        android:layout_below="@+id/app_blog_text_content"
        android:id="@+id/app_blog_text_picture"
        android:layout_width="fill_parent"
```

```
            android:layout_height="300dp"
            android:layout_weight="1"
            android:padding="5dip"
            android:scaleType="fitStart"
            android:visibility="gone"/>
    ...
```

从上述模板代码中，我们注意到scaleType这个属性，在实际项目中我们经常使用这个属性来调整图片显示的方法。这里我们使用fitStart来控制图片按比例放大或缩小到上层View的宽度，并在左上方显示。以下是该属性所有选项的用法说明，大家可以根据实际需求斟酌使用。

- center：按图片的原始尺寸居中显示，当图片长（宽）超过View的长（宽）时，截取图片的居中部分显示。
- centerCrop：按比例扩大图片的尺寸并居中显示，使得图片长（宽）等于或大于View的长（宽），截掉图片多出的部分。
- centerInside：将图片完整居中显示，通过按比例缩小图片尺寸，使得图片长（宽）等于或小于View的长（宽）。
- fitCenter：把图片按比例扩大或缩小到上层View的宽度，并居中显示。
- fitStart：把图片按比例扩大或缩小到上层View的宽度，在左上方显示。
- fitEnd：把图片按比例扩大或缩小到View的宽度，在下方显示。
- fitXY：把图片拉伸到View的大小显示。
- matrix：用矩阵来绘制显示部分。

至此，我们终于让微博实例支持图片上传和显示了，这大大增强了实例应用的实用性和可玩性。有兴趣的朋友还可以尝试把图片上传接口和相机结合起来，让发表微博的方式更加丰富，关于Android设备使用摄像头的内容可参考11.4节。

7.10　用户配置界面

用户配置界面主要用于显示当前用户的信息总览，以及与用户配置有关的功能选项列表，该列表包括了修改签名和更换头像两个主要功能，该界面的入口是底部的功能选项栏从左往右数的第三个选项按钮。在本界面中我们将学习到在客户端进行文字编辑的方法，以及一些特殊布局（比如GridView）的使用。

小贴士： 至此微博应用底部的功能选项栏的所有选项按钮都介绍过了，从左到右分别是：微博列表界面（7.7节）、我的微博列表（7.8节）、用户配置界面（7.10节）以及发表微博功能（7.9.4节）。

7.10.1　界面程序逻辑

用户配置界面比较简单，主界面可分为上下两部分，上方是用户的信息总览，这里主要包括用户头像、用户签名、微博个数以及粉丝个数；下方是功能选项列表，包括修改签名和更换头像两个主要功能选项。用户配置界面的界面控制器类为UiConfig，完整实现如代码清单7-89所示。

代码清单 7-89

```
package com.app.demos.ui;

import java.util.ArrayList;
import java.util.HashMap;

import com.app.demos.R;
import com.app.demos.base.BaseHandler;
import com.app.demos.base.BaseMessage;
import com.app.demos.base.BaseTask;
import com.app.demos.base.BaseUi;
import com.app.demos.base.BaseUiAuth;
import com.app.demos.base.C;
import com.app.demos.list.SimpleList;
import com.app.demos.model.Config;
import com.app.demos.model.Customer;
import com.app.demos.util.AppCache;
import com.app.demos.util.AppUtil;
import com.app.demos.util.UIUtil;

import android.graphics.Bitmap;
import android.os.Bundle;
import android.os.Message;
import android.view.KeyEvent;
import android.view.View;
import android.widget.AdapterView;
import android.widget.ImageButton;
import android.widget.ImageView;
import android.widget.ListView;
import android.widget.TextView;
import android.widget.AdapterView.OnItemClickListener;

public class UiConfig extends BaseUiAuth {

    private ListView listConfig;
    private ImageView faceImage;
    private String faceImageUrl;

    @Override
    public void onCreate(Bundle savedInstanceState) {
        super.onCreate(savedInstanceState);
        setContentView(R.layout.ui_config);

        // 设置界面消息处理器
        this.setHandler(new ConfigHandler(this));

        // 设置底部选项效果
        ImageButton ib = (ImageButton) this.findViewById(R.id.main_tab_3);
        ib.setImageResource(R.drawable.tab_conf_2);

        // 获取配置功能列表
```

```
        listConfig = (ListView) findViewById(R.id.app_config_list_main);
    }

    @Override
    public void onStart() {
        super.onStart();

        // 列表参数准备
        final ArrayList<Config> dataList = new ArrayList<Config>();
        dataList.add(new Config(getResources().getString(R.string.config_face), customer.getFace()));
        dataList.add(new Config(getResources().getString(R.string.config_sign), customer.getSign()));
        String[] from = {Config.COL_NAME};
        int[] to = {R.id.tpl_list_menu_text_name};

        // 使用 SimpleList 列表
        listConfig.setAdapter(new SimpleList(this, AppUtil.dataToList(dataList,
         from), R.layout.tpl_list_menu, from, to));
        listConfig.setOnItemClickListener(new OnItemClickListener(){
            @Override
            public void onItemClick(AdapterView<?> parent, View view, int pos, long id) {
                // 修改头像逻辑
                if (pos == 0) {
                    overlay(UiSetFace.class);
                // 修改签名逻辑
                } else {
                    Bundle data = new Bundle();
                    data.putInt("action", C.action.edittext.CONFIG);
                    data.putString("value", dataList.get(pos).getValue());
                    doEditText(data);
                }
            }
        });

        // 获取用户信息
        HashMap<String, String> cvParams = new HashMap<String, String>();
        cvParams.put("customerId", customer.getId());
        this.doTaskAsync(C.task.customerView, C.api.customerView, cvParams);
    }

    ////////////////////////////////////////////////////////////////////////////
    //异步回调方法(这些方法在获取到网络请求之后才会被调用)

    @Override
    public void onTaskComplete(int taskId, BaseMessage message) {
        super.onTaskComplete(taskId, message);
        switch (taskId) {
            case C.task.customerView:
                try {
                    final Customer customer = (Customer) message.
                    getResult("Customer");
                    TextView textTop = (TextView) this.findViewById
                    (R.id.tpl_list_info_text_top);
```

```
                    TextView textBottom = (TextView) this.findViewById
                    (R.id.tpl_list_info_text_bottom);
                    textTop.setText(customer.getSign());
                    textBottom.setText(UIUtil.getCustomerInfo
                    (this, customer));
                    // 异步加载头像
                    faceImage = (ImageView) this.findViewById(R.id.tpl_
                    list_info_image_face);
                    faceImageUrl = customer.getFaceurl();
                    loadImage(faceImageUrl);
                } catch (Exception e) {
                    e.printStackTrace();
                    toast(e.getMessage());
                }
                break;
        }
    }

    @Override
    public void onNetworkError (int taskId) {
        super.onNetworkError(taskId);
    }

    ////////////////////////////////////////////////////////////////////////////////
    // 其他方法

    @Override
    public boolean onKeyDown(int keyCode, KeyEvent event) {
        if (keyCode == KeyEvent.KEYCODE_BACK && event.getRepeatCount() == 0) {
            this.forward(UiIndex.class);
        }
        return super.onKeyDown(keyCode, event);
    }

    ////////////////////////////////////////////////////////////////////////////////
    // 内部类

    private class ConfigHandler extends BaseHandler {
        public ConfigHandler(BaseUi ui) {
            super(ui);
        }
        @Override
        public void handleMessage(Message msg) {
            super.handleMessage(msg);
            try {
                switch (msg.what) {
                    case BaseTask.LOAD_IMAGE:
                        Bitmap face = AppCache.getImage(faceImageUrl);
                        faceImage.setImageBitmap(face);
                        break;
                }
            } catch (Exception e) {
```

```
                        e.printStackTrace();
                        ui.toast(e.getMessage());
                    }
                }
            }
        }
```

UiConfig 同样继承自登录界面控制类 BaseUiAuth，下面我们将对代码中比较重要的方法逻辑进行剖析和归纳。

1. onCreate 方法

界面初始化方法的逻辑比较简单，首先设置界面消息处理器，然后设置底部的选项显示效果，最后获取功能选项列表的 ListView 控件。

2. onStart 方法

主要包括两方面逻辑。其一，显示功能选项列表，这里使用了自定义的选项列表 SimpleList 适配器来实现，具体内容请参考 7.10.2 节；其二，获取用户相关信息，该逻辑使用异步任务方法 doTaskAsync 来实现，请求的是服务端的查看用户信息接口，该逻辑前面已经介绍的非常多了，这里不再赘述。

3. onTaskComplete 方法

此方法用于把获取到的用户信息显示在用户配置界面上，还使用 loadImage 方法异步加载用户头像。类似逻辑之前也已经介绍多次，如我的微博列表界面里的 BlogsHandler 以及微博文章界面中的 BlogHandler 等，这里就不做介绍了。

至此，我的微博列表界面的程序逻辑已经介绍完毕。以下是我的微博列表界面的模板文件是 ui_config.xml，如代码清单 7-90 所示。

代码清单　7-90

```
<?xml version="1.0" encoding="utf-8"?>
<merge xmlns:android="http://schemas.android.com/apk/res/android">
<include layout="@layout/main_layout" />
<LinearLayout
    android:orientation="vertical"
    android:layout_width="fill_parent"
    android:layout_height="fill_parent">
    <include layout="@layout/main_top" />
    <ScrollView
        android:layout_width="fill_parent"
        android:layout_height="wrap_content"
        android:scrollbars="vertical"
        android:layout_weight="1"
        android:fillViewport="true">
        <LinearLayout
            android:layout_width="fill_parent"
            android:layout_height="fill_parent"
            android:orientation="vertical">
            <include layout="@layout/tpl_list_info" />
            <ListView
```

```
                    android:id="@+id/app_config_list_main"
                    android:layout_width="fill_parent"
                    android:layout_height="wrap_content"
                    android:layout_marginLeft="10dip"
                    android:layout_marginRight="10dip"
                    android:background="@drawable/xml_list_config_bg"
                    android:descendantFocusability="blocksDescendants"
                    android:divider="@color/divider1"
                    android:dividerHeight="1dip"
                    android:listSelector="@drawable/xml_list_bg"/>
            </LinearLayout>
        </ScrollView>
        <include layout="@layout/main_tab" />
    </LinearLayout>
</merge>
```

用户配置界面的显示效果如图 7-29 所示。

图 7-29　用户配置界面运行效果

7.10.2　使用自定义选项列表

在 7.8.3 节中，我们曾经介绍过自定义微博列表 ExpandList 的用法，这里我们来介绍另外一个自定义的列表适配器类，也就是用户配置界面中的 SimpleList 的用法。SimpleList 的实现和 ExpandList 大不相同，由于继承自简单适配器类 SimpleAdapter（参考 7.7.2 节），因此用法更类似于 SimpleAdapter。我们先来看看该类的完整实现，如代码清单 7-91 所示。

代码清单　7-91

```
package com.app.demos.list;

import java.util.List;
import java.util.Map;

import com.app.demos.util.AppFilter;
```

```
import android.content.Context;
import android.widget.SimpleAdapter;
import android.widget.TextView;

public class SimpleList extends SimpleAdapter {

    public SimpleList(Context context, List<? extends Map<String, ?>> data,
        int resource, String[] from, int[] to) {
        super(context, data, resource, from, to);
    }

    @Override
    public void setViewText(TextView v, String text) {
        AppFilter.setHtml(v, text);
    }
}
```

通过代码我们可以看出 SimpleList 实际上是对 SimpleAdapter 适配器类的简单封装，因此在用户配置界面控制器类 UiConfig 里的用法（见代码清单 7-89）也可以被当做是 SimpleAdapter 的使用范例，SimpleAdapter 类我们在 7.7.2 节中已经详细介绍过，这里就不做介绍了。

7.10.3　修改签名功能实现

从用户配置界面控制器类 UiConfig 的代码中可以看出，当我们点击功能列表中的修改签名选项时，将触发点击事件中的 doEditText 方法来打开微博应用中的“通用”文本编辑界面，该界面效果如图 7-24 所示，逻辑代码可参考 7.9.3 节中介绍过的 UiEditText 界面控制器类的内容。实际上，修改签名功能的实现方式和之前介绍的发表评论功能的实现方式非常相似。之前我们介绍 UiEditText 类代码逻辑的时候，曾经分析过在该界面中发表评论的功能逻辑，这里我们将要介绍该类的另一个重要逻辑，也就是修改签名功能的实现。

参考代码清单 7-81 中 UiEditText 类的代码，onCreate 方法中 C.action.edittext.CONFIG 段的逻辑。当修改签名的文本编辑界面中的“保存”按钮被按下时，首先会执行本地用户对象的 setSign 方法来更新签名数据，保证本地用户对象信息的及时更新；然后再把签名数据传至更新用户信息接口（见 6.3.2 节）中去，保证服务端数据与客户端同步。当我们回到用户配置界面的时候，就可以通过任何一种方式来获取修改过的签名信息了。

小贴士： 本地用户（Customer）对象是 BaseUiAuth 类中设置的用户对象，是登录之后保存在应用内存里的，理论上可以在 BaseUiAuth 的任何子类内使用，避免频繁访问查看用户信息接口带来的性能问题。

这里我们可以看到，不管是发表评论功能还是修改签名功能，都使用了 doEditText 方法来打开微博应用的“通用”文本编辑界面来供用户编辑，再根据获取到的 action 参数值在 UiEditText 类中分别处理不同的文本保存逻辑。实际上，这也是一种界面复用的方法。在 Android 应用开发中，我们可以把一些外观相同的界面合并起来，通过不同的参数值来完成多种功能，这种方式可以让应用的结构更合理、重用性更强。

7.10.4　更换头像功能实现

在用户配置界面点击“更换头像”选项时就会进入更换头像界面，该界面会显示微博应用中可供用户选择的头像图片，界面效果如图 7-30 所示。我们可以看到该界面采用的是网格形式的布局，因此我们采用 GridView 控件来实现。

图 7-30　更换头像界面运行效果

GridView 即网格列表控件，常用于展示按照网格形式排布的界面，其实 GridView 也属于列表控件中的一种。GridView 类位于 android.widget 包下，继承自 ViewGroup，下面是 GridView 类的继承关系。

```
java.lang.Object
  |- android.view.View
    |- android.view.ViewGroup
      |- android.widget.AdapterView
        |- android.widget.AbsListView
          |- android.widget.GridView
```

GridView 和 ListView 同样继承了 View 和 ViewGroup 的所有属性，我们把 GridView 控件特有属性的使用方法以及属性对应的操作方法总结在表 7-10 中。

表 7-10　GridView 控件常用属性

属性名	操作方法	使用说明
android:columnWidth	setColumnWidth(int)	网格项的宽度
android:gravity	setGravity(int)	网格项的 gravity 值
android:horizontalSpacing	setHorizontalSpacing(int)	网格项水平间距
android:numColumns	setNumColumns(int)	网格列数，即横排的网格项数
android:stretchMode	setStretchMode(int)	缩放模式，一般采用 columnWidth 宽度自适应
android:verticalSpacing	setVerticalSpacing(int)	网格项垂直间距

下面我们来分析更换头像界面的模板代码，即 ui_face.xml 文件的内容，如代码清单 7-92 所示。该界面的布局比较简单，就是线性布局内部嵌套着个 GridView 网格列表，该 GridView

网格布局共有3列，采用宽度自适应模式，网格项居中显示，宽度为100dip，横竖间距均为10dip，最终显示效果可参考图7-30所示。

代码清单　7-92

```
<?xml version="1.0" encoding="utf-8"?>
<merge xmlns:android="http://schemas.android.com/apk/res/android">
<include layout="@layout/main_layout" />
<LinearLayout
     android:orientation="vertical"
     android:layout_width="fill_parent"
     android:layout_height="wrap_content">
     <GridView
         android:id="@+id/app_face_grid"
         android:layout_width="fill_parent"
         android:layout_height="fill_parent"
         android:numColumns="3"
         android:gravity="center"
         android:columnWidth="100dip"
         android:verticalSpacing="10dip"
         android:horizontalSpacing="10dip"
         android:stretchMode="columnWidth"
         android:layout_weight="1"/>
</LinearLayout>
</merge>
```

更换头像界面对应的界面控制器类文件是com.app.demos.ui类包下的UiSetFace.java，实现逻辑如代码清单7-93所示，下面我们来分析UiSetFace类中的重点逻辑。

代码清单　7-93

```
package com.app.demos.ui;

import java.util.ArrayList;
import java.util.HashMap;
import com.app.demos.R;
import com.app.demos.base.BaseMessage;
import com.app.demos.base.BaseUiAuth;
import com.app.demos.base.C;
import com.app.demos.list.GridImageList;
import com.app.demos.model.Image;

import android.os.Bundle;
import android.view.KeyEvent;
import android.view.View;
import android.widget.AdapterView;
import android.widget.AdapterView.OnItemClickListener;
import android.widget.GridView;

public class UiSetFace extends BaseUiAuth {

     GridView faceGridView = null;
```

```
@Override
public void onCreate(Bundle savedInstanceState) {
     super.onCreate(savedInstanceState);
     setContentView(R.layout.ui_face);

     // 获取头像列表数据
     this.doTaskAsync(C.task.faceList, C.api.faceList);
}

// 设置头像方法
private void doSetFace (String faceId) {
     HashMap<String, String> urlParams = new HashMap<String, String>();
     urlParams.put("key", "face");
     urlParams.put("val", faceId);
     doTaskAsync(C.task.customerEdit, C.api.customerEdit, urlParams);
}

//////////////////////////////////////////////////////////////////////////
// 异步回调方法（这些方法在获取到网络请求之后才会被调用）

@Override
public void onTaskComplete(int taskId, BaseMessage message) {
     super.onTaskComplete(taskId, message);
     switch (taskId) {
          // 显示头像列表逻辑
          case C.task.faceList:
               try {
                    @SuppressWarnings("unchecked")
                    final ArrayList<Image> imageList = (ArrayList<Image>) message.
                    getResultList("Image");
                    final ArrayList<String> imageUrls = new ArrayList<String>();
                    for (int i = 0; i < imageList.size(); i++) {
                       Image imageItem = imageList.get(i);
                       imageUrls.add(imageItem.getUrl());
                    }
                    faceGridView = (GridView) this.findViewById(R.id.app_
                    face_grid);
                    faceGridView.setAdapter(new GridImageList(this, imageUrls));
                    faceGridView.setOnItemClickListener
                            (new OnItemClickListener(){
                            @Override
                            public void onItemClick(AdapterView<?> parent, View view,
                                     int position, long id) {
                              Image face = imageList.get(position);
                              customer.setFace(face.getId());
                              doSetFace(face.getId());
                            }
                       });
                 } catch (Exception e) {
                       e.printStackTrace();
                       toast(e.getMessage());
```

```
                }
                break;
            // 设置头像逻辑
            case C.task.customerEdit:
                toast("face has changed.");
                doFinish();
                break;
        }
    }

    @Override
    public void onNetworkError (int taskId) {
        super.onNetworkError(taskId);
    }

    ////////////////////////////////////////////////////////////////////////////////
    // 其他方法

    @Override
    public boolean onKeyDown(int keyCode, KeyEvent event) {
        if (keyCode == KeyEvent.KEYCODE_BACK && event.getRepeatCount() == 0) {
            this.finish();
        }
        return super.onKeyDown(keyCode, event);
    }

}
```

上述程序中，首先会创建一个 ID 为 C.task.faceList 的异步任务，用于从服务端的头像列表接口（见 6.6.2 节）获取最新可供选择的头像列表信息，成功后在 onTaskComplete 对应的逻辑中进行处理。处理逻辑并不复杂，首先，程序会将获取到的头像图片列表信息保存到 Image 模型列表，即 imageList 变量中；然后，抽取其中的图片 URL 地址信息并存放到 imageUrls 列表中；最后，使用列表适配器类 GridImageList 来显示网格头像列表。前面我们已经介绍过很多列表适配器，包括微博列表界面中的 BlogList、我的微博列表界面中的 ExpandList 以及用户配置界面中的 SimpleList 等，接下来我们将再给大家介绍一种常见列表适配器的使用，也就是这里的网格列表适配器 GridImageList，该类的实现逻辑如代码清单 7-94 所示。

代码清单 7-94

```
package com.app.demos.list;

import java.util.List;

import com.app.demos.util.AppCache;
import android.content.Context;
import android.graphics.Bitmap;
import android.view.View;
import android.view.ViewGroup;
import android.widget.BaseAdapter;
import android.widget.GridView;
```

```
import android.widget.ImageView;
public class GridImageList extends BaseAdapter {

      private Context context;
      private List<String> imageUrls;

      public GridImageList (Context context, List<String> imageUrls) {
            this.context = context;
            this.imageUrls = imageUrls;
      }

      @Override
      public int getCount() {
            return imageUrls.size();
      }

      @Override
      public Object getItem(int position) {
            return position;
      }

      @Override
      public long getItemId(int position) {
            return position;
      }

      @Override
      public View getView(int position, View convertView, ViewGroup parent) {
            // 设置图片控件元素的样式
            ImageView imageView = new ImageView(context);
            imageView.setLayoutParams(new GridView.LayoutParams(100, 100));
            imageView.setScaleType(ImageView.ScaleType.FIT_CENTER);
            imageView.setPadding(10, 10, 10, 10);
            // 从缓存中或者远程获取图片
            Bitmap bitmap = AppCache.getCachedImage(context, imageUrls.get(position));
            imageView.setImageBitmap(bitmap);
            return imageView;
      }

}
```

我们重点关注该类的 getView 方法，先设置网格列表项中图片控件的样式，然后根据该图片的 URL 值从缓存中或者远程获取实际图片。至于异步获取图片的 getCachedImage 方法，可参考 7.7.5 节中与代码清单 7-67 相关的内容。最后我们把 GridImageList 适配器类的对象实例通过 setAdapter 方法设置到头像列表控件的 GridView 对象中即可。

回到更换头像界面控制器类 UiSetFace 的逻辑中，当程序完成对头像网格列表控件对象 GridView 的列表适配器设置之后，还需要使用 setOnItemClickListener 方法设置点击每个网格列表项（即用户头像）所要触发的点击事件，即 doSetFace 的方法逻辑，创建一个 ID 为 C.task.customerEdit 的异步任务，用于请求服务端的更新用户信息接口（见 6.3.2 节）来更新用户的头像设置。假如我们选择第二排的第一个笑脸头像，逻辑执行成功后就会提示“face has changed”信息并关闭当前界面。当返回用户配置界面的时候，我们会发现头像已经被更新了，效果如图 7-31 所示。

图 7-31 更换头像结果显示

7.11 网页界面开发

前面我们已经把微博应用客户端部分的主要内容大致介绍完了，不仅包括登录界面、微博列表界面、我的微博列表界面、微博文章界面以及用户配置界面等主要界面的逻辑，也包括通用文本编辑界面、发送微博界面以及更换头像界面等功能界面的实现。以上这些界面都基于 Android UI 系统来构建的，然而本节将介绍的是另外一种 Android 应用的构建思路，也就是基于网页（Web）的 Android 开发之路。

使用网页来作为 Android 应用的界面，实际上就是使用制作网站的思路来设计和制作 Android 应用，这种内嵌网页的做法可以很大程度上简化 Android 应用的开发，因为 HTML 语言的学习成本要比 Android 应用框架小多了。并且，使用这种方式有很多优点，比如可以加快开发进度，减少设备兼容性导致的问题，还可以随时调整界面，避免了由于界面修改而需要频繁更新客户端。不过，这种做法也有局限性，因为每次从服务端获取网页内容非常耗费网络资源，如果设备未联网的话就完全无法使用了；另外，网页的显示效果和渲染速度比原生的 Android UI 要差上许多。

7.11.1 界面程序逻辑

由于内嵌网页界面实例和微博应用实例没有太大的关系，所以有关的界面控制器类被放到了 com.app.demos.demo 类包目录下，包含有“基本用法实例界面（DemoWeb）”和“网页地图实例界面（DemoMap）”两个界面控制器类，前者包含了内嵌网页常见用法功能点的综合实例，而后者则可作为互联网应用的代表实例。至于这两个界面的具体代码和实现逻辑，我们将按照功能点来分别在后面的各个小节中给大家作详细介绍。

另外，需要嵌入到界面中的网页版接口的相关内容我们已经在 6.8 节中介绍过了，比如我们在浏览器中输入网页版接口的站点入口地址，即 http://127.0.0.1:8002/index.php，就可以看到“基本用法实例界面”的入口页面，如图 6-4 所示。该页面是所有内嵌网页实例界面的入口，包含了内嵌网页常见用法的大部分功能点，下节中我们将以此界面的控制器类 DemoWeb 为例，给大家介绍网页界面的开发。

7.11.2 使用 WebView

Android 应用框架中进行内嵌网页界面的开发需要使用 WebView 控件，该控件建立在强大的 Webkit 内核之上，可作为应用的内嵌浏览器使用。另外，该控件还具备了常用浏览器绝大部分的功能，包括前进、后台、缩小和放大等导航栏功能。WebView 类位于 android.webkit 包下，继承自绝对布局（AbsoluteLayout），也正因此，WebView 的属性和大部分的布局控件都差不多。我们可以在界面模板中嵌入该控件，比如在基本用法实例界面的模板 demo_web.xml 中，WebView 的用法如代码清单 7-95 所示。

小贴士： 我们可以通过 WebSettings 类中的 setBuiltInZoomControls(boolean) 方法来设置 WebView 组件的导航栏。

代码清单 7-95

```
<?xml version="1.0" encoding="utf-8"?>
<merge xmlns:android="http://schemas.android.com/apk/res/android">
<include layout="@layout/main_layout" />
<LinearLayout
    android:orientation="vertical"
    android:layout_width="fill_parent"
    android:layout_height="fill_parent">
    <include layout="@layout/main_top" />
    <WebView
      android:id="@+id/web_form"
      android:layout_height="fill_parent"
      android:layout_width="fill_parent"
      android:layout_weight="1" />
    <include layout="@layout/main_tab" />
</LinearLayout>
</merge>
```

从以上模板代码中可以看出，除了界面顶部和底部公用板块之外，一个 WebView 控件占据了界面中间的所有区域，其中内嵌的网页就包含了该界面的主要内容。最终显示效果如图 7-32 所示。

以上界面的逻辑代码位于 com.app.demos.demo 类包下的 DemoWeb.java 文件中，代码清单 7-96 中就是该界面控制器类的完整实现。

代码清单 7-96

```
package com.app.demos.demo;
...
```

```
public class DemoWeb extends BaseUiWeb {

    private WebView mWebView;

    @Override
    public void onStart() {
        super.onStart();

        // 初始化 WebView 控件对象
        setContentView(R.layout.demo_web);
        mWebView = (WebView) findViewById(R.id.web_form);
        mWebView.getSettings().setJavaScriptEnabled(true);
        mWebView.loadUrl(C.web.index);

        // 添加 Javascript 回调接口
        mWebView.addJavascriptInterface(new DemoJs(), "demo");

        // 设置并显示 WebView
        this.setWebView(mWebView);
        this.startWebView();
    }

    protected class DemoJs {
        public void testCallBack(String testParam) {
            Log.w("DemoJs", testParam);
        }
    }
}
```

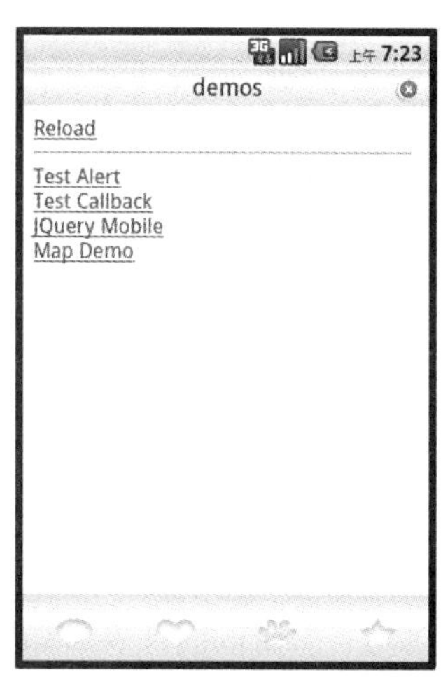

图 7-32　内嵌网页界面运行效果

我们可以看到，DemoWeb 类的逻辑实现比较简单，主要逻辑都在 onStart 方法中，先初始化 WebView 对象，然后进行一系列的功能配置，并使用 loadUrl 方法设置需要加载显示的网页地址，即 C.web.index 常量值，也就是网页版接口的站点入口地址，最后再调用 startWebView

方法即可。最重要的逻辑都在startWebView方法中，该方法的实现逻辑都在网页界面基类BaseUiWeb中（参考代码清单7-98），此类是所有内嵌网页界面的控制器基类，其中包含了许多知识点，我们将在7.11.3节和7.11.4节中做有针对性的分析。

7.11.3 使用ProgressDialog

通过之前内容的介绍，我们了解到在微博应用框架中，如何使用BaseUiWeb中的方法，在内嵌网页的界面控制器类中，快速地使用WebView控件加载并显示所需的网页界面。然而，网页界面的初始化方式和原生Android UI界面不同，由于网页内容需要从网络下载，界面加载的时间会比较长，因此我们为所有的网页界面准备了进度条对话框（ProgressDialog）来显示网页的加载进度，界面显示效果如图7-33所示。

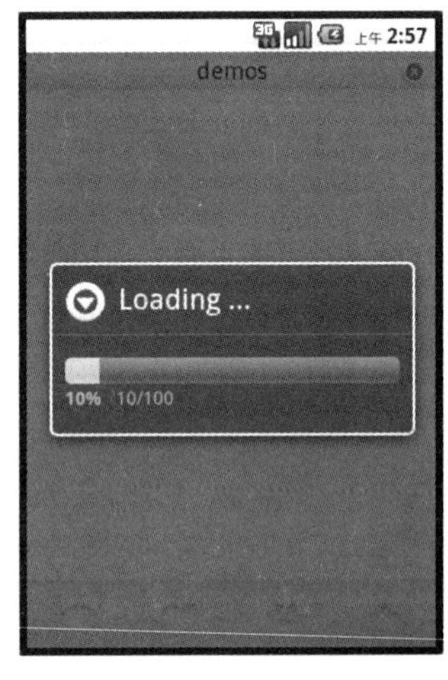

图7-33 进度条对话框运行效果

ProgressDialog进度条对话框控件属于Dialog对话框控件（参考7.5.3节）中的一种，该控件的用法比较简单，在构造方法中传入当前界面的上下文对象即可创建新的ProgressDialog对象，然后就可以使用该对象的set系列方法来设置该进度条对话框控件的标题信息和外观样式等，使用示例如代码清单7-97所示。

代码清单 7-97

```
...
ProgressDialog mProgressDialog;
mProgressDialog = new ProgressDialog(this);
mProgressDialog.setProgressStyle(ProgressDialog.STYLE_SPINNER); // 设置进度条样式
mProgressDialog.setTitle("进度条标题"); // 设置进度条标题
mProgressDialog.setMessage("进度条信息"); // 设置进度条信息
mProgressDialog.setCancelable(true); // 设置是否包含退回键
mProgressDialog.setButton("确定", new DialogInterface.OnClickListener(){
    @Override
    public void onClick(DialogInterface dialog, int which) {
        dialog.cancel();
    }
});
mProgressDialog.show();
...
```

另外，在Activity界面控制器类中使用ProgressDialog时，我们还可以使用onCreateDialog方法初始化进度条对话框控件，这里所有的内嵌网页界面都是使用这种方法来实现的，具体实现代码在内嵌网页界面的控制器基类BaseUiWeb中，有关逻辑如代码清单7-98所示。

代码清单 7-98

```
abstract public class BaseUiWeb extends BaseUi {

    private static final int MAX_PROGRESS = 100;
```

```
    private static final int DIALOG_PROGRESS = 1;

    private WebView webView;
    private int mProgress = 0;
    private ProgressDialog mProgressDialog;

    ...

    public void setWebView (WebView webView) {
        this.webView = webView;
    }

    public void startWebView() {

        ...

        // 设置 WebChromeClient 回调接口
        webView.setWebChromeClient(new WebChromeClient(){
            @Override
            public void onProgressChanged(WebView view, int progress){
                mProgress = progress;
                mProgressDialog.setProgress(mProgress);
                if (mProgress >= MAX_PROGRESS) {
                    mProgressDialog.dismiss();
                }
            }
            ...
        });
    }

    @Override
    public void onStart() {
        super.onStart();

        // 显示进度条对话框
        showDialog(DIALOG_PROGRESS);
        getWindow().requestFeature(Window.FEATURE_PROGRESS);
    }

    @Override
    protected Dialog onCreateDialog(int id){
        switch (id) {
            case DIALOG_PROGRESS:
                mProgressDialog = new ProgressDialog(this);
                mProgressDialog.setTitle("Loading ...");
                mProgressDialog.setProgressStyle(ProgressDialog.STYLE_HORIZONTAL);
                mProgressDialog.setMax(MAX_PROGRESS);
                return mProgressDialog;
        }
        return null;
    }
```

```
        @Override
        protected void onPause() {
            webView.stopLoading();
            super.onPause();
        }

        ...

    }
```

上述代码是ProgressDialog在内嵌网页界面控制器类中的使用逻辑。首先，每个界面都会有一个ID为DIALOG_PROGRESS的ProgressDialog控件。当界面开始运行的时候，在onStart方法中，程序会使用showDialog方法来调用onCreateDialog方法中与传入ID对应的ProgressDialog初始化逻辑，这里使用的是水平样式的进度条。然后在startWebView方法的WebView加载逻辑中加入该进度条对话框控件的控制。这里用到了WebView控件的WebChromeClient回调接口中的onProgressChanged方法来控制进度条的显示，当进度值大于MAX_PROGRESS时就隐藏ProgressDialog控件。

除了WebChromeClient之外，Android应用框架还为我们提供了WebViewClient，这两个回调接口通常被我们用来深度定制个性化的WebView控件。当然，两个回调接口之间还是有一定区别的，WebViewClient主要帮助WebView处理网页加载过程的逻辑，比如网页加载开始、加载结束以及加载出错等过程，该类的主要接口方法如表7-11所示。

表7-11 WebViewClient主要回调方法

回调方法	方法使用
onLoadResource(WebView view, String url)	网页资源加载时的回调方法
onPageFinished(WebView view, String url)	网页加载结束时的回调方法
onPageStarted(WebView view, String url, Bitmap favicon)	网页加载开始时的回调方法
onReceivedError(WebView view, int errorCode, String description, String failingUrl)	网页加载出错时的回调方法，包括错误码、错误信息和出错页面的URL地址
shouldOverrideKeyEvent(WebView view, KeyEvent event)	网页界面键盘响应的重写方法
shouldOverrideUrlLoading(WebView view, String url)	网页URL地址修改的回调方法

与WebViewClient不同，WebChromeClient则主要用于帮助WebView处理与浏览器功能有关的逻辑，比如创建和关闭WebView窗口、获取网页加载进度以及重写部分浏览器模块（如JavaScript模块）等，该类的主要接口方法如表7-12所示。

表7-12 WebChromeClient主要回调方法

回调方法	方法使用
onCloseWindow(WebView window)	关闭WebView窗口时的回调方法
onCreateWindow(WebView view, boolean dialog, boolean userGesture, Message resultMsg)	创建WebView窗口时的回调方法
onJsAlert(WebView view, String url, String message, JsResult result)	用于重写浏览器JavaScript的alert对话框控件

（续）

回调方法	方法使用
onJsConfirm(WebView view, String url, String message, JsResult result)	用于重写浏览器 JavaScript 的 confirm 对话框控件
onProgressChanged(WebView view, int newProgress)	获取网页加载进度的回调方法
onReceivedTitle(WebView view, String title)	通知主应用网页 Title 已加载
onRequestFocus(WebView view)	显示并聚焦当前 WebView

当然，WebViewClient 和 WebChromeClient 回调接口是可以同时使用的，在 BaseUiWeb 类的 startWebView 方法中，我们就同时使用以上两个回调接口来设定所需的 WebView 控件，此方法可在 BaseUiWeb 的子类中直接使用。

7.11.4　使用 WebView 的重写和回调

“重写”和“回调”的用法是对 WebView 内嵌浏览器控件深度定制的方法，如果我们需要使用 Web 页面来实现应用的界面，就不得不用到这两个方法。重写指的是对内嵌浏览器原生控件的定制，比如 alert 弹出框；而回调指的是系统利用 JavaScript 脚本与本地 Java 方法逻辑进行相互调用。实际上，DemoWeb 网页界面中已经包含了 WebView 内嵌浏览器控件的实例，本节将详细介绍这两个重点功能。

为了便于大家理解重写和回调两大功能的用法，我们先来观察 DemoWeb 内嵌网页的 HTML 代码，也就是服务端项目 www/website/ 目录下的 index.php 文件，如代码清单 7-99 所示。此界面的显示效果如图 7-32 所示。

代码清单　7-99

```
<a href="javascript:location.reload();">Reload</a><br/>
<hr/>
<a href="javascript:alert('Test Alert');">Test Alert</a><br/>
<a href="javascript:demo.testCallBack('Test Callback');">Test Callback</a><br/>
<a href="./demos/index.html">JQuery Mobile</a><br/>
<a href="./gomap.php">Map Demo</a>
```

网页 HTML 代码的逻辑很简单，我们把页面中的 5 个链接从上到下简介如下：

- Reload：用于刷新网页。
- Test Alert：用于测试 alert 弹出窗口。
- Test Callback：用于测试 JavaScript 回调 Java 方法。
- jQuery Mobile：跳转到 jQuery Mobile 网页版 UI 界面，详情请见 6.8.1 节。
- Map Demo：跳转到网页地图实例界面。

本节中，我们会重点关注“Test Alert”和“Test Callback”的用法，因为这两个链接分别是“重写”和“回调”用法的实例。当我们点击“Test Alert”链接时，程序会调用 JavaScript 的 alert 方法来弹出窗口，并打印提示文字“Test Alert”，显示效果如图 7-34 所示。

当然，这里的 alert 对话框已经定制过了，我们可以看到对话框的标题已经是定制之后的提示文字“Notification”，关于定制的逻辑我们在内嵌网页界面的控制器基类 BaseUiWeb 中的 startWebView 方法中已经实现了，请参考代码清单 7-100。

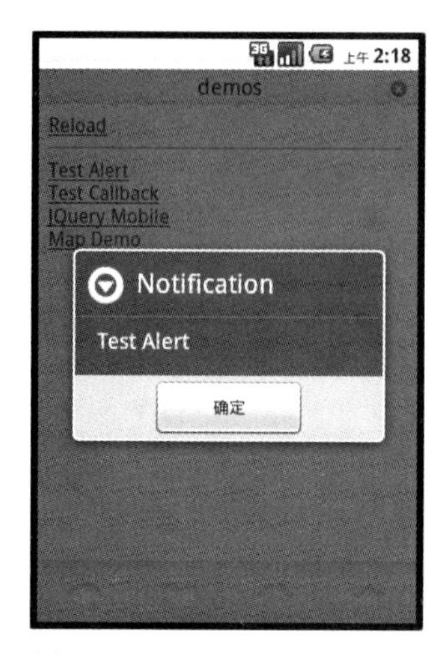

图 7-34　Test Alert 点击效果

代码清单　7-100

```
abstract public class BaseUiWeb extends BaseUi {

    ...

    public void startWebView() {
        ...
        webView.setWebChromeClient(new WebChromeClient(){
            ...
            @Override
            public boolean onJsAlert(WebView view, String url, String message,
             final JsResult result) {
                // 自定义 alert 弹出框
                new AlertDialog.Builder(BaseUiWeb.this)
                    .setTitle("Notification")
                    .setMessage(message)
                    .setPositiveButton(android.R.string.ok, new AlertDialog.
                    OnClickListener() {
                        @Override
                        public void onClick(DialogInterface dialog, int which) {
                            result.confirm();
                        }
                    })
                    .setCancelable(false)
                    .create().show();
                return true;
            }
        });
    }

    ...

}
```

前面说过 WebChromeClient 接口类提供了一系列的回调方法（如表 7-12 所示）来定制 WebView 控件，startWebView 方法中就使用了 onJsAlert 方法来“重写”了系统的 alert 弹出框，根据这里的逻辑，当用户在该 WebView 触发 alert 弹出框时，程序将会弹出一个 AlertDialog 对话框，效果如图 7-34 所示。

接下来，我们在 DemoWeb 界面里点击“Test Callback”链接，这个动作将会通过 javascript 方法 demo.testCallBack 方法来“回调”本地 Java 方法中的逻辑。此时我们可以在 LogCat 日志窗口中看到本地 Java 方法 testCallBack 中打印出的信息。如图 7-35 所示。

图 7-35　Test Callback 点击效果

Android 应用中的回调功能是通过 WebView 类中的 addJavascriptInterface 方法来实现的。实际上，在之前介绍的 DemoWeb 界面控制器类中已经包含了回调功能的实现逻辑，参考代码清单 7-96。其中的 DemoJs 类就是我们自定义的回调接口类，而其中也包含了 testCallBack 方法的逻辑，即在日志窗口中打印“Test Callback”提示信息。

7.11.5　网页地图实例分析

内嵌网页界面在实际项目中的运用还是非常广泛的，特别适用于那些界面效果要求不高但是却可能更改频繁的界面，比如说使用说明、消息公告等。从理论上讲，所有在 Web 界面上可以实现的功能都可以通过 WebView 内嵌浏览器加入到 Android 应用中来，当然也包括丰富多彩的互联网应用。随着移动互联网越来越发达，相信这种使用内嵌网页引入互联网应用的方式会被越来越多地使用到。本节将通过与 Google 地图的网页版 API 的结合来作为这种用法的实例。网页地图实例的界面控制器 DemoMap 和 DemoWeb 在同一个类包下，实现逻辑请参考代码清单 7-101。

代码清单　7-101

```
package com.app.demos.demo;

import android.webkit.WebView;
import android.webkit.WebViewClient;

import com.app.demos.R;
import com.app.demos.base.BaseUiWeb;
import com.app.demos.base.C;

public class DemoMap extends BaseUiWeb {

    private WebView mWebViewMap;

    @Override
    public void onStart() {
```

```
            super.onStart();

            setContentView(R.layout.demo_map);

            mWebViewMap = (WebView) findViewById(R.id.web_map);
            mWebViewMap.getSettings().setJavaScriptEnabled(true);
            mWebViewMap.setWebViewClient(new WebViewClient(){
               @Override
               public void onPageFinished(WebView view, String url){
                     // 页面加载结束后调用 javascript 方法设置地图的中心位置
                     mWebViewMap.loadUrl("javascript:centerAt(39.907325,116.391455);");
               }
            });
            mWebViewMap.loadUrl(C.web.gomap);

            this.setWebView(mWebViewMap);
            this.startWebView();
        }
    }
```

DemoMap 同样继承自 BaseUiWeb 基类，实现逻辑和 DemoWeb 差不多。不同之处主要有两点：其一，加载的网页地址不同，这里加载的是网页版地图 API 接口的地址，即 C.web.gomap 的值，也就是 http://127.0.0.1:8002/gomap.php，相关内容可参考 6.8.2 节；其二，使用了 WebViewClient 回调接口，并在 onPageFinished 方法中加入了 centerAt 方法的回调逻辑，用于设置地图的中心位置。从对网页版地图 API 接口的介绍中可以看出，地图默认是以陆家嘴为中心的，如图 6-6 所示；但是，这里我们通过本地 Java 方法中的逻辑把中心点设置到了北京天安门，显示效果如图 7-36 所示。

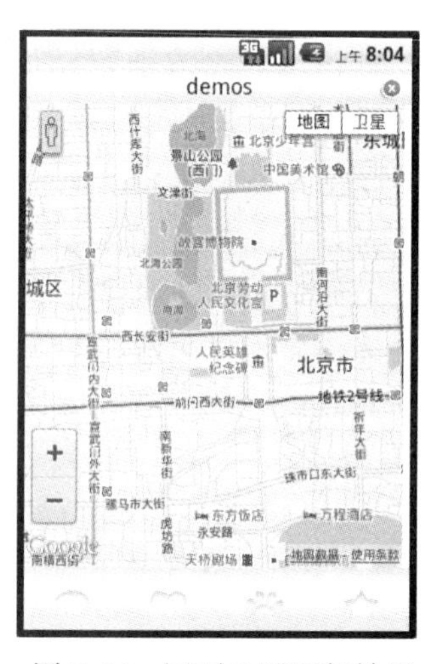

图 7-36　网页地图运行效果

当然，地图应用只是众多互联网应用中的一员；通过 WebView 控件，我们可以把丰富多彩的互联网世界集成到 Android 应用中来，同时还能比较好地解决跨平台的问题，是非常好的一种开发思路。但是，需要注意的是，这种方式必须在设备联网的情况下才能生效，另外还有可能遇到网络流量过大的问题，因此我们需要根据具体的情况选择最合适的方式。在实际项目中，我们经常会采用 Android UI 和内嵌网页相结合的方式来开发 Android 应用。

7.12 小结

本章是本书的核心章节，内容涵盖了 Android 应用开发的主要知识点，从程序设计到界面开发，从基本用法到进阶运用等。从中我们不仅可以获得 Android 应用开发实战的宝贵经验，还可以学到实际项目中程序框架的设计思路。在介绍微博应用客户端代码实现的同时，还按照知识点分类的思路，介绍了开发过程中可能涉及的方方面面，让理论与实践深度结合，以达到最好的学习效果。

至此我们已经把微博应用服务端和客户端的所有功能全部开发完了，大家可以把完成的微博客户端安装到手机上，好好自我欣赏和陶醉一下。与此同时，当然也不要忘了闭上眼睛，回顾和体会本章的知识，把 Android 应用开发之中的理论和实践融会贯通。也许你的思路豁然开朗，甚至迸发出新的创意，然后又动手进行二次开发。如果能做到这一步，那么恭喜，你已经正式加入到 Android 开发者阵营中来了。

另外，本章的知识点较多、内容涉及面较广，实例代码也比较接近于实际项目，学习难度比较大，甚至可能会有部分读者觉得其中某些内容深奥难懂。因此，我建议大家最好能对照微博实例项目的源代码进行学习。当然，在学习的同时，最好还能动手尝试对某些代码进行二次开发和调试，这样可以进一步加深我们对 Android 应用开发的认识。

第三篇
优　化　篇

通过前两篇内容的介绍，我们已经把微博应用实例的功能逻辑全部开发完毕。但这是否意味着微博项目开发进程就到此为止了呢？事实上却恰恰相反，我们之前所做的，都只是“微博1.0”的开发，毫无疑问，后面还会有很多的地方需要我们来完善，也会有更多的版本等待着我们来发布。

在实际项目中，开发完成之后至少还需要通过“功能测试”和“压力测试”两个步骤，才可能具备可以上线的条件。而在这个过程中，我们还有很多的修改和优化工作要做，功能方面的问题我们就不在这里讨论了，本篇要给大家介绍的就是对于开发人员来说最需要引起注意的性能优化问题。

第 8 章　性能分析

“应用性能”一直是评估应用软件质量的重要标准之一，特别对于技术团队来说，应该说应用产品的性能是否出色，是考验一个技术团队是否优秀的最重要标准之一。当然，一般来说在项目团队中都会有专门的人员负责应用性能分析的事情，但是这并不意味着其他的开发人员就不需要了解应用性能优化的知识，根据作者多年的经验来看，很多的性能问题都是源自开发过程中所发生的一些“小问题”；因此，团队中的每个开发人员都要学习和了解“性能优化”部分的知识，并且在平时开发的过程中重视起来，防微杜渐，这才是高品质应用产品的开发之道。

8.1　关于性能测试

性能测试是一个较大的范畴，包括负载测试、压力测试和容量测试，而压力测试是其中重点所在。压力测试的目的是通过模拟的手段来对目标产品进行测试，从而得出一些量化的数据，我们将通过这些数据来对产品的性能进行评估，进而制订下一步优化的目标和策略。当然，对于服务端和客户端来说，性能测试的具体方法一定是不同的，但是大体思路还是非常类似的，而这也是本章我们需要学习和掌握的要点。

8.1.1 服务端压力测试

随着互联网应用的发展，应用服务端的结构越来越复杂，需要支撑的访问量也越来越庞大，因此服务端的性能问题也会越来越凸显。特别对于现在的互联网应用来说，越来越多的数据被存储到“云端”，实际上这都是对应用服务端性能的考验。回到我们的微博应用来看，服务端的接口都是建立在 HTTP 协议上的，而我们需要测试的目标接口就是第 6 章中所介绍到的那些 API 接口。

在实际应用中，服务端 API 接口可能会非常多，所以我们需要从中挑选出一些可能造成性能瓶颈的接口来进行测试。考虑到篇幅的因素，本节中我们只会挑选一个接口作为压力测试的案例，而这个接口就是用户登录接口（详见 6.2.1 节），该接口对应的 URL 地址是 /index/login。我们做这个选择的原因有两个：其一是登录接口是微博应用的总入口，访问的频率是非常高的；另外，登录动作对于用户体验来说是非常重要的，实际上登录接口是绝大部分网络应用的“必测接口”之一。

可用于服务端压力测试的工具非常多，包括 LoadRunner、http_load、JMeter、Apache ab 等。其中比较适合在开发中使用的两种工具是 Apache ab 和 JMeter，下面我们便来学习如何在微博实例中运用这两种工具对登录接口进行压力测试和结果分析。

1. 使用 Apache ab

Apache ab 是 Apache 服务器自带的压力测试工具，其特点是功能简单，实用性强，只要我们安装了 Apache 服务器，就可以在它主目录之下的 bin/ 目录里找到这个命令行工具，当然 Xampp 环境里也包含了这个工具，我们一般会把 Xampp 目录下的 apache/bin/ 目录加入系统的环境变量（Path）中，这样打开命令行终端就可以直接输入 ab 命令来操作了，默认不带参数就是打印帮助信息，运行效果如图 8-1 所示。

```
C:\WINDOWS\system32\cmd.exe
D:\>ab
ab: wrong number of arguments
Usage: ab [options] [http://]hostname[:port]/path
Options are:
    -n requests     Number of requests to perform
    -c concurrency  Number of multiple requests to make
    -t timelimit    Seconds to max. wait for responses
    -b windowsize   Size of TCP send/receive buffer, in bytes
    -p postfile     File containing data to POST. Remember also to set -T
    -u putfile      File containing data to PUT. Remember also to set -T
    -T content-type Content-type header for POSTing, eg.
                    'application/x-www-form-urlencoded'
                    Default is 'text/plain'
    -v verbosity    How much troubleshooting info to print
    -w              Print out results in HTML tables
    -i              Use HEAD instead of GET
    -x attributes   String to insert as table attributes
    -y attributes   String to insert as tr attributes
    -z attributes   String to insert as td or th attributes
    -C attribute    Add cookie, eg. 'Apache=1234. (repeatable)
    -H attribute    Add Arbitrary header line, eg. 'Accept-Encoding: gzip'
                    Inserted after all normal header lines. (repeatable)
    -A attribute    Add Basic WWW Authentication, the attributes
                    are a colon separated username and password.
    -P attribute    Add Basic Proxy Authentication, the attributes
                    are a colon separated username and password.
    -X proxy:port   Proxyserver and port number to use
    -V              Print version number and exit
    -k              Use HTTP KeepAlive feature
    -d              Do not show percentiles served table.
    -S              Do not show confidence estimators and warnings.
    -g filename     Output collected data to gnuplot format file.
    -e filename     Output CSV file with percentages served
    -r              Don't exit on socket receive errors.
    -h              Display usage information (this message)

D:\>
```

图 8-1 ab 命令运行效果

ab 命令中比较重要的几个参数有：总请求数（-n），并发请求数（-c），POST 请求文件（-p），POST 请求头（-T）以及 KeepAlive 开关等。我们通常会使用 10 个并发完成 100 个请求的方式来粗略计算普通接口的性能，命令行如“ab -n 100 -c 10 http://hostname/path”。

考虑到微博应用的登录流程，我们需要对登录接口做两方面的测试。首先，是对不含参数的 URL，即 http://localhost:8001/index/login 来测试，这种情况实际上是用户首次请求的情况。因为在正常逻辑下，客户端首次请求后就能获得当前会话的会话 ID（也称为 Session ID），而后的每次访问都会使用当前的会话（Session），直至会话失效。由于 ab 工具并不是客户端，没有办法保存 Session ID，所以这种情况下，每次访问系统都会产生新的 Session 会话，这正好可以用于测试 Session 会话系统的性能，测试结果如图 8-2 所示。

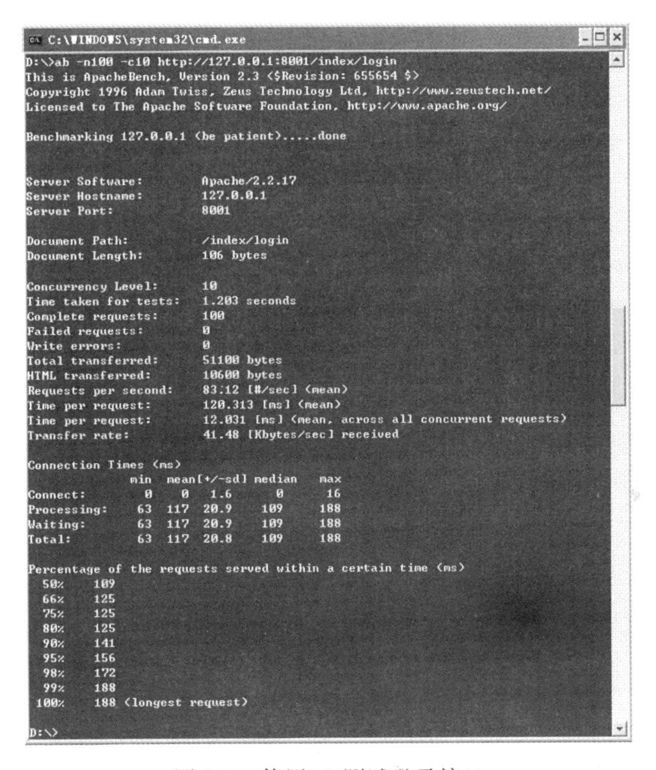

图 8-2 使用 ab 测试登录接口

一般来说，压力测试需要运行一定的时间，等待测试完成之后，就可以看到压力测试的结果。参照之前的压力测试结果，我们来简单介绍一下 ab 测试结果中需要我们重点关注的数据。

- Total transferred：整个场景中的网络传输量，单位字节。
- Requests per second：每秒处理请求数，即每秒事务数（简称 TPS）。该数据可以很大程度上体现该接口的性能，一般来说 100~200 是比较理想的情况。
- Time per request：每个请求花费的时间，即平均事务响应时间。此数值在结果中有两行，而我们通常更关注后一行的数值，也就是计算所有并发请求后的平均响应时间。
- Transfer rate：平均每秒网络上的流量，此数据可帮助排除是否存在网络流量过大导致响应时间延长的问题。

接下来，我们来测试在用户正常登录的情况下登录接口的性能。在这种情况下，我们把 Session ID 传给服务器，此时系统就不会重复创建 Session 会话；另外，我们要使用 POST 方法来请求数据，因此需要把 POST 的数据保存在一个文件（比如 D 盘下的 post.txt）中，内容如下 "name=james&pass=james"，然后输入对应的 ab 命令来完成测试，具体的命令行以及测试结果如图 8-3 所示。

小贴士： 我们可以通过调试后台来获取 Session ID，登录之后随便打开某个接口测试界面，即可在 action 栏中找到 Session ID 的值，如登录接口中 action 的对应字符串是：/index/login?sid=xxx&，sid 参数的内容就是 Session ID。

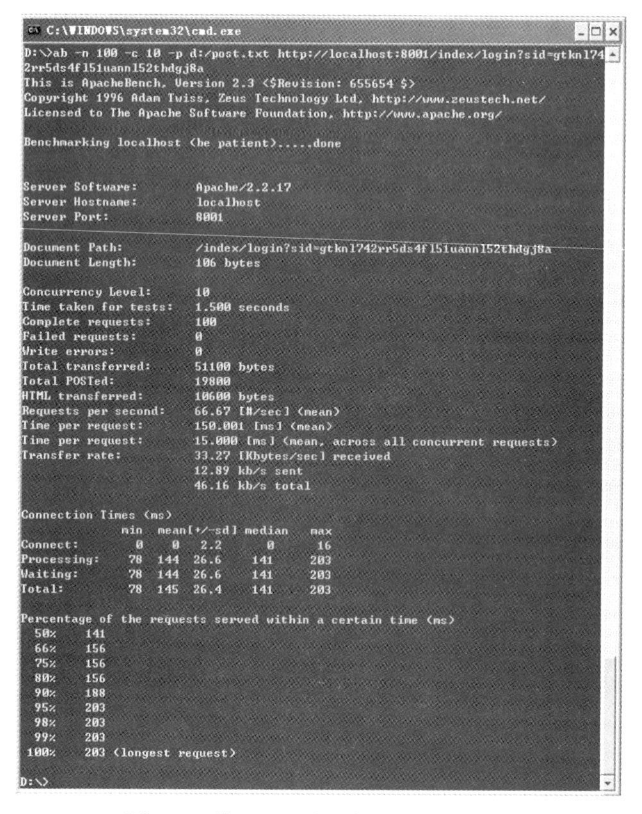

图 8-3 使用 ab 测试成功登录的情况

通过对测试结果的分析，我们得出结论：在正常登录的情况下，每秒事务数略低、平均事务响应时间略高，这表明这种情况下的系统性能略低于首次访问的情况。原因很简单，这是因为正常登录的逻辑要比首次访问复杂得多。一般来说，系统的性能和逻辑的复杂度成反比，这点我们必须注意，特别在做功能设计时，我们要注意在功能和性能问题上进行取舍。

2. 使用 JMeter

JMeter 实际上也属于 Apache Group，是一个基于 Java 的压力测试工具，大家可以从它的官方网站（http://jmeter.apache.org/）上获取最新版本的 JMeter 工具。JMeter 提供比 Apache ab 更加丰富的压力测试工具，以及多机联合测试等更高级的功能。接下来我们将通过 JMeter 来测试登录接口中首次访问和正常登录两种情况。

我们使用的是 JMeter 2.4 版本，下载解压之后，进入主目录下的可执行文件目录 bin/ 中，双击 jmeter.bat（Linux 系统下则是 jmeter.sh）文件，即可打开 JMeter 主界面；接着，我们需要根据具体的测试需求来配置对应的测试计划。

首先，右键单击“测试计划”，在弹出的快捷菜单中的“添加”菜单中选择“Threads（Users）”子菜单中的“线程组”，添加一个线程组，我们知道压力测试的请求都是并发的，线程组就是用来控制并发数的，这里配置线程数为 10，循环次数为 10，即总共 100 次请求，和之前的 ab 测试一样，效果如图 8-4 所示。

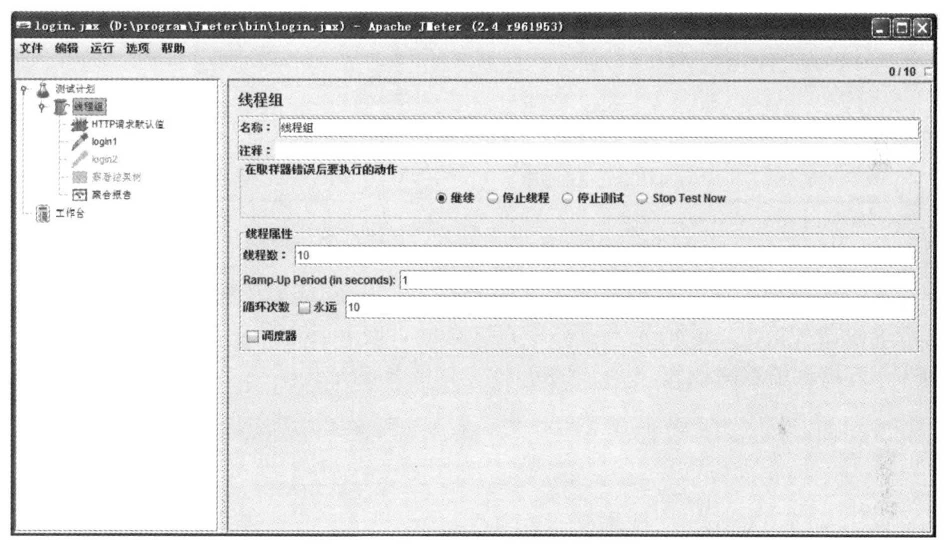

图 8-4　在 JMeter 中配置线程组

然后，右键单击线程组，从“添加”菜单的子菜单中找到并选中“HTTP 请求默认值”、“HTTP 请求”、“察看结果树”和“聚合报告”等配置项，这些配置项是 JMeter 中最常用到的测试组件，下面我们将依次介绍它们的用法。

- **HTTP 请求默认值**：位于“配置元件”菜单中，用于设置 HTTP 请求的通用参数，比如服务器 IP 和端口号、HTTP 请求头以及代理服务器设置等。
- **HTTP 请求**：位于“Sampler”菜单中，用于设置具体的 HTTP 请求的参数，比如请求路径、请求参数、请求附带的文件等。
- **察看结果树**：位于“监听器”菜单中，用于查看 HTTP 请求的具体返回，一般来说我们在压力测试之前会通过该工具来确认一下请求的返回值是否正确，如果返回值和我们预期不一样就需要重新检查压力测试的配置项是否有误。
- **聚合报告**：位于“监听器”菜单中，用于查看压力测试的综合结果，包含每秒事务数、平均事务响应时间、吞吐量等重要参数。

回到微博应用的压力测试案例，由于我们的 API 接口都存在于 127.0.0.1 域名的 8001 端口之下，所以我们在 HTTP 请求默认值中也做了相应的设置，如图 8-5 所示。

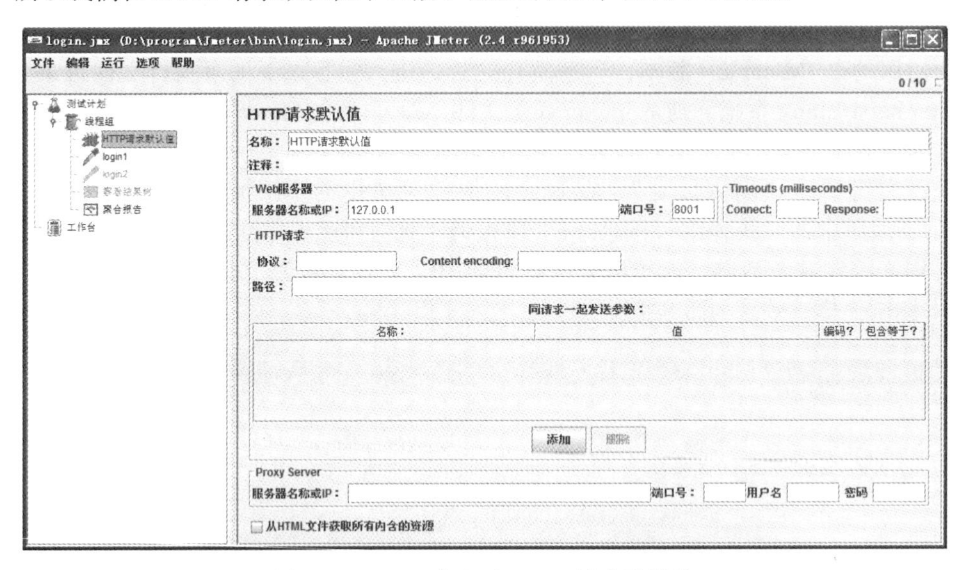

图 8-5 JMeter 中配置 HTTP 请求默认值

此外，我们还添加了两个 HTTP 请求"login1"与"login2"，分别对应于登录接口的首次访问和正常登录两种情况。我们先来看一下首次访问，即 login1 中的配置详情，请求方法为默认的"GET"方法，请求路径为"/index/login"，如图 8-6 所示。

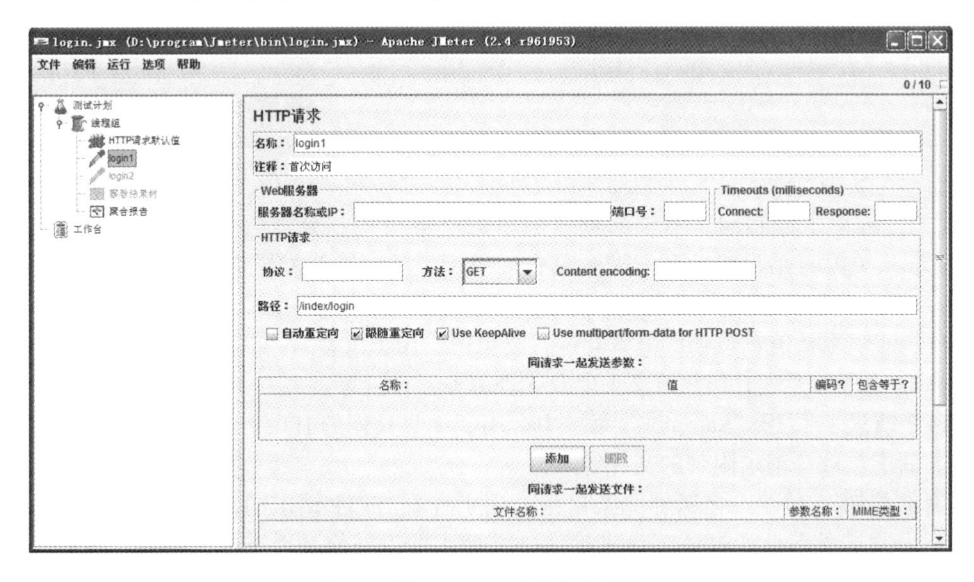

图 8-6 使用 JMeter 测试登录接口

接下来我们通过"添加"菜单来添加察看结果树和聚合报告两个测试组件，然后通过察看结果树组件验证 HTTP 请求的返回是否正确。验证通过之后，我们先屏蔽不需要使用的配置，即依次右键单击 login2 和察看结果树，选择“禁用”选项，当看到配置项变成灰色时（如图 8-6 所示）则表示禁用成功。然后，就可以单击顶部“运行”菜单下的“启动”选项来启动压力测试，压力测试的结果如图 8-7 所示。

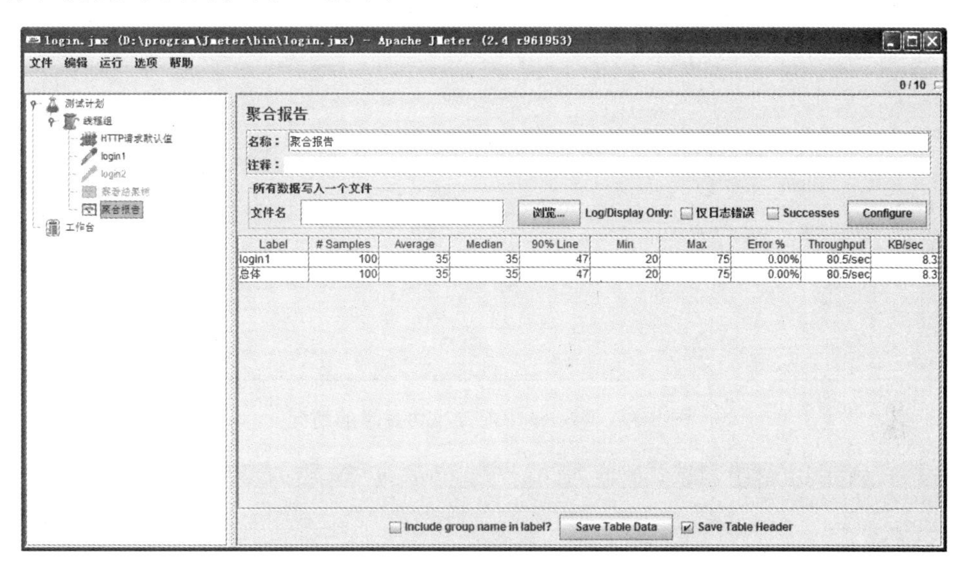

图 8-7 JMeter 中登录接口的测试结果

如果把 JMeter 聚合报告里面的数据项和 ab 工具测试结果做一下比较，我们会发现两者之间的区别非常小，下面我们来列举 JMeter 测试结果中重要数值的说明。

- #Samples：测试完成总事务数。
- Average：平均请求响应时间。
- Median：统计意义上的响应时间平均值。
- 90% Line：除特殊情况之外的最大响应时间。
- Min：最短响应时间（单位 ms）。
- Max：最长响应时间（单位 ms）。
- Error %：出错率，若出现则表示网络环境有问题。
- Throughput：吞吐量（TPS），和 ab 中的每秒处理请求数类似。
- KB/sec：流量（KBs），衡量服务器性能的重要指标。

另外，从图 8-7 所示的压力测试结果中可以看出，在登录接口首次访问时，JMeter 的测试结果和 ab 工具的测试结果是非常类似的，这种情况表明，上述测试结果的准确度是比较高的。

接下来，我们再来看看另外一种情况，也就是正常登录情况下的配置。此配置名为 login2，具体配置信息如图 8-8 所示，请求方法为 POST，请求路径（包含 Session ID）为 /index/login?sid=auouaqu6me46u3giedtbkbddk30o8gpe，另外发送的参数 name 和 pass 的值均为 james，发送验证成功之后，禁用 login1 和察看结果树，即可开始压力测试，最终结果如图 8-9 所示。

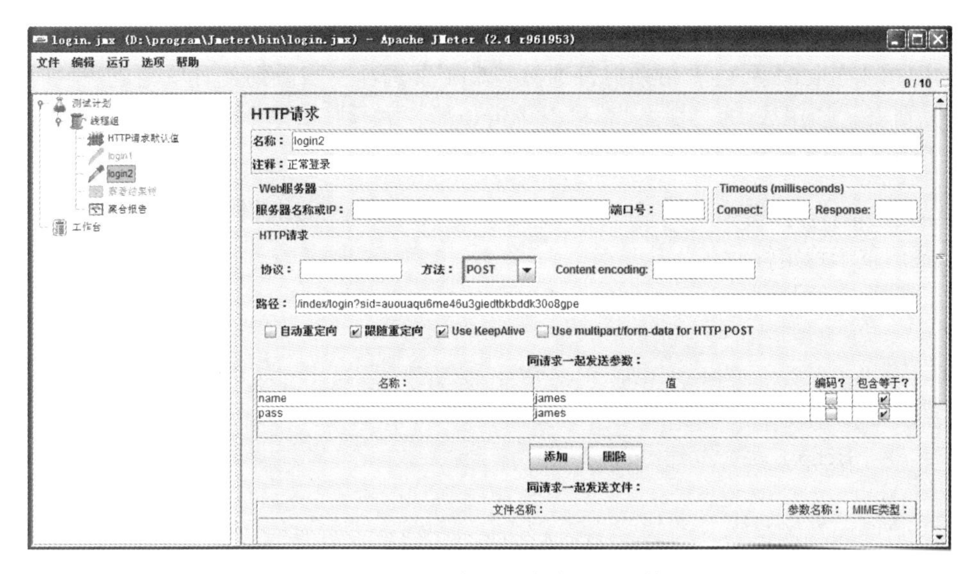

图 8-8　JMeter 中配置成功登录的情况

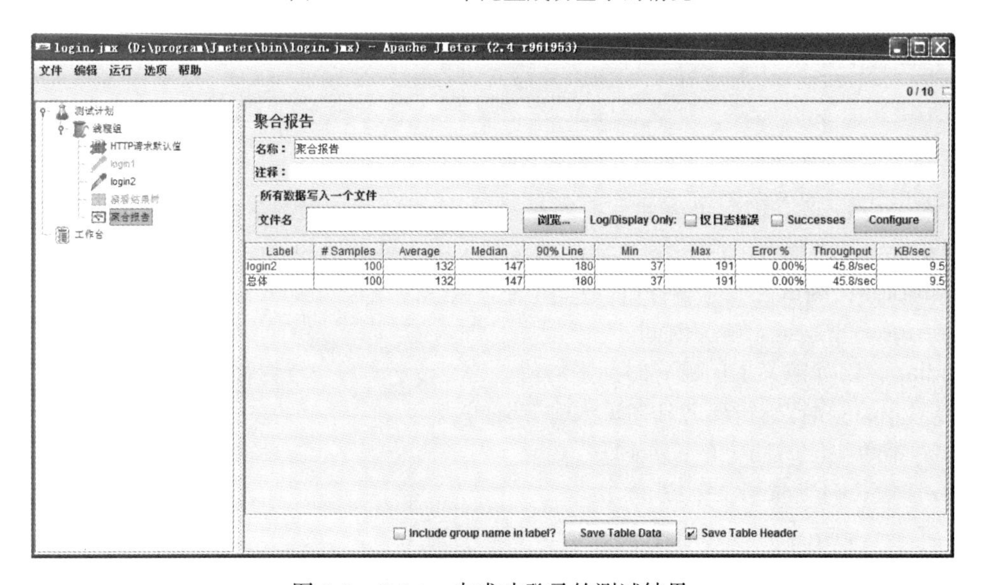

图 8-9　JMeter 中成功登录的测试结果

从正常登录情况的压力测试结果看来，其性能比之前首次登录时略差，这点和之前 ab 工具的测试结果一致，不过具体的吞吐量数值有些差距，这和进行压力测试时的运行环境有一些关系，其实每个压力测试工具的结果都可能存在偏差，对于我们来说主要目的是要通过测试结果的数据找出程序逻辑中的问题。

最后，我们还需要注意进行服务端性能测试的几个注意事项：首先，性能测试最好在本地进行，至少也要保证服务器和测试机都在内网中，这样才能排除网络的干扰因素，更准确地测试出系统本身的问题；其次，必须根据服务端应用的实际情况选用合适的输入参数，最好是能预估出与目标性能相符的测试，让测试的结果更有针对性。

8.1.2　客户端性能测试

客户端与服务端在移动应用架构中的分工不同，因此性能测试的标准也必然大相径庭。对于服务端来说，我们比较关心服务端的承载量，因此在服务端的性能测试中更需要关注压力测试的结果；而对于客户端来说，我们更关心客户端运行的稳定和流畅度，因此在客户端的性能测试中，更侧重于稳定性测试和内存测试，当然对于网络应用来说还有流量测试。

首先，在稳定性测试中，我们可以停止设备的待机或者屏保，让应用尽可能长时间地运行，并观测应用在运行过程中的出错率，性能劣化趋势等。进行稳定性测试时需要注意三点：一是运行时间要尽可能长，二是运行时保持多线程的运行状态，三是使用尽可能多的机型或者操作系统来进行测试。稳定性测试还需要用到一些调试工具，比如 7.1.3 节所介绍的 DDMS 工具中的内存查看器（Heap）就可以随时获取即时的设备内存详情，以便在稳定性出现问题时及时地发现原因所在。

其次，对于内存测试来说，我们也可以使用更直接的方式来进行，也就是将测试代码嵌入应用程序中进行输出观察。如代码清单 8-1 所示，我们在微博应用客户端的基类 BaseUi 中嵌入了 debugMemory 方法来打印应用程序运行时内存的占用情况。此外，该方法还使用了工具类 AppUtil 中的 getUsedMemory 方法来获取准确的内存占用。

代码清单　8-1

```
public class BaseUi extends Activity {
...
    @Override
    public void onCreate(Bundle savedInstanceState) {
        super.onCreate(savedInstanceState);
        // 打印当前使用内存
        debugMemory("onCreate");
        ...
    }

    @Override
    protected void onResume() {
        super.onResume();
        debugMemory("onResume");
    }

    @Override
    protected void onPause() {
        super.onPause();
        debugMemory("onPause");
    }

    @Override
    public void onStart() {
        super.onStart();
```

```
        debugMemory("onStart");
    }

    @Override
    public void onStop() {
        super.onStop();
        debugMemory("onStop");
    }

    public void debugMemory (String tag) {
        if (this.showDebugMsg) {
            Log.w(this.getClass().getSimpleName(), tag+":"+AppUtil.getUsedMemory());
        }
    }
...
}
```

从以上代码中可以看到，我们在界面控制器基类中的几个与 Activity 生命周期有关的方法中都嵌入了内存查看方法 debugMemory，这样理论上应用所有的界面运行时我们都可以很方便地观察到最即时、最准确的内存使用状况。比如，在从登录界面进入微博列表的过程中，我们可以观察 LogCat 日志信息，如图 8-10 所示。

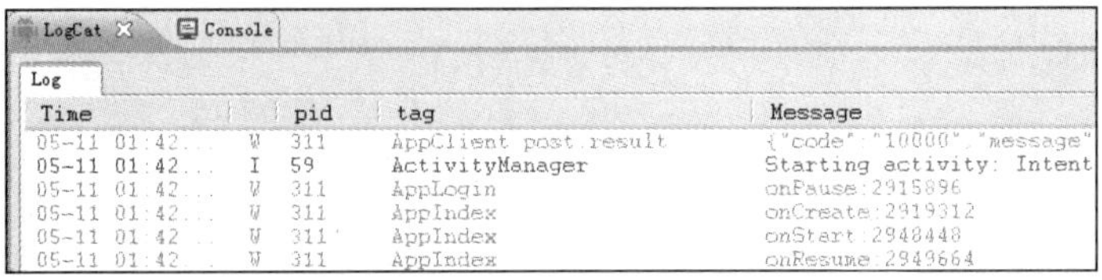

LogCat Console

Log

Time		pid	tag	Message
05-11 01:42...	W	311	AppClient post result	{"code":"10000","message"
05-11 01:42...	I	59	ActivityManager	Starting activity: Intent
05-11 01:42...	W	311	AppLogin	onPause:2915896
05-11 01:42...	W	311	AppIndex	onCreate:2919312
05-11 01:42...	W	311	AppIndex	onStart:2948448
05-11 01:42...	W	311	AppIndex	onResume:2949664

图 8-10 使用 LogCat 观察内存使用

从以上日志界面截图中，我们可以清楚地观察到界面切换时 Activity 各生命周期方法的调用情况，以及内存使用的变化详情。首先，当登录成功以后，登录界面的 Activity 对象 AppLogin 被销毁，同时调用了该对象的 onPause 方法；然后，微博列表界面的 Activity 对象 AppIndex 被创建，依次调用了该对象的 onCreate、onStart 和 onResume 方法；此外，日志中打印出的方法名的右侧数字代表的就是当时的内存使用数（单位比特）。

但是，如果要测试与界面无关的逻辑时，使用在 Activity 里嵌入调试逻辑的方式就不大方便了。此时，我们需要用到 AOP 面向切面编程的思路，使用 Java 映射类包中的拦截器接口 InvocationHandler 来实现测试目标的动态代理类，进而帮助我们测试目标代码。在微博实例源码的测试包 com.app.demos.test 中我们可以找到可用于代码测试的代理类的实例，即 TestProxy.java，如代码清单 8-2 所示。

小贴士： AOP（Aspect Oriented Programming，面向切面编程）是 Spring 框架的核心编程思想之一，其目的是把某些具有切面特征的功能（如日志记录、性能分析、安全控制、异常处理等）从业务逻辑中剥离出来。这里我们正好利用该思想来完成与程序性能测试有关的功能。

代码清单 8-2

```
package com.app.demos.test;

import java.lang.reflect.InvocationHandler;
import java.lang.reflect.Method;
import java.lang.reflect.Proxy;

import com.app.demos.util.AppUtil;

public class TestProxy implements InvocationHandler {

    Object testObj;

    public TestProxy (Object obj) {
        testObj = obj;
    }

    public static Object init (Object obj) {
        return Proxy.newProxyInstance(
            obj.getClass().getClassLoader(),
            obj.getClass().getInterfaces(),
            new TestProxy(obj));
    }

    @Override
    public Object invoke(Object proxy, Method method, Object[] args)
            throws Throwable {
        Object methodResult;
        try {
            System.out.println("method name : " + method.getName());
            long startTime = AppUtil.getTimeMillis();
            methodResult = method.invoke(testObj, args);
            long endTime = AppUtil.getTimeMillis();
            System.out.println("method time : " + (endTime - startTime) + "ms");
        } catch (Exception e) {
            throw new RuntimeException("TestHandler Exception : " + e.getMessage());
        }
        return methodResult;
    }
}
```

TestProxy 类实现了 InvocationHandler 接口的 invoke 方法，该方法用于拦截代理对象的方法调用。init 方法用于创建并返回 TestProxy 的代理对象，而在 invoke 方法中对代理对象方法调用的时候进行了拦截，记录了方法执行的前后时间，并打印出执行的方法名和执行时间。

例如，需要测试对比 Java 数组和 ArrayList 列表的效率，我们就可以使用以下方法来测试。首先，准备测试接口类 TestDemo，如代码清单 8-3 所示。

代码清单 8-3

```
package com.app.demos.test;

public interface TestDemo {
```

```
    public void testArray();

    public void testArrayList();
}
```

TestDemo 接口定义了两个接口方法，即 testArray 和 testArrayList，用于测试 Java 数组和 ArrayList 列表的逻辑实现。接下来的步骤就是实现该接口，我们已经在 TestDemoImpl 类中实现了 TestDemo 接口中的两个方法，如代码清单 8-4 所示。

代码清单 8-4

```
package com.app.demos.test;

import java.util.ArrayList;
import java.util.List;

public class TestDemoImpl implements TestDemo {

    @Override
    public void testArray() {
        int[] array = new int[1000];
        for (int i = 0; i < 1000; i++) {
            array[i] = i;
        }
    }

    @Override
    public void testArrayList() {
        List<Integer> arrayList = new ArrayList<Integer>();
        for (int i = 0; i < 1000; i++) {
            arrayList.add(i, i);
        }
    }
}
```

我们在 testArray 和 testArrayList 方法中分别对 array 数组和 arrayList 列表对象进行了循环 1000 次的插入操作。最后，在 TestUi 界面中放置两个 Button 按钮分别用于触发 testArray 和 testArrayList 方法的逻辑，如代码清单 8-5 所示。

代码清单 8-5

```
package com.app.demos.test;

import com.app.demos.R;
import com.app.demos.base.BaseUi;

import android.os.Bundle;
import android.view.View;
import android.view.View.OnClickListener;
import android.widget.Button;
```

```
public class TestUi extends BaseUi {

    final static int testArrayTask = 1;
    final static int testArrayListTask = 2;

    private Button btnTestArray = null;
    private Button btnArrayListTask = null;

    public void onCreate(Bundle savedInstanceState) {
        super.onCreate(savedInstanceState);
        setContentView(R.layout.ui_test);

        btnTestArray = (Button) this.findViewById(R.id.app_test_btn_test_array);
        btnTestArray.setOnClickListener(new OnClickListener() {
            @Override
            public void onClick(View v) {
                doTaskAsync(testArrayTask, 0);
            }
        });

        btnArrayListTask = (Button) this.findViewById(R.id.app_test_btn_test_array_list);
        btnArrayListTask.setOnClickListener(new OnClickListener() {
            @Override
            public void onClick(View v) {
                doTaskAsync(testArrayListTask, 0);
            }
        });
    }

    public void onTaskComplete (int taskId) {
        super.onTaskComplete(taskId);
        switch (taskId) {
            case testArrayTask:
                try {
                    TestDemo td = (TestDemo) TestProxy.init(new TestDemoImpl());
                    td.testArray();
                } catch (Exception e) {
                    e.printStackTrace();
                }
                break;
            case testArrayListTask:
                try {
                    TestDemo td = (TestDemo) TestProxy.init(new TestDemoImpl());
                    td.testArrayList();
                } catch (Exception e) {
                    e.printStackTrace();
                }
                break;
        }
    }
}
```

TestUi 界面的模板文件为 ui_test.xml，其中声明了两个按钮，Java 数组测试按钮“Test Array”和 ArrayList 列表测试按钮“Test Array List”，界面如图 8-11 所示。在 TestUi 类中，我们分别为以上两个按钮添加了不同的异步方法，然后在 onTaskComplete 方法中予以实现。

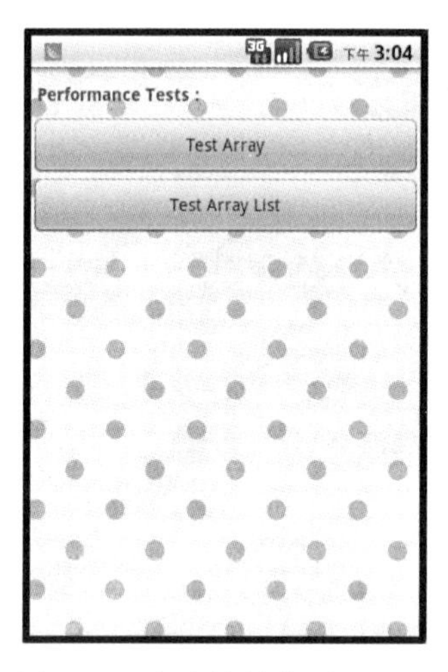

图 8-11 客户端性能测试界面

分别单击两个按钮，使可在 LogCat 日志窗口中看到打印出来的信息，如图 8-12 所示。我们可以看到 testArray 方法的执行时间为 2ms，而 testArrayList 方法的执行却花了 30ms，这样就可以很清楚地看出两者之间的性能高低。

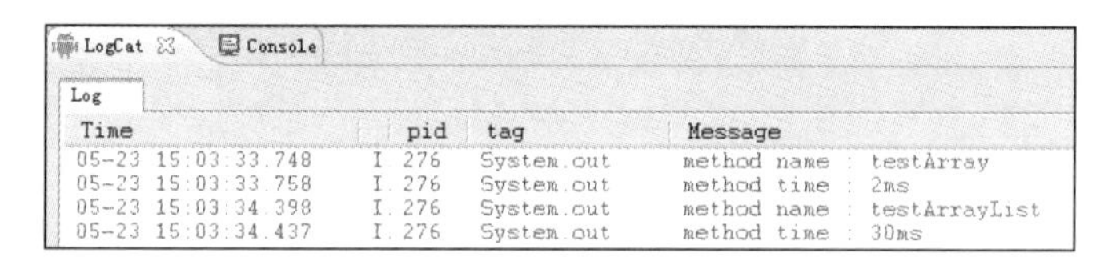

图 8-12 客户端性能测试结果

以上这种性能测试的方法比较适合用在程序内部逻辑细节的调试中，配合前面在 Activity 生命周期中埋点的方法，可以快速准确地定位程序的问题所在。此外，该方法还可以用于选择更优的方法来提升程序的性能。

8.2 瓶颈

当性能测试的结果出来之后，我们通常需要根据结果进行分析，找出应用性能的瓶颈所在，然后才能进行针对性的优化。这个过程是非常重要的，因为如果不能及时找出应用的性能瓶颈，并予以改进，上线之后可能会造成严重的负面影响。对于移动互联网应用来说，可能出现瓶颈的地方包含服务端和客户端两个方面。

8.2.1 服务端瓶颈分析

对于移动互联网应用来说，服务端负责的内容应该是从接收客户端请求并进行逻辑处理直至把返回数据返回给客户端的整个过程。服务端通常由许多不同的独立部件构成，下面我们来分析这个过程中涉及的重要组件，找出可能存在的性能瓶颈。

1. 服务器

服务器的主要功能是为服务端 API 接口提供 HTTP 服务，用于接收请求（Request）和返回结果（Response），位于服务端架构的最外层，与客户端网络组件直接打交道。因此，服务器的性能好坏会直接影响到客户端的响应速度，是可能出现瓶颈的部件之一，相关优化方案我们将在 9.3.1 节中做详细介绍。

2. 数据库

数据库用于持久层的数据存储，对于微博应用来说主要用于存储文章和用户的数据，它位于服务端架构的最里层。虽然不直接与 HTTP 请求的处理和发送发生关系，但是所有和数据有关的逻辑都与其相关，所以一旦数据库发生问题，将会影响到大部分的服务端接口，也有可能出现瓶颈，相关优化方案我们将在 9.3.2 节中介绍。

3. 代码程序

代码程序位于服务端架构的中间层，不仅所有的功能逻辑都是使用程序来实现的，而且所有服务端的组件也是通过程序来配合运作的，代码程序就像“胶水”一样把服务端松散的组件结合起来形成统一的整体，其重要性不言而喻，是瓶颈分析的重点所在。当然，可作为服务端编程的语言有很多种，本书将重点分析使用 PHP 语言来进行服务端程序开发的优化要点，请参考 9.1 节的内容。

4. 网络传输

除了上述应用服务端的几个要点之外，客户端与服务端之间的网络传输也是不得不考虑的一个可能存在的瓶颈，尤其对于国内相对复杂的网络布局来说更是如此。不论服务端的性能有多强，如果网络传输出了问题，整个移动应用都有可能陷入崩溃的边缘。

小贴士：服务端架构的有关内容可参考 4.5 节应用架构设计部分的内容，服务端程序架构的相关内容可参考 5.1 节的相关内容。

以上提及的是我们从移动互联网应用的开发经验中总结的比较容易出现性能瓶颈的要点。此外我们要清楚的是，不同移动应用的功能特点各不相同，需要使用到的服务端组件也会不同，至于程序代码的实现就更是大相径庭；因此，瓶颈出现的位置和方式都可能大不相同，我们分析问题时需要根据应用自身的实际情况为依据，切不可仅凭经验就一概而论，否则往往很难发现问题的真正原因。

分析服务端性能瓶颈时，我们可以按照以下思路进行排查。首先，在本地或者内网中进行压力测试，如果结果很理想，那么基本上可以确定是网络方面的问题，反之则可以认为是服务端的问题。然后，检查服务器和数据库的运行情况，确认是否属于硬件问题，若不是，则需要根据日志来进行更深入的调查。如果仍然找不到问题所在，就需要检查代码了。根据实际经验来看，大部分的服务端性能问题都跟数据库和代码逻辑有关。

另外，由于本书讲的是 Android 和 PHP 相结合的移动互联网应用的开发，所以在第 9 章中，我们将围绕使用 PHP 语言来实现的应用服务端进行详细分析。

8.2.2 客户端瓶颈分析

在移动互联网应用中，客户端负责的内容应该是接收服务端接口返回的数据，而后进行界面渲染并展示给用户的过程。与服务端不同的是，客户端不存在独立部件，所有应用的功能基本都是在 Android 应用框架之下实现的。所以，客户端可能出现的瓶颈基本都存在于应用自身运行的过程中，下面我们就来分析客户端运行过程涉及的重要步骤，找出可能存在的瓶颈。

1. 数据准备

客户端的数据来源一般有两个，一是通过请求服务端 API 接口来获取，二是从本地的数据存储中获取。前者需要通过网络传输数据，必然存在一定的问题和瓶颈，在实际应用中我们通常会采用两者结合的方式来解决。具体来说，就是利用客户端本地存储作为缓存，减少网络带来的不稳定因素以及效率问题。这点我们将在 10.1 节中介绍。另外，由于数据获取往往需要比较长的时间，所以我们需要使用异步的方式获取数据，保证应用主线程不受影响，这点可参考 10.1.2 节中的内容。

2. 界面渲染

Android 客户端进行界面渲染需要考虑两方面的问题。其一是如何使用更好的布局方式以及更合适的 UI 控件来实现具体的应用界面，这点可以参考 10.3 节中与 Android UI 优化相关的内容。其二是如何合理地使用外部资源的问题，比如文字、图片等，这点我们将在 10.4 节中给大家介绍。

3. 打包发布

Android 应用开发完毕之后，还必须经过必要的打包和签名，而后才可以正式发布到各大应用平台。在这个过程中也会涉及一些与优化相关的内容，我们将在 10.4 节中给大家做详细的介绍。

前面我们已经从 Android 客户端运行过程的角度分析了可能存在的性能瓶颈，但是我们不能忘记 Android 应用框架是基于 Java 语言的，在 Java 编程中可能遇到的瓶颈在 Android 应用开发中也是有可能遇到的。因此，应用中的逻辑代码也是瓶颈分析的重点所在，与 Java 代码优化有关的内容可参考 10.1.1 节。

分析客户端性能瓶颈时，首先需要使用 Eclipse 和 ADT 提供的调试工具来进行问题的定位（参考 7.1.3 节），比如使用内存查看器（Heap）查看并分析应用进程的内存分配详情，或者使用分配跟踪器（Allocation Tracker）来跟踪应用运行过程中的内存使用，找到大致的方向之后就可以通过单步调试来定位问题，或者直接写程序来对性能瓶颈进行分析。根据实际经验来看，许多客户端的性能问题都跟内存使用有关。

8.3 优化的思路

前面我们已经学习了如何通过系统性能测试找出应用的性能瓶颈，那么接下来要做的事情就很清楚了，即针对性能瓶颈制订有效的优化方案并予以实施。对于移动互联网应用来说，优化工作可分为服务端和客户端两方面，虽然这两方面的优化思路可谓大相径庭，但是基本原则却是一样的。

1. 更快速

优化的主要目的就是要让系统变得更有效率，简单地说就是变得更快速。对于服务端来说，更快速就代表着更快的业务处理速度和更高的处理量；对于客户端来说，更快速则意味着更流畅的操作性和更好的用户体验。从某种角度来看，运行效率已经成为衡量一个应用是否成功的重要标准之一。因此，更快自然也就成为应用优化的首要目的。

2. 更稳定

除了让系统变得更快之外，优化的另外一个重要目的是让系统运行得更稳定。无论对于客户端还是服务端，在追求更高的运行效率的同时还需要保证系统的稳定性，如果只求快而忽略了稳定性，绝对会付出惨痛的代价。因此，更稳也就成为应用优化的重要目的之一。

3. 更合理

在优化方案的实施过程中往往会遇到功能和性能两者不可兼得的情况，比如实现某个核心功能逻辑的代价是拖慢系统的运行效率，此时就需要根据具体的情况进行综合分析。我们可以把所有因素列举出来，然后召集团队成员进行深入讨论，最终得到一个合理的方案，因此合理性也是应用优化必须要注意的一个重要原则。

理解了优化的原则也就掌握了优化的基本思路，但是并非意味着掌握了应用优化的具体思路，服务端和客户端在优化思路之间的区别还是很大的，首先两者使用的编程语言不同，其次侧重的功能也不一样。在第 9 章和第 10 章中，我们还将以微博应用为例，分别对微博服务端和微博客户端的优化方法进行介绍，让大家理清移动互联网应用系统的优化思路。

8.4　小结

本章主要介绍了与软件性能分析相关的知识。首先，介绍了主流的服务端性能测试工具以及客户端性能测试脚本的写法。然后，分析了可能存在的性能瓶颈，并从服务端和客户端两方面阐述了可行的优化思路。这些知识都是从实际项目的经验中提取出来的，具有很高的实用价值，相信对大家的学习和工作都会有帮助。另外，本章内容也是后两章内容的引子，在第 9 章和第 10 章中，我们将分别介绍服务端和客户端优化的相关内容。

第 9 章　服务端优化

对于移动互联网应用来说，服务端的功能主要是提供与业务逻辑相关的接口，供客户端调用并返回数据。通过之前对服务端性能瓶颈的分析，我们了解到服务端的优化主要包括服务器优化、数据库优化、代码程序优化以及网络传输优化几个部分，而其中的重中之重就是对代码程序的优化，首先介绍优化 PHP 系统的方法。

9.1　优化 PHP 程序

优化 PHP 程序是服务端优化的核心。一方面，本书所讲的应用服务端的所有逻辑都是使用 PHP 代码实现的；另一方面，所有的服务端组件也都需要与 PHP 程序结合起来才能良好地运转，为应用客户端提供服务。从某种意义上说，优化 PHP 程序也就是对服务端处理逻辑的优化。PHP 程序优化的内容比较多，下面重点介绍 PHP 代码优化、Session 机制优化、使用缓存中间件以及使用 APC 加速几个部分。

9.1.1　优化 PHP 代码

既然我们选择使用 PHP 语言来进行服务端逻辑编程，那么就必须要先懂得如何正确而高效地使用这门语言。虽然前面我们已经学习了许多使用 PHP 进行编程的方法，大家应该对如何使用 PHP 语言来进行服务端开发有了一定的了解，但是这并不代表我们已经真正掌握了这门语言。每一门编程语言都有各自的特点，同时也有各自不同的编程技巧，PHP 当然也不例外；只有掌握了 PHP 的编程技巧之后，才能算是基本掌握了这门编程语言。

当然，也只有在掌握足够多的编程技巧之后，我们才有可能对 PHP 代码进行优化。在实际项目中，当服务端编码工作完成之后，我们通常会让一些比较资深的程序员来对代码进行审查，评估程序的质量并找出需要优化的点，这个过程也叫作 Code Review，也算是代码优化中的重要一环。下面我们就来介绍一些比较常见的 PHP 编程技巧，以及 Code Review 过程中可能涉及的一些优化原则。

1. 升级到最新 PHP 版本

要知道，编程语言本身也是不断发展的，新版的语言包通常会包含语言自身的漏洞修补和性能优化。因此作为专业人士，我们需要定期关注新版本的出现，对于 PHP 来说，我们可以从官网 php.net 上获取到所需信息。

2. 减少 include 和 require

include 和 require 常用于包含常用的 PHP 类库代码，不过需要知道的是这两个方法都包含了文件读取的逻辑，虽然 PHP 本身已经对这个过程做过一定的优化，但是在大量使用的情况下有可能会造成性能的下降。我曾经对一些比较大型的类库进行过测试，类库包含逻辑占用的运行时间甚至超过总运行时间的 50%。这个问题可以采用安装 APC 加速器组件的方法来缓解，这点我们将在 9.1.4 节中介绍。

3. 用局部变量代替全局变量

局部变量的速度是最快的，特别在一些循环逻辑中，我们要尽可能使用局部变量来进行运算。至于为什么不用全局变量，一方面是因为运行效率的原因，另一方面则是考虑到全局变量不易于管理。

4. 尽量使用静态函数或方法

如果有可能我们应该尽量把函数或者方法定义成静态的，即加上 static 标记，因为这样有可能会让程序的执行速度提升好几倍。

5. 释放那些不用的变量或者资源

不要过分依赖 PHP 的内存回收机制，程序中一些用不到的变量或者资源应该及时地释放，我们可以通过 unset 方法，或者直接将其设置为 null。另外，如果遇到与其他组件相关的资源更要特别注意，比如数据库连接等。

6. 使用单引号代替双引号来包含字符串

在 PHP 中，字符串通常使用单引号来包含，因为使用双引号可能会额外产生字符转义甚至变量解析的逻辑，单引号的执行效率要比双引号高。

7. 使用 @ 屏蔽错误会降低脚本运行速度

为了使用方便，某些程序员喜欢使用 @ 号来屏蔽报错信息，但是需要注意的是这种做法会降低脚本的运行速度，不推荐使用。

8. 不要过度使用 PHP 的 OOP

为了能更好地管理代码，现在比较大型的 PHP 程序都更倾向使用面向对象思路（OOP）来构建程序框架，但是由于对象通常比较占内存，类库太多还有可能产生大量的 include 和 require 操作，从而造成额外的系统开销。因此，我们要根据实际情况合理地使用 OOP 思想，切不可盲目使用、过度使用。不过，这个问题同样可以使用 APC 加速器组件来缓解。

9. 使用抽象类代替接口

在 PHP 中使用接口（interface）的成本非常高，编程时应该尽量避免使用。类似的逻辑封装我们通常可以使用抽象类（abstract class）来代替。

10. 使用正则表达式代价昂贵

虽然 PHP 语言的正则表达式功能非常强大，但是我们需要知道它的执行成本同样高昂，在可能的情况下，应该尽量使用 PHP 的字符串处理函数来代替。

11. 尽可能地压缩需要存储的数据

任何数据存储都需要占用系统的空间资源，所以在可能的范围内应该尽量对数据进行压缩，从而节省系统的空间资源。比如，我们保存 IP 地址时可以先使用 ip2long 函数把 IP 地址转化成整型数据来存储，然后再通过 long2ip 函数还原。另外，对于一些大数据还可以使用 gzcompress 和 gzuncompress 进行压缩和解压。

12. 使用更高效的语句

PHP 编程语句的效率也有高低之分，下面我们将对其中比较重要的语句进行对比，以后大家在写代码时需要注意。

- 分支语句中 switch … case 的效率高于 if … elseif … else。
- 循环语句中 foreach 效率最高，for 其次，while 最低。
- 叠加语句中 ++$i 的写法快于 $i++。

13. 使用更高效的函数

PHP 的函数库非常丰富，相同的功能也可以使用不同的函数来完成。不过，不同函数的运行效率也是不同的，我们在使用时需要注意，下面我们对一些常用函数进行对比。

- 字符打印函数 echo 快于 print。
- 字符替换函数 strtr 的效率最高，str_replace 其次，preg_replace 正则替换最低。
- 数组查询函数 array_key_exists 最快，isset 其次，in_array 最低。

虽然对于某些逻辑不是很复杂的程序来说，也许每次代码优化的效果并不是非常明显，但是养成一个良好的编程习惯是非常重要的，这也是高级程序员和普通程序员之间的差别。当然，上面提到的并非所有的 PHP 编程技巧，况且要真正掌握这些技巧也不是一朝一夕所能完成的；所谓学海无涯，只有在学习和动手的过程中不断总结积累，才能让自己的编程功力更上一层楼。

当然，除了上述列举的通用的优化方法，还有许多优化方案需要和具体的代码逻辑相结合才能生效，比如 6.4.3 节中介绍微博列表接口时，曾经介绍到获取指定用户微博列表的逻辑，也就是 DAO 类 Core_Blog 中 getListByCustomer 方法的逻辑，如代码清单 6-33 所示。此方法的代码逻辑中留下了一个需要优化的地方，就是在循环获取微博列表时每次都要去数据库获取用户信息。当然，在微博列表或者评论列表中这么做是没有问题的，但是这里获取的是指定用户的微博列表，那么所有用户的信息应该都一样，完全没有必要重复获取用户信息。因此，我们可以对代码做出以下修改，如代码清单 9-1 所示。

代码清单 9-1

```
class Core_Blog extends Demos_Dao_Core
{
...
    public function getListByCustomer ($customerId, $pageId = 0)
    {
        $list = array();
        $sql = $this->select()
            ->from($this->t1, '*')
            ->where("{$this->t1}.customerid = ?", $customerId)
            ->order("{$this->t1}.uptime desc")
            ->limitPage($pageId, 10);

        $res = $this->dbr()->fetchAll($sql);
```

```
            if ($res) {
                $customerDao = new Core_Customer();
                // 用户信息只需要获取一次
                $customer = $customerDao->read($customerId);
                foreach ($res as $row) {
                    // 注释重复获取用户信息的逻辑
                    //$customer = $customerDao->read($row['customerid']);
                    $blog = array(
                        'id'      => $row['id'],
                        'content' => '<b>'.$customer['name'].'</b> : '.$row['content'],
                        'comment' => '评论 ('.$row['commentcount'].')',
                        'uptime'  => $row['uptime'],
                    );
                    array_push($list, $blog);
                }
            }
            return $list;
        }
    ...
    }
```

从上述代码中可以看出，我们把 foreach 循环中获取用户信息的逻辑注释掉，并提取到循环逻辑的外面，这样程序逻辑只需要获取一次当前用户的信息即可。大家可以想象一下，这个小小的修改可以节省多少次数据查询，提升多少运行效率。

总之，优化 PHP 代码时，既要考虑常见的优化技巧，还要根据具体的逻辑来分析。当遇到耗时操作，比如复杂计算、数据库查询等，或者碰上循环、递归逻辑时，要特别注意，因为这些位置最可能出现性能瓶颈，也最需要进行代码优化。

9.1.2 优化 Session 机制

Session 会话的基础概念和用法都已经在 3.1.4 节中介绍过了，我们了解到 Session 会话是 PHP 服务端的重要组成部分。然后通过 6.2.1 节中对用户登录接口逻辑的介绍，我们对 Session 会话的使用有了进一步的认识，这让我们更加清楚地了解到它在服务端系统中的重要作用。简单来说，Session 就像每个用户自带的全局变量，用于保存用户在服务端需要保存的任何信息。

要进行 Session 优化，首先必须了解在 PHP 环境中如何配置 Session 会话。实际上，Session 会话的功能都可以在系统配置文件 php.ini 中设置，当然我们也可以使用 ini_set 函数从程序上进行设置。在微博应用的服务端程序框架中，我们可以在 etc/ 目录下找到与 Session 会话有关的配置文件 global.session.php，配置范例如代码清单 9-2 所示。

小贴士： PHP 提供了 ini_set 和 ini_get 函数，用于快速设置和获取系统配置文件 php.ini 的配置项值。

代码清单 9-2

```
ini_set('session.name', 'sid');                    // Session 名称
ini_set('session.auto_start', 0);                  // 不支持自动启用
ini_set('session.gc_probability', 1);
```

```
    ini_set('session.gc_divisor', 100);
    ini_set('session.gc_maxlifetime', 3600);        // Session 有效期
    ini_set('session.referer_check', '');
    ini_set('session.use_cookies', 0);              // 不使用 Cookies
    ini_set('session.use_only_cookies', 0);
    ini_set('session.use_trans_sid', 1);            // 使用 URL 地址传递 Session ID
    ini_set('session.hash_function', 1);            // 计算 Session ID 的散列算法(0: MD5, 1: SHA-1)
    ini_set('session.hash_bits_per_character', 5);
```

从上述配置范例中，我们可以看到最常用的 PHP Session 设置，这里需要注意以下几点。首先，一般不建议启用 auto_start，因为创建 Session 需要消耗系统资源，我们通常只会在需要用到 Session 时，才会使用 session_start 函数来开启 Session 功能。其次，Session 的有效期需要根据系统的具体情况而定。如果有效期太长，有可能导致由于会话数据过多而造成的负载问题；而假如有效期太短，也有可能出现由于会话创建过于频繁而出现的性能问题。系统默认的有效时间是 1440 秒，也就是 24 分钟，在实际项目中我们通常会将这个时间设置在 1 到 8 小时之间。由于移动互联网应用的客户端不是浏览器，所以我们通常不会使用 Cookies 来存储 Session ID，而是通过 URL 地址参数直接传递。最后，PHP 中用于计算 Session ID 的算法还是比较成熟的，综合使用了时间戳、随机数等随机因子并采用了 MD5 和 SHA-1 的散列算法来保证 Session ID 的唯一性。

此外还需要注意的是，PHP Session 使用的默认存储方式是文件存储，在 php.ini 中我们可以通过 session.save_handler 选项来选择需要的存储方式，但是使用文件存储方式的效率比较低，也不利于系统架构的扩展，在实际项目中经常通过 session_set_save_handler 方法来设置 Session 回调接口，用于控制 Session 会话的存储逻辑，示例请参考代码清单 3-12。另外，常见的存储介质有数据库、高速缓存服务等。

理解了上述内容，下面我们来分析 PHP Session 的优化思路。首先，每次创建 Session 时，都会产生资源消耗，所以我们要把需要使用 Session 的接口和不需要使用 Session 的接口分清楚，千万不要想当然地在全局配置文件中使用 session_start 方法。其次，每次会话请求时都需要确保带上 Session ID，因为如果服务端获取不到 Session ID 的话，将会重新创建一个，这样会产生很多无用的垃圾 Session，当然我们也可以在 Session 回调接口的 write 方法中写程序逻辑来避免这个问题。另外，在选择存储方式时尽量使用快速的存储介质，比如高速的缓存服务器 Memcache、Redis 等，下面用 Memcache 缓存服务作为存储方式的 Session 回调接口的实现供大家参考，如代码清单 9-3 所示。

代码清单 9-3

```
<?php
class MemcacheSession {
    private static $memcache = null;
    private static $lifetime = null;
    // 初始化逻辑
    public static function start($memcache, $expire = 3600) {
        self::$memcache = $memcache;
        self::$lifetime = $expire ? $expire : ini_get('session.gc_maxlifetime');
        session_set_save_handler(
```

```
                array(__CLASS__, "open"),
                array(__CLASS__, "close"),
                array(__CLASS__, "read"),
                array(__CLASS__, "write"),
                array(__CLASS__, "destroy"),
                array(__CLASS__, "gc")
            );
            session_start();
        }
        public static function open($path,$name) {
            return true;
        }
        public static function close() {
            return true;
        }
        // 读取 Session 逻辑
        public static function read($id) {
            $out=self::$memcache->get($id);
            if (!$out) return '';
            return $out;
        }
        // 存储 Session 逻辑
        public static function write($id, $data) {
            $method = $data ? 'set' : 'replace';
            return self::$memcache->$method($id, $data, MEMCACHE_COMPRESSED, self::$lifetime);
        }
        // 销毁 Session 逻辑
        public static function destroy($id) {
            return self::$memcache->delete($id);
        }
        public static function gc($lifetime) {
            return true;
        }
    }
    // 使用范例
    $memcache = new Memcache;
    $memcache->connect("127.0.0.1", 11211) or die("connection failed");
    MemcacheSession::start($memcache);
```

在微博服务端实例的代码中，并没有包含 Session 优化这部分的使用范例，不过大家完全可以尝试按照前面的优化思路和示例代码来自己实现一下。

9.1.3　使用缓存中间件

随着互联网的发展，完全依赖数据库的服务端架构已经无法满足我们的需求了，与日俱增的查询和写入请求会把数据库压垮，因此我们必须想办法为数据库减压。经过分析之后，我们发现数据库的压力来源于两方面，即查询和写入。

对于大部分的网络应用来说，查询请求要比写入请求多出许多。就拿微博应用来说，大部分的用户还是来看微博的，写微博的相对较少，所以我们要优先考虑如何解决因为过多的查询带来的压力。一个比较常见的思维就是分散请求，即准备多台数据库来同时提供服务，但是如果还是挡不住该怎么办？这时缓存中间件就出现了，其原理就是把查询到的信息缓存在服务器内存中，来替代数据库处理大部分的查询请求。由于在内存中进行存取操作的速度肯定比在文件中快得多，另外获取缓存数据都不需要复杂的查询逻辑，所以从缓存中查询的效率要比直接从数据库中查询快得多。图 9-1 为缓存优化策略的示意图。

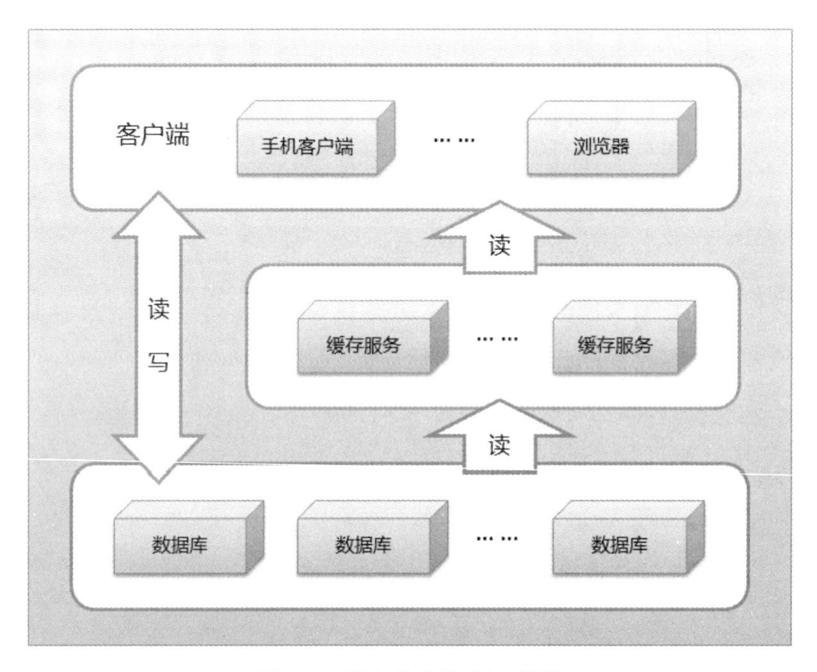

图 9-1　缓存优化策略示意图

从图 9-1 中可以看出，缓存中间件主要负责读取的过程，每个缓存数据通常都会有唯一的字符串标识，程序通过这个标识来获取缓存数据，如果数据不存在则从数据库查询并保存该缓存数据，那么下次程序就可以从缓存中直接获取到这个数据。当然，我们还需要知道每个缓存都有过期时间，在这个时间之内缓存数据才是有效的，我们需要根据实际需求和访问量来综合考虑过期时间的长短。

目前业内比较常用的缓存中间件为 Memcache 和 Redis，下面我们将对它们进行简单的介绍和对比。

1. Memcache

Memcache 是缓存中间件中的里程碑，该产品最初设计用于为 Live Journal 站点提供服务，现在已经被用在很多著名的网站应用中了，比如 Facebook、Mixi、Vox 等。Memcache 把数据存储在服务器内存中的一个大型散列结构里，使用了 Libevent 异步事件处理库，可以快速地响应客户端的请求，返回对应的缓存数据。另外，Memcache 还支持分布式扩展，即使用多台缓存中间件服务器来同时服务，进一步提高缓存系统的处理能力。

小贴士： Libevent 是一个异步事件处理库，轻量级，专注于网络，具有不错的性能，支持 Windows、Linux、BSD 等多种平台，支持 select、poll、epoll、kqueue 等 I/O 多路复用技术，目前被广泛应用于各种网络中间件中，如 Memcache、Vomit、Nylon 等。

PHP 语言内置了 Memcache 客户端类库，使用起来非常方便，代码清单 9-4 为常见缓存获取和设置逻辑的使用示例。

代码清单　9-4

```
$memcache = new Memcache;
// 添加多个缓存中间件服务器
$memcache->addServer('memcache_host1', 11211);
$memcache->addServer('memcache_host2', 11211);
// 获取 cache_var_key 对应的缓存数据
$cacheVar = $memcache->get('cache_var_key');
// 获取缓存数据失败的逻辑
if (!$foo) {
    // 从数据库查询数据保存到 $queryVar
    ...
    // 把查询数据保存到缓存中
    $memcache->set('cache_var_key', $queryVar);
    $cacheVar = $queryVar;
}
```

2. Redis

Redis 是缓存中间件中的新贵，其基本功能和 Memcache 类似，但是支持存储的数据结构更多，包括字符串（string）、链表（list）、集合（set）和有序集合（zset），而且这些数据类型都支持 push、pop、add、remove 等更加丰富的原子性操作。另外，Redis 没有使用 Libevent 而是自己实现了异步事件处理机制，不过根据在实际项目中的性能测试结果来看，Redis 的性能远远超过 Memcache。

可能由于 Redis 产品还比较新，PHP 暂时没有提供官方的客户端类库，目前相对比较稳定的客户端类库有以下两个。

（1）php-redis 库

此类库完全使用 PHP 语言实现，包含了 Redis 数据的基本操作，但是个人认为有些功能还实现得不够完整，更多信息请参考官方网站 http://code.google.com/p/php-redis/。

（2）phpredis 扩展

PHP 语言的扩展实现，需要安装，不过功能相对比较全，还包括了 Session Handler 的实现，推荐大家使用。官方网站 https://github.com/nicolasff/phpredis 上有比较详细的使用介绍，这里就不再赘述了。

总之，使用缓存中间件是 PHP 服务端优化中非常重要的一个步骤，根据实际项目中的使用效果，缓存中间件通常能极大地提高服务端的查询速度。另外，Redis 缓存还可以作为写入队列来使用，即先把数据写入到 Redis 缓存中，然后再转存到数据库中去。其实，我们可以把缓存和队列的使用看做是对整个服务端 I/O 系统的优化。

另外，在微博实例的服务端框架 Hush Framework 中也已经整合了对各种缓存的使用，具体逻辑实现可以参考 Hush_Cache 类；虽然在微博实例中没有使用到，但是还是建议大家根据类库文档来尝试使用。

9.1.4 使用 APC 加速

随着网络应用的不断发展，逻辑代码也变得越来越复杂，特别是当我们需要用到一些比较大型的类库时，比如 Zend Framework，那么我们就要慎重考虑一下程序的执行效率了。实际上，本书微博应用实例的最底层类库就是 Zend Framework，虽然我们已经在 Hush Framework 中做了一定的优化，但是引入庞大类库代码的资源消耗还是比较高，因此在应用上线时，我们还需要使用一些代码级别的缓存来加速代码的执行。

APC（Alternative PHP Cache，PHP 代码缓存系统）是非常好的 PHP 缓存解决方案，通过缓存和优化 PHP 中间码（opcode）来提高 PHP 的执行效率。根据实际项目中的使用效果来看，APC 确实能够极大地提高 PHP 的执行效率。此外 APC 还提供了一系列接口方法来帮助我们控制和使用该缓存系统。APC 的安装过程比较简单，归纳如下。

1）从 http://pecl.php.net/package/apc 下载最新版本。

2）解压并进入 APC 源码目录。

3）使用 phpize 安装为 PHP 扩展（apc.so）。

4）在 php.ini 配置文件中打开 APC 模块，即加入配置 extension=apc.so。

5）重启 HTTP 服务器即可。

有兴趣可以对比一下使用 APC 前后的程序执行速度，相信结果会让你相当满意。如果需要查看 APC 的运行状态，我们可以把安装包内的 apc.php 脚本放到站点目录下。打开对应的网址就可以看到 APC 系统的实时状态了，监控界面如图 9-2 所示。

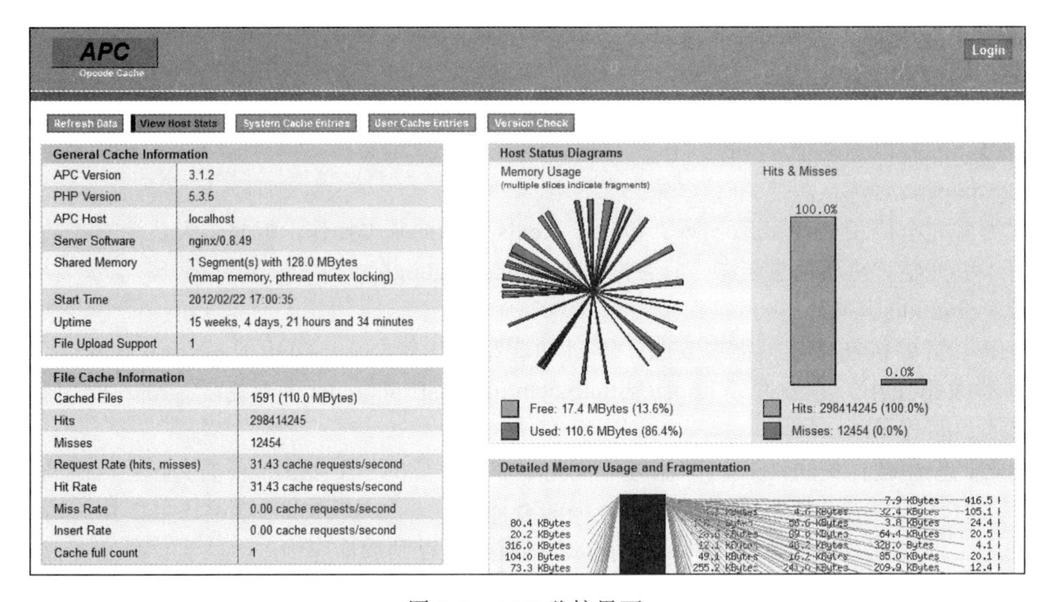

图 9-2 APC 监控界面

监控页面左边是 APC 缓存系统的全局信息、缓存状态和运行时（Runtime）的配置信息，右边则是实时的系统内存占用和缓存命中率等信息。另外，我们还可以在 php.ini 中调整 APC 系统的配置参数，我们将挑选其中比较重要的配置参数简介如下。

- apc.enabled：APC 缓存开关，若设成 0 则表示禁用 APC。
- apc.shm_segments：为 APC 分配共享内存块的数量，如果 APC 已经用完所有的物理内存，可以尝试着提高这个参数值。
- apc.shm_size：每个共享内存块的大小，以 MB 为单位，默认值是 32。我们需要根据项目代码量来设置，通常会设为 128 或者 256。
- apc.ttl：缓存的失效时间，为了让运行效率最大化，我们通常会把该参数值设置为 0，让缓存永久有效，不过要注意的是为了避免可能出现的问题更新代码之后需要重启服务器。
- apc.gc_ttl：缓存垃圾回收器的过期时间，默认是 3600 秒。
- apc.enable-cli：是否为命令行模式（CLI）的 PHP 脚本设置缓存，一般在调试时使用，默认值为 0。
- apc.max_file_size：文件的大小限制，默认是 1MB，遇到特殊文件时可能会用到。

总之，APC 缓存已经是 PHP 服务端的标准配置，甚至有可能被集成到下一版的 PHP 语言中去。结合之前介绍的 PHP 代码的优化、Session 机制的优化以及缓存中间件的使用，我们从多个角度介绍了 PHP 服务端的优化技巧，这是服务端优化的重要步骤。

9.2　优化数据传输

对于移动互联网应用来说，需要通过网络在服务端和客户端之间传输数据。因此，如果数据传输过程不通畅，必然会影响到整个系统的运行效率。如果是这样，就算服务端的运行速度再快，用户也会觉得应用响应很慢，所以数据传输过程的优化也是服务端优化中非常重要的一环。

9.2.1　优化 JSON 协议

我们知道，在通信协议的通用设计原则中，通用性和简洁性是最重要的，关于这两点的详细解释请参考 4.6 节。简洁性就不多说了，JSON 协议的结构和语法都要比其他文本协议简洁很多，所以选择 JSON 协议作为微博应用通信协议的基础本身就是对系统的一种优化。另外，在设计 JSON 消息时注意保证消息字段名简短、清晰，下面我们主要介绍如何保证协议的通用性。

通过第 6 章对服务端 API 接口逻辑代码的分析，我们知道在所有服务端接口的逻辑中，都会调用 render 方法来打印结果的 JSON 数据，而此方法就是对协议通用性的一个保证，使用统一的方法处理消息有利于对 JSON 数据的控制，接下来我们观察此方法的代码实现，如代码清单 9-5 所示。

代码清单　9-5

```
class Demos_App_Server extends Hush_Service
{
    ...
    public function render ($code, $message, $result = '')
    {
        // 处理 result 数据
        if (is_array($result)) {
            foreach ((array) $result as $name => $data) {
```

```
                    // 处理对象数组
                    if (strpos($name, '.list')) {
                         $model = trim(str_replace('.list', '', $name));
                         foreach ((array) $data as $k => $v) {
                              $result[$name][$k] = M($model, $v);
                         }
                    // 处理单个对象
                    } else {
                         $model = trim($name);
                         $result[$name] = M($model, $data);
                    }
               }
          }
          // 打印 JSON 数据
          echo json_encode(array(
               'code'          => $code,
               'message'       => $message,
               'result'        => $result
          ));
          exit;
     }
     ...
}
```

从上述代码中可以看出，render 方法的主要逻辑都在处理 $result 变量，也就是 JSON 数据中的 result 字段。程序循环获取 $result 数据中的键名（key）和数值（value），并按照微博应用通信协议的设计，通过判断键名的格式（模型名 .list 表示对象数组）来分别处理单个对象和对象数组的逻辑。另外，这里还用到了 M 方法来格式化模型的数据。此方法与数据模型的定义放在一起，即 etc/ 目录下的 global.datamap.php 文件中，如代码清单 9-6 所示。

代码清单 9-6

```
// 数据模型数组
$_DataMap = array(
     'Customer' => array(
          'id' => 'id',
          'sid' => 'sid',
          'name' => 'name',
          'sign' => 'sign',
          'face' => 'face',
          'faceurl' => 'faceurl',
          'blogcount' => 'blogcount',
          'fanscount' => 'fanscount',
          'uptime' => 'uptime',
     ),
     ...
);
// 格式化数据模型
function M ($model, $data)
{
```

```
    global $_DataMap;

    $dataMap = isset($_DataMap[$model]) ? $_DataMap[$model] : null;
    if ($dataMap) {
        $dataRes = array();
        foreach ((array) $data as $k => $v) {
            if (array_key_exists($k, $dataMap)) {
                $mapKey = $dataMap[$k];
                $dataRes[$mapKey] = $v;
            }
        }
        return $dataRes;
    }

    return $data;
}
```

通过分析，我们可以看出 M 方法实际上就是根据 $_DataMap 数组中的模型定义来格式化 JSON 数据返回，通过此方法处理返回的数据一定会满足 $_DataMap 中的模型定义，这样就保证了 JSON 返回数据的正确性，就算我们在程序中写错了某个消息字段，也不会在返回的 JSON 数据中出现，这也从某种角度上保证了 JSON 协议的通用性。

虽然，以上逻辑会有一定的计算量，但是为了保证系统的稳定和安全，这点系统资源消耗还是非常值得的。

9.2.2　使用 gzip 压缩

优化数据传输除了要对数据本身进行优化，也就是前面介绍的关于 JSON 协议的优化，还需要对传输过程进行优化。数据从服务端到客户端的过程需要通过复杂的网络，因此影响数据传输的因素主要有两个，其一是网络质量，如果网络本身出了状况，必然会造成通信速度缓慢的问题，网络优化相关内容可参考 9.3.3 节；其二是数据本身的大小，数据越大传输速度必然越慢，因此能否对数据进行合理的压缩就成了本节需要讨论的问题。

对于 HTTP 协议来说，gzip 是目前最主流的压缩算法之一，大部分的 HTTP 服务器都支持这种压缩算法，对于文本消息来说，gzip 算法大约可以减少 70% 以上的数据尺寸。通过实际项目的压力测试结果来看，对传输数据进行压缩之后不仅会极大地缩短请求响应时间，还可以大幅度地提高服务端的承载能力。

本书微博服务端使用的是 Xampp 服务套件，其中 HTTP 服务器是 Apache。接着就来介绍如何为 Apache 服务器配置 gzip 压缩功能模块。首先，我们可以使用“httpd -M”命令来查看已经安装的模块，如果没有找到 deflate_module 模块则需要先在 Apache 根目录的 conf/httpd.conf 配置文件中将“LoadModule deflate_module modules/mod_deflate.so”这行注释打开，并重启服务器。

当然，并不是所有的文件都需要压缩的，某些类型的文件压缩起来反而效率比较低，比如图片、PDF 文档等；原因是这些文件本身已经被压缩过了，用 gzip 再压缩一次并不能减小文件的大小，反而增加了系统运算量的开销。所以，在 Apache 配置文件中我们可以通过设置把这些文件排除掉。配置示例如代码清单 9-7 所示。

代码清单 9-7

```
<IfModule deflate_module>
    SetOutputFilter DEFLATE
    # 不压缩图片以及其他类型
    SetEnvIfNoCase Request_URI .(?:gif|jpe?g|png)$ no-gzip dont-vary
    SetEnvIfNoCase Request_URI .(?:exe|t?gz|zip|bz2|sit|rar)$ no-gzip dont-vary
    SetEnvIfNoCase Request_URI .(?:pdf|doc)$ no-gzip dont-vary
    # 压缩脚本和文本类型文件
    AddOutputFilterByType text/html text/css text/plain text/xml
    AddOutputFilterByType application/javascript application/x-javascript
</IfModule>
```

除了 Apache，Nginx 也是如今非常流行的 HTTP 服务器，如果配合 PHP 的 FastCGI 模式提供服务效率应该不低于 Apache 加 mod_php 的运行模式。这里也随带介绍一下如何为 Nginx 服务器配置 gzip 压缩功能。我们需要知道，Nginx 的 gzip 压缩功能默认是关闭的，并且只对 text/html 文件进行压缩，配置示例如代码清单 9-8 所示。

代码清单 9-8

```
gzip              on;
gzip_min_length   1024;
gzip_proxied      expired no-cache no-store private auth;
gzip_types        text/plain application/x-javascript text/css text/html application/xml;
```

gzip 的值 on 或者 off 分别代表开启或者关闭 gzip 压缩功能。gzip_min_length 设置需要压缩页面的最小字节数，该值会从 header 头中的 Content-Length 中获取，而且默认值是 0，即不管页面多大都进行压缩。gzip_proxied 配置仅在 Nginx 作为反向代理时使用，这里不作详细介绍。gzip_types 代表的是需要压缩文件的 MIME 类型，当然无论是否指定，“text/html”类型总是会被压缩的。

使用 gzip 压缩传输方案还需要客户端的配合，发送请求时需要带上 gzip 相关的 HTTP 请求头，接收到压缩数据时还需要进行解压，至于客户端的代码实现，我们可以在 7.3.1 节中找到相关的内容。

9.3 其他优化

除了服务端处理逻辑和数据传输过程的优化之外，还有一些其他的优化工作需要我们注意，这里要介绍的主要是与服务端组件有关的优化。我们都知道应用服务端通常是由多个组件配合运转的，比如 HTTP 服务器，数据库服务器，缓存服务器等，如果其中某个组件出现问题也会影响到整个服务端的性能，下面我们就来对主要服务端组件的优化工作进行介绍。

9.3.1 服务器优化

这里所说的服务器优化包含 Linux 服务器优化和 HTTP 服务器优化两层意思。我们所有的服务端组件都是安装在 Linux 服务器上面的，如果服务器性能出现问题，必将影响到整个服务端的性能和稳定。另外，HTTP 服务器作为所有程序逻辑的容器，当然也是非常重要的，一旦出现问题会直接影响到整个服务的质量。下面我们就这两方面的内容给大家分别介绍一下。

Linux 服务器优化是一个庞大的主题，这里说的优化工作主要是针对 Linux 网络功能的优化。下面我们将对 Linux 系统参数中与网络有关的重要参数进行详细介绍。

```
net.ipv4.tcp_max_syn_backlog = 8192
```

以上配置用于设置网络接口接收数据包的速率快于内核处理速率时，允许被送到队列的数据包的最大数目，参数默认值是 1024，增加该参数值可以提升大访问量情况下系统的承载能力。

```
net.core.netdev_max_backlog = 4096
```

以上配置用于设置需要保存在队列中的 TCP 未确认连接的最大数目，参数默认值是 1000，增加该参数值可以从一定程度上抵御 SYN 洪水攻击。

```
net.core.somaxconn = 4096
```

以上配置用于设置 Socket 套接字（AF_INET 类型）的最大允许连接数，参数默认值是 128，增加该参数值可以提升 Socket 套接字的并发能力。

```
net.core.wmem_default = 8388608
net.core.rmem_default = 8388608
net.core.rmem_max = 16777216
net.core.wmem_max = 16777216
```

以上配置用于设置 Socket 套接字的最大系统发送缓存（wmem）和接收缓存（rmem）参数默认值均为 16MB，增加该参数值可以提升 Socket 服务的处理速度。

```
net.ipv4.tcp_syncookies = 1
```

以上配置用于开启 SYN Cookies 功能，即当出现 SYN 队列溢出时，启用 cookies 来处理，可用于防范少量 SYN 攻击。

```
net.ipv4.tcp_tw_recycle=1
net.ipv4.tcp_tw_reuse=1
```

以上配置用于打开 Socket 套接字的快速回收和重用功能，增加此参数值对于存在大量连接的 Web 服务器非常有效。

```
net.ipv4.tcp_keepalive_time = 1800
```

以上配置用于减少 KeepAlive 连接侦测的时间，让系统可以处理更多的连接。

此外，上述服务器系统参数优化的具体步骤如下：首先，打开 Linux 系统的 /etc/sysctl.conf 文件，对需要优化的系统内核参数进行设置；其次，执行“sysctl -p”命令让参数修改即时生效；最后，执行“sysctl -a | grep net”命令验证修改结果。

接下来我们来学习如何优化 Apache 服务器。必须先了解多路处理模块 MPM（Multi Processing Modules）的概念，实际上在安装 Apache 的时候，我们就需要使用—with-mpm 参数来选择需要使用的 MPM 模式，目前最主要、最常用的 MPM 模式有两种，即 prefork 模式和 worker 模式，下面我们分别进行介绍。

1. prefork 模式

prefork 模式是 Apache 在 Linux 平台上默认的 MPM，采用的预派生子进程方式来处理请求，进程之间是彼此独立的，相对比较稳定。安装之后我们可以使用 httpd -l 命令来确定当前使用的 MPM （prefork.c 和 worker.c 分别表示 prefork 模式和 worker 模式）。安装后查看 Apache 默认配置文件 httpd.conf（Apache 2.0 以上是 extra/httpd-mpm.conf），可以发现如代码清单 9-9 所示的配置信息。

代码清单 9-9

```
<IfModule prefork.c>
StartServers 5
MinSpareServers 5
MaxSpareServers 10
MaxClients 150
MaxRequestsPerChild 0
</IfModule>
```

下面我们结合 prefork 模式的工作原理来认识这些参数的功能。Apache 主进程在最初建立 StartServers 个子进程后，为了满足 MinSpareServers 设置的需要，先创建一个进程，然后等待一秒钟，继续创建两个，接着再等待一秒钟，继续创建四个，如此按指数增长创建的进程数，最多达到每秒 32 个，直到满足 MinSpareServers 设置的值为止。其实，这就是预派生模式（prefork）的由来。这种模式可以不必在请求到来时再产生新的进程，从而减小了系统开销，增强了性能。

MaxSpareServers 设置了 Apache 最大的空闲进程数，如果空闲进程数大于这个值，Apache 会自动杀死一些多余进程。MaxRequestsPerChild 设置的是每个子进程可处理的请求数，可根据服务器的负载来调整这个值。MaxClients 是这些参数中最为重要的一个，设定的是 Apache 可以同时处理的请求，该参数对 Apache 性能影响最大，理论上该值越大，可以处理的请求就越多，对于负载较高的站点来说其默认值 150 是不够的，我们可以根据硬件配置和负载情况来动态调整这个值。

2. worker 模式

worker 模式是 Apache 2.0 新出现的支持多线程和多进程混合模型的 MPM。由于使用线程来处理，所以系统资源的开销要小于 perfork 模式。worker 模式在每个进程中使用多个线程来处理请求，以达到处理大量请求的目的。这种 MPM 的工作方式将成为 Apache 2.0 的发展趋势。安装后查看 Apache 默认配置文件，可以发现如代码清单 9-10 所示的配置信息。

代码清单 9-10

```
<IfModule worker.c>
StartServers 2
MaxClients 150
MinSpareThreads 25
MaxSpareThreads 75
ThreadsPerChild 25
MaxRequestsPerChild 0
</IfModule>
```

worker 模式的工作原理是，由主进程生成 StartServers 个子进程，每个子进程中包含固定的 ThreadsPerChild 线程数，每个线程独立地处理请求。在该模式中，系统使用了类似线程池的概念，MinSpareThreads 和 MaxSpareThreads 分别设置了最少和最多的空闲线程数，而 MaxClients 则设置了所有子进程中的线程总数。如果现有子进程中的线程总数不能满足负载，控制进程将派生新的子进程。

MinSpareThreads 和 MaxSpareThreads 的最大默认值分别是 75 和 250，这两个参数对 Apache 的性能影响并不大，可以按照实际情况做相应调节。ThreadsPerChild 是 worker 模式中与性能相关最密切的指令，对于负载较高的站点其默认值 64 是不够的，理论上该值越大能处理的请求就越多，但是也不能把这两个值调得太高，如果超过系统的处理能力，会导致 Apache 系统不稳定。MaxClients 表示并发处理客户端请求的最大线程数，此参数需要与 ServerLimit 和 ThreadsPerChild 配合使用，假如我们把 ServerLimit 设置为 16，ThreadsPerChild 设置为 64，那么 MaxClients 则必须是两者的乘积，即 1024。

另外，我们还需要知道的是，Apache 服务器对 HTML 静态文件的解析效率比 PHP 脚本高得多，所以，如果有可能的话可以把某些页面静态化，这也可以算是对服务器的另一种优化。当然，这个过程需要借助 PHP 程序来实现，这也是许多 CMS 系统正在做的事情。

9.3.2 数据库优化

在 LAMP 架构中，数据库即 MySQL。对 MySQL 的优化工作可以大致分为两方面，一方面是 SQL 语句的优化，因为 PHP 程序对数据库的所有操作都是使用 SQL 语句来执行的，这里面有不少需要注意的地方；另一方面则是数据库服务器的架构优化，面对着日益增加的访问量和数据量，我们需要有良好的数据库架构布局，最大限度地提高整个系统性能。

1. SQL 优化

在进行 SQL 优化之前，我们首先需要了解哪些 SQL 需要进行优化。我们可以为数据库设置慢查询（Slow Query）日志，还可以在 SQL 控制台输入 show status like ‘Slow%’ 语句来查看当前慢查询的数量。慢查询日志的设置很简单，在 MySQL 数据库配置文件 my.cnf 中加入相应的配置选项即可，配置示例如代码清单 9-11 所示。

代码清单 9-11

```
# 慢查询日志位置
log-slow-queries=/path/to/slow-query.log
# 慢查询的时间
long_query_time=2
# 记录不使用索引的 SQL 语句
log-queries-not-using-indexes
```

以上配置选项的含义在注释中已经说得很清楚了，所有查询时间大于 2 秒的 SQL 和没有使用索引的 SQL 都会被保存到 slow-query.log 中，然后我们就可以把这些比较慢的 SQL 拿出来，进行逐个分析。分析单条 SQL 时需要使用 EXPLAIN 语句，即只要在 SELECT 语句前面加上 EXPLAIN 关键词，结果中便会显示对应 SQL 语句的运行细节，如查询类型（select_type）、表连接类型（type）、使用索引（key）、结果行数（rows）等信息。

（1）使用索引

根据实际项目的经验来看，绝大部分的慢查询都与索引的使用有关，使用索引的查询语句效率要大大高于普通查询，对于那些行数大于 10 万的数据表来说，执行速度的差距会特别明显。要判断哪些字段需要索引，我们可以从 WHERE 子句中下手。简单来说，使用确定性的判断条件的字段需要加索引，这些条件符号包括 >、>=、=、<、<=、IS NULL、IN 和 BETWEEN

等；如果是 like 查询的话，则要看通配符的位置，比如 like ‘james%’ 可以使用索引，而 like ‘%james%’ 则不能使用索引。

对于我们来说，一方面要注意 SQL 的写法，尽量使用确定性的判断，不确性的判断要尽量少用，比如 !=、IS NOT NULL、NOT IN 等；另一方面需要根据查询的条件来合理地创建索引，由于索引是非常占空间的，所以注意不要过量创建索引。

（2）慎用表关联

关联查询是关系数据库的一项重要功能，常用的关联关系有内联（INNER JOIN）和左关联（LEFT JOIN）两种，由于每次进行关联查询时都要对两张数据表数据的笛卡儿乘积进行查询，扫描的数量非常大，所以我们在设计时应该尽量使用添加冗余字段的方式来避免表关联，这也是一种用空间换时间的优化方法。

如果在使用数据库的过程中关联查询难以避免，那我们需要对关联的字段建立索引。另外，虽然 MySQL 支持子查询，但是这种 SQL 的效率非常低，我们要避免使用。

（3）慎用耗时操作

MySQL 为我们提供丰富的查询条件和函数，但是我们需要注意其中也有许多使用“陷阱”需要我们警醒。比如查询数量时千万不要使用 COUNT(*)，COUNT(1) 是更好的选择；如果不是非常需要，尽量不要使用 DISTINCT；GROUP BY 计算也是非常消耗资源的。另外，有些人为了方便，喜欢使用 MySQL 提供的函数，比如 MAX()、MIN()、SUBSTR()、CONCAT()、DATE_FORMAT()、TO_DAYS() 等，实际上这反而会加大数据库的负担。原则上，我们应该尽量让数据库专心负责查询方面的工作，其他的耗时操作应交给 PHP 程序。

2. 最主流的 MySQL 数据库架构

学习完 SQL 优化的相关知识，相信大家对 MySQL 数据库基本功能的使用有了比较正确的理解。接下来，我们来看看如何通过数据库架构的优化来应付高访问量和大数据量的挑战。下面我们将介绍两种业界最主流的 MySQL 数据库架构。

（1）主从结构（Master/Slave）

所谓 Master/Slave 结构就是我们常说的主从结构，主库负责数据写入，从库负责数据查询，主库写入数据之后会快速同步到从库以保证数据的完整性。图 9-3 是该结构的架构示意图，该结构需要 MySQL 数据库的主从复制（Replication）功能来支持。

在实际项目中我们经常采用一主多从的方式，即从一台主库同步数据到多台从库中，这种架构的好处是既能避免同时读写造成的锁表问题，又能通过多台从库分担访问量，还能保证数据的安全性，就算主库出问题了，还可以把数据从某台从库恢复回去。实际上，这种架构已经可以应付大部分的情况了。

虽然主从结构对分散查询请求、增加系统负载有较大的帮助，但是如果使用不当，也容易造成逻辑问题，这就是我们常说的“主从同步问题”。比如，用户在修改某些信息时，程序逻辑会先在主库上进行更新，然后再从从库中获取数据，假如此时同步不够及时，就会出现修改后的信息没有变化的现象。对于这种情况，我们在编码时需要特别注意，尽量保证这种存取间隔很短的逻辑在相同的数据库中操作。

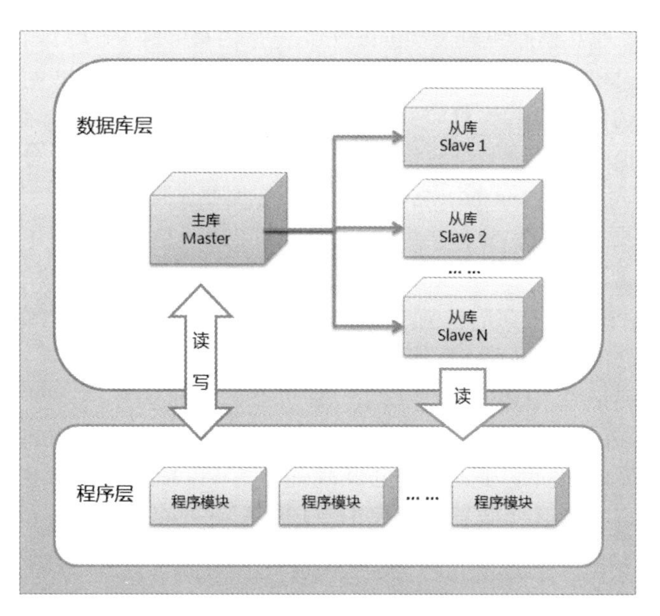

图 9-3 MySQL 的主从结构

（2）集群（Cluster）

Cluster 即数据库集群，当访问量和数据量达到另一个程度，比如千万以上级别的情况，普通的主从结构已经很难满足这种需求，要知道同时同步 N 台从库的成本也是很高的，此时我们就需要有一个更加灵活的架构来解决这个问题。图 9-4 就是一个标准 Cluster 架构的示意图。

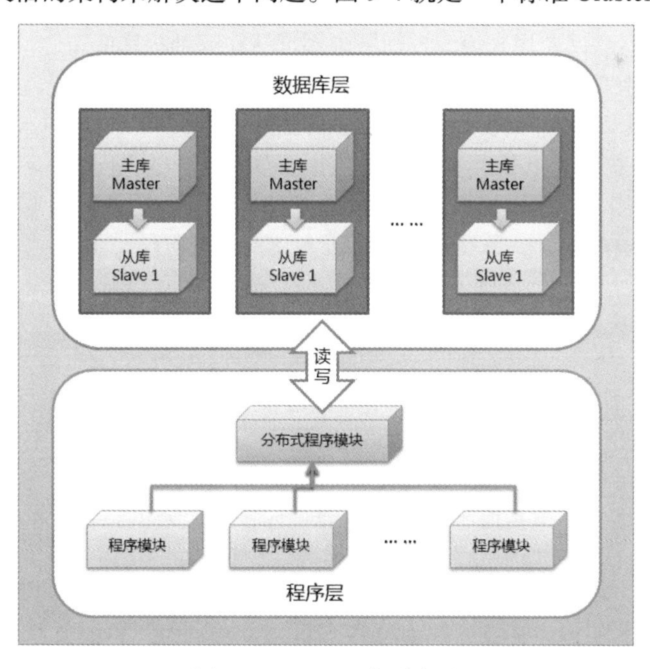

图 9-4 MySQL 集群布局

我们可以看到以上的数据库集群（Cluster）结构是由很多独立的Master/Slave集合构成的，所有的程序模块都通过统一的分布式程序模块来访问数据库。这种方式的好处是可以灵活地使用程序逻辑，把海量的数据分散到对应的Master/Slave数据库集合中。除了具备灵活性的优点以外，良好的扩展性也是该集群架构的优点之一，理论上只要通过修改分布式程序的算法，就可以在这个架构上添加无限的Master/Slave集合。

Cluster架构对数据库管理和分布式逻辑的要求比较高，一旦逻辑出了问题通常会造成非常严重的后果。程序实现思路如下，首先，我们通常会使用唯一的字段作为分布式数据的ID，通过散列分布算法来获得数据所在的位置，目前比较常见的算法有取模算法、一致性散列算法等。至于具体的实现逻辑，这里就不深究了。

另外，Hush Framework中还实现了另外一种思路的分布式算法，即按照数据库名来分布式存储数据。这种算法虽然比较简单，但是在实际项目中还是非常实用的，由于数据库的相关功能不同，每个数据库的访问量和数据量也很不平均，所以按照数据库名来处理还是比较科学的，有兴趣的读者可以参考微博服务端程序中数据库配置的实现，代码位于服务端程序的etc/目录下的database.mysql.php文件中。

9.3.3 网络优化

前面已经介绍了许多与应用服务端有关的优化，相信如果都能做到，该网络应用的服务端性能应该已经相当不错了。不过在正式上线之前，我们还有个比较重要的问题需要考虑，也就是网络机房的选择。

目前国内有移动、联通和电信三大移动网络运营商，不同运营商的网络之间会有一定的分隔，有过运维经验的人应该都知道，在不同网络之间进行数据传输的速度肯定要比网内传输慢得多。因此，对于移动互联网应用来说，要把服务端部署在哪种机房就需要慎重考虑了。当然，如果资金充足也可以选用双线甚至多线机房，但是对于创业初期的团队来说就需要谨慎选择了。

一个比较合理的思路是根据目标用户的分布来选择机房。从国内的Android市场看，移动用户应该是最多的，联通和电信其次，但是应用真实的用户分布还是需要通过实际数据来说明。为了收集这些数据，使用一些Android数据统计平台是一个不错的选择。走完这个步骤之后，应用就进入运营阶段了，服务端开发也将进入支持维护阶段。

9.4 小结

本章内容比较全面地介绍了PHP服务端开发过程中各个方面的优化。首先，重点介绍了与PHP编码过程以及PHP系统组件（如Session、缓存、APC等）的优化；其次，分析并介绍了网络数据传输过程中可能需要注意到的优化技巧；最后，我们还介绍了可能会影响服务端运行效率的其他几个重要因素，包括服务器优化、数据库优化以及网络优化的内容。这些优化技巧和经验都是从实际项目中积累而来的，具有很高的实用价值。

第 10 章　客户端优化

对于移动互联网应用来说，客户端的功能主要是提供展示和操作的界面，为用户提供良好的使用体验。通过之前对服务端性能瓶颈的分析，我们了解到客户端的优化的主要目的就是让应用客户端能够运行得更快、更稳，优化工作主要包括 Android 程序优化、Android UI 优化以及一些其他的优化。下面我们先来介绍与 Android 程序优化有关的内容。

10.1　优化 Android 程序

Android 程序优化是客户端优化的核心，因为应用客户端的逻辑都需要使用 Android 程序来实现，包括数据准备、逻辑计算、资源调用以及缓存使用等。另外，在客户端优化中还需要特别注意内存泄露的问题，否则可能造成应用程序崩溃的后果。Android 程序优化包括许多方面，下面重点介绍 Java 代码优化、多线程的应用以及常用的缓存策略。

10.1.1　优化 Java 代码

既然 Android 应用客户端使用的是 Java 语言，就免不了需要进行 Java 代码优化的工作。和服务端代码优化一样，在客户端编码工作完成之后，也会有 Code Review 的过程，在这个过程中我们需要使用一些常见的 Java 编程技巧，并结合实际的逻辑来不断地“锤炼”我们的代码，以达到缩减代码体积和提高代码执行效率的目的。下面我们先来学习一些常见的 Java 编程技巧和优化原则。

1. 尽量使用 static 和 final 修饰符

使用静态修饰符 static 的好处有很多，对于一些固定的类和方法我们都建议使用 static 把它们标识为静态，因为相对于其他方式调用静态方法的效率是最高的，而且可以减少空间占用，这点所有的语言都一样，当然也包括 PHP。

final 修饰符有“无法改变”的含义，final 变量的值不可被修改，final 方法不可被覆盖，final 类不可派生。适当地使用 final 修饰符不仅可以保护重要的逻辑或者数据，还可以提高程序的执行效率。

2. 尽量使用局部变量

调用方法逻辑时创建的局部变量（临时变量）是保存在栈（Stack）中的，速度要比保存在堆（Heap）中的那些变量快许多，如静态变量、实例变量等。

3. 不要过度依赖 GC

虽然 Java 虚拟机自身的 GC 垃圾回收机制已经比较完善，但是同时也掩盖了一些风险。比如在短时间内大量地创建对象就有可能会消耗过多的系统内存，从而导致内存泄露，因此，我们还是应该养成及时回收不再使用的对象和资源的好习惯。常见的回收方式就是在使用完变量或者对象之后，将其手动设置为 null。

另外，如果在程序逻辑中使用到数据库连接或者 I/O 流这种大对象时务必特别小心，使用后应该及时进行资源释放，因为操作这些大对象对系统资源的开销比较大，使用不当则有可能导致严重的后果。

4. 优化循环语句

和其他语言一样，当我们遇到循环或者递归逻辑时，需要特别注意，因为在这种逻辑中，一旦出现漏洞就有可能被无限放大。下面我们就来分析编程中需要注意的几个要点，首先，在循环中应该避免重复运算，相关示例见代码清单 10-1。

代码清单 10-1

```
// 错误写法
for (int i = 0; i < vector.size(); i++) {
      ...
}
// 正确写法
int size = vector.size();
for (int i = 0; i < size; i++) {
      ...
}
```

在错误写法中，vector 对象的 size 方法在每次循环判断中都会被调用，虽然该方法执行起来很快，但是叠加起来的性能损耗是很可怕的。正确的写法应该在循环之外把变量准备好，这样每次循环判断时便不会产生额外计算量。

其次，循环逻辑中应该尽量避免使用一些开销比较大的操作，比如创建对象（new），捕获异常（try catch）等。进行逻辑计算时应该尽量使用基本数据类型，比如 int 数组、string 数组等。变量或者对象使用后还要注意资源回收。

5. 慎用异常机制

虽然 Java 的异常机制非常强大，但是执行异常捕获语句（try catch）和抛出异常（throw）的代价很高。建议大家在使用异常机制的时候尽量把捕获逻辑放在最外层，并且只用于错误处理，不要用于处理程序逻辑。

6. 基本数字类型运算

在编程过程中难免会遇到运算逻辑，Java 语言中基本的数字类型有 byte、short、int、long、float 和 double，运算方法有加、减、乘、除、移位以及布尔运算。以下是实现计算逻辑时需要注意的要点。

- 运算速度从快到慢依次是 int、short、byte、long，float 和 double 的运算速度最慢。
- 除法比乘法慢太多，基本上除法的运算时间是乘法的 9 倍。

• long 类型的计算很慢，建议少用。
• double 运算速度和 float 相当。

7. 字符串操作使用 StringBuffer

字符串（String）是 Java 语言最常用的基本数据类型之一，撇开最基本的字符串操作不谈，在程序逻辑中我们经常要对字符串进行拼接操作，有些程序员为了少写几行代码，使用“+”号来拼接字符串，但是这种做法的效率要比使用 StringBuffer 慢上很多。相关示例请参考代码清单 10-2。

代码清单 10-2

```
// 低效用法
String appendStr = "test";
int times = 10000;
String str = "";
for (int i = 0; i < times; i++) {
      str += appendStr;
}
// 高效用法
String appendStr = "test";
int times = 10000;
StringBuffer sb = new StringBuffer();
for (int i = 0; i < times; i++) {
      sb.append(appendStr);
}
```

8. 合理使用数据集合

Java 语言给我们提供了丰富的数据集合来实现数据存储和复杂逻辑。Java 的数据集合可大致分为两种类型，即集合结构（Collection）和图表结构（Map），下面还包含了列表（List）、栈（Stack）、散列表（HashMap）等，这些数据集合之间的关系如下。

```
Collection
├ List
│ ├ LinkedList（双向链表）
│ ├ ArrayList（高级数组）
│ └ Vector（线程安全）
│   └ Stack
└ Set
Map
├ Hashtable（线程安全）
├ HashMap
└ WeakHashMap
```

Collection 是最基本的数据集合接口，List 是有序的 Collection，能够精确地控制每个元素插入的位置，List 之下还包含 LinkedList、ArrayList、Vector 和 Stack 等数据集合。其中，最经常被使用的是 ArrayList，该数据集合其实就是一个可变大小的数组；其次是 LinkedList，该数据集合可用于实现栈（stack），队列（queue）或双向队列（deque）。此外，在 Map 类型的数据集合中我们要注意 HashMap 和 Hashtable 的区别，虽然同样是散列列表，但是 Hashtable 是同步的，即线程安全的。另外，这些数据集合中应该尽量使用 ArrayList 和 HashMap，谨慎使用 Vector 和 Hashtable，因为后两者为了保证线程安全性而使用了同步机制，系统开销比较大。

另外，数据集合的功能虽然十分强大，但是性能却远比不上原生的数据结构，比如数组、枚举类型等。在编码实现时，我们应当尽量使用原生的数据结构来实现逻辑。实际上，这两种实现方式之间的性能差距我们在第 8 章对 Android 客户端进行性能分析时已经验证过了，具体内容可参考 8.1.2 节。

9. 使用 clone 替代 new

我们知道，每次使用 new 关键词创建对象时都会比较耗费系统资源，因为所有类关系链上的构造方法都会被自动调用，但是使用 clone 方法来复制对象不会调用任何类的构造方法，因此在工厂模式下使用 clone 方法是一个更好的选择，相关示例如代码清单 10-3 所示。

代码清单 10-3

```
// 低效用法
public static Blog getNewBlog (){
    return new Blog();
}
// 高效用法
private static Blog baseBlog = new Blog();
public static Blog getNewBlog (){
    return (Blog) baseBlog.clone();
}
```

10. 慎用 public static final

需要谨慎使用 public static final 的原因有两个。其一，如果一个变量或者数据被这样声明，那么我们就不能对这个变量进行任何修改了，这种数组也无法进行增、删、改以及排序等操作；其二，这种声明的数据在整个进程被销毁之前都会常驻内存，使用不当有可能会引起一些性能问题。

11. 采用对象池提高效率

我们知道创建和释放对象都会占用比较大的系统资源，而 Java 又恰恰是一门完全面向对象的语言，使用过程中无法避免使用对象，所以就出现了对象池技术，即把常用的对象存放在一个对象池（也可视为对象集合）中，通过一定的策略来高效地调用已经存在的对象，避免大量地创建对象或销毁对象。

Java 中比较常见的对象池有数据库连接池、线程池等。比如我们在实现微博应用客户端异步任务时，就用到了 ExecutorService 线程池类中的 newCachedThreadPool 方法创建的线程池，具体内容可参考 7.4.2 节。

12. 不要过度使用 OOP

对象既占内存，又消耗资源，因此我们在编程实现的过程中一定要注意，千万不要想当然地觉得任何问题都必须使用 OOP 的思想去解决，有些比较简单的逻辑或者运算完全可以使用基本数据类型替代对象来实现。

此外，在优化代码的过程中，除了需要注意前面介绍的 Java 编程技巧，善于使用语言框架中的工具类也是非常重要的，因为绝大部分的原生工具类都是经过大师们精心设计的，在执行效率方面一般会比我们自己实现的方法要好。例如 android.util 类包就为我们提供了非常实用工具类，如 Log 日志处理类、Base64 编码类以及 Timer 定时器类等。使用 android.text.TextUtils 进行字符串操作也是非常方便的。此外，使用 Log 打印日志的系统资源开销也是不小的，所以这里建议大家，在正式发布应用之前应该先把程序中的 Log 调试代码关闭。

10.1.2 异步获取数据

移动互联网应用必然要去服务端获取数据，由于网络获取数据的操作通常都比较耗时，因此我们绝不可以把这些逻辑放到主 UI 线程中去，否则很可能导致应用运行缓慢甚至崩溃。正确的做法是在新线程中准备数据，然后再通知主 UI 线程异步获取数据并显示。这也是 Android 多线程技术的一个重要应用，至于 Android 系统线程的工作原理请参考 7.4.1 节的内容。

实际上，除了通过网络获取数据的操作之外，所有的耗时操作也都需要使用类似的方式来处理，比如下载图片、批量保存数据等，这在 Android 优化过程中是非常重要的，因为如果处理不当将严重影响应用的运行效率，因此如果在 Code Review 的过程中，一旦发现使用不当的情况，应当立即进行处理。

接着我们来看看异步获取数据的方法。首先，在本书的微博客户端实例中，我们使用了自定义的 doTaskAsync 和 onTaskComplete 方法来创建异步任务并处理任务结果，通常会在 doTaskAsync 方法中加入耗时的网络通信逻辑，然后在 onTaskComplete 方法中处理异步返回的结果。通过 7.4 节的详细介绍我们了解到，这种方式实际上是利用 Handler 来处理异步任务的。除此之外，我们还可以使用系统提供的 AsyncTask 类来处理这个问题，这部分知识我们也已经在 7.4.4 节中给大家介绍过了。

10.1.3 文件资源缓存

为了让应用可以运行得更加快速，我们需要使用一些缓存策略，特别对于一些尺寸比较大的文件或者需要从网络下载的图片等。比如在微博应用实例中，微博用户的头像就是一个典型的例子，在微博列表展示界面中，如果每次都要去网络下载头像图片必然会大大拖慢界面的展示效率，因此我们就采用了与 SDCard 相结合的缓存策略。

SDCard 缓存策略的实现思路是把网络图片的 URL 地址转化成该图片的缓存 ID，程序异步获取图片内容之后就会存储到与缓存 ID 对应的 SDCard 缓存文件中；这样当再次遇到相同 URL 地址的图片时，程序就会根据缓存 ID 直接从 SDCard 缓存文件中获取到图片数据，并构造成 Bitmap 对象进行显示。

实际上，上述缓存的实现逻辑，在前面第 7 章介绍微博客户端实例代码的时候已经给大家详细介绍过了，具体内容请参考本书的 7.7.5 节与 7.7.6 节。阅读时请特别注意 AppCache 类中的 getCachedImage（见代码清单 7-68）、IOUtil 类中的 getBitmapRemote（见代码清单 7-69）以及 SDUtil 类中的 getImage 和 saveImage 方法的逻辑代码（见代码清单 7-71），这里不再赘述。

此外，在某些特殊的情况下，我们也许会抱怨 Android 底层 I/O 类库的性能不是很理想。此时，推荐大家通过 MemoryFile 类实现高性能的文件读写操作。MemoryFile 类通过将 NAND 或 SDCard 上的文件分段映射到内存中来处理，这样就用高速的 RAM 代替了 ROM 或 SDCard，性能自然提高不少，同时还减少了电量消耗。MemoryFile 类中主要方法的使用说明如表 10-1 所示。

表 10-1 MemoryFile 类的主要方法

方法定义	使用说明
allowPurging(boolean allowPurging)	允许清理内存，该操作是线程安全的
close()	关闭内存文件句柄
getInputStream()	获取读取数据流
getOutputStream()	获取写入数据流
isPurgingAllowed()	判断是否允许清理内存
length()	返回内存映射文件大小
readBytes(byte[] buffer, int srcOffset, int destOffset, int count)	按字节读取文件
writeBytes(byte[] buffer, int srcOffset, int destOffset, int count)	按字节写入文件

10.1.4 数据库缓存

前面介绍了图片类型文件的缓存策略，接下来介绍一下文本数据的缓存处理。考虑到图片类型文件的存储和使用方式，我们采用缓存到本地 SDCard 的方式来处理；而文本数据则不同，一来此类数据可压缩的空间比较大，二来可能需要对外提供增、删、改、查业务，因此，我们通常会将此类数据存储到本地数据库中以便管理。

Android 的本地数据库是 SQLite，一个高速的文本数据库，基础概念可以参考 2.6.3 节。实际上，本书的微博应用实例就用到了数据库缓存，比如微博列表界面中的微博列表信息就是被缓存在 SQLite 数据库中的，具体实现可参考 7.7.7 节。使用这种方式有两种好处，其一，客户端可以快速地从本地数据库获取数据，就算偶然出现网络中断，我们也可以看到微博信息；其二，客户端每次只需要到服务端获取最新的微博数据即可，这样就大大减少了不必要的网络流量。

以上我们介绍了 Android 程序优化的几个重要方面，以底层 Java 代码的优化为核心，同时还介绍了使用多线程技术来处理耗时操作的方法，以及常用的文件与数据缓存的技巧，大家可以结合之前介绍的微博应用实例好好理解体会，相信可以对拓宽 Android 程序的优化思路起到良好的作用。另外，以上内容还起到了抛砖引玉的作用，Android 程序开发中还有更多的优化技巧，等待着大家在实际项目中不断地发现和总结。

10.2 避免内存泄露

对于应用客户端来说，如何避免内存泄露是个老问题了。内存泄露（Memory Leak）指的是由于某些原因导致系统内存过度消耗的问题，在最糟糕的情况下，内存耗尽会导致应用程序崩溃甚至影响设备运行。由于 Android 系统支持的设备内存一般都不太高，所以我们要特别注意这个问题。

10.2.1 Android 内存管理

我们知道 Android 应用框架是基于 Java 语言的，所以应用内存管理的工作也都由 Java 虚拟机来负责。Android 系统使用的是不遵循 JVM 规范的 Davlik 虚拟机，与传统 Java SE 的 JVM

还是有些区别的，其特点归纳如下。

- Davlik 虚拟机更接近 Linux 内核，支持多进程。
- Davlik 虚拟机基于寄存器，与传统基于栈的 Java 虚拟机不同。
- Davlik 虚拟机使用自己的字节码（.dex 文件），不兼容传统的 Java 字节码格式。
- Davlik 虚拟机的常量池只使用 32 位的索引，以简化解释器。
- Davlik 虚拟机默认栈大小是 12KB（3 页、每页 4KB）。
- Davlik 虚拟机默认堆启动大小是 2MB，最大为 16MB（该数值与设备有关，也有 24MB 甚至 48MB 的）。

在 Davlik 虚拟机内同样存在垃圾收集器（GC），用于回收不再使用的对象以释放内存，和传统的 JVM 类似，其内存垃圾回收机制是从程序的主要运行对象开始检查引用链，当遍历后发现没有被引用的孤立对象就当作垃圾回收。GC 为了能够正确回收对象，必须监控每个对象的运行状态，包括对象的申请、引用、赋值等，而释放对象的根本原则就是该对象不再被引用。另外，Davlik 虚拟机并不会为每个对象保留 GC 标记，而是在运行时再创建独立的空间来处理，这种方式更加节省内存；而 JVM 调用 GC 的策略也有很多种，但通常来说，我们不需要关心这些。

由于每个 Android 应用程序可使用的内存大小是有限制的（一般是 16MB），所以我们在编码实现时要特别注意内存的使用，特别是在遇到需要使用大量内存的功能时。比如之前介绍的微博应用实例中，在读取图片时我们就遇到了类似的问题；因为 Bitmap 对象使用的是应用自身的堆内存（Heap），所以在处理较大图片时就需要使用略缩图的方式，处理方法请参考 7.7.6 节后半部分的内容。

另外，我们需要了解的是，虽然 GC 已经帮助我们处理了大部分内存回收的工作，但是，对于比较复杂的 Android 应用或者游戏来说，要在开发过程中完全避免内存泄露的想法显然是过于理想化了。所以，在开发完成之后我们通常都需要进行严格的测试来判断应用是否存在内存泄露的问题，所幸的是 Android 开发组件中已经提供了比较好用的分析工具，接下来我们就着手进行学习。

10.2.2 如何判断内存泄露

与 Java 语言环境类似，Android 系统框架也为我们提供了 HPROF 工具来监控内存和 CPU 的使用情况。在 Android 开发环境中，我们主要使用 Eclipse 的 MAT（Memory Analyzer）工具来获取准确的内存泄露报告。

MAT 工具可以在 Help 菜单中的 Install New Software 功能界面中安装，找到 Eclipse 更新站点下面的 General Purpose Tools 之下的 Memory Analyzer 选项，选中并进行安装即可，如图 10-1 所示。如果找不到，请根据官方站点 http://www.eclipse.org/mat/downloads.php 之上的最新 Update Site 地址手动进行添加。

然后，只需要在 DDMS 界面的 Devices 选项栏中选中需要进行内存分析的进程，比如微博应用实例的进程——com.app.demos，然后点击 Dump HPROF File 按钮（如图 10-2 所示）就可以生成当前的 HPROF 文件。

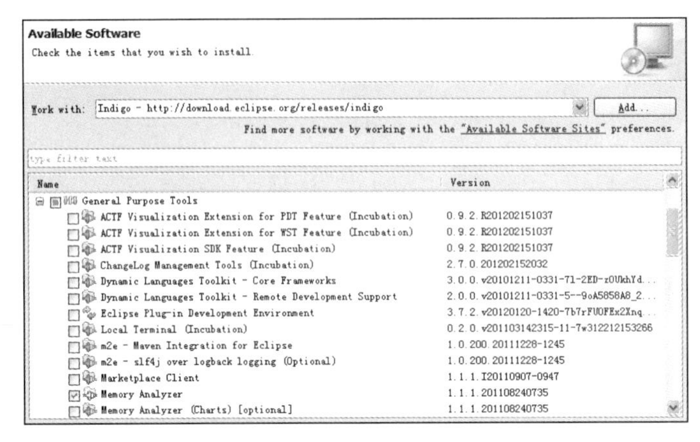

图 10-1 MAT 安装界面

图 10-2 Dump HPROF File 按钮

在 Eclipse 环境中的 ADT 和 MAT 都能正常使用的情况下，系统会自动生成最终的内存泄露报告（Leak Suspects），如图 10-3 所示。当然，如果没能自动生成的话，我们也可以通过 Android SDK 工具 hprof-conv.exe 把 .hprof 文件转化成正确的格式，然后在 Eclipse 的 Memory Analysis 界面中手动导入并分析。

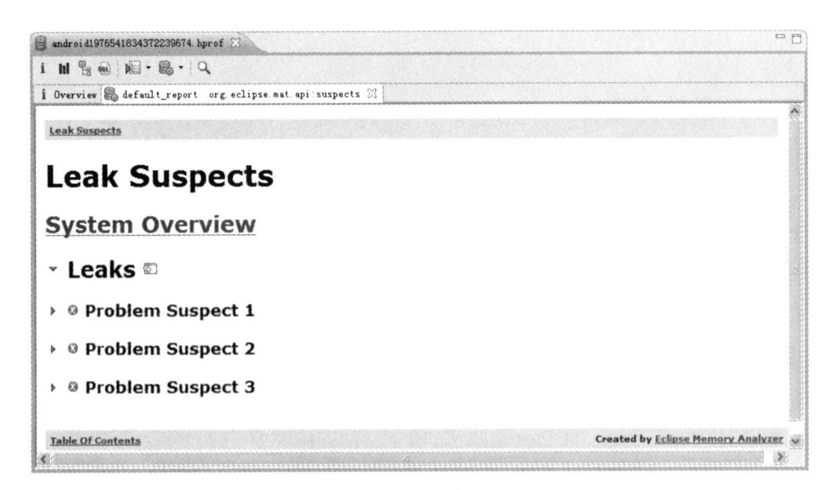

图 10-3 MAT 内存泄露报告

在 MAT 为我们提供的 Leak Suspects 中我们可以看到 MAT 帮助我们分析所得的最占内存

的类对象，还可以在 Dominator Tree 中查找相关 Package 下面可能产生内存泄露的所有可疑类。当然，再好用的工具也只能起到辅助的作用，要精确定位内存泄露问题的根源所在，还需要深入到具体的代码实现中去，因此我们需要具备处理一些常见内存泄露问题的经验，下节中我们就来学习相关内容。

10.2.3　常见内存泄露的处理

首先，我们需要知道 Java 中引起内存泄露的根本原因是引用了垃圾对象。简单来说，也就是程序引用了某些对象，但是却从来没有使用过，致使 GC 无法正常回收，最终导致了内存溢出的问题。对于 Android 来说，除了需要了解 Java 语言本身存在的问题之外，还需要注意 Android 系统自身的特点，我们将实施过程中可能出现的一些常见问题的处理方式归纳如下。

1. 程序逻辑的内存泄露

一些不好的编程习惯可能在程序逻辑中造成内存泄露的隐患，比如在不恰当的位置销毁对象，如代码清单 10-4 所示。

代码清单　10-4

```
Vector customers = new Vector(100);
for (int i = 1; i < 100; i++) {
      Customer customer = new Customer();
      customers.add(customer);
      customer = null;
}
```

以上代码中，我们先创建了一个 customers 数组，然后循环加入新建的 Customer 对象，虽然在每次加入之后都将新的 Customer 对象设置为 null 了，但是实际上所有的 Customer 对象并没有被销毁，因为变量 customers 的引用依然存在；另外，这些对象都已经无用了，但却还被引用，这样 GC 就无能为力了。

另外，循环引用也会产生类似的 GC 回收障碍，比如在类 A 中引用了类 B 的对象，而类 B 中又引用了类 A 的对象，我们在编码实现的时候也要特别注意避免类似的设计，这里就不再举例说明了。

2. 数据库查询没有关闭游标

对于数据库游标这种大型对象来说，使用过后必须关闭回收。当然，系统发现这种情况的时候通常会抛出异常来提醒我们，虽然对于 Android 应用来说，这些异常并不会直接导致系统崩溃，但是我建议大家还是要重视起来，如有发现应及时处理，否则不仅有可能造成内存泄露，还会影响应用的运行速度。

3. 合理使用上下文对象（Context）

上下文对象（Context）是 Android 开发中最重要的内容之一，保存了对整个 Android 应用或者当前 Activity 引用的资源，更多信息请参考 2.5 节中的内容。程序逻辑中我们可以很方便地使用 Context 上下文对象来实现界面逻辑，但是同时也要注意由于 Context 上下文对象牵涉的资源引用非常多，一旦出现内存泄露，后果是很严重的。

最常见的 Context 上下文对象造成的内存泄露是因为超出自身的生命周期而导致的。比如在一些生命周期比较长的对象中（如 Service 服务或者某些运行时间比较长的线程）使用了某个 Activity 的 Context 对象，那么当这个 Activity 被销毁时，该 Context 对象就变成了垃圾对象。另外，我们还要特别注意避免把 Activity 内的控件对象声明为静态，这种做法在屏幕旋转的时候就可能产生内存泄露。

总之，在使用 Context 上下文对象的时候需要注意几点：其一，避免让生命周期过长的对象引用 Activity Context，即保证 Activity 内对象的生命周期和自身是一致的；其二，在 Activity 类内使用静态声明的时候要特别注意，比如控件对象最好不要是静态的，而内部类则最好是静态的。另外，对于生命周期比较长的对象，建议使用 Application Context。

4. Bitmap 对象不使用后未调用 recycle 方法释放内存

Bitmap 对象在不使用时，我们应该先调用 recycle 方法释放内存，然后再将其设置为 null。虽然从源码上看，调用 recycle 方法应该能立即释放 Bitmap 的主要内存，但是实际测试结果显示它并没能立即释放内存。

5. 构造 Adapter 时未使用缓存的 View 对象

这点主要是针对列表控件（ListView）来说的。以基础适配器 BaseAdapter 为例，初始状态下 ListView 会根据当前的屏幕布局从 BaseAdapter 中实例化一定数量的 View 对象，同时将这些 View 对象缓存起来。当 ListView 滚动时，不再显示的列表项 View 对象会被回收，用来构造新出现的列表项。这个构造过程就是由 getView 方法完成的，该方法的第二个参数“View convertView”就是被缓存起来的列表项 View 对象。显然，如果我们在每次 getView 时不去使用缓存的 convertView 对象而是每次都创建新的 View 对象，将使得应用占用的内存越来越大，既没有效率又浪费资源。

实际上，本书微博实例中有好几处都用到了列表适配器，比如微博列表界面中我们使用到的列表适配器类 BlogList（如代码清单 7-63 所示）等。

另外，前面介绍 Java 代码优化的时候也涉及一些内存使用的优化技巧，比如合理使用 static 和 final 修饰符，及时地回收对象（将不用的对象设置为 null）以及尽量使用原生的数据结构等。假如我们可以把以上的注意事项都做好，相信最终的 Android 应用产品一定可以远离内存泄露问题的困扰。

10.3 优化 Android UI

前面讲的都是程序编码方面的优化工作，接下来介绍在 Android 应用开发中与 UI 优化有关的内容。因为 UI 模板开发也是 Android 开发中不可忽视的重要环节，所以 UI 模板优化也是客户端优化的重要内容。

10.3.1 模板代码优化

Android UI 模板使用 XML 语言来实现，语法本身没有什么值得讲的，我们只需要根据需求设置 UI 控件的不同属性值即可；但是，在实际使用过程中还是有不少要点需要我们注意，现总结如下。

- 不要使用固定的绝对定位布局（AbsoluteLayout）。
- 不要使用 px 单位，统一使用 dip 或者 dp，如果是文本则使用 sp。
- 所有资源都要针对高分辨率屏幕创建（缩小比放大好）。
- 使用适当的间距（margin、padding）。
- 适当处理屏幕方向变化，必要时固定界面的方向。
- 使用主题（Theme）和样式（Style）来减少界面冗余。

实际上，微博应用实例中绝大多数界面模板都基本遵循了以上的代码优化原则，第 7 章中介绍的所有界面的模板代码都是非常好的例子，大家可以用于参考，加深体会。当然，我们也需要知道，微博应用的模板代码绝不是完美的，如果大家在学习的同时还能发现其中存在的问题并予以改进，那么我们就达到了理想的学习效果。

10.3.2 关于布局优化

Android 布局是 UI 界面设计中一个非常重要的工具，主要负责界面框架布局的搭建，最常使用的布局控件包括基本布局（FrameLayout）、线性布局（LinearLayout）、相对布局（RelativeLayout）、绝对布局（AbsoluteLayout）以及表格布局（TableLayout）等，这些布局控件的基本用法请参考 2.7.2 节。

1. 使用合适的布局方式

我们知道，相同的界面可以使用不同的布局来实现，但是实现的方式不同，模板解析的效率也不同。就这点来说，我们需要注意两个原则：其一，模板文件的代码行数越少，解析速度越快；其二，模板布局嵌套越简单，解析速度也越快。下面我们以微博列表界面顶部的用户信息的布局为例来讲解，详情请参考 7.9.2 节，界面如图 10-4 所示。

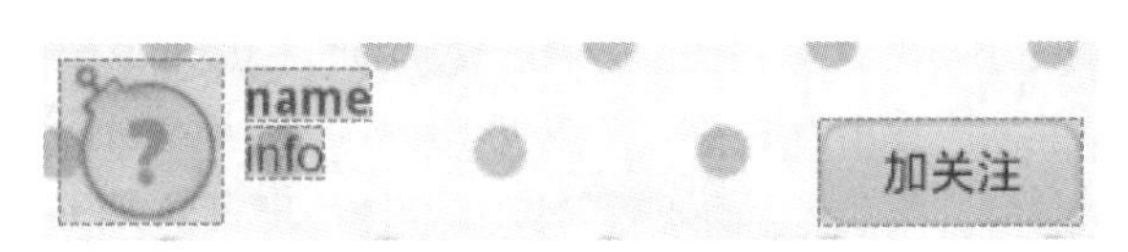

图 10-4 微博列表界面顶部布局

这是一个在应用界面设计中经常用到的典型布局，在 7.9.2 节的 ui_blog.xml 模板中我们使用了相对布局 RelativeLayout 来实现。下面我们将这部分的模板代码截取下来，如代码清单 10-5 所示。

代码清单 10-5

```
<RelativeLayout
    android:layout_width="fill_parent"
    android:layout_height="60dip">
    <ImageView android:id="@+id/app_blog_image_face"
        android:layout_width="50dip"
        android:layout_height="50dip"
        android:layout_margin="5dip"
        android:src="@drawable/face"
        android:scaleType="fitXY"
```

```
            android:focusable="false"/>
        <TextView
            android:layout_width="wrap_content"
            android:layout_height="wrap_content"
            android:layout_marginTop="8dip"
            android:id="@+id/app_blog_text_customer_name"
            android:textStyle="bold"
            android:text="name"
            android:layout_toRightOf="@+id/app_blog_image_face"/>
        <TextView
            android:layout_width="wrap_content"
            android:layout_height="wrap_content"
            android:id="@+id/app_blog_text_customer_info"
            android:text="info"
            android:layout_toRightOf="@+id/app_blog_image_face"
            android:layout_below="@+id/app_blog_text_customer_name"/>
        <Button
            android:layout_width="80dip"
            android:layout_height="32dip"
            android:background="@drawable/button_1"
            android:id="@+id/app_blog_btn_addfans"
            android:text="@string/btn_addfans"
            android:layout_alignParentRight="true"
            android:layout_alignParentBottom="true"
            android:layout_marginRight="8dip"
            android:layout_marginBottom="5dip"/>
    </RelativeLayout>
```

我们可以看到，使用RelativeLayout来实现，布局嵌套仅有一层，代码也相对比较简单，大家可以想象一下如果使用线性布局LinearLayout来实现需要多少层的布局嵌套，需要增加多少行代码。从这点我们可以看出，在以上这种情况下，使用RelativeLayout实现比起使用LinearLayout要好很多。当然，在一些布局比较简单的界面中，比如完全水平或者垂直排布的情况下，使用RelativeLayout就没有必要了。

另外，在使用RelativeLayout时还需要注意一点，由于该布局是通过内部控件的相对位置来决定排布方式的，如果其中的某些控件发生变化（比如隐藏起来），则会影响到与其关联的控件。好在Android为我们提供了属性alignWithParentIfMissing来解决这个问题，当出现上述情况时，控件可以根据alignWithParentIfMissing的值来判断是否需要和上一层的控件对齐。

2. 学会复用模板的资源

与程序开发一样，模板开发也强调复用性，简单来说就是把界面中公用的模板提取出来，提供给其他界面模板来调用。良好的复用型不仅可以简化应用模板的代码，让开发和维护工作更方便，还可以用来优化模板的层次结构，提升应用的运行效率。

复用模板资源必须用到<merge/>和<include/>标签，前者作为XML模板的根节点用于标识复用模板，后者则用于在复用模板中包含其他的模板。实际上，我们在7.2.2节中已经详细说明了以上两个标签的用法，还使用了微博应用的主界面（即微博列表界面）作为其使用范例，模板代码可以参考代码清单7-23，其中就使用了<merge/>和<include/>标签来包含微博界面的上、下两个部分（即 main_top.xml 和 main_tab.xml）以及通用的界面组件模板（即 main_layout.xml）。大家可以回顾一下，体会模板复用的思路和用法。

另外，在模板复用时还要注意一点，那就是不要因为错误的包含方式造成不必要的资源浪费，如在模板布局中出现"冗余节点"。下面我们举例说明，比如项目中有个 test_frame.xml 模板，如代码清单 10-6 所示。

代码清单　10-6

```
<?xml version="1.0" encoding="utf-8"?>
<FrameLayout xmlns:android="http://schemas.android.com/apk/res/android"
    android:layout_width="fill_parent"
    android:layout_height="fill_parent" >
    <TextView
        android:text="big"
        android:layout_width="wrap_content"
        android:layout_height="wrap_content"
        android:textSize="50pt"/>
    <TextView
        android:text="middle"
        android:layout_width="wrap_content"
        android:layout_height="wrap_content"
        android:textSize="20pt"/>
    <TextView
        android:text="small"
        android:layout_width="wrap_content"
        android:layout_height="wrap_content"
        android:textSize="10pt"/>
</FrameLayout>
```

test_frame.xml 模板的代码很简单，就是在基本布局（FrameLayout）中放置了三个 TextView，运行效果如图 10-5 所示。

图 10-5　test_frame.xml 运行效果

然后，我们需要在另一个模板 test_merge.xml 中包含 test_frame.xml 模板的内容，因此我们使用 <merge/> 和 <include/> 标签来实现，见代码清单 10-7。

代码清单 10-7

```
<?xml version="1.0" encoding="utf-8"?>
<merge xmlns:android="http://schemas.android.com/apk/res/android">
<include layout="@layout/test_frame" />
</merge>
```

运行 test_merge.xml 模板界面，并使用 Hierarchy Viewer 工具查看该界面的 UI 结构视图，如图 10-6 所示。我们可以看到 test_merge.xml 界面的模板结构有 4 层，而中间两层都是 FrameLayout，这就是一种明显的“冗余节点”。

小贴士： Hierarchy Viewer 工具是 Android SDK 为我们提供的用来查看模板 UI 结构视图的工具，详细的使用方法可参考 10.3.3 节中内容。

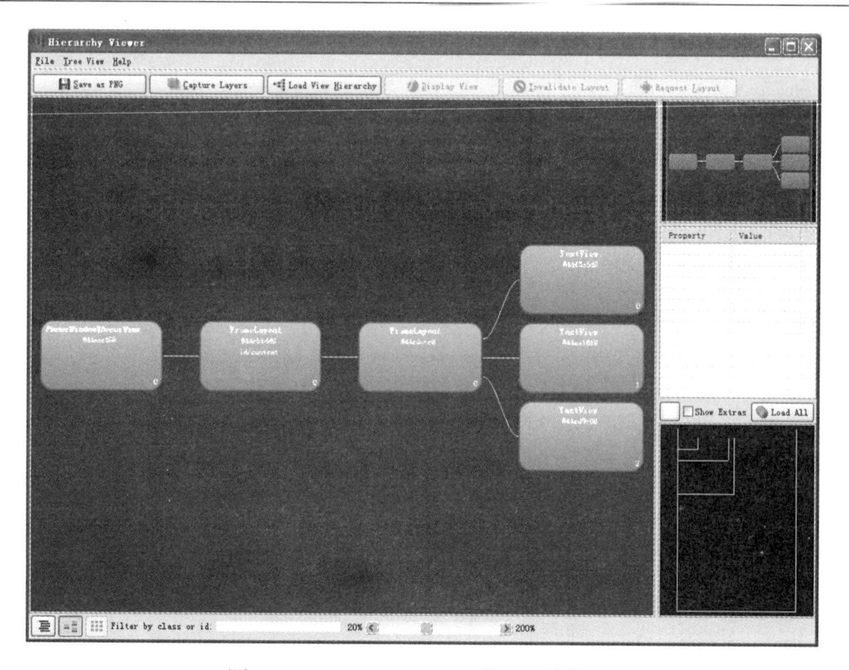

图 10-6 test_merge.xml 的 UI 结构图

我们知道，通常布局的层次越多，模板解析起来就越慢，比较正确的思路是把 <merge/> 和 <include/> 标签当做一个临时的布局，最终模板组合的时候应该把这些临时布局剔除。所以，我们对 test_frame.xml 模板进行如下修改，如代码清单 10-8 所示。

代码清单 10-8

```
<?xml version="1.0" encoding="utf-8"?>
<merge xmlns:android="http://schemas.android.com/apk/res/android">
    <TextView
```

```
        android:text="big"
        android:layout_width="wrap_content"
        android:layout_height="wrap_content"
        android:textSize="50pt"/>
    <TextView
        android:text="middle"
        android:layout_width="wrap_content"
        android:layout_height="wrap_content"
        android:textSize="20pt"/>
    <TextView
        android:text="small"
        android:layout_width="wrap_content"
        android:layout_height="wrap_content"
        android:textSize="10pt"/>
</merge>
```

以上修改简单来说就是把外层的 <FrameLayout/> 标签换成了 <merge/> 标签，接下来重新观察 UI 结构视图，我们会发现此时 test_merge.xml 界面的模板结构已经被简化到了 3 层，原先两个 FrameLayout 也变成了一个，如图 10-7 所示。

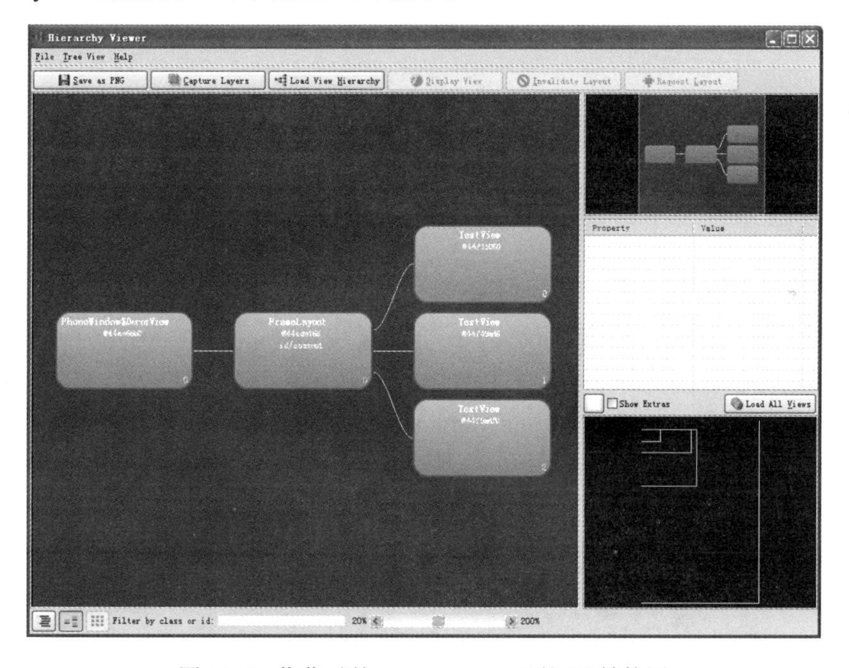

图 10-7　优化过的 test_merge.xml 的 UI 结构图

限于篇幅，关于 Android UI 布局优化的内容到此为止，更多优化技巧需要大家在实际应用的过程中不断总结。在实现模板的过程中，一定要注意以下两点：其一，尽量使用合适的布局方式；其二，最大限度地复用模板资源。当然，只有做到了以上两点，写出来的模板代码才可能是比较合格的。

10.3.3 使用 Hierarchy Viewer 工具

前面在介绍布局优化时已经提到过 Hierarchy Viewer 工具的使用，我们也了解到该工具是用来查看模板 UI 结构视图的。Hierarchy Viewer 工具的用法比较简单，只需要运行 Android SDK 下面 tools 目录中的 hierarchyviewer.bat 文件就可以了，不过需要注意的是该工具需要和模拟器配合运行。比如在模拟器中运行微博应用的时候，打开 Hierarchy Viewer 就会看到图 10-8 所示的树型列表，我们选中相应的 com.app.demos 进程，然后点击上方的“Load View Hierarchy”按钮就可以看到正在运行的 UI 界面的结构视图了（参考图 10-6 或图 10-7）。

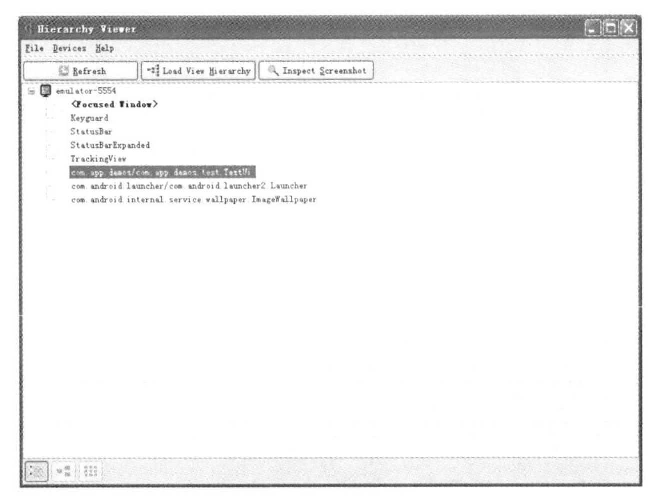

图 10-8 Hierarchy Viewer 界面

接下来，我们就可以根据 UI 结构视图来分析对应模板需要优化的地方。当然，Android SDK 还为我们提供了另外一个模板优化的工具，即 layoutopt 工具。和 Hierarchy Viewer 工具不同的是，Layoutopt 工具会帮助我们分析 XML 模板文件的代码，并且把分析出来的优化建议告诉我们。其命令行工具 layoutopt.bat 和 hierarchyviewer.bat 在同一个目录下，使用时只需要在该命令行后面接上模板文件的地址就可以了。比如，我们可以使用 layoutopt 来分析微博列表界面的模板，也就是 ui_index.xml，分析结果如图 10-9 所示。

```
C:\WINDOWS\system32\cmd.exe
D:\android\tools>layoutopt.bat e:\eclipse\workspace\androidphp\app\demos\client\
res\layout\ui_index.xml
e:\eclipse\workspace\androidphp\app\demos\client\res\layout\ui_index.xml
      13:24 Use an android:layout_height of 0dip instead of wrap_content for b
etter performance
D:\android\tools>
D:\android\tools>_
```

图 10-9 layoutopt 工具的分析结果

我们可以看到 layoutopt 给出优化建议，我们可以参考并进行优化。此外，使用 layoutopt 工具的时候我们还要注意的是，layoutopt 后面必须跟着模板文件的完整目录名，即使已经在模板目录下，否则 layoutopt 工具会提示找不到文件。

至此，Android UI 优化部分的内容已经基本介绍完毕。学习理解之后，大家应该会对

Android 应用开发中的模板编写有了更深的认识。最后，再补充强调一点，由于 XML 模板的解析过程是比较耗费资源的，而且在多线程的环境中读取模板文件还要考虑到并发的问题，所以再好的 XML 模板布局也比不上使用 Java 语言来进行布局。在可能的情况下，大家可以尝试直接使用 Java 代码来构造 UI 界面，也许会有意外的收获。

10.4 其他优化

对于 Android 应用来说，程序虽然是绝对的核心所在，但是资源文件往往才是最占内存空间，也是最费系统资源的部分，而图片又是 Android 应用中最常见的一种资源文件，所以下面我们将首先介绍与图片优化有关的内容。最后，我们还将介绍 Android 应用的打包过程，以及该过程中涉及的 APK 包的优化工作。

10.4.1 优化图片

在 Android 系统中，虽然位图类库 BitmapFactory 的功能还是比较完善的，但是在处理大图时却不是那么令人满意。特别对于一些比较复杂的应用来说，大量资源文件的处理往往会占用绝大部分的系统资源。因此我们在开发过程中还需要注意让美工人员对图片本身进行优化，尽可能降低应用程序资源对图片处理的开销。

1. 图片压缩策略

压缩图片需要注意两方面的内容。首先，我们需要使用合适的图片大小，由于 Android 移动设备的型号非常多，屏幕的大小、尺寸也不尽相同。因此，如何让同一张图片在不同大小的屏幕上合理地显示对 Android 应用或者游戏来说是非常重要的。比较好的做法是，先选择一个最常见的设备屏幕进行开发，然后在可以接受的范围之内让界面做到自适应。当然，使用 XML 模板实现是比较容易办到的，但是对于游戏应用来说就比较难了，我们需要通过界面画布的 getWidth 和 getHeight 方法获取当前设备屏幕的尺寸来动态计算图片的缩放比例。

另外，减少图片的颜色、色深也可以减少图片的大小，比如色深减少到原来的一半，图片容量就可以减少到原来的三分之一。所以在准备图片资源时，需要和美工人员一起商定，如何在界面效果可以接受的范围内，尽量减少图片的颜色数。

当然，对于游戏应用来说还有一种做法，就是把多张图片集成到一张图片上，比如我们把 10 张图片集成到一张图片中，这张大图的容量会比 10 张图片容量的总和小很多，这是因为我们省去了每张图片的文件头、公用数据块等信息。

2. 压缩工具（PNGOUT）

在 Android 应用中我们最常使用的图片格式就是 PNG，所以我们可以寻找一些 PNG 图片的压缩工具。PNGOUT 就是一款非常优秀的 PNG 图片压缩工具，该工具既提供了强大的命令行模式，支持多种色彩模式以及多种优化策略；还支持方便的 Windows 对话框界面，让美工人员们操作起来更简单。更多信息请参考官网：http://www.advsys.net/ken/util/pngout.htm。

10.4.2 优化 APK 包

我们知道，Android 应用最终会被打包成 APK 包（AndroidPackage 的缩写），才能在

Android设备上安装。在Eclipse开发工具中只需要使用右键菜单“Android Tools”之中的“Export Singed/Unsigned Application Package”选项进行导出即可，Android运行环境会为我们自动完成打包的整个过程，图10-10中描绘了标准的Android应用打包过程。

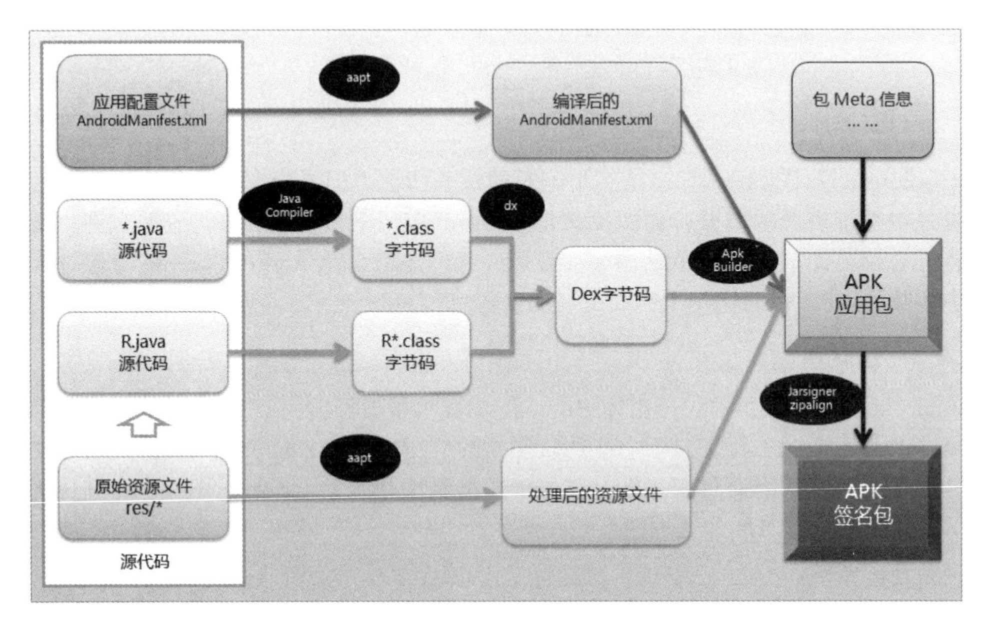

图10-10　标准的Android应用打包过程

从Android打包过程的角度来说，Android应用的代码可分为三大部分，应用配置文件（AndroidManifest.xml）、Java源代码以及原始资源文件。在打包过程中，应用配置文件和原始资源文件将会使用aapt工具进行编译处理，而Java源代码文件则会依次使用Java编译器和dx编译工具转化成Dex字节码文件，然后使用ApkBuilder工具打包形成APK包文件，最后使用签名工具（keytool和jarsigner）进行包签名并得到最终的APK文件，也就是应用安装包。

小贴士： aapt（Android Asset Packaging Tool）工具可用于创建、删除或者查看ZIP兼容格式（zip、jar、apk）的打包文件，还可以把资源编译成二进制资源包。

上述打包过程中，前面的几个步骤我们不需要关心，Android运行环境会自动帮助我们完成。需要注意的是最后使用keytool和jarsigner工具进行签名的过程，因为这部分内容可能需要我们手动进行，另外还可能涉及一些与Android应用优化相关的知识。

10.4.3　使用keytool和jarsigner签名

1. 对APK安装包签名的主要原因

（1）保证信息的安全性和完整性

签名过程会对包中的每个文件都进行处理，进而生成唯一的签名key，并以此来确保每个安装包信息的完整性。另外，签名不同的包是不可以被覆盖安装的，这样可以防止已安装的应用被第三方覆盖或者替换掉，因此我们可以认为签名过的包是安全的。

（2）发送者的身份认证，防止交易中的抵赖情况

签名信息中也包含了对开发者身份的标识，这样就可以防止在交易中发生抵赖情况。这也是许多 Android 市场对软件开发者的要求之一。

我们可以通过 Eclipse 开发工具提供的签名向导（即右键菜单“Android Tools”之中的“Export Singed Application Package”选项）来完成签名的过程，由于全过程只要按照向导的提示来操作即可，比较简单，这里不再赘述。此外还有一种方法，即先导出未签名的 APK 包，然后使用 Java 系统提供的 keytool 和 jarsigner 工具来手动签名，由于涉及 Java 包签名的原理和用法，这里重点介绍一下。

首先，keytool 是 Java 为我们提供的数据证书管理工具，keytool 工具可以将密钥（key）和证书（certificates）保存到一个称为密钥库（keystore）的文件中，在密钥库里一般包含两种数据：密钥实体（key entity）和密钥（secret key），又或者是私钥和配对公钥（采用非对称加密算法）。keytool 工具的常用命令或选项如下所示。

- -genkey：在用户主目录中创建一个默认文件“.keystore”，还会产生一个 mykey 的别名，mykey 中包含用户的公钥、私钥和证书（在没有指定生成位置的情况下，keystore 会存在用户系统默认目录中，如：对于 window xp 系统，会生成在系统的 C:\Documents and Settings\UserName\ 目录中，文件名为“.keystore”）。
- -alias：指定证书的别名。
- -keystore：指定密钥库的名称。
- -keyalg：指定密钥的算法（RSA 或 DSA，默认采用 DSA）。
- -validity：指定创建的证书有效期多少天。
- -keysize：指定密钥长度。
- -keypass：指定别名条目的密码（私钥的密码）。
- -storepass：指定密钥库的密码（获取密钥库信息的密码）。
- -dname：指定证书拥有者信息。
- -list：显示密钥库中的证书信息（需指定 -keystore）。
- -v：显示密钥库中的证书详细信息。
- -file：参数指定导出文件的文件名。
- -export：将别名指定的证书导出到文件（需指定 -keystore 与 -alias）。
- -delete：删除密钥库中某条目（需指定 -keystore 与 -alias）。
- -printcert：查看导出的证书信息（需指定 -file）。
- -keypasswd：修改密钥库中指定条目的口令（需指定 -keystore 与 -alias）。
- -storepasswd：修改密钥库的口令（需指定 -keystore）。
- -import：将已签名数字证书导入密钥库（需指定 -keystore 与 -alias）。

其次，jarsigner 是 Java 环境提供的一种签名工具。此工具有以下两个作用。

- 为 Java 归档文件（JAR）签名。
- 校验已签名的 JAR 文件的签名和完整性。

2. 对原始的 APK 包进行签名的具体步骤

下面我们还将以微博应用为例，对其原始的 APK 包 app-demos-client.apk 进行签名，具体步骤如下。

（1）签名前的准备工作

由于 keytool 和 jarsigner 都是 JDK 环境中的工具，所以我们可以把 JDK 的 bin 目录加入系统的 PATH 路径中以方便操作。然后，我们导出一个未签名的包，并使用“jarsigner -verify”命令来验证包是否已经签名。当然，此时返回的肯定是未签名的提示信息，命令行和运行结果如图 10-11 所示。

图 10-11　使用 jarsigner 工具

（2）使用 keytool 生成公私钥和证书

接着，我们需要使用 keytool 工具生成用户的公私钥和证书信息，我们传入以下信息：使用 RSA 加密、有效期 365 天、别名 james、别名密码 123546、签名文件 app-demo-client.key、签名密码 123546，命令行和运行结果如图 10-12 所示。

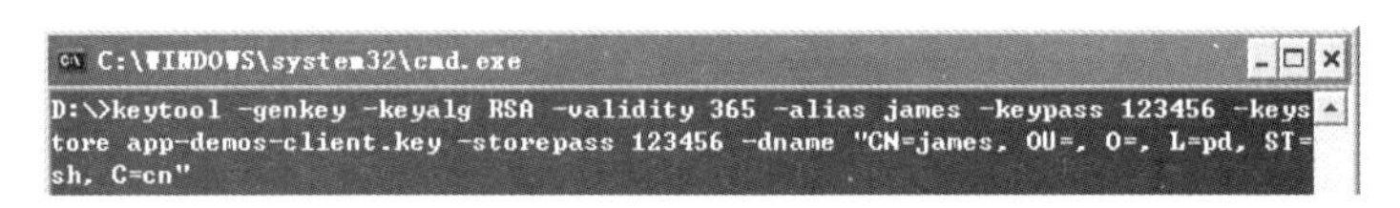

图 10-12　使用 keytool 工具

命令运行之后，就会在当前目录下生成 app-demos-client.key 文件，这个 keystore 文件就是我们需要的公私钥和证书文件。另外，这里也顺便解释一下指定证书拥有者信息参数，也就是“-dname”参数的用法：CN= 名字与姓氏，OU= 组织单位名称，O= 组织名称，L= 城市或区域名称，ST= 州或省份名称，C= 单位的两字母国家代码。

我们可以通过 keytool 工具提取 keystore 文件中的签名信息，命令行和运行结果如图 10-13 所示。如果发现信息不对，则需要重新生成该文件。

（3）使用 jarsigner 进行签名

接下来，就是使用 jarsigner 工具对 APK 包进行签名了，为了和未签名的 APK 包区分开，我们把签名后的 APK 包保存为 app-demos-client-signed.apk。另外，由于之前生成 keystore 文件时我们设置了密码，所以在签名时需要我们手动输入。命令行和运行结果如图 10-14 所示，我们可以看到 jarsigner 工具会自动为 APK 包中的所有文件进行签名。

（4）验证签名是否成功

最后，验证签名是否成功。再次使用“jarsigner -verify”命令行进行验证，运行结果如图 10-15 所示。若返回“jar 已验证”则表示签名成功。

```
C:\WINDOWS\system32\cmd.exe
D:\>keytool -list -v -keystore app-demos-client.key -storepass 123456

Keystore 类型： JKS
Keystore 提供者： SUN

您的 keystore 包含 1 输入

别名名称： james
创建日期： 2012-6-29
项类型: PrivateKeyEntry
认证链长度： 1
认证 [1]:
所有者:CN=james, OU=, O=, L=pd, ST=sh, C=cn
签发人:CN=james, OU=, O=, L=pd, ST=sh, C=cn
序列号:4fed05b6
有效期: Fri Jun 29 09:32:38 CST 2012 至Sat Jun 29 09:32:38 CST 2013
证书指纹:
         MD5:E4:A8:FB:41:B9:83:04:E5:A4:1A:60:F2:52:7A:1F:7E
         SHA1:C2:E7:81:90:C4:5D:50:5A:66:4E:F6:13:A8:C5:24:7A:C7:53:AA:91
         签名算法名称:SHA1withRSA
         版本: 3


*******************************************
*******************************************
```

图 10-13　keytool 运行结果

```
C:\WINDOWS\system32\cmd.exe
D:\>jarsigner -verbose -keystore app-demos-client.key -signedjar app-demos-clien
t-signed.apk app-demos-client.apk james
输入密钥库的口令短语:
   正在添加:  META-INF/MANIFEST.MF
   正在添加:  META-INF/JAMES.SF
   正在添加:  META-INF/JAMES.RSA
  正在签名:  res/drawable/arrow_1.png
  正在签名:  res/drawable/blog_1.9.png
  正在签名:  res/drawable/blog_2.9.png
  正在签名:  res/drawable/body_1.9.png
  正在签名:  res/drawable/body_2.9.png
  正在签名:  res/drawable/button_1.png
  正在签名:  res/drawable/button_2.png
  正在签名:  res/drawable/close_s.png
  正在签名:  res/drawable/close_t.png
```

图 10-14　jarsigner 运行结果

图 10-15　验证签名是否成功

10.4.4　使用 zipalign 优化

Android SDK 为我们提供了 zipalign 工具（在 SDK 的 tools 目录里），用于对打包的应用程序进行优化。在你的应用程序上运行 zipalign，使得在运行时 Android 与应用程序间的交互更有效率。这种方式能够让应用程序和整个系统运行得更快，我们强烈推荐在新的和已经发布的程序上使用 zipalign 工具来得到优化后的版本，即使你的程序是在老版本的 Android 平台下开发的。

由于 Android 中每个应用程序中储存的数据文件都会被多个进程访问，例如 manifest 文件、应用图标，以及应用程序自身用到资源文件等，而只有当资源文件通过内存映射对齐到 4 字节边界时（即使用 zipalign 工具优化过），访问资源文件的代码才是有效率的；相反，如果资源本身没有进行对齐处理（即未使用 zipalign 工具进行优化），系统就必须显式地读取它们，这个过程将会比较缓慢且会花费额外的内存。更糟的情况是，安装一些未优化的应用程序会增加系统内存压力，并造成系统反复地启动和杀死进程，最终用户会放弃使用如此慢又耗电的设备。

zipalign 工具的用法比较简单，下面我们用它对前面签名过的微博应用的 APK 包（即 app-demos-client-signed.apk）进行优化，生成最终发布版 APK 包 app-demos-client-final.apk。命令行和运行结果如图 10-16 所示。

```
C:\WINDOWS\system32\cmd.exe
D:\>zipalign -v 4 app-demos-client-signed.apk app-demos-client-final.apk
Verifying alignment of app-demos-client-final.apk (4)...
      50 META-INF/MANIFEST.MF (OK - compressed)
    2081 META-INF/JAMES.SF (OK - compressed)
    4248 META-INF/JAMES.RSA (OK - compressed)
    4932 res/drawable/arrow_1.png (OK)
    5196 res/drawable/blog_1.9.png (OK)
    6528 res/drawable/blog_2.9.png (OK)
    8072 res/drawable/body_1.9.png (OK)
    8664 res/drawable/body_2.9.png (OK)
    9816 res/drawable/button_1.png (OK)
   10596 res/drawable/button_2.png (OK)
   11352 res/drawable/close_s.png (OK)
   12676 res/drawable/close_t.png (OK)
```

图 10-16　zipalign 优化结果

至此，Android 程序优化的内容已经基本介绍完毕，微博应用的最终发布版 APK 包也已经完成，我们可以在 Android 设备上安装运行，享受最后的成果了。相信在经过了多重的优化之后，应用的质量应该会让我们满意。

10.5 小结

本章内容比较全面地介绍了 Android 客户端开发过程中各个方面的优化。首先，重点介绍了与 Android 编码有关的优化，以及一些与客户端缓存相关的技巧；其次，重点讨论了与客户端内存泄露有关的内容；再次，介绍了与 Android UI 布局以及模板代码有关的优化内容，另外介绍了 Hierarchy Viewer 工具的使用技巧；最后，介绍了 Android 应用发布和签名的过程，以及期间涉及的与优化相关的内容。

第四篇
进　阶　篇

我们已经学习了如何使用 Android 系统和 PHP 语言进行移动互联网应用开发的主要内容，同时也动手完成了一个完整的移动互联网应用——微博应用，包括 PHP 服务端接口和 Android 客户端应用的开发，系统学习了从前期的产品设计、架构设计到程序开发，以及随后的程序优化和最后的打包发布一系列完整的项目流程，至此大家应该对 Android 移动互联网应用的开发过程相当熟悉了。

接下来，我们将要介绍 Android 开发中更加“高级”的内容，包括 Android 应用开发中比较有特色的功能、Android NDK 的开发以及 Android 游戏开发的相关内容，相信通过学习这些内容，大家会对 Android 开发有更深入且全面的认识。

第 11 章　Android 特色功能开发

Android 系统之所以优秀，不仅是因为 Android 系统为我们提供了丰富的 UI 控件和强大的 SDK 开发包，还因为 Android 系统提供了许多颇具特色的功能，比如基于地理位置的 LBS 功能、传感器系统、多媒体功能以及使用摄像头进行拍照和录像等。通过对本章知识的学习，我们将对 Android 系统有一个更深入的了解，另外可以利用这些特色功能开发出更多有创意的 Android 应用。

11.1　使用 Google Map API

Google Map 是 Google 公司提供的电子地图服务，其核心的业务是为用户提供强大的地图展示和查询功能以及丰富的城市地图和交通信息等，基于 Google Map 我们可以完成许多非常酷的应用，比如计算路线、模拟驾驶等。

Google Map 是 Google 公司最成功的产品之一，对于系出同门的 Android 系统来说，当然也是必不可少的特色功能之一。对于开发者来说，在 Android 平台中使用 Google Map 提供的

API进行开发是非常方便的。下面我们就来创建一个基于Google Map API的Android地图应用。具体实施步骤如下。

1. 申请Google Map API Key

想要使用Google Map API必须先申请一个开发用的API Key，由于该API Key是和Google账号绑定的，所以在此之前我们还需要到Google注册一个Google账号（Gmail账号也是可以的）。实际上，Google Map API Key是与Android SDK证书相对应的，因此我们需要先得到本地Android SDK的指纹信息。

首先，我们找到当前用户目录下的debug.keystore文件，Windows中的一般路径为C:\Documents and Settings\当前用户\.android\debug.keystore，Linux或者Mac OS中则是/home/当前用户名/.android/debug.keystore。然后，使用keytool工具获得证书文件的指纹MD5值，此过程中如果需要输入密码，我们可输入默认密码android，结果如图11-1所示。

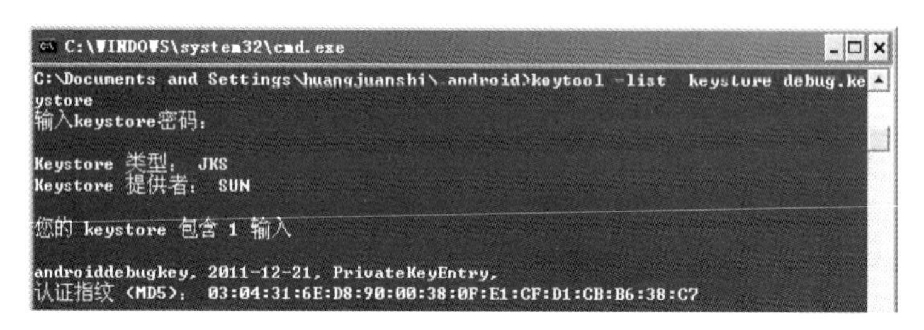

图11-1　获取Android SDK的指纹信息

接着，打开API Key的申请页面：http://code.google.com/intl/zh-CN/android/maps-api-signup.html，把之前查询到的指纹MD5值复制并粘贴上去，按下“Generate API Key”按钮就可以生成API Key了，此过程可能需要用户登录，大家使用已有的Google账号登录即可。此申请页面如图11-2所示。

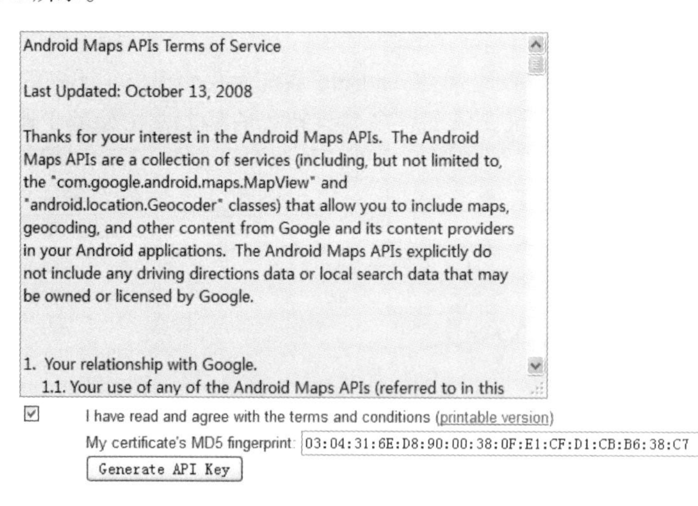

图11-2　Google Map API Key申请页面

Google 除了会给我们返回 API Key 的信息，还会返回一段 Android 配置文件代码，方便我们直接复制和粘贴到项目代码中去，如代码清单 11-1 所示。

代码清单 11-1

```
<com.google.android.maps.MapView
   android:layout_width="fill_parent"
   android:layout_height="fill_parent"
   android:apiKey="0whheja-ZkpucnDWltC5BfVZXTakV7ImkItlzAg"
   />
```

2. 导入包含地图实例的 app-demos-special 项目

接下来，使用 Eclipse 的 Import 工具导入源代码目录下的 app-demos-special 项目（目录名为 special），也称作 special 应用。此项目已经包含了本章中的所有实例，当然也包括本节的 Google Map 实例了。该项目的主要界面控制器类都在 com.app.demos.special.demo 类包下，地图实例的代码文件是 DemoMap.java，对应的逻辑实现如代码清单 11-2 所示。

代码清单 11-2

```
package com.app.demos.special.demo;

import com.app.demos.special.R;
import com.google.android.maps.GeoPoint;
import com.google.android.maps.MapActivity;
import com.google.android.maps.MapController;
import com.google.android.maps.MapView;

import android.os.Bundle;

public class DemoMap extends MapActivity {

    MapView map;
    MapController mapController;

    @Override
    public void onCreate(Bundle savedInstanceState) {
        super.onCreate(savedInstanceState);
        setContentView(R.layout.demo_map);

        map =(MapView) this.findViewById(R.id.demo_map_view);
        map.setTraffic(true);          // 交通地图，若需使用请打开注释
        map.setSatellite(true);        // 卫星地图，若需使用请打开注释
        map.setStreetView(true);       // 街景地图，这里默认使用此模式
        map.setEnabled(true);
        map.setClickable(true);
        map.setBuiltInZoomControls(true);

        mapController = map.getController();
        mapController.animateTo(new GeoPoint((int)(31.237141*1000000), (int)(121.501622*1000000)));
        mapController.setZoom(15);
```

```
    }

    @Override
    protected boolean isRouteDisplayed() {
        // TODO Auto-generated method stub
        return false;
    }
}
```

我们可以看到，DemoMap类的逻辑比较简单，主要逻辑都在onCreate方法中，这里主要用到了MapView和MapController两个类。

（1）MapView类

MapView类对应的是Google Map特有的MapView控件，也就是界面模板中的com.google.android.maps.MapView控件，这里顺便介绍一下地图实例的模板文件demo_map.xml，如代码清单11-3所示。

代码清单 11-3

```
<?xml version="1.0" encoding="utf-8"?>
<LinearLayout xmlns:android="http://schemas.android.com/apk/res/android"
    android:orientation="vertical"
    android:layout_width="fill_parent"
    android:layout_height="fill_parent">
    <com.google.android.maps.MapView
        android:layout_width="fill_parent"
        android:layout_height="fill_parent"
        android:apiKey="0whheja-ZkpucnDWltC5BfVZXTakV7ImkItlzAg"
        android:id="@+id/demo_map_view"
        />
</LinearLayout>
```

从以上模板代码中可以看出，地图实例的模板布局非常简单，整个UI界面都被MapView控件所覆盖。该模板的运行效果可参考图11-6。

（2）MapController类

MapController类是Google Map中控制元件的管理器类，主要用于操控Google Map的动作行为，比如放大缩小、坐标移动等。另外，这里还使用GeoPoint类指定了地图的中心位置，即纬度31.237141、经度121.501622，也就是上海市陆家嘴地区的中心位置。

另外，在使用Google Map API进行功能开发的过程中，有三个要点需要我们特别注意，现归纳如下。

要点一：由于整合Google Map需要用到Google API，所以在选择项目类库时，我们需要选择对应的Google API作为项目的Android SDK版本，如图11-3所示。

要点二：由于使用Google Map API需要引入第三方的Java类包，所以我们需要在项目配置文件AndroidManifest.xml中的<application/>标签中加入Google Map SDK库的引用配置，如<uses-library android:name="com.google.android.maps"/>。否则，运行过程中可能出现致命错误。

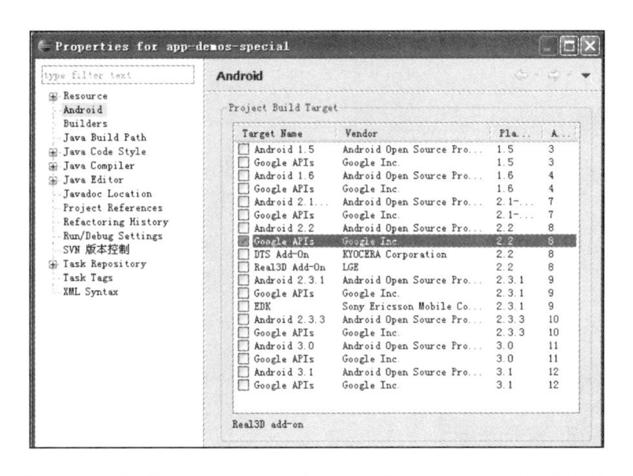

图 11-3　选择 Google API 作为项目的 Android SDK 版本

要点三：在使用 Google Map 的 com.google.android.maps.MapView 控件时必须传入 API Key。传入方法有两种：我们可以在 XML 模板的 MapView 控件中加入 android:apiKey 属性；也可以使用 Java 代码来创建 MapView 控件，如代码清单 11-4 所示。

代码清单　11-4

```
...
MapView map = new MapView(this, "API Key 字符串值");
...
```

3. 编译和运行地图实例项目

熟悉完项目实例代码之后，下面就可以进行项目实例的编译和运行工作了。由于地图应用使用的 SDK 为 Google API，我们也需要创建一个目标 SDK 为 Google API 的 Android 虚拟机来运行此项目，比如这里选用的是与 Android 2.2 版本相对应的 Google APIs – API Level 8 来作为虚拟机的运行库。该虚拟机配置如图 11-4 所示。

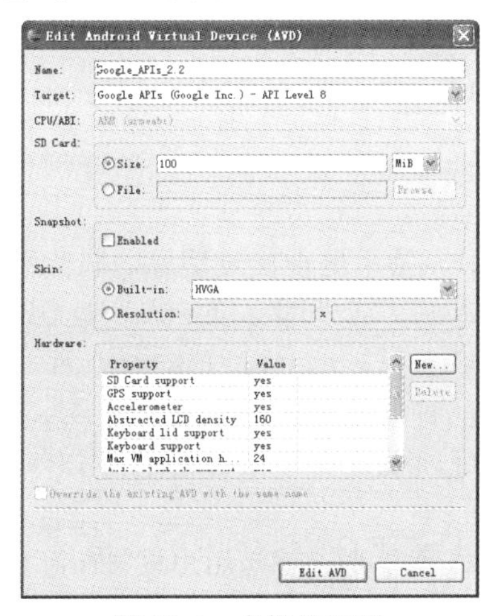

图 11-4　虚拟机配置

右键单击 app-demos-special 项目，然后选择 Run As 菜单中的 Android Application 选项，就可以编译并运行此项目了。编译、安装之后，我们就可以在 Android 模拟器上看到 special 应用的主界面，效果如图 11-5 所示。

首先，我们会看到 app-demos-special 项目的主界面，该界面上包含了所有实例的入口按钮。这些按钮从上到下分别是 Demo Map（地图实例）、Demo LBS（LBS 功能实例）、Demo Sensor（传感器实例）、Demo Camera（摄像头实例）、Demo Media（多媒体实例）以及 Demo Voice（语音识别实例）。当我们点击“Demo Map”按钮之后，就可以打开地图实例的界面了，显示效果如图 11-6 所示。

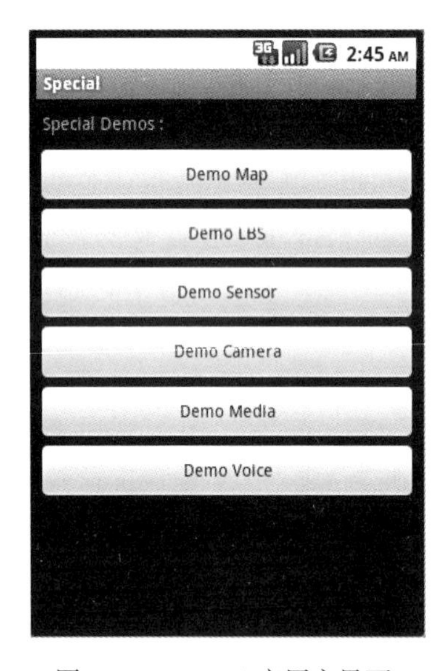

图 11-5 Special 应用主界面

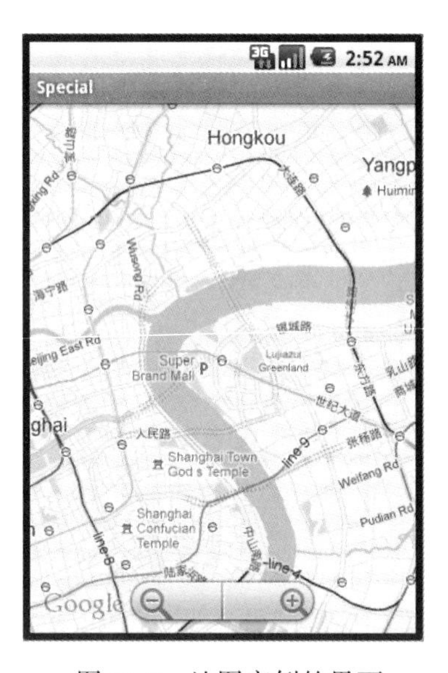

图 11-6 地图实例的界面

从上图中我们可以看到，地图实例的界面中展示了以上海市陆家嘴为中心的附近区域的街景地图，当然大家还可以通过使用 DemoMap 类代码中的 setTraffic 和 setSatellite 方法来选择地图的模式，包括交通地图模式和卫星地图模式。

11.2 使用 LBS 功能

LBS（Location Based Service，基于地理位置信息的服务）是通过电信移动运营商的无线电通讯网络（如 GSM 网、CDMA 网）或外部定位方式（如 GPS）获取移动终端用户的位置信息（地理坐标或大地坐标），在 GIS（Geographic Information System，地理信息系统）平台的支持下，为用户提供相应服务的一种增值业务。目前 LBS 技术在商业中的应用越来越广泛，特别是与 Google Map API 相结合可以创造出非常有创意的 LBS 应用，比如国外的 Foursquare，国内的街旁、切客等。

LBS 技术的核心是定位技术，简单来说就是用户设备所在的经纬度信息，根据此信息我们可以进行深度的数据挖掘，比如可以计算出用户附近的交通信息、商业信息甚至其他用户等。

目前重要的定位方式可分为GPS定位和基站定位（网络定位）两种，这两种定位方式各有长短。

- **GPS定位**。GPS定位的优点是比较精确，根据我们内部的测试数据，平均精度在10米左右，另外还包含高度信息；而缺点则是信息返回比较慢，定位时间往往在几十秒到几分钟不等，室内信号通常比较弱。
- **基站定位**。基站定位的优点是响应速度快，一般是秒级别的，但是问题是定位不够精确，据我们内部的测试数据，平均精度在500米左右。

Android系统为我们准备了android.location包来处理定位相关的功能。android.location包中重要的类库说明如下。

- android.location.Address：地址信息类，使用Geocoder类进行查询，会返回Address对象数据来表示查询所得的地址信息。
- android.location.Criteria：定位基准信息类，用于设置定位方式（Provider）的选择标准。配合getBestProvider可用于选择比较适合的定位方式。
- android.location.Geocoder：提供正向和反向的地理编码功能，正向地理编码是把地址信息（Address）转化为地理坐标（Location）的过程，反向地理编码的过程则是相反的。不过，由于种种原因Geocoder类已不再提供服务，如果想要继续使用地址查询业务，请参考https://developers.google.com/maps/documentation/geocoding/，Google提供了基于JSON协议的HTTP接口，方式和我们的微博实例差不多，大家可以尝试使用HttpClient来查询。
- android.location.Location：地理坐标类，主要用于存储地理位置的经纬度、位置加速度等信息。另外，还提供了便捷的坐标计算方法，比如distanceTo方法就可用于计算两个坐标之间的距离。
- android.location.LocationManager：位置信息管理类，提供了一系列方法来处理与地理位置相关的问题，包括查询上一个已知位置，注册和清除来自某个LocationProvider的周期性的位置更新等。
- android.location.LocationProvider：定位方式提供者类，提供多种定位方式供开发者选择，比如GPS定位、基站定位（网络定位）等。

下面我们通过一个实例来说明Android系统中LBS定位技术的使用方法。实际上，app-demos-special项目中同样已经包含了与LBS功能相关的应用实例，在该应用的主菜单界面（如图11-5所示）中点击“Demo LBS”按钮，就可以进入LBS实例的界面，显示效果请参考图11-8。LBS实例的界面控制器类是com.app.demos.special.demo包下的DemoLbs.java，如代码清单11-5所示。

代码清单　11-5

```
package com.app.demos.special.demo;

import java.text.DecimalFormat;

import com.app.demos.special.R;
```

```
import android.app.Activity;
import android.content.Context;
import android.location.Criteria;
import android.location.Location;
import android.location.LocationListener;
import android.location.LocationManager;
import android.os.Bundle;
import android.widget.Toast;

public class DemoLbs extends Activity implements LocationListener {

     private LocationManager lm;
     private String provider = LocationManager.GPS_PROVIDER;

     @Override
     public void onCreate(Bundle savedInstanceState) {
          super.onCreate(savedInstanceState);
          setContentView(R.layout.demo_lbs);
          // 初始化位置类
          initLocation();
     }

     @Override
     protected void onResume() {
          super.onResume();
          if (lm != null) {
              lm.requestLocationUpdates(provider, 3000, 0, this);
          }
     }

     @Override
     protected void onPause() {
          super.onPause();
          if (lm != null) {
              lm.removeUpdates(this);
          }

     }

     private void initLocation() {
          Criteria criteria = new Criteria();
          criteria.setAccuracy(Criteria.ACCURACY_FINE);
          criteria.setAltitudeRequired(false);
          criteria.setBearingRequired(false);
          criteria.setCostAllowed(false);
          criteria.setPowerRequirement(Criteria.POWER_LOW);
          lm = (LocationManager) this.getSystemService(Context.LOCATION_SERVICE);
          if (provider == null) {
              provider = lm.getBestProvider(criteria, true);
          }
          Location location = lm.getLastKnownLocation(provider);
```

```
            // 更新地址信息
            updateLocation(location);
        }

        private void updateLocation(Location location) {
            String result = "";
            if (location != null) {
                    // 获取经纬度信息
                    double lat = location.getLatitude();
                    double lng = location.getLongitude();
                    DecimalFormat df = new DecimalFormat("#.000000");
                    String latStr = df.format(lat);
                    String lngStr = df.format(lng);
                    result = "纬度：" + latStr + "\n经度：" + lngStr;
            } else {
                    result = "Can not find address";
            }
            Toast.makeText(this, result, Toast.LENGTH_LONG).show();
        }

        @Override
        public void onLocationChanged(Location location) {
            updateLocation(location);
        }

        @Override
        public void onStatusChanged(String provider, int status, Bundle extras) {
            // TODO Auto-generated method stub
        }

        @Override
        public void onProviderEnabled(String provider) {
            // TODO Auto-generated method stub
        }

        @Override
        public void onProviderDisabled(String provider) {
            // TODO Auto-generated method stub
        }
    }
```

首先，DemoLbs类实现了LocationListener接口，其中最重要的方法就是onLocationChanged，该方法在每次位置信息发生变化时都会被调用。另外，我们在onCreate方法中使用initLocation方法初始化位置信息，同时在initLocation方法中调用updateLocation方法来更新位置信息。然后，在onResume方法中使用LocationManager类的requestLocationUpdates方法来注册定时更新位置信息的逻辑，并且在onPause方法中使用LocationManager类的removeUpdates方法来注销定时更新的逻辑。

接着，我们来重点分析initLocation和updateLocation方法的逻辑。首先是initLocation方法，其中最重要的逻辑就是初始化了LocationManager对象，然后通过getLastKnownLocation

方法获取到最新的定位数据，也就是Location对象。另外，这里我们使用了默认的设置，即LocationManager.GPS_PROVIDER，也就是使用GPS定位的方式来获取位置信息。然后是updateLocation方法，这里我们通过Location对象的getLongitude和getLatitude方法获取最新定位数据中的经纬度信息，最后再借助Toast组件打印出来。

分析过代码，接下来就是编译和运行该实例应用了，操作方法和之前的地图应用一样，在主界面中点击“Demo LBS”按钮即可进入LBS实例界面。测试时，我们可以通过DDMS中的“Location Controls”工具来向Android模拟器发送虚拟的GPS经纬度信息，如图11-7所示。

在该界面中，我们可以输入需要模拟的经纬度数值，比如输入经度-122.084095、纬度37.422005。然后，点击“Send”按钮，就可以在Android模拟器中的LBS实例界面中看到获取到的最新位置信息了，效果如图11-8所示。实际上，以上操作就是触发了DemoLbs类中的onLocationChanged方法。

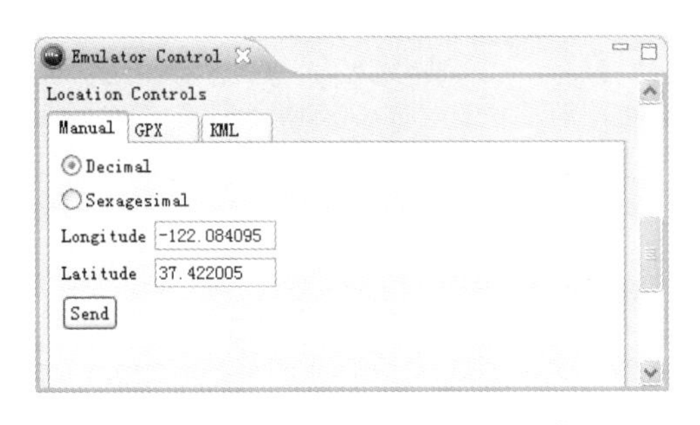

图11-7 发送虚拟的GPS经纬度信息

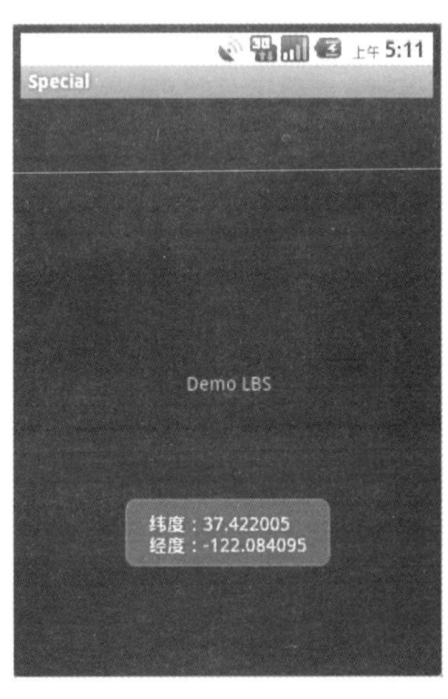

图11-8 获取经纬度信息

至此，LBS实例的实现逻辑已经介绍完毕，实例界面的模板文件demo_lbs.xml，如代码清单11-6所示。

代码清单 11-6

```
<?xml version="1.0" encoding="utf-8"?>
<LinearLayout xmlns:android="http://schemas.android.com/apk/res/android"
    android:orientation="vertical"
    android:layout_width="fill_parent"
    android:layout_height="fill_parent">
    <TextView
        android:layout_width="fill_parent"
        android:layout_height="fill_parent"
        android:layout_weight="1"
```

```
            android:gravity="center"
            android:text="Demo LBS"/>
</LinearLayout>
```

11.3 使用传感器

Android 系统支持丰富的传感器（Sensor）类型，常见的传感器包括加速度、重力感应、方向、压力、亮度、地磁、温度等，详细信息如表 11-1 所示。每个传感器都是非常有用的，我们可以利用它们来实现多种多样的有趣功能，比如很多游戏使用重力感应传感器 Sensor.TYPE_GRAVITY 来作为用户的操作方式，微信应用的“摇一摇”功能就是使用的加速度传感器 Sensor.TYPE_ACCELEROMETER 来实现的。

表 11-1 常见传感器

属性	说明
Sensor.TYPE_ACCELEROMETER	加速度传感器
Sensor.TYPE_GRAVITY	重力感应传感器
Sensor.TYPE_GYROSCOPE	陀螺仪传感器
Sensor.TYPE_LIGHT	亮度传感器
Sensor.TYPE_MAGNETIC_FIELD	地磁传感器
Sensor.TYPE_ORIENTATION	方向传感器
Sensor.TYPE_PRESSURE	压力传感器
Sensor.TYPE_TEMPERATURE	温度传感器

采样率包括实时采样、游戏采样、普通采样、应用采样四种，详细说明见表 11-2。在使用时我们需要注意的是，当我们设定不同的采样率时，其实只是对传感器系统的一个提示或者建议，并不能保证特定的采样率可用，所以以上 4 种采样率的准确性分别对应的是高、中、低、不可靠。对于一些基于传感器功能的应用和游戏，我们建议使用实时采样，即 SensorManager.SENSOR_DELAY_FASTEST。

表 11-2 传感器采样项

属性	说明
SensorManager.SENSOR_DELAY_FASTEST	实时采样，尽可能快地采集传感器数据
SensorManager.SENSOR_DELAY_GAME	游戏采样，对游戏应用比较合适的采集速度
SensorManager.SENSOR_DELAY_NORMAL	普通采样，默认的采集速度，和屏幕方向有关
SensorManager.SENSOR_DELAY_UI	应用采样，对普通应用比较合适的采集速度

限于篇幅，我们不可能对所有的 Android 传感器都做详细介绍，下面我们挑选其中最常用到的传感器来介绍，包括加速度传感器（Sensor.TYPE_ACCELEROMETER）以及重力感应传感器（Sensor.TYPE_GRAVITY）。

首先，我们必须了解一下 Android 重力感应系统的坐标系，也是加速度传感器使用的坐标系。和 Android 图形开发所用的坐标系不同（可参考 2.8.3 节），重力感应系统的坐标系原点位于竖屏模式的左下方，如图 11-9 所示。*X*、*Y*、*Z* 三个方向轴分别代表的是屏幕的宽度、长度和深度方向的加速度值，数值为 −10 到 10；我们可以把重力的反方向，也就是朝天的方向表示为正数，比如：手机屏幕朝上（*Z* 轴朝天），也就是水平放置时，*X*、*Y*、*Z* 的值分别是 0、0、10；而手机垂直放置（*Y* 轴朝天）时，*X*、*Y*、*Z* 的值分别是 0、10、0。如果感觉不好理解，大家可以用自己的手机来摆放演示。

在实际应用中，我们可以从传感器类中获取最新的 *X*、*Y*、*Z* 值，然后根据这 3 个值求三角函数，从而获得该设备相对于重力方面的摆放角度。本节的传感器实例将展示在不同状态下的 *X*、*Y*、*Z* 的值。在 Special 应用的主菜单界面（如图 11-5 所示）中点击“Demo Sensor”按钮，就可以进入传感器实例的界面，如图 11-10 所示。

图 11-9　重力感应坐标系

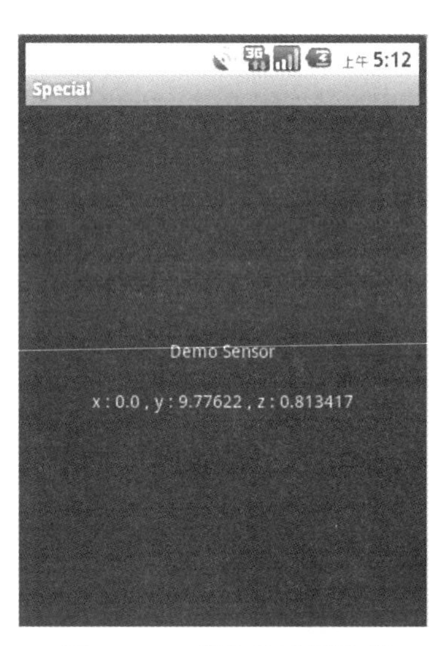

图 11-10　获取传感器数值

可以看到，图 11-10 是 Android 模拟器在默认的竖屏模式下，程序从加速度传感器获取到的 *X*、*Y*、*Z* 轴方向的加速度值。借此我们正好可以验证之前提到的，在重力坐标系下各个方向的加速度取值方式。另外，我们注意到这里取得的是比较精准的浮点值（float），与理论值有些许偏差是在所难免的。

另外，我们使用“Ctrl+F11”组合键把模拟器切换为横屏模式，此时坐标原点也随之移动到横屏模式的右下方，按照之前的坐标系来看，此时 *X* 轴方向上面的加速度是 10，其他两轴上的加速度都为 0，和实际值也基本相符，如图 11-11 所示。

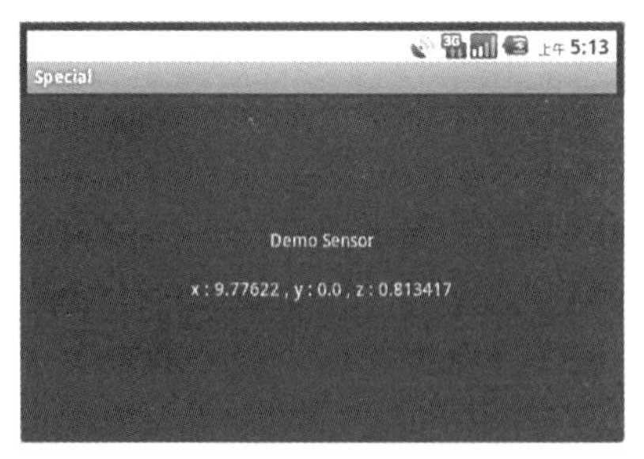

图 11-11　横屏模式获取传感器数值

接着，我们来分析传感器实例的代码。其界面控制器类的代码位于 com.app.demos.special.demo 类包下面的 DemoSensor.java 文件中。逻辑实现如代码清单 11-7 所示。

代码清单　11-7

```
package com.app.demos.special.demo;

import com.app.demos.special.R;

import android.app.Activity;
import android.hardware.Sensor;
import android.hardware.SensorEvent;
import android.hardware.SensorEventListener;
import android.hardware.SensorManager;
import android.os.Bundle;
import android.widget.TextView;

public class DemoSensor extends Activity {

    private Sensor sensor;
    private SensorManager sm;
    private TextView textResult;

    private float x, y, z;
    private String result = "";

    @Override
    public void onCreate(Bundle savedInstanceState) {
        super.onCreate(savedInstanceState);
        setContentView(R.layout.demo_sensor);

        textResult = (TextView) this.findViewById(R.id.demo_sensor_text_result);

        try {
            // 获取传感器类
            sm = (SensorManager) this.getSystemService(SENSOR_SERVICE);
            sensor = sm.getDefaultSensor(Sensor.TYPE_ACCELEROMETER);
            // 创建监听器类
            SensorEventListener sel = new SensorEventListener() {
                @Override
                public void onSensorChanged(SensorEvent event) {
                    x = event.values[SensorManager.DATA_X];
                    y = event.values[SensorManager.DATA_Y];
                    z = event.values[SensorManager.DATA_Z];
                    result = "x : " + x + " , y : " + y + " , z : " + z;
                    textResult.setText(result);
                }
                @Override
                public void onAccuracyChanged(Sensor sensor, int accuracy) {
                    // TODO Auto-generated method stub
                }
```

```
                };
                // 注册监听器类
                sm.registerListener(sel, sensor, SensorManager.SENSOR_DELAY_GAME);
            } catch (Exception e) {
                e.printStackTrace();
            }
        }
}
```

DemoSensor 类的主要逻辑都在 onCreate 方法中，逻辑比较简单。首先，通过 SensorManager 获取加速度传感器，即 Sensor.TYPE_ACCELEROMETER。其次，创建传感器监听器类，也就是 SensorEventListener 类，并实现其中的 onSensorChanged 方法，每当传感器的返回值发生变化时都会调用此方法，这里我们会取得 *X*、*Y*、*Z* 轴方向的加速度并显示在界面的 TextView 控件中。最后，使用 SensorManager 的 registerListener 方法来注册监听器，并按照游戏采样率（SensorManager.SENSOR_DELAY_GAME）的频率来进行数据采样。

另外，SensorManager 类还提供了 getSensorList 方法用以获取设备支持的传感器列表信息，我们可以此为据来判断设备是否支持对应传感器的功能。至于其他传感器的用法，同加速度传感器差不多，都可以使用 SensorEventListener 监听器类来实现。

至此，传感器实例的实现逻辑已经介绍完毕，实例界面的模板文件 demo_sensor.xml，如代码清单 11-8 所示。

代码清单 11-8

```
<?xml version="1.0" encoding="utf-8"?>
<LinearLayout xmlns:android="http://schemas.android.com/apk/res/android"
    android:orientation="vertical"
    android:layout_width="fill_parent"
    android:layout_height="fill_parent"
    android:gravity="center">
    <TextView
        android:layout_width="fill_parent"
        android:layout_height="wrap_content"
        android:padding="10dip"
        android:gravity="center"
        android:text="Demo Sensor"/>
    <TextView
        android:id="@+id/demo_sensor_text_result"
        android:layout_width="fill_parent"
        android:layout_height="wrap_content"
        android:padding="10dip"
        android:gravity="center"/>
</LinearLayout>
```

11.4 使用摄像头

据相关统计，在 Android 设备中用摄像头进行拍照和摄像是用户最喜欢使用的功能之一，因此使用摄像头也就成了智能手机设备最重要的特色功能之一。使用摄像头的拍照和摄像功能可以帮助我们开发出很多有趣的 Android 应用。

在 Android 系统中使用摄像头功能，先要了解 3 个核心功能类，即 Camera、SurfaceView 和 MediaRecorder，这几个类分别用于摄像头的总控、预览和录像功能，下面我们就来学习这 3 个核心类的基本概念。

1. Camera 类

Camera 类是摄像头设备的主要 API，用于控制摄像头设备的开启、关闭预览以及拍照等动作，此类的具体用法我们会在后面的相机拍照实例中详细介绍。使用前，我们必须先在 Android 应用的配置文件中把使用权限加上，相关使用权限及其用法请参考代码清单 11-9。

代码清单　11-9

```
<!-- 摄像头的使用权限 -->
<uses-permission android:name="android.permission.CAMERA" />

<!-- 照片或者视频保存到 SDCard 中的权限 -->
<uses-permission android:name="android.permission.WRITE_EXTERNAL_STORAGE"/>

<!-- 摄像功能的使用权限，android:required 属性为 false 表示可能用到 -->
<uses-feature android:name="android.hardware.camera" android:required="false" />
...
```

2. SurfaceView 类

SurfaceView 类继承自视图类（View），可以直接从内存中获取图像数据，是 Android 系统中一个非常重要的绘图容器。SurfaceView 可以在主线程之外的线程中进行屏幕绘图，这样就可以避免绘图任务过于繁重时造成主线程阻塞。实际上，在游戏开发中我们也经常用到 SurfaceView，关于这点可参考第 13 章中的相关内容。

3. MediaRecorder 类

MediaRecorder（媒体录制器类）主要用于音频和视频录制等相关功能中。在 Android 系统中，MediaRecorder 以状态机的形态运行，它拥有自己的生命周期，其主要状态包括初始化状态（Initialized）、数据源配置（DataSourceConfigured）、准备录制状态（Prepared）、录制中（Recording）以及录制结束（Released），每个状态都有需要执行的动作，具体内容如图 11-12 所示。

上图描述了在媒体录制器类（MediaRecorder）生命周期状态的变化过程中，其主要类方法的调用，其中比较重要的方法的用法归纳如下。

- reset：把 MediaRecorder 重设到初始状态。
- release：释放 MediaRecorder 对象。
- setAudioSource：设置音频的来源，常见的来源有麦克风 MIC、摄像头 CAMCORDER 等，更多信息请参考 SDK 中的 MediaRecorder.AudioSource 类。
- setOutputFile：设置音视频的保存文件位置。
- setOutputFormat：设置音视频的保存格式，常见的有 3GP 格式 THREE_GPP、MPEG 格式 MPEG_4 等，更多信息请参考 SDK 中的 MediaRecorder.OutputFormat 类。

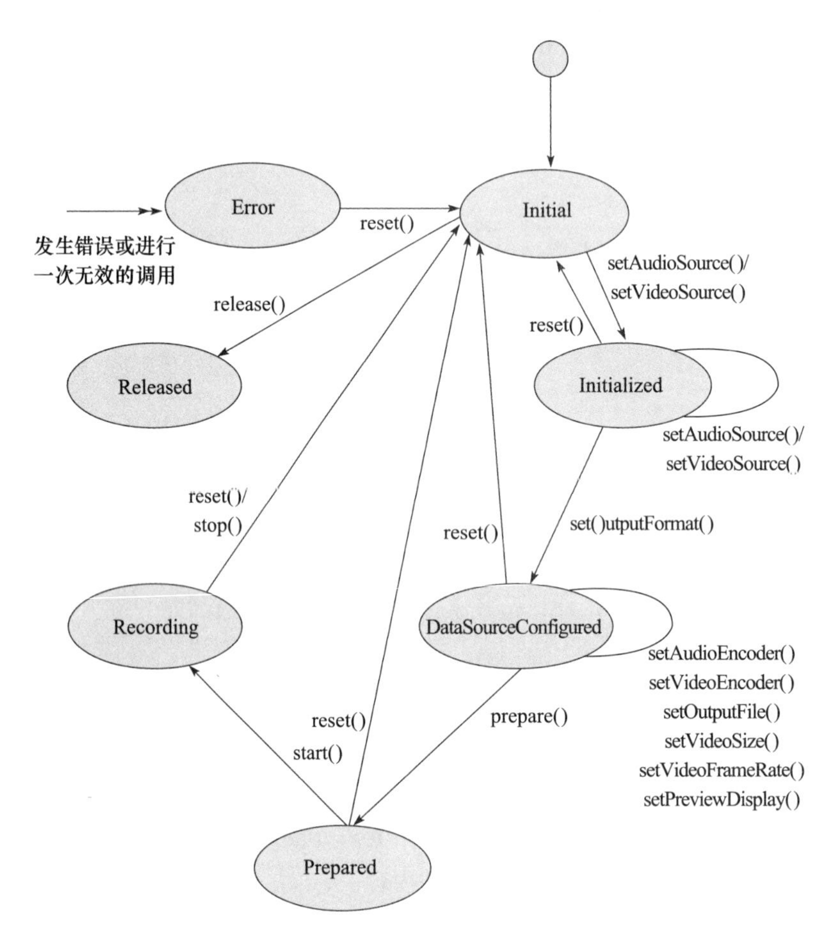

图 11-12 MediaRecorder 生命周期

- setMaxDuration：设置音视频的最长时间。
- setVideoSource：设置视频的来源，常见的来源有摄像头 CAMERA 等，更多信息请参考 SDK 中的 MediaRecorder.VideoSource 类。
- setVideoSize：设置视频的屏幕尺寸。
- start：启动 MediaRecorder。
- stop：停止 MediaRecorder。

了解完上述基本概念之后，接下来我们来看一下 app-demos-special 项目中的相机拍照实例，在应用的主菜单界面（见图 11-5）点击“Demo Camera”按钮就可以进入相机拍照界面，显示效果如图 11-13 所示。

需要注意的是，由于需要在 Android 模拟器中进行模拟拍照，所以我们必须先给模拟器加上“Camera support”功能。在相机拍照界面中，有一个不断移动的方块来模拟摄像头场景的变化，接着按下“Take Photo”按钮，就可以把照片保存下来了。我们在DDMS的File Explorer（文件浏览）窗口中打开/mnt/sdcard/目录，就可以看到保存好的jpg图像文件，如图11-14所示。

图 11-13 相机拍照实例界面

File Explorer | Threads | Heap | Allocation Tracker

Name	Size	Date	Time	Permissions
data		2012-06-18	08:30	drwxrwx--x
mnt		2012-07-03	05:06	drwxrwxr-x
asec		2012-07-03	05:06	drwxr-xr-x
sdcard		2012-07-03	05:18	d---rwxr-x
Android		2012-07-02	10:40	d---rwxr-x
DCIM		2012-02-09	09:27	d---rwxr-x
LOST.DIR		2011-12-19	11:27	d---rwxr-x
demo_camera_1341292526792.jpg	42453	2012-07-03	05:15	----rwxr-x

图 11-14 在 File Explorer 窗口中查看保存的图像

相机拍照实例的界面控制器代码位于com.app.demos.special.demo包目录下的DemoCamera.java文件中，如代码清单11-10所示。

代码清单 11-10

```
package com.app.demos.special.demo;

import java.io.File;
import java.io.FileOutputStream;

import com.app.demos.special.R;

import android.app.Activity;
import android.content.Context;
import android.graphics.Bitmap;
import android.graphics.Bitmap.CompressFormat;
import android.graphics.BitmapFactory;
import android.graphics.PixelFormat;
import android.hardware.Camera;
import android.hardware.Camera.PictureCallback;
import android.os.Bundle;
```

```
import android.os.Environment;
import android.view.Display;
import android.view.KeyEvent;
import android.view.SurfaceHolder;
import android.view.SurfaceView;
import android.view.View;
import android.view.View.OnClickListener;
import android.view.Window;
import android.view.WindowManager;
import android.widget.Button;

public class DemoCamera extends Activity {

    Camera camera;
    SurfaceView viewCamera;
    Button btnTakePhoto;

    @Override
    public void onCreate(Bundle savedInstanceState) {

        // 设置窗口全屏模式
        Window window = this.getWindow();
        this.requestWindowFeature(Window.FEATURE_NO_TITLE);
        window.setFlags(WindowManager.LayoutParams.FLAG_FULLSCREEN,
         WindowManager.LayoutParams.FLAG_FULLSCREEN);
        window.addFlags(WindowManager.LayoutParams.FLAG_KEEP_SCREEN_ON);

        super.onCreate(savedInstanceState);
        setContentView(R.layout.demo_camera);

        // 设置摄像头预览控件
        viewCamera = (SurfaceView) this.findViewById(R.id.view_camera);
        viewCamera.getHolder().setFixedSize(800, 480);
        viewCamera.getHolder().setType(SurfaceHolder.SURFACE_TYPE_PUSH_BUFFERS);
        viewCamera.getHolder().addCallback(new CameraSurfaceCallback());

        // 设置拍照按钮点击事件
        btnTakePhoto = (Button) this.findViewById(R.id.btn_take_photo);
        btnTakePhoto.setOnClickListener(new OnClickListener(){
            @Override
            public void onClick(View v) {
                camera.takePicture(null, null, new TakePhotoCallback());
            }
        });
    }

    public boolean onKeyDown(int keyCode, KeyEvent event) {
        if (camera != null) {
            if (event.getRepeatCount() == 0) {
                switch (keyCode) {
                    case KeyEvent.KEYCODE_DPAD_CENTER:
```

```
                        camera.takePicture(null, null, new TakePhotoCallback());
                        break;
                    }
                }
            }
            return super.onKeyDown(keyCode, event);
        }

    private final class CameraSurfaceCallback implements SurfaceHolder.Callback {

        private boolean isPreview;

        @Override
        public void surfaceCreated(SurfaceHolder holder) {
            try {
                camera = Camera.open();

                WindowManager wm = (WindowManager) getSystemService(Context.WINDOW_SERVICE);
                Display display = wm.getDefaultDisplay();
                int displayWidth = display.getWidth();
                int displayHeight = display.getHeight();

                Camera.Parameters params = camera.getParameters();
                // 设置预览窗口的尺寸
                params.setPreviewSize(displayWidth, displayHeight);
                // 设置预览帧数
                params.setPreviewFrameRate(3);
                // 设置照片格式
                params.setPictureFormat(PixelFormat.JPEG);
                // 设置照片质量
                params.setJpegQuality(80);
                // 设置照片尺寸
                params.setPictureSize(displayWidth, displayHeight);

                camera.setParameters(params);
                camera.setPreviewDisplay(viewCamera.getHolder());
                camera.startPreview();

                isPreview = true;

            } catch (Exception e) {
                e.printStackTrace();
            }
        }

        @Override
        public void surfaceChanged(SurfaceHolder holder, int format, int width,
                int height) {
            // TODO Auto-generated method stub
        }
```

```
        @Override
        public void surfaceDestroyed(SurfaceHolder holder) {
            if (camera != null) {
                if (isPreview) {
                    //释放 Camera 对象
                    camera.stopPreview();
                    camera.release();
                    camera = null;
                }
            }
        }
    }

    private final class TakePhotoCallback implements PictureCallback {

        @Override
        public void onPictureTaken(byte[] data, Camera camera) {
            try {
                // 停止预览
                camera.stopPreview();
                // 保存照片到 SDCard
                String pictureName = "demo_camera_" + System.currentTimeMillis()
                 + ".jpg";
                Bitmap bitmap = BitmapFactory.decodeByteArray(data, 0, data.length);
                File file = new File(Environment.getExternalStorageDirectory(), pictureName);
                FileOutputStream outputStream = new FileOutputStream(file);
                bitmap.compress(CompressFormat.JPEG, 100, outputStream);
                outputStream.close();
                // 重新开始预览
                camera.startPreview();
            } catch (Exception e) {
                e.printStackTrace();
            }
        }

    }
}
```

DemoCamera类的代码比较长，为了便于大家理解，我们会按照由上至下的阅读顺序，把该类中比较重要的知识点逐个剖析并归纳如下。

（1）类属性

主要属性包括摄像头API类，即Camera类对象camera、相机预览界面SurfaceView类对象viewCamera，以及拍照按钮Button类对象btnTakePhoto。

（2）onCreate方法

界面初始化方法，主要逻辑如下。首先使用Window类把相机窗口设置为全屏模式；然后设置界面模板，即demo_camera.xml，模板代码见代码清单11-11；接着初始化摄像头预览窗口的SurfaceView控件，初始化逻辑在预览窗口的回调接口类CameraSurfaceCallback中；最后设置拍照按钮，即“Take Photo”按钮，这里用到了Camera类的takePicture方法，具体的拍照逻辑在拍照动作的回调接口类 TakePhotoCallback 中。

（3）onKeyDown 方法

重写按键事件，这里我们为 DPAD 的中间按键也设置了拍照事件，此处用法和 onCreate 方法中的相同，使用的回调接口类都是 TakePhotoCallback。

（4）CameraSurfaceCallback 类

预览窗口的回调接口类实现了 SurfaceHolder.Callback 接口的 3 个方法，即 surfaceCreated、surfaceChanged 以及 surfaceDestroyed 方法，分别用在 SurfaceView 控件被创建、改变和销毁的时候。surfaceCreated 方法中用到了 Camera 类的 open 方法打开摄像头，然后使用 Camera.Parameters 对象来设置相机预览界面的尺寸、帧数，以及照片的尺寸、质量等信息。最后，调用 startPreview 方法打开预览窗口开始预览。

（5）TakePhotoCallback 类

拍照动作的回调接口类实现了 PictureCallback 接口的 onPictureTaken 方法，也就是在照片拍照完成时需要触发的逻辑。先停止预览动作，然后使用 BitmapFactory 的 decodeByteArray 方法把字节数据转化成 Bitmap 对象，使用 FileOutputStream 类把图像保存到本地 SDCard 中去，最后重新开始预览动作。至此，我们就可以在 SDCard 中看到最终的相片文件了。

至此，相机拍照实例的实现逻辑已经介绍完毕，下面是其界面的模板文件 demo_camera.xml，如代码清单 11-11 所示。

代码清单　11-11

```
<?xml version="1.0" encoding="utf-8"?>
<LinearLayout xmlns:android="http://schemas.android.com/apk/res/android"
     android:orientation="vertical"
     android:layout_width="fill_parent"
     android:layout_height="fill_parent">
     <SurfaceView
          android:layout_width="fill_parent"
          android:layout_height="fill_parent"
          android:layout_weight="1"
          android:id="@+id/view_camera"/>
     <Button
          android:id="@+id/btn_take_photo"
          android:layout_width="fill_parent"
          android:layout_height="40dip"
          android:background="@drawable/btn_common"
          android:layout_margin="1dip"
          android:text="Take Photo" />
</LinearLayout>
```

虽然相机拍照实例中并没有包含录像逻辑，但是接下来我们还是要介绍这个相对重要的功能。实际上，拍照和录像这两个功能之间的基本思路是非常类似的，只是录像功能还需要借助 MediaRecorder 类来进行视频的录制工作。使用 MediaRecorder 类进行视频录制的用法其实并不复杂，代码清单 11-12 就是一个使用范例。

代码清单 11-12

```
...
// 获取 MediaRecorder 对象
MediaRecorder mrec = new MediaRecorder();

// 解锁摄像头
camera.unlock();

// 设置录像参数
mrec.setCamera(camera);
mrec.setAudioSource(MediaRecorder.AudioSource.CAMCORDER);
mrec.setVideoSource(MediaRecorder.VideoSource.CAMERA);
mrec.setMaxDuration(100000);//ms 为单位

// 设置录像文件
String filename = "demo_video_" + System.currentTimeMillis() +  + ".3gp";
String cameraDir = ImageManager.CAMERA_IMAGE_BUCKET_NAME;
String filePath = cameraDir + "/" + filename;
File cameraDir = new File(cameraDir);
if (!cameraDir.exists()) {
      cameraDir.mkdirs();
}
mrec.setOutputFile(filePath);

// 开始录像
try {
      mrec.prepare();
      mrec.start();
} catch (RuntimeException e) {
      e.printStackTrace();
}
...
```

以上代码中可以看到 MediaRecorder 的基本用法，使用的时候需要注意两点：其一，在开始录像之前需要调用 Camera 对象的 unlock 方法解锁摄像头，这是因为摄像头在默认状态下都是被锁定的，只有解锁后才能被 MediaRecorder 等多媒体进程调用。其二，调用 start 方法开始录像前，必须先用 setOutputFile 方法设置好录像文件的保存位置，这点和拍照逻辑不大一样，需要引起注意。另外，录完后我们还需要关闭并释放 MediaRecorder 对象，示例见代码清单 11-13。

代码清单 11-13

```
...
mrec.stop();
mrec.reset();
mrec.release();
mrec = null;
if(camera != null) {
     camera.lock();
}
...
```

至此，Android 系统中摄像头的使用已介绍完毕。我们建议大家自己动手实践，尝试把以上的录像逻辑加入到前面的相机拍照实例（DemoCamera 类）中去。这样能让我们更好地理解 Android 使用摄像头进行开发的思路。

11.5 多媒体开发

想掌握 Android 系统的多媒体开发，先要了解几个重点概念。首先是 Android 系统的多媒体框架（Media Framework），也就是 OpenCore 框架；然后是两个重要多媒体类，即 MediaPlayer 和 MediaRecorder。

1. OpenCore 框架

OpenCore 框架是 Google 联合 PacketVideo 推出的多媒体开源框架，也是 Android 系统多媒体框架的核心。OpenCore 框架位于 Android 系统框架的类库层（Libraries），所有 Android 平台上与音频和视频的采集、播放等功能都是以之为基础的。另外，OpenCore 框架基于 C/C++ 语言实现，具有非常好的可移植性，从宏观功能来看，它主要包含了两大方面的内容。

- PVPlayer：提供媒体播放器的功能，可用于完成各种音频（Audio）、视频（Video）流的播放、回放（Playback）等功能。
- PVAuthor：提供媒体流记录的功能，可用于捕获各种音频（Audio）、视频（Video）流的以及静态图像。

目前 PVPlayer 和 PVAuthor 都以 SDK 的形式提供给开发者，我们可以在这个 SDK 之上构建多种应用程序和功能服务，当然也包括在移动设备中经常使用的多媒体组件，例如媒体播放器、录像机、录音机等。

另外，从软件层次上来看，OpenCore 框架还包含了操作系统兼容库 OSCL（Operating System Compatibility Library）、PV 多媒体框架 PVMF（PacketVideo Multimedia Framework）以及 PVPlayer 和 PVAuthor 的核心引擎等。

事实上，OpenCore 框架相当庞大且复杂。比如，就播放功能来讲，除了媒体流控制、文件解析、音频视频流的解码（Decode）等方面的内容之外，还包含了与网络相关的实时流协议 RTSP（Real Time Stream Protocol）的相关内容；而在媒体流记录方面，则包含了流的同步、音频视频流的编码（Encode）以及文件的写入等功能。然而，对于普通的 Android 开发者来讲，我们并不需要深入研究 OpenCore 框架的底层实现，只需要掌握 Android 框架为我们提供的组件库即可，具体来讲就是 MediaPlayer 类和 MediaRecorder 类。

2. MediaPlayer 类

MediaPlayer 类（媒体播放器类）主要负责 Android 系统中的音频（Audio）和视频（Video）的播放功能。MediaPlayer 类是基于 OpenCore 框架实现的，调用方式是 JNI，主要使用了 PVPlayer 的 API。

小贴士： JNI（Java Native Interface）即 Java 本地调用。从 Java 1.1 开始，JNI 标准就已经成为 Java 平台的一部分，JNI 允许 Java 代码和其他语言的程序代码（比如本地的 C/C++ 代码）进行交互。另外，JNI 也是 Android NDK 开发的重要内容，相关内容请参考第 12 章。

另外，在 Android 系统中 MediaPlayer 类是以状态机的形态运行的，拥有自己的生命周期，我们先来看看图 11-15 所示的 MediaPlayer 类的生命周期图。

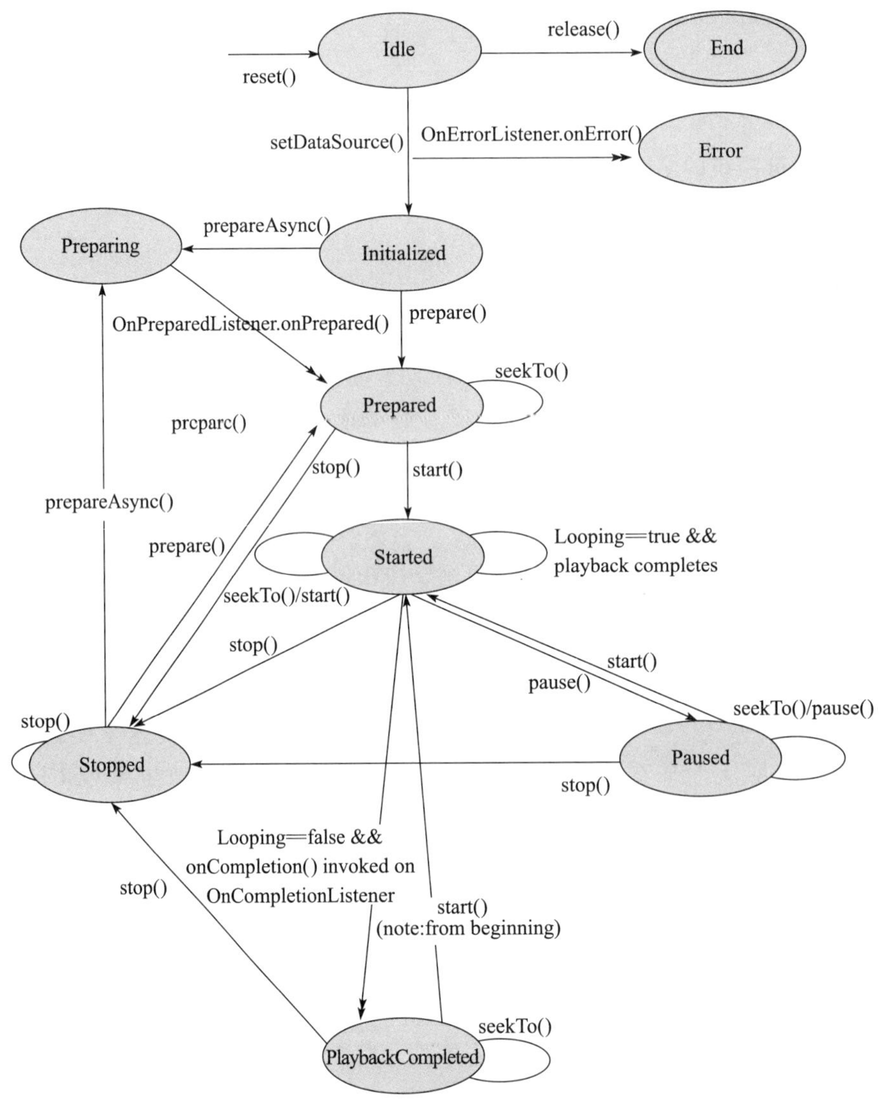

图 11-15 MediaPlayer 类生命周期

研究 MediaPlayer 类的生命周期，我们可以得到以下结论。首先，MediaPlayer 类主要生命周期状态依次是：空闲状态（Idle）、初始化状态（Initialized）、准备播放状态（Prepared）、播放中（Started）、暂停播放（Paused）、播放结束（Stopped）等。其次，MediaPlayer 类必须先处于 Prepared 状态才可以开始播放，重新调整播放时间之后播放器也会处于这个状态。

MediaPlayer 类生命周期中的重要方法归纳如下。

- pause：暂停播放。

• prepare：执行播放的准备工作。
• reset：重设 MediaPlayer 到初始状态。
• release：释放 MediaPlayer 对象。
• seekTo：移动至播放时间点。
• setDataSource：设置音视频文件的位置。
• setLooping：设置是否循环播放。
• start：开始 MediaPlayer。
• stop：停止 MediaPlayer。

另外，由于音频、视频在播放过程中可能遇到各种异常情况，如格式不支持、文件不存在等，此时我们可以通过 setOnErrorListener 方法来注册 OnErrorListener 监听器类，并用其中的 OnError 方法来处理这些错误。

3. MediaRecorder 类

MediaRecorder 类（媒体录制器类）也是基于 OpenCore 框架实现的，调用方式是 JNI，主要使用了 PVAuthor 的 API。由于 MediaRecorder 类经常用于与摄像头（Camera）配合来进行视频的录制，所以该类的相关内容已经在 11.4 节中给大家提前介绍过了。与 MediaPlayer 类相似，MediaRecorder 类也是以状态机的形态运行的，也有自己的生命周期，至于具体用法和实例也请参考 11.4 节的相关内容，这里不再赘述。

下面我们将通过一个媒体播放器的实例来重点讲解一下 MediaPlayer 类的用法。其实，该实例也在 app-demos-special 中，实例入口就是主菜单中的“Demo Media”按钮。但是，与其他实例的不同之处在于，运行前先要通过 DDMS 的 File Explorer 工具往 Android 模拟器的 SDCard 目录下传入一些 mp3 音乐文件。上传成功之后的效果如图 11-16 所示。

File Explorer | Threads | Heap | Allocation Tracker

Name	Size	Date	Time	Permissions
data		2012-06-18	08:30	drwxrwx--x
mnt		2012-07-03	05:06	drwxrwxr-x
asec		2012-07-03	05:06	drwxr-xr-x
sdcard		2012-07-03	05:22	d---rwxr-x
Android		2012-07-02	10:40	d---rwxr-x
DCIM		2012-02-09	09:27	d---rwxr-x
LOST.DIR		2011-12-19	11:27	d---rwxr-x
demo_media_music_1.mp3	3856709	2012-07-03	05:22	----rwxr-x
demo_media_music_2.mp3	3499953	2012-07-03	05:22	----rwxr-x

图 11-16　在文件浏览窗口中上传 mp3 文件

当媒体播放器应用被打开时，程序将会从 SDCard 目录中获取可用于播放的 mp3 音乐文件，然后显示在媒体播放器的播放清单（Playlist）中，界面效果如图 11-17 所示。接下来，点击底部的播放按钮▸就可以开始欣赏音乐了。当然，媒体播放器还提供了其他常见的播放器功能，按照底部的功能按钮来看，依次是上一首、播放、暂停以及下一首，大家可以自己动手操作。

介绍过了媒体播放器的界面和功能之后，让我们来看看，此应用在 Android 系统中是如何实现的。媒体播放器的界面控制器类位于 com.app.demos.special.demo 包下的 DemoMedia.java 文件中，实现逻辑如代码清单 11-14 所示。

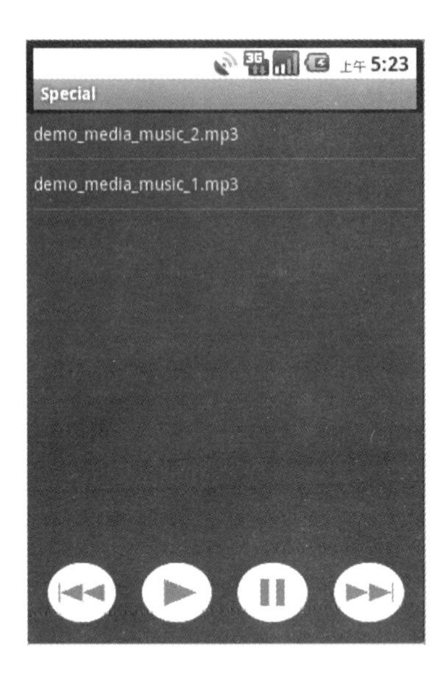

图 11-17　媒体播放器实例界面

代码清单　11-14

```
package com.app.demos.special.demo;

import java.io.File;
import java.io.FilenameFilter;
import java.util.ArrayList;
import java.util.List;

import com.app.demos.special.R;

import android.app.Activity;
import android.media.MediaPlayer;
import android.media.MediaPlayer.OnCompletionListener;
import android.os.Bundle;
import android.view.KeyEvent;
import android.view.View;
import android.view.View.OnClickListener;
import android.widget.ArrayAdapter;
import android.widget.Button;
import android.widget.ListView;

public class DemoMedia extends Activity {

    private static final String MUSIC_DIR = "/sdcard/";
    private List<String> musicList = new ArrayList<String>();
    private boolean musicIsPaused = false;
    private int musicNo = 0;

    private MediaPlayer mediaPlayer;
```

```
    private ListView musicListView;
    private Button btnPlayStart;
    private Button btnPlayStop;
    private Button btnPlayPrev;
    private Button btnPlayNext;

    @Override
    public void onCreate(Bundle savedInstanceState) {
        super.onCreate(savedInstanceState);
        setContentView(R.layout.demo_media);
        // 获取音乐列表
        musicList();
        // 初始化媒体播放器
        mediaPlayer = new MediaPlayer();
        // 开始按钮逻辑
        btnPlayStart = (Button) this.findViewById(R.id.demo_media_btn_play_start);
        btnPlayStart.setOnClickListener(new OnClickListener(){
            @Override
            public void onClick(View v) {
                if (musicIsPaused) {
                    mediaPlayer.start();
                    musicIsPaused = false;
                } else {
                    musicPlay(MUSIC_DIR + musicList.get(musicNo));
                }
            }
        });
        // 暂停按钮逻辑
        btnPlayStop = (Button) this.findViewById(R.id.demo_media_btn_play_stop);
        btnPlayStop.setOnClickListener(new OnClickListener(){
            @Override
            public void onClick(View v) {
                if (mediaPlayer.isPlaying()) {
                    mediaPlayer.pause();
                    musicIsPaused = true;
                }
            }
        });
        // 上一首按钮逻辑
        btnPlayPrev = (Button) this.findViewById(R.id.demo_media_btn_play_prev);
        btnPlayPrev.setOnClickListener(new OnClickListener(){
            @Override
            public void onClick(View v) {
                musicPlayPrev();
            }
        });
        // 下一首按钮逻辑
        btnPlayNext = (Button) this.findViewById(R.id.demo_media_btn_play_next);
        btnPlayNext.setOnClickListener(new OnClickListener(){
            @Override
            public void onClick(View v) {
```

```
                    musicPlayNext();
                }
            });
        }

        public boolean onKeyDown(int keyCode, KeyEvent event) {
            if (mediaPlayer != null) {
                switch (keyCode) {
                    case KeyEvent.KEYCODE_BACK:
                        mediaPlayer.stop();
                        mediaPlayer.release();
                        mediaPlayer = null;
                        break;
                }
            }
            return super.onKeyDown(keyCode, event);
        }

        private void musicPlay(String path) {
            try {
                mediaPlayer.reset();
                mediaPlayer.setDataSource(path);
                mediaPlayer.prepare();
                mediaPlayer.start();
                mediaPlayer.setOnCompletionListener(new OnCompletionListener(){
                    @Override
                    public void onCompletion(MediaPlayer mp) {
                        musicPlayNext();
                    }
                });
            } catch (Exception e) {
                e.printStackTrace();
            }
        }

        private void musicPlayNext() {
            if (++musicNo >= musicList.size()) {
                musicNo = 0;
            }
            musicPlay(MUSIC_DIR + musicList.get(musicNo));
        }

        private void musicPlayPrev() {
            if (--musicNo < 0) {
                musicNo = musicList.size() - 1;
            }
            musicPlay(MUSIC_DIR + musicList.get(musicNo));
        }

        private void musicList() {
            File musicDir = new File(MUSIC_DIR);
```

```
            File[] musicFiles = musicDir.listFiles(new MusicFilter());
            if (musicFiles.length > 0) {
                for (File file : musicFiles) {
                    musicList.add(file.getName());
                }
                musicListView = (ListView) this.findViewById(R.id.demo_media_list_music);
                ArrayAdapter<String> musicListAdapter = new ArrayAdapter<String>(this,
                        R.layout.list_music_item,
                        R.id.list_music_item_text_name,
                        musicList);
                musicListView.setAdapter(musicListAdapter);
            }
        }

        private class MusicFilter implements FilenameFilter {
            @Override
            public boolean accept(File dir, String filename) {
                return filename.endsWith(".mp3");
            }
        }
    }
```

DemoMedia类的代码比较多，为了便于大家理解，我们按照由上至下的阅读顺序，把该类中比较重要的知识点逐个剖析并归纳如下。

（1）类属性

主要属性包括媒体播放器类，即MediaPlayer类对象mediaPlayer、音乐文件所在目录的字符串常量MUSIC_DIR、音乐文件列表有关的List容器对象musicList、ListView控件对象musicListView、代表当前曲目的int数值musicNo，以及播放器主要功能按钮的Button对象等。

（2）onCreate方法

媒体播放器初始化方法。首先，调用musicList方法获取音乐文件列表并显示在界面ListView控件里；然后，初始化MediaPlayer对象mediaPlayer，以供其他方法使用；最后，依次实现播放、暂停、上一首、下一首功能按钮的逻辑，这里用到了播放、暂停前后选曲等动作，即musicPlay、musicPlayNext、musicPlayPrev等重要方法，这些方法的逻辑稍后就将介绍。

（3）onKeyDown方法

媒体播放器的按键方法中主要实现了后退按钮的逻辑，即退出媒体播放器时，程序需要先停止播放器，然后再释放mediaPlayer对象。

（4）musicPlay、musicPlayNext、musicPlayPrev方法

三个方法分别代表着开始播放、向前选曲和向后选曲的逻辑。其中最重要的方法是musicPlay，此方法可获取参数中的音乐文件路径，然后初始化mediaPlayer对象并自动开始播放；musicPlayNext方法和musicPlayPrev方法主要根据当前曲目的musicNo值来进行前后选曲并播放。

（5）musicList方法和MusicFilter类

musicList方法通过Java的文件操作类File从音乐文件所在目录（MUSIC_DIR）中获取音乐文件的信息并显示在界面上的ListView控件里，其中还用到了文件名过滤器类MusicFilter，

该类用于过滤出所有后缀名为 .mp3 的文件。

至此，媒体播放器实例的实现逻辑已经介绍完毕，下面是实例界面的模板文件 demo_media.xml，如代码清单 11-15 所示。

代码清单 11-15

```
<?xml version="1.0" encoding="utf-8"?>
<LinearLayout xmlns:android="http://schemas.android.com/apk/res/android"
    android:orientation="vertical"
    android:layout_width="fill_parent"
    android:layout_height="fill_parent">
    <LinearLayout
        android:orientation="vertical"
        android:layout_width="fill_parent"
        android:layout_height="fill_parent"
        android:layout_weight="1">
        <ListView
            android:id="@+id/demo_media_list_music"
            android:layout_width="fill_parent"
            android:layout_height="fill_parent"
            />
    </LinearLayout>
    <LinearLayout
        android:orientation="horizontal"
        android:layout_width="fill_parent"
        android:layout_height="fill_parent"
        android:gravity="center_vertical"
        android:layout_weight="5">
        <Button
            android:layout_width="50dip"
            android:layout_height="50dip"
            android:layout_weight="1"
            android:layout_margin="10dip"
            android:id="@+id/demo_media_btn_play_prev"
            android:background="@drawable/play_prev"
            />
        <Button
            android:layout_width="50dip"
            android:layout_height="50dip"
            android:layout_weight="1"
            android:layout_margin="10dip"
            android:id="@+id/demo_media_btn_play_start"
            android:background="@drawable/play_start"
            />
        <Button
            android:layout_width="50dip"
            android:layout_height="50dip"
            android:layout_weight="1"
            android:layout_margin="10dip"
            android:id="@+id/demo_media_btn_play_stop"
            android:background="@drawable/play_stop"
            />
        <Button
            android:layout_width="50dip"
            android:layout_height="50dip"
```

```
                android:layout_weight="1"
                android:layout_margin="10dip"
                android:id="@+id/demo_media_btn_play_next"
                android:background="@drawable/play_next"
                />
        </LinearLayout>
</LinearLayout>
```

11.6 语音识别

大家都知道 iOS 系统中有大名鼎鼎的 Siri 功能，这些都是基于语音识别技术的。实际上 Android 系统在 1.5 版本的 SDK 中就已经支持语音识别功能了，在新版本的 SDK 中更加强了此项功能。与其他的功能模块不同，开发者需要使用 RecognizerIntent 消息来调用 Android 系统的语音组件，调用方法如代码清单 11-16 所示。

代码清单 11-16

```
...
Intent intent = new Intent(RecognizerIntent.ACTION_RECOGNIZE_SPEECH);
// 设置语音识别模式
intent.putExtra(RecognizerIntent.EXTRA_LANGUAGE_MODEL, RecognizerIntent.LANGUAGE_MODEL_FREE_FORM);
// 设置提示信息文字
intent.putExtra(RecognizerIntent.EXTRA_PROMPT, "Start Record");
startActivityForResult(intent, VOICE_RESULT_REQUEST_CODE);
...
```

从以上代码中可以看出，我们可以通过 putExtra 方法给 RecognizerIntent 消息添加参数，这里我们设置了语音识别模式为自由语音模式，语音组件的提示文字是“Start Record”。实际上，app-demos-special 项目也提供了语音识别的应用实例，在 special 应用主菜单中点击“Demo Voice”按钮就可进入语音识别实例界面，该界面的布局也很简单，点击底部的“Start Record”按钮就可以开始语音识别了，显示效果如图 11-18 所示。

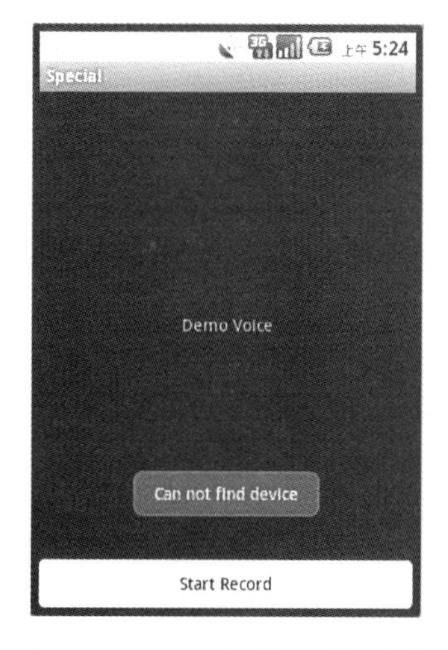

图 11-18 语音识别实例界面

语音识别实例的逻辑代码在com.app.demos.special.demo包下的DemoVoice.java文件中，界面控制器类名为DemoVoice，如代码清单11-17所示。

代码清单 11-17

```
package com.app.demos.special.demo;

import java.util.ArrayList;

import com.app.demos.special.R;

import android.app.Activity;
import android.content.ActivityNotFoundException;
import android.content.Intent;
import android.os.Bundle;
import android.speech.RecognizerIntent;
import android.view.View;
import android.view.View.OnClickListener;
import android.widget.Button;
import android.widget.Toast;

public class DemoVoice extends Activity {

    private static final int VOICE_RESULT_REQUEST_CODE = 1001;

    Button btnStartRecord;

    @Override
    public void onCreate(Bundle savedInstanceState) {
        super.onCreate(savedInstanceState);
        setContentView(R.layout.demo_voice);

        btnStartRecord = (Button) this.findViewById(R.id.demo_voice_btn_start_record);
        btnStartRecord.setOnClickListener(new OnClickListener(){
            @Override
            public void onClick(View v) {
                try {
                    Intent intent = new Intent(RecognizerIntent.ACTION_RECOGNIZE_SPEECH);
                    intent.putExtra(RecognizerIntent.EXTRA_LANGUAGE_MODEL,
                    RecognizerIntent.LANGUAGE_MODEL_FREE_FORM);
                    intent.putExtra(RecognizerIntent.EXTRA_PROMPT, "Start Record");
                    startActivityForResult(intent, VOICE_RESULT_REQUEST_CODE);
                } catch (ActivityNotFoundException e) {
                    Toast.makeText(DemoVoice.this, "Can not find device",
                    Toast.LENGTH_LONG).show();
                } catch (Exception e) {
                    e.printStackTrace();
                }
            }
        });
    }
    protected void onActivityResult(int requestCode, int resultCode, Intent data) {
        if (requestCode == VOICE_RESULT_REQUEST_CODE && resultCode == RESULT_OK) {
```

```
                ArrayList<String> results = data.getStringArrayListExtra(Recogniz
                erIntent.EXTRA_RESULTS);
                StringBuffer sb = new StringBuffer();
                int resultCount = results.size();
                for (int i = 0; i < resultCount; i++) {
                     sb.append(results.get(i));
                }
                Toast.makeText(this, sb.toString(), Toast.LENGTH_LONG).show();
                super.onActivityResult(requestCode, resultCode, data);
           }
      }
}
```

DemoVoice 类的逻辑比较简单，onCreate 方法中主要实现了“Start Record”按钮点击事件的逻辑，这里也用到了 RecognizerIntent 消息来传递参数给语音识别组件，需要注意的是，这里尝试捕获 ActivityNotFoundException 异常，若异常存在则弹出“Can not find device”提示信息。由于此功能需要设备支持，在模拟器上运行则会抛出此异常，如图 11-18 所示。

至此，语音识别实例的实现逻辑已经介绍完毕，下面是实例界面的模板文件 demo_voice.xml，如代码清单 11-18 所示。

代码清单　11-18

```
<?xml version="1.0" encoding="utf-8"?>
<LinearLayout xmlns:android="http://schemas.android.com/apk/res/android"
     android:orientation="vertical"
     android:layout_width="fill_parent"
     android:layout_height="fill_parent">
     <TextView
          android:layout_width="fill_parent"
          android:layout_height="fill_parent"
          android:layout_weight="1"
          android:gravity="center"
          android:text="Demo Voice"/>
     <Button
          android:id="@+id/demo_voice_btn_start_record"
          android:layout_width="fill_parent"
          android:layout_height="40dip"
          android:background="@drawable/btn_common"
          android:layout_margin="1dip"
          android:text="Start Record" />
</LinearLayout>
```

11.7　小结

本章的内容比较丰富，主要介绍了 Android 常规应用功能之外的特色功能，包括了 Google Map API、LBS 技术、传感器、摄像头以及多媒体开发的相关内容，并对每个功能的应用实例都进行了详细说明。由于手机应用通常都是以创意取胜的，所以本章的内容还是比较有实用价值的，建议大家重点掌握。

第 12 章　Android NDK 开发

我们知道，Java 语言是 Android 系统的官方语言，而之前我们介绍的也都是基于 Java 语言来进行的 Android 应用开发。但是这不仅大大限制了 Android 系统的扩展性和灵活性，也导致广大的 C 和 C++ 开发者被拒之门外。终于在 2009 年 Google 发布了 NDK 的第一个版本，宣布支持使用 C 和 C++ 语言来开发 Android 程序。这使得“Java 和 C”的混合开发模式成为现实，并引起了广大开发者的关注，下面我们来介绍这部分的内容。

12.1　NDK 开发基础

Android NDK 的全称是 Android Native Development Kit，顾名思义，就是原生代码调用，实际上就是允许 Java 程序通过 JNI 调用 C 或 C++ 的动态链接库（so 文件）。Android NDK 集成了交叉编译器，支持 ARMv5TE 指令集，以及 JNI 接口和稳定的 C Library。帮助我们实现 Java 和 C 混合编程的开发模式，这对开发者们的帮助无疑是巨大的。

但是，NDK 的出现并不是为了取代 Android SDK，实际上也不可能取代。它只能是对 SDK 的一个有益的补充，Android 程序的运行离不开 Dalvik 虚拟机。Google 官方也表示，使用 NDK 进行开发比起 SDK 来说存在着一些劣势，比如开发过程复杂、调试难度大、无法使用 Android 应用框架等。因此，开发者们需要谨慎使用。

另外，实际上 NDK 并不适用于大部分的 Android 应用，原因主要有两方面：其一，对于大部分应用来说，Android 应用框架已经足够强大，而且应用对于程序性能的要求通常不会过于严苛；其二，NDK 适用于比较独立的系统，比如游戏、仿真程序等，简单地使用 C 或 C++ 语言重写代码并不会带来大幅度的性能提升。不过，NDK 的出现对于 Android 系统来说还是非常有意义的，毕竟 C 和 C++ 程序员仍然是开发者阵营中的绝对主力，将这部分人排除在 Android 开发之外，显然是不利于 Android 平台发展的。

12.1.1　使用 NDK 的原因

我们为什么要使用 NDK 呢？原因主要有以下三个方面。

首先，我们可以把 NDK 看作是一系列开发工具的集合，使用 NDK 可以帮助我们快速地进行 Java 和 C 的混合开发，发挥两种语言各自的特点，最大限度地发挥系统的性能。具体来说，NDK 工具集合会先把 C 或 C++ 代码生成动态链接库（so 文件），然后再和 Java 程序一起打包成 apk 文件。实际上在 12.2.1 节中，我们将会给大家介绍如何使用 Eclipse+ADT+CDT 开发环境进行快速开发。

小贴士： 动态链接库（Dynamic Link Library，DLL）是C或C++共享库（Shared Library）的一种，其中包含了可由多个程序同时使用的代码和数据。Windows系统上的动态链接库文件后缀一般是dll，而Linux上则是so。另外，动态链接库只有在需要时才会被装载至内存空间中，这种方式不仅降低了可执行文件的大小和对内存空间的要求，同时也满足了多进程共享的目的，所以受到广大开发者的欢迎。

其次，我们必须知道使用NDK并不能开发出纯生的C或C++程序，Android程序的最终运行环境仍然是Dalvik虚拟机。所以，在开发过程中，NDK的使用是需要分场合的。我们使用NDK的目的无非是想借助C和C++语言的高效性，来实现系统中的某些复杂功能；或者利用NDK来进行底层系统库的调用，而这些功能显然都是Android应用框架无法提供的，这也是我们选择NDK的原因之一。

另外，我们都知道Java包是可以被反编译的，相对来说动态链接库的so文件就安全多了。因此，我们可以使用NDK的开发模式，将一些核心算法或者保密逻辑使用C开发，然后通过JNI进行调用，这种方式可以满足某些应用的安全性要求。

12.1.2　使用NDK调用C或C++

NDK调用C或C++程序从根本上来讲是利用了Java语言的JNI接口，首先我们需要来介绍一下JNI的概念。JNI是Java Native Interface的缩写，中文为Java本地调用，JNI允许Java代码和其他语言写的代码进行交互。JNI在Java系统中的所处层次和JRE以及JDK差不多，大家可以借助图12-1中的系统结构图来理解。

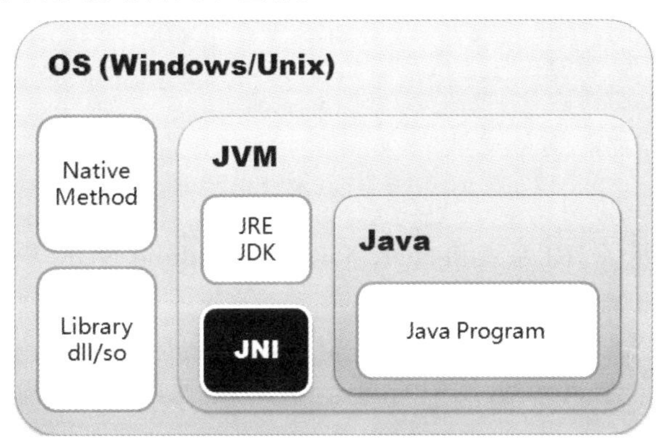

图12-1　系统结构图

为了更好地理解JNI的原理，我们可以尝试着把JNI调用看做是一种代理模式（Proxy Pattern），包含native接口方法的Java类就是一个代理类，而方法实现则在对应的本地C或C++代码中，其他的Java程序就可以使用代理类来调用本地方法（Native Method）中逻辑。当然，实际上JNI的内部实现远比以上过程来得复杂；然而，对于开发者来说，我们更需要关心的是使用JNI进行开发的开发步骤，具体步骤如下所示。

1）实现 Java 类，并声明本地 native 方法。

2）使用 javac 工具生成 Java 调用类的 class 文件。

3）使用 javah 工具生成 C 或 C++ 本地方法的头文件。

4）实现 C 或 C++ 本地方法的逻辑，原则上可以调用任何系统资源。

5）使用 Make 工具生成动态链接库（so 文件或 dll 文件）。

6）编译、发布并运行 Java 程序。

实际上，进行 Android NDK 开发时，也要遵循上述的 JNI 开发步骤，唯一的区别在于 NDK 开发环境帮助我们集成了常用的开发、编译工具，简化了 JNI 程序开发的步骤，相关实例可参考 12.2.2 节。下面，我们先来看看 Android 系统中 Android 应用、NDK 环境、JNI 系统以及其他重要元素之间的关系，如图 12-2 所示。

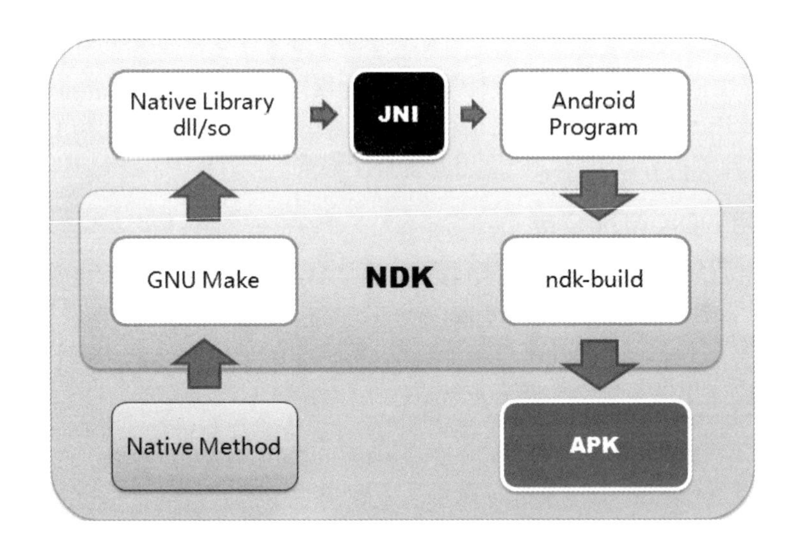

图 12-2 JNI 开发步骤

上图从全局角度展示了 JNI 系统和 NDK 工具集在 Android NDK 开发中所起到的作用，简要分析如下。

首先，JNI 在程序层（Android Program）中扮演着重要角色，它是 Android 程序与 C 或 C++ 共享库之间的桥梁，Android 应用中的 Java 程序就是通过 JNI 来调用动态链接库中的方法逻辑的。

另外，NDK 工具集则扮演了 Android NDK 开发中“协调者”的角色。比如，在本地 C 或 C++ 代码编译成动态链接库的过程中就用到了 NDK 工具集中的 GNU Make 工具，在应用打包的时候 ndk-build 工具会帮助我们把动态链接库和 Android 程序一起打包成 APK 文件。

最后，我们来看一段在 NDK 开发中用到的标准实例代码（如代码清单 12-1 所示），并简单说明一下，在 Android NDK 环境中使用 Java 和 C 进行混合开发的基本方法。

代码清单 12-1

Android Java 代码：

```
public class HelloJni extends Activity
{
     // 加载动态链接库（libhello-jni.so）
     static {
          System.loadLibrary("hello-jni");
     }

     // 定义本地C或C++方法
     public native String sayHello();

     // Android逻辑
     @Override
    public void onCreate(Bundle savedInstanceState)
    {
        ...
    }
}
```

本地 C++ 代码：

```
#include <string.h>
#include <jni.h>

# 与 Java 包名
jstring
Java_com_example_hellojni_HelloJni_sayHello(JNIEnv* env, jobject thiz)
{
    return (*env)->NewStringUTF(env, "Hello JNI !");
}
```

以上代码包括两个部分，Android 中的 Java 代码和本地 C++ 代码。首先，在 Java 代码中声明了需要实现的 native 方法 sayHello，此方法在使用 System.loadLibrary 加载动态链接库之后就可以使用了。然后在对应的 C++ 代码中实现与 sayHello 方法对应的本地方法，这里我们会发现本地方法名是使用“Java 包名 + 类名 + 方法名”的格式来定义的，这样既便于开发者理解，也方便代码管理。

12.1.3 Android.mk 和 Application.mk

一个成熟的开发框架必然有自己的打包系统，比如 C 或 C++ 项目中的 make 文件、Java 项目中的 ant 工具等，NDK 也有自己的打包配置文件，这些文件以 mk 为后缀。其中最重要的是 Android.mk 文件和 Application.mk 文件，下面我们将详细介绍。

1. Android.mk 文件

Android.mk 文件是 NDK 的编译脚本，用于把 C 或 C++ 代码编译成 so 文件。一般来说，该文件位于 C 工程的代码根目录，如图 12-3 所示。Android.mk 文件用于帮助 NDK 编译器把本地代码和类库一起打包成指定的动态链接库文件。

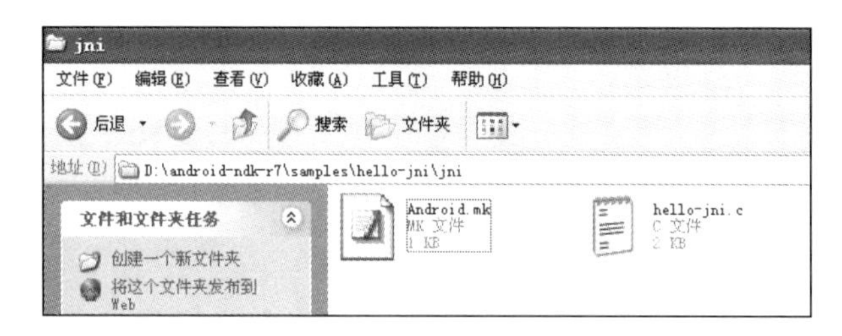

图 12-3　工程代码根目录

先来看一个标准的 Android.mk 文件的代码范例，如代码清单 12-2 所示。

代码清单　12-2

```
LOCAL_PATH := $(call my-dir)

include $(CLEAR_VARS)

LOCAL_MODULE := hello-jni
LOCAL_SRC_FILES := hello-jni.c

include $(BUILD_SHARED_LIBRARY)
```

接下来，我们来逐行分析 Android.mk 文件的代码范例，进而学习一下 Android.mk 文件的重要语法。

（1）LOCAL_PATH := $(call my-dir)

LOCAL_PATH 是每个 Android.mk 文件都必须定义的，用于指定项目的根目录，编译器会在此目录树中查找代码源文件。另外，“call my-dir”语句返回的是当前目录路径。

（2）include $(CLEAR_VARS)

include 语法用于包含外部库（C Library），CLEAR_VARS 由编译系统提供，对应的 GNU Makefile 脚本会为我们清除 LOCAL_PATH 以外的所有以 LOCAL_ 为前缀的变量，如 LOCAL_MODULE、LOCAL_SRC_FILES、LOCAL_STATIC_LIBRARIES 等。这是必要的，因为所有的编译控制文件都在同一个 GNU Make 环境中。

小贴士： GNU Make 是 UNIX 系统下的一个工具，设计之初是为了方便 C 程序的编译过程。使用 MAKE 工具，我们可以将大型的项目分解成多个易于管理的模块，对于比较大型的 C 或 C++ 项目，使用 Make 和 Makefile 工具可以取代复杂的命令行操作，高效地处理模块代码之间的关系，大大提高开发效率。

（3）LOCAL_MODULE := hello-jni

LOCAL_MODULE 也是必须定义的，用于标识 C 工程中的各个模块，最终的链接库文件的名称也与此值有关，比如这里生成的 so 文件名就是 libhello-jni.so。另外，LOCAL_MODULE 值必须是唯一的，且不能含有空格。

（4）LOCAL_SRC_FILES := hello-jni.c

LOCAL_SRC_FILES 用于指定 C 工程的源代码文件，当然如果包含多个文件可以使用“\”符号进行换行。这里不需要包含头文件，系统会自动为我们准备好。另外，如果要使用不同的 C++ 文件名，可以通过配置 LOCAL_DEFAULT_CPP_EXTENSION 参数来指定。

（5）include $(BUILD_SHARED_LIBRARY)

BUILD_SHARED_LIBRARY 也由编译系统提供，对应的 GNU Makefile 脚本会为我们收集所有以 LOCAL_ 为前缀的变量，这可以让 C 工程的类库和代码更加清晰，而我们也可以通过配置参数 BUILD_STATIC_LIBRARY 来生成静态库。比如，使用“include $(BUILD_STATIC_LIBRARY)”就将生成以 .a 为后缀的静态库。

当然，除了前面介绍的常用系统变量，如 CLEAR_VARS、BUILD_SHARED_LIBRARY 以及 BUILD_STATIC_LIBRARY 之外，Android.mk 文件还支持以下变量。

- TARGET_ARCH：用于指定 CPU 类型，常见的值有 arm 和 x86。
- TARGET_PLATFORM：用于指定 Android 平台的版本。
- TARGET_ARCH_ABI：用于指定 CPU+ABI 的类型，比如 armeabi 就代表 Armv5TE 的指令集架构。虽然目前支持的类型只有两种，但是在未来的 NDK 版本中可能会出现更多的选择。

然后，再来看看除了常用的模块描述变量，如 LOCAL_PATH、LOCAL_MODULE、LOCAL_SRC_FILES 以及 LOCAL_CPP_EXTENSION 之外，Android.mk 文件还支持的变量。

- LOCAL_C_INCLUDES：可选项，表示 C 或 C++ 头文件的搜索路径，一般是项目目录的相对路径。
- LOCAL_CFLAGS：可选的编译选项，在编译 C 代码时使用，在使用附加包或者宏定义的时候比较有用，比如 LOCAL_CFLAGS := -DHHH 等价于头文件中的 #define HHH。
- LOCAL_CXXFLAGS：同 LOCAL_CFLAGS，只不过针对的是 C++ 代码。
- LOCAL_CPPFLAGS：同 LOCAL_CFLAGS，对 C 或者 C++ 代码都适用。
- LOCAL_STATIC_LIBRARIES：表示模块编译时需要用到的静态库。
- LOCAL_SHARED_LIBRARIES：表示模块编译时需要用到的共享库（动态库）。
- LOCAL_LDLIBS：编译时需要使用的链接器选项，比如 -lz 就代表需要链接到 libz.so 库。

最后，再来学习一下 Android.mk 文件中可用的宏定义。

- my-dir：返回当前目录。
- all-subdir-makefiles：返回所有子目录的 Android.mk 文件的路径列表。
- this-makefile：返回当前 Android.mk 文件的路径。
- parent-makefile：返回调用数中父级的 Android.mk 文件路径。

2. Application.mk 文件

Application.mk 文件用于描述项目需要包含的原生模块（静态库或动态库），我们可以将其看做是 Android.mk 文件的补充，常与 Android.mk 文件处于相同的目录下，也就是 C 工程的代码根目录。虽然大部分情况下，我们并不需要修改此文件，但是我们还是需要学习一下 Application.mk 文件的可用变量。

- APP_PROJECT_PATH：用于给出应用程序工程的根目录的一个绝对路径。
- APP_MODULES：用于列出应用所需的所有模块，如果没有定义，NDK 将会对 Android.mk 中声明的默认模块进行编译。
- APP_OPTIM：可选模式有 release 或 debug 两种，分别表示编译的应用是发布版还是调试版的。如果是发布版（release 模式），编译器会生成更加优化的二进制文件，利于运行；而调试版（debug 模式）则更利于调试。
- APP_CFLAGS：功能同 Android.mk 的 LOCAL_CFLAGS。
- APP_CXXFLAGS：功能同 Android.mk 的 LOCAL_CXXFLAGS。
- APP_CPPFLAGS：功能同 Android.mk 的 LOCAL_CPPFLAGS。
- APP_BUILD_SCRIPT：指定编译脚本，默认情况下 NDK 编译器会在项目的 jni 目录下寻找名为 Android.mk 的文件。
- APP_ABI：选择指令集，可选项包括 armeabi、armeabi-v7a 以及 x86。

Android.mk 和 Application.mk 编译脚本是 NDK 开发必备的重要知识，是我们必须重点掌握的内容。另外，关于 Android.mk 脚本的使用案例，我们将在 12.2.2 节介绍首个 NDK 项目的开发中进行讲解。

12.2 NDK 开发入门

前面已经介绍了 NDK 开发的基础知识，接下来就是“理论结合实践”的时候了，在 NDK 开发入门一节中，我们将重点介绍 NDK 开发环境的搭建，并引导大家完成自己的第一个 NDK 项目。

12.2.1 开发环境搭建

在学习 Android 开发基础时，我们已经介绍过 Eclipse 和 ADT 组合而成的 Android 开发环境，详见 2.10 节中的内容。其实 NDK 的开发环境也是建立在这个基础开发环境之上的，

1. 安装 Android NDK

最新的 NDK 版本可以从 Android 官方开发者站点下载：http://developer.android.com/sdk/ndk/index.html。它支持目前主流的三大操作系统，即 Windows、Mac OS X（intel）和 Linux 32/64-bit（x86）；以下是目前稳定版 Android NDK r7 各操作系统安装包的下载地址。

- Windows：http://dl.google.com/android/ndk/android-ndk-r7-windows.zip
- Mac OS X (intel)：http://dl.google.com/android/ndk/android-ndk-r7-darwin-x86.tar.bz2
- Linux 32/64-bit (x86)：http://dl.google.com/android/ndk/android-ndk-r7-linux-x86.tar.bz2

首先我们需要知道，本书介绍的是基于 Windows 系统的 NDK 开发。下载 Windows 版的安装包之后，解压并复制到相应目录，建议与 Android SDK 放在一起，比如 D:\android-ndk-r7。该目录下包含了 NDK 的运行环境和工具。

2. 安装 CDT（C&C++ Development Tooling）

由于 NDK 主要使用 C 或 C++ 进行开发，所以我们要为 Eclipse 安装 CDT 插件。为 Eclipse

安装 CDT 的方法很简单，首先，打开 Help 菜单的 “Install New Software” 安装界面，选择 “Indigo - http://download.eclipse.org/releases/indigo” 选项（如果没有此项可点击右边的 Add 按钮进行添加）；然后，选中 “Programming Languages” 下面的 “CDT Visual C++ Support” 选项；接着按正常程序进行安装即可。安装界面如图 12-4 所示。

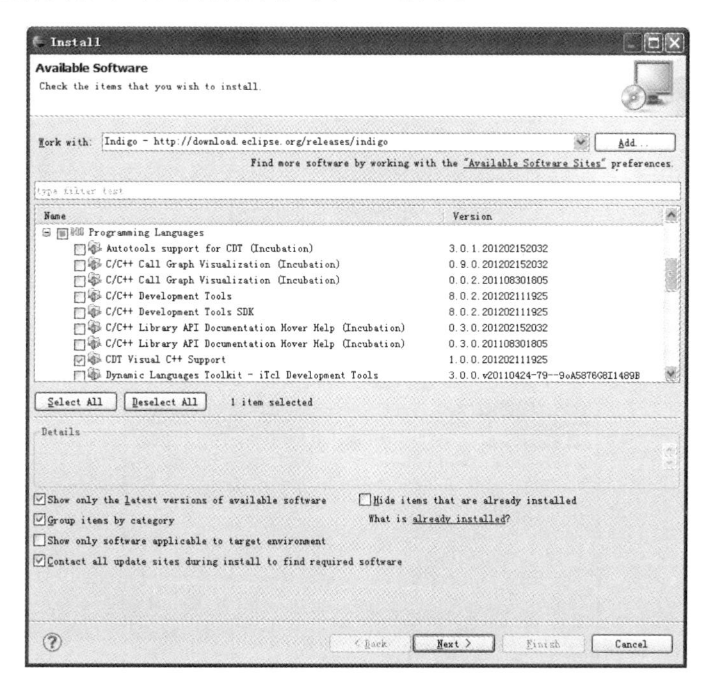

图 12-4　CDT 安装界面

安装完毕之后我们就可以开始 NDK 的开发之旅了。紧接着我们将通过创建自己的首个 NDK 项目来让大家学会如何使用 NDK 开发环境。当然，除了 CDT 之外，我们也可以选择其他的 C 或 C++ 开发工具，比如 Cygwin 等。不过考虑到开发环境的方便性和统一性，还是建议大家使用 Eclipse + ADT + CDT 的组合。

12.2.2　首个 NDK 项目

实际上，NDK 的安装包的 samples 示例中已经包含了 NDK 开发基本范例，即 HelloJni 项目的完整源码。接下来，我们先来学习如何在 NDK 开发环境中创建项目。首先，打开项目创建向导，新建一个 Android 项目，如图 12-5 所示。

在 Android 项目创建界面中选择 “Create Project from existing source” 选项，然后从本地目录选择界面中找到 NDK 目录（D:\android-ndk-r7）下的 samples/hello-jni 目录并选中，如图 12-6 所示。

接着，我们就可以在 Android 项目创建界面中看到自动创建好的 HelloJni 项目的信息，如图 12-7 所示。另外，我们可以注意到 Eclipse 会根据 AndroidManifest.xml 中的配置自动选择 Android 1.5 的 SDK 来使用。

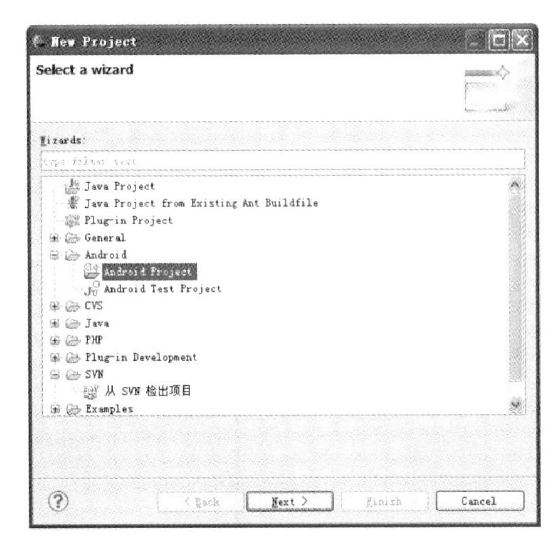

图 12-5　创建一个 Android 项目

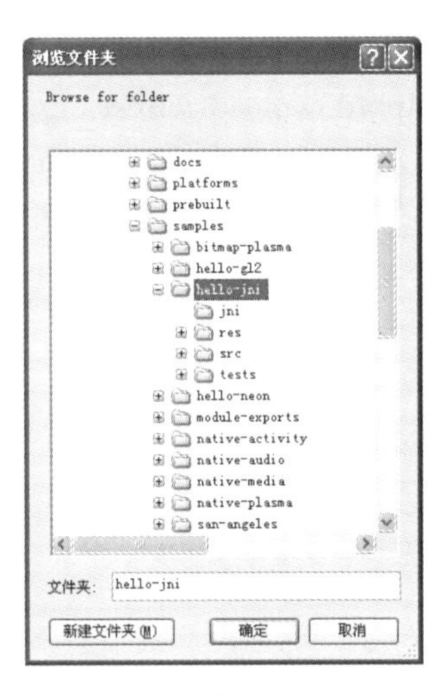

图 12-6　选择 hello-jni 项目

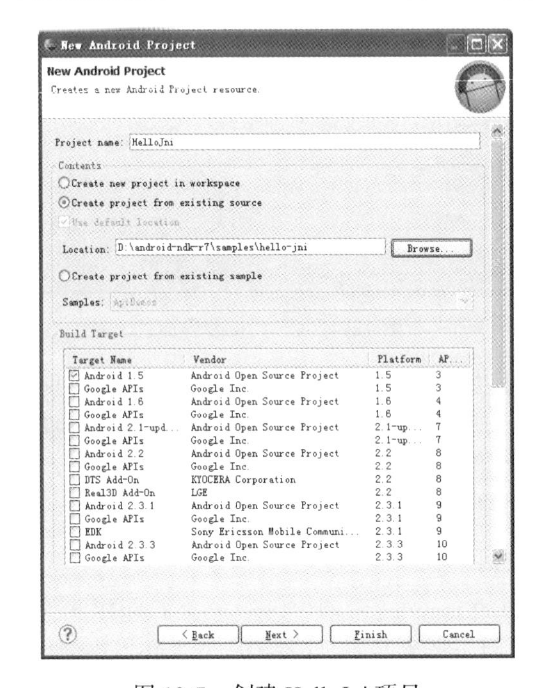

Target Name	Vendor	Platform	AP...
Android 1.5	Android Open Source Project	1.5	3
Google APIs	Google Inc.	1.5	3
Android 1.6	Android Open Source Project	1.6	4
Google APIs	Google Inc.	1.6	4
Android 2.1-upd...	Android Open Source Project	2.1-up...	7
Google APIs	Google Inc.	2.1-up...	7
Android 2.2	Android Open Source Project	2.2	8
Google APIs	Google Inc.	2.2	8
DTS Add-On	KYOCERA Corporation	2.2	8
Real3D Add-On	LGE	2.2	8
Android 2.3.1	Android Open Source Project	2.3.1	9
Google APIs	Google Inc.	2.3.1	9
EDK	Sony Ericsson Mobile Communi...	2.3.1	9
Android 2.3.3	Android Open Source Project	2.3.3	10
Google APIs	Google Inc.	2.3.3	10

图 12-7　创建 HelloJni 项目

点击 Finish 按钮后，Eclipse 会在 Package Explorer 中自动创建一个名为 HelloJni 的 Android 项目，这就是首个使用 NDK 开发的 Hello World 项目了。我们可以先观察一下该项目的目录结构，如图 12-8 所示。

HelloJni 项目的目录结构和普通 Android 项目差不多，但是我们会注意到，除了源代码目录 src、自动生成文件目录 gen、资源文件目录 res 之外，还多出了一个 jni 目录，实际上此目录就是 NDK 项目的本地 C 或 C++ 源代码目录，其中包含了 Android.mk 编译脚本和 hello-jni.c 程序的源码文件，这两个文件的源代码分别在代码清单 12-3 和代码清单 12-4 中，下面我们来简单分析一下。

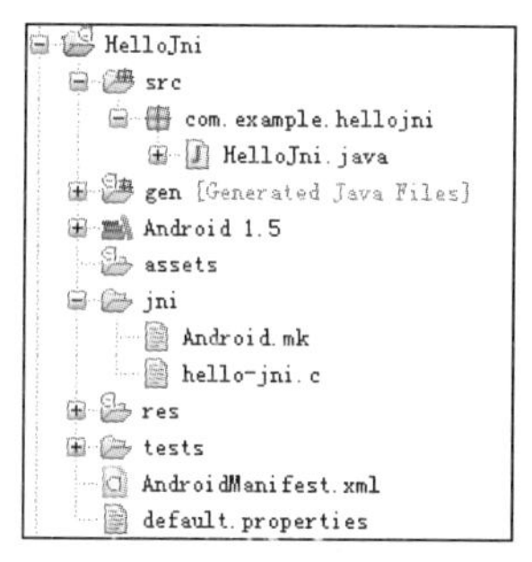

图 12-8　HelloJni 项目的目录结构

代码清单　12-3

```
# Copyright (C) 2009 The Android Open Source Project
#
# Licensed under the Apache License, Version 2.0 (the "License");
# you may not use this file except in compliance with the License.
# You may obtain a copy of the License at
#
#      http://www.apache.org/licenses/LICENSE-2.0
#
# Unless required by applicable law or agreed to in writing, software
# distributed under the License is distributed on an "AS IS" BASIS,
# WITHOUT WARRANTIES OR CONDITIONS OF ANY KIND, either express or implied.
# See the License for the specific language governing permissions and
# limitations under the License.
#
LOCAL_PATH := $(call my-dir)

include $(CLEAR_VARS)

LOCAL_MODULE    := hello-jni
LOCAL_SRC_FILES := hello-jni.c

include $(BUILD_SHARED_LIBRARY)
```

从上述代码中可以看出 HelloJni 项目的 Android.mk 编译脚本非常简单，仅指定了本地模块名和源代码，可以说是最简单的 Android.mk 文件示例。而代码清单 12-4 就是其指定的程序文件 hello-jni.c 的代码实现。

代码清单　12-4

```
/*
 * Copyright (C) 2009 The Android Open Source Project
 *
 * Licensed under the Apache License, Version 2.0 (the "License");
 * you may not use this file except in compliance with the License.
```

```
 * You may obtain a copy of the License at
 *
 *      http://www.apache.org/licenses/LICENSE-2.0
 *
 * Unless required by applicable law or agreed to in writing, software
 * distributed under the License is distributed on an "AS IS" BASIS,
 * WITHOUT WARRANTIES OR CONDITIONS OF ANY KIND, either express or implied.
 * See the License for the specific language governing permissions and
 * limitations under the License.
 *
 */
#include <string.h>
#include <jni.h>

/* This is a trivial JNI example where we use a native method
 * to return a new VM String. See the corresponding Java source
 * file located at:
 *
 *   apps/samples/hello-jni/project/src/com/example/HelloJni/HelloJni.java
 */
jstring
Java_com_example_hellojni_HelloJni_stringFromJNI( JNIEnv* env, jobject thiz )
{
    return (*env)->NewStringUTF(env, "Hello from JNI !");
}
```

hello-jni.c 文件代码中的 Java_com_example_hellojni_HelloJni_stringFromJNI 方法是对应用主要 Activity 界面类 HelloJni 中 stringFromJNI 接口的实现，HelloJni 类的逻辑实现如代码清单 12-5 所示。Java_com_example_hellojni_HelloJni_stringFromJNI 方法的逻辑很简单，就是返回一个字符串，即“Hello from JNI !”。从 HelloJni 类的实现逻辑来看，返回的字符串将被显示在应用界面的 TextView 中。项目的最终运行效果如图 12-15 所示。

代码清单　12-5

```
package com.example.hellojni;

import android.app.Activity;
import android.widget.TextView;
import android.os.Bundle;

public class HelloJni extends Activity
{
    /** Called when the activity is first created. */
    @Override
    public void onCreate(Bundle savedInstanceState)
    {
        super.onCreate(savedInstanceState);

        /* Create a TextView and set its content.
         * the text is retrieved by calling a native
```

```
         * function.
         */
        TextView tv = new TextView(this);
        tv.setText( stringFromJNI() );
        setContentView(tv);
    }

    /* A native method that is implemented by the
     * 'hello-jni' native library, which is packaged
     * with this application.
     */
    public native String stringFromJNI();

    /* this is used to load the 'hello-jni' library on application
     * startup. The library has already been unpacked into
     * /data/data/com.example.HelloJni/lib/libhello-jni.so at
     * installation time by the package manager.
     */
    static {
        System.loadLibrary("hello-jni");
    }
}
```

了解 HelloJni 项目的主要代码逻辑之后，回过头继续进行 HelloJni 项目的编译器配置工作。在 Eclipse 中，我们可以为每个项目配置自定义的编译器（Builders），我们可以借助这个功能来为 NDK 项目配置自动化编译的功能。

右键单击 HelloJni 项目，在打开的下拉菜单中选择项目的 Properties（属性）选项，打开项目配置窗口。然后选中左边配置列表中的 Builders 选项，在右边窗口中可以看到已经存在的编译器，包括 Android Resource Manager（Android 资源管理器）和 Android Pre Compiler（代码编译器）等，如图 12-9 所示。接着点击右边的“New”按钮来为 HelloJni 项目创建 NDK 编译器。

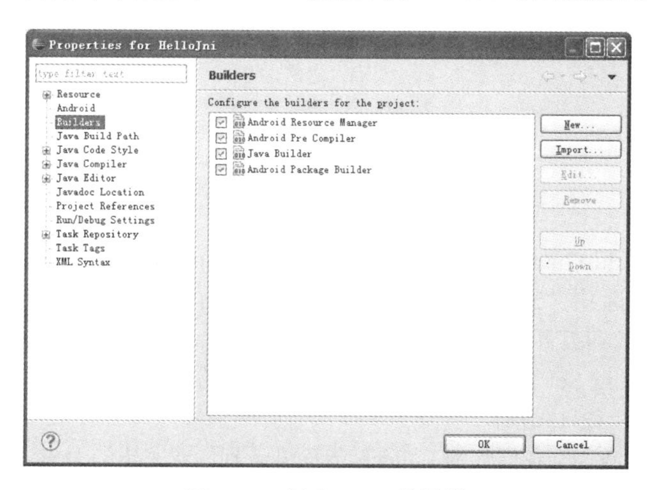

图 12-9 创建 NDK 编译器

接下来，需要选择编译器类型，我们选择 Program 即可，如图 12-10 所示。

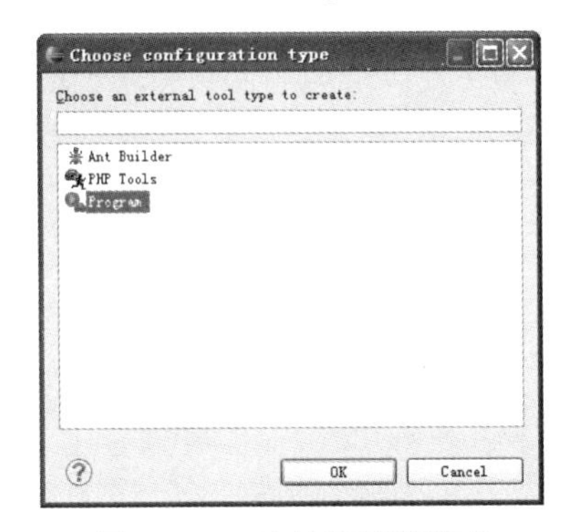

图 12-10　选择编译器类型

接着进入 Builder 的详细配置界面，Name 处填写 HelloJni_Builder，Location 参数填入 NDK 目录下的 ndk-build.cmd 工具的路径（可使用“Browse File System”选择），Working Directory 中填写 HelloJni 项目的路径（可使用“Browse Workspace”选择），如图 12-11 所示。

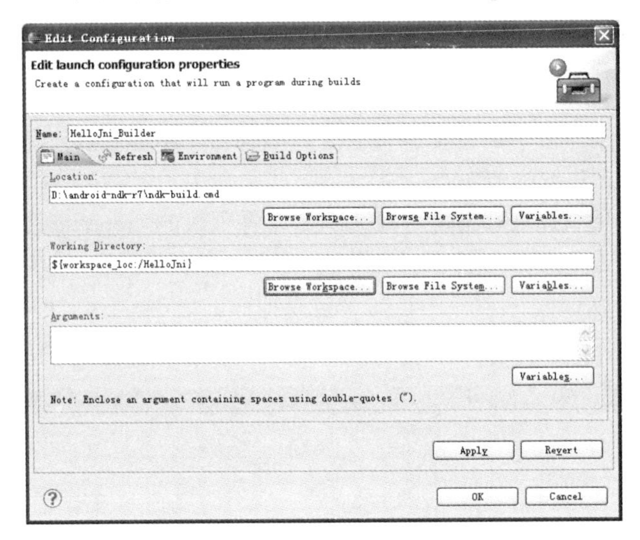

图 12-11　编译器主要配置界面

然后，选中“Build Options”标签，把“Run the builder”下面的选项都勾选上，如图 12-12 所示。接着选中“Specify working set of relevant resources”选项，并点击右边的“Specify Resources”按钮打开 Edit Working Set（资源选择）窗口，如图 12-12 所示。

我们在 Edit Working Set 窗口中选中 HelloJni 项目下的 jni 目录，让编译器知道需要编译的文件所在的目录，如图 12-13 所示。

全部配置完成后，我们会在原先的 Builders 界面中看到创建完毕的 HelloJni_Builder 编译器，单击“OK”关闭项目配置窗口。一般来说，此时 Eclipse 就会自动开始编译项目了，图 12-14 就是编译完成后打印出的结果信息，我们看到编译完成的 libhello-jni.so 文件被保存到 libs/armeabi/ 目录下。

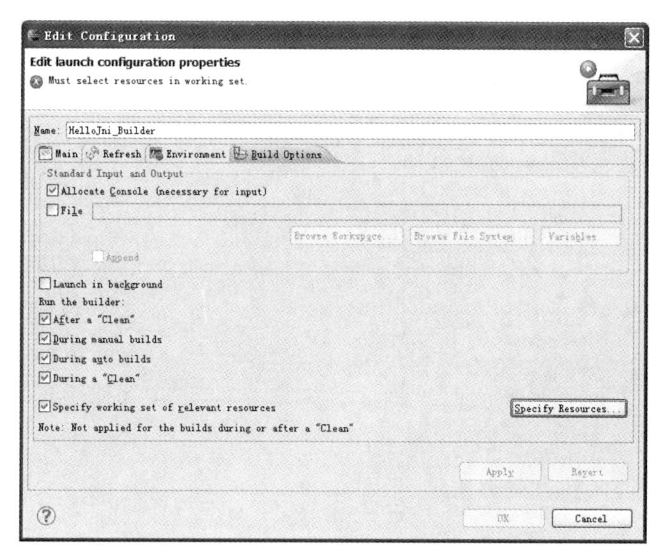

图 12-12　编译器选项配置界面

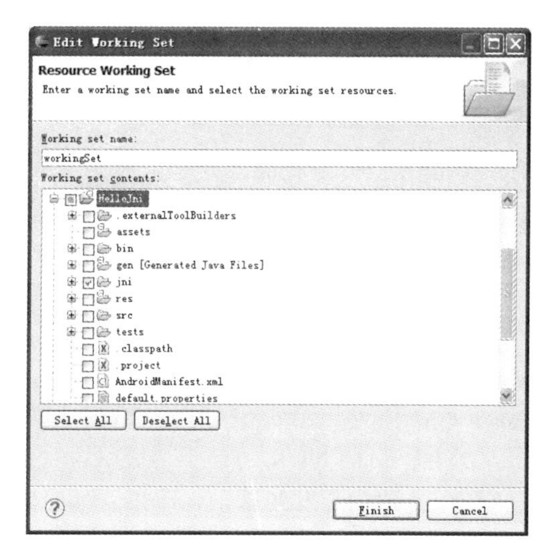

图 12-13　选择需要编译的文件

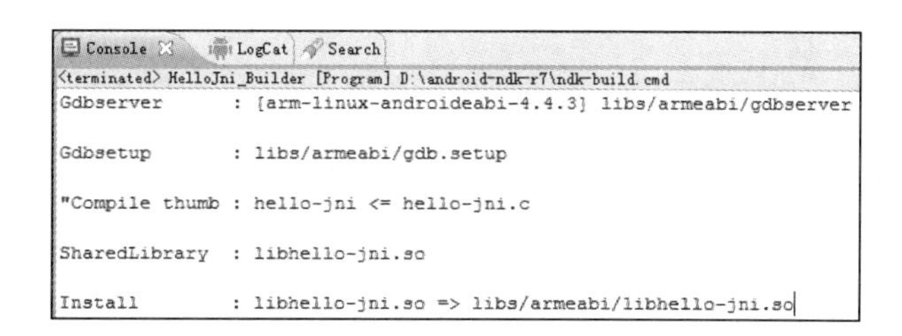

图 12-14　编译完成后的结果信息

最后，使用“Run As”中的“Android Application”安装HelloJni项目到Android模拟器

上，项目的最终运行效果如图 12-15 所示。这里我们就可以看到由 stringFromJNI 接口返回的"Hello from JNI !"字符串了。

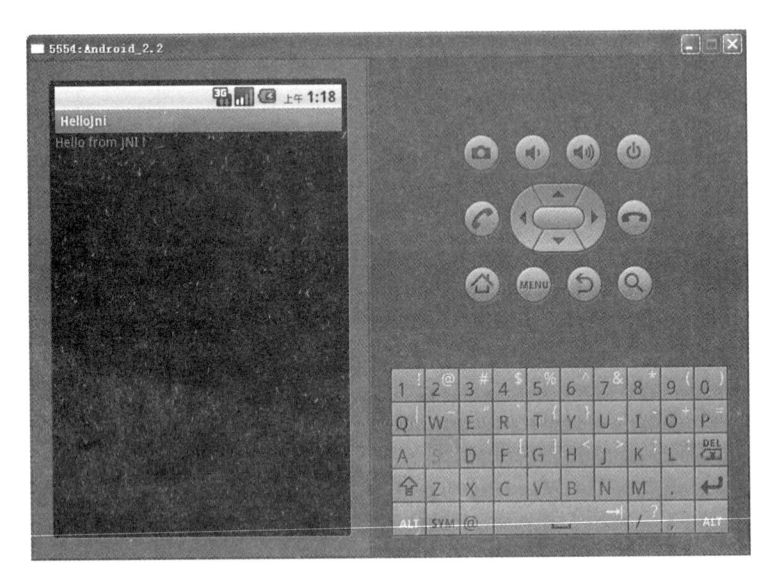

图 12-15 NDK 项目的运行效果

至此，首个 NDK 项目 HelloJni 已经圆满完成，大家应该对 Android NDK 开发有了具体的实践经验，相信这对大家深入学习 Android NDK 开发是很有益处的。

12.3 小结

本章主要讲述了 Android NDK 开发的相关知识，从 NDK 开发的基础理论到实际运用，包括了核心编译脚本 Android.mk 和 Application.mk 的使用，NDK 开发环境的搭建，以及建立首个 NDK 实例项目的相关知识。虽然，目前 NDK 还处于初级阶段，但是已经受到广大开发者的欢迎。另外，NDK 开发还是 Android 游戏开发的基础，所以这部分内容也是比较重要的。

第 13 章　Android 游戏开发

前面我们重点介绍了与 Android 应用开发相关的内容，侧重于介绍如何通过服务端和客户端的配合来开发 Android 移动互联网应用。期间我们还学习了如何使用 Android 应用框架提供的 UI 布局和 UI 控件进行 Android 应用的界面开发，但是如果要在 Android 系统内开发游戏的话，这些知识还远不能满足我们的需求。众所周知，游戏界面要比应用界面灵活和复杂得多，也不遵循应用的 UI 布局，当然更不可能使用 UI 控件来实现。那么我们该如何入手呢？本章就将带领大家进入 Android 游戏开发的世界。

13.1　手游开发基础

手游，即手机游戏，是近年来游戏产业中出现的新名词，我们经常把手游当做所有移动端游戏的统称。虽然出现时间不长，但是手游产业发展至今已经出现了巨大的突破，越来越多的用户开始习惯在手机上玩游戏，各大应用市场上充满着琳琅满目的手游应用，甚至连一些大型的 PC 游戏也纷纷推出手游版，可以说手游产业已经迎来了大爆发的时代。回顾在手机上玩贪食蛇、弹跳球的时期，我们不得不感叹手游产业的发展之快。

然而，通过分析我们不难看出，手游产业的高速发展离不开智能移动平台的出现，从近几年的发展趋势来看尤为明显，而 Android 平台恰巧就是智能移动平台中的佼佼者。据可靠数据统计，2012 年中国智能手机用户已经过亿，其中大部分设备使用的操作系统就是 Android 平台；毫无疑问，在接下来的几年内，Android 平台的用户量还会稳步增加，因此 Android 手游的市场必将是无比广阔的。

13.1.1　手游开发思路解析

与 Android 应用开发不同，Android 游戏开发的思路更类似于传统的画图程序，简单来说，就是通过控制程序逻辑在画布（Canvas）组件上作画的过程。只不过这些画有的是 2D 的，有的是 3D 的，并且可以根据用户的操作不断变化。实际上，游戏产业发展至今，这些简单的基本原理还是没有改变的。但是，原理虽然简单，开发起来却并不简单；为了便于大家理解，下面我们将按照 MVC 设计模式的思路来分析一下手游开发中的几个要素。

MVC 的概念大家应该都非常熟悉了，之前介绍 Android 应用的客户端以及服务端编程的时候，我们都提及了 MVC 软件设计模式。对于游戏程序来说，尤其是比较大型的游戏程序，一般也都会遵循 MVC 的设计理念，简要分析如下。

1. 模型层（Model）

对于游戏来说，模型层显然不仅仅包括数据模型，还需要包含资源相关的模型，比如人物、图片、动画等。对于没有使用游戏引擎的游戏程序来说，我们不得不去考虑这些问题，这部分内容在 13.1.2 节中的两个游戏实例中可以了解到，这里暂不深究。

2. 显示层（View）

在 Android 系统中，我们通常会使用 View 或者 SurfaceView 视图控件来作为游戏画布（Canvas）的底层视图。以下内容将分别对这两种视图的用法进行详细介绍。

View 类是所有视图类的超类，每个 View 类都有自己的 Canvas 画布对象，可供我们自由使用和扩展。至于绘制画布的逻辑，则需要通过重写 View 类中的 onDraw 方法来实现。使用范例如代码清单 13-1 所示。

代码清单 13-1

```
public class GameViewDemo extends View
{
    public GameViewDemo(Context context) {
        super(context);
    }

    public void onDraw(Canvas canvas) {
        // 绘图逻辑
        ...
    }
}
```

SurfaceView 是 Android 系统中的一个非常重要的绘图容器，其特点是可以在主线程之外的线程中进行屏幕绘图，因此要比 View 更适合游戏开发。之前 11.4 节中介绍摄像头使用的时候就提及过 SurfaceView 的相关内容，但是，真正能让 SurfaceView 发挥其所长的地方还是在游戏应用中。对于界面元素比较丰富的游戏，每个元素都有自己的动作逻辑，使用 View 来实现的话，每次都要进行全局计算并刷新全屏，这显然是不合理的。使用 SurfaceView 的话就可以把界面元素分为独立的 Surface 来处理，这种处理方式显然效率更高。在游戏开发中，我们通常会把不同的 Surface 称作“物件”。

使用 SurfaceView 的时候需要对其对象的创建、改变、销毁等各个情况进行监视，我们可以通过 SurfaceHolder.Callback 接口来实现。另外，我们还可以使用 SurfaceHolder 类来控制视图中各个 SurfaceView 的形态和动作。SurfaceHolder 类可通过 getHolder 方法来获取，该类还提供了 addCallback 来设置 SurfaceHolder.Callback 接口。最后，我们把 SurfaceView 类的常用方法总结如下。

- surfaceChanged：Surface 发生改变时调用。
- surfaceCreate：Surface 被创建时调用。
- surfaceDestoryed：Surface 被销毁时调用。
- addCallback：为 SurfaceView 添加 SurfaceHolder.Callback 接口实现。
- lockCanvas：锁定画布，使用画布（Canvas）对象前必须先锁定。

• unlockCanvasAndPost：解锁画布，画布绘制完成之后解锁。

• removeCallback：移除 SurfaceHolder.Callback 接口实现。

另外，在使用 SurfaceView 进行绘图时，必须先使用 lockCanvas 方法来锁定画布，并得到画布对象，绘制完成之后再使用 unlockCanvasAndPost 方法进行解锁。使用范例如代码清单 13-2 所示。

代码清单 13-2

```
class GameSurfaceViewDemo extends SurfaceView implements SurfaceHolder.Callback, Runnable
{
    // Surface 控制对象
    SurfaceHolder sh = null;

    // 控制循环，开始需设置为 true
    boolean isLoop = false;

    public GameSurfaceViewDemo(Context context) {
         super(context);
         sh = getHolder();
         sh.addCallback(this);
    }

    @Override
    public void surfaceChanged(SurfaceHolder holder, int format, int width, int height) {
         // Surface 改变时的逻辑
         ...
    }

    @Override
    public void surfaceCreated(SurfaceHolder holder) {
         // Surface 创建时的逻辑
         new Thread(this).start();
    }

    @Override
    public void surfaceDestroyed(SurfaceHolder holder) {
         // Surface 销毁时的逻辑
         ...
    }

    public void doDraw(Canvas canvas) {
         super.onDraw(canvas);
         // 绘图逻辑
         ...
    }

    public void run() {
         // 线程开始
         while (isLoop) {
             try {
```

```
                    Canvas canvas = sh.lockCanvas();
                    doDraw(canvas);
                    sh.unlockCanvasAndPost(canvas);
                    Thread.sleep(100);
                } catch (Exception e) {
                }
            }
        }
    }
```

GameSurfaceViewDemo 类继承自 SurfaceView 类并实现了 SurfaceHolder.Callback 和 Runnable 接口。其中 surfaceChanged、surfaceCreated 以及 surfaceDestroyed 方法属于 SurfaceHolder.Callback 接口，主要用于控制 Surface 改变时的动作；而 run 方法则属于 Runnable 接口，这里包含了 Surface 的绘图逻辑。此外，surfaceCreated 方法中开启了新线程，用于不断重绘当前 Surface 物件，而真正的绘图逻辑则被放置于 doDraw 方法中。

3. 逻辑控制器层（Control）

前面已经介绍了使用 View 和 SurfaceView 视图类进行 Android 游戏开发的方法，其中也已经包含了部分的控制逻辑。但是，在 Android 系统中，我们还是需要通过界面控制器，也就是 Activity 类来进行 UI 界面显示。因此，不管使用 View 还是 SurfaceView，都需要把控制逻辑整合到 Activity 类中去。

首先，重绘 View 视图需要使用 View 类的 invalidate 方法，该方法既可用于重绘整个视图，也可用于更新视图中的部分区域。需要注意的是，invalidate 方法不可以在主线程中直接调用，常见的用法是在消息处理器 Handler 的 handleMessage 方法中进行调用；当然，也可以使用 postInvalidate 方法直接在当前线程中调用。以之前介绍的 GameViewDemo 为例，Activity 类的逻辑整合范例如代码清单 13-3 所示。

代码清单　13-3

```
public class GameViewActivity extends Activity
{
    // 处理器消息
    private static final int REFRESH = 1;

    // 游戏主要对象
    private GameViewDemo gameViewDemo = null;
    private Handler gameViewHandler = null;

    // 控制循环，开始需设置为 true
    boolean isLoop = false;

    @Override
    public void onCreate(Bundle savedInstanceState) {
        super.onCreate(savedInstanceState);
        // 初始化视图
        gameViewDemo = new GameViewDemo(this);
        setContentView(gameViewDemo);
```

```
        // 初始化处理器
        gameViewHandler = new GameViewHandler();
        // 开启游戏线程
        new Thread(new GameViewTask()).start();
    }

    @Override
    protected void onPause() {
        // 游戏暂停逻辑
        ...
    }

    private class GameViewHandler extends Handler {
        @Override
        public void handleMessage(Message msg) {
            switch (msg.what) {
                case GameViewActivity.REFRESH:
                    gameViewDemo.invalidate();
                    break;
            }
        }
    }

    private class GameViewTask implements Runnable {
        public void run() {
            while (isLoop) {
                // 发送刷新消息
                Message m = new Message();
                m.what = GameViewActivity.REFRESH;
                gameViewHandler.sendMessage(m);
                // 若想使用直接刷新View视图的用法，可先注释掉前一行的代码，同时打开下一行的注释
                gameViewDemo.postInvalidate();
                // 循环间隔
                Thread.sleep(100);
            }
        }
    }

    public boolean onTouchEvent(MotionEvent e) {
        // 操作控制逻辑
        ...
    }
}
```

我们可以重点观察GameViewActivity类中的onCreate方法的逻辑，以及GameViewHandler消息处理器类和GameViewTask线程类的实现。总体思路还是比较简单的，游戏界面初始化之后，就会开启游戏线程，不断重绘View视图。然后，我们就可以在类似onTouchEvent的方法中捕获用户的动作，并控制View视图进行改变。当然，游戏暂停时，我们还需要在onPause方法中添加相应的逻辑。

相对来说，SurfaceView 与 Activity 类逻辑的耦合度更加松散，因为每个 Surface 物件都有自己独立的线程。通常情况下，主要逻辑都会被放在 SurfaceView 类的线程类或方法中，比如之前提到的 GameSurfaceViewDemo 类（如代码清单 13-2 所示）中的 run 方法。当然，更清晰的做法是声明一个线程类，比如叫 GameSurfaceViewTask，并把游戏逻辑放到其中，实际上 13.1.2 节的飞船游戏实例就是这样做的。

13.1.2　贪食蛇和飞船游戏实例

在上节中，我们从 MVC 设计模式的角度介绍了 Android 手游开发中的几个重要因素，让大家从一定程度上了解了在 Android 平台上进行游戏开发的思路。具体来说，包括使用 View 和 SurfaceView 来实现的两种思路。接下来我们将通过两个游戏实例，继续给大家讲解这两种开发思路的实际应用。

事实上，Android SDK 自带的例子中已经提供了两个非常好的例子，也就是贪食蛇和飞船游戏，这两个实例分别代表了使用 View 和 SurfaceView 进行游戏开发的两种思路。首先，我们来尝试导入游戏的代码并运行游戏。在 Eclipse 中，打开新 Android 项目的创建向导，选择指定的 Android SDK 版本，比如 Android 2.2，然后再选中“Create project from existing sample”选项，我们就可以在 Samples 的下拉框中看到贪食蛇和飞船游戏的实例项目了（分别是 Snake 和 JetBoy），如图 13-1 所示。接着，单击 Finish 按钮就可以导入相应的项目了。

小贴士： 图 13-1 是在 ADT 12.0.0 版本中 Android 范例项目的创建过程，不过在最新的 ADT 版本中，创建流程稍有不同。比如，在 20.0.0 以上的版本中，我们需要选择 Eclipse 的“New Project”菜单中的“Android Sample Project”选项来创建范例项目。

项目导入完成之后，我们就可以在 Android 模拟器上运行游戏实例。首先，我们来看一下贪食蛇游戏，图 13-2 就是该游戏的运行效果。

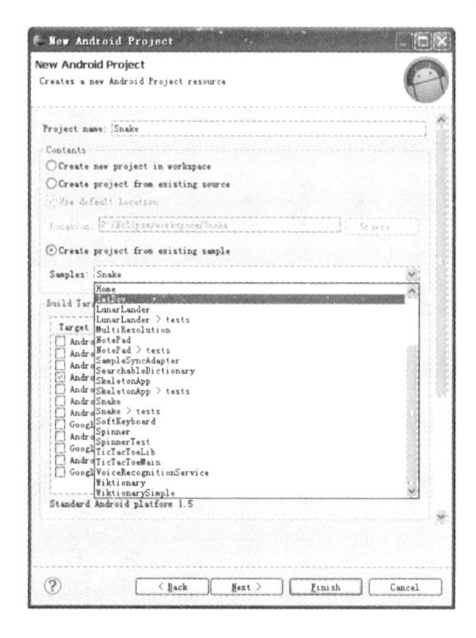

图 13-1　创建贪食蛇游戏项目

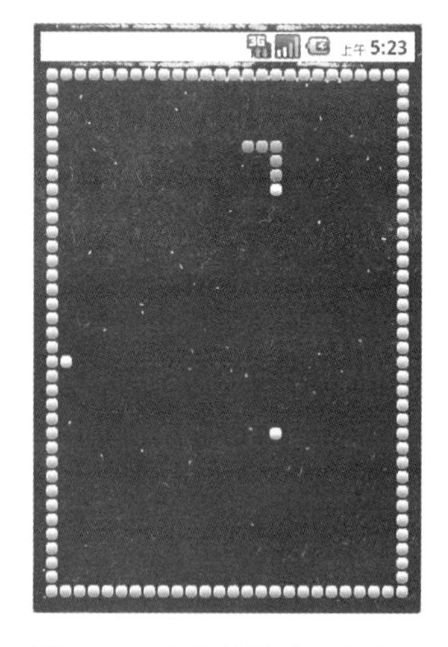

图 13-2　贪食蛇游戏运行效果

贪食蛇游戏的项目名为 Snake，主要程序代码在 com.example.android.snake 下，包含了

Snake.java、SnakeView.java 以及 TileView.java 这 3 个文件，分别对应了 Snake、SnakeView 和 TileView 类。由于源代码比较长，限于篇幅，这里就不进行逐行讲解了，接下来介绍代码的主要逻辑，大家可对照源码进行理解。

1. Snake 类

贪食蛇游戏的界面控制器，继承自 Activity 类。我们需要重点关注 onCreate 方法中的初始化逻辑，以及 onPause 方法中的暂停逻辑。实际上，这些逻辑也都是对游戏视图类的 SnakeView 对象进行相应的操作。

2. TileView 类

贪食蛇游戏的基础视图类，继承自 View 类，包含了对贪食蛇游戏界面显示的基础方法，这些方法大部分都和资源加载有关。另外，TileView 类中还实现了 View 类的 onDraw 方法，定义了重绘的基本逻辑。

3. SnakeView 类

贪食蛇游戏的主要视图类，继承自 TileView 类。该类主要是针对用户输入进行逻辑处理。比如，按下键盘右键时界面需要如何显示，或者当蛇身碰到边界时会有什么样的反应等。另外，该类中还包含了一个消息处理器类 RefreshHandler，用于处理 SnakeView 的刷新动作。

从贪食蛇游戏中，我们可以学到使用 View 视图类进行游戏开发的方法，但是这种方式仅仅适合于那些简单游戏，对于一些界面相对复杂、物件比较丰富的游戏来说就力不从心了。这时我们就需要使用 SurfaceView 视图类来实现。下面我们就以飞船游戏为例来讲解使用 SurfaceView 进行游戏开发的思路。飞船游戏的运行效果如图 13-3 所示，操作方法比较简单，在陨石靠近飞船时按下“发射”按钮，就可以击爆陨石，在固定时间内，击爆的陨石越多，分数就越高。

图 13-3 飞船游戏运行效果

飞船游戏的项目名为 JetBoy，主要程序代码在 com.example.android.jetboy 下面，包含了 Asteroid.java、Explosion.java、JetBoy.java 以及 JetBoyView.java 这 4 个文件，分别对应了 Asteroid、Explosion、JetBoy 和 JetBoyView 类，而游戏的核心代码就在 JetBoy 和 JetBoyView 类中。由于源代码比较长，限于篇幅，这里就不详细介绍了，代码的主要逻辑如下所示，大家

可对照源码进行理解。

1. JetBoy 类

飞船游戏的界面控制器，继承自 Activity 类。该类的作用和贪食蛇游戏的 Snake 类比较相似，主要用于初始化飞船游戏的视图和物件，不同之处在于该类还捕获了用户的操作。在之前的贪食蛇游戏中，这些逻辑是放在 SnakeView 视图类里面的，那是因为贪食蛇游戏的整个界面是一体的，然而飞船游戏则不是这样，因此把捕获用户操作的逻辑放在界面控制类中会相对比较合理些。

2. JetBoyView 类

飞船游戏的主要视图类，继承自 SurfaceView 类，同时实现了 SurfaceHolder.Callback 接口。该类的逻辑比较复杂，涉及的内容也比较多，我们除了需要了解 SurfaceView 的使用方法之外，还需要理解事件驱动编程模式的思路。建议大家以 GameEvent 类和 JetBoyThread 类为主线来进行代码解读。

JetBoyThread 类的实现思路和前面介绍的 GameSurfaceViewDemo 类（如代码清单 13-2 所示）比较类似，主要的绘图逻辑在 doDraw 方法中。GameEvent 是所有游戏事件的基类，用户的所有操作都会被当做 GameEvent 事件传递到 JetBoyThread 类的事件队列中，然后程序就会不停地从队列中获取事件并进行处理，相关逻辑可参考 updateGameState 方法。另外值得注意的是，这里还用到了 ConcurrentLinkedQueue 无界队列来存储事件队列，当然，该队列是线程安全的。

至此，我们已经分析了贪食蛇和飞船游戏这两个游戏实例，也完成了 Android 手游开发从理论到实践的过渡。限于篇幅，之前只是分析和介绍了游戏程序逻辑实现中的要点，并没有对具体的代码逻辑进行详细介绍。因此，这里建议大家顺着 MVC 设计模式的思路，参考之前提到的要点分析，对以上两个游戏的代码进行深入研读，这可以帮助我们更好地理解 Android 手游开发的思路。

13.1.3 认识 Android 游戏引擎

在上节内容中，通过对贪食蛇和飞船游戏这两个游戏实例的介绍，我们已经学习了使用 View 和 SurfaceView 来进行 Android 游戏开发的两种不同的思路，对于普通的小游戏来说，这些知识已经够用了，但是假如我们把类似的思路用在一些中大型游戏中，却会产生很大的问题。主要原因是之前的开发方法把所有逻辑都放到了 View 或者 SurfaceView 的子类里面，这样当程序逻辑逐渐变得复杂时极易造成代码的混乱，比如在飞船游戏实例中，主要逻辑都被放到了 JetBoyView 类中，包括资源加载、事件处理等，阅读起来会让人感觉很累。随着游戏产业的不断发展，游戏产品也变得越来越复杂，同时玩家对游戏的要求也在逐步提高，为了应对这些问题和压力，游戏引擎便应运而生。

引擎（engine）的概念最先源于机械工业，指的是发动机系统的核心部分，主要用于给机械设备提供动力。后来，引擎的概念被引入到 IT 工业中，搜索引擎、图形引擎、物理引擎等也就随之出现了。对于游戏产业来说，我们通常会把所有与游戏制作过程有关的模块组件统称为游戏引擎。我们通常把引擎比喻成机械设备的心脏，而游戏引擎在游戏产品中的地位也同样重要，游戏引擎的好坏直接决定了游戏自身的性能。

了解游戏引擎首先需要从游戏本身入手，游戏产业发展至今，已经出现了繁多的游戏类型。根据游戏画面划分，主要有2D游戏和3D游戏两种；根据内容来分类，则包括角色扮演游戏（RPG）、动作游戏（ACT）、冒险游戏（AVG）、策略游戏（SLG）、及时战略游戏（RTS）、格斗游戏（FTG）、射击游戏（STG）以及益智类游戏（PZL）等。虽然不同类型的游戏都有各自的特色，但是大部分的游戏都必须要考虑到操作捕获、图形建模、光影效果、物理碰撞、音效输出以及资源管理等问题，这些公用的部分也就是游戏引擎需要关注的内容。实际上，游戏引擎就是上述功能模块的集合，图13-4所示的就是游戏引擎的主要组成部分，下面我们来逐个介绍。

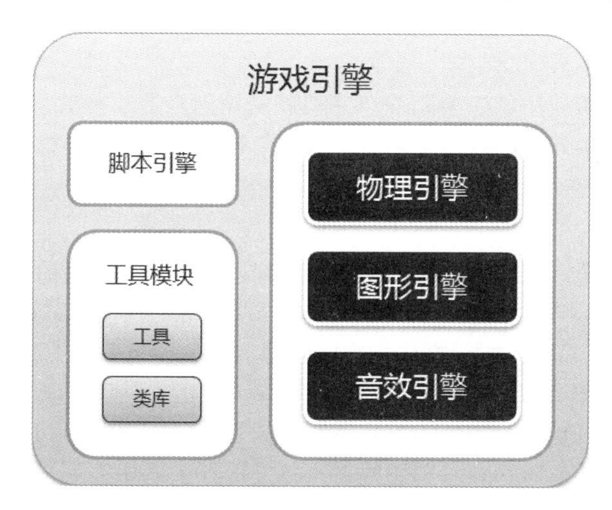

图13-4　游戏引擎的主要组成

1. 图形引擎

图形引擎应该是游戏引擎的关键，不管是什么类型的游戏，画面无疑是最重要的因素之一，流畅的显示和绚丽的效果往往是游戏吸引玩家的一大利器。简单来说，图形引擎是一系列图形、效果类的集合，根据不同的游戏类型，大致可以分为2D和3D两种。另外，不同的游戏引擎都会有自己的图形引擎，因此这部分内容的学习成本可能会比较高。

2. 物理引擎

游戏中通常需要模拟一些现实的场景，比如物体碰撞、石块掉落、炸药爆炸等。早期的时候，我们只能通过行为脚本和固定的动画效果来模拟，但是这种方式显然不够真实，物理引擎的出现改变了这种状况。物理引擎使用对象属性（动量、扭矩、弹性等）来模拟刚体、流体的行为，使用物理引擎不仅可以得到更加真实的结果，对于开发人员来说也会更加容易掌握。物理引擎也分为2D和3D两种，目前业内常见的2D物理引擎有Box2D，而3D物理引擎则有Havok、PhysX等，限于篇幅这里就不详细介绍了，有兴趣的读者可自行研究。

小贴士： 在物理学范畴内，我们定义在任何力的作用下体积和形状都不发生改变的物体叫作刚体（Rigid Body）。刚体是力学中的一个抽象概念，即理想模型。事实上任何物体受到外力后，形状都要发生改变。

3. 脚本引擎

脚本引擎的作用在于增强程序的可配置性，不管是应用还是游戏都需要用到脚本，对于大型游戏来说，程序代码通常都是由大量的 C 和 C++ 代码和类库所构成的，由于源码改动的成本非常高，这让一些小改动变得非常困难。为了让程序变得更加灵活，也更易于扩展，我们通常需要一些脚本进行“混合式”开发。比如，实际项目中就经常用到 Lua 脚本进行开发。

小贴士： Lua 是一个小巧的脚本语言。其设计目的是嵌入应用程序中，从而为应用程序提供灵活的扩展和定制功能。Lua 由标准 C 语言编写而成，几乎在所有操作系统和平台上都可以编译和运行。

---

4. 音效引擎

音效引擎用于处理游戏中的音效，简单来说就是控制声音的播放，不过在某些大型 3D 游戏中，为了达到更逼真的效果，音效引擎可能需要与物理引擎配合，根据物件的实时状态，动态地创建音效。

5. 工具模块

一个成熟的游戏引擎一般都会有自己的工具模块。其中主要包括两方面内容，一是开发相关的工具集，比如一些绘图工具以及 3D Max、Maya 工具插件等；二是工具类库，比如网络相关的工具类等。

目前在 PC 游戏领域，常见的 2D 游戏引擎有 Torque2D、Smart2D、Cocos2d 等，而 3D 游戏引擎中比较著名的有 Epic 公司的 Unreal 虚幻系列引擎、Crytek 公司的 CryEngine 引擎以及在 MMOG 市场风生水起的 Bigworld 引擎等。不过，这些引擎通常都被用于开发大型游戏，对于相对小巧的手游来说却并不适合。

小贴士： MMOG（Massive Multiplayer Online Game，大型多人在线游戏）是目前最流行的网络游戏类型，通常分为以下几种类型：

- MMORPG，即大型多人在线角色扮演游戏。
- MMOFPS，即大型多人在线第一人称射击游戏。
- MMORTS，即大型多人在线即时战略游戏。

相对于 PC 游戏，目前手游界的游戏引擎还处于发展阶段。对于 Android 平台来说，比较成熟的游戏引擎有 Andengine、Cocos2d-x 以及 Unity 3D 等，在 13.2 节中，我们将会对上述几个手游引擎进行详细介绍。

13.1.4　使用 OpenGL 和 OpenGL ES

OpenGL（Open Graphics Library）定义了一个跨语言、跨平台的编程接口的规格，其本身也包含了一个强大且方便的底层图形库。OpenGL 是目前行业内接纳最为广泛的 2D/3D 图形 API，被广泛运用到能源、娱乐、游戏开发、制造业、制药业及虚拟现实等行业领域中，诞生至今已催生了大量的各种计算机平台及设备上的优秀应用程序。

从 1992 年 7 月，SGI 公司发布了 OpenGL 的 1.0 版本，到后来的 OpenGL 1.5、OpenGL 2.0，直至目前 OpenGL 3.0 的出现，OpenGL 的发展历程经历了几多起伏，期间微软图形标准

（DirectX）的快速成熟也极大地影响了 OpenGL 的发展速度。不过随着 Android、iOS 等智能操作系统的出现、智能移动软件市场的高速发展，OpenGL 开放和跨平台的优势开始凸显，相信 OpenGL 的明天会更加美好。

OpenGL ES（OpenGL for Embedded Systems）是 OpenGL 图形 API 的子集，是针对手机、PDA 和游戏主机等嵌入式设备而设计的，该 API 由 Khronos 集团负责定义和推广。OpenGL ES 是从 OpenGL 裁剪定制而来的，去除了 glBegin/glEnd、四边形（GL_QUADS）、多边形（GL_POLYGONS）等复杂图元的许多非绝对必要的特性。经过多年发展，现在主要有两个版本。首先，OpenGL ES 1.x 针对的是固定管线硬件，其中 OpenGL ES 1.0 以 OpenGL 1.3 规范为基础，而 OpenGL ES 1.1 则是以 OpenGL 1.5 规范为基础，他们分别支持 common 和 common lite 两种 profile，lite profile 只支持定点实数，而 common profile 既支持定点数又支持浮点数。其次，OpenGL ES 2.x 则针对可编程管线硬件，是参照 OpenGL 2.0 规范定义的，common profile 中引入了对可编程管线的支持。需要注意的是，虽然 OpenGL 2.0 向下兼容 OpenGL 1.5，但是 OpenGL ES 2.0 却不兼容 OpenGL ES 1.x，因为这是两种完全不同的实现。

虽然新版的 Android SDK/NDK 已经支持 OpenGL ES 2.0，但是考虑到兼容大部分设备，在实际项目中，我们仍会选择使用 OpenGL ES 1.0 和 OpenGL ES 1.1 版本进行开发。另外，在 2D 图形方面 Android SDK 已经为我们提供了方便的类库，所以 OpenGL ES 通常会用在一些 3D 图形的处理中。

Android SDK 中提供了 android.opengl 类包来支持 OpenGL ES 的开发，开发的一般思路是使用 OpenGL 的视图类 GLSurfaceView 和渲染器类 Renderer 来实现，下面我们将通过一个物件渲染的实例来讲述 Android 系统中 OpenGL ES 的基础用法。

OpenGL 的实例项目 app-demo-opengl 位于源代码目录中的 opengl 目录下，我们可以使用 Eclipse 的 Import 工具把该项目导入进来，然后就可以直接在 Android 模拟器上运行了，界面效果如图 13-5 所示。

和第 11 章中的 app-demo-special 项目类似，应用实例的主界面上排列着实例选项的按钮，这里包含了 2D 图形渲染、3D 图形渲染以及 OpenGL 高级用法（包括纹理、贴图、光照）的 3 个实例。至于 2D 图形渲染这里就不介绍了，下面我们以 OpenGL 中比较常用的 3D 图形渲染为例进行讲解，按下“Demo 3D”按钮即可进入该实例界面，如图 13-6 所示。

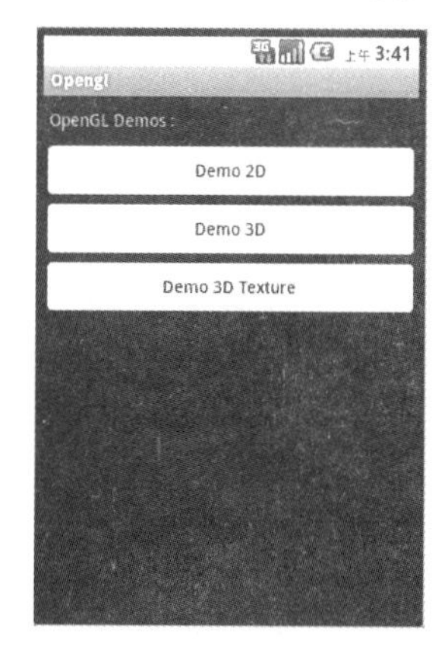

图 13-5　OpenGL 实例项目主菜单

图 13-6　3D 图形渲染实例

我们可以看到，该界面中展示的是一个不断旋转的彩色立方体。该实例的完整代码都在项目源码目录中的com.app.demos.opengl.demo包下，其中包含3个Java源码文件，即DemoGL3d.java、CubeRenderer.java以及Cube.java，分别对应了DemoGL3d、CubeRenderer以及Cube这3个类，下面我们逐个进行分析。首先，DemoGL3d类代码如清单13-4所示。

代码清单 13-4

```
package com.app.demos.opengl.demo;

import android.app.Activity;
import android.opengl.GLSurfaceView;
import android.opengl.GLSurfaceView.Renderer;
import android.os.Bundle;

public class DemoGL3d extends Activity {

    private GLSurfaceView glSurfaceView;
    private Renderer renderer;

        @Override
    public void onCreate(Bundle savedInstanceState) {
        super.onCreate(savedInstanceState);

        renderer = new CubeRenderer(true);
        glSurfaceView = new GLSurfaceView(this);
        glSurfaceView.setRenderer(renderer);
        setContentView(glSurfaceView);
    }
}
```

DemoGL3d继承自Activity类，是该3D实例的界面控制器类。该类的代码比较简单，主要逻辑都在onCreate方法中，这里主要关注GLSurfaceView类的使用方法，以及如何设置该视图类的渲染器，也就是CubeRenderer对象。实际上，DemoGL3d类只是个入口，主要的渲染逻辑都在CubeRenderer类中，具体实现见代码清单13-5。

代码清单 13-5

```
package com.app.demos.opengl.demo;

import javax.microedition.khronos.egl.EGLConfig;
import javax.microedition.khronos.opengles.GL10;
import android.opengl.GLSurfaceView.Renderer;

public class CubeRenderer implements Renderer {

    private boolean mTranslucentBackground;
    private Cube mCube;
    private float mAngle;

    public CubeRenderer(boolean useTranslucentBackground) {
```

```
        mTranslucentBackground = useTranslucentBackground;
        mCube = new Cube();
    }

    public void onDrawFrame(GL10 gl) {
        // 清除屏幕和深度缓存
        gl.glClear(GL10.GL_COLOR_BUFFER_BIT | GL10.GL_DEPTH_BUFFER_BIT);
        // 设置当前矩阵模式（视景矩阵）
        gl.glMatrixMode(GL10.GL_MODELVIEW);
        // 重置当前观察矩阵
        gl.glLoadIdentity();
        // 设置物体坐标
        gl.glTranslatef(0, 0, -3.0f);
        // 设置旋转方式
        gl.glRotatef(mAngle, 0, 1, 0);
        gl.glRotatef(mAngle * 0.25f, 1, 0, 0);
        // 允许设置顶点和颜色
        gl.glEnableClientState(GL10.GL_VERTEX_ARRAY);
        gl.glEnableClientState(GL10.GL_COLOR_ARRAY);
        // 绘制立方体
        mCube.draw(gl);
        // 如果要绘制另一个立方体，可以打开以下注释试试
        gl.glRotatef(mAngle * 2.0f, 0, 1, 1);
        gl.glTranslatef(0.5f, 0.5f, 0.5f);
        mCube.draw(gl);
        // 角度增量
        mAngle += 1.2f;
    }

    public void onSurfaceChanged(GL10 gl, int width, int height) {
        gl.glViewport(0, 0, width, height);
        // 设置投影矩阵
        float ratio = (float) width / height;
        gl.glMatrixMode(GL10.GL_PROJECTION);
        gl.glLoadIdentity();
        gl.glFrustumf(-ratio, ratio, -1, 1, 1, 10);
    }

    public void onSurfaceCreated(GL10 gl, EGLConfig config) {
        // 全局配置
        gl.glDisable(GL10.GL_DITHER);
        gl.glHint(GL10.GL_PERSPECTIVE_CORRECTION_HINT, GL10.GL_FASTEST);
        gl.glEnable(GL10.GL_CULL_FACE);
        gl.glShadeModel(GL10.GL_SMOOTH);
        gl.glEnable(GL10.GL_DEPTH_TEST);
        // 设置背景
        if (mTranslucentBackground) {
            gl.glClearColor(0, 0, 0, 0);
        } else {
            gl.glClearColor(1, 1, 1, 1);
        }
    }
}
```

CubeRenderer 类实现了渲染器接口 Renderer 类中的几个主要方法，程序主要都是通过 GL10 对象，也就是 OpenGL 1.0 对应的类对象，来渲染屏幕和物件的。接下来，我们将对该类中主要方法的逻辑进行分析。

1. onDrawFrame 方法

OpenGL 封装的画面重绘方法，功能和前面 GameSurfaceViewDemo 中的 doDraw 方法类似。该方法配制了画面中每一帧的视图显示，这里我们可以看到 GL10 对象常用方法的使用，如 glClear、glMatrixMode、glLoadIdentity 以及 glRotatef 等。实际上，这些方法的作用在代码注释中已经写得很清楚了。另外，我们注意到，立方体的绘制的逻辑并不在这里，而是通过调用 Cube 类对象的 draw 方法来实现的，Cube 类的实现可参考代码清单 13-6。

2. onSurfaceChanged 方法

该方法中的逻辑会在视图图像变化的时候被调用，其实就是对图像进行了投影变换，进而得到了真正的 3D 图像。限于篇幅，这里就不介绍与 3D 视角变换有关的矩阵算法方面的基础知识了，有兴趣的读者可以自行了解，这些概念对 3D 图形开发还是非常有用的。

3. onSurfaceCreated 方法

该方法中包含了一些与视图初始化有关的逻辑，这里我们还可以学习到另外一些 GL10 对象的常用方法。当然，这些方法是与 OpenGL 全局配制有关的。此外，该方法还包含了视图背景配制的逻辑。

前面分析 CubeRenderer 类代码时，我们曾经提到过，立方体的渲染逻辑都在 Cube 类中。事实上，这种封装方法常用在实际项目中，比较符合面向对象编程（OOP）的思路，类似地，我们还可以封装出其他形形色色的物件对象。Cube 类的完整实现如代码清单 13-6 所示。

代码清单 13-6

```
package com.app.demos.opengl.demo;

import java.nio.ByteBuffer;
import java.nio.ByteOrder;
import java.nio.IntBuffer;

class Cube {

    private IntBuffer mVertexBuffer;
    private IntBuffer mColorBuffer;
    private ByteBuffer mIndexBuffer;

    public Cube() {
        int one = 0x10000;
        // 顶点数组
        int vertices[] = {
            -one, -one, -one,
            one, -one, -one,
            one, one, -one,
            -one, one, -one,
            -one, -one, one,
```

```
            one, -one, one,
            one, one, one,
            -one, one, one
        };
        // 颜色数组
        int colors[] = {
            0, 0, 0, one,
            one, 0, 0, one,
            one, one, 0, one,
            0, one, 0, one,
            0, 0, one, one,
            one, 0, one, one,
            one, one, one, one,
            0, one, one, one
        };
        // 索引数组
        byte indices[] = {
            0, 4, 5,    0, 5, 1,
            1, 5, 6,    1, 6, 2,
            2, 6, 7,    2, 7, 3,
            3, 7, 4,    3, 4, 0,
            4, 7, 6,    4, 6, 5,
            3, 0, 1,    3, 1, 2
        };
        // 顶点 ByteBuffer
        ByteBuffer vbb = ByteBuffer.allocateDirect(vertices.length * 4);
        vbb.order(ByteOrder.nativeOrder());
        mVertexBuffer = vbb.asIntBuffer();
        mVertexBuffer.put(vertices);
        mVertexBuffer.position(0);
        // 颜色 ByteBuffer
        ByteBuffer cbb = ByteBuffer.allocateDirect(colors.length * 4);
        cbb.order(ByteOrder.nativeOrder());
        mColorBuffer = cbb.asIntBuffer();
        mColorBuffer.put(colors);
        mColorBuffer.position(0);
        // 索引 ByteBuffer
        mIndexBuffer = ByteBuffer.allocateDirect(indices.length);
        mIndexBuffer.put(indices);
        mIndexBuffer.position(0);
    }

    public void draw(GL10 gl) {
        gl.glFrontFace(GL10.GL_CW);
        gl.glVertexPointer(3, GL10.GL_FIXED, 0, mVertexBuffer);
        gl.glColorPointer(4, GL10.GL_FIXED, 0, mColorBuffer);
        gl.glDrawElements(GL10.GL_TRIANGLES, 36, GL10.GL_UNSIGNED_BYTE, mIndexBuffer);
    }
}
```

Cube类中只有两个方法，即构造方法Cube和绘图方法draw。首先，在构造方法中，程序对立方体顶点、颜色、索引进行了设置，并将这些数组转换成 IntBuffer 和 ByteBuffer 对象，供 GL10 对象的方法使用。初始化完毕之后，接着就是在 draw 方法中进行绘图了，这里需要特别注意 glDrawElements 方法的用法。

glDrawElements 方法的 4 个参数分别是：绘制类型、顶点数、参数类型以及索引数据。以这里的立方体为例，绘制类型使用的是三角形，即 GL_TRIANGLES，一般来说 3D 模型都会使用三角形进行拼装；顶点数则可按照“三角形面数 *3”的公式得到；最后的索引数则是用于构造立方体表面的 12 个三角形，索引数其实就是顶点数组中 8 个顶点的索引位置，值从 0 到 7 不等。

除了 glDrawElements 方法之外，OpenGL 中还经常使用 glDrawArray 方法来进行绘图，此方法常被用于 2D 图形绘制中，其用法相对比较简单，大家可以在“Demo 2D”实例的源代码中看到 glDrawArray 方法的具体用法，这里不再赘述。

至此，我们学习了在 Android 系统中使用 OpenGL 进行 2D 和 3D 图形绘制的基本方法与思路。实际上，在 3D 图形完成绘制之后，还会有其他的常规渲染步骤，如纹理映射（Texture）、光照效果（Light）、透明（Alpha）以及混色（Color Mixing）等，由于篇幅所限，这里就不做更多介绍了，感兴趣的读者可以按下应用主界面中的“Demo 3D Texture”按钮，进入 OpenGL 高级用法实例，显示效果如图 13-7 所示。

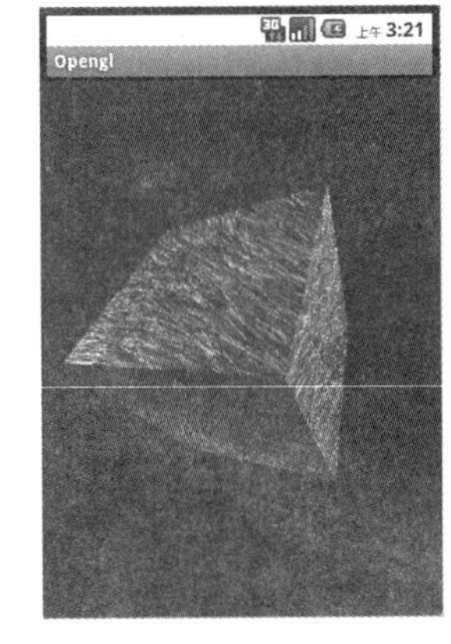

图 13-7 3D 图形贴图效果

我们可以看到以上实例采用了皮毛材质的外观图片，并综合使用了纹理、贴图、光照以及混色等比较高级的渲染技术，展示出了一个比较真实的 3D 物件。由于篇幅所限，就不对以上实例的代码做更多分析了，感兴趣的读者可以自行分析该实例的源码，并顺着其中的开发思路继续往下探索。

13.1.5 使用 RenderScript

Android 在绘图方面的性能表现直至引入 NDK 之后才有所改善。然而，在新版本的 Android 系统（Honeycomb）中发布了 RenderScript 这一“杀手级”功能模块后，大大加强了 Android 本地语言的执行能力和计算能力。

RenderScript 是一种低级的高性能编程语言，常用于 3D 渲染和密集型计算。RenderScript 采用了 c99 语法标准，脚本代码比较精简；并且具备了类似于 CUDA 的并行计算 API 用于计算，运行速度方面甚至超过了 NDK 的实现方式。但是，考虑到其性能方面的优势，还是推荐大家进行学习。

RenderScript 脚本的后缀名为“.rs”，以下我们简称为 rs 脚本，其运行原理和 Android NDK 差不多。在运行的时候，Android 编译工具会生成对应的 Java 类，将 rs 脚本转化成 bc 二进制码，然后我们在程序的渲染逻辑中就可以直接使用。下面是一个 RenderScript 的使用范例 helloworld.rs，如代码清单 13-7 所示。

代码清单 13-7

```
#pragma version(1)
#pragma rs java_package_name(com.my.package.name)
#include "rs_graphics.rsh"
```

```
int gTouchX;
int gTouchY;

void init(){
     // 设置默认坐标
     gTouchX = 50.0f;
     gTouchY = 50.0f;
}

int root(int launchID) {
     // 设置背景颜色
     rsgClearColor(0.0f, 0.0f, 0.0f, 0.0f);
     // 设置字体颜色
     rsgFontColor(1.0f, 1.0f, 1.0f, 1.0f);
     // 显示文字信息
     rsgDrawText("Hello World!", gTouchX, gTouchY);
     // 重绘间隔时间（单位毫秒）
     return 100;
}
```

从代码清单 13-7 中我们可以看出 RenderScript 中最重要的两个方法是 init 和 root，分别对应着初始化和重绘的逻辑。接着，Android 开发工具会生成对应的脚本映射类 ScriptC_helloworld，而编译工具则会生成对应的二进制码 helloworld.bc。然后，我们就可以创建一个脚本辅助类 HelloWorldRS，以便在程序中调用 RenderScript 脚本。HelloWorldRS 类的示例代码如代码清单 13-8 所示。

代码清单 13-8

```
public class HelloWorldRS {

    private RenderScriptGL mRS;
    private ScriptC_hellowold mScript;

    public HelloWorldRS(RenderScriptGL rs, Resources resource) {
        // 绑定脚本
        mRS = rs;
        mScript = new ScriptC_helloworld(mRS, resource, R.raw.hellowold);
        mRS.bindRootScript(mScript);
    }

    public void onActionDown(int x,int y){
        // 设置坐标
        mScript.set_gTouchX(x);
        mScript.set_gTouchY(y);
    }

    ...
}
```

在 HelloWorldRS 类中，我们主要关注脚本映射类 ScriptC_helloworld 的创建，以及脚本绑定方法 bindRootScript 的使用。最后，我们就可以在界面视图类 HelloWorldView 中使用该脚本辅助类 HelloWorldRS 了。HelloWorldView 类的示例代码如代码清单 13-9 所示。

代码清单 13-9

```
public class HelloWorldView extends RSSurfaceView {

    private RenderScriptGL mRS;
    private HelloWorldRS mRender;

    public HelloWorldView(Context context) {
        super(context);
        initRenderScript();
    }

    private void initRenderScript() {
        if (mRS == null) {
            // 使用默认的脚本配置
            RenderScriptGL.SurfaceConfig config = new SurfaceConfig();
            mRS = createRenderScriptGL(config);
            // 初始化脚本辅助类 HelloWorldRS
            mRender = new HelloWorldRS(mRS, getResources());
        }
    }

    @Override
    public boolean onTouchEvent(MotionEvent event) {
        // 获取坐标位置
        if (event.getAction() == MotionEvent.ACTION_DOWN) {
            mRender.onActionDown((int) event.getX(), (int) event.getY());
            return true;
        }
        return false;
    }

    ...
}
```

至此，我们已经学习了 RenderScript 脚本的基础概念和基本用法。限于篇幅，这里不做进一步讨论。更多与 RenderScript 使用有关的信息可以参考 Android SDK 开发向导文档（Dev Guide）中“Graphics”菜单下的“3D with Renderscript”部分的内容。

13.2 手游开发进阶

前面我们介绍了与 Android 手游开发相关的基础概念，接下来又到了“学以致用”的时候了。虽然我们已经学习了 Android 手游开发的基本思路以及 OpenGL 类库的基础用法，也完全有可能按照游戏引擎的设计思路，实现出自己的 Android 手游引擎。但是，在实际项目中往往不允许我们这么做，我们还要考虑到采用引擎的稳定性、兼容性以及运行是否高效的问题。所以，我们会采用一些相对比较成熟的引擎框架，目前手游界使用最为广泛的2D和3D游戏引擎分别是Cocos2d-x和Unity 3D。

13.2.1 认识Cocos2d-x

Cocos2d-x是一个开源的2D手游引擎，从Cocos2d-iPhone项目发展而来。如今Cocos2d-x引擎已经发展成为一个强大的跨平台的游戏开发框架，支持IOS、Android、Windows、Linux等诸多主流操作系统，甚至还包括HTML 5的版本。Cocos2d-x的所有源码都使用了MIT License，目前有以下几个分支（Branch）版本。

- Native branch：引擎源码的主分支，使用C++、Java、Objective-C来编写，也包含部分的Lua和JavaScript脚本代码。
- HTML 5 branch：HTML 5版本的源码，即Cocos2d-html5项目的源码，主要使用JavaScript来实现。
- XNA Port：使用C#实现的版本，用于Windows Phone和XNA设备上。

使用Cocos2d-x来进行2D游戏开发是非常方便的，在游戏程序开发完成后，还可以很方便地封装成各个操作系统的版本。更多相关信息和资源请访问Cocos2d-x项目官网，地址是http://www.cocos2d-x.org/。

13.2.2 架设Cocos2d-x开发环境

Cocos2d-x的开发环境和Android NDK差不多，开发工具使用Eclipse + ADT + CDT的组合；此外，Android SDK和NDK也是必不可少的，大家可以参考12.2.1节的内容。除了以上的开发组件之外，当然还有最重要的Cocos2d-x的SDK开发包。我们可以从Cocos2d-x官方Wiki站点上下载，地址是：http://www.cocos2d-x.org/projects/cocos2d-x/wiki/Download。

Cocos2d-x的SDK目前有两大版本，即1.0和2.0，分别对应于OpenGL ES的1.1和2.0版本。这里我们选择使用1.0版本中的最新开发包（cocos2d-1.0.1-x-0.13.0-beta），原因有两个，其一，1.0版能更好地兼容普通设备；其二，Android模拟器不支持OpenGL ES 2.0。下载之后，解压安装到对应目录下即可，建议同Android SDK以及NDK安装在同一目录下，比如D:\cocos2d。

Cocos2d-x的SDK中包含了丰富的类库代码和开发工具，但是为了更好地兼容Windows下使用Eclipse开发的方式，我们还需要在SDK根目录下添加编译脚本cocos2d-build.bat，该脚本非常重要，如代码清单13-10所示，此脚本的功能和NDK中的ndk-build.cmd类似。

代码清单 13-10

```
@echo off
rem This script must be under cocos2d root
set NDK_ROOT=D:\android-ndk-r7
set NDK_MODULE_PATH=%~dp0;%~dp0/cocos2dx/platform/third_party/android/prebuilt
%NDK_ROOT%/ndk-build.cmd  %*
```

13.2.3 首个Cocos2d-x项目

Cocos2d-x的开发包（SDK）中已经包含了一个最基础的游戏项目实例HelloWorld，下面我们就将以此为例，给大家介绍 Cocos2d-x 游戏开发的基本步骤。首先，还是使用 Eclipse 的项目创建向导创建一个新的“Android Project”；然后，在 Android 项目创建界面中选择“Create Project from existing source”选项，再从本地目录选择界面中找到 Cocos2d SDK 目录（D:\cocos2d），并依次选择“HelloWorld”→“android”，如图 13-8 所示。

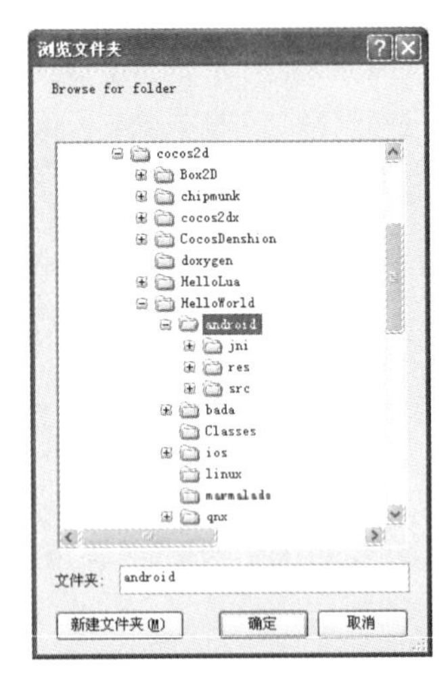

图 13-8 选择 Cocosd-x 源码中的 HelloWorld 项目

Eclipse 将会自动为我们创建一个名为 ApplicationDemo 的项目（也就是前面的 HelloWorld 项目，只是定义的项目名不同）。另外，SDK 版本也会被自动选择到 Android 2.1 的版本，如图 13-9 所示。

小贴士：以下的“ApplicationDemo 项目”同“HelloWorld”项目。

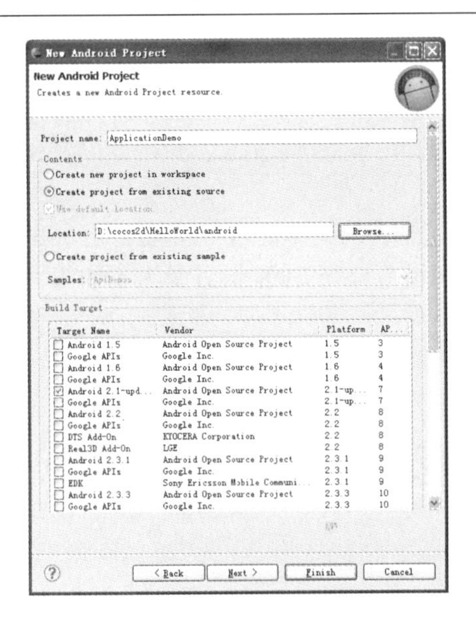

图 13-9 创建 HelloWorld（ApplicationDemo）项目

打开 Package Explorer 中的 ApplicationDemo 项目代码树，我们可以看到该 Cocos2d-x 项目的基本目录结构和重要代码文件，如图 13-10 所示。

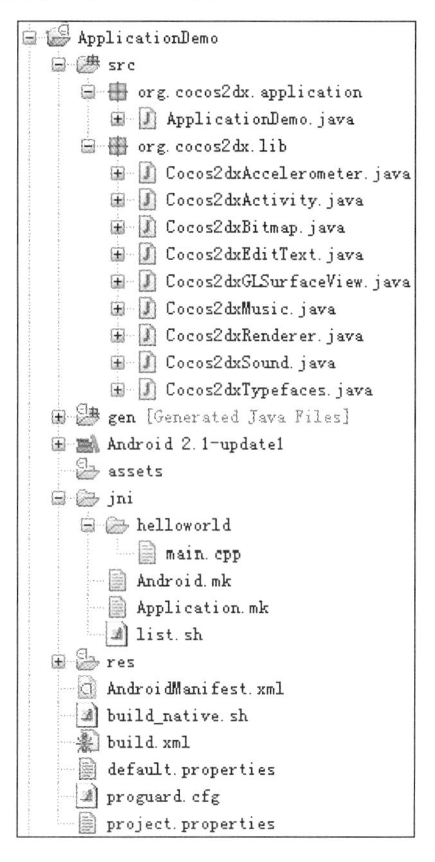

图 13-10 ApplicationDemo（HelloWorld）项目代码树

该项目的目录结构和普通的 NDK 项目并没有太大的不同，我们重点关注下面几个文件。首先是 src 目录下 org.cocos2dx.application 包中的 ApplicationDemo.java 文件，根据项目配置文件 AndroidManifest.xml 中的设置，ApplicationDemo 类是整个游戏的入口，该类的逻辑实现可参考代码清单 13-11。

代码清单 13-11

```
package org.cocos2dx.application;

import org.cocos2dx.lib.Cocos2dxActivity;
import org.cocos2dx.lib.Cocos2dxEditText;
import org.cocos2dx.lib.Cocos2dxGLSurfaceView;

import android.os.Bundle;

public class ApplicationDemo extends Cocos2dxActivity{
```

```
    private Cocos2dxGLSurfaceView mGLView;

    protected void onCreate(Bundle savedInstanceState){
        super.onCreate(savedInstanceState);

        // 获取包名，用户设置资源路径
        String packageName = getApplication().getPackageName();
        super.setPackageName(packageName);

        setContentView(R.layout.helloworld_demo);
        mGLView = (Cocos2dxGLSurfaceView) findViewById(R.id.helloworld_gl_surfaceview);
        mGLView.setTextField((Cocos2dxEditText)findViewById(R.id.textField));
    }

     @Override
     protected void onPause() {
        super.onPause();
        mGLView.onPause();
     }

    @Override
    protected void onResume() {
        super.onResume();
        mGLView.onResume();
    }

    static {
        System.loadLibrary("helloworld");
    }
}
```

ApplicationDemo 类代码中其实并没有太复杂的逻辑，其中最主要的有两点：其一，初始化了 Cocos2dxGLSurfaceView 控件对象，这个自定义的 View 控件继承自 Android 的 OpenGL 基础类 GLSurfaceView，具体实现可参考 org.cocos2dx.lib 包中的 Cocos2dxGLSurfaceView.java 文件；其二，载入了 helloworld 动态链接库，此库是通过 NDK 工具将本地的 C 和 C++ 代码编译而成的。紧接着就让我们来看看 jni 目录下的 Android.mk 文件，该文件负责保存项目代码的编译配置，其中定义了本项目需要包含的类库、需要编译的 C 和 C++ 源码以及最终的 so 文件等，如代码清单 13-12 所示。

代码清单 13-12

```
LOCAL_PATH := $(call my-dir)

include $(CLEAR_VARS)

LOCAL_MODULE := helloworld_shared
LOCAL_MODULE_FILENAME := libhelloworld
LOCAL_SRC_FILES := helloworld/main.cpp \
                   ../../Classes/AppDelegate.cpp \
                   ../../Classes/HelloWorldScene.cpp
```

```
LOCAL_C_INCLUDES := $(LOCAL_PATH)/../../Classes
LOCAL_WHOLE_STATIC_LIBRARIES := cocos2dx_static

include $(BUILD_SHARED_LIBRARY)

$(call import-module,cocos2dx)
```

从Android.mk文件中我们可以注意到本地的C++源码文件除了helloworld/main.cpp之外，还包括上两层目录（即项目目录HelloWorld）之下的Classes目录中的AppDelegate.cpp和HelloWorldScene.cpp文件。接下来，我们先来分析一下main.cpp的代码逻辑，如代码清单13-13所示。

代码清单 13-13

```
#include "AppDelegate.h"
#include "cocos2d.h"
#include "platform/android/jni/JniHelper.h"
#include <jni.h>
#include <android/log.h>

#define  LOG_TAG    "main"
#define  LOGD(...)  __android_log_print(ANDROID_LOG_DEBUG,LOG_TAG,__VA_ARGS__)

using namespace cocos2d;

extern "C"
{

jint JNI_OnLoad(JavaVM *vm, void *reserved)
{
      JniHelper::setJavaVM(vm);

      return JNI_VERSION_1_4;
}

void Java_org_cocos2dx_lib_Cocos2dxRenderer_nativeInit(JNIEnv*  env, jobject thiz, jint w, jint h)
{
      if (!cocos2d::CCDirector::sharedDirector()->getOpenGLView())
      {
      cocos2d::CCEGLView *view = &cocos2d::CCEGLView::sharedOpenGLView();
          view->setFrameWidthAndHeight(w, h);
          // 如果要在 WVGA 中使用 HVGA 的资源，可以打开以下注释
                cocos2d::CCDirector::sharedDirector()->setOpenGLView(view);

          AppDelegate *pAppDelegate = new AppDelegate();
          cocos2d::CCApplication::sharedApplication().run();
      }
      else
      {
          cocos2d::CCTextureCache::reloadAllTextures();
          cocos2d::CCDirector::sharedDirector()->setGLDefaultValues();
```

```
        }
    }

    }
```

main.cpp 文件中包含了整个游戏逻辑的入口程序，主要实现了 org.cocos2dx.lib 库下的 Cocos2dxRenderer 类的 nativeInit 方法，也就是对游戏主场景初始化逻辑的实现，此方法的逻辑并不复杂，先使用 getOpenGLView 方法判断场景是否已经渲染过了，否则就使用 setOpenGLView 方法设置 CCEGLView，并执行 CCApplication 的 run 方法来运行游戏。

另外，AppDelegate.cpp 和 HelloWorldScene.cpp 这两个 C++ 程序文件是对游戏主要逻辑的实现。其中 AppDelegate.cpp 中包含的是全局的游戏初始化逻辑，而 HelloWorldScene.cpp 中则是对游戏项目主场景的实现。在 ppDelegate.cpp 文件中要注意 applicationDidFinishLaunching 方法的逻辑，也就是游戏的启动逻辑，如代码清单 13-14 所示。

代码清单 13-14

```
...
bool AppDelegate::applicationDidFinishLaunching()
{
    // 初始化 CCDirector 对象
    CCDirector *pDirector = CCDirector::sharedDirector();

    pDirector->setOpenGLView(&CCEGLView::sharedOpenGLView());

    // 打开 FPS 显示
    pDirector->setDisplayFPS(true);

    // 设置 FPS，默认值为 1.0/60
    pDirector->setAnimationInterval(1.0 / 60);

    // 创建场景（Scene），该对象是自动释放（autorelease）的
    CCScene *pScene = HelloWorld::scene();

    // 运行场景
    pDirector->runWithScene(pScene);

    return true;
}
...
```

启动逻辑中先对游戏进行了常见的全局设置，然后使用 HelloWorld 类中的 scene 方法获取场景并运行该场景，HelloWorld 类对应的程序文件就是 HelloWorldScene.cpp，接下来我们就来介绍一下该程序文件的代码逻辑，如代码清单 13-15 所示。

代码清单 13-15

```
#include "HelloWorldScene.h"

USING_NS_CC;
CCScene* HelloWorld::scene()
{
    // 场景对象（自动释放）
```

```
    CCScene *scene = CCScene::node();

    // 场景层对象(自动释放)
    HelloWorld *layer = HelloWorld::node();

    // 在场景中添加层
    scene->addChild(layer);

    // 返回场景对象
    return scene;
}

// 游戏初始化方法
bool HelloWorld::init()
{
    //////////////////////////////
    // 1. 调用超类的 init 方法

    if ( !CCLayer::init() )
    {
        return false;
    }

    //////////////////////////////
    // 2. 退出按钮逻辑

    // 添加"close"退出按钮(自动释放)
    CCMenuItemImage *pCloseItem = CCMenuItemImage::itemFromNormalImage(
                                        "CloseNormal.png",
                                        "CloseSelected.png",
                                        this,
    menu_selector(HelloWorld::menuCloseCallback) );
    pCloseItem->setPosition( ccp(CCDirector::sharedDirector()->getWinSize().width - 20, 20) );

    // 创建菜单(自动释放)
    CCMenu* pMenu = CCMenu::menuWithItems(pCloseItem, NULL);
    pMenu->setPosition( CCPointZero );
    this->addChild(pMenu, 1);

    //////////////////////////////
    // 3. 场景渲染逻辑

    // 创建文字"Hello World"
    CCLabelTTF* pLabel = CCLabelTTF::labelWithString("Hello World", "Arial", 24);
    // 获取窗口大小
    CCSize size = CCDirector::sharedDirector()->getWinSize();

    // 把文字居中
    pLabel->setPosition( ccp(size.width / 2, size.height - 50) );

    // 在层上显示文字
    this->addChild(pLabel, 1);

    // 创建元素(用图片 HelloWorld.png)
    CCSprite* pSprite = CCSprite::spriteWithFile("HelloWorld.png");
```

```
    // 把元素居中
    pSprite->setPosition( ccp(size.width/2, size.height/2) );

    // 在层上显示元素
    this->addChild(pSprite, 0);

    return true;
}

void HelloWorld::menuCloseCallback(CCObject* pSender)
{
    CCDirector::sharedDirector()->end();

#if (CC_TARGET_PLATFORM == CC_PLATFORM_IOS)
    exit(0);
#endif
}
```

HelloWorld 类中包含了三个方法。scene 方法用于返回 CCScene 对象，init 方法中包含了渲染场景的主要逻辑，而 menuCloseCallback 则是退出按钮的逻辑实现。阅读代码时应该重点关注 init 方法的逻辑，其中包含了退出按钮的设置、背景图的设置以及“Hello World”字符串的打印，建议大家结合 Cocos2d-x 的 API 文档进行学习，由于篇幅原因这里不做深入介绍。

接下来，我们来尝试编译并运行该 HelloWorld 游戏项目，和 NDK 项目类似（可参考 12.2.2 节）的，右键单击 HelloWorld 项目，在打开的下拉菜单中选择项目的属性（Properties）选项，打开项目配置窗口。然后选中左边配置列表中的 Builders 选项，并单击右边的“New”按钮来为 ApplicationDemo 项目创建 NDK 编译器（Builder），如图 13-11 所示。

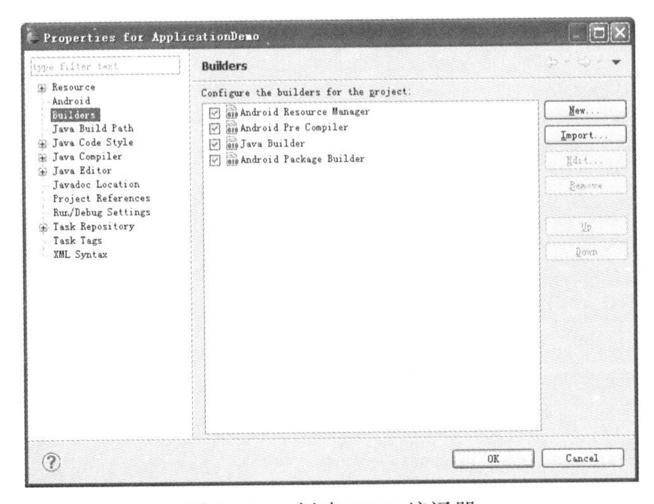

图 13-11　创建 NDK 编译器

这里需要选择编译器（Builder）类型，我们选择 Program 即可，如图 13-12 所示。

接着进入 Builder 的详细配置界面，Name 处填写 ApplicationDemo_Builder，Location 参数填入 Cocos2d 目录下的 cocos2d-build.dat 工具的路径（该批处理文件用于编译项目程序，相关内容可参考13.2.2节），Working Directory中填写游戏项目的路径（可使用“Browser Workspace”按钮进行选择），如图13-13所示。

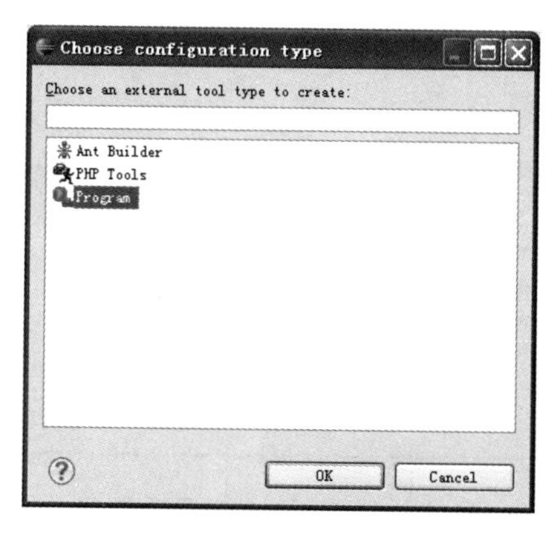

图 13-12 选择编译器类型

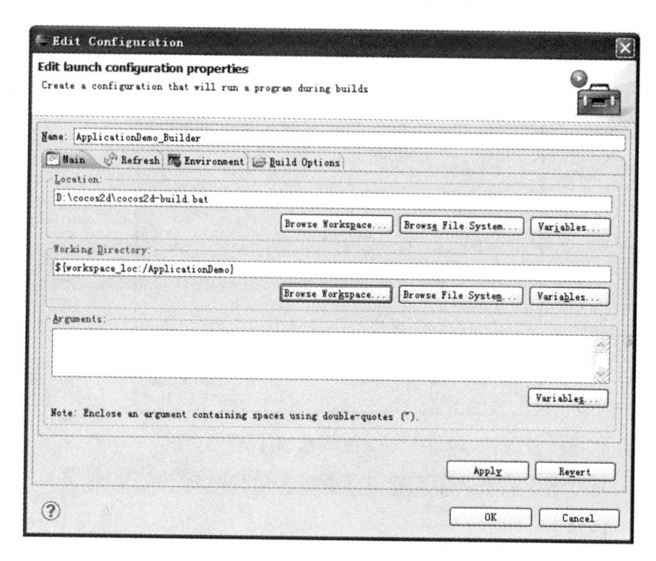

图 13-13 编译器主要配置界面

然后，选中“Build Options”标签，把“Run the builder”下面的选项都勾选上，如图13-14所示。接着选中“Specify working set of relevant resources”选项，并点击右边的“Specify Resources”按钮打开窗口“Edit Working Set”（资源选择），如图13-15所示。

我们在“Edit Working Set”窗口中选中ApplicationDemo项目下的jni目录，让编译器知道需要编译的文件所在的目录，如图13-15所示。

为了方便开发，我们还可以在Refresh标签中设置需要动态编译的代码文件，如图13-16所示。此时Specify Resources中选择窗口的设置和前面一样，见图13-15。

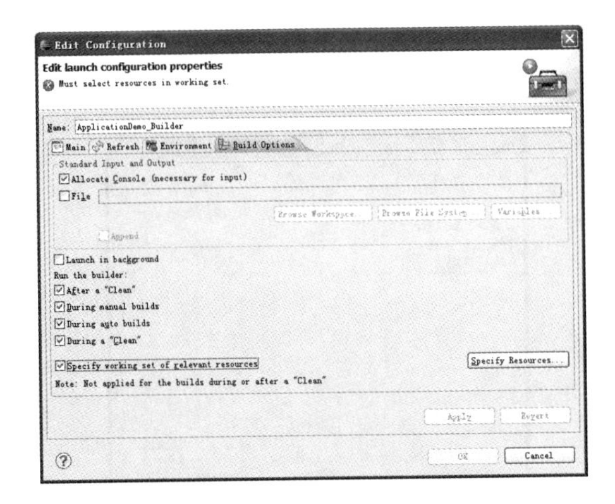

图 13-14　编译器选项配置界面

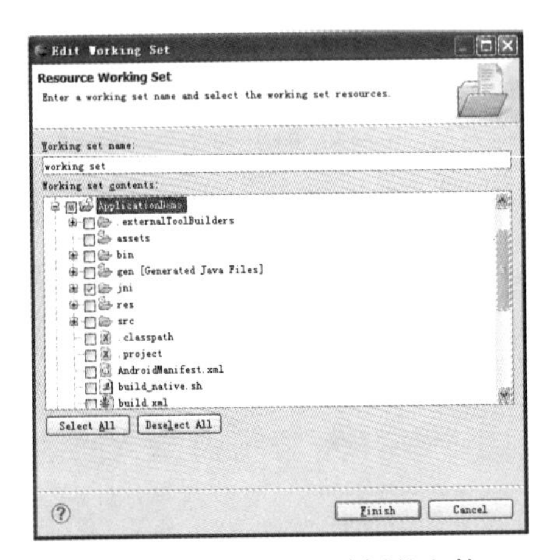

图 13-15　选择需要编译的文件

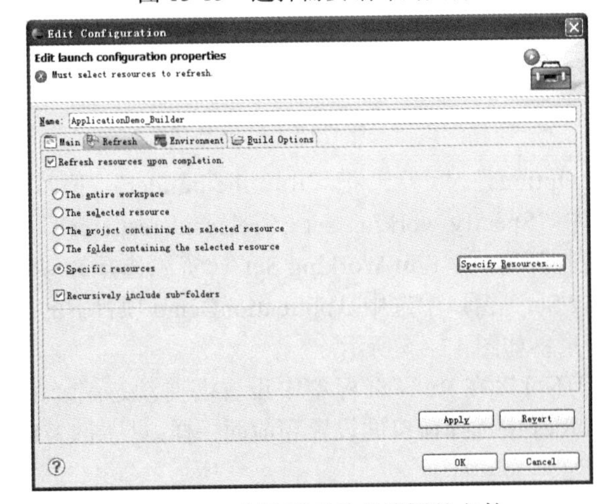

图 13-16　选择需要动态编译的文件

全部配置完毕之后，我们会在原先的Builders界面中看到创建完毕的HelloJni_Builder编译器，接着单击“OK”按钮关闭项目配置窗口。一般来说，此时Eclipse就会自动开始编译项目了。但是，如果没有意外我们会遇到报错“make: *** [obj/local/armeabi/libgnustl_static.a] Error 1”，这个错误是由于NDK r7版本导致的，据官方信息所说此问题会在下一个版本中修复。接下来，我们需要把NDK目录（D:\android-ndk-r7）下面的sources/cxx-stl/gnu-libstdc++/libs/armeabi/目录之下的libgnustl_static.a库文件复制到HelloWorld项目的编译目录obj/local/armeabi/中去，如图13-17所示。

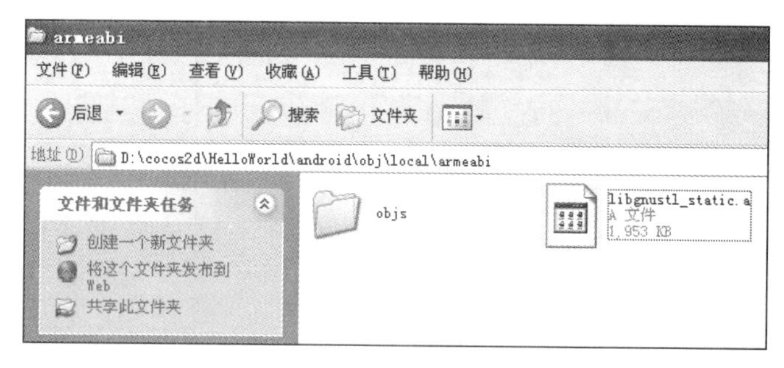

图13-17　手动复制libgnustl_static.a库文件

使用Project菜单下的Clean选项清除缓存并重新编译项目，这次才能成功。编译完成需要一定时间，请大家耐心等待。图13-18就是编译完成后打印出的结果信息，我们看到编译完成的libhelloworld.so文件被保存到libs/armeabi/目录下。

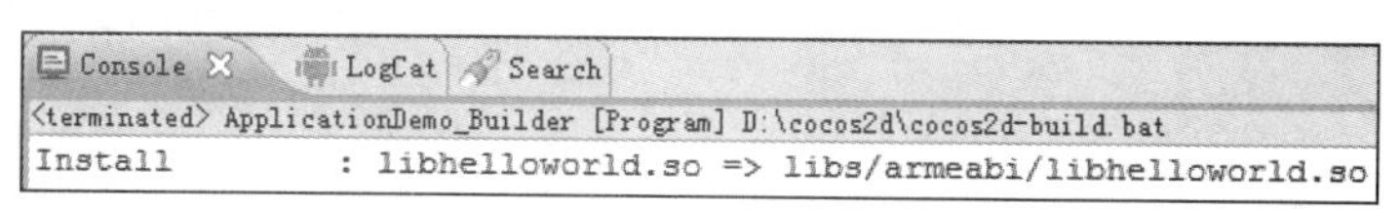

图13-18　库文件编译完成信息

另外，由于编译器不会自动安装资源文件，所以我们需要手动把D:\cocos2d\tests\Resources目录下的文件复制到ApplicationDemo项目的assets目录中，如图13-19所示。

最后，使用“Run As”中的“Android Application”安装ApplicationDemo项目，即将HelloWorld项目安装到Android模拟器上，游戏项目的最终运行效果如图13-20所示。另外，这里我们可以使用“Ctrl+F11”组合键把Android模拟器切换到横屏模式进行观察。

至此，首个Cocos2d-x项目已经完成了，我们对如何使用Cocos2d-x框架进行游戏开发有了具体的实践经验，相信这对大家深入学习Android NDK开发是很有益处的。实际上，Cocos2d-x的SDK中还为我们提供了更加丰富的例子，包含了2D游戏开发的方方面面，实例代码的项目位于Cocos2d SDK目录下面的tests/test.android/目录中，即TestsDemo项目。我们可以仿照之前创建HelloWorld项目的方式来导入、创建并运行TestsDemo项目，效果如图13-21所示。

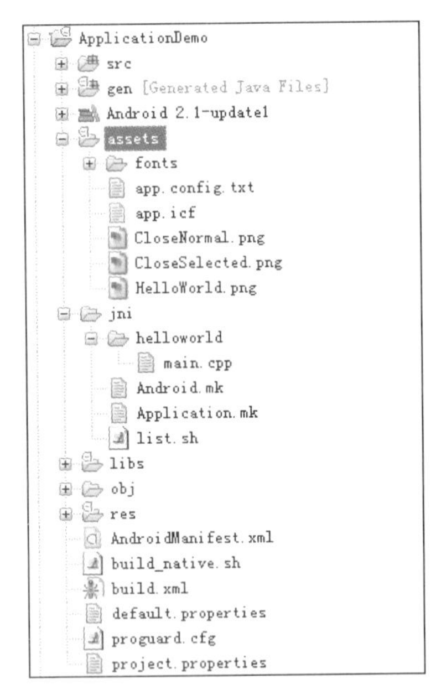

图 13-19 复制资源文件

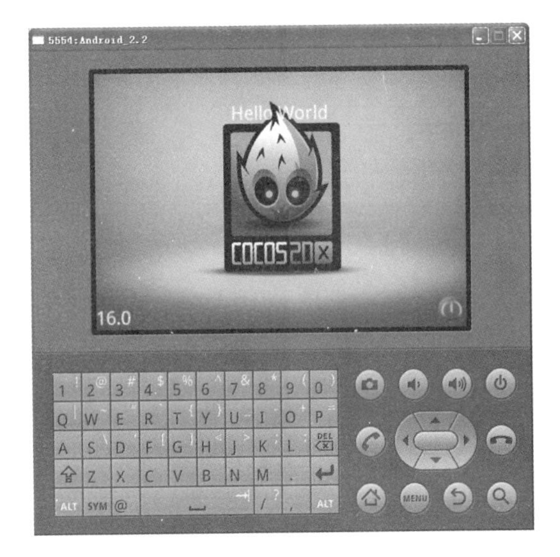

图 13-20 HelloWorld（ApplicationDemo）项目运行效果

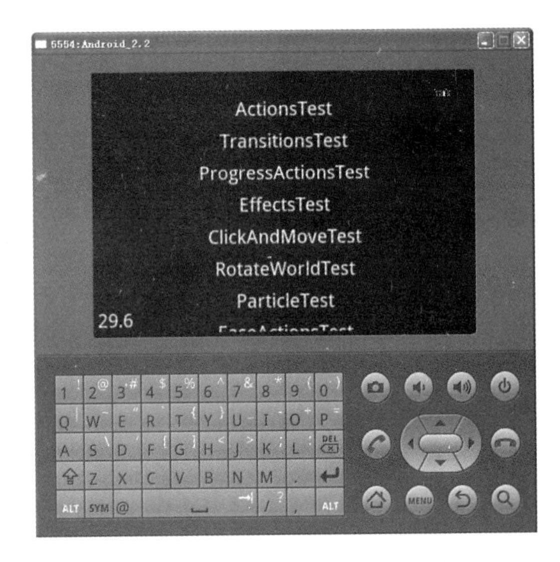

图 13-21 TestsDemo 项目运行效果

TestsDemo 项目中包含了 2D 游戏开发中的几乎所有常用功能的代码实例，包括了移动、加速、旋转、层叠、渐变等常用效果。另外，还包括了常见的游戏引擎，如图形引擎、物理引擎等。图 13-22 中展示的就是 Box2D 物理引擎的使用实例（菜单名 Box2dTest），在屏幕上轻按的时候，就会有方块从顶部掉落下来。

图 13-22　Box2D 实例运行效果

限于篇幅，这里就不深入讨论了。如果有兴趣，可以对这些实例的代码进行深入学习，帮助我们进一步学习如何使用 Cocos2d-x 框架开发 Android 游戏。

13.2.4　认识 Unity 3D

Unity 3D 是由 Unity Technologies 公司开发的一套能让你轻松创建诸如三维视频游戏、建筑可视化、实时三维动画等类型互动内容的跨平台综合型游戏开发工具，是一个功能全面、强大的专业游戏引擎。Unity 3D 的出现，极大地提升了 3D 游戏的开发效率，也方便了跨平台类型游戏的开发，目前各大移动平台（包括 Android、iOS 等）上已经有非常多的优秀的 3D 游戏采用了 Unity 3D 游戏引擎。

Unity 3D 为开发者提供了一整套强大的开发工具，让我们可以脱离传统的游戏开发方式，以一种更简单的方式专注于游戏开发。作为一个专业级的 3D 开发软件，Unity 还包含了价值数百万美元的功能强大的游戏引擎，不管是开发单机游戏、网络游戏或者是移动游戏，Unity 都能胜任。接下来，我们就来学习 Unity 3D 的主要特性。

1. 强大的开发工具

Unity 3D 的开发工具可以支持目前几乎所有的主流平台，包括 Windows、iOS、Android 甚至 Xbox 等，多平台开发时代已经来临。Unity 3D 开发工具的界面如图 13-23 所示。

2. 延迟渲染

先进的延迟照明系统是 Unity 3D 中最突出的功能之一，只需要一点微不足道的性能损耗，我们就可以在场景中创建几百个点光源。由于延迟灯光使用了 G 缓冲器，因此 Unity 3D 对其开放，使得开发者可以重新利用他们来获取大量的其他高端图像效果，而没有额外的性能损失。

图 13-23 Unity 3D 开发工具界面

3. 光照贴图

Unity 3D 提供了行业内顶级的光照贴图技术（Beast）。Beast 技术已经用于游戏《镜之边缘》（Mirror's Edge）和《杀戮地带 2》（Killzone 2）中，通常每个 Beast 授权都需要花费 10 万美元以上，但集成到 Unity 3D 中却是完全免费的。使用 Beast 光照贴图可呈现物体的即时动态光影互动效果，当物体接近时，Unity 3D 会无缝地调整光线，使阴影和凹凸细节更加逼真。

4. 镜头特效

Unity 3D 提升了游戏后期特效的表现，我们可以在《杀戮地带》等其他游戏中看到大量 Unity 3D 专业处理后的特效表现。Unity 3D 提供了光羽、高品质景深、内部镜头反射、轮廓线和深度感知颜色校正等高级的镜头特效，让游戏的画面效果更加绚丽。

5. 音频工具

Unity 3D 为开发者提供了强大的音频采集和剪辑工具，即音频侦听器（Audio Listener）和音频剪辑器（Audio Clip）。配合场景编辑器，开发者还可以方便地设置音频源（Audio Source）。另外，Unity 3D 还为所有的主要音频参数推出了可编辑的衰减曲线，这让我们可以更深入地控制游戏的声音环境。

6. 资源管理

Unity 3D 中提供了内容管理器（Asset Manager），支持以预览的方式显示所有内容，开发者可以对资源进行标记，以便在任何时候都可以快速查找到需要的资源文件，这在大型项目的开发中特别有用。

7. 代码调试

Unity 3D 通过使用 MonoDevelop 开发环境引入了强大的脚本调试工具，执行后才能调试的时代已经一去不复返了。无论是在 Windows 系统还是 Mac 系统中，开发者都可以任意地进行断点设置、中断游戏、单步执行和检查变量等操作。

8. 遮挡剔除

即使设备具有强大的硬件，我们也要尽可能地提升性能，特别是对于移动设备而言，性能绝对是我们的首要关注目标。遮挡剔除（Occlusion Culling）算法能大幅度提高山地地形渲染效率，在 Unity 3D 中也整合了此项功能。

Unity 3D 引擎包含了各种游戏客户端制作的整套方案，涉及的内容非常广泛，已经远超出本书的内容范畴，这里就不进一步介绍了，有兴趣的读者可以访问 Unity 3D 的官方网站（http://www.unity 3d.com/）获取更多的知识。

13.3　小结

本章主要介绍的是与 Android 游戏开发相关的知识。首先，本章介绍了 Android 手游开发的基本思路，即使用 View 和 SurfaceView 进行游戏开发的方法；然后，结合 Android SDK 中提供的两个游戏实例，即贪食蛇和飞船游戏，讲解了基本游戏开发方法的应用；接着，又讲解了 Android 游戏引擎相关的基础概念，并进一步介绍了与游戏开发相关的 OpenGL、OpenGL ES 以及 RenderScript 的用法。另外，本章还介绍了手游业界比较流行的 2D 和 3D 游戏引擎，即 Cocos2d-x 和 Unity 3D。当然，这些内容只是 Android 游戏开发相关内容中的一小部分，主要目的是帮助读者打开 Android 游戏开发的思路，建议大家可以将其与 Android 应用开发的思路进行比对、体会，进一步加深对 Android 平台的认识。

附录A　Hush Framework 框架实例源码部署

Hush Framework 是本书重点介绍的 PHP 服务端开源框架，该框架完美地把 PHP 官方框架 Zend Framework 和主流模板引擎 Smarty 结合起来，并在此基础上进行了一定的改造和优化，框架的详细介绍信息可参考本书的 3.6 节的相关内容。下面我们将介绍的是框架源码中的应用实例的部署过程。

1. 源码下载

Hush Framework 开源项目已经被发布到 GitHub 上，大家可以直接通过 Git 下载最新的项目源码，地址是 https: // github.com/jameschz/hush。建议大家使用 Eclipse 工具的 EGit 插件进行检出（checkout）。假设我们把代码检出到本机的“D:\workspace\hush-framework”目录下，完成之后的项目源码树如图 A-1 所示，其中最重要的就是 hush-lib 类库的源码目录，以及 hush-app 应用实例的源码目录。

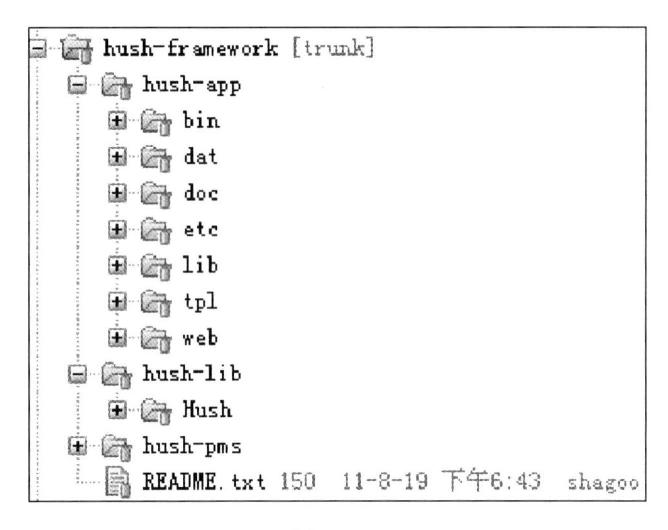

图　A-1

新版的 Hush Framework 已经包含的第三方类库（如 Zend Framework、Smarty、Phpdoc 等）的自动安装脚本，大家只需要进入“hush-app/bin”目录下执行“hush sys init”命令进行自动安装即可。此外，本书的微博实例的服务端部分就是使用 Hush Framework 进行开发的，而本书的源码包（android-php-source.zip）里也已经包含了代码范例需要加载的所有库文件，即子目录 phplibs 下面的代码文件。

小贴士： 对于本机已经安装 MySQL 数据库的朋友，请注意，在运行“hush sys init”命令后的安装过程中，按照实际情况输入你的数据库地址、端口、用户名和密码进行框架数据库的安装。然后，再设置好 etc/database.mysql.php 中的数据库用户名（__HUSH_DB_USER）和密码（__HUSH_DB_PASS），即可运行框架。

2. 环境配置

Hush Framework 应用实例的运行环境与大部分 PHP 应用差不多，为了便于大家学习，笔者建议大家使用 Xampp 集成开发环境套件，该套件包含了 PHP 环境、MySQL 数据库、Apache 服务器等服务端组件，使用起来非常方便。至于 Xampp 开发环境的安装和配置的方法可参考本书 3.2.2 节中内容。

运行环境安装完毕后，我们还需要对 MySQL 和 Apache 进行配置。首先，配置 MySQL 数据库。由于 Hush Framework 默认的数据库用户名和密码是 root 和 passwd，因此，我们需要在 Xampp 控制台的 phpMyAdmin 工具中把数据库用户配置好，为了方便开发，我们通常会为 root 用户赋予所有权限，配置界面如图 A-2 所示。

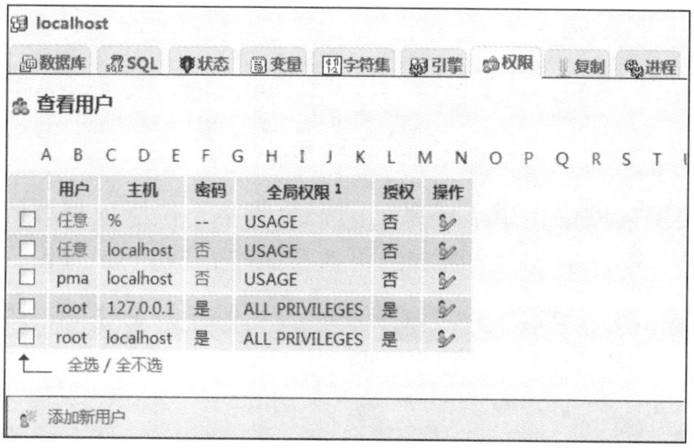

localhost

数据库　SQL　状态　变量　字符集　引擎　权限　复制　进程

查看用户

A B C D E F G H I J K L M N O P Q R S T

	用户	主机	密码	全局权限 1	授权	操作
☐	任意	%	--	USAGE	否	
☐	任意	localhost	否	USAGE	否	
☐	pma	localhost	否	USAGE	否	
☐	root	127.0.0.1	是	ALL PRIVILEGES	是	
☐	root	localhost	是	ALL PRIVILEGES	是	

全选 / 全不选

添加新用户

图　A-2

然后，配置 Apache 服务器。由于应用实例分为前台和后台两个站点，因此我们需要为这两个站点各配置一个 VirtualHost 虚拟站点。系统默认的配置文件 httpd-vhost.conf 位于 Xampp 根目录下面的 apache/conf/extra 目录中，配置信息见配置清单 A-1。

配置清单　A-1

```
<VirtualHost *:80>
    ServerName hush-app-backend
    DocumentRoot "D:/workspace/hush-framework/hush-app/web/backend"
    <Directory "D:/workspace/hush-framework/hush-app/web/backend">
        AllowOverride All
        Order deny,allow
        Allow from all
    </Directory>
```

```
</VirtualHost>

<VirtualHost *:80>
    ServerName hush-app-frontend
    DocumentRoot "D:/workspace/hush-framework/hush-app/web/frontend"
    <Directory "D:/workspace/hush-framework/hush-app/web/frontend">
       AllowOverride All
        Order deny,allow
        Allow from all
    </Directory>
</VirtualHost>
```

其中，DocumentRoot 指的是站点代码文件所在的目录，大家可以根据本地环境的实际情况进行修改；ServerName 是站点的名称，也是在浏览器中输入的站点地址，前台和后台站点的默认地址分别是 hush-app-frontend 和 hush-app-backend。当然，为了让浏览器识别以上站点地址，我们还需要修改系统的 hosts 文件。打开 Linux 系统中的 /etc/hosts 文件或者 Windows 系统中的 C:\WINDOWS\system32\drivers\etc\hosts 文件，在尾部加入如下配置即可。

配置清单　A-2

```
127.0.0.1 hush-app-frontend
127.0.0.1 hush-app-backend
```

3. 应用安装

Hush Framework 应用实例中提供了一系列的安装脚本，位于项目源码根目录的 hush-app/bin 目录中，包含了 Linux 和 Windows 两个版本的可执行脚本，即 hush 与 hush.bat，如图 A-3 所示。

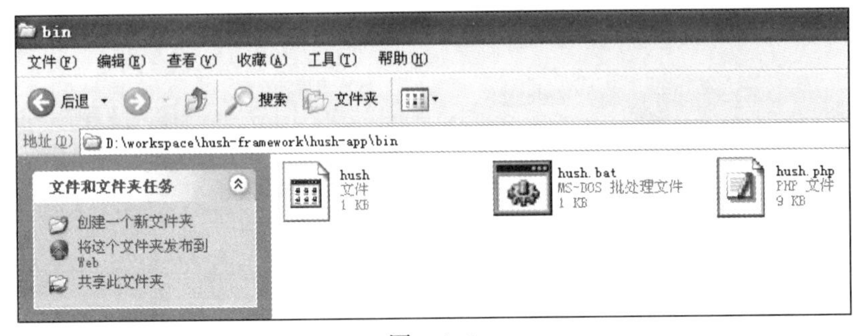

图　A-3

实例应用的安装比较简单，打开命令行控制台，运行“hush sys init”命令即可，此时命令行窗口中会提示初始化命令将会执行的 3 件事情，即初始化数据库、检查系统配置以及清除临时数据。确认完毕后，输入 y 并按下回车键即可，执行效果如图 A-4 所示。

这里需要注意的是，由于初始化逻辑会用到 PHP 语言和 MySQL 数据库的命令行工具；因此我们需要把 MySQL 命令行工具的路径加入到系统的环境变量 Path 中。假如在 Windows 系统中，我们可以右键单击“我的电脑”，找到“系统属性”窗口中“高级”选项下面的“环境变量”按钮，并把 php.exe 和 mysql.exe 命令行工具的所在路径加入到系统环境变量 Path 中，如图 A-5 所示。对于 Xampp 工具来说，这两个命令行工具的路径分别是 Xampp 根目录下的 php 和 mysql/bin 目录。另外，由于涉及 MySQL 数据库的初始化，因此，在运行初始化脚本之前，需要先把 Xampp 工具中的 MySQL 服务打开。

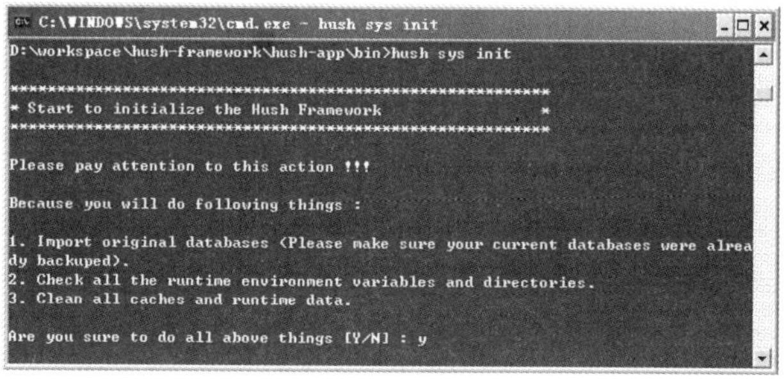

图 A-4

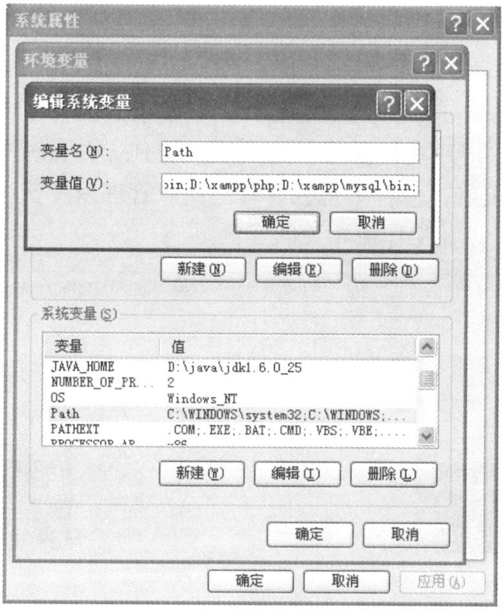

图 A-5

在初始化命令执行完毕之后，如果出现成功提示“Thank you for using Hush Framework”，则说明执行成功了。当然，期间也有可能遇到失败的情况，这有可能是由于系统环境变量设置错误或者 MySQL 账号密码设置错误而造成的，大家可以根据错误提示进行相应的修改。

最后，启动 Xampp 的 Apache 服务，就可以在浏览器中分别浏览实例应用的前后台站点了。前台站点地址为：http://hush-app-frontend，浏览效果如图 A-6 所示。应用实例的前台站点包含了性能测试、地址路由以及数据库分库等实例，读者可以对照前台控制器类（Controller）的代码进行学习。

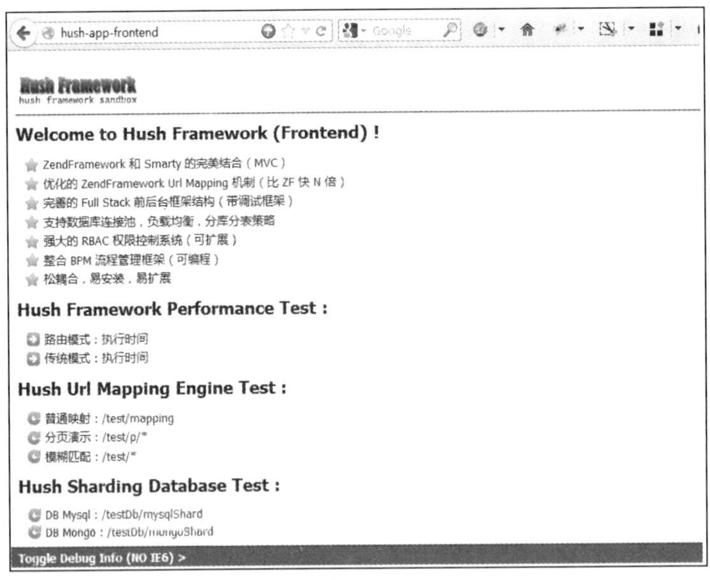

图　A-6

后台站点地址为：http://hush-app-backend，浏览效果如图 A-7 所示。默认的超级管理员用户名和密码都是 sa。首先，应用实例的后台站点使用了 Hush Framework 的 ACL 类库实现了比较精细的 RBAC 权限控制策略，包含了角色管理、用户管理以及资源管理等功能。另外，还提供了方便的菜单管理功能，以及工作流相关的实例。

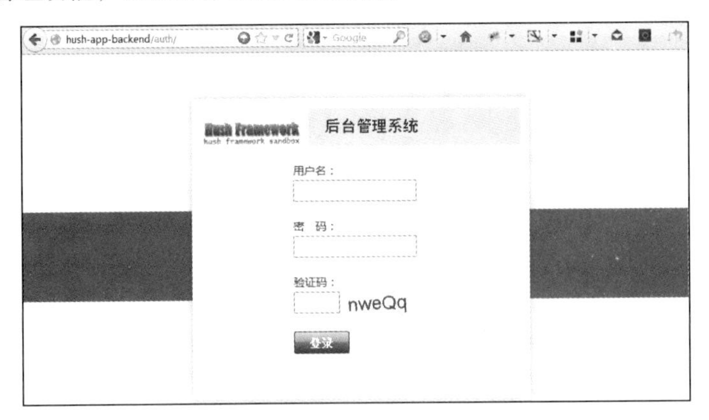

图　A-7

至此，Hush Framework 框架应用实例的源码已经成功部署并运行起来，从中我们可以学习到大量的使用 PHP 进行实际项目开发的实战经验。实际上，该应用实例已经为我们建立了一个基础的项目框架，大家可以选择以此为基础，进行实际项目的二次开发。想要获得 Hush Framework 更详细的配置说明和使用向导资料，请参考 Hush Framework 官网：https:// github.com/jameschz/hush。

附录 B　微博应用实例源码部署

微博应用实例源码包括两个项目，即微博服务端项目与微博客户端项目，实例完整源码可以从 GitHub 本书官网下载，地址为：https:// github.com/jameschz/androidphp，源码包的文件名为“android-php-source.zip”。解压后我们可以看到三个目录：androidphp、hush-framework 以及 phplibs，其中 androidphp 目录包含了本书所有的实例源码，该目录下的 server 和 client 目录中分别是微博服务端和微博客户端项目，而 special 和 opengl 目录则分别是第 11 章中的 Android 特色开发实例和第 13 章中的 OpenGL 开发实例的源码，部署方法与微博客户端项目相同。

下载微博应用实例源码并解压，再把 androidphp 目录中的所有项目导入 Eclipse 开发工具之后，我们就可以看到微博客户端应用项目（app-demos-client）和微博服务端项目（app-demos-server），然后我们便可以在 Eclipse 中阅读实例源码了。为了更好地学习源码，大家还需要把微博实例安装并运行起来，以下我们将分别对微博实例服务端和客户端项目的部署过程进行详细介绍。

1. 微博服务端部署

首先，让我们来看看服务端组件的配置方法。微博应用实例中 MySQL 服务器的配置参数和 Hush Framework 实例完全一样，实际上，微博应用实例和 Hush Framework 实例完全可以使用同一个 MySQL 服务器。不过，两者的 Apache 服务器的配置却略有不同：微博服务端应用包含了两个站点，即微博 API 站点（为客户端提供 API 接口）和微博 Web 站点（为客户端提供 Web 版接口）。另外，为了避免和其他站点冲突，建议大家使用 80 以外的端口进行设置。假如服务端源码放在“D:\android-php-source\androidphp\server”目录下，那么 httpd-vhost.conf 的示例如配置清单 B-1 所示。

配置清单　B-1

```
Listen 8001
<VirtualHost *:8001>
    ServerName weibo-app-api
    DocumentRoot "D:/android-php-source/androidphp/server/www/server"
    <Directory "D:/android-php-source/androidphp/server/www/server">
        AllowOverride All
        Order deny,allow
        Allow from all
```

```
    </Directory>
</VirtualHost>

Listen 8002
<VirtualHost *:8002>
    ServerName weibo-app-web
    DocumentRoot "D:/android-php-source/androidphp/server/www/website"
    <Directory "D:/android-php-source/androidphp/server/www/website">
        AllowOverride All
        Order deny,allow
        Allow from all
    </Directory>
</VirtualHost>
```

以上配置中，大家可以根据源码实际放置的目录来设置DocumentRoot，然后再根据ServerName来设置系统hosts文件中的站点名。这里需要注意的是，既然两个站点都已经分配了不同的端口号，建议直接使用IP访问；另外，我们还需要知道本机的IP地址，因为127.0.0.1的地址在Android模拟器中是访问不到的。

然后，再来看看实例代码的安装方法。其实我们可以把微博实例的服务端应用看作是Hush Framework的另一个应用实例，该项目的部署过程和Hush Framework应用实例的部署过程基本相同。假如我们把微博实例的源代码解压到D盘，即"D:\android-php-source"，从命令行控制台进入D:\android-php-source\androidphp\server\bin目录，执行"cli sys init"命令，确认完毕后，输入y并按下回车键，即可自动完成微博服务端应用代码的安装。执行效果如图B-1所示。

小贴士：因为微博实例服务端是基于Hush Framework的，所以在安装微博实例服务端代码之前，需要先把Hush Framework安装好。另外，由于类库目录的依赖关系，默认情况下androidphp目录和hush-framework目录必须是同级的，否则会出现类库找不到的错误。当然，大家也可以通过修改配置文件etc/global.defines.php中的__COMM_LIB_DIR和__HUSH_LIB_DIR常量来指定第三方类库和Hush Framework类库的位置。

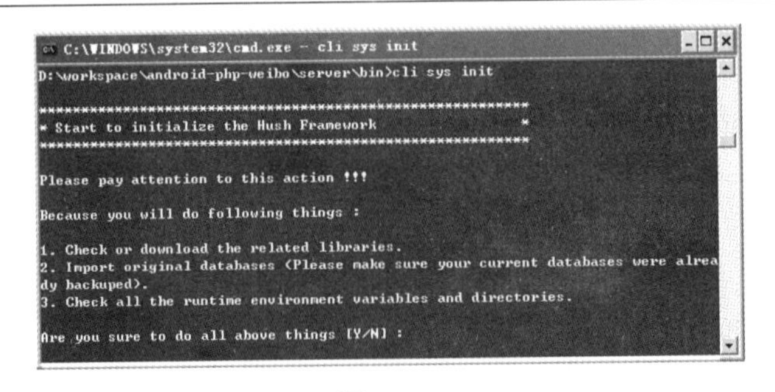

图　B-1

最后，启动Xampp服务并打开浏览器，就可以查看微博应用服务端的站点了，图B-2所示的就是服务端的接口调试站点（参考6.1.2节），更多与微博服务端相关的内容可参考本书第6章。

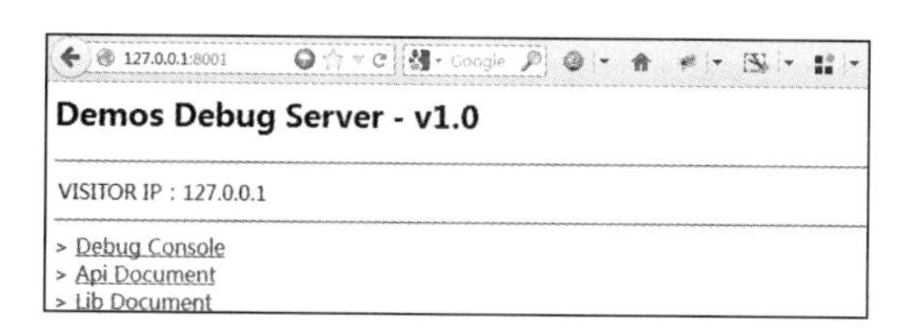

图　B-2

2. 微博客户端部署

微博客户端源码的配置比较简单，所有的配置参数都在 com.app.demos.base 包下的 C.java 文件中，我们可以很容易地找到服务端 API 和 Web 站点的配置，如配置清单 B-2 所示。

配置清单　B-2

```
public final class C {
    public static final class api {
        public static final String base        = "http://192.168.1.2:8001";
        ...
    }
    ...
    public static final class web {
        public static final String base        = "http://192.168.1.2:8002";
        ...
    }
}
```

这里的 192.168.1.2 是计算机在局域网中的 IP 地址，大家需要替换成本机的 IP 地址，若不知本机 IP，可以使用 ipconfig 命令查看。配置完毕之后，就可以在 Android 模拟器上运行微博客户端应用了，效果如图 B-3 所示。

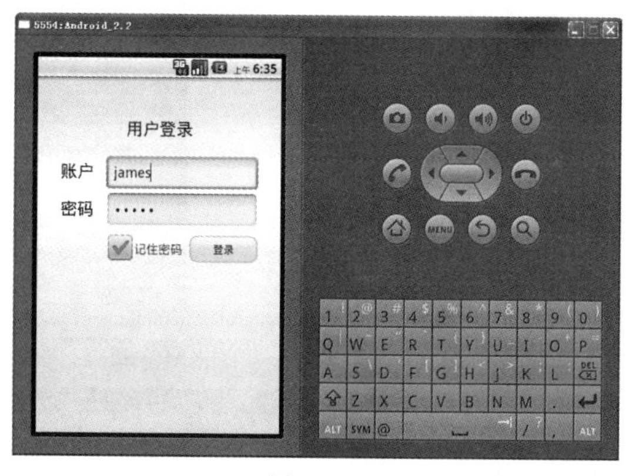

图　B-3

默认用户名和密码都是 james，成功登录后就可进入微博客户端中进行操作。更多与微博客户端有关的内容请参考本书第 7 章的内容。

推荐阅读

FPGA快速系统原型设计权威指南

作者：R.C. Cofer 等 ISBN：978-7-111-44851-8 定价：69.00元

硬件架构的艺术：数字电路的设计方法与技术

作者：Mohit Arora ISBN：978-7-111-44939-3 定价：59.00元

ARM快速嵌入式系统原型设计：基于开源硬件mbed

作者：Rob Toulson 等 ISBN：978-7-111-46019-0 定价：69.00元

嵌入式软件开发精解

作者：Colin Walls ISBN：978-7-111-44952-2 定价：79.00元